国家出版基金项目

Infrared Features of Ground Targets and Backgrounds
(Second Edition)

地面目标与背景的红外特征

（第2版）

宣益民　韩玉阁　著

国防工业出版社
·北京·

内 容 简 介

本书综合运用传热传质学、流体力学、计算传热学、红外物理学、车辆行驶原理、弹道学和计算机图形学等学科的基本原理，系统地建立了描述地面军事目标与背景红外辐射特征的理论和方法，深入地分析了影响目标与背景温度场和红外辐射通量分布的各种因素，通过若干典型目标及背景的示例阐述了红外辐射特征模型的构造方法和计算方法。书中的重点在于目标与背景的红外辐射特征主要影响因素分析、目标与背景的相互作用对目标与背景红外辐射特征的影响、不同特点的目标红外辐射特征理论模型建立方法以及模型的求解方法、红外辐射特征理论模型的验证与评估、目标与背景几何构型和计算结果的可视化方法、红外模拟热图像的生成方法、目标与背景红外辐射特征模型的应用以及目标红外辐射特征的调控方法等。

图书在版编目(CIP)数据

地面目标与背景的红外特征/宣益民,韩玉阁著.
—2版.—北京:国防工业出版社,2020.12
ISBN 978-7-118-12290-9

Ⅰ.①地… Ⅱ.①宣… ②韩… Ⅲ.①地面侦察—红外目标—红外—特征②地面侦察—红外背景—红外—特征 Ⅳ.①E933.41

中国版本图书馆 CIP 数据核字(2020)第 259627 号

※

国防工业出版社出版发行
(北京市海淀区紫竹院南路23号 邮政编码100048)
北京龙世杰印刷有限公司印刷
新华书店经售

*

开本 787×1092 1/16 印张 35 字数 648 千字
2020年12月第2版第1次印刷 印数 1—2000 册 定价 168.00元

(本书如有印装错误，我社负责调换)

国防书店:(010)88540777　　书店传真:(010)88540776
发行业务:(010)88540717　　发行传真:(010)88540762

第2版前言

本书第1版自2004年出版以来,受到了相关技术领域研究人员的广泛欢迎,许多同行已将该书列为必备的参考书。一些国内同行反映,该书目前已经无法购得。十余年来,随着人们对红外技术认识的不断提高和红外技术的发展,红外技术在武器装备研制和使用中发挥着越来越重要的作用,红外对抗技术日趋成为战争中一种常态化的作战方式,对目标与背景的红外特性需求也越来越强烈。同时,目标与背景的红外辐射特征理论与方法的研究也不断深入,进一步推动了红外探测制导与对抗技术的发展和应用。在这十余年中,本书作者立足相关学科的国际前沿发展,一直坚持从事相关方面的科学研究工作,相关研究成果获国家科技进步二等奖1项,国防科技进步奖一等奖1项。本书对第1版进行了大量的修改,补充了近年来相关技术的发展和作者近年来所取得的最新研究成果。

本书与第1版相比主要特点表现在以下几点:

(1)根据近年来该领域的技术发展,补充了最新的目标与背景红外辐射特征理论建模方法和先进的计算技术以及相关的发展现状与趋势。①在绪论中对目标与背景红外辐射特征建模、目标与背景的相互作用和复杂环境对目标与背景红外辐射特征的影响等方面的国内外研究现状进行较大幅度的补充,增加了目标特性应用与目标特征调控等方面的国内外研究现状,对国内外较为成熟的地面目标与背景红外辐射特征计算和仿真软件进行了较为详细的介绍,使读者对地面与背景的红外辐射特征的理论研究以及相关领域的现状和趋势具有较全面的了解。②在相关章节中补充了新的计算技术,如第2章增加了基于CFD(Computational Fluid Dynamics)的对流换热计算方法、基于辐射传递系数的辐射换热计算方法和计算红外辐射的反向蒙特卡洛方法等,第3章和第4章分别增加了基于流固耦合的目标温度分布计算方法、目标表面温度的工程建模方法和基于灵敏度分析的目标温度分布快速计算方法等,增加了第9章红外辐射特征模型的验证与评估和第12章目标红外辐射特征的调控等内容。

(2)补充新目标以及复杂现象的红外辐射特征建模方法。①第4章补充了新的地面立体目标——电场冷却塔红外辐射特征模型,第5章补充和完善了自然地表红外辐射理论模型。②目标与背景热交互作用是影响目标与背景红外辐射特征及其对比特性的重要因素。在第1版中,对此的讨论不够充分,因此本版中增加的

第 6 章专门对此类问题进行探讨。在第 1 版中,只是围绕典型晴天和阴天天气条件对目标与背景红外特征影响进行了建模和分析,对于更为复杂的雨雾风沙等复杂气象条件没有进行讨论。本版增加了第 7 章,介绍复杂天气条件对目标与背景温度影响的理论模型以及对红外辐射和大气传输影响的理论模型,详细讨论了复杂气象条件对目标红外辐射特征的影响机制。

(3) 增加了更多的算例,补充不同影响因素对红外辐射特征的影响规律分析。如第 3 章装甲车辆的温度和红外辐射特征分析、第 4 章油罐的温度和地面建筑物红外辐射特征分析、第 5 章不同因素对地表温度的影响分析等。通过实际算例,不仅使读者了解目标与背景红外辐射特征的研究方法,也可使读者对目标与背景红外辐射特征产生更为直观感性的认识。

(4) 目标与背景红外辐射特征在武器装备的研制、虚拟仿真训练、军事沙盘推演、军事演习和实战对抗演练中都发挥了重要的作用,目标红外辐射特征理论模型及其分析方法的应用越来越受到人们的重视。为此,本书对目标红外辐射特征模型的应用进行了实例补充:补充了末敏弹探测地面车辆目标的仿真试验,介绍了仿真试验方法,给出了仿真试验算例,对红外探测器的探测效果进行了仿真评估;补充了军用目标的红外隐身性能评估方法,介绍了基于点源目标特性和面源目标特性红外隐身效果评估方法,并给出了一些评估实例;补充了红外制导武器仿真作战训练主要流程的介绍。

本书由南京理工大学宣益民和韩玉阁共同撰写。本书修订过程中,得到多位研究生的帮助和支持,提供了相关资料和算例,曹林炜同学对本书部分插图进行了优化,在此深表谢意!作者对所有在本书写作过程中给与热情关心和大力支持的前辈和同行,表示深深的谢意!由于作者水平有限,书中缺点错误在所难免,真诚希望读者批评指正。

宣益民,韩玉阁

第1版前言

随着红外成像制导武器和红外隐身技术的发展,对发现、识别和跟踪目标的技术要求越来越高。红外成像制导导弹研制必然涉及目标与相关背景的红外图像特征以及目标与背景的红外辐射特征对比度;红外成像武器装备的论证、研制、仿真和作战都需要提供军事目标与背景的红外图像特征数据;红外制导武器的发展对目标与环境红外特性研究的要求越来越高,也越来越迫切。研究目标与背景的红外辐射特征及其对比度,对目标识别、红外制导武器研制、红外隐身技术研究、作战模拟训练、武器性能评估、武器采购等均具有十分重要的意义和明显的应用价值。目标与背景的红外辐射特征及其对比度在经济建设中也具有广泛的应用前景,例如,可用于国土资源的红外遥感和遥测、森林火灾的预防以及农作物生长状况的红外监测、工业节能、设备热故障诊断和生物医学工程等各个领域。

目标与背景处于一个复杂的能量与质量交换体系之中,涉及热传导、对流换热、辐射换热和相变换热等多种传热传质方式以及目标内部的热源和运动状况及其环境气象条件。目标或背景的温度分布和红外辐射特征则是这种复杂的能量与质量交换过程的直接反映。研究目标与背景内部的能量质量传递,阐述目标与背景红外辐射特征的产生机理与分布规律,分析目标与背景的红外辐射对比特性,为红外成像制导武器和红外隐身对抗技术的发展提供必要的目标与背景红外特征及其分析方法,是本书的主要目的。

本书综合运用传热传质学、计算传热学、红外物理学、车辆行驶原理、弹道学和计算机图形学等学科的基本理论,系统地建立了描述地面军事目标与背景红外特征的理论和方法,深入分析了影响目标与背景温度场和红外辐射通量分布的各种因素,通过若干典型目标及背景的示例,阐述了红外特征模型的构造方法及其应用。本书的重点在于分析影响目标与背景红外特征模型的主要因素,针对各种目标不同特点的红外辐射特征理论模型的建立方法、目标与背景几何构形和计算结果的可视化方法以及红外模拟热图像的生成方法等。本书的内容对于红外制导武器的研制、军用目标的红外隐身技术研究具有重要的应用价值,在红外成像制导武器研制、军用目标红外隐身性能评估、红外隐身设计和红外波段战场虚拟现实系统与作战仿真等方面具有广泛的应用前景。

本书作者长期从事目标与背景的红外辐射特征研究,在国内首先建立了完整的坦克红外辐射特征模型、丛林背景红外辐射特征模型、桥梁红外辐射特征模型，并对坦克与背景红外景象的合成进行了大量研究。本书集作者近十年的研究成果而成。

　　本书主要由南京理工大学宣益民、韩玉阁共同撰写而成。作者对所有在本书写作过程中给与热情关心和大力帮助的前辈和同行，表示深深的谢意！由于作者水平有限，书中缺点错误在所难免，真诚希望读者批评指正。

宣益民，韩玉阁

目录

第1章 绪论 ... 1
1.1 目标与背景红外辐射特征 ... 1
1.1.1 目标与背景红外辐射特征产生的原因 ... 1
1.1.2 影响目标与背景红外辐射特征的因素 ... 2
1.2 目标与背景的关系 ... 4
1.2.1 目标与背景的相互作用 ... 4
1.2.2 大气辐射传输特性 ... 6
1.2.3 复杂天气条件对目标与背景红外辐射特征的影响 ... 6
1.2.4 复杂战场环境下目标与背景红外辐射特征 ... 9
1.2.5 目标与背景红外辐射对比特性 ... 10
1.3 目标与背景红外辐射特征研究的意义 ... 12
1.4 国内外研究水平及趋势 ... 14
1.4.1 复杂背景 ... 14
1.4.2 装甲车辆 ... 17
1.4.3 装甲车辆与复杂背景红外辐射特征对比特性 ... 23
1.4.4 大气传输特性及复杂天气条件对目标与背景红外辐射特征影响 ... 24
1.4.5 复杂战场环境下目标与背景红外辐射特征 ... 26
1.5 目标与背景红外辐射特征研究方法 ... 27
1.5.1 实验研究方法 ... 28
1.5.2 理论研究方法 ... 29
1.5.3 理论模型的校验 ... 33
1.6 目标与背景红外辐射特征的应用 ... 33
1.6.1 在装备研制中的应用 ... 34
1.6.2 军事应用 ... 36
1.7 目标红外辐射特征的调控 ... 38
1.7.1 调整目标红外辐射光谱特性 ... 38

1.7.2　降低目标红外辐射强度 ……………………………………… 39
　　　1.7.3　调节红外辐射传播途径 ……………………………………… 42
参考文献 …………………………………………………………………………… 43

第2章　红外辐射特征模拟的理论基础　56

2.1　目标与环境的能量传递关系 ………………………………………………… 56
2.2　传热的基本方式和理论 ……………………………………………………… 58
　　　2.2.1　热传导 …………………………………………………………… 58
　　　2.2.2　对流换热 ………………………………………………………… 59
　　　2.2.3　热辐射 …………………………………………………………… 66
　　　2.2.4　太阳辐射和天空背景辐射 ……………………………………… 70
　　　2.2.5　热边界条件 ……………………………………………………… 72
　　　2.2.6　红外辐射强度计算 ……………………………………………… 72
2.3　红外辐射特征分析的数值方法 ……………………………………………… 72
　　　2.3.1　辐射换热的计算 ………………………………………………… 73
　　　2.3.2　确定温度场的有限差分方法 …………………………………… 81
　　　2.3.3　确定温度场的边界元方法 ……………………………………… 82
　　　2.3.4　对流换热的数值计算方法 ……………………………………… 88
　　　2.3.5　目标与背景红外辐射特征的计算 ……………………………… 92
2.4　大气传输特性的影响 ………………………………………………………… 96
　　　2.4.1　分子吸收的逐线计算法 ………………………………………… 97
　　　2.4.2　分子吸收的谱带模型法 ………………………………………… 98
　　　2.4.3　气溶胶散射计算模型 …………………………………………… 99
　　　2.4.4　大气红外辐射传输特性计算 …………………………………… 100
2.5　红外辐射特征模型灵敏度分析 ……………………………………………… 100
2.6　目标红外图像特征分析 ……………………………………………………… 103
参考文献 …………………………………………………………………………… 104

第3章　地面运动目标红外辐射特征　108

3.1　车辆整体温度分布理论模型 ………………………………………………… 109
　　　3.1.1　车体的温度分布理论模型 ……………………………………… 109
　　　3.1.2　车辆动力舱内主要部件温度分布模型 ………………………… 115
　　　3.1.3　履带与车轮温度分布理论模型 ………………………………… 125
　　　3.1.4　火炮身管温度分布理论模型 …………………………………… 128

3.1.5　车辆温度理论模型的数值解法 ·· 132
3.1.6　车辆温度理论模型计算结果分析 ·· 140

3.2　车辆整体温度分布的流固耦合计算方法 157
3.2.1　物理模型的构建 ·· 157
3.2.2　网格划分 ·· 160
3.2.3　流固耦合数值计算的理论模型 ·· 160
3.2.4　装甲车辆温度场流固耦合计算结果分析 ······································· 165

3.3　地面运动目标表面温度场的工程建模方法 174
3.3.1　平板热模型 ·· 175
3.3.2　气温、湿度及风速日变化拟合 ·· 177
3.3.3　平板表面瞬时温度变化速率拟合 ·· 179
3.3.4　模型校验与分析 ·· 180
3.3.5　整车表面温度工程模型计算与分析 ·· 183

3.4　基于灵敏度分析的目标温度分布快速计算方法 187
3.4.1　温度灵敏度计算模型 ·· 187
3.4.2　基于敏感度分析的温度场快速计算方法 ······································ 189
3.4.3　快速计算方法的结果分析 ··· 190

3.5　车辆红外辐射特征理论模型 195
3.5.1　概述 ·· 195
3.5.2　车辆红外辐射特征计算结果分析 ·· 197

参考文献 203

第4章　地面立体目标的红外辐射特征 206

4.1　桥梁的红外辐射特征 206
4.1.1　桥梁结构分析 ··· 207
4.1.2　影响桥梁红外辐射特征的因素 ·· 207
4.1.3　桥梁红外辐射特征模型 ·· 208
4.1.4　算例及结果讨论 ·· 214

4.2　储气(油)罐的红外辐射特征模型 216
4.2.1　储气(油)罐红外辐射特征理论模型和数值方法 ························· 216
4.2.2　油罐红外辐射特征的流固耦合计算方法 ······································ 222

4.3　地面建筑物红外辐射特征模型 225
4.3.1　地面立体目标红外辐射特征简化建模方法 ·································· 226
4.3.2　地面立体目标温度场流固耦合计算方法 ······································ 228

IX

4.4 发电厂冷却塔红外辐射特征模型 ·· 234
    4.4.1 冷却塔红外辐射特征分析方法 ·· 235
    4.4.2 冷却塔温度场和红外辐射特征结果分析 ································· 239
参考文献 ·· 245

第5章 地面自然背景的红外辐射特征 ······································ 247

5.1 裸露地表及低矮植被的红外辐射特征 ·· 248
    5.1.1 裸露型地表 ·· 250
    5.1.2 人造材质地表 ··· 251
    5.1.3 植被型地表 ·· 251
    5.1.4 算例和结果分析 ··· 253
    5.1.5 不同因素对地表温度的影响分析 ······································ 256
    5.1.6 地面背景红外辐射特征 ·· 265
5.2 树木及丛林背景的红外辐射特征 ··· 267
    5.2.1 树木红外辐射特征模型 ·· 267
    5.2.2 丛林红外辐射特征模型 ·· 276
5.3 雪地红外辐射特征 ·· 279
5.4 起伏自然地表红外辐射特征理论模型 ·· 282
    5.4.1 三维地貌几何模型的建立 ··· 282
    5.4.2 太阳入射投影系数的计算 ··· 283
    5.4.3 算例讨论与分析 ·· 284
参考文献 ·· 288

第6章 装甲车辆车辙红外辐射特征 ··· 292

6.1 装甲车辆车辙红外辐射特征模型 ··· 293
    6.1.1 物理模型及其简化 ·· 293
    6.1.2 数学模型 ··· 294
    6.1.3 动网格方法 ·· 296
6.2 装甲车辆车辙红外辐射特征计算实例 ··· 297
    6.2.1 装甲车辆与地面背景之间的热交互作用对温度分布的影响
          研究 ··· 298
    6.2.2 装甲车辆车辙红外辐射特征的分析 ·································· 300
参考文献 ·· 301

第7章　大气颗粒物对红外辐射特征的影响 303

7.1 雨雾对辐射传输的影响研究 303
- 7.1.1 雨雾液滴物理特性 304
- 7.1.2 雨雾对红外辐射衰减特性的影响 306
- 7.1.3 雨雾对天空背景辐射的影响 310
- 7.1.4 雨雾对太阳辐射的影响 310

7.2 灰尘沉积对表面热辐射特征的影响 313
- 7.2.1 非均质固体颗粒等效光学常数模型 313
- 7.2.2 具有颗粒沉积层表面的表观吸收特性模型 315
- 7.2.3 灰尘颗粒物理特性 319
- 7.2.4 算例和结果分析 320

7.3 雨雾液滴对表面热辐射特征的影响 323
- 7.3.1 传输矩阵理论 323
- 7.3.2 随机分布液滴的生成方法 326
- 7.3.3 表观吸收特性预测模型 327
- 7.3.4 计算结果讨论与分析 329

7.4 复杂气象条件对典型车辆红外辐射特征的影响分析 336
- 7.4.1 雾天条件下装甲车辆红外辐射特征 336
- 7.4.2 雨天条件下车辆红外辐射特征 345
- 7.4.3 具有灰尘沉积层车辆的红外辐射特征 349

参考文献 353

第8章　红外热像模拟 356

8.1 自然地面背景的几何构型生成 356
- 8.1.1 自然物体的特点与分形几何的基本概念 357
- 8.1.2 常见自然景物的造型方法 358

8.2 地面立体目标和装甲车辆等军用目标的几何构型生成 366
- 8.2.1 几何元素的定义 366
- 8.2.2 表示形体的线框、表面和实体模型 367
- 8.2.3 装甲车辆三维几何构型 367
- 8.2.4 桥梁的三维几何构型 368

8.3 红外辐射热像模拟生成技术 369
- 8.3.1 图像灰度量化的处理 369

8.3.2　光滑阴影模型 ………………………………………………………… 369
8.4　自然地表红外图像的模拟 …………………………………………………… 370
　　8.4.1　自然地表红外图像的随机模拟 ………………………………………… 371
　　8.4.2　探测器视场图像生成 …………………………………………………… 372
8.5　装甲车辆的红外热像模拟 …………………………………………………… 376
8.6　地面立体目标的红外热像模拟 ……………………………………………… 377
8.7　丛林的红外热像模拟 ………………………………………………………… 378
　　8.7.1　丛林随机生成模型 ……………………………………………………… 378
　　8.7.2　丛林红外热图像的生成 ………………………………………………… 379
8.8　复杂三维背景红外图像模拟 ………………………………………………… 380
　　8.8.1　自然地表土壤类型和植被类型 ………………………………………… 380
　　8.8.2　复杂背景红外图像的生成 ……………………………………………… 381
8.9　复杂地面背景红外图像的可见光图像转换方法 …………………………… 385
　　8.9.1　可见光图像的分割 ……………………………………………………… 385
　　8.9.2　地面背景红外辐射图像生成 …………………………………………… 387
8.10　军用目标与地面背景红外图像的合成 ……………………………………… 390
　　8.10.1　红外模拟热像的合成 …………………………………………………… 390
　　8.10.2　目标模拟红外图像与背景实测红外图像的合成 ……………………… 392
参考文献 …………………………………………………………………………………… 395

≫ 第9章　红外辐射特征模型的验证与评估 ……………………………………… 397

9.1　模型验证与评估的方法和流程 ……………………………………………… 397
9.2　红外辐射特征模型验证的预先验证方法 …………………………………… 399
　　9.2.1　技术原理验证 …………………………………………………………… 400
　　9.2.2　正确实现数理模型 ……………………………………………………… 400
9.3　红外辐射特征模型的实验验证方法 ………………………………………… 405
　　9.3.1　实验的类型 ……………………………………………………………… 405
　　9.3.2　实验过程设计 …………………………………………………………… 410
9.4　红外辐射特征模型的评估方法 ……………………………………………… 416
　　9.4.1　多组复杂数据比对技术 ………………………………………………… 417
　　9.4.2　红外辐射特征模型的可信度评估方法 ………………………………… 418
9.5　红外辐射特征模型验证和可信度评估示例 ………………………………… 424
　　9.5.1　灵敏度影响因子确定 …………………………………………………… 424
　　9.5.2　基于正方腔体的红外辐射特征模型可信度评估 ……………………… 430

9.5.3　典型坦克红外辐射特征模型数值仿真结果的可信度评估……… 437
参考文献…………………………………………………………………… 443

第10章　目标红外辐射特征分析…………………………………… 445

10.1　目标与背景红外辐射对比特征分析………………………………… 445
10.2　目标红外辐射特征信号的获取方法………………………………… 450
10.3　目标可探测性分析…………………………………………………… 452
　　　10.3.1　信噪比计算方法………………………………………… 452
　　　10.3.2　目标可探测性计算结果与分析………………………… 454
10.4　基于红外光谱辐射的目标属性反演………………………………… 455
　　　10.4.1　目标属性的反演方法…………………………………… 455
　　　10.4.2　目标属性的反演结果分析……………………………… 460
参考文献…………………………………………………………………… 465

第11章　红外辐射特征模型的应用………………………………… 467

11.1　红外成像导引头的仿真试验………………………………………… 468
11.2　末敏弹探测地面车辆目标的仿真实验……………………………… 472
　　　11.2.1　末敏弹简介……………………………………………… 473
　　　11.2.2　末敏弹红外探测器工作原理…………………………… 473
　　　11.2.3　目标与背景红外辐射对比特征仿真示例与结果分析… 476
11.3　军用目标红外隐身性能评估………………………………………… 484
　　　11.3.1　点源目标的探测概率…………………………………… 486
　　　11.3.2　基于MRTD的面源目标探测概率……………………… 487
11.4　目标红外隐身效果评估与分析……………………………………… 489
　　　11.4.1　简单目标红外隐身效果评估与分析…………………… 489
　　　11.4.2　目标红外隐身方案的效果仿真评估…………………… 492
11.5　红外景象仿真………………………………………………………… 506
11.6　红外景象产生器……………………………………………………… 509
参考文献…………………………………………………………………… 516

第12章　目标红外辐射特征的调控………………………………… 519

12.1　微结构表面红外辐射特征的分析方法……………………………… 520
　　　12.1.1　微结构表面红外辐射特征模型………………………… 520
　　　12.1.2　微结构表面红外辐射特征的数值计算方法…………… 522

12.1.3 微结构表面电磁耦合机理研究……………………………………… 524
12.2 **红外辐射特征控制微结构表面的设计** …………………………………… 525
　　12.2.1 光谱特性控制膜系微结构表面设计方法……………………………… 525
　　12.2.2 可见光、红外和激光多波段兼容隐身微结构 ………………………… 529
　　12.2.3 红外波段隐身与辐射降温兼顾的复合微结构………………………… 531
12.3 **微结构表面对目标红外辐射特征的影响** ………………………………… 536
　　12.3.1 微结构表面的双向反射特性研究……………………………………… 536
　　12.3.2 微结构表面目标的红外辐射特征研究………………………………… 538

参考文献 …………………………………………………………………………… 544

第1章

绪 论

1.1 目标与背景红外辐射特征

目标与背景红外辐射特征是研究目标及其所处环境的红外辐射与传输属性，以提高武器装备在战场中探测、跟踪和识别目标能力的技术，是发展红外探测、制导和隐身技术的基础。

1.1.1 目标与背景红外辐射特征产生的原因

辐射是物体的固有特性。任何物体（包括固体、液体和气体）由于某种原因，例如受热、电子撞击、光照以及化学反应等，都会引起物质内部分子、原子等粒子运动状态的变化，产生各种能级的跃迁，同时向外发出辐射能，这种现象叫作辐射。物体温度高于绝对零度时，由于物体内部微观粒子的热运动状态改变所激发出辐射能的现象叫作热辐射。

由于产生辐射的方法和能级的不同，辐射的波长也不同。热辐射一般包括红外辐射、可见光和紫外辐射的一部分，其波长范围主要是 $\lambda=0.1\sim100\mu m$ 甚至更长些，其中红外辐射部分为 $0.76\sim100\mu m$；可见光波段为 $0.38\sim0.76\mu m$；波长在 $0.38\mu m$ 以下的热辐射属于紫外辐射[1,2]。

热辐射存在于自然界的任何一个角落。事实上，一切温度高于绝对零度的有生命和无生命的物体时时刻刻都在不停地发出辐射能。太阳是巨大的辐射能源，整个天空都是红外辐射源；而地球表面，无论高山大海，还是森林湖泊，甚至冰天雪地，也在日夜不停发射红外辐射。特别是活动在地面、水面和空中的军事装备，如坦克、车辆、军舰、飞机和导弹等，由于它们自身携带有动力源及高温部位，往往产生较强的红外辐射源，形成表征自身属性的红外辐射特征，易被红外探测器捕捉。

地面目标与背景（如坦克等地面运动目标、桥梁和建筑物等地面立体目标以及地表、植被等背景）的温度绝大多数情况下处于1000K以下，地面目标与背景发出的热辐射主要处在红外辐射波段。由于地面目标与周围背景温度的不同，发出热辐射的辐射强度时间分布规律及波长分布规律也不同，因而形成不同特征的红外辐射。由于目标与背景的不同部位往往具有不同的温度，表面红外辐射特征参数也不同，因此，目标与背景各部位所发出的红外辐射具有不同的波谱分布和辐射强度，因而形成反映目标与背景各自属性的红外辐射空间分布特征。例如，行驶在地面背景中的车辆，由于发动机内燃料的燃烧，释放出大量的热量，使发动机及其周围部位的温度明显高于其他的部位和周围的背景，发出的红外辐射的强度明显高于其他的部位和周围的背景，并且辐射出的能量大部分在短波范围内，其他的部位和周围的背景温度较低，发出的红外辐射的强度较弱，辐射能的特征波长也较长[3-6]；航行在海天背景中的舰船，由于发动机内燃料燃烧的废气排放及其烟羽的形成，使舰船烟囱的温度明显高于舰船的其他部位和海天背景，红外辐射强度也明显高于周围环境[7,8]；各种生命体（如人类、各种动物和植物等），由于自身的新陈代谢作用，生命体的温度与周围环境的温度具有明显的区别，红外辐射的强度和波谱分布也明显不同于周围背景。

目标的红外探测与识别和资源的红外遥感遥测所依据的就是物体自身及其所处环境的红外辐射特征和彼此之间红外辐射对比特性。物体的红外辐射特征主要取决于物体自身温度分布和表面辐射特性，因此研究物体（目标）的红外辐射特征应首先研究物体的温度分布及变化规律。

1.1.2 影响目标与背景红外辐射特征的因素

目标与背景红外辐射特征由目标与背景自身的红外辐射和对来自周边环境辐射能量的反射两部分组成。目标与背景自身的红外辐射是由目标与背景的温度分布和表面辐射特征参数确定的。目标与背景对入射红外辐射的反射取决于目标与背景表面辐射特征参数和来自周边环境的红外辐射。

目标与背景温度分布取决于目标与背景的相关参数以及目标与背景和环境间的热量交换关系。目标的参数不仅包括目标的几何结构参数、材料参数和表面光学参数等，还包括目标的隐身措施、运行状态等。背景的参数不仅包括地面背景的类型（裸地、植被、丛林、水体、建筑物）、地面高程、材料参数和表面光学参数等，还包括背景的状态参数，如地表的含湿量、建筑物内热源工作情况等。这些参数都是目标与背景红外特征理论模型的输入，其中某些参数可能随目标与背景自身的温度水平或其他条件发生变化。目标与环境之间的热交换关系主要包括:①目标与环境之间的辐射换热,主要有目标的自身热辐射,接受的太阳辐射、天空背景辐射(大气辐射)、地面背景辐射(裸地、植被、丛林、水体等)和其他环境辐射(建筑物、其他目标等)以及目标内部部件之间的辐射换热等;②目标与环境间的对流换热,对于车辆主要是指车辆与外部空气间的对流换热和车辆与内部空气间的对流换热;③目标各部件之间的热传导,即处于不同温度水平的相邻部件之间因为直接接触存在温度梯度而发生的热量由高温区向低温区的传递;④目标内部热源的产热、散热方式和状态,如发动机工作状态或火炮射击产热等;⑤目标与背景之间的相互作用,如履带与地面间的摩擦产热和车辆对地面的辐射加热等。而地面背景与环境间的热交换关系,除了地表自身辐射、太阳辐射和大气辐射外,需要特别考虑由于地表与周围空气间的传热传质引起的显热和潜热对流换热。

  太阳辐射、大气辐射、目标表面与空气的对流换热和直接影响目标与背景辐射换热的表面光学特征参数还不可避免地受到雨、雾、雪和沙尘等复杂气象条件的影响。在雨、雾、雪和沙尘等复杂气象条件下,固/液颗粒与目标表面发生传热/传质过程,从而影响目标表面的对流换热和温度分布。由于雨滴、雾滴、雪花和沙尘颗粒的光散射与吸收作用,将同样影响入射目标的太阳辐射和大气辐射;雨滴、雾滴、雪花和沙尘颗粒吸附或沉积于目标表面,改变表面的热辐射特征参数。因此,雨、雾、雪和沙尘等复杂气象条件也影响着目标表面的辐射换热和目标的温度场。

  来自环境的红外辐射,包括太阳辐射、天空背景辐射(包括大气辐射)、地面背景辐射(植被、水体等)和其他环境辐射(建筑物等)中的红外辐射,其中地面背景辐射和其他环境辐射由地面背景和其他环境的温度及其表面辐射特性确定,影响其温度分布的因素和影响目标与背景温度的因素类似。由于雨滴、雾滴、雪花和沙尘颗粒的光散射与吸收作用,雨、雾、雪和沙尘等天气将影响来自太阳辐射、天空背景辐射、地面背景辐射和其他环境辐射中的红外辐射,进而影响目标与背景对来自环境的红外入射辐射的反射。目标与背景表面辐射特征参数主要由表面材料的属性和表面结构(如粗糙度)确定。例如,车辆表面隐身涂层的辐射特征参数主要由涂层材料性质和涂装的工艺(影响表面粗糙度)确定;如前所述的雨滴、雾滴、雪花和沙尘颗粒吸附或沉积于车辆,也会改变车辆表面的辐射特征参数。

  从以上分析可以看出,影响目标与背景红外辐射特征的因素繁杂众多,既涉及军用目标类型、结构特点、材料特性、内部热源和热管理方式等内部因素,又存在太阳辐射、背景辐射、大气的温度、湿度和风速等外部因素及气象条件的影响。这些因素的影响程度不尽相同,且具有非线性、非定常耦合作用特点,准确分析这些因素的影响非常困难。因此,建立目标与背景红外辐射特征的灵敏度模型与分析方法,定量分析计算目标动力系统、运行状态、环境条件、材料导热系数、热容、表面发射率和表面吸收率等影响因素对红外辐射特征的灵敏度,揭示红外辐射特征的变化规律,确定红外辐射特征模型输入参数的置信区间和主要影响因素,是目标红外辐射特征模型的应用和特征控制的依据,对武器装备红外隐身设计与评估具有重要作用。

1.2 目标与背景的关系

这里所指的目标是军事武器作战的对象物(可以是进攻武器攻击的对象,也可以是防御武器拦截的对象),而背景是指目标之外的一切物体。目标与背景是相对的,可以相互转化。同一物体有时为目标,有时也可以成为背景。例如,港口有时可以成为武器攻击的目标,但当攻击目标仅局限于港口中某些舰船时,舰船之外的港口便成了背景;机场有时可以为攻击的目标,但当攻击局限于机场中停靠的飞机时,机场就成了背景。

1.2.1 目标与背景的相互作用

目标与背景始终处于一个复杂的能量交换过程,目标与背景的红外辐射特征是彼此相互作用、相互影响而形成的结果。研究目标与背景的红外辐射特征时,不可能将目标与背景完全隔离开来,而单独研究目标或背景的红外辐射特征。

首先,背景温度及红外辐射特征对目标温度场具有明显的影响。例如,典型的地面装甲车辆——坦克——与地面背景处于一个复杂的能量传递体系之中,由于坦克的工作状态与温度分布、地面背景的温度和表面辐射特性不尽相同,各自发出的热辐射不同。一方面,地面背景发出的热辐射对坦克的温度场有影响,从而影响坦克的红外辐射特征;另一方面,地面背景发出的红外辐射的一部分被坦克表面反射,与坦克自身红外辐射叠加在一起,形成坦克的有效红外辐射,从而影响坦克的红外辐射特征。

其次,目标的存在也会影响背景的红外辐射特征。一方面,目标在背景中静止或者运动都会对背景的红外热辐射产生影响,例如坦克驶过地面后,会在地面上留下明显的履带痕迹,改变了地面本身的特性,也因此使地面的红外辐射特征发生变化。图1-1是装甲车辆在地面上留下痕迹的红外图像[9],装甲车辆碾压地面后,将会长时间在地面(沙、土地面)上形成车辙痕迹的红外辐射特征,红外探测器很容易获得装甲车辆的运动轨迹,进而可以推断出装甲车辆的运动方向等,实施跟踪打击。另一方面,目标对不同的背景产生的作用有很大的区别,例如车辆在不同类型地面上,诸如沙地、草地、水泥路面等,留下的车辙痕迹是不同的,其呈现的红外辐射特征也有很大的区别;不同的目标对同一背景的影响也不同,例如重型车辆与轻型车辆或车辆型假目标在同种类型地面上车辙痕迹是不同的。图1-2所示是美国军队工程和发展中心以及地形工程中心[10]通过T-72坦克、M1坦克、M2"布雷德利"战车、5吨卡车、D7拖拉机和高机动多用途轮式车辆(HMMWV)等不同车辆在不同地面类型上留下的红外辐射特征。试验测量表明,轮式车辆和履带式车辆在地面上留下的红外辐射特征有很大区别;在有植被覆盖的地面红外辐射特征区别较小,因而可以通过车辙痕迹将假目标与真实车辆区别开来。

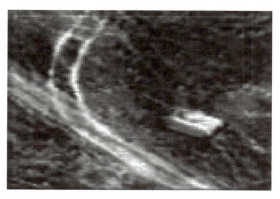

图1-1 装甲车辆地面痕迹的红外图像[9]

（a）红外遥感图像　　　　　　　　（b）可见光图像

图1-2 车辆痕迹的遥感图像[10]

另外,装甲车辆在行驶时,在装甲车辆的尾部会形成负压区,将地面的灰尘吸起,同时车轮或履带也会将地面的灰尘扬起,形成尾部扬尘。装甲车辆尾部扬尘在发动机尾气的加热作用下呈现非常强烈的红外辐射,改变了背景的红外辐射特征。

1.2.2 大气辐射传输特性

大气辐射传输特性是指电磁波在大气中传输时,大气中的粒子对电磁波的吸收和散射作用,作用效果包括两方面:一方面,目标自身辐射能量以及目标对太阳辐射能量的反射,经过大气传输路径到达探测系统传感器(成像镜头)前的能量衰减;另一方面,大气对太阳辐射能量单次散射和多次散射、对目标场景周围环境热辐射的多次散射、大气中粒子的自身热辐射作用等致使辐射传输到探测系统传感器(成像镜头)前的能量增强。大气辐射学中的能量衰减通常用大气透过率来表示,能量增强通常用大气程辐射来表示[11]。大气的传输特性对目标与背景的红外辐射特征及其对比特性具有重要的影响,探测器接收到的红外辐射特征就是目标与背景的红外辐射特征经过大气衰减并叠加大气程辐射的综合效果。

影响大气辐射传输特性的主要因素:

(1) 大气模式——大气温度、大气压强、密度等大气参数以及大气分子(如水汽、二氧化碳、臭氧、一氧化二氮、一氧化碳、甲烷和氧气、一氧化氮、二氧化硫、二氧化氮、氨气和硝酸)在水平和竖直方向的分布情况;

(2) 气溶胶模式——城乡大气气溶胶、雾、沙尘、火山喷发物、云、雨等在水平和竖直方向的分布情况以及辐射参量如消光系数、吸收系数和非对称因子的光谱分布;

(3) 下垫面情况——不同地表,如雪地、农田、沙漠、海洋和草地等地表的反射率和发射率等。

在给定大气模式、气溶胶模式和下垫面情况的条件下,通过求解气体辐射传输方程就可以获得大气辐射传输特性。目前,求解气体辐射传输方程的主要方法有区域法、扩散近似法、热流法、离散传递法、球形谐波法、蒙特卡洛法、离散坐标法、有限体积法和射线踪迹-节点分析法等[12]。比较成熟的软件有 LOWTRAN、MODTRAN、MOSART、PcModWin、FASCODE、SBDART、SHDOM 和 CART 等[11,13-19]。

在目标与背景红外辐射特征的研究中,为探讨目标与背景红外辐射特征变化的一般规律,可以使用标准的大气模式和气溶胶模式。但在目标与背景红外辐射特征研究成果实际应用中,由于大气模式和下垫面、大气分子、气溶胶等各项参数随着环境变化都有很大的随机性,因此为提高大气辐射传输特性计算的精度,需要实验测量大气模式和下垫面、气溶胶等各项参数,以获得准确的、有针对性的大气辐射与传输特性。

1.2.3 复杂天气条件对目标与背景红外辐射特征的影响

复杂气象环境下(如雨、雾、雪、霾、沙尘条件),雨滴、雾滴、雪花和沙尘颗粒在大气中具有大范围的空间分布。由于这些粒子群及其聚集结构对红外光的强烈散射和吸收作用,复杂气象环境势必对红外辐射在大气中的传输造成衰减。在民用领域,将严重影响交通运输、航海航空和卫星遥感等;在军事领域,将对红外探测识别、红外制导武器的追踪造成严重影响,制约了制导武器的全天候打击能力。因此,雨、雾、雪、霾和沙尘条件大气传输特性的研究很早就受到广泛重视。

雨、雾、雪、霾和沙尘等复杂气象条件对目标与背景红外辐射特征及其对比特性有以下两个方面的影响:①雨、雾、雪、霾和沙尘等特殊条件下大气中相应的粒子群对辐射的吸收、散射、衰减作用,对目标与背景红外辐射特征的影响体现在两个方面,一是影响目标与背景的红外辐射传输,最终影响红外探测器接收到的目标与背景的红外辐射亮度;二是影响目标、背景与环境间的辐射换热(如目标与背景接收到的太阳辐射和环境辐射等),进而影响目标与背景的温度、红外辐射特征及其对比特性。②由于雨、雾、雪、霾和沙尘等液/固颗粒在目标与背景表面沉积或吸附,从而形成相应颗粒的液滴、液膜或固体颗粒沉积层,对目标与背景红外辐射特征的影响也体现在两个方面:一是对目标与背景对流传热传质过程产生影响,从而影响目标与背景的温度分布和红外辐射特征及其对比特性;二是影响目标与背景表面原有的辐射特性,辐射特征参数的变化会改变目标与环境间的辐射换热,进而影响目标的温度水平;辐射特征参数的改变,同样影响着目标与背景自身红外辐射以及目标与背景表面对环境红外辐射的反射,最终影响目标与背景的红外辐射特征及其对比特性。

大气中相应的粒子群对辐射的吸收、散射和衰减作用属于大气辐射传输特性的研究内容,主要研究方法有实验测量法和理论建模法。主要研究内容:①针对不同类型气溶胶以及典型复杂气象环境(雨、雾、雪、霾、沙尘等),分析雨、雾、雪、霾和沙尘等复杂天气条件形成原因与影响因素,建立典型复杂气象环境的气溶胶粒子谱分布模型;②获取典型复杂环境下气溶胶颗粒物或颗粒团聚物的光谱吸收系数、光谱散射系数、光谱衰减系数、反照率和不对称因子等辐射参量。利用大气辐射传输特性模型及软件分析雨、雾、雪、霾和沙尘等特殊条件对目标与背景的红外辐射特征及其对比特性的影响。这些方面已经有大量研究成果可以使用,如LOWTRAN、MODTRAN和MOSART软件中已经有内置的典型雨、雾、霾和沙尘等气溶胶粒子谱分布模型及辐射参量,可直接参考相关文献[13-19]。在实际应用中,也可通过实验测量的方法获得特定地区特定季节的典型雨、雾、雪、霾和沙尘等气溶胶粒子谱分布模型与辐射参数。

在雨、雾、雪、霾、沙尘和雪等条件下,由于重力场的作用,这些液/固态颗粒沉积于目标与背景表面,形成液膜、液滴或相应固体物质颗粒物的附着层。需要根据具体天气条件的不同,采用相应的研究方法分析计算这些颗粒附着层对目标与背景的红外辐射特征及其对比特性的影响。

由于雨滴、雾滴或雪花的沉降或冲刷作用,雨滴、雾滴和雪的粒径谱分布、颗粒的动力学特性等将直接影响目标表面的对流换热。在雾天条件下[20],由于雾滴沉降及空气流动作用,沉积吸附于目标表面的液滴可发生蒸发作用,也可能发生水露凝结。目标表面的对流换热主要包括雾滴与壁面间的碰撞吸附换热和表面所形成液膜的蒸发换热、湿空气在表面的凝结换热。在降雨条件下[21],由于雨滴沉降及空气流动作用,沉积吸附于目标表面的液滴可发生蒸发作用,目标表面的对流换热主要包括雨滴与表面的碰撞沉积换热和表面所形成水膜的蒸发换热。当降雨量达到一定程度,雨水将在目标表面上流淌冲刷,由于雨水与目标表面的温差,从而引起雨水在表面的冲刷对流换热。随着目标表面倾斜角度的不同,雨水的冲刷速度将有所不同。对于雪天,则需要分为雪有融化和无融化两种情况考虑。对于无融化情况,对目标对流换热影响则只需要考虑雪层的导热以及雪层表面粗糙度对对流换热的影响;而对于有融化的情况,则需要考虑雪的融化和蒸发换热。

对于霾和沙尘天气条件,在目标表面会形成相应固体物质颗粒物的沉积层。当沉积层比较薄时,可以通过考虑沉积层表面粗糙度来处理该沉积层对目标对流换热的影响;当沉积层达到一定厚度时,则需考虑其导热的影响。

由于雨、雾、雪、霾和沙尘颗粒等在目标与背景表面所形成液膜、液滴和颗粒沉积层的本征光学属性通常不同于表面本身,而且表面形成的这类颗粒沉积层的几何结构也使电磁波在表面的传播过程复杂化,从而必然影响表面本身的光学传输特性。

在雨雾条件下,附着或飘落于表面的雾滴或雨滴在目标表面会形成随机分布的水滴或形成水膜,由于目标表面自身与液滴的辐射特性各不相同以及辐射能在液滴内部的传输过程相当复杂,目标表面的表观光学参数(如吸收率、反射率)及热辐射特性均会受到较大影响。红外热辐射本质上是电磁波的传播。当热辐射照射到具有随机分布液滴的表面,一部分辐射能在液滴表面被反射到环境中,另一部分辐射能透射进入液滴内部被吸收或被基底表面吸收和反射;辐射能在液滴内部的传输过程相当复杂,受液滴空间分布(液滴尺寸、液滴高度、液滴覆盖率)及液滴光学常数的影响。影响液滴或液膜的目标表面辐射特性的因素主要包括液滴的空间分布(尺寸分布、高度分布及覆盖率)、目标表面本身的光学特性和液滴自身的光学特征参数[22]。

一般地,沉积于表面的颗粒沉积物随机覆盖于表面,由于颗粒群的吸收、散射作用而影响表面的辐射特性。以灰尘为例,当一束电磁波入射到沉积有灰尘的表面时,电磁波将在灰尘颗粒群形成的灰尘层表面发生反射,在灰尘层内部发生散射、吸收,并在基底表面发生吸收、反射或透射,从而影响沉积有灰尘的表面表观光学特性。电磁波在灰尘层的传输过程受灰尘颗粒光学常数、灰尘厚度、灰尘颗粒粒径分布、灰尘堆积密度、基底反射特性和灰尘含湿量等因素的影响。因此,粘附有颗粒沉积层的表面表观吸收特性的研究包括以下两方面:①灰尘颗粒光学常数的计算模型;②电磁波在灰尘层内的传输模型[21,23]。

自然条件下的灰尘颗粒物通常属于多组分非均匀介质,由于其化学组分的不同,其光学常数存在较大差异。目前,确定非均质介质光学常数的方法主要有椭偏法、反演法和等效介质理论[21]。

1.2.4 复杂战场环境下目标与背景红外辐射特征

一切作战活动都是在一定的战场环境中进行的,战场环境对目标与背景的红外辐射特征有很大的影响。影响目标与背景红外辐射特征的环境有战场自然环境和战场人工环境。战场自然环境可分为地理环境和气候环境[24],战场自然环境对目标与背景红外辐射特征的影响可归结为前面描述的目标与背景的相互作用、大气辐射传输特性和复杂气象条件对目标与背景红外辐射特征的影响,此处不再赘述。战场人工环境是指由于对自然环境的人为改造而形成的新的环境[24]。对目标与背景红外辐射特征有影响的人工环境主要包括防御工事、障碍物、主动释放的烟雾(诱饵弹、烟雾弹等)、被动发生的燃烧火焰和烟雾(战场火焰)、爆炸烟尘、车辆行驶的扬尘、废弃的目标和人造假目标等。系统全面地研究战场环境尤其是战场人工环境对目标与背景的红外辐射特征影响是较困难的,主要体现在数据量大、定性及不确定因素较多。本节大致介绍战场环境对目标与背景红外辐射特征的影响及其分析研究方法。

废弃的目标和人造假目标的红外辐射特征完全可以按照目标红外辐射特征研究的方法进行研究,而防御工事和障碍物可以作为地面固定目标进行研究。主动释放的烟雾、被动发生的燃烧火焰和烟雾(战场火焰)、爆炸烟尘和车辆行驶的扬尘对目标与背景红外辐射特征的影响与复杂天气条件对目标与背景红外辐射特征的影响类似,也包括粒子群参与辐射的吸收、散射和衰减作用对目标与背景红外辐射特征的影响、固体颗粒在目标与背景表面沉积或吸附对目标与背景红外辐射特征的影响,研究方法也与复杂天气条件对目标与背景红外辐射特征影响的研究方法类似。不同之处在于:①主动释放的烟雾、被动发生的燃烧火焰和烟雾(战场火焰)、爆炸烟尘、车辆行驶的扬尘所形成气体成分和固体颗粒物的空间分布、粒子谱分布模型不尽相同,气体分子和颗粒物或颗粒团聚物的光谱吸收系数、光谱散射系数、光谱衰减系数、反照率和不对称因子等辐射参量也各不相同;②主动释放的烟雾、被动发生的燃烧火焰和烟雾(战场火焰)、爆炸烟尘和车辆行驶扬尘等的颗粒物在目标与背景表面的沉积状态不同。因此,人为主动释放的烟雾、被动发生的燃烧火焰和烟雾(战场火焰)、爆炸烟尘或车辆行驶扬尘对目标与背景红外辐射特征的影响研究应主要包括以下几个方面：

1. 主动释放的烟雾、被动发生的燃烧火焰和烟雾(战场火焰)、爆炸烟尘、扬尘的温度和组分的空间分布以及粒子谱分布理论建模方法

主要研究主动释放的烟雾、被动发生的燃烧火焰和烟雾(战场火焰)、爆炸烟尘等过程的燃烧或爆炸机理，考虑燃烧或爆炸产物、空气和固体粒子等的传播扩散作用，建立燃烧或爆炸产物的流场、温度和气体及固体颗粒物组分的空间分布和固体颗粒物粒子谱分布的理论模型。对于车辆行驶形成的扬尘则根据风沙动力学及颗粒学特性和车辆行驶状况以及地面灰尘的特性，考虑车辆与地面灰尘和风沙的相互作用，建立车辆行驶的扬尘流场、灰尘组分、温度的空间分布以及固体颗粒物粒子谱分布的理论模型。

2. 复杂战场环境气固两相混合物的辐射特性

在复杂战场环境下，战场火焰、爆炸烟尘和车辆行驶的扬尘本质上都是气固两相混合物，其热辐射既包含气体分子的辐射、散射和吸收作用，也包括介入性固体颗粒的辐射、散射和吸收作用。研究气体与介入性固体颗粒构成的气固两相混合物中气体辐射与固体颗粒辐射的相互作用，建立气体分子和颗粒物或颗粒团聚体的光谱吸收系数、光谱散射系数、光谱衰减系数、反照率和不对称因子等辐射参量的获取方法。

3. 主动释放的烟雾、被动发生的燃烧火焰和烟雾(战场火焰)、爆炸烟尘、车辆行驶扬尘等的颗粒物在目标与背景表面的沉积属性

在重力场和空气流场的综合作用下，火焰燃烧产物、战场烟尘和车辆行驶的扬尘等颗粒物随机沉积或附着于地面目标表面。由于这些颗粒物的空间分布、粒子谱分布不同，其在表面的沉积状态和结构也不同，需要分别考虑沉积物的空间分布、粒子谱分布等特性，考虑重力场和流场作用以及固体表面对不同颗粒物的吸附作用，建立颗粒物在目标与背景表面的沉积状态与结构模型，获取沉积层厚度、沉积层颗粒粒径分布、沉积层堆积密度和沉积层含湿量以及沉积层颗粒光学常数及其光谱分布属性等，以应用于目标与背景表面光学辐射特征参数的研究。

1.2.5 目标与背景红外辐射对比特性

地面目标泛指有军事和经济价值的装备和建筑，主要包括装甲车辆、火炮、电站、油库、桥梁、机场、高速公路、建筑物及导弹和卫星发射场等。对于自备动力的地面可移动目标(如坦克和自行火炮等)，其发动机机舱部位、发动机排气口和发动机排出的废气与相邻部件和周围背景相比，通常具有较高的温度，这些部位的红外辐射强度也明显高于背景；目标的其他区域温度与周围背景相比，随目标的具体

工作状况和所处的环境天气条件的不同,目标温度可以高于背景的温度,也可以低于背景的温度,相应的红外辐射强度可能高于背景,也可能低于背景[25]。

在太阳照射下,不同的地物背景(如土壤、沙漠和植被等)昼夜24小时内红外辐射温度的变化规律是不同的。水泥地面相对于土壤和沙漠,在昼夜时间内的温度变化波动范围较大,植被在昼夜时间内的温度变化相对较小[26]。因此,对于同一目标,在昼夜时间内其与不同背景的红外辐射温度差也是不同的。对于给定的某一红外成像探测系统,其温度分辨率 ΔT 是确定的。所以,在目标与背景的红外辐射特征研究中,应特别注重研究目标与背景的红外辐射温度差 $|T_t - T_b| \leq \Delta T$ 的条件、状态和时间(T_t 是目标红外辐射温度,T_b 是背景红外辐射温度)。在 $|T_t - T_b| \leq \Delta T$ 的条件下,红外成像系统难以从背景中分离出目标的红外图像[27-29]。

目标的红外辐射温度也是昼夜变化的。由于太阳对目标的加热和昼夜环境温度的变化,无论目标处于静止状态或运动状态,其表面温度均随时间的变化而变化。通常情况下,在日出前的5时至6时,自然状态下的目标表面的温度最低;日出后,在太阳的照射加热下,表面温度逐渐升高,大约在下午2时至3时,目标表面温度最高;随后目标温度慢慢下降,一直降到日出前的最小值[25]。目标不同表面由于方位不同,接受并吸收的太阳辐射也不同,因而在不同的时间内,目标本身的不同部位红外辐射也是不同的。由于目标与背景的物性不同,即使同一目标置于同一背景中,在不同的时间内目标与背景的红外辐射温度差 $|T_t - T_b|$ 也是不同的。

对于自携动力源的目标,当目标具有不同的工作状态时,其红外辐射特征具有明显的差别。例如,坦克处于静止状态时,坦克表面的温度分布比较均匀,各部分的温度差别不大,只是直接接受太阳辐射的部位温度较高,对于裙板等薄壳结构部件,温度增加可达10℃左右。坦克发动机处于工作状态时,尤其是发动机工作1~2h后,坦克表面温度升高,形成坦克表面相对于周围背景温度较高的面目标[3-6]。当坦克高速行驶时,由于发动机高速运转,发动机排出的高温废气与坦克履带卷起的尘土混在一起,形成了大片的热烟尘,这些热烟尘可使从尾向观察的坦克红外图像变得模糊,但它呈现较高的红外辐射温度,可作为红外探测与识别坦克的依据之一。

目标与背景之间红外辐射对比特征是红外探测导引头发现和识别目标的重要依据。缺少这些信息,难以对某一红外导引系统的性能进行评估。实际上,红外成像制导武器在发现、识别和跟踪目标的过程中,不是单一地利用目标的红外辐射温度,而是依据被探测目标与周围背景红外辐射温度的对比特性(或红外辐射温度之差)进行分析,将目标与背景区分开来,完成对目标的发现、探测、识别和跟踪。红外成像探测系统工作波段通常在两个典型的大气红外窗口 3~5μm 和 8~14μm 波段,目标或背景红外辐射特征在上述两个波段的产生机理和分布规律是本书的主要研究内容。

1.3 目标与背景红外辐射特征研究的意义

红外系统对处于地面背景中的目标探测,在很大程度上取决于以下几个因素:目标本身的红外辐射特征、周围复杂背景的红外辐射特征和它们之间的对比特性。通常,这些因素还会受到地理位置、气象条件和季节以及一天中的具体时间的影响。

地面复杂背景包括土壤、草地、灌木丛、林冠、农作物和地面设施(机场、桥梁、建筑物)等。在某些条件下,目标可能会呈现出类似于地面复杂背景的红外辐射特征,或者说,目标与背景具有较小的对比度,而伪装混合于地面复杂背景中。另外,目标可全部或部分地被具有足够大的局部粗糙地表(山丘、高草、灌木丛和林冠等)所遮蔽。气象条件也常常使较完善的红外探测系统失效,例如,烟、云、雾雨和雪等对红外辐射的衰减效应常使目标变得模糊不清。

随着红外光学对抗技术的发展,目前世界各国均在军用目标上采用了大量的隐身措施,如伪装网或红外涂料以及其他一些红外抑制措施,使目标与背景之间具有较小的红外辐射对比度,甚至使目标完全隐蔽于背景之中。红外假目标和红外诱饵弹的应用更使真假目标难辨,增加了目标在红外波段的探测与识别难度。

当前,红外探测或红外制导系统已从点源探测向焦平面成像过渡,基于单元探测和线列探测成像技术的红外制导武器已投入使用,凝视成像的高性能红外制导武器系统将逐步进入服役阶段。红外成像导引系统摆脱了只能跟踪目标最热部位的局限性,通过成像探测捕获目标的红外图像,能从目标(如装甲车辆)和背景之间的微小温差所产生的热分布图像中分辨并发现目标。世界各国正在研制的红外成像制导导弹,就是利用红外成像技术在复杂的环境中探测远距离的目标(如装甲车辆),具有穿透烟雾与云雾的能力以及具有可昼夜工作的"准全天候能力"。红外成像制导导弹研制必然涉及目标与相关背景的红外图像特性以及目标与背景的红外辐射对比特性,红外成像制导武器装备的论证、研制、仿真和作战都需要提供军事目标与背景的红外辐射图像特性数据。首要的是研究目标与背景的红外辐射特征产生机制,构建目标与背景的红外辐射特征模型,研制相应的计算软件,产生大量案例和场景的数据并加以分析处理,为红外成像制导武器装备的研制提供必不可少的设计指标和设计参数。也就是说,红外探测制导武器的发展对目标与环境红外特征研究的要求越来越高,而且也越来越迫切。

海湾战争、阿富汗战争、伊拉克战争和利比亚战争中使用的红外精确制导武器、搭载红外热成像设备的战机和装甲车辆以及配备红外夜视装置的单兵武器等可实现复杂气象条件全天候的精确打击,显示出巨大的战斗力[27]。海湾战争充分显示了红外技术特别是热成像技术在军事上的作用和威力。红外夜视装备的普遍应用是这次战争的最大特点之一,在战斗中投入的红外夜视装备之多、性能之好,是过去历次战争所不能比拟的。美军每辆坦克、每个重要武器装备直到反坦克导弹都配有红外夜视瞄准具,仅美军第24机械化步兵师就装备了上千套红外夜视仪。多国部队除了地面部队、海军陆战队广泛装备了夜视装置外,美国的F-117隐身战斗轰炸机、"阿帕奇"直升机、F-15E战斗机以及英国的"旋风"GR1对地攻击机等都装有先进的热成像夜视装备。多国部队利用飞机发射的红外制导导弹在海湾战争中发挥了极大的威力,仅在10天内就摧毁伊军坦克650辆、装甲车500辆[28]。1982年的马岛战争中,英国皇家空军发射了27枚新型的美制"响尾蛇"AIM-9L型红外制导导弹,击落阿根廷空军飞机24架;在同年黎巴嫩贝卡谷地空战中,以色列空军击落的44架叙利亚飞机中半数是用红外制导导弹击中的[27]。这些先进制导技术在军事的成功运用,是以目标与背景红外辐射特征为基础的,因而目标与背景红外辐射特征的研究对红外探测制导武器的研制以及红外夜视装置的研究和应用具有重要意义。

就军事目标而言,随着各种主动和被动的红外探测系统广泛应用到各种武器打击系统中,目标的战场生存能力愈加受到挑战。为了对抗红外制导武器,提高生存能力,就必须进行军事装备的红外隐身设计。红外隐身设计同样要涉及目标与相关背景的红外辐射特征以及它们之间的对比特性。为此,对影响目标与相关背景红外特征以及它们之间对比特性的因素必须有全面的了解,设法对其主要的影响因素进行重点分析,采用相应的针对性隐身伪装措施,以降低目标的红外辐射强度,并尽量使其与相应条件下背景的红外辐射特征相匹配,降低目标被探测和识别的概率,达到红外隐身的目的,从而提高军事装备的生存力和战斗力。对目标与背景红外辐射特征及其对比特性进行研究,可以为目标红外隐身设计提供理论依据,可用于检验现有军事装备红外隐身技术的效果。总之,研究目标与背景的红外辐射及其对比特性,对目标识别、红外制导武器研制、红外隐身技术研究、武器性能评估、武器装备采购、作战模拟训练和作战使用等均具有非常重要的意义和突出的应用价值。

目标与背景红外辐射及其对比特性在经济建设中也具有广泛的应用前景,例如,可用于国土资源的红外遥感和遥测、森林火灾的预防以及农作物生长状况的红外监测、工业节能、设备热故障在线诊断、野外作业人员救生和疫情监测等相关领域。

1.4 国内外研究水平及趋势

由于军事目标红外辐射特征的研究对于红外制导武器装备的研制、军事目标的红外隐身设计、仿真训练和实战都具有重要的意义,国内外早在20世纪六七十年代就开始了目标红外辐射特征的研究,涉及的地面军事目标和背景主要有装甲车辆、舰船、飞机、裸露地表、植被、道路、机场跑道、港口、桥梁和铁路及其编组站等。初始阶段的研究工作是以实验测量为主,逐步开展红外辐射特征理论建模方法的研究。装甲车辆(坦克)作为典型的地面军事目标成为研究的重点之一,装甲车辆(坦克)处于复杂的地面背景中,必然与各种地面背景存在多种形式的能量交换,涉及不同的热传递方式。目标识别与红外隐身设计所依据的是目标与背景的红外辐射特征的差异,同时研究装甲车辆和复杂背景的红外辐射特征以及它们之间的对比特性才有实际意义。现就装甲车辆和复杂背景红外辐射特征以及它们之间的对比特性研究的国内外现状综述如下。

1.4.1 复杂背景

近二十几年来,以美国为主的一些西方国家陆续开展了地面复杂背景红外辐射特征的研究工作。一方面,系统地测量了各种地表、植被、水域甚至雪等地面背景在不同气象条件下的温度及红外辐射亮度,进行了系统的总结分析,定量描述了其统计特性[30-35],建立了较为完整和实用的数据库,可直接用于军事目标的红外探测识别工作;另一方面,根据对基本物理现象的分析,针对不同背景提出了一些由各种宏观参数(气象参数、辐射参数和热物性参数)作为输入条件的理论模型,进行实验验证[36-43]。这些模型依据相关学科的基本理论,定量描述了不同地面地表背景的相互作用以及植被与土壤和空气间的传热传质过程和红外辐射特征,可以预测各种地表在不同气象条件下的温度及红外辐射亮度。

地表红外辐射特征与很多物理过程和现象有关。例如,土壤非饱和层内的传热传质、植物根的吸收、植物的生长和植被层内部以及植被上方与空气间的湍流交换,涉及传热传质学、土壤物理学、水力学和植物学等多门学科,出现了一系列相关的半经验半理论或理论模型。这些模型不可能在所有的方面都是完善的,有的可能在某一或某些方面比较完善。一些模型将土壤分成若干层,充分考虑了不同深度的土壤特性,对不同的土壤层分别建立不同的物理模型[37,41];另一些模型将不同深度的土壤表示成具有不同参数的源,以集总参数的形式描述不同土壤层的特性[42]。对具有植被的情况,不同的模型采用了不同的处理方法,一些模型用一些经验参数描述植被的作用,将实际的蒸发过程表示成势函数的形式,此类模型对植被不需建立复杂的理论模型,求解过程相对简单,但经验参数和势函数的确定要依据大量的实验数据[37];另一些较为复杂的模型则将植被单独表示成其传热传质机理明显不同于土壤的一层结构,建立描述该层内部及其与下面土壤和空气之间传热传质的理论模型,这类模型适合描述低矮植被[43];还有一些更为复杂的模型,将整个植被层分2层或多层,甚至多达11层[38-40],这些模型利用每一层植被所具有的结构特征参数(叶面指数和叶面倾角分布等)和生理特征参数,通过对每一层中所发生的物理过程与生理过程进行详细描述,确定各层的温度,最终给出植被上方所观察到的等效辐射温度和辐射亮度。还有对一些影响因素采用适当简化近似的模型[36]。

雪地和冻土层是一种特殊的地表类型,针对雪层及冻土的温度计算,比较有代表性是美国农业部 Flerchinger 和 Saxton 提出的 SHAW(Simultaneous Heat and Water)模型和美国陆军寒区研究与工程实验室开发的 SNTHERM 模型[44-47],这些模型可计算不同气候条件的土壤冻结深度、雪层及土壤温度,包括降雪、降雨、冻融循环、积雪覆盖以及对积雪光学和热力性质的影响。其他一些学者也分别建立了积雪表层温度和冻结深度的预测模型[48-51]。

很多学者和研究机构对影响地面温度红外辐射特征的一些主要因素进行了专门的研究。例如,将土壤视为多孔介质,根据土壤内能量质量迁移过程的特点,研究土壤内传热传质及地表的温度分布,分不同的区域(土壤饱和区和土壤非饱和区)建立不同的多维传热传质模型,在模型的构造中采用了不同的方法(如集总参数法、传热传质的多维方程描述方法或多孔介质内的传热传质方法)[52];地表的热、湿平衡研究则是针对地面与空气间的水分蒸发和凝结过程、显热和潜热交换过程进行专门研究,建立描述地表温度和湿度的理论模型[53,54];地表红外辐射特征的研究则侧重研究地面复杂背景对太阳辐射、天空背景辐射和大气长波辐射的吸收特性以及复杂背景自身的辐射特性,建立描述地表温度与昼夜变化之间内在关联的理论模型,确定地面复杂背景温度周期性变化规律[30,55-58]。

这些地表温度模型在模拟地表红外辐射特征、军事目标红外伪装效果的分析计算以及为从传感器设计、战场战术辅助决策到先进的红外制导武器的设计提供必需的输入数据方面发挥了积极的作用[55]。

通过使用包含大范围表面材料类型、斜坡的地图数据的模型可近似把一维(点)模型扩展成二维的。对地形起伏较大的地域表面斜率进行简单的调整,这些数据可以使模型实现表面温度和辐射亮度的准三维再现。然而,一维温度模型的假定和限制依然存在,对具有空间和瞬时变化的大气环境条件下的复杂地形区域的能量流动的精确模拟对真实的三维场景的产生仍然是必需的。美国陆军航道实验站(WES)已完成了三维地表特征模拟的概念设计[30],但公开文献只提到一些建模原则,而没有具体的方法描述。Kress[56]提及了地表热景象生成程序的四个组成部分:环境信息库、物理基础上的数字模型、辐射模型和计算机图形系统,并对环境信息库建立方法、原则和数据库结构进行了讨论,Weiss[57]描述了基于物理基础的红外地形辐射结构模型,该模型可根据实测或模型预测得到的地面复杂背景的温度分布,对某一特定传感器类型,从一特定方向上预测地面的红外辐射特征。

考虑了天空和太阳对道路的辐射、路面自身的辐射、基于风速、表面温度和空气温度的自由或强迫对流、潜在的能流变化以及路表面与路基之间的热传导等因素,德国地球物理中心建立了反映背景热交换的红外成像理论模型[58],可精确绘制出背景的红外图像,可惜耗时过长。Gambotto[59,60]提出了简化的、基于测量和理论相结合的背景红外成像仿真方法,把拍摄到的高质量背景红外图像,经处理后得到纹理的尺度模式,再根据具体的环境条件,计算出背景的辐射强度,从而生成符合条件的红外背景图像。Bushlin[61]通过分析测量得到的典型地中海地形的24小时红外图像,提出一种基于时间变化的简化模型,并把它应用于生成其他的红外背景图像中。Balfour[62]将自然红外景物分割成若干同质组块,然后利用实际测量数据,拟合出一个简化的理论模型,并用它重构获得景物的红外图像。

目前,已经有一些较为成熟的三维复杂地面背景红外辐射特征的仿真方法与红外景象生成方法和目标与背景仿真分析软件[63-90],如 TTIM、Irma、MuSES、RadThermIR、CAMEO-SIM、SE-WORKBENCH 和 DIRSIG 等,但介绍其具体实现原理和具体实现技术的文献较少。有关这些软件的情况在后续的装甲车辆研究现状中介绍。

从"七五"开始,国内一些研究机构对典型地面背景红外辐射特征进行了理论和实验研究[26,91-123],建立了相应的理论模型,并逐步开展了三维地面复杂背景红外辐射特征及红外热图像模拟的相关研究工作。

在典型地面背景的红外辐射特征理论研究方面,相关研究团队[26,96-98,104,109-123]分别针对雪面、植被、湿润地表、光裸地表、树木和丛林等地面背景进行研究,建立了各类地表红外辐射特征计算模型,提出了一种统一的模型来模拟自然地表的辐射温度,实现复杂地表背景的红外辐射特征简化建模[91,92]。在雪地和冻土研究方面,主要采用美国农业部 Flerchinger 和 Saxton 提出的 SHAW 模型以及美国陆军寒区研究与工程实验室提出的 SNTHERM 模型。[112-123]

在三维地面复杂背景红外辐射特征及红外热图像模拟方面,相关团队研究了不同的三维地面复杂背景红外辐射特征计算方法[99-103,105-108,111],形成多种地面背景红外图像的生成方法:结合红外辐射温度场的统计参数,利用 Gaussian - Markov 随机场模型生成红外纹理的地面背景红外图像生成方法[99];基于马尔可夫随机场的理论图像分割模型,利用可见光图片获取地面背景的相关特性,综合环境和气象等因素模拟计算地表红外辐射特征,建立复杂地面背景的红外热像生成方法[106,111];在动态红外场景生成的研究方面也取得了一些进展[101]。

国内相关团队还建立了晴空海天背景的红外辐射模型,计算分析海天背景的红外辐射[93-94],运用数值方法模拟生成了海面目标和海天背景的合成红外图像,并研制了合成红外图像的计算软件[95]。

1.4.2 装甲车辆

在装甲车辆红外辐射特征的研究方面,美国和俄罗斯(苏联)等军备技术先进的国家投入了大量的人力和物力,对装甲车辆的红外辐射特征进行了大量的研究。美国等西方国家依据其充足的经费和先进的计算技术,从外场测试和理论建模两条途径同时着手,围绕装甲车辆红外辐射特征,在装甲车辆本体、装甲车辆与周围背景相互作用和气象条件影响分析等方面取得了代表国际先进水平的研究成果,建立了相对完整的理论知识体系,研制了包含几何建模、网格划分、热特性分析、红外辐射计算、探测器成像、场景仿真和红外隐身评估等环节的系统完整的仿真计算软件,其中早期具有代表性的软件有 PRISM、TTIM 和 Irma 等,目前较为成熟和应用较为广泛的有 MuSES、RadThermIR、CAMEO-SIM、SE-WORKBENCH、DIRSIG 等[63-90,124]。

PRISM(Physically Reasonable Infrared Signature Model)软件为密歇根大学(后成立 Thermo Analytics 公司)为美国陆军坦克及机动车辆司令部研制[124],从 1986 年开始在美国和欧洲各国政府研究机构及行业内广泛使用,主要应用于坦克及各型军用车辆的红外辐射特征预测,并具有强大的热分析能力。除了外部环境和气象条件外,该软件模型还考虑了物体内部热源,如发动机的散热、舱内的热辐射、排出的烟气和摩擦热耗等。美军坦克及机动车辆司令部研制的 TTIM(TACOM Thermal Imaging Model)软件[63]则是在 PRISM 计算的坦克红外热像的基础上,考虑自然条件和战场条件下大气对坦克红外辐射传播特性的影响,加入了热成像传感器对红外辐射亮度衰减的计算方法,包含 LOWTRAN6 自然空气传输模块、AMGREN/ACT Ⅱ 战场烟尘计算模块(或者是利用简化的 COMBIC 战场烟尘计算模块)和红外成像传感器模块,其输出图像可用于统计分析、红外识别和红外跟踪软件中。该模型在 VAX11-750 和 CRAY2 计算机上运行,生成 1000 幅序列图像的时间大约为 12h。此软件还具有反过程计算的能力,即可以从测得的红外热图像中将传感器和大气的影响去除,还原成坦克及复杂背景的温度分布图像。该软件代表了当时美国的坦克及复杂背景红外热像建模的最高水平。密歇根环境研究所为美国陆军外国科学与技术中心(FSTC)研制的外军装甲车辆红外热像模拟软件[56],可以成功地预测正在使用的和假想中的外军装甲车辆(它成功地模拟了苏联 T-72 坦克的红外热像)。美国阿巴丁弹道研究所研制的坦克红外热像软件将坦克分隔成近 1500 万个单元体,并将坦克红外热像软件应用于目标的红外识别中[65,66]。

Irma 多传感器特征预测模型由美国空军研究实验室弹药部开发,是针对包括多传感器融合系统在内的先进传感器系统的开发而发展的一种仿真工具[69-71]。Irma 模型起初是由 Grumman 宇航和分析公司在 1978 开发的,在 2007 年夏天发布了 Irma5.2。Irma 具有产生模拟可见光、红外、毫米波和合成孔径雷达传感器的配准图像的能力。Irma 模型包括 3 个主要的特征通道:被动红外毫米波/近红外/红外、激光雷达和雷达,每个通道采用一个共同的目标/背景场景,因此确保了多传感器场景配准。图 1-3 显示了利用该软件模拟的相关图像:图(a)为利用 Irma 同一情况下在 3~5μm、8~12μm 以及可见光三个波段模拟得到的图像;图(b)为在 SAR(合成孔径雷达)通道下一些坦克、石头和树等复杂背景的图像;图(c)为树和草地等复杂背景在雷达下的图像[67-71]。

(a) 三个不同波段的卡车图像

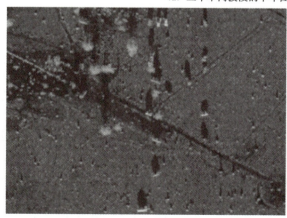

(b) SAR

(c) 雷达

图 1-3 Irma 生成的图像[71]

第1章 绪论

MuSES(Multi-Service Electro-optic Signature code)多军种光电特征软件[72-78]作为 Thermo Analytics 公司的新一代红外辐射特征预测软件,功能强大,在当前红外辐射特征建模与分析方面处于世界领先的地位,可为用户提供更为全面的红外辐射特征模型,广泛应用于美国军方各机构对地面车辆及其他目标的红外辐射特征分析(图1-4),对红外辐射模型和仿真方法的完善与验证有着数十年的研究积累。它可为目标几何模型提供高质量低分辨率的网格划分方案,为热分析及红外计算提供良好的网格基础。在目标温度场数值计算方面,MuSES 采用有限差分法求解热模型,同时考虑角系数、太阳辐射模型和背景等细节参数。与计算流体力学相比,该解决途径具有快速性和适应性,而不失准确性。在红外辐射特征计算方面,它采用基于 Voxel 的光线追踪优化算法计算观察因子、太阳投影面积和表观温度,具有最为快速的温度分布和红外辐射特征计算能力;同时具有红外快速计算技术,通过低分辨率模型进行实时热分析,再将结果矢量通过影响系数矩阵映射到高分辨率模型中,完成目标红外辐射的实时计算(图1-5)。此外,该软件包括复杂环境的影响分析,例如太阳能、天空照射、月面地球反照光等,这些因素通过天气文件输入或者内部采用 MODTRAN 计算获得,实现目标与背景的交互作用;而外部对流、凝结、雾化和蒸发等复杂工况的影响也可通过天气文件进行输入;亦可通过烟羽辐射模块,考虑车辆等目标的排烟尾气对目标红外辐射特征的影响;在以上相对准确的边界条件下目标温度计算结果最大误差能够保持在1~2K 之内,对背景环

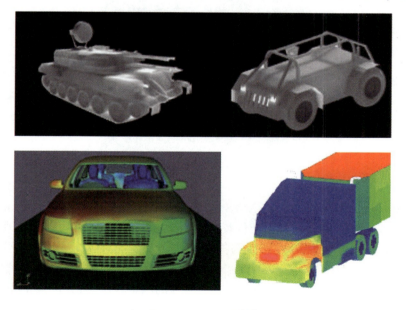

图1-4 地面车辆[75]

19

境的影响计算也比较准确,图 1-6 给出的就是考虑目标与背景相互作用的计算结果示例。国外已成功地将 MuSES 软件应用于大量的不同状态军事车辆的温度特性分析以及红外特征计算中。而 RadthermIR 软件[71-73] 作为 MuSES 软件的有限出口版,在研究环境对目标的影响方面,可考虑雨天条件下雨水对目标冲刷的对流换热作用,因此可在雨天的特殊天气下得到相对准确的目标温度分布特征。

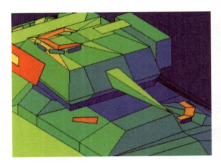

图 1-5　快速计算技术[75]

图 1-6　目标与背景的相互作用[79]

CAMEO-SIM[79,82-84] 是由 INSYS 有限公司联合英国 Air Systems Department of DSTL Farnborough 开发,最初用于伪装评估的景象生成软件,它对基于物理现实的辐射传输方程进行求解,旨在产生高拟真度的红外场景图像。该软件主要包括基于物理的气象模型(借助于 MODTRAN)、用于物理表面温度计算的热力学模型以及关于光的散射、传输、反射和吸收的功能强大的渲染算法,可完成对车辆、伪装网和飞机等目标的建模,并具有强大的目标表面纹理编辑功能,在热阴影仿真方面有很大的改进,而其目标红外特征的计算则是基于 MuSES 软件。对车辆进行建模时,除了车辆几何模型外,还需向 CAMEO-SIM 提供有关材质特性,如光谱反射率、光散射参数(如 BRDF)、热参数和气象数据有关的信息以完成场景的能量平衡。图 1-7 为 Cameo-Sim 输出的典型场景。

(a) 可见光图像　　　　　　　　(b) 3～5μm 红外图像

图 1-7　CAMEO-SIM 输出的典型生成场景图片[79]

SE-WORKBENCH 软件[85-87]称为 CHORAL,是主要由法国、德国和韩国开发的多传感器战场建模工作台,可用于红外、电磁和声传感器所观察的三维场景仿真,三维场景的合成主要采用两个步骤完成:模拟三维场景的物理特性,计算由传感器接收的物理信号。SE-WORKBENCH 处理的三维场景精确而真实。对于辐射渲染计算时采用光线追迹法来提高辐射计算精度(SE-RAY-IR),对于有实时性要求的情况采用光栅渲染法(SE-FAST-IR)。SE-WORBENCH 模拟结果的有效性和可靠性通过基于理论校核方法和基于与实验比较的校核过程实现,其校核实验采用的是法国 SCALP/EG 导弹、英国"风暴幽灵"导弹和法国反舰导弹。图 1-8 为 SE-WORKBENCH 生成的部分红外图像。

DIRSIG 模型[88-90]是由美国罗切斯特理工学院数字成像和遥感实验室开发的一个复杂的合成图像生成应用模型,除了专门针对 DIRSIG 模型创建的子模型外,还集成了美国空军的大气传输和辐射模型 MODTRAN 和 FASCODE,所有的模型组件采用光谱表征组合在一起,能产生从可见光到红外谱段的宽谱段、多光谱、超光谱和偏振图像,可以针对用户定义的任意数目的波段,同时产生综合的辐射图像。通过利用这一建模工具产生空间和光谱特性与真实世界的图像高度逼真的合成图像,在很宽泛的环境条件和成像几何条件下,针对不同的成像传感器对候选的空间和光谱图像分析算法进行大量的实验,以定量评估这些算法的性能。这个模型还可作为一个虚拟传感器实验平台对新一代的遥感成像传感器进行设计、权衡、实验和评估以及对图像分析人员进行模拟训练。

迄今为止,虽然国外公开发表的有关这方面的资料已经很多,但是绝大多数都是报道和展现这些软件的构成和功能及其应用领域,而这些软件所依据的技术路线和详细内容依然是保密的,这些软件核心模块的出口更是受到严格限制。

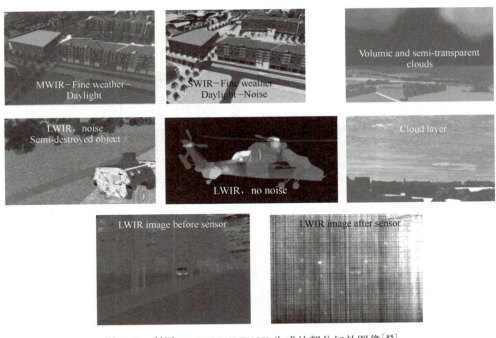

图 1-8　利用 SE-WORKBENCH 生成的部分红外图像[85]

俄罗斯(苏联)则着重从外场实验测试入手,积累了大量的实验数据,并以此为基础,形成了具有自身特色的坦克红外热像模型[66]。印度等国家也在积极开展这方面的研究工作,典型的有印度国防研究与发展实验室研究的红外成像系统模型[65]。

我国的装甲车辆红外热像建模工作从"八五"期间也陆续展开。一些院校和研究机构分别建立了各自的模型[3-6,125-148],并对坦克的红外热像和红外辐射特征进行了测量[149-154],发展至今已具备较为成熟的基本理论、测试方法、灵敏度分析方法和误差分析方法。

本书作者及其团队针对地面目标与背景红外热像模拟的现状与问题[138],考虑装甲车辆各部件的结构特性、材料特性和运行特性,分别建立了履带车轮[127,128]、动力舱[129]、炮管[130,131]和空调系统动态热负荷[132]的热分析计算模型,分析研究了各部件热特性的影响因素,提出了装甲车辆三维瞬态温度场的不同数值计算方法,模拟计算了不同条件下不同类型装甲车辆的红外辐射特征并生成了相应的红外图像[4-6,133-135];分析了低发射率膜层对目标红外辐射特征的影响[136],对影响装甲车辆红外辐射特征的众多因素进行了灵敏度分析,确定了其主要影响因素[137];考虑外部复杂环境特性及车辆材料特性、结构特性和动力舱特性,建立了流体-固体耦合的装甲车辆传热计算模型,研究了车辆整车及其动力舱流场、外部流场的热特征[139]。毕小平等重点围绕装甲车辆动力舱的红外特征展开工作;针对动力舱动力系统,提出了其温度的网络化预测方法[140];考虑液力机械传动装置中各系统的相互作用及润滑油、排气和车体对传热的影响,建立了动力舱的红外辐射特征模型[141-143];研究分析了坦克车辆排气流场的热力学和流体学特性及其对排气红外特征的影响[144,145]。

谢中等提出了近场坦克温度场数值计算的基本理论方法[146]。谈和平等结合区域分解法和蒙特卡洛法建立了一种坦克温度场和红外辐射特征的分析方法[126,147]。吴慧中等从探测器光学成像出发[148],结合目标及背景的红外辐射模型和大气衰减模型,根据探测器热成像仿真系统的光电转换特性,研究并建立了装甲车辆目标热成像系统的仿真流程。

关于装甲车辆热特性及红外辐射特征的实验研究方面,由于保密的原因,公开发表的文献较少,相关单位[149-154]从不同方面开展装甲车辆冷静态及热静态的热特性和红外辐射特征的实验研究,讨论了太阳辐射、环境温度、风速和发动机等因素对装甲车辆红外辐射特征的影响,为装甲车辆红外辐射特征理论研究及模型验证提供了一定的实验依据。

1.4.3 装甲车辆与复杂背景红外辐射特征对比特性

关于装甲车辆与地面复杂背景红外辐射特征对比特性的研究,散见于某些装甲车辆红外辐射特征研究和地面复杂背景红外辐射特征研究的文献之中[63-90],而专门研究它们之间红外辐射特征对比特性的文献则比较少。

装甲车辆与复杂背景的相互作用是影响装甲车辆与复杂背景红外辐射特征对比特性的重要因素。美国军队工程和发展中心和地形工程中心的 Eastes 和 Mason[10]等针对 T-72 坦克、M1 坦克、M2"布雷德利"战车、5 吨卡车、D7 拖拉机和高机动多用途轮式车辆(HMMWV)六个不同的军事车辆目标,分别研究了不同类型地面上不同车辆留下的热痕迹特征,发现轮式车辆和履带式车辆在地面上留下的红外辐射特征有很大区别,能够用于区分轮式车辆和履带式车辆,并且可以从威胁的车辆中区分出诱饵车辆。

本书作者及其团队利用大气辐射传输分析软件,讨论分析了大气传输对目标与背景红外辐射特征的影响[155],完善了地面目标与背景红外辐射特征计算及成像的理论模型[156];考虑海水对目标的传热过程的影响,建立了海面背景中水陆两栖坦克的红外仿真模型[134];研究了车辆与地面背景的热交互作用对整车及地面背景温度特性的影响[133,157];建立了含雾湿空气条件下地面目标热特征分析方法[20]。吕相银等研究了大气透过率对地面目标红外特征的影响[158]。

目前,由于缺乏足够的目标与复杂背景间红外辐射特征对比特性的数据,对处于复杂背景中的目标,只能应用一些近似的指导原则来探测识别,有时还需专家人工干预,目标识别的成功率较低[25-28],影响目标识别的速度。建立目标与背景对比特性的数据库将有助于目标识别成功率和速度的提高,为此,必须进行大量的外场实验和理论模拟。显然,目标与地面复杂背景红外辐射特征及其红外辐射对比特性研究,将成为研究的热点和重点。

1.4.4 大气传输特性及复杂天气条件对目标与背景红外辐射特征影响

大气传输特性对装甲车辆与背景的红外辐射特征及其对比特性具有重要的影响,尤其是复杂的气象条件与复杂战场的环境条件下大气的传输特性对装甲车辆与背景红外辐射及其对比特性更具有不可忽视的作用。美国对此进行了大量的研究,比较成熟的商业软件有 LOWTRAN、MODTRAN 和 MOSART 等。

LOWTRAN 系列[7-9]是计算大气透过率及光辐射的软件包,由美国空军地球物理实验室(AFGL,前空军坎布里奇实验室,AFCRL)用 Fortran 语言编写,其主要用于军事和遥感的工程应用。它以 $20cm^{-1}$ 的光谱分辨率的单参数带模式计算 $0\sim50000cm^{-1}$($0.20\mu m$ 到无穷)的大气透过率、大气背景辐射、单次散射的阳光和月光辐射亮度、太阳直射辐照度。LOWTRAN7 增加了多次散射的计算及新的带模式,臭氧和氧气在紫外波段的吸收参数。该软件考虑了连续吸收、分子、气溶胶、云、雨的散射和吸收、地球曲率及折射对路径及总吸收物质含量计算的影响。LOWTRAN7 提供了 6 种参考大气模式的温度、气压、密度的垂直廓线,水汽、臭氧、甲烷、一氧化碳与一氧化二碳的混合比垂直廓线及其他 13 种微量气体的垂直廓线,城乡大气气溶胶、雾、沙尘、火山喷发物、云、雨的廓线和辐射参量,如消光系数、吸收系数和非对称因子的光谱分布,还包括地外太阳光谱。

相对于 LOWTRAN 软件,MODTRAN 系列软件[10,11]改进了光谱分辨率,将光谱的半高全高度由 LOWTRAN 的 $20cm^{-1}$ 减小到 $2cm^{-1}$。它的主要改进包括发展了一种 $2cm^{-1}$ 光谱分辨率的分子吸收的算法并更新了对分子吸收的气压温度关系的处理,同时维持 LOWTRAN7 的基本程序和使用结构。重新处理的分子有水汽、二氧化碳、臭氧、一氧化二氮、一氧化碳、甲烷和氧气、一氧化氮、二氧化硫、二氧化氮、氨气和硝酸。新的带模式参数仍是从 HITRAN 谱线参数汇编计算的,范围覆盖了 $0\sim17900cm^{-1}$。在可见光和紫外这些较短的波段范围,仍使用 LOWTRAN7 的 $20cm^{-1}$ 的分辨率。

中等程度光谱大气辐射和传输代码 MOSART[12,13](Moderate Spectral Atmospheric Radiance and Transmittance)是美国国防部的标准代码,用于计算精确和实际的大气传输和辐射。MOSART3.0 是一种全四维代码(Full Four-Dimensional

Code），可用于计算任意时段内（全天 24 小时）、任意传感器-目标-背景组合方式、从紫外到微波谱段的大气传输和辐射。MOSART 具有 MODTRAN 代码以及 APART 代码的所有特点。MOSART 项目是由美国导弹防御局背景现象学研究计划所资助的。MOSART 拥有全球数据库，包括气候、地形高程、水/雪组成、生态系统类型、土壤类型和特性、人口密集中心位置和人口密度，从地球表面到对流顶层的气候大气轮廓和水文学等各方面的全球数据库。

在复杂气象环境下（如雨雾或沙尘），雨滴、雾滴或沙尘颗粒在大气中具有大范围的空间分布。由于这些粒子群对红外光的强烈散射和吸收作用，复杂气象条件势必对目标与背景红外辐射在大气中的传输造成衰减。但是，上述软件都是基于标准的大气模式进行计算，对于复杂的气象环境和战场环境，标准的大气模式显然不再适用。因此，复杂的气象环境和战场环境下大气传输特性的研究日益受到广泛重视。同样，对复杂气象环境大气红外衰减特性的研究主要分为实验测量法和理论建模法。

1995 年，Harris[159]详细研究了从红外到毫米波段内含雾的大气传输特性，重点讨论了 Rayleigh 散射和 Mie 散射理论的适用范围，总结了 4 种类型雾的粒径分布模型。葛琦[160]重点研究了水雾的近中红外消光性能，详细整理了不同类型雾滴的光学常数，并结合典型地区雾的实测数据进行了计算和验证工作。胡碧茹[161]和陈中伟[162]则分别实验研究了人造雾对目标信号的红外遮蔽性能，证明人造雾是实现目标红外隐身的一种有效方法。对于下雨气象条件下的大气红外衰减特性研究，不同的研究者分别建立了不同的雨滴尺寸分布模型[163-166]，依据这些不同雨滴尺寸分布模型对降雨衰减特性随降雨量的变化进行了研究，分析了不同雨滴尺寸分布模型的适用性[167-170]。

自然风沙天气和雾霾天气形成的空气中悬浮的沙尘颗粒和雾霾粒子对光的吸收和散射效应将引起红外辐射的衰减。自然风沙、雾霾、车辆行驶或弹药爆炸引起的扬尘沙都将显著影响红外辐射的传输特性。不同的学者运用不同的计算方法，研究探讨了颗粒粒径分布、粒子散射相函数和不对称因子对大气红外辐射的散射和衰减特性[161-174]。

顾吉林[11]建立了典型天气（霾、雨、雾和沙尘等）条件下气溶胶粒子复折射率数据库，依据气溶胶粒子谱分布实验数据，完善了典型天气气溶胶粒子谱分布模型，结合气溶胶粒子复折射率数据库与大气能见度等大气参数，针对典型天气，完善了大气传输路径中大气透过率的计算模型，建立了霾、雾、沙尘和雨天大气程辐射计算模型，提出了基于高斯光束空间传输小光斑可调原理实现远距离大气透过率和大气程辐射组合验证的测量方法。

瑞典国防研究所采用 CAMEO-SIM、MuSES 和 McCavity 等仿真软件研究目标与背景的红外辐射特征[85],研究了不同地域不同天气条件对 MTLB 步兵战车与背景红外辐射特征的影响(图 1-9)。

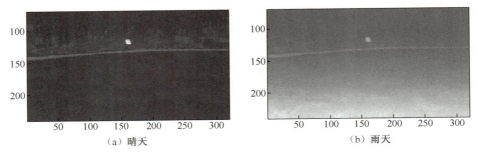

(a) 晴天   (b) 雨天

图 1-9　不同天气条件对目标与背景红外辐射特征的影响[85]

1.4.5　复杂战场环境下目标与背景红外辐射特征

围绕复杂战场环境下目标与背景红外辐射特征研究,关于战场火焰、爆炸烟尘和装备行驶扬尘等物理过程的热辐射模型、复杂地面战场环境对目标与背景红外辐射特征的影响研究均鲜有文献报道,公开的目标与背景红外辐射特征软件也未见有相关的分析计算功能。

针对战场火焰燃烧的研究,目前国外公开的相对成熟的热辐射特性仿真软件亦未见有相关计算功能。对于主要是固体燃烧物燃烧的战场火焰的燃烧过程,可借助由美国国家标准局(NIST)的防火实验室(BFRL)开发的 FDS(Fire Dynamic Simulator)模型,该模型专门针对火灾驱动下的流体流动进行计算模拟。该模型能够针对池火燃烧、室内燃烧和室外燃烧等现象进行模拟,计算对象可以是车辆、舰船、建筑物和油罐等多种类型物体,计算仿真过程中可对火灾状态下流体的流动、传热、多相流、化学反应和燃烧等问题进行耦合求解。国内关于火灾及烟气模拟的研究也大多基于 FDS 模型[175-180]。

针对炸药爆炸现象与过程的研究,国外有 AUTODYN 和 LS-DYNA 等成熟的模拟炸药爆炸冲击波作用场的动力分析软件;也有诸如 PHONICS、BLAST、AUTO-REAGAS、EXSIM 和 FLACS 等模拟气体爆炸的成熟软件[181,186]。这些软件从爆炸机理出发,能够精确地重现爆炸中各种复杂物理化学过程,但过程较为复杂。国内也对爆炸问题进行了诸多研究,包括气体燃料爆炸场和温压炸药爆炸等,通过实验和 CFD 编程计算的途径分析引爆温压炸药形成的冲击波作用场[181-188],并不关注爆炸产物及扬尘对大气光传输特性的影响机制。

地面装备行驶产生扬尘的原因主要是车轮剪切摩擦所产生的离心尘气流导致

第1章 绪论

的扬尘和车辆行驶产生的负压致使诱导气流而产生的扬尘。国内外相关学者主要采用实验方法,研究各种不同的气象条件对车辆产生扬尘浓度的影响和不同车重及速度对扬尘排放的影响等[189-192],而采用理论分析和仿真方法对车辆产生扬尘进行研究的文献较少[193,194]。

综上所述,国内外针对战场火焰燃烧产物、爆炸烟尘和装备行驶的扬尘等的物理化学过程以及影响因素进行了一定的研究,但战场火焰燃烧产物、爆炸烟尘、装备行驶的扬尘的红外辐射特征及其对目标与背景红外辐射特征影响等方面的研究未见文献报道。

红外诱饵弹和红外干扰弹由于其良好的红外对抗效果,在战场上的使用日见频繁。国内外相关学者和机构针对红外诱饵弹和红外干扰弹的红外干扰特性与评估技术开展了一些研究工作。Koch对红外诱饵弹的材料、外形和运动轨迹的影响作用以及三维建模等问题进行了研究[195]。美国空军信息中心的Forrai等构建了先进的红外干扰评估(AIRSAM)系统[196],该评估系统中包括红外制导导弹的告警模型、导引模型和红外诱饵弹的物理模型,通过对红外诱饵弹受力状态的适当简化,建立了红外诱饵弹的运动模型;在红外辐射特征方面,该系统将诱饵弹视为几个椭圆面辐射源,辐射面积和辐射强度及其光谱特性由用户进行设置。

Krzysztof等针对天空大地背景下的飞机和红外诱饵等作战武器的红外辐射特征进行了分析建模,搭建了整套的目标场景仿真系统,可对红外诱饵弹干扰特性指标实施评估。英国Chemring国防公司对舰载诱饵弹建模与仿真技术展开了研究[198],对红外诱饵弹在导弹防御领域的效果进行评估。该公司对舰载诱饵弹不同方位角和俯仰角分别建模,分析了诱饵弹所喷射烟雾的辐射特性;基于多维求解算法计算了诱饵弹发射时间和突发序列对干扰效果的影响,研究在导弹攻防对抗中诱饵弹投放的有效方式,为导弹攻防领域作战策略与对策方面提供了有价值的资料。

国内近几年对红外诱饵弹自身运动特性和辐射特性都有一定的研究[199-204]。田晓飞等对诱饵弹仿真模型进行了研究[201],建立了诱饵弹在抛射运动、跟随运动和分离运动等多种运动过程中受力与速度的简化数学模型,分析了诱饵弹与导弹探头距离变化的诱饵弹形状、辐射强度变化规律。杨东升等提出了一种适用于实时仿真的诱饵弹辐射模型,并考虑了诱饵弹速度、高度和质量变化对红外辐射的影响[203]。张云哲等研究并实现了三维场景中红外诱饵弹的动态仿真过程[204]。

1.5 目标与背景红外辐射特征研究方法

如前所述,目标与背景红外辐射特征的研究方法主要有以下两种:一种方法是外场实验方法,即通过大量的外场实验,测量目标与背景在实际情况下的温度分布和红外辐射特征及其对比特性,通过对实验数据的整理,获得目标与背景红外辐射特征及其对比特性的变化规律,这种方法直观准确,但要获得比较全面系统的目标与背景红外辐射特征及其对比特性的数据,则需要耗费大量的人力和物力,成本昂贵,对数量庞大的军用目标难以全面实施,同时对于非合作方的重要目标及尚在研制阶段的装备更是无法进行实测,无法获取相应特征数据;另一种方法是,通过理论分析入手,建立目标与背景红外辐射特征及其对比特性的理论模型,再辅以少量的外场实验数据进行校核,然后利用经过校验的在一定误差范围内的目标与背景红外辐射及其对比特性理论模型,计算分析各种情况下目标与背景的红外辐射特征及其对比特性,研究其变化规律。这种方法可以节省大量的人力物力,具有全面、可重复、低成本和可视化等特点,并可提供较为精确的目标与背景红外辐射特征及其对比特性,在军事领域得到广泛应用。

1.5.1 实验研究方法

测试参数是指对能够表征目标与背景在不同状态的红外辐射特征及其对比特性的相关物理量进行测试。

1.5.1.1 测量参数

1. 目标与背景红外辐射特征测量参数

1)红外辐射热图像

运用红外热像仪进行热图像测量,可以直接获取目标或背景的亮度温度分布以及表征其在不同状态下不同部位和不同波段内红外辐射通量的空间分布以及图像的生成或消失的动态过程。分析处理这些红外辐射图像,不但可以给出目标或背景的积分辐射能量,也可以得到目标或背景的等效黑体辐射亮度。

2)红外光谱分布特性

表征目标在不同状态下不同空间位置和不同波长的辐射能量谱分布特征,表征的物理量为光谱辐射强度和给定波段内的积分辐射亮度。

3)红外辐射强度空间分布

可以表征目标在选定波长范围内的空间分布状态及积分红外辐射强度。

2. 目标与背景温度分布测量

采用经过标定的测温仪器,可以直接测量目标及背景任一指定部位的表面温度,可以将这些温度测量数据与红外热像仪测得的目标及背景的等效黑体温度进行对比分析。另外,也可以直接测得目标以及背景内部某些特征部位的温度,用于温度场理论模型的校验。

3. 大气和气象参数

辐射能量在大气中传输时,受大气中气体分子和气溶胶粒子的影响,导致辐射能量在传输过程中被衰减。因此,大气透过率是目标与环境背景红外辐射测量研究中的重要参数。

4. 目标的空间坐标

对于运动目标,其在不同时刻的空间位置坐标不断变化。实时表征运动目标空间位置的参数主要包括目标的方位以及与测量基点的距离等。

5. 其他相关参数测量

测量影响目标与背景红外辐射特征的其他一些相关参数,如太阳直射强度、散射强度、天空背景辐射强度、风速、风向和空气干湿球温度等。

1.5.1.2 测量系统

典型的动目标测量系统由地面跟踪测量系统及相应的大气参数测量系统构成[37]。地面跟踪测量系统由测试工程车和电源车组成,主要包括光瞄引导系统、电视自动跟踪系统、伺服控制系统、数据采集同步控制与传输系统、测量监控与评估系统、激光测距系统、大气透过率测量系统、通信系统及相应的辅助系统和应用软件系统以及相应的温度及红外辐射测量系统。具体测量系统和测量设备以及测量原理参见文献[205]。

1.5.2 理论研究方法

目标与背景红外辐射特征理论研究方法是以热力学、传热学和光学理论等为基础,在考虑各种影响因素(如天气条件、地理位置、目标的状态等)的情况下,分析研究目标与背景的相互作用,建立描述目标与背景间能量传递的温度分布理论模型和红外辐射理论模型,通过数值模拟计算,分析研究目标与背景的红外辐射特征。运用理论方法研究目标在不同条件下的红外辐射特征,具有系统、全面、可重复、低成本和可视化等特点,日益受到重视。因此,目标与背景的红外辐射特征理论建模及仿真技术发展非常迅速,尤其是在 2000 年以后,红外辐射理论分析及仿真软件发展呈现出复杂程度高的和更新时间短的新趋势,图 1-10 所示是各类红外辐射特征理论分析仿真软件公开发布的时间。根据每个软件表现出的性能高低,可以给予一个复杂度等级进行评价。复杂度等级是根据软件算法等级和计算复杂性以及空间的保真度综合得到的。可以发现,随着时间的推进,红外辐射理论分析仿真软件的复杂度等级在不断提高。可以预见,红外辐射理论模型及其分析仿真软件的发展趋势还将继续向着更综合、更全面、更复杂和更便捷的方向发展。

理论研究的内容主要包括目标的红外辐射特征模型、背景的红外辐射模型、目标与背景的合成模型和大气传输特性模型等。图 1-11 展现的是目标与背景红外辐射特征理论研究方法的基本框图,其中的关键是理论模型建立方法和求解方法。

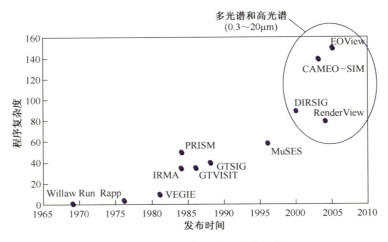

图 1-10 红外仿真软件发展趋势[8]

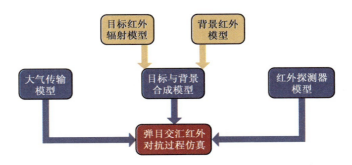

图 1-11 理论建模流程图

1.5.2.1 目标的理论建模方法

根据不同目标的几何结构和工作原理以及是否有内部热源等特点,综合分析其与周围背景的能量交换关系及其影响因素(导热、对流换热、太阳辐射、大气长波辐射和气象条件等),建立描述目标温度分布的物理数学模型,在已知的定解条件(包括边界条件和初始条件)下,求解目标的温度场,并根据目标表面材料的红外辐射特征参数,计算分析目标的红外辐射特征(图 1-12)。

1.5.2.2 背景的理论建模方法

根据自然环境背景的类型(本小节讨论的是自然地面背景的一般建模方法,诸如裸露地表、低矮植被、水面、雪地和丛林等,对于建筑物等人工立体背景,建模方法可参考目标的建模方法),考虑其与周围环境的能量交换关系,建立描述背景温度分布的理论模型,利用背景表面的红外辐射特征参数,建立背景的红外辐射理论

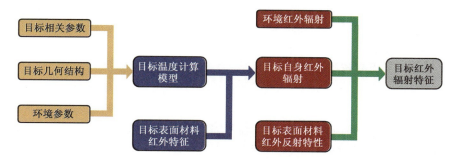

图 1-12 目标的理论建模方法

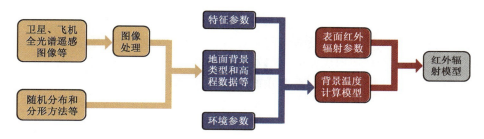

图 1-13 地面背景的理论建模方法

模型(图 1-13)。

背景红外热像理论建模也可采用准数字化方法,即利用实际拍摄得到的地面背景的可见光图像进行图像分割,将地面背景按其中的地面背景类型分割为若干个区域,并将每个区域予以标记,针对不同类型的地面背景建立相应的红外热像模型,计算其温度场和红外辐射亮度场,获得每一类型地面背景的红外辐射特征,将地面背景的红外辐射特征与地面背景的分割图像进行合成,得到复杂地面背景的红外热像。利用这种方法,可以快速获得较为真实的复杂地面背景的红外热图像,具有较高的实际应用价值[124]。

1.5.2.3 红外景象的合成

目标是不能单独存在的,总是处于一定的背景之中,需要将目标与背景的模型进行合成,才能分析目标与背景的红外辐射对比特性,才具有实际意义。目前,目标与背景合成模型的建立方法主要有两种:一是对目标和背景分别利用前面描述的方法,建立各自的理论模型,生成各自的红外热图像,然后将目标嵌入背景的图像中,对目标与背景热图像的交界边缘采用一定的方法进行处理,并将目标对背景的影响进行处理(如目标在背景形成的阴影、动目标的车轮或履带碾过地面时形成的痕迹等),形成目标与背景的红外合成图像,分析研究目标与背景的红外辐射对比特性[130];二是根据目标与背景的相互作用关系以及目标与背景的各自特点,在目标与背景红外辐射理论模型的基础上,建立耦合的红外辐射特征理论模型,直接计算目标与背景的红外辐射特征及对比特性。

1.5.2.4　大气传输模型

在实际战场条件下,面临的气象条件和战场环境复杂,对于红外探测系统和红外制导武器而言,这无疑增加了目标探测识别的精度要求和难度。由于雨雾、沙尘和烟尘等条件下大气中颗粒粒子群对红外辐射的吸收、散射和衰减作用,大气会明显影响来自目标与背景的红外辐射到达红外探测传感器的传输过程,最终影响红外探测器接收到的红外辐射总功率。

大气传输模型的研究主要包括以下几个方面:

1. 复杂大气环境的物理描述模型研究

针对不同类型气溶胶以及典型复杂环境(雾、霾、沙尘、烟尘等),厘清雾、霾、沙尘和烟尘等复杂环境形成原因和影响因素,研究典型复杂环境下不同气溶胶颗粒物的浓度分布、粒径谱分布、垂直分布、光学厚度和化学组分及几何形态等特性,建立描述典型复杂环境及气溶胶的物理模型。

2. 典型复杂大气环境辐射特性研究

基于典型复杂大气环境的物理模型,依据典型复杂环境及不同气溶胶颗粒物各化学组分的光学常数,采用相关散射理论计算颗粒或颗粒团聚物的光谱吸收系数、光谱散射系数和光谱衰减系数等,建立典型复杂大气环境辐射特性模型。

3. 典型复杂大气环境辐射传输特性研究

考虑典型复杂大气环境及不同类型气溶胶的垂直分布特性,基于典型复杂大气环境辐射特性模型,建立典型复杂大气环境的辐射传输模型,研究典型复杂大气环境对太阳辐射和天空背景辐射的衰减特性以及典型复杂环境下大气自身辐射特性。

1.5.2.5　红外探测器模型

建立红外探测器模型,必须考虑红外探测成像系统的光学系统效应(辐射衰减、模糊、几何扭曲和渐晕等)、探测器效应(时空滤波、空间采样、光谱响应、非均匀性和噪声等)和信号处理效应等,进行光学系统、探测器系统、信号处理系统和系统其他效应建模,最终形成准确可靠的红外探测器系统模型。

1.5.2.6　弹目红外对抗过程仿真

依据地面运动目标结构及其动力学特点和目标对来袭红外制导武器的对抗措施,对目标的运动特性(运动速度、方向、位置和振动等)进行仿真;根据不同类型传感器平台(车载、弹载、机载或单兵等)的结构以及动力学特点,对传感器平台的运动特性(运动速度、方向、位置以及振动等)进行仿真,构建地面目标运动、红外探测器运动以及地面目标与复杂背景间相互作用的动态红外景象,实现对弹目红外对抗过程的仿真。

1.5.3 理论模型的校验

目标与背景红外辐射特征模型的实验验证是发展高置信度的红外辐射特征理论分析方法与软件的关键。制定目标与复杂场景红外辐射特征模型与集成软件的验证方案,逐层次开展理论模型的验证和完善(图1-14)。对模型和软件进行技术原理验证、正确实现数理模型验证(规范模型解析解)、特殊模型验证(单一组件)、简单目标的物理验证(复合组件)等预先验证,以确保模型和软件主要功能模块能够得到验证。针对外场实验验证,依据外场实验规范,测试并记录当天的天气条件、风速和太阳辐射等,测试目标(部件、真实目标)与复杂地物场景(包含典型地表和建筑物等)典型部位的温度,对比分析相同条件下对应给定分辨率的目标与复杂地物场景的红外辐射特征测试结果和模型及软件模拟计算结果,实验验证模型及软件的可靠性。

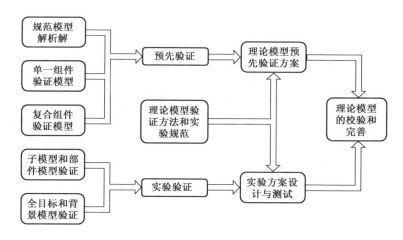

图1-14 目标与复杂场景红外辐射特征模型与集成软件的验证方案

1.6 目标与背景红外辐射特征的应用

随着红外对抗技术的发展和目标与背景红外辐射特征研究的不断深入与持续进展,目标与背景红外辐射特征的研究成果在军事领域的应用也越来越广泛,主要体现在以下几个方面。

1.6.1 在装备研制中的应用

1.6.1.1 目标红外隐身设计与评估

目标红外隐身设计和评估能够大大提升武器装备在战场中的生存概率。由于战场目标的多样性和背景的复杂性,在地面条件下进行军用目标的红外隐身实验存在研究周期长、耗资大、适用场景有限和准确性较差等局限性,且难以得到特殊条件下的目标红外辐射特征。利用理论分析方法,建立目标与背景的红外辐射特征模型,通过数值仿真目标与背景的红外辐射特征,评估目标的红外隐身效果,具有全天候、多场景、可重复、低成本和可视化等优点,可快速实现对军用目标红外隐身技术进行不同战场环境下的性能评估和军事装备战场生存能力的预测评估。尤其是在军用目标红外隐身技术方案实施阶段,没有可供实验测试的实际目标,利用目标与背景的红外辐射特征模型及其数值仿真结果,评估目标的红外隐身效果就成为唯一可行的选择。

美国等西方国家已经将目标与背景红外辐射特征研究成果及软件应用于目标红外隐身设计与隐身效果评估中。例如,美国军方利用 PRISM 和 PMO 软件进行了红外隐身涂层的隐身效果分析[206](图 1-15)。

(a) 无隐身 　　　　　　　　(b) 隐身涂层优化设计

图 1-15 隐身设计前后对比[206]

美国某型装甲车辆在设计阶段,利用 MuSES 仿真软件平台,模拟了车辆采用不同隐身涂层后的效果,优化了车辆的隐身效果,对车辆的红外隐身设计起到了重要作用[207](图 1-16)。

国内相关单位利用自主研制的目标与背景红外辐射特征模型与软件对目标不同的红外隐身措施进行了仿真分析,评估了不同目标的红外隐身效果[139,224,225]。

1.6.1.2 在红外探测系统研制中的应用

各种红外探测系统(如红外导引头和 FLIR 系统)在研制过程的不同阶段都需要进行不同的性能测试,例如,红外探测系统的设计和性能评估以及搜索跟踪算法的测试评估等。对红外探测系统进行性能测试和评估主要有实物测试、实物仿真、

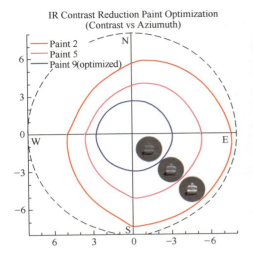
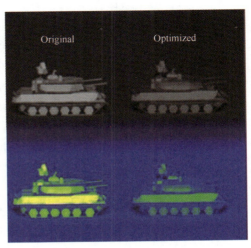

图 1-16　车辆红外隐身涂层优化设计[207]

半实物仿真和数学仿真等方式。实物测试就是利用真实的目标和背景对实际的红外探测系统进行性能评估以及跟踪算法的测试评估等,该方法费用高,而且难以实现不同目标和不同条件下的性能测试,通常主要在型号鉴定和定型阶段使用,在红外探测系统研制阶段,尤其是在研究开发、方案论证和设计阶段则无法使用。实物仿真就是制作实物模型,对实际的红外探测系统进行性能评估以及跟踪算法的测试评估等,实际中由于实物模型制作困难,费用高,而且实物模型难以反映目标与背景红外辐射特征的真实变化,故也很少使用。数学仿真就是通过建立被试红外探测系统的数学模型,利用实验测试或理论计算获得的目标与背景红外辐射特征,适用于描述被试系统的统计特性,尤其适用于红外制导导弹的研究开发、方案论证和设计阶段。在型号鉴定和定型阶段有时也采用数学仿真,但由于数学仿真对一些复杂的制导装置(如成像导引头等)还难以建立准确的数学模型,限制了其应用。所以,红外探测系统检测一般采用半实物仿真[208]。

半实物仿真有两种方式:景象投影方式和信号注入方式。无论采用哪种方式,仿真的关键都是红外景象的生成[209]。对于信号注入方式,是把计算机生成的目标/背景红外信号注入被测导弹的信号处理器,绕过了传感器部件和光学系统。这种方式的优点是简单,但它不能测试重要的导引头及相关的传感器等部件,这种仿真有一定的局限性。对于景象投影方式,红外场景信号经过投影系统转换成相应频段的高逼真的红外动态图像,然后提供给红外导引头的光学及传感器部分,供导引头进行探测和识别。这种方式主要考察制导系统的成像、跟踪及抗干扰性能。

红外景象投影的半实物仿真,更能真实地模拟导弹实验的全过程,置信度更高,景象投影的仿真模式已经成为目前导弹性能仿真的主要趋势[210]。

无论是数学仿真还是半实物仿真系统中,目标与背景红外辐射特征的计算数据以及仿真图像的生成是其中最基本的组成部分,没有目标与背景的红外辐射特征数据,数学仿真和半实物仿真系统都无从谈起。各种红外探测系统(如红外导引头或 FLIR 系统)的优化设计、性能评估和搜索跟踪算法的测试评估的各个方面都需要目标与背景红外辐射特征及其对比特性。目标置身于复杂的战场环境,战场中充斥着假目标、死目标和背景等冗余信息,要提高红外探测制导系统(如红外导引头、前置红外 FLIR 系统)探测、发现和识别、跟踪目标的成功率,就必须对复杂环境下的各种目标特性有明确的认识。

在景象投影的半实物仿真模式中,红外投影仪是最关键和难度最大的部分,其技术特点决定了景象生成器的性能。从 20 世纪 70 年代开始,各国开始探索红外波段的景象投影技术,而最直接的便是借鉴可见光的显示技术,如阴极射线管、液晶 LCD、激光电视和 DLP 等。相应地发展出来了红外 CRT、激光二极管阵列、液晶光阀、数字微镜和电阻阵列等,相应的仿真系统也接连问世[211]。

美国等西方国家的相关机构各自建立了用于不同红外探测制导系统的半实物仿真系统和数学仿真系统[212-218],用于各种红外系统(如红外导引头、FLIR 系统)的优化设计、性能评估和搜索跟踪算法的测试评估。

国内哈尔滨工业大学和上海技术物理所等科研院所相继开展了基于电阻阵列、液晶光阀、激光二极管和数字微镜的视景仿真设备的研制[209-211,219-223],取得了一定进展。

1.6.2 军事应用

1.6.2.1 应用于作战方案制定

作战方案制定需要进行沙盘的军事推演,目标与背景特性的建模与仿真可为军事推演数字沙盘的研制提供必要的技术支撑,利用军事推演沙盘能够检验武器装备在典型环境下的隐身能力与生存能力,检验制导武器探测发现识别敌方目标的能力和打击能力,从而制定克敌制胜的作战方案。因此,目标与战场环境红外辐射特征理论与方法是研制军事推演数字沙盘的重要支撑。

美国开发的综合场景生成模型(SSGM),可以用于获得可靠的可见光辐射测量结果,生成时间序列的数字图像,并应用于战略导弹拦截的模拟仿真之中。实际上,SSGM 已经成为美国导弹防御局(MDA)评测其各种光-电探测器以及先进的监视和拦截弹方案完成预定任务能力的基准,用于辅助用户模拟对弹道导弹进行探测、捕获、跟踪和拦截的战场环境。目标与背景的特征信息用于探测器及系统性能的设计、仿真和测试,为各种与导弹防御技术相关的研究提供仿真基础,为国家战略制定提供推演平台[226]。

1.6.2.2 应用于攻防对抗的实战训练

借助数字仿真平台,通过自定义场景,生成的目标包括战车和火炮等,生成的背景包括平原、沙漠、山地、树林、湖泊、丘陵、农田和城区等,气象条件包括晴天、阴天、雾、雨、雪、霾、台风和沙尘等,场景中还可以包括战火、爆炸烟尘和装备行驶的扬尘等,实现最为逼真的战场环境仿真。利用仿真的目标和场景,使部队进行攻防对抗的实战训练,提高部队在红外场景下的作战能力、使用红外制导武器的能力以及使用红外告警系统的能力,可以有效提高部队的多频谱战斗力。

例如,美国在1997年10月举行了STOW'97的联合演练,参演节点分布于美、英两国5个不同地点,通过一个先进且安全的ATM网利用DIS互联,有370多个参演平台,9000多人参加,使用了500km×750km的合成地形环境,演示了大气变化、球形地面、自动化合成兵力指挥、动态目标和智能传感器以及与真实的C^4I系统连接等多项功能[227]。

从1996年开始,欧、美联合进行每年一次的大型分布式军事演习——欧洲大型军事演习(JPOW),演练关于战区导弹防御体系与来袭目标的对抗。参演国有美国、英国、德国、荷兰和丹麦等北约组织成员国。演习目的是评估战区导弹防御协同作战效果。演习中使用的来袭目标有B-1B、B-52、F-16、"旋风"战斗机和"战斧"巡航导弹以及无人机等。拦截系统采用仿真的分布式拦截导弹,如"爱国者""霍克"PIPⅢ、"宙斯盾"和近程地面防空系统,还包括作战信息管理系统。演习由美国提供防空与反导协作演习网(CAMDEM),使用DIS协议,向参与者提供目标数据[227]。

"千年挑战2002"(MC'02)是迄今为止美国国防部组织的规模最大、复杂程度最高的多目标仿真活动。MC'02用了多于30000个实体仿真和相应的C^4ISR系统,13500人参加演习,使用美国国防部的HLARTI的演化版本连接分布在不同地方的9个实际训练场和18个模拟训练场,共使用了50个作战仿真系统,80%演习科目由计算机仿真完成[228]。

1.6.2.3 实战应用

海湾战争、科索沃战争、伊拉克战争以及利比亚战争中,红外制导武器在战场上都显示出了巨大的威力。在实战中目标与背景红外辐射特征的应用主要包括以下几个方面:

1. 促进战前作战计划的制定

在战前,对战场环境和军事装备的性能及作战能力进行作战模拟,目标与背景红外辐射特征是作战模拟的一个重要组成部分。由于目标与背景红外辐射特征及其对比特性是随时间和天气条件变化,通过作战模拟仿真,可为红外制导武器确定最佳的攻击时段、最适用的天气条件和适用作战目标等,从而推动作战计划的制定。例如,在攻打伊拉克之前,美国在 2003 年对战场环境进行了作战模拟,即在计算机上对整个战场的各种因素进行了精确的仿真分析,包括战场的电磁环境、军力部署和地形等,对形成正确的作战方案起到了很大的帮助[229]。

2. 帮助参战部队熟悉作战环境和攻击目标

在战前,对战场环境和军事装备红外辐射特征尤其是敌方军事目标的红外辐射特征进行模拟,使作战部队提前熟悉作战背景和需要攻击目标的红外辐射特征及其对比特性随时间和天气条件变化规律,将有效提升部队的战斗力。

3. 辅助红外制导武器确定作战模板

使用红外制导武器,首先是要发现和识别目标,而对目标的发现和识别依据就是目标与背景的红外辐射特征及其对比特性。因此,需要事先为红外探测制导武器提供用于发现和识别的不同时间、不同气象条件下的目标特征模板,用于实战中进行目标的发现和识别。

1.7 目标红外辐射特征的调控

随着红外探测制导技术的发展,红外制导和红外成像制导武器发现、识别和跟踪目标的能力越来越强,军事目标受到来自红外制导武器的威胁也越来越严重,因而对军事目标的红外辐射特征进行调控是提高军事目标生存能力和战斗力的重要手段。

目标红外辐射特征的调控就是利用各种调控技术,降低或抑制目标的红外辐射特征,达到目标与背景的红外辐射等效温差小于红外探测系统可分辨的温差,使红外导引系统无法准确侦测到目标。红外辐射特征调控技术可分为以下几个大类:①调整目标的红外辐射光谱特征;② 降低目标的红外辐射强度;③调节红外辐射的传播途径[230]。

1.7.1 调整目标红外辐射光谱特性[230]

1. 调整红外辐射波段(含光谱转换技术)

调整红外辐射波段,一是使目标的红外辐射波段处于红外探测器的响应波段之外;二是使目标的红外辐射避开大气光学窗口而在大气层中被吸收和散射掉。例如,可采用在燃料中加入可提高燃烧效率的添加剂,使排气的红外频谱大部分处于大气光学窗口之外,改变排出气体的红外频谱分布,避开探测器的响应频谱;或者采用在 $3\sim5\mu m$ 和 $8\sim14\mu m$ 波段发射率低、而在这两个波段之外发射率高的光谱选择性涂料,使被保护目标发出的红外辐射落在大气窗口以外。

2. 模拟背景红外辐射特征技术

模拟背景红外辐射特征技术是通过改变目标的红外辐射分布状态,使目标与背景的红外辐射分布状态彼此相协调,从而使目标的红外辐射图像成为整个背景红外辐射图像的一部分。这种技术适用于常温目标,通常是采用红外辐射伪装网。

3. 红外辐射变形技术

红外辐射变形技术是通过改变目标各部分红外辐射的相对值和相对位置,来改变目标易被红外成像探测系统发现并识别的特定红外图像特征,从而使红外探测系统难以识别。目前,主要采用的是红外迷彩涂料,通过使用不同发射率的材料来改变目标物体各部分红外辐射分布状态,使得目标与背景的红外辐射分布状态相协调,从而使目标的红外图像成为整个背景红外图像的一部分,使红外探测器难以识别[231]。研究表明,这样在红外热像图上就会显示杂乱的红外辐射特征,与坦克真实的红外热像图产生很大的差异,从而实现了可见光和红外的双波段一体化伪装效果[232-233]。

1.7.2　降低目标红外辐射强度

降低目标红外辐射强度也就是降低目标与背景的热对比度,使制导武器的红外探测器接收不到足够的能量,减少目标被发现识别与跟踪的概率[227]。它主要是通过降低目标温度和控制目标表面辐射特性来抑制目标的红外辐射强度。

1.7.2.1　控制目标表面温度

目标表面温度的控制技术主要包括采用减热、隔热、吸热、降温和目标热惯量控制等手段,通过显著降低目标表面温度实现对目标红外辐射强度的抑制,减小目标与背景红外特征差异,是实现目标红外特征控制的有效途径之一[232-240]。

1. 动力装置及排气管温度控制

对坦克装甲车辆而言,发动机特别是排气系统的高温辐射是其在红外波段的主要暴露特征。要降低车辆红外辐射信号,最重要的是要减小发动机及其排放废气的红外辐射通量。主要通过使用高效低热损耗发动机、提高燃烧效率、改进通风与冷却系统、采用隔热保温技术、优化动力舱布局和采用引射冷空气等方法来降低目标动力装置、排气管和排气的温度,达到降低红外辐射的目的[234-239]。

2. 行动装置红外辐射抑制措施

装甲车辆行动装置中的橡胶元件与其他零部件之间的相对摩擦运动会产生热量,是一个重要的热辐射源。降低行动装置红外辐射特征的主要途径有:对行动装置中橡胶元件进行冷却、采用新型低生热高导热橡胶材料、采用全钢履带与负重轮和采用辐条式传动齿轮等[240]。

3. 其他装置红外辐射抑制措施

装甲车辆其他装置的红外辐射抑制措施主要有：在炮管周围添加热护套、在装置表面设置空气夹层和在车体表面喷涂或胶黏泡沫塑料等[233-241]。

4. 加装控温涂层材料

控温涂层黏合剂的选择既要有良好的红外透过性和与填料的相容性，又要具有优良的物理力学性能和成膜性。目前，控温涂层的研究主要集中在填料方面，为了降低目标的表面温度，填料一般采用热惯量大、热导率低的材料，主要有隔热材料和相变材料[242-245]。

5. 车体温度主动控制技术

半导体制冷器件—热电制冷器件（TEC）是可采用的车体温度主动控制技术之一。将热电制冷器件附着于目标表面，利用热电制冷技术实现对目标表面辐射温度的实时控制，将目标温度降低。采用 TEC 与光学伪装材料相结合控制目标表面红外辐射与环境的红外辐射特征信号相近[246]。

以色列 ELTICS 公司生产和销售的自适应热/IR 车辆伪装/隐身系统称为"黑狐"，该系统使用了 TEC 技术[247]。英国的 BAE 公司也开发出一款基于 TEC 模块化的附加装备，可贴在载具上使其红外隐身[248]，并且可以使军用车辆呈现民用车辆的红外辐射特征（图 1-17）。

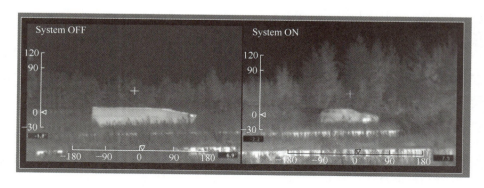

图 1-17　CV90 步兵战车瞬间在红外下变成民用车辆[248]

1.7.2.2　目标表面材料辐射特性控制

目标表面材料辐射特性的控制就是通过控制目标表面材料的红外发射率，实现有效控制目标的红外辐射量，主要控制手段有以下几种：加装低发射率涂层材料、低红外辐射薄膜材料、纳米隐身材料、智能隐身材料、生物仿生隐身材料和使用基于微纳结构的红外隐身技术等。

1. 低发射率涂层材料

低发射率涂层材料通过降低目标表面红外发射率来达到红外隐身目的。低发射率涂层主要由黏合剂、填料和颜料组成。选择黏合剂、填料和颜料及其配比,可实现可见光和红外两个波段的兼容隐身[242]。

2. 低红外辐射薄膜材料

低红外辐射薄膜材料与低发射率涂层材料一样,都是通过降低表面红外发射率达到抑制红外辐射强度的目的。目前的研究热点是半导体掺杂膜、金属薄膜、塑料光学薄膜、金属颗粒高分子材料复合膜和碳膜与氮化硼膜等。通过控制薄膜材料载流子密度等参数,可以研制出不同发射率的薄膜,制成热红外迷彩膜[238]。

3. 纳米隐身材料

纳米材料具有极好的吸波特性和较低的红外发射率,因而引起研究人员的极大兴趣。美、法、德、日、俄等国家把纳米材料作为新一代隐身材料进行探索和研究。目前基于纳米材料的红外隐身材料已经可以将红外发射率降到 0.1 以下[238,249-251]。

4. 智能隐身材料

智能隐身材料作为一种新型隐身材料,是智能材料和隐身材料的有机结合,它可以感知目标和背景环境的差别,通过对感知信号的处理,可以对材料自身的发射率做出相应调整,减小目标与环境的辐射对比度,增强目标对环境的波段自适应能力。目前,智能隐身材料已经能够灵活感知和适应周围环境颜色,能够兼容可见光、红外隐身[265,266]。根据诱导因素和控制方法的不同,智能隐身材料可分为电致变智能隐身材料和热致变智能隐身材料等[242]。

电致变智能隐身材料是指材料在交替的高低或正负外电场的作用下,通过注入或抽取电荷(离子或电子),从而在低透射率的着色状态或高透射率的漂白状态之间产生可逆变化的一种特殊现象。近年来,随着军事智能技术等新兴领域的崛起,研究人员将电致变色材料的调光范围从可见光扩展到中红外区,电致变色器件红外发射率调控方法与技术正成为关注的焦点[252-260]。

当前的电致变色材料主要分为无机材料和有机材料两大类。无机材料的 WO_3 电致变色器件可在 $2\sim14\mu m$ 范围内工作,发射率变化范围为 $0.057\sim0.595$[250,251]。无机材料的 V_2O_5 电致变色器件的红外发射率可调节范围也已经达到 0.4 以上[255-257]。有机材料的聚苯胺红外电致变色器件在 $2\sim14\mu m$ 范围内具有较好的红外发射率调节性能,其可调范围达 0.4 以上[258-260]。

热致变材料通过感应目标的表面温度发生变化,自适应地改变材料红外发射率[261-263]。例如,将铜沉积在聚酯薄膜和铯化锌上制备出的薄膜材料,其在 $8\sim12\mu m$ 波段内的红外发射率随温度变化而调节的范围为 $0.20\sim0.73$[261]。

5. 基于微纳结构的红外隐身技术

利用仿生学原理,研究红外辐射的抑制方法与技术越来越受到关注。仿生红外隐身材料是基于对生物微观结构特性、变色原理或者电磁波反射特点的认识与理解,模仿生物进行合成、制备的新型红外隐身材料[242]。基于仿生微结构的材料红外发射率可降至 0.206[264]。

通过改变微纳结构表面的结构型式、周期特性、材料属性可以对这些表面的红外辐射特征进行调节控制,比单纯地利用材料属性调控来改变表面的红外辐射特征具有更好的控制灵活性和易实现性。例如,利用周期性微纳结构表面进行目标红外辐射特征控制引起了国内外相关研究人员和机构广泛关注。

基于表面微结构来控制热辐射光谱特性的研究早在 20 世纪六七十年代就开始了。瑞典国防研究机构[267]制备出了能同时对 $3\sim5\mu m$ 和 $8\sim12\mu m$ 的红外波段实现抑制辐射的 BeO 三维光子晶体,拓宽了 BeO 红外隐身的波段范围。Yablonovitch[268]将硫化合物玻璃 $Ge_{33}As_{12}Se_{55}$ 熔融成渗透物并对 SiO_2 进行化学腐蚀,制备了反蛋白石结构的三维光子晶体,它在 $3\sim5\mu m$ 和 $8\sim12\mu m$ 波段的红外反射率均高于 90%,有效降低了目标的红外辐射强度。

人们采用不同的材料,将不同的微纳结构以及不同的电磁作用机理与效应相结合,提出了各式各样的多波段兼容复合微结构的设计方法,设计了可见光与红外的光谱特性兼容、雷达/红外多功能隐身材料、激光与红外兼容或可见光/红外/激光波段兼容的微纳结构[269-274],可以实现将 $3\sim5\mu m$ 和 $7.5\sim14\mu m$ 这两个大气窗口波段内的辐射能量转移到 $5\sim7.5\mu m$ 的非大气窗口波段内发射,有效地降低了探测波段内的红外辐射信号[275]。采用气相沉积法、蒸发法或磁控溅射等薄膜加工方法,可以制备多种基于多层膜体系的可见光/红外、红外/激光兼容的微结构表面[256-260];利用微机械加工技术,可以制备基于二维阵列的红外辐射特征控制微结构表面[270,281-282];采用自组装技术,可制备具有三维形貌的红外辐射特征控制微结构[268,283]。

1.7.3 调节红外辐射传播途径

1. 利用结构改变红外辐射方向

就地面装甲车辆而言,由于发动机排气并不产生推力,因而可通过任意改变其排气方向,实现有效抑制面对红外威胁方向的红外辐射特征。在排气管上附加挡板以改变红外辐射方向,降低发动机排气温度。

装甲车辆行动装置中的橡胶元件是一个重要的热辐射源。为了减少橡胶元件的红外辐射,越来越多的军用装甲车辆开始安装一种活动的附加裙边,以遮挡装甲裙板遮挡不到的轮胎、履带和负重轮。在炮管的周围添加热护套,降低炮管射击时的红外辐射。利用伪装篷布覆盖目标,抑制和衰减目标的红外辐射。还有一些正在研究的新概念红外隐身遮蔽方法,如等离子体隐身等[234-240]。

2. 改变目标周围大气光谱透过率

采用在目标周围大气中掺入微小颗粒,改变大气光谱透过率,以实现屏蔽和对红外探测器干扰。烟幕以其便捷的易操作性、较好的经济性和较高的实用性在军事目标红外辐射特征控制方面得到了广泛的应用。烟幕的主要功能是通过在空中施放气溶胶微粒,改变电磁波介质传输特性,实施对光电探测、观瞄和制导武器系统的干扰。烟幕作用机理主要是:①使目标周围大气路径上充满烟幕微粒,对物体红外辐射产生强烈的吸收和散射作用,衰减削弱红外侦察和制导系统中红外探测器接收信号的强度,使之无法成像;②烟幕本身可以发出更强的红外辐射,覆盖目标及背景的红外辐射,使红外探测设备只能探测到一片模糊影像。但是由于烟幕必须悬浮在目标的周围,所以多用于保护静止和慢速运动的目标[231]。

总而言之,无论采用哪种红外抑制方法,最基本的前提是要了解目标与背景红外辐射及其对比特性的产生机理和变化机制。只有这样,才能研制满足实际需求的红外辐射抑制技术。所以,通过目标与背景红外辐射特征的理论与方法的系统研究,厘清并掌握目标红外辐射特征产生的主要因素和红外辐射特征部位,指导红外隐身设计,实施有针对性的红外辐射特征调控,对目标红外隐身效果进行评估,并为研究目标红外辐射特征抑制的新技术提供理论支撑。

参考文献

[1] 朱谷君. 工程传热传质学[M]. 北京:航空工业出版社,1989.

[2] Siegel R, Howell J R. Thermal Radiation Heat Transfer[M]. Hemisphere Publishing Corporation,1982.

[3] 韩玉阁,宣益民,吴轩. 装甲车辆红外热像模拟及数据前后处理技术[J]. 南京理工大学学报,1997,21(4):313-316.

[4] 宣益民,吴轩,韩玉阁. 坦克红外热像理论建模和计算机模拟[J]. 弹道学报,1997,9(1):17-21.

[5] 宣益民,刘俊才,韩玉阁. 车辆热特性分析及红外热像模拟[J]. 红外与毫米波学报,1998,17(6):441-445.

[6] 乔学勇,宣益民,韩玉阁. 坦克三维瞬态温度场的边界元算法[J]. 兵工学报,1999,20(1):1-4.

[7] McLenaghan I R, Moore A. A Ship Infrared Signature Model[C] //Proc. of SPIE,1988, 916:160-164.

[8] Morin J, Reid F, Vaitckunas D. SHIPIR: A Model for Simulating Infrared Images of Ships at Sea[C] //Proc. of SPIE,1994,2223:367-378.

[9] ThermoAnalytics. http://www.thermoanalytics.com/services/concept_vehicle_signature_ analysis.html, 2010.

[10] Easyes J W, Mason G L, Kusinger A E. Thermal Signature Characteristics of Vehicle/Terrain Interaction Dis-

turbances: Implications for Battlefield Vehicle Classification[J]. Applied Spectroscopy, 2004, 58(5): 510-515.

[11] 顾吉林. 典型天气大气辐射传输特性研究[D]. 大连:大连海事大学,2012.

[12] 谈和平,夏新林,刘林华,等. 红外辐射特征与传输的数值计算:计算辐射学[M]. 哈尔滨:哈尔滨工业大学出版社,2006.

[13] Kneizys A F X. Atmospheric Transmittance and Radiance: The LOWTRAN Code[C]// Proc. of SPIE, 1978, 142:6.

[14] Kneizys F X, Shettle E P, Gallery W O. Atmospheric Transmittance and Radiance: The LOWTRAN 5 Code[C]// Proc. of SPIE,1981, 277(12):116-124.

[15] Berk A, Bernstein L S, Robertson D C. MODTRAN: A Moderate Resolution Model for LOWTRAN[R]. 1989.

[16] Berk A, Conforti P, Kennett R,et al. MODTRAN6: A Major Upgrade of the MODTRAN Radiative Transfer Code[C]// Proc. of SPIE, 2014.

[17] Berk A, Conforti P,Hawes F. An Accelerated Line-by-Line Option for MODTRAN Combining On-The-Fly Generation of Line Center Absorption with 0.1cm^{-1} Bins and Pre-Computed Line Tails[C]// Proc. of SPIE, 2015.

[18] Cornette W M, Acharya P, Robertson D, et al. Moderate Spectral Atmospheric Radiance and Transmittance Code (MOSART). Volume 3. Technical Reference Manual[R]. 1995.

[19] Cornette W M, Acharya P K, Anderson G P. Using the MOSART Code for Atmospheric Correction[C]// IEEE-Geoscience and Remote Sensing Symposium, 1994,1:215-219.

[20] 林群青,宣益民,韩玉阁. 含雾湿空气条件下地面目标热特征分析方法[J]. 红外与激光工程,2014,(07):2120-2125.

[21] 林群青. 液固颗粒对装甲车辆热辐射特性的影响机制及热模型可信度评估方法研究[D]. 南京:南京理工大学,2017.

[22] Lin Q Q, Xuan Y M, Han Y G. The Effect of Randomly-Distributed Droplets on Thermal Radiation of Surfaces[J]. International Journal of Heat and Mass Transfer,2016,96:231-241.

[23] Lin Q Q, Xuan Y M, Han Y G. Prediction of the Radiative Properties of Surfaces Covered with Particulate Deposits[J]. Journal of Quantitative Spectroscopy and Radiative Transfer, 2017, 196 :112-122.

[24] 蒋冬婷,闫晓峰. 综合战场环境建模与仿真研究[J]. 科技传播,2012,12(上):258,247.

[25] 徐根兴,姚连兴,仇维礼,等. 目标和环境的光学特性[M]. 北京:宇航出版社,1995.

[26] 张建奇,方小平,张海兴,等. 自然环境下地表红外辐射特征对比研究[J]. 红外与毫米波学报,1994,13(6):418-424.

[27] 王章野. 地面目标的红外成像仿真及多光谱成像真实感融合研究[D]. 杭州:浙江大学,2002.

[28] 吴宗凡,柳美琳,张绍举,等. 红外与微光技术[M]. 北京:国防工业出版社,1998.

[29] 徐南荣,卞南华. 红外辐射与制导[M]. 北京:国防工业出版社,1997.

[30] Scoggins R K. Plan for Developing Hierarchical Three-Dimensional Landscape Signature Model[R]. AD-A257550, 1992.

[31] Hahn C B. Yuma 1 Site Characterization and Data Summary[R]. Mississippi: Smart Weapons Operability Enhancement Report943, 1994.

[32] Harrison J. Analysis of Thermal Imagery Collectedat Yuma 1, Yuma Proving Ground[R]. Mississippi: Smart Weapons Operability Enhancement Report 944, 1994.

[33] Ballard J R. Yuma 1 Information Base for Generation of Synthetic Thermal Scenes[R]. Mississippi: Smart Weapons Operability Enhancement Report 945, 1994.

[34] Weiss R A, Bruce M S. Physics-based Infrared Terrain Radiance Texture Model[R]. Mississippi: US Army Engineer Waterways Experiment Station Report EL-95-5, 1995.

[35] Khale A B. A simple Model of the Earth's Surface for Geologic Mapping by Remote Sensing[J]. J. of Geophysical Research, 1977, 82(11):1673-1680.

[36] Balick L K. Thermal Modeling of Terrain Surface Elements[R]. AD-A098019, 1981.

[37] Belmans C. Simulation Model of the Water Balance of a Cropped Soil:SWATRE[J]. J. Hydrol, 1983, 63: 271-286.

[38] Camillo P J. Soil and Atmospheric Boundary Layer Model for Evapotranspiration and Soil Moisture Studies[J]. Water Resour. Res., 1983, 19:371-380.

[39] Deardorff J W. Efficent Prediction of Ground Surface Temperature and Moisture with Inclusion of a Layer of Vegetation[J]. J. Geophys. Res., 1978,(20):1889-1903.

[40] Flerchinger G N. Modeling Plant Canopy Effects on Variability of Soil Temperature and Water[J]. Agric. For. Meteorol., 1991,56:227-246.

[41] Inclan M G. A Simple Soil-Vergetation-Atmosphere Model Inter-comparison with Data and Sensetivity Studies[J]. Ann. Geophys, 1993, 11:195-203.

[42] Van de Griend A A. Water and Surface Energy Balance Model with a Multilayer Canopy Representation for Remote Sensing Porposes[J]. Water Resour. Res., 1989, 25:949-971.

[43] Lynn B. A Stomatal Resistance Model Illustrating Plant verus External Control Transpiration[J]. Agric. For. Meteorol. 1990,52:5-43.

[44] Flerchinger G N, Saxton K E. Simultaneous heat and water model of a freezing snow-residue-soil system I. theory and development[J]. Transactions of the ASAE TAAEAJ, 1989, 32(2):565-572.

[45] Flerchinger G N, Saxton K E. Simultaneous heat and water model of freezing snow-residue- soil system II. Field verification[J]. Transctions of the ASAE TAAEAJ,1989,32(2):573-578.

[46] Jordan R.A one-dimensional temperature model for a snow cover: technical documentation for SNTHERM 89 [R]. Hanover,NH,USA: US Army CRREL,1991.

[47] Anderson E A. A point of energy and mass balance model of snow cover: NOAA technical reports NWS 19[R]. Silver Spring, MD,USA: National Oceanic and Atmospheric Administration,1976.

[48] Fernandez A. An energy balance model of seasonal snow evolution. Phys[J]. Chem. Earth, 1998.23(5): 661—666.

[49] Ito Y, Okaze T, Mochida A, et al. Development of prediction method for snow depth distribution in urban area based on coupling of snow drift and snow melt models [J]. Journal of JSSE, 2010, 26(4): 245-254.

[50] Kuhn M. Micro-meteorological conditions for snow melt[J]. J. Glaciol. 1987,33:24-26.

[51] Kondo J, Yamazaki T. A Prediction Model for Snowmelt, Snow Surface Temperature and Freezing Depth Using a Heat Balance Method[J]. Journal of Applied Meteorology, 1990, 29(5):375-384.

[52] 陈振乾. 复杂环境条件下土壤中热湿迁移规律的研究[D]. 南京:东南大学,1995.

[53] 张玲,陈光明,黄奕沄. 土壤一维热湿传递实验研究与数值模拟[J]. 浙江大学学报(工学版),2009,43(4):771-776.

[54] Abu-Hamdeh N H. Measurement of the Thermal Conductivity of Sandy Loam and Clay Loam Soils using Single

and Dual Probes[J]. Journal of Agricultural Engineering Research . 2001,80(2) :209-216.

[55] Gonda T, Gerhart G R. A Comprehensive Methodology for Thermal Signature Simulation of Targets and Backgrounds[C] //Proc. of SPIE,1989,1098:23-27.

[56] Kress M R. Information Base Procedures for Generation of Synthetic Thermal Scene[R]. AD-A259202, 1992.

[57] Weiss R A, Sabol B M, Smith J A, et al. Physics-Based Infrared Terrain Radiance Texture Model, Final report[R]. AD-A293464, 1995.

[58] Wollenweber F G. Weather Impact on Background Temperatures as Predicted by an IR-Background Model[C] //Proc. of SPIE,1990, 1311.

[59] Gambotto J P, et al. IR Scene Generation under Various Conditions from Segmented Real Scenes[C] //Proc. of SPIE, 1993,1967.

[60] Gambotto J P. Combing Image Analysis and Thermal Models for Infrared Scene Simulations[C] //IEEE, 1994.

[61] Bushlin Y,et al. Variance Properties in IR Background Images[C] // Proc. of SPIE, 1993,1967 .

[62] Balfour L S,et al. Semi-Empirical Model Based Approach for IR Scene Simulation[C] // Proc. of SPIE, 1997,3061 .

[63] Rogne T J, Hall C S, Freeling R, et al. U. S. Army Tank-Automotive Command(TACOM) Thermal Image Model(TTIM) [C] // Proc. of SPIE, 1989, 1110:210-219.

[64] Morey B. Prodicting Temperature for IR Image Simulation Based on Solids Modeling[R]. AD-A208532, 1988.

[65] Howe J D. Thermal Imaging Systems Modeling - Present Status and Future Challenges[C] // Proc. of SPIE, 1994,2269: 538-550.

[66] Rao C A. IR Image Simulation[C] // Proc. of SPIE,1987, 819:55-62.

[67] Gray D M. Dimensionality Reduction and Information-Theoretic Divergence Between Sets of LADAR Images [R]. 2008.

[68] Sadjadi F A. New Experiments in the Use of Infrared Polarization in the Detection of Small Targets[C] // Proc. of SPIE, 2001, 4379: 144-155.

[69] Savage J, Coker C. Irma 5.1 Multi-Sensor Signature Prediction Mode[C] // Proc. of SPIE, 2006, 6239: 62390C-1- 62390C-12.

[70] Savage J, Coker C. Irma 5.1 Multi-Sensor Signature Prediction Model[C] // Proc. of SPIE, 2005, 5811: 199-211.

[71] Savage J. Irma 5.2 Multi-Sensor Signature Prediction Model[C] // Proc. of SPIE, 2008, 6965: 69650A-1-69650A-9.

[72] Curran A R. Integrating CAMEO-SIM and MuSES to Support Vehicle-Terrain Interaction in an IR Synthetic Scene[C] // Proc. of SPIE, 2006,6239: 62390E-1- 62390E-9.

[73] Aitoro J. ThermoAnalytics Visualizes Military Vehicle Infrared Energy[R]. 2007.

[74] Kwan Y T. A Simulation for Hyperspectral Thermal IR Imaging Sensors[C] // Proc. of SPIE, 2008, 6966: 69661N-1-69661N-11.

[75] Pereira W. Hyperspectral Extensions in the MuSES Signature Code[C] // Proc. of SPIE, 2008, 6965: 69650B-1-69650B-8.

[76] Johnson K, Curran A. MuSES: A New Heat and Signature Management Design Tool for Virtual Prototyping [R]. GTMV98 Conference, 1998.

[77] Weber B A. Top-Attack Modeling and Automatic Target Detection Using Synthetic FLIR Scenery[C] // Proc.

of SPIE, 2004, 5426:1-14.

[78] Curran A R, Gonda T G. Applications of the MuSES Infrared Signature Code[R]. RTO-MP-SCI-145, 2005.

[79] Nelsson C, Hermansson P. Benchmarking and Validation of IR Signature Programs Sensor Vision, CAMEO-SIM and Rad ThermIR[R]. RTO-MP-SCI-145, 2005.

[80] Lapierre F D. Validation of Rad ThermIR and OSMOSIS Thermal Software on the Basis of the Benchmark Object CUBI[C] // Proc. of SPIE, 2009, 7300:1-9.

[81] Malaplate A, GrossmannP, Schwenger F. CUBI – a Test Body for Thermal Object Model Validation[C] // Proc. of SPIE, 6543:654305-1-654305-15.

[82] Moorhead I R, Gilmore M A, Oxford D E, et al. CAMEO-SIM: A Physics-Based Broadband Scene Simulation Tool for Assessment of Camouflage, Concealment, and Deception Methodologies[J]. Optical Engineering, 2001,40(9):1896-1905.

[83] Haynes A W, Gilmore M A, Stroud C A. Accurate Scene Modeling Using Synthetic Imagery[C] // Proc. of SPIE, 2003, 5075:507585-507596.

[84] Nelsson C, Hermansson P, Nyberg S, et al. Optical Signature Modeling at FOI[C] // Proc. of SPIE, 2006, 6395:639508-1-639508-12.

[85] Cathala T, Goff A L. Simulation of Active and Passive Infrared Images Using the SE-WORKBENCH[C]// Proc. of SPIE, 2007, 6543:654302-1-654302-15.

[86] Cathala T. The Coupling of MATISSE and the SE-WORKBENCH: a New Solution for Simulating Efficiently the Atmospheric Radiative Transfer and the Sea Surface Radiation[C]// Proc. of SPIE, 2009, 7300:73000K-1-73000K-12.

[87] Cathala T. The Use of SE-WORKBENCH for Aircraft Infrared Signature, Taken into Account Body, Engine, and Plume Contributions[C]// Proc. of SPIE, 2010,7662:76620U-1- 76620U -8.

[88] Blevins D D. Modeling Multiple Scattering and Absorption for a Differential Absorption LIDAR System [R]. 2006.

[89] Schott J. Generation of a Combined Dataset of Simulated Radar and Electro-Optical Imagery[R]. 2005.

[90] Fadiran O O. Automated Synthetic Hyperspectral Image Generation For Clutter Complexity Metric Development [R]. 2006.

[91] 杨德贵,黎湘,庄钊文. 基于统一模型的典型地表红外辐射特征对比研究[J]. 红外与毫米波学报, 2001, 20(4):263-266.

[92] 杨德贵,魏玺章,黎湘. 草地红外辐射特征研究[J]. 系统工程与电子技术, 2000, 22(8):63-65.

[93] 王福恒,李仲初,刘云飞. 海天背景红外辐射模型的初步建立——晴空背景情况[J]. 红外与激光技术, 1989,(2):16-25.

[94] 刘浩,王福恒. 海洋环境下大气透过率的计算模型[J]. 红外与激光技术, 1994, (3):21-26.

[95] 杨宝成,沈国土,洪镇青,等. 海面目标与海天背景合成的红外图像数值模拟方法[J]. 华东师范大学学报(自然科学版), 2001, (4):56-61.

[96] 张建奇,方小平,张海兴,等. 雪面辐射温度预测模型[J]. 红外与毫米波学报, 1997, 16(3):206-210.

[97] 张建奇,白长城,张海兴. 植被热红外辐射特征理论建模[J]. 西安电子科技大学学报, 1994, 21(2):157-161.

[98] 张建奇,方小平,张海兴,等. 植被红外辐射统计特征理论模型[J]. 西安电子科技大学学报, 1997, 24

(3)：386-390.

[99] 张建奇,朱长纯,方小平,等. 湿润地表红外辐射统计特性和热图像空间结构[J]. 西安电子科技大学学报,1999,26(1)：53-57.

[100] 邵小鹏,杨威,张建奇. 自然地面背景红外图像生成方法研究[J]. 红外与激光工程,2000,29(3)：72-74.

[101] 刘鑫,张建奇,邵晓鹏. 动态红外场景仿真方法研究[J]. 红外技术,2002,24(6)：31-35.

[102] 邵晓鹏,张建奇. 基于GLC模型的红外纹理合成方法研究[J]. 红外与毫米波学报,2003,22(5)：341-345.

[103] 邵晓鹏,郑宏斌,徐军,等. 光裸地表红外辐射统计模型及纹理特征分析[J]. 西安电子科技大学学报(自然科学版),2007,34(6)：994-996.

[104] 张海兴,张建奇,白长城,等. 含潜热能量的地表热平衡方程与统计解[J]. 红外与毫米波学报,1996,15(3)：169-173.

[105] 韩玉阁,刘荣辉,宣益民. 复杂地面背景红外热像模拟[J]. 南京理工大学学报,2007,31(4)：487-490.

[106] 宣益民,李德沧,韩玉阁. 复杂地面背景的红外热像合成[J]. 红外与毫米波学报,2002,21(2)：133-136.

[107] 韩玉阁,宣益民. 天然地形的随机生成及其红外辐射特征研究[J]. 红外与毫米波学报,2000,19(2)：129-133.

[108] 韩玉阁,宣益民. 自然地表红外图像的模拟[J]. 红外与激光工程,2000,29(2)：57-59.

[109] 韩玉阁,宣益民,汤瑞峰. 丛林随机生成模型及其红外辐射特征模拟[J]. 红外与毫米波学报,1999,18(4)：299-306.

[110] 宣益民,张海,韩玉阁. 单棵树红外辐射特征的三维模型[J]. 红外与毫米波学报,2001,20(5)：395-397.

[111] 李德沧. 复杂地面背景红外热像合成[D]. 南京：南京理工大学,2001.

[112] 杨诗秀,雷志栋,朱强,等.土壤冻结条件下水热耦合运移的数值模拟[J].清华大学学报(自然科学版),1988,28(S1)：112-120.

[113] 尚松浩,雷志栋,杨诗秀.冻结条件下土壤水热耦合迁移数值模拟的改进[J].清华大学学报(自然科学版),1997(08)：64-66+104.

[114] 汪海年. 青藏高原多年冻土地区路基温度场研究[D].西安：长安大学,2004.

[115] 王子龙. 季节性冻土区雪被——土壤联合体水热耦合运移规律及数值模拟研究[D]. 哈尔滨：东北农业大学,2010.

[116] 李智明. 冻土水热力场耦合机理研究与工程应用[D]. 哈尔滨：哈尔滨工业大学,2017.

[117] 毛雪松,胡长顺,窦明健,等. 正冻土中水分场和温度场耦合过程的动态观测与分析[J]. 冰川冻土,2003(01)：55-59.

[118] 夏锦红,李顺群,夏元友,等. 一种考虑显热和潜热双重效应的冻土比热计算方法[J]. 岩土力学,2017,38(04)：973-978.

[119] 付强,马效松,王子龙,等. 稳定积雪覆盖下的季节性冻土水分特征及其数值模拟[J]. 南水北调与水利科技,2013,11(01)：151-154.

[120] 吴晓玲,向小华,王船海,等. 季节冻土区融雪冻土水热耦合模型研究[J]. 水文,2012,32(05)：12-16.

[121] 梁爽,杨国东,李晓峰,等. 基于SNTHERM雪热力模型的东北地区季节冻土温度模拟[J]. 冰川冻土,

2018,40(02):335-345.
- [122] 李瑞平.冻融土壤水热盐运移规律及其SHAW模型模拟研究[D].呼和浩特:内蒙古农业大学,2007.
- [123] 周石硚,中尾正义,桥本重将,等.水在雪中下渗的数学模拟[J].水利学报,2001,(1):6-10.
- [124] Thomas D J, Martin G M. Thermal Modeling of Background and Targets for Air-to-Ground and Ground-to-Ground Vehicle Applacations[C]// Proc. of SPIE,1989, 1110:166-176.
- [125] 董雁冰,刘浩.坦克红外辐射理论建模研究[C]//军用目标特性及传输特性"八五"技术成果论文集,1996.
- [126] 谈和平,阮立明,夏新林,等.坦克瞬态温度场及表面光辐射特性研究[C]//军用目标特性及传输特性"八五"技术成果论文集,1996.
- [127] 韩玉阁,宜益民.装甲车辆的履带与车轮温度分布[J].应用光学,1999,(06):6-10.
- [128] 韩玉阁,宜益民,汤瑞峰.摩擦接触界面传热规律研究[J].南京理工大学学报,1998,(03):68-71.
- [129] 韩玉阁,宜益民.坦克动力舱内的热特性[J].红外技术,2000,(03):23-26.
- [130] 韩玉阁,宜益民.坦克炮身管温度分布及红外辐射特征[J].应用光学,1998,(02):9-15.
- [131] 罗来科,宜益民,韩玉阁.坦克炮管温度场的有限元计算[J].兵工学报,2005,(01):6-9.
- [132] 韩玉阁,陈义东,宜益民.装甲车辆空调系统动态热负荷计算[J].车辆与动力技术,2004,(04):33-36.
- [133] 成志铎.地面装甲车辆的目标特性建模计算研究[D].南京:南京理工大学,2012.
- [134] 罗来科,宜益民,韩玉阁.水陆坦克红外辐射特征仿真研究[J].红外技术,2009,(01):18-22.
- [135] 成志铎,任登凤,韩玉阁.基于降维思想的红外辐射特征快速算法研究[J].红外技术,2011,(11):666-669.
- [136] 任登凤,韩玉阁,宜益民.使用低发射率膜层的目标红外特征分析[J].红外与激光工程,2012,(11):2916-2920.
- [137] 韩玉阁,宜益民,丁汉新.坦克红外辐射特征影响因素的灵敏度分析[J].红外与激光工程,2003,(03):255-258.
- [138] 韩玉阁,宜益民.地面目标与背景红外热像模拟的现状、问题及对策[J].红外技术,2003,(05):22-25.
- [139] 秦娜.装甲车辆在红外隐身措施下的仿真评估[D].南京:南京理工大学,2015.
- [140] 王普凯,毕小平,黄小辉.装甲车辆动力装置部件温度的网络化预测方法[J].兵工学报,2008,29(6) 641-644.
- [141] 毕小平,许翔,王普凯,等.坦克液力机械传动装置热分析[J].兵工学报,2009,30(11):1413-1417.
- [142] 毕小平,黄小辉.坦克动力舱体红外辐射特征模拟[J].激光与红外,2009,39(5) 499-502.
- [143] 黄小辉,毕小平.坦克动力舱装甲板红外辐射温度计算分析[J].光电工程,2009,36(7):89-93.
- [144] 毕小平,杨雨.坦克排气流场与温度场的计算流体力学分析[J].兵工学报,2008,29(9):1025-1028.
- [145] 郑坤鹏,毕小平,黄小辉,等.坦克排烟的红外辐射计算及热图像仿真[J].激光与红外,2010,40(6):613-616.
- [146] 谢中,唐义平.近场坦克目标红外辐射特征理论模型的研究[J].探测与控制学报,1991,(3):19-29.
- [147] 谈和平.用区域分解算法结合蒙特卡洛法求坦克温度场和红外辐射出射度[J].工程热物理学报,1998,V19(2):340-344.
- [148] 肖甫,吴慧中,肖亮,等.地面坦克目标红外热成像物理模型研究[J].系统仿真学报,2005,17(11):2577-2579.

[149] 侯秋萍. 新型坦克红外辐射特征测量研究[C]// 军用目标特性及传输特性"八五"技术成果论文集, 1996.

[150] 贾养育, 左福顺. 坦克红外热图像测量研究[C]// 军用目标特性及传输特性"八五"技术成果论文集, 1996.

[151] 韩玉阁, 李强, 宣益民. 装甲车辆热特征实验研究[J]. 弹道学报, 2002, (01): 63-68.

[152] 罗来科, 韩玉阁, 章桂芳, 等. 坦克车辆红外特征测试与分析[J]. 车辆与动力技术, 2005, (04): 7-11.

[153] 朱寿远, 魏德孟, 姚军田. 主战坦克与地物背景红外辐射特征研究[J]. 红外技术, 2000, 22(5): 45-50.

[154] 毕小平, 黄小辉, 王普凯, 等. 装甲车辆动力舱温度场实验研究[J]. 装甲兵工程学院学报, 2009, 23(2): 26-28.

[155] 韩玉阁, 宣益民. 大气传输特性对目标与背景红外辐射特征的影响[J]. 应用光学, 2002, (06): 8-11.

[156] 韩玉阁, 宣益民. 目标与背景的红外辐射特征研究及应用[J]. 红外技术, 2002, (04): 16-19.

[157] 韩玉阁, 成志铎, 任登凤, 等. 装甲车辆与地面背景的热交互作用及红外仿真[J]. 红外与激光工程, 2013, (01): 20-25.

[158] 吕相银, 邹继伟, 凌永顺. 大气透明率对地面目标红外特征的影响研究[J]. 红外与激光工程, 2007, 36(5): 615-618.

[159] Harris D. The Attenuation of Electromagnetic Waves due to Atmospheric Fog[J]. Journal of Infrared, Millimeter, and Terahertz Waves, 1995, 16(6): 1091-1108.

[160] 葛琦. 水雾的近、中红外消光性能研究[D]. 武汉: 武汉大学, 2004.

[161] 胡碧茹, 吴文健, 代梦艳, 等. 人造雾的红外遮蔽性能实验研究[J]. 红外与毫米波学报, 2006, 25(2): 131-134.

[162] 陈中伟, 梁新刚, 张凌江, 等. 雾状水幕降温衰减与水面目标红外隐身研究[J]. 红外与毫米波学报, 2010, 29(5): 342-346.

[163] Oguchi T. Electromagnetic Wave Propagation and Scattering in Rain and Other Hydrometeors[C]. Proceedings of the IEEE, 1983, 71(9): 1029-1078.

[164] Laws J O, Parsons D A. The Relation of Raindrop-Size to Intensity[J]. Eos Transactions American Geophysical Union, 1943, 24(2): 248-262.

[165] Marshall J S, Palmer W M K. The Distribution of Raindrops with Size[J]. Journal of the Atmospheric Sciences, 1948, 5(4): 165-166.

[166] Joss J, Thams J C, Waldvogel A. The Variation of Raindrop Size Distributions at Lacamo[C]// Toronto Proc. of the Intern. Col on Cloud Physics, 1968, 369-373.

[167] Miers B T. Review of Calculations of Extinction for Visible and Infrared Wavelengths in Rain[R]. 1983.

[168] 魏合理, 刘庆红. 红外辐射在雨中的衰减[J]. 红外与毫米波学报, 1997, 16(6): 418-424.

[169] 胡中华, 陈家璧, 刘雅. 光在雨中传输的研究[J]. 大学物理, 2007, 26(7): 34-39.

[170] 宋博, 王红星, 刘敏, 等. 雨滴谱模型对雨衰减计算的适用性分析[J]. 激光与红外, 2012, 42(3): 310-313.

[171] 李曙光, 刘晓东, 侯蓝田. 沙尘暴对低层大气红外辐射的吸收和衰减[J]. 电波科学学报, 2003, 18(1): 43-47.

[172] 李学彬, 徐青山, 魏合理, 等. 1次沙尘暴天气的消光特性研究[J]. 激光技术, 2008, 32(6): 566-567.

[173] 陈秀红,魏合理,李学彬,等.可见光到远红外波段气溶胶衰减计算模式[J].强激光与粒子束,2009, 21(2):183-189.

[174] 卫晓东,张华.非球形沙尘气溶胶光学特性的分析[J].光学学报,2011,31(5):7-14.

[175] 郭欣,樊建春.火灾环境下邻近油罐的热辐射分布规律模拟[J].油气储运,2017,36(5):495-501.

[176] 韩煜,高天宝.基于FDS的外窗形式对建筑外立面火灾蔓延影响的模拟[J].吉林建筑大学学报, 2017,34(3):72-76.

[177] 余明高,陈静,苏冠锋.基于FDS列车车厢火灾烟气的数值模拟研究[J].西南交通大学学报,2017,52 (4):1-9.

[178] 孙承华,付强.于FDS模拟的屋顶停车场汽车火灾火场特性研究[J].武汉理工大学学报(信息与管理工程版),2016,38(4):415-421.

[179] 赵金龙,黄弘,屈克思,等.油储罐热辐射响应研究[J].中南大学学报(自然科学版),2017,48(6): 1651-1658.

[180] 张光辉,夏子潮,晁小雨,等.舰船起火舱室对邻舱的传热数值模拟[J].船海工程,2017,46(3):6-10.

[181] 牛卉.爆炸冲击波激励惰性气体产生可见光的辐射机理研究[D].南京:南京理工大学,2016.

[182] 周双涛,李海超,常春伟.基于ANSYS/LS-DYNA的爆炸加固土壤数值模拟研究[J].军事交通学院学报,2016,18(10):82-86.

[183] 丁宁,余文力,王涛,等.LS-DYNA模拟无限水介质爆炸中参数设置对计算结果的影响[J].弹箭与制导学报,2008,28(2):127-130.

[184] 郑鸿强.典型战斗部作用下桥梁易损性研究[D].北京:北京理工大学,2016.

[185] 赵新颖,王伯良,李席,等.温压炸药爆炸冲击波在爆炸堡内的传播规律[J].含能材料,2016,24(3): 231-237.

[186] 程宇滕.温库炸药在不同环境下巧冲击波的仿真与实验研究[D].南京:南京理工大学,2016.

[187] 耿振刚,李秀地,苗朝阳,等.温压炸药爆炸冲击波在坑道内的传播规律研究[J].振动与冲击,2017, 36(5):23-29.

[188] 蒋海燕,李芝绒,张玉磊,等.运动装药空中爆炸冲击波特性研究[J].高压物理学报,2017,31(3): 286-294.

[189] Watson J G, et al. Efficiency Demonstration of Fugitive Dust Controlmethods for Public Unpaved Roads and Unpaved Shoulders on Paved Roads [J]. DR I Document,1996,10:1685- 5200.

[190] Etyemezian V, Kuhns H, Gillies J. Vehicle-Based Road Dust Emission Measurement:I-Methods and Calibration[J]. Atmospheric Envioonment,2003,37:4559-4571.

[191] Gillies J A, Etyemezian V, Kuhns H. Effect of Vehicle Characteristics on Unpaved Road Dust Emissions[J]. Atmospheric Environment 2005(39): 2341-2347.

[192] 吴丽萍,文科军.机动车行驶过程道路扬尘影响因素实验研究[J].环境科学与管理,2008,33(12): 34-36.

[193] Veranth J M, Pardyjak E R, Seshadri G. Vehicle-Generated Fugitive Dust Transport: Analytic Models and Field Study[J]. Atmospheric Environment 2003(37): 2295-2303.

[194] 张雪兰,申华.虚拟战场中车尾扬尘的实时仿真方法[J].火力与指挥控制,2006,31(1):63-66.

[195] Koch E C. Metal-Fluorocarbon Based Energetic Materials [M]. 2012.

[196] Forrai D P, Maier J J. Generic Models in the Advanced IRCM Assessment Model [C]// Proc. on WSC, 2011, 789-796.

[197] Sibilski K, Aszczyk J B. Modeling of Helicopter Self-defense System[C]// Proc. on AIAA, 2010, (36): 474-479.

[198] Butters B, Nicholls E, Walmsley R, et al. Infrared Decoy and Obscurant Modeling and Simulation for Ship Protection[C]// Proc. of SPIE, 2011, 81870Q:81870Q-16.

[199] 赵非玉,卢山,蒋冲,等. 面源红外诱饵仿真建模方法研究[J]. 光电技术应用, 2012, 27(2): 66-69.

[200] Hu Y F, Song B F. Evaluation the Effectiveness of the Infrared Flare with a Tactic of Dispensing in Burst [C]// Systems and Control in Aeronautics and Astronautics (ISSCAA), 2010 3rd International Symposium on IEEE, 2010: 131-136.

[201] 田晓飞,马丽华,赵尚弘,等. 红外目标模拟逼真度的评估方案设计[J]. 半导体光电, 2012, 33(1): 135-137.

[202] 刘加丛. 某型红外干扰弹运动特性研究[J]. 弹箭与制导学报, 2006, 26(3): 166-167.

[203] 杨东升,孙嗣良,戴冠中. 基于三维模型的飞机红外图像仿真研究[J]. 西北工业大学学报, 2010, 28(5):758-763.

[204] 张云哲. 动态红外诱饵弹仿真方法研究[D]. 西安:西安电子科技大学, 2011.

[205] 张玉昌,王亭慧,胡文智,等. 军用喷气飞机动态红外辐射特征测量[C]// 军用目标特性和传输特性"八五"技术成果论文集,1996.

[206] BoBo G, Gonda T, Bacon F. Thermal Camouflage Pattern Prediction Using PRISM and PMO[C]// Proc. of SPIE, 2001,4370:84-93.

[207] http://www.thermoanalytics.com/industries/defense/paint-optimization.

[208] 董言治,周晓东,王昌金,等. 红外半实物仿真系统中激光型红外投影仪的研究与进展[J]. 激光杂志. 2005, 26(1):6-8.

[209] 娄树理,周晓东,董言治. 动态红外景象生成方法研究[J]. 红外与激光工程. 2004, 33(4): 427-431.

[210] 常虹. 基于DMD的双色红外成像制导仿真系统研究[D]. 哈尔滨:哈尔滨工业大学,2006.

[211] 张建忠. 红外双波段视景仿真器光学系统的研究[D]. 北京:中国科学院大学,2013.

[212] Eldridge M J, Jacobs S E. Hardware-in-the-loop Sensor Testing Using Measured and Modeled Signature Data with the Real-Time IR/EO Scene Simulator (RISS) [C]// Proc. of SPIE, 2002,4717:206-216.

[213] Weber B A, Penn J A. Synthetic Forward-Looking Infrared Signatures for Training and Testing Target Identification Classifiers[J]. Optical Engineering, 2004,43 (6): 1414-1423.

[214] Rhodes D B, Ninkov Z, Pipher J L, et al. Synthetic Scene Building for Testing Thermal Signature Tracking Algorithms[C]// Proc. of SPIE ,2010, 7813:781309-1-11.

[215] Packard C D, Curran A R, Saur N E, et al. Simulation-based Sensor Modeling and At-Range Target Detection Characterization with MuSES[C]// Proc. of SPIE, 2015, 9452: 94520F-1-15.

[216] Beasley D B, Cooper J B, Saylor D A. Calibration and Non-uniformity Correction of MICOM's Diode Laser Based Infrared Scene Projector[C]// Proc. of SPIE,1997,3084:91-101.

[217] Cantey T M, Beasley D B, Bender M. Progress in the Development of a Cold Background, Flight Motion Simulator Mounted, Infrared Scene Projector for Use in the AMRDEC Hardware-in-the-loop Facilities[C]// Proc. of SPIE, 2005, 5785 :152-162.

[218] Cantey T M, Beasley D B, Bender M. Background Gradient Reduction of an Infrared Scene Projector Mounted on a Flight Motion Simulator[C]// Proc. of SPIE, 2008,6942:69420Q-1-10.

[219] 常虹,范志刚. 基于DMD的红外双波段景象投影光学系统设计[J]. 哈尔滨工业大学学报,2007,39

(5):838-840.
[220] 贾辛,廖志杰,邢廷文,等.基于DMD的动态红外场景投影光学系统设计[J].红外与激光工程,2008,37(4):692-696.
[221] Jia X, Xing T W. Optical Design for Digital-Micromirror Device-based Infrared Scene Projector[C]// Proc. of SPIE, 2007, 6772(67220Q):1-7.
[222] 李守荣,梁平治.电阻阵列动态红外景象生成器[J].半导体光电.2001,22(5):308-312.
[223] 郑雅卫,高教波,王军,等.动态红外场景准直投射光学系统的设计[J].激光与红外.2005,35(8):577-579.
[224] 林益.不同隐身措施下的目标红外辐射特征研究[D].南京:南京理工大学,2013.
[225] 马忠俊.战车红外隐身效果评估方法研究[D].南京:南京理工大学,2003.
[226] http://vader.nrl.navy.mil/ssgm/info/index.html.
[227] 梁炳成,王恒霖,郑燕红.军用仿真技术的发展动向和展望[J].系统仿真学报,2001,13(1):18-21.
[228] 程健庆.军用系统建模与仿真技术发展与展望[J].指挥控制与仿真,2007,29(4):1-8.
[229] 孙永雪.基于DMD的红外双波段目标仿真器研究[D].哈尔滨:哈尔滨工业大学,2013.
[230] 付伟.红外隐身原理及其应用技术[J].红外与激光工程,2002,31(1):88-93.
[231] 李波.红外隐身技术的应用及发展趋势[J].中国光学,2013,6(6):818-823.
[232] 康青.红外隐身机理与应用[J].红外技术,1996,18(1):5-27.
[233] 孙文艳,吕绪良,郑玉辉,等.微胶囊相变材料制备及其在红外隐身涂料中的应用[J].解放军理工大学学报自然科学版,2009,10(2):156-159.
[234] 唐晓杰,沈卫东,宋斌,等.车辆装备的高温孔口红外隐身研究[J].移动电源与车辆,2015,(1):11-14.
[235] 曹红锦.国外装甲车辆红外隐身结构技术发展[J].四川兵工学报,2008,29(1):12-16.
[236] 胡丽萍,王智慧,满红,等.坦克装甲车辆红外隐身技术的发展[J].光机电信息,2009,26(8):17-20.
[237] 褚万顺,尹永龙.隐身技术在坦克装甲车辆上的应用[J].车辆与动力技术,2006,102:60-64.
[238] 吴行,郭巍,郑振忠.装甲车辆红外隐身技术的发展趋势[J].中国表面工程,2011,24(1):6-11.
[239] 吕相银,凌永顺,李玉波,等.地面机动目标的红外伪装技术探讨[J].激光与红外,2006,36(9):893-896.
[240] 郭巍,郑振忠,吴行.履带装甲车辆行动部分红外辐射特征抑制技术的研究进展[J].隐身技术,2010,32(3):52-55.
[241] 孙浩,吴文健.石蜡微胶囊化及其红外伪装隐身性能研究[J].光电技术应用,2005,20(3):41-44.
[242] 叶圣天,刘朝辉,成声月,等.国内外红外隐身材料研究进展[J].激光与红外,2015,45(11):1285-1291.
[243] 李少香,杨万国,郭飞.热红外屏蔽迷彩涂层材料的研究[J].现代涂料与涂装,2009,12(10):7-14.
[244] Dombrovsky L A, Randrianalisoa J H, Baillis D. Infrared Radiative Properties of Polymer Coatings Containing Hollow Microspheres[J].International journal of heat and mass transfer, 2007,50(7):1516-1527.
[245] 吴进喜.红外伪装篷布的制备与测试[J].辽宁化工,2011,40(1):18-21.
[246] 李佩田,田英,曹嘉峰,等.自适应红外隐身技术研究进展[J].传感器与微系统,2013,32(10):5-8,12.
[247] 许建新."黑狐":让坦克化身"暗夜幽灵"[N].中国国防报,2010-06-01(011).

[248] BAE System.Adaptive-A cloak of invisibility.http://www.baesystems.com/en/feature/adaptiv-cloak-of-invisibility.

[249] 徐国跃,王函,翁履谦,等.纳米硫化物半导体颜料的制备及其红外发射率研究[J].南京航空航天大学学报,2005,37(1):125-129.

[250] 鞠剑峰,李澄俊,徐铭.纳米 TiO2/PANI 复合材料的红外消光性能[J].火工品,2005,(2):10-12.

[251] Shan Y, Zhou Y M, Cao Y, et al. Preparation and Infrared Emissivity Study of Collageng PMMA/In2O3 Nano Composite [J]. Materials Letters, 2004, 58(10):1655-1660.

[252] 刘煦冉,高方圆,董国波,等.聚苯胺电致变色薄膜的红外发射特性研究[J].高分子学报,2014,(9):1244-1250.

[253] Hale J S, Woollam J A. Prospects for IR Emissivity Control Using Electrochromic Structures[J]. Thin Solid Films, 1999, 339(1):174-180.

[254] Sauvet K,Sauques L,Rougier A. IR Electrochromic WO$_3$ Thin Films:From Optimization to Devices[J]. Solar Energy Materials and Solar Cells, 2009, 93(12):2045-2049.

[255] 蔡国发.金属氧化物基电致变色薄膜的制备及性能改善[D].杭州:浙江大学,2014.

[256] 刘彦宁.基于 V_2O_5 的电致变色薄膜及柔性大面积电致变色器件研究.[D].成都:电子科技大学,2015.

[257] 韦友秀.基于 V_2O_5 薄膜的电致变色器件的研究[D].合肥:中国科学技术大学,2015.

[258] 李华.基于聚苯胺的兼容型红外电致变色器件研究[D].长沙:国防科学技术大学,2013.

[259] 吴姗霖.基于导电聚合物的电致变材料及柔性器件研究[D].成都:电子科技大学,2013.

[260] Chandrasekhar P,Dooley T J. Far-IR Transparency and Dynamic Infrared Signature Control with Novel Conducting Polymer Systems[C]// Proc. of SPIE, 1995,2528:169-180.

[261] Bergeron B V, White K C, Boehme J L, et al. Variable Absorptance and Emittance Devices for Thermal Control[J]. The Journal of Physical Chemistry C, 2008,112(3):832-838.

[262] 刘影,王薇,钟毅,等.热致变发射率 VO$_2$ 涂层织物的红外隐身性能研究[J].激光与红外,2013,43(6):639-644.

[263] Mao Z P, Wang W, Liu Y,et al.Infrared Stealthproperty Based on Semiconductor(M)-to-Metallic(R) Phase Transition Characteristics of W-Doped VO$_2$ Thin Films Coated on Cotton Fabrics[J]. Thin Solid Films,2014, 558:208-214.

[264] Zhang W, Xu G, Ding R, etal.Nacre Biomimetic Design a Possible Approach to Prepare Low Infrared Emissivity Composite Coatings[J]. Materials Science and Engineering:C,2013,33(1):99-102.

[265] Phan L, Walkup W G, Ordinario D D, et al. Reconfigurable Infrared Camouflage Coatings from a Cephalopod Protein[J]. Advanced Materials,2013,25(39):5621-5625.

[266] Yu C J, Li Y H, Zhang X,et al.Adaptive Optoelectronic Camouflage Systems with Designs Inspired by Cephalopod Skins[C]//Proceedings of the National Academy of Sciences, 2014, 111(36):12998-13003.

[267] 许静,杜盼盼,李宇杰.光子晶体在隐身技术领域的应用研究进展[J].激外与红外,2009,39(11):1133-1136.

[268] Yablonovitch E. Inhibited Spontaneous Emission in Solid State Physics and Electronics[J]. Phys. Rev. Lett. 1987, 58:2059.

[269] 何雪梅.基于微结构的热辐射特性控制研究[D].南京:南京理工大学,2012.

[270] 黄金国.微结构表面红外热辐射特性调控方法研究[D].南京:南京理工大学,2015.

[271] Wang T, He J, Zhou J, et al. Electromagnetic Wave Absorption and Infrared Camouflage of Ordered Mesoporous Carbon-Alumina Nanocomposites[J]. Microporous & Mesoporous Materials, 2010, 134(1-3): 58-64.

[272] Zhao X, Zhao Q, Wang L. Laser and Infrared Compatible Stealth from Near to Far Infrared Bands by Doped Photonic Crystal[J]. Procedia Engineering, 2011, 15(1): 1668-1672.

[273] 刘必鎏,时家明,赵大鹏,等. 光子晶体隐身应用分析[J]. 激光与红外, 2009, 39(1): 42-45.

[274] 黄金国,宣益民,李强,等. 多波段兼容的光谱控制[C]// 中国工程热物理学会, 2012.

[275] 张楠. 基于表面等离子体激元特性的红外超材料吸波结构及其热辐射调控研究[D]. 成都:电子科技大学, 2015.

[276] Leftheriotis G, Yianoulis P, Patrikios D. Deposition and Optical Properties of Optimised ZnS/Ag/ZnS Thin Films for Energy Saving Applications[J]. Thin Solid Films, 1997, 306(2): 92-99.

[277] Liu X, Cai X, Mao J, et al. ZnS/Ag/ZnS Nano-Multilayer Films for Transparent Electrodes in Flat Display Application[J]. Applied Surface Science, 2001, 183(1-2): 103-110.

[278] 林炳,于天燕,刘定权,等. 红外/可见光宽带分色片设计与制备[J]. 红外与毫米波学报, 2004, 23(5): 393-395.

[279] 胡小草,刁训刚,郝雷. 大面积柔性基底 $TiO_2/Ag/Ti/TiO_2$ 多层膜的制备及其光电和红外发射特性[J]. 稀有金属, 2008, 32(3): 300-305.

[280] 王彬彬. 多波段兼容隐身膜系结构的设计与制备[D]. 南京:南京理工大学, 2013.

[281] Huang J, Xuan Y, Li Q. Narrow-Band Spectral Features of Structured Silver Surface with Rectangular Resonant Cavities[J]. Journal of Quantitative Spectroscopy & Radiative Transfer, 2011, 112(5): 839-846.

[282] Maruyama S, Kashiwa T, Yugami H, et al. Thermal Radiation from Two-Dimensionally Confined Modes in Microcavities[J]. Applied Physics Letters, 2001, 79(9): 1393-1395.

[283] Rung A. Numerical Studies of Energy Gaps in Photonic Crystals[D]. Acta Universitatis Upsaliensis, 2005.

第2章

红外辐射特征模拟的理论基础

自然界任一温度高于绝对零度的物体时刻都在向外界辐射热能,因而具有反映自身结构属性和状态的红外辐射特征,在红外成像探测系统中显示出自身的红外图像[1-4]。这种红外辐射的物理本质是热辐射,即由于分子、原子、电子和声子等基本粒子的无规则热运动,运动状态不断变化,因而不停地向外辐射能量。物体的红外辐射机制和红外辐射特征受控于热量传递和能量分配的过程与方式,而热力学和传热学基本原理是描述物体红外辐射特征和建立红外热像模型的重要理论基础。

2.1 目标与环境的能量传递关系

尽管物体的红外辐射特征直接体现的是其表面温度分布,本质上与物体内部及其与外界的能量传递机理密切相关,每一物体总是处于一个相应的能量交换体系之中。军用目标与背景的种类繁多、结构复杂,目标内部、目标与环境间能量传递过程极其复杂且相互耦合。准确地描述这些影响因素的相互作用关系是目标与背景红外辐射特征研究的重要基础和关键技术瓶颈之一。

目标与环境间的热交换关系主要包括:① 目标与环境之间的辐射换热,主要有目标自身的热辐射,接受的太阳辐射、天空背景辐射(大气辐射)、地面背景辐射(裸地、植被、丛林、水体等)和其他环境热辐射(建筑物、其他目标)等以及目标内部部件之间的辐射换热;②目标与环境间的对流换热,对于车辆而言,主要是指车辆与外部空气之间的对流换热以及车辆内部结构与内部空间流体之间的对流换热;③目标各部件之间的导热;④目标内部热源的产热、散热方式和状态,如发动机工作状态和火炮射击产热等;⑤目标与背景之间的相互作用,如履带与地面间的摩擦产热、车辆对地面的辐射加热等。对于地面背景与环境间的热质传递关系,除了地表自身辐射、太阳辐射和大气辐射外,往往需要特别考虑由地表与空气之间传热传质引起的显热和潜热交换[5]。以坦克装甲车辆为例,图 2-1 给出了目标与背景以及周围环境之间的能量传递耦合关系。

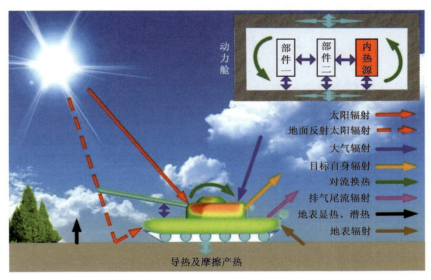

图 2-1　目标与环境间的能量传递关系示意图[5]

综合考虑目标与环境背景之间耦合作用和能量传递关系,适用于不同坐标系、不同类型内外热源和热控制方式下的目标内部节点和边界节点能量平衡方程分别表述如下[5]。

目标内部节点的通用能量平衡方程:

$$\sum_{j=1}^{l} \frac{k_j}{\delta_j} A_j (T_j - T_o) + V\dot{Q} - (\rho V c_p) \frac{\mathrm{d}T_o}{\mathrm{d}t} = 0$$

与其他节点的导热　　内热源　内能的变化　　　　（2-1）

目标边界节点的通用能量平衡方程:

$$\sum_{i=1}^{m} \alpha_{\mathrm{sun}}(q_{\mathrm{sd}} A_{\mathrm{sun,sd},i} + (R_{\mathrm{sr},i} q_{\mathrm{sr}} + R_{\mathrm{sf},i} q_{\mathrm{sf}}) A_i) + \sum_{i=1}^{m}(R_{\mathrm{sky},i} q_{\mathrm{sky}} + R_{\mathrm{e},i} q_{\mathrm{e}}) A_i$$

太阳直射　　太阳散射　　太阳反射　　　　天空背景辐射　　地球背景辐射

$$+ \sum_{i=1}^{m} \sum_{k=1}^{n} R_{k,i} \varepsilon_k A_k \sigma T_k^4 + \sum_{i=1}^{m} h_i A_i (T_{i,\infty} - T_o) + \sum_{j=1}^{l} \frac{k_j}{\delta_j} A_j (T_j - T_o) \quad (2-2)$$

$$+ V\dot{Q} - \left(\sum_{i=1}^{m}\sum_{k=1}^{n} R_{i,k}\varepsilon_i A_i \sigma T_o^4 + \sum_{i=1}^{m}\varepsilon_i(R_{i,\text{sky}} + R_{i,e})A_i \sigma T_o^4\right) - (\rho V c_p)\frac{dT_o}{dt} = 0$$

来自其他表面辐射　　对流换热　　与其他节点的导热

内热源　　向其他表面的辐射　　向天空及地面的辐射　　内能的变化

式(2-1)和式(2-2)构成了表述结构复杂和多因素耦合影响的军用目标与环境之间非线性和非稳态能量平衡关系的通用型控制方程组,其中涉及热传导、热对流和热辐射三种基本的热量传递方式。

2.2 传热的基本方式和理论

2.2.1 热传导

物体内部不发生宏观相对位移的前提下,由于分子、原子、自由电子或声子等微观载流子的热迁移而产生的热量传递称为热传导(或导热)。从微观角度看,金属固体内的导热过程由自由电子和声子的相互作用控制,半导体和绝缘体内的导热由声子散射控制;从宏观角度来看,由于物体内部温度不同的相邻区域直接接触,使得热量从高温区域传向低温区域,这种宏观尺度上的热量传递过程服从经典的傅里叶导热定律。就目标与背景的红外辐射特征研究而言,感兴趣的则是热传导过程的宏观描述。

在直角坐标系中,描述热传导过程的傅里叶导热定律的一般形式为[6-8]

$$q_i = -\sum_{j=1}^{3} k_{ij}\frac{\partial T}{\partial x_j}, i = 1,2,3 \tag{2-3}$$

这个公式适用于各向异性物体,即物体的导热系数随方向不同而变化。对于各向同性物体,因为物体内部存在的温度梯度而导致的任意一点的热流密度矢量 $\boldsymbol{q}$ 可表述为[6-8]

$$\boldsymbol{q} = -k\nabla T(\boldsymbol{r},t) \tag{2-4}$$

式中,温度梯度矢量 $\nabla T(\boldsymbol{r},t)$ 垂直于等温面。

傅里叶导热定律[式(2-4)]适用于描述稳态导热问题和非稳态导热问题。对于物体内部任一选定的微元体 V,能量平衡关系的一般表达式为[6-8]

$$\int_V \left[-\nabla \cdot \boldsymbol{q}(\boldsymbol{r},t) + g(\boldsymbol{r},t) - \rho c_p \frac{\partial T(\boldsymbol{r},t)}{\partial t}\right]dV = 0 \tag{2-5}$$

当微元体体积 V 趋于零时,式(2-5)表示为

$$-\nabla \cdot \boldsymbol{q}(\boldsymbol{r},t) + g(\boldsymbol{r},t) = \rho c_p \frac{\partial T(\boldsymbol{r},t)}{\partial t} \tag{2-6}$$

将傅里叶导热定律表达式(2-4)代入式(2-5),得到

第2章 红外辐射特性模拟的理论基础

$$\nabla \cdot [k \nabla T(\boldsymbol{r},t)] + g(\boldsymbol{r},t) = \rho c_p \frac{\partial T(\boldsymbol{r},t)}{\partial t} \quad (2-7)$$

式(2-7)是描述含有内热源的各向同性物体内部导热过程的一般形式的能量方程,是建立不同目标或背景红外辐射特征模型的基本依据。

如果物体的热物性参数可认为是恒定不变的常数,式(2-7)简化为[6-8]

$$\nabla^2 T(\boldsymbol{r},t) + \frac{1}{k} g(\boldsymbol{r},t) = \frac{1}{a} \frac{\partial T(\boldsymbol{r},t)}{\partial t} \quad (2-8)$$

如果物体内部没有热源,式(2-8)进一步简化为[6-8]

$$\nabla^2 T(\boldsymbol{r},t) = \frac{1}{a} \frac{\partial T(\boldsymbol{r},t)}{\partial t} \quad (2-9)$$

如果导热过程是稳态的,式(2-9)简化为[6-8]

$$\nabla^2 T(\boldsymbol{r},t) = 0 \quad (2-10)$$

当能量方程(2-8)或方程(2-9)应用于建立目标与背景的红外辐射特征模型时,随应用对象的不同,导热方程的具体形式有所不同。例如,在建立地面装甲车辆的红外热像模型时,应当采用三维非稳态或稳态导热微分方程;在建立舰艇或飞机的红外热像模型时,近似将目标看作薄壳体,可采用二维非稳态或稳态导热微分方程;在建立裸露地面、高速公路或机场跑道等的红外热像模型时,可分区域应用一维导热方程;在建立树木或丛林等的红外热像模型时,视问题的复杂程度和精度要求,可分段采用准一维、一维、二维或三维导热方程。内热源 $g(\boldsymbol{r},t)$ 的引入与否,与建模对象的属性和建模方式有关。就军用目标的红外辐射特征建模而言,除应考虑有生命的个体(如人体)内部由于代谢作用产生的热源的影响外,对其他物体,一般可视 $g(\boldsymbol{r},t) \equiv 0$。需要指出的是,对于土壤、植被和人体等多孔性个体的红外辐射特性建模问题,往往要考虑多孔材料内部的传热传质机理和潜热传递等影响因素。

2.2.2 对流换热

2.2.2.1 对流换热的基本概念

目标与背景红外辐射特征研究经常涉及流体流动与传热现象,而对流换热机理则更是分析研究立体目标与背景温度场必不可少的。对流换热是指流体和固体壁面之间的热量传递过程,由分子的随机运动引起的能量传递和流体微团的宏观运动引起的能量传输两部分组成。因此,影响对流换热的因素是影响流动的因素和影响流体中能量传递的因素的集合,大致可以分为以下5个方面[8-10]:

1. 流体流动的起因

由于流体流动的起因不同,对流换热分为自然对流换热和强迫对流换热两大类。由于外部动力所引起的对流换热称为强迫对流换热,由于流体内部密度差引起的对流换热称为自然对流换热。显然,根据流体流动的不同起因,流体中的速度分布不同,对流换热规律也不一样。

2. 流体有无相变

当流体没有相变时,对流换热的热量交换是由于流体温度的变化而实现的,属于单一的显热交换;当流体有相变时,对流换热的热量交换包括显热交换和潜热储释放两种方式,在某些情况下,往往是换热介质的相变潜热起主导作用。

3. 流体的流动状态与流速

流体流动一般分为层流和湍流两种流态。层流流动时,流体沿着主流方向作规则有序的分层流动;而湍流流动时,流体各部分之间发生剧烈的混合。在其他条件相同时,湍流时的对流换热强度大于层流;在相同的流态下,流速大,则对流换热强。

4. 换热表面的几何因素

换热表面的形状、尺寸、换热表面与流体流动方向的相对位置和换热表面的结构状态(光滑或粗糙)等几何因素对对流换热有重要的影响。例如,管内强迫对流流动与管外强迫对流流动是截然不同的,外掠圆管和外掠平板也是完全不同的。

5. 流体的热物性参数

流体的热物性参数对于对流换热有很大的影响,如流体的密度、黏度和导热系数以及定压比热等都会影响流体内部的速度分布和热量传递,进而影响流体与固体表面之间的对流换热。也就是说,流体的种类不同,对流换热的强弱也不同,例如,在同等条件下,水作为换热工质的对流换热明显强于空气的对流换热。

一般地,对流换热的基本计算依据为牛顿冷却公式[8]:

$$q = h(T_w - T_f) \tag{2-11}$$

牛顿冷却公式定量描述了单位时间内,流体与固体在单位表面积上的传热量。该公式把所有影响对流换热的因素都归纳于对流换热系数 h,将对流换热量简洁地表述为和固体壁面与邻近壁面流体之间温差 $(T_w - T_f)$ 成正比的关系。实际上,式(2-11)并不是线性的,影响对流换热系数的因素很多,只是因为其形式简单被广泛采用而已。

由于流体流动驱动源的不同、流动状态的不同、流体是否相变以及固体表面几何形状和布置的差别,产生了多种不同类型的对流换热现象或过程,表征对流换热强弱的对流换热系数是取决于多种因素的复杂函数。对于非高速无相变的强迫对流换热过程,对流换热系数 h 的一般形式可表述为[8]

$$h = f(u_\mathrm{f}, l, \rho_\mathrm{f}, \mu_\mathrm{f}, k_\mathrm{f}, c_\mathrm{pf}, \Delta T) \qquad (2\text{-}12)$$

研究对流换热的方法,即获得对流换热系数表达式的方法大致有以下 4 种[8]：① 分析法；②实验法；③ 比拟法；④数值法。

所谓分析法,是指对描述某一类对流换热问题的偏微分方程及相应的定解条件进行数学求解,获得速度场和温度场的分析解,进而根据对流换热系数的定义和能量平衡关系求得对流换热系数的方法。由于数学求解的困难,一般只能得到个别简单对流换热问题的分析解。

所谓实验法,就是通过实验获得表面对流换热系数的方法,在相似原理指导下的实验研究是目前直接获得表面对流换热系数的主要途径。

所谓比拟法,是指通过研究动量传递及热量传递的共性和类似特性,建立起对流换热系数与阻力系数间相互的类比关系,通过相对容易实验测得的阻力系数来间接获得相应的对流换热系数的方法。

所谓数值法,是指在描述某一类对流换热问题的偏微分方程及相应的定解条件下,把原来在空间与时间中连续的物理量场,用一系列有限个离散点上值的集合来代替,通过一定的原则建立这些离散点上物理量之间关系的代数方程,求解这些代数方程获得所求变量的近似解,根据对流换热系数的定义和能量平衡关系,进而求得对流换热系数的方法。

在分析法和数值法中,求解所得到的直接结果是流体的速度和温度分布。进一步,依据对流换热系数与流体温度场之间的关联,可以获得对流换热系数的表达式[8]：

$$h = -\frac{k_\mathrm{f}}{T_\mathrm{w} - T_\mathrm{f}} \left.\frac{\partial T}{\partial y}\right|_{y=0} \qquad (2\text{-}13)$$

式中, k_f 为流体的导热系数； $\left.\dfrac{\partial T}{\partial y}\right|_{y=0}$ 为贴壁处法线方向上流体温度变化率。

2.2.2.2 对流换热问题的数学表述

对流换热问题完整的数学描述包括对流换热微分方程组与定解条件,前者包括质量守恒、动量守恒和能量守恒三大定律的数学表达式。在流体物性为常数、无内热源和忽略黏性耗散产生耗散热的假设条件下,可以给出下述基于双方程模型表述不可压缩的牛顿型流体湍流流动的控制方程组[9-12]。

质量守恒方程(连续性方程)：

$$\frac{\partial \rho}{\partial t} + \frac{\partial}{\partial x_i}(\rho u_i) = S_m \qquad (2\text{-}14)$$

动量守恒方程：

$$\frac{\partial}{\partial t}(\rho u_i) + \frac{\partial}{\partial x_j}(\rho u_i u_j) =$$
$$-\frac{\partial P}{\partial x_i} + \frac{\partial}{\partial x_j}\left[(\mu + \mu_t)\left(\left(\frac{\partial u_i}{\partial x_j} + \frac{\partial u_j}{\partial x_i} - \frac{2}{3}\frac{\partial u_i}{\partial x_i}\delta_{ij}\right) - \frac{2}{3}\rho k \delta_{ij}\right)\right] + S_{Fi} \quad (2-15)$$

能量守恒方程：

$$\frac{\partial}{\partial t}(\rho H) + \frac{\partial}{\partial x_i}(\rho H u_i) =$$
$$\frac{\partial}{\partial x_j}\left\{\left(\lambda + \frac{C_P \mu_t}{\sigma_t}\right)\frac{\partial T}{\partial x_j} + u_i\left(\frac{\mu}{Pr} + \frac{\mu_t}{\sigma_t}\right)\left[\left(\frac{\partial u_i}{\partial x_j} + \frac{\partial u_j}{\partial x_i}\right) - \frac{2}{3}\frac{\partial u_i}{\partial x_i}\delta_{ij}\right]\right\} + S_h$$
$$(2-16)$$

式(2-14)中，ρ 为密度，u_i 为 i 方向上的时均速度，S_m 为质量源项；式(2-15)中，P 为压力，δ_{ij} 为选择因子，μ 为流体分子黏度系数，k 为单位质量流体湍流脉动动能，μ_t 为湍流黏性系数，$\mu_t = c_\mu \rho k^2/\varepsilon$，$\varepsilon$ 为单位质量流体脉动动能的耗散率，S_{Fi} 为 i 方向上的外加体积力；式(2-16)中，H 为总焓，λ 为流体的导热系数，T 为温度，C_P 为定压比热容，σ_t 为对能量的湍流普朗特数，Pr 为普朗特数，S_h 为给定的能量源项。

数学上，上述方程组尚未封闭。对于式(2-14)~式(2-16)中包含的参数 k 和 ε，仍然需要建立各自的微分方程。目前，关于参数 k 和 ε 的方程主要有标准 k-ε 模型、非线性 k-ε 模型、重整化群 k-ε 模型(RNG k-ε 模型)和可实现 k-ε(Realizable k-ε)模型等[12]。

标准 k-ε 模型：

单位质量流体湍流脉动动能 k 的方程为

$$\frac{\partial(\rho k)}{\partial t} + \frac{\partial}{\partial x_i}(\rho k u_i) = \frac{\partial}{\partial x_j}\left[\left(\mu + \frac{\mu_t}{\sigma_k}\right)\frac{\partial k}{\partial x_j}\right] + \mu_t \frac{\partial u_i}{\partial x_j}\left(\frac{\partial u_i}{\partial x_j} + \frac{\partial u_j}{\partial x_i}\right) - \rho\varepsilon \quad (2-17)$$

湍流动能耗散率方程：

$$\frac{\partial(\rho\varepsilon)}{\partial t} + \frac{\partial}{\partial x_i}(\rho\varepsilon u_i) = \frac{\partial}{\partial x_j}\left[\left(\mu + \frac{\mu_t}{\sigma_\varepsilon}\right)\frac{\partial \varepsilon}{\partial x_j}\right] + \frac{c_1 \varepsilon}{k}\mu_t \frac{\partial u_i}{\partial x_j}\left(\frac{\partial u_i}{\partial x_j} + \frac{\partial u_j}{\partial x_i}\right) - \rho c_2 \frac{\varepsilon^2}{k}$$
$$(2-18)$$

式(2-17)中，σ_k 为湍动能的普朗特数；式(2-18)中，σ_ε 为耗散率 ε 的湍流普朗特数，μ 为流体分子黏度系数，μ_t 为湍流黏性系数。

标准 k-ε 模型中引入了 3 个系数(c_1, c_2, c_μ)和 3 个常数($\sigma_t, \sigma_k, \sigma_\varepsilon$)，其推荐值见表 2-1。

表 2-1　标准 k-ε 模型中的系数[12]

c_1	c_2	c_μ	σ_t	σ_k	σ_ε
1.44	1.92	0.09	0.9~1.0	1.0	1.3

对于地面目标尤其是装甲车辆内外流域的仿真模拟涉及旋流等非均匀流问题,如果使用标准 k-ε 模型,在计算中会出现较大的误差。风扇旋转域的内部流动为三维黏性湍流,其流场较为复杂,而可实现 k-ε 双方程湍流模型可以有效模拟不同类型的流动,例如旋转均匀剪切流、含有射流和混合流的自由流动、边界层流动以及带有分离的流动等,取得与实验数据比较一致的结果[10-12]。

可实现 k-ε 双方程湍流模型采用新的湍流黏度公式。ε 方程是从涡量扰动量均方根的精确输运方程推导出来的。该模型在计算旋转流和分离流时,计算结果更符合真实状态。其中,关于 k 和 ε 的输运方程如下[12]。

单位质量流体湍流脉动动能 k 的方程:

$$\frac{\partial(\rho k)}{\partial t} + \frac{\partial}{\partial x_i}(\rho k u_i) = \frac{\partial}{\partial x_j}\left[\left(\mu + \frac{\mu_t}{\sigma_k}\right)\frac{\partial k}{\partial x_j}\right] + \mu_t \frac{\partial u_i}{\partial x_j}\left(\frac{\partial u_i}{\partial x_j} + \frac{\partial u_j}{\partial x_i}\right) - \rho\varepsilon \quad (2-19)$$

湍流动能耗散率方程:

$$\frac{\partial(\rho\varepsilon)}{\partial t} + \frac{\partial}{\partial x_i}(\rho\varepsilon u_i) = \frac{\partial}{\partial x_j}\left[\left(\mu + \frac{\mu_t}{\sigma_\varepsilon}\right)\frac{\partial \varepsilon}{\partial x_j}\right] + \rho c_1 E\varepsilon - \rho c_2 \frac{\varepsilon^2}{k + \sqrt{\nu\varepsilon}} \quad (2-20)$$

式(2-19)中,ρ 为流体密度,x_i、x_j 为坐标分量,σ_k 为湍动能的普朗特数;式(2-20)中,σ_ε 为耗散率 ε 的湍流普朗特数,μ 为流体分子黏度系数,μ_t 为湍流黏性系数。其中,$\sigma_k = 1.0$,$\sigma_\varepsilon = 1.2$,$c_2 = 1.9$;$c_1 = \max\left(0.43, \frac{\eta}{\eta + 5}\right)$,$\eta = E\frac{k}{\varepsilon}$,$E = (2E_{ij} \cdot E_{ij})^{\frac{1}{2}}$,$E_{ij} = \frac{1}{2}\left(\frac{\partial u_i}{\partial x_j} + \frac{\partial u_j}{\partial x_i}\right)$;$c_\mu$ 的计算参见文献[12]。

方程(2-14)~方程(2-20)适用于所有牛顿型流体的对流换热过程,每个具体的对流换热过程之间的区别则取决于具体问题的初始条件及边界条件(统称为单值性条件)。对流换热过程的控制方程及相应的初始与边界条件组合,构成了对流换热过程的数学描述。

初始条件是指随时间变化的动态对流换热过程涉及的各个求解变量在初始时刻的空间分布,而对于稳态对流换热问题不需要初始条件。

边界条件是在求解区域边界上所求解的变量或其一阶导数随地点及时间的变化规律。在所研究区域的物理边界上,一般速度与温度的边界条件设置方法如下:

(1)固体边界上对速度取无滑移边界条件,对于温度可能有 3 种类型的边界条件:

第一类边界条件,给定边界的温度;

第二类边界条件,给定边界的热流密度;

第三类边界条件,给出包围计算区域的固体壁面外侧的流体温度及流体与固体表面之间的对流换热系数。

(2) 对于进口界面,速度和温度分布给定。

(3) 对于对称截面,给定对称边界条件,即温度变化率为零,与界面的法向速度为零,其他方向的速度变化率为零。

(4) 对流换热问题计算时,常遇到计算边界,即因为计算需要划定但实际并不存在的边界,如出口边界。出口边界上的信息往往是不知道的,但在求解控制方程时又是必需的。目前已经有多种处理出口边界的方法,其中应用最广泛的有以下三种[12]:

① 局部单向化假定。假定出口界面上的节点对第一内节点已无影响,即假定出口界面上流动方向的坐标是局部单向的。利用这一方法时,应满足出口界面上无回流、出口界面离感兴趣的计算区域比较远的要求。

② 充分发展的假定。假定出口界面的法线方向上,被求变量已充分发展,即被求变量在法线方向上的变化率为零。

③ 法向速度局部质量守恒、切向速度齐次 Neumann 条件[12]。对于出口界面选择在有回流区域的情况,建议采用这一方法。该方法的核心是:与出口界面平行的速度分量取齐次 Neumann 条件,即一阶导数为零;与出口界面垂直的速度分量按局部质量守恒条件确定,即在局部一个有限控制容积内满足质量守恒。

利用整个计算区域的总体质量守恒对上述方法确定的法向速度进行修正[12],以保证整个流场计算区域的总体质量守恒。

2.2.2.3　用于地面目标和背景红外辐射特征分析的对流换热系数经验关联式

研究人员对单相流体的对流换热过程进行了大量研究,对不同类型的对流换热问题分别整理归纳出不同的关联式。针对具体的应用场合,可从相关的传热学教科书或相关文献中,获得相应的对流换热系数表达式。对于一些较为复杂的对流换热问题,难以选择合适的对流换热系数表达式,则可利用对流换热的数学描述,通过数值计算和实验测量,直接确定相应的对流换热系数。

在大多数的地面目标或背景红外辐射特征分析的应用场合下,涉及的单相换热介质主要是气体(如空气或发动机排出的烟气)和水,其对流换热系数的形式一般可表述为[7,8]

$$h = \begin{cases} aRe^n, & \text{强迫对流} \\ bGr^m, & \text{自然对流} \end{cases} \quad (2-21)$$

式中,系数 a、b 和指数 m 及 n 与流体种类、流动状态和固体几何形状等有关。

在著名的描述车辆红外辐射特征的 PRISM 模型(Physically Reasonable Infrared Signature Model)中,为了使用方便,将对流换热系数直接以风速的函数关系表示。考虑到固体表面布置和风向的影响,Jacobs[13,14]给出下列表达式:

$$h = bu^m \tag{2-22}$$

式中,常数 b 和 m 由表2-2给出。

表2-2 对流换热系数表达式(2-22)中的常数 b 和 m [13,14]

固体表面布置形式	b	m
水平	10.5	0.57
垂直		
迎风	7.9	0.57
背风	7.9	0.3

裸露地面和低矮植被的红外辐射特征模型涉及复杂的传热传质过程,必须包含液态水的蒸发或水蒸汽的冷凝以及水蒸汽迁移而造成的能量质量传递。通常,这种潜热的传递伴随着空气的流动。在干燥多风的区域,地表和环境空气之间的热量交换主要是单一的对流换热(显热交换);对于潮湿地表,由于蒸发或冷凝而产生的潜热传递则是地表和环境之间的主要热交换方式。潜热交换量 q_{ec} 的计算方法随地表类型的不同而变化。对于裸露型地表,潜热交换量 q_{ec} 为[15-17]

$$q_{ec} = \rho_a L C_D u_a (q_a - q_g) \tag{2-23}$$

式中,ρ_a 为空气密度;L 为水的汽化潜热;q_a 和 q_g 分别为参考高度处的比湿和地表表面处的比湿;C_D 为拖曳系数,$C_D = 0.00 + 0.006(z/5000)$,$z$ 为海拔高度;u_a 为风速;q_a 和 q_g 的表达式分别为[15-17]

$$q_a = q_{sat}(T_a) \text{RH} \tag{2-24a}$$
$$q_g = W_s q_{sat}(T_g) + (1 - W_s) q_a \tag{2-24b}$$

式中,$q_{sat}(T)$ 为饱和比湿;RH 为空气相对湿度;地表表层含水量 W_s 由下式确定[15-17]:

$$W_s = W_g + \frac{P - E}{2\rho_w D_n} Z_e \tag{2-25}$$

式中,P 和 E 分别为降水率和地面水蒸发率;ρ_w 为水的密度;D_n 为地表水扩散率;W_g 为某一厚度为 Z_e 的土壤层中湿润度的平均值。

对于低矮植被型地表,可视植被为水平分布均匀的单一介质层。于是,潜热交换量 q_{ec} 为[15-17]

$$q_{ec} = \frac{R_n(1-\tau)\Delta + \rho_a c_p(e_a - e_c^*)/R_h}{\Delta + \gamma(R_{ac} + R_c)/R_h} \quad (2-26)$$

式中,γ 为干湿表常数($=0.066\text{kPa/K}$);e_a 为参考高度处的空气水汽压;e_c^* 为平均植被层温度下的空气饱和水汽压;R_c 为植被层气孔阻力(与植被层叶面指数、叶子含水量及光照有关);Δ 为空气温度下的饱和水蒸汽压力曲线的斜率;R_{ac} 为植被层空气动力等阻力;R_h 为长波辐射和热量传递的等数空气动力与阻力。R_h 和 R_n 的表达式分别为[15-17]

$$R_h = \frac{1}{R_{ac}^{-1} + (\rho_a c_{pa}/4\varepsilon_c \sigma T_a^3)^{-1}} \quad (2-27)$$

$$R_n = (1-\rho)E_e + (\varepsilon_a - \varepsilon_c)\sigma T_a^4 \quad (2-28)$$

式中,E_e 为到达植被上表面的太阳辐射;T_a 为空气温度;ε_a 为空气的长波发射率;ε_c 为植被层的表面发射率;ρ 为植被层的表面反射率(短波)。

2.2.3 热辐射

辐射是电磁波传递能量的现象。由于物体内部微观粒子的热运动状态改变而激发的电磁波辐射称为热辐射。任何温度高于绝对零度的物体总是不断向周围空间发出热辐射,同时又不断地吸收周围物体投射给它的热辐射,辐射换热则是物体之间相互辐射和吸收的综合效果。热辐射是目标与背景红外辐射的基本属性。尽管物体热辐射的电磁波波长可以包括整个波谱($0<\lambda<\infty$),有实际意义的热辐射波长区域为 $0.1\sim100\mu\text{m}$;就目标和背景的红外辐射特征分析及红外探测而言,主要局限于大气光学窗口 $3\sim5\mu\text{m}$ 和 $8\sim14\mu\text{m}$ 两个红外波段。

2.2.3.1 基本术语[18-21]

物体辐射换热能力与物体的表面温度和表面辐射属性有关。外界投射到物体表面上的总能量 q 中,一部分 q_α 被物体吸收,一部分 q_ρ 被物体反射,其余部分 q_τ 穿透过物体。表征物体以热辐射方式传递能量过程的能量守恒关系式为

$$\frac{q_\alpha}{q} + \frac{q_\rho}{q} + \frac{q_\tau}{q} = 1 \quad (2-29)$$

式中,各能量份额的比数 $\alpha = q_\alpha/q$、$\rho = q_\rho/q$ 和 $\tau = q_\tau/q$ 分别称为该物体对投入辐射的吸收率、反射率和穿透率,即

$$\alpha + \rho + \tau = 1 \quad (2-30\text{a})$$

通常,吸收率 $\alpha = 1$ 的物体称为绝对黑体(或简称黑体),反射率 $\rho = 1$ 的物体称为镜体(在漫反射条件下,称为绝对白体),穿透率 $\tau = 1$ 的物体称为绝对透明体(简称透明体)。对处于相同温度的所有物体而言,黑体的辐射能力最大。

式(2-29)具有光谱属性,即对某一特定波长 λ 而言,有

$$\alpha_\lambda + \rho_\lambda + \tau_\lambda = 1 \qquad (2\text{-}30\text{b})$$

物体的辐射换热计算和目标及背景的红外辐射特征分析频繁涉及以下几个主要专业术语:

(1) 辐射力 E ——指物体在单位时间内单位表面积向所有半球空间发射的全部波长范围内的辐射能的总量,单位是 W/m^2。辐射力表征物体的辐射能力。单位波长波段内物体的辐射力称为单色辐射力 E_λ,单位是 W/m^3。单色辐射力是表征物体波谱辐射能力的一个物理量。显然,

$$E = \int_0^\infty E_\lambda \mathrm{d}\lambda \qquad (2\text{-}31)$$

(2) 辐射强度——单位时间、单位可见辐射表面积、单位立体角内的辐射能量称为定向辐射强度 i,单位是 $W/(m^2 \cdot sr)$;单位波长范围内的定向辐射强度称为单色定向辐射强度 i_λ,单位是 $W/(m^3 \cdot sr)$。显然,

$$i = \int_0^\infty i_\lambda \mathrm{d}\lambda \qquad (2\text{-}32)$$

实际物体表面的热辐射具有明显的方向性。一般地,与辐射面法向成 θ 角的定向辐射强度的表达式(图 2-2)为

$$i_\theta = \frac{\mathrm{d}\Phi}{\mathrm{d}\omega \cos\theta} \qquad (2\text{-}33)$$

式中,$\mathrm{d}\Phi$ 表示单位时间内离开某一表面的单位面积,在方向 θ 上包含在立体角 $\mathrm{d}\omega$ 内的辐射能。将上式对整个半球立体角进行积分,得

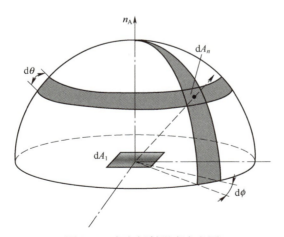

图 2-2 定向辐射强度定义图

$$\Phi = \int_\Delta i_\theta \cos\theta \mathrm{d}\omega = \int_0^{2\pi} \int_0^{\frac{\pi}{2}} i_\theta \cos\theta \sin\theta \mathrm{d}\theta \mathrm{d}\phi \qquad (2\text{-}34)$$

如果辐射强度 i_θ 与方向无关,则

$$\Phi = \pi i_\theta \qquad (2-35)$$

(3) 发射率——指实际物体的辐射力 E 与同温度下黑体辐射力 E_b 的比值,一般用符号 ε 表示。

$$\varepsilon = \frac{E}{E_b} \qquad (2-36)$$

相应地,物体表面在某一特定波长 λ 上的单色发射率 ε_λ 为

$$\varepsilon_\lambda = \frac{E_\lambda}{E_{b\lambda}} \qquad (2-37)$$

通常,物体表面的发射率又称为黑度。它取决于表面材料属性、表面温度和表面微结构型式。

(4) 吸收率——物体表面对投入辐射能量所吸收的百分数 α,对单位波长而言,则有单色吸收率 α_λ。实际物体的吸收率取决于吸收辐射物体的本身属性和投入辐射的特性,既与自身表面的性质和温度有关,也与投入辐射能量的光谱分布有关。在理想情况下,单色吸收率是与波长无关的常数。这种理想物体称为灰体,即

$$\alpha = \alpha_\lambda = \mathrm{const} \qquad (2-38)$$

在地面目标与背景的红外辐射特征研究中,一般可将它们近似处理为灰体。这样的简化处理,使得红外辐射特征的数值模拟更为便捷。

2.2.3.2　基本定律[18-21]

热辐射研究的基本思路:从研究理想黑体的基本规律着手,在考虑实际物体与黑体之间差异的条件下,将已获得的研究成果推而广之。黑体辐射的基本定律归纳为普朗克定律、维恩位移定律、斯忒藩-玻耳兹曼定律和兰贝特定律等。这些定律奠定了热辐射理论的基本基础,也是研究目标与背景红外辐射特征的重要理论基础。

1. 普朗克定律

理想黑体单色辐射力 $E_{b\lambda}$ 与波长和温度的关系服从普朗克定律,即

$$E_{b\lambda} = \frac{c_1}{\lambda^5 (\mathrm{e}^{c_2/\lambda T} - 1)} \qquad (2-39)$$

式中,λ 为波长,单位是 m;$c_1 = 3.743 \times 10^{-16} \mathrm{W \cdot m^2}$,$c_2 = 1.4387 \times 10^{-2} \mathrm{m \cdot K}$

普朗克定律是在量子力学理论的基础上导出的,并且得到实验验证,揭示了黑体辐射能力的光谱分布规律。实际的非黑体单色辐射力由下式给出:

$$E_\lambda = \varepsilon_\lambda E_{b\lambda} = \frac{\varepsilon_\lambda c_1}{\lambda^5 (\mathrm{e}^{c_2/\lambda T} - 1)} \qquad (2-40)$$

根据普朗克定律，军用目标和背景红外辐射特征研究所涉及的波谱区间（$\lambda = 0.1 \sim 100 \mu m$），单色辐射力随着波长的增加，先是增加，然后又减少，存在一个极值点。单色辐射力最大处的波长 λ_{max} 随温度不同而变化。

2. 维恩定律

黑体单色辐射力最大处的波长 λ_{max} 随着温度的升高向短波方向移动，它满足

$$\frac{\partial E_{b\lambda}}{\partial \lambda} = 0 \quad (2-41)$$

根据普朗克方程(2-39)，可得

$$\lambda_{max} T = 2897.8 (\mu m \cdot K) \quad (2-42)$$

式(2-42)就是维恩定律（又称维恩位移定律），说明黑体单色辐射力的峰值波长 λ_{max} 与绝对温度 T 成反比。这个表达式表明：在目标与背景红外辐射特征研究中，应根据研究对象的温度水平不同，选择不同的敏感波段，这也是红外辐射特征研究经常提到 $3 \sim 5 \mu m$ 和 $8 \sim 14 \mu m$ 两个波段的主要原因。

3. 斯忒藩-玻耳兹曼定律

将普朗克定律表达式(2-39)在整个波长范围内（$0 < \lambda < \infty$）积分，即可得到温度为 T 的黑体在单位时间内单位表面积上向半球空间辐射出的总能量：

$$E_b = \int_0^\infty E_{b\lambda} \mathrm{d}\lambda = \sigma T^4 \quad (2-43)$$

式中，黑体辐射常数 $\sigma = 5.67 \times 10^{-8} \ W/(m^2 \cdot K^4)$。这个表达式就是斯忒藩-玻耳兹曼定律。对于发射率为 ε 的灰体，

$$E = \varepsilon E_b = \varepsilon \sigma T^4 \quad (2-44)$$

4. 兰贝特定律

物体表面定向辐射强度与方向无关的规律称为兰贝特定律，即

$$i_{\theta_1} = i_{\theta_2} = \cdots = i_{\theta_n} = i \quad (2-45)$$

上式表明，满足兰贝特定律的物体在任一方向的辐射强度均相等且等于法线方向的辐射强度。黑体辐射满足兰贝特定律。对于服从兰贝特定律的辐射，存在下述关系：

$$\frac{\mathrm{d}\Phi}{\mathrm{d}\omega} = i_\theta \cos\theta \quad (2-46)$$

即单位辐射面积发出的辐射能，落到空间不同方向单位立体角内的能量的数值不等，其值正比于该方向与辐射面法线方向角的余弦，因此兰贝特定律又称为余弦定律。对于满足兰贝特定律的辐射，其定向辐射强度 i 和辐射力 E 之间在数值上存在简单的倍数关系：

$$E = \pi i \quad (2-47)$$

5. 基尔霍夫定律

基尔霍夫定律可表述为：在热平衡条件下，任何物体的辐射力和它对来自黑体辐射的吸收率的比值恒等于同温度下黑体的辐射力，即

$$\frac{E}{\alpha} = E_b \tag{2-48}$$

根据物体发射率的定义，可得

$$\alpha = \varepsilon \tag{2-49}$$

由式(2-49)可以看出，在一定温度下，任何物体的发射率 ε 在数值上等于它的吸收率 α，辐射能力强的物体吸收辐射的能力也越强。式(2-49)必须在以下条件下使用：辐射来自同温度的黑体或者物体表面是漫射灰体表面。对于光谱辐射，基尔霍夫定律同样成立：

$$\alpha_\lambda = \varepsilon_\lambda \tag{2-50}$$

因此，灰体的发射率是与波长无关的常数。

2.2.4 太阳辐射和天空背景辐射

在建立某一目标的红外辐射特征模型时，太阳辐射和天空背景辐射是必须考虑的。在某些情况下，它们是影响目标红外辐射特征的主要因素，影响着目标自身的红外辐射特征以及目标和周围环境红外辐射的对比特性。

1. 太阳辐射特性

当地球和太阳的距离等于其平均距离时，地球大气层外法向入射情况下的太阳辐射力(太阳常数)为[22]

$$E_0 = \int_0^\infty E_\lambda \, d\lambda = 1353 \, (\text{W/m}^2) \tag{2-51}$$

太阳辐射的能量主要集中在 $0.2 \sim 2.5 \mu m$ 的波长范围内。由于大气分子和气溶胶的作用，地球上物体表面所接收的太阳辐射分为两部分：

(1) 直接辐射——来自太阳的、方向不变的光束辐射 S_n；

(2) 散射辐射——所接收到的来自整个天空的、由于大气的反射和散射而方向发生变化的那部分太阳辐射 S_D。

太阳投射到地球上物体表面的辐射强度与太阳在地平面上的高度角、方位角和物体所在地的海拔高度以及大气的透过特性有关。太阳辐射中的各个分项可由下面的关系式确定。

垂直于太阳光线的直接辐射[22]：

$$S_n = rE_0 P^m \tag{2-52}$$

式中，r 为日地间距引起的修正值；P 为大气透明度；m 为大气质量。

太阳散射辐射分为水平面与倾斜面散射辐射。

水平面上的散射辐射[22]：
$$S_D = C_1 (\sinh)^{C_2} \qquad (2-53)$$

倾斜面上的散射辐射[22]：
$$S_D = C_1 (\sinh)^{C_2} \cos^2(\beta/2) \qquad (2-54)$$

式中，C_1 和 C_2 为经验系数，其值取决于大气透明状况；h 为太阳高度角；β 为斜面倾角。

对于倾斜面，则还需考虑来自地面的反射辐射[22]：
$$S_r = [rE_D P^m \sinh + C_1 (\sinh)^{C_2}] \rho \frac{1+\cos\beta}{2} \qquad (2-55)$$

式中，ρ 为地面的太阳反射率；β 为斜面倾角。

对于某一表面 i，投射于其上的太阳辐射为[22]
$$E_{\text{sun},i} = A'_i \cdot S_n \cdot \alpha_s + A_i \cdot (S_D + S_r) \cdot \alpha_s \qquad (2-56)$$

式中，α_s 为 i 单元外表面的太阳吸收率；A'_i 为考虑遮挡后，i 表面被太阳照射到的部分在垂直于太阳入射光线的平面上的投影面积，简称"太阳入射投影面积"；A_i 为 i 单元外表面的实际换热面积。

2. 天空背景辐射

由于天空背景的低温属性，其热辐射属于长波辐射。一般地，天空背景投射到某一表面的辐射功率可表述为[22]

$$E_{\text{sky}} = \int_0^{2\pi}\int_0^{\pi/2}\int_0^{\infty} g(\phi,\theta)\,\varepsilon(\phi,\theta,\lambda)\,E[T_a(\phi,\theta)]\,\mathrm{d}\lambda\,\mathrm{d}\theta\,\mathrm{d}\phi \qquad (2-57)$$

式中，θ 为经度角，$0 \leq \theta \leq \dfrac{\pi}{2}$；$\phi$ 为纬度角，$0 \leq \phi \leq 2\pi$；$\varepsilon_a(\phi,\theta,\lambda)$ 为天空背景单色发射率；$T_a(\phi,\theta)$ 为天空背景温度；$g(\phi,\theta)$ 为考虑表面方位的一个几何参数。

对于晴朗天空，式(2-57)经过适当的近似简化，可写成[22]
$$E_{\text{sky}} = (a + b\sqrt{e})\sigma T_a^4 = \varepsilon_a \sigma T_a^4 \qquad (2-58)$$

式中，a 和 b 分别为由实验确定的常数，它们随地域和季节不同而变化，例如，在北美地区，$0.51 < a < 0.60$，$0.059 < b < 0.065$；e 为空气中水蒸气压力；ε_a 为天空背景发射率，$0.7 < \varepsilon_a < 0.98$。

对于多云的天空，式(2-57)近似简化为[22]
$$E_{\text{sky}} = (1-c)\varepsilon_a \sigma T_a^4 + \varepsilon_a(c)\sigma T_{cc}^4 \qquad (2-59)$$

式中，$\varepsilon_a(c)$ 为云层发射率，$\varepsilon_a(c) = \varepsilon_a(1+nc^2)$；$c$ 为云层厚度等级；T_{cc} 为云层平均绝对温度；n 为经验常数，随云层厚度由薄向厚变化，n 在 0.2～0.04 范围取值。

需要指出的是，太阳辐射和天空背景辐射的计算表达式只是统计学意义上的关系式，具有平均条件下的一定准确性，而并非能精确反映某一特定的短小时间范围内的气象变化的影响。本节介绍的太阳辐射和天空背景辐射强度计算方法是一种简化方法。在实际的目标及背景红外辐射特性计算中,也可以采用直接测量的太阳辐射和天空背景辐射值,或者根据目标所在的地理位置和气象条件,采用大气辐射传输特性模型计算获得。

2.2.5 热边界条件

目标或背景的内部传热机理及其与外部热交换决定了其红外辐射特征。外部热交换条件的准确描述对目标红外热像模型精度的影响至关重要。导热、对流、辐射、蒸发和冷凝等一系列传热传质方式都可能作用或发生于目标或背景的边界面上,影响研究对象的温度分布和热响应。一般地,传热模型的边界条件可写成

$$k_i \frac{\partial T}{\partial \boldsymbol{n}}\bigg|_i + h_i T = \sum_{j=1}^{N} f_{ij}(\boldsymbol{r}, t) \quad (2-60)$$

式中,N 表示边界上可能存在的 N 种传热传质方式,$f_{ij}(\boldsymbol{r}, t)$ 则是相应的数学表达式。

对于目标或背景的红外辐射特征模型,热边界条件的一般形式可表述为

$$k_i \frac{\partial T}{\partial \boldsymbol{n}}\bigg|_i = \alpha_s E_{\text{sun}} + \alpha_l E_{\text{sky}} - \varepsilon \sigma T^4 \pm q_c \pm q_{ec} + \sum_{j=1}^{M} q_{rj} \quad (2-61)$$

式中,q_{rj} 表示边界面 S_i 与周围 M 个物体之间的净辐射换热量。

式(2-61)是目标或背景的边界上能量平衡的一般表达形式。随着红外辐射特征建模对象的不同和应用环境的变化,这个表达式需作相应变化。

2.2.6 红外辐射强度计算

物体的红外辐射由两部分组成,即自身辐射和对来自周围物体投入辐射的反射。在不考虑表面镜反射特性时,目标向外界发出的在 3~5μm 或 8~14μm 波段的红外辐射能量为[9]

$$\Phi_{\lambda_1-\lambda_2} = \int_{\lambda_1}^{\lambda_2} \varepsilon(\lambda, T) \frac{c_1}{\lambda^5 (e^{c_2/\lambda T} - 1)} d\lambda + \sum_{j=1}^{M} \int_{\lambda_1}^{\lambda_2} \rho(\lambda, T) H_{\lambda j} d\lambda \quad (2-62)$$

式中,$H_{\lambda j}$ 表示来自第 j 个背景(如太阳、天空、地物和相邻物体)的单色有效辐射。

于是,可得目标或背景表面在 $\lambda_1 \sim \lambda_2$ 波段的红外辐射强度[9]:

$$I_{\lambda_1-\lambda_2} = \frac{\Phi_{\lambda_1-\lambda_2}}{\pi} \quad (2-63)$$

2.3 红外辐射特征分析的数值方法

综合分析复杂的物理现象,建立准确、适用和可行的红外辐射特征模型,是目

标或背景红外辐射特征研究的基础；而快速、稳定、精确的模型求解方法则是红外辐射特征研究的关键。计算方法的选择与目标的类型(如地面目标、天空目标或空间目标)密切相关。就红外辐射特征分析的共性而言,辐射换热和温度分布的分析计算是基本前提。

2.3.1 辐射换热的计算

2.3.1.1 基于有效辐射概念的辐射换热计算方法

1. 辐射角系数的确定方法[18-21]

在散射发射和散射反射表面间辐射换热计算中,辐射角系数是一个很重要的概念和参数。辐射角系数或称为辐射形状系数,定义为从一个固体表面发射的辐射能量中到达另一固体表面的能量所占发射能量的份额。考虑图2-3所示的两个黑体表面之间的辐射换热,由上述定义可得微元表面 dA_2 对微元表面 dA_1 的辐射角系数为

$$F_{dA_2-dA_1} = \frac{\cos\theta_1 \cos\theta_2}{\pi r^2} dA_1 \quad (2-64)$$

或微元表面 dA_2 对有限表面 A_1 的辐射角系数为

$$F_{dA_2-A_1} = \int_{A_1} \frac{\cos\theta_1 \cos\theta_2}{\pi r^2} dA_1 \quad (2-65)$$

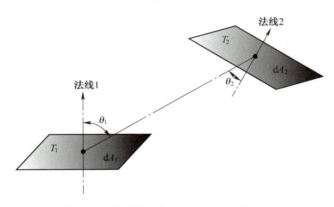

图 2-3　任意两个黑体表面间的辐射换热

如果有限表面 A_2 上的有效辐射均匀分布,则有效表面 A_2 对有效表面 A_1 的辐射角系数为

$$F_{A_2-A_1} = \frac{1}{A_2} \int_{A_2} \int_{A_1} \frac{\cos\theta_1 \cos\theta_2}{\pi r^2} dA_1 dA_2 \quad (2-66)$$

显然，对于参与辐射换热过程的所有均匀辐射的漫射表面，辐射角系数仅仅是一个与表面辐射特性无关的几何参数。辐射角系数具有两个重要的属性，即互换性（相对性）和完整性。互换性的数学表达式是指

$$F_{dA_2-dA_1}dA_2 = F_{dA_1-dA_2}dA_1 \tag{2-67}$$

或

$$F_{A_2-A_1}A_2 = F_{A_1-A_2}A_1 \tag{2-68}$$

完整性的数学表达式是指

$$\sum_{j=1}^{N} F_{1-j} = 1 \tag{2-69}$$

即在一个由 N 个表面构成的封闭系统内离开任一表面1的辐射能，必然投射到包括表面1的辐射换热封闭系统各表面上。

辐射角系数的计算方法有许多种，例如环路积分法、代数法、封闭空腔法、微分法和随机方法等。根据研究问题的繁简属性，可选适当的方法。目标或背景的红外辐射特征分析涉及的固体表面往往形状复杂，几何位置重叠，相互遮挡，推荐选择蒙特卡洛（Monte Carlo）方法确定辐射角系数。它是一种随机模拟或统计实验的方法，即通过随机变量统计实验求解数学物理或工程技术问题，其精确性在很大程度上取决于模拟实验中随机变量的样本空间。一般地，随机变量抽样（对应热辐射问题，即设定的光射线数）数量越大，精确度越高。抽样数目 $M \geqslant 10^5$ 时，计算结果具有较高的精度。文献[20]详细地介绍了运用蒙特卡洛法确定辐射角系数的基本原理。

2. 基于有效辐射概念的辐射换热边界条件的确定[8-21]

除了接收来自太阳和天空背景的辐射能，目标与周围其他物体之间以及目标各表面之间也存在辐射换热。如果这种辐射换热对目标红外辐射特征影响显著，则必须予以考虑。因此，正确确定辐射换热边界条件是建立精确的红外辐射特征模型必需的。辐射换热边界条件的确定相当复杂，一般与参与辐射换热过程的所有表面的辐射特性、温度分布和几何形貌及结构关系等因素有关。一种相对简单的情况，是假定所有参与辐射换热过程的表面为均匀散射的灰体表面。于是，任一表面的有效辐射可表述为

$$J = \varepsilon E_b + \rho G = \varepsilon \sigma T^4 + \rho G \tag{2-70}$$

式中，G 代表投射到该表面的入射辐射。

假设构成一个辐射换热封闭体系的 N 个灰体表面所对应的面积与温度分别是 $A_1, A_2, \cdots, A_N$ 和 $T_1, T_2, \cdots, T_N$，则表面 i 的净辐射换热流为

$$q_i = \frac{Q_i}{A_i} = J_i - G_i \tag{2-71}$$

考虑到不透明的灰体表面辐射特性的关系式，该表面的有效辐射可表示为

$$J_i = \varepsilon_i \sigma T_i^4 + (1 - \varepsilon_i) G_i \qquad (2-72)$$

而表面 i 的入射辐射 G_i 为

$$G_i = \sum_{j=1}^{N} J_j F_{i-j} \qquad (2-73)$$

式(2-73)代入式(2-72),得到

$$J_i = \varepsilon_i \sigma T_i^4 + (1 - \varepsilon_i) \sum_{j=1}^{N} J_j F_{i-j} \qquad (2-74)$$

利用式(2-71)和式(2-72),消去 G_i,即得表面 i 的净辐射热流:

$$q_i = \frac{\varepsilon_i}{1 - \varepsilon_i}(\sigma T_i^4 - J_i) \qquad (2-75)$$

从上述推导过程可以看出,确定 q_i 的关系首先必须确定封闭体系所有表面的有效辐射。为了节省运算时间,可采取下述简捷通用的算法。为此,重写式(2-72)为下述形式:

$$\sum_{j=1}^{N} x_{ij} J_j = \Omega_i, 1 \leq i \leq N \qquad (2-76)$$

式中,$\Omega_i = \sigma T_i^4$;$x_{ij} = \dfrac{\delta_{ij} - (1 - \varepsilon_i) F_{i-j}}{\varepsilon_i}$,克罗内克(Kronecker)符号 $\delta_{ij} = \begin{cases} 1, i=j \\ 0, i \neq j \end{cases}$。

对于整个封闭的热辐射体系,式(2-76)的矩阵表示形式为

$$\boldsymbol{XJ} = \boldsymbol{\Omega} \qquad (2-77)$$

设 $\boldsymbol{Y} = \boldsymbol{X}^{-1}$,即

$$\boldsymbol{Y} = \boldsymbol{X}^{-1} = \begin{bmatrix} y_{11}, y_{12}, \cdots, y_{1N} \\ \vdots \\ y_{N1}, y_{N2}, \cdots, y_{NN} \end{bmatrix} \qquad (2-78)$$

这样,关于矩阵方程(2-77)解向量 $\boldsymbol{J}$ 的任一元素 J_i 为

$$J_i = \sum_{j=1}^{N} y_{ij} \Omega_j = \sum_{j=1}^{N} y_{ij} \sigma T_j^4, 1 \leq i \leq N \qquad (2-79)$$

于是,净辐射热流量 q_i 为

$$q_i = \sum_{j=1}^{N} \frac{\varepsilon_i}{1 - \varepsilon_i}(\delta_{ij} - \varphi_{ij}) \qquad (2-80)$$

只要 ε_i 是常数,矩阵 $\boldsymbol{X}$ 的元素 x_{ij} 就只须计算一次。这样,大大简化了辐射换热过程的计算。

需要指出的是,上述简捷分析处理方式只适用于等温均匀辐射表面,而实际的整个目标或背景表面很难满足入射辐射与对外的有效辐射都为均匀分布的理想条

件。对于实际的非等温非均匀辐射表面之间的辐射换热,一种直接的、合理且有效的方法是将表面划分为若干面积单元,认为每一面积单元上的温度与热流量分布都是均匀一致的,并假定每一面积单元为灰体表面,则上述分析方法即可推广应用。

对于表面热辐射参数随波长发生显著变化的辐射换热问题,必须考虑这些表面的光谱辐射特性,简单地直接采取上述方法可能导致一定的误差。为了获得实际非灰体表面的辐射换热边界条件,可采用两种近似方法。

方法一是根据表面辐射的光谱特性,将波长范围分割为若干个波带,每一波带均按灰体表面处理,运用上述算法,获得相应波带内的净辐射,最后将计算结果综合起来。例如,若热辐射涉及的整个波长范围被分割为 M 段,对应于式(2-72) 和式(2-73) ,分别有

$$J_i(\lambda_k) = \varepsilon_i(\lambda_k) E_{b\lambda_k} \Delta\lambda_k - [1 - \varepsilon_i(\lambda_k)] G_i(\lambda_k), 1 \leq k \leq M \quad (2-81)$$

$$G_i(\lambda_k) = \sum_{j=1}^{N} J_j(\lambda_k) F_{i-j} \quad (2-82)$$

按照导出式(2-80) 的步骤,类似地可得到在波段 $\Delta\lambda_k$ 的净辐射热流。然后,运用数值积分方法,即可获得所求波长范围内的表面辐射换热量。

方法二是直接采用普朗克光谱辐射定律而不是沿光谱积分后的斯忒藩—玻耳兹曼定律,按单色辐射进行上述辐射换热计算,然后在整个波长范围内积分。实际上,这种积分也只能是数值积分。显然,这种处理方式相对复杂,耗费大量的计算时间。

2.3.1.2 基于辐射传递系数的辐射换热计算方法

如前所述,辐射角系数概念的引入大大方便了封闭体系内热辐射问题的处理。但是,这种简化是有前提的,只适用于灰体表面构成的封闭体系。对于非灰体表面之间的热辐射问题,一般可以用辐射传递系数代替辐射角系数来处理。

1. 辐射传递系数的确定方法

辐射传递系数是一个包含相互存在热辐射的不同单元之间几何形状、大小与相对位置关系以及介质辐射物性和接收单元辐射特性的系数,又称吸收因子或辐射传递因子。一般地,单元 i 对单元 j 的辐射传递系数 D_{i-j} 定义为:在一个辐射传递系统中,单元 i(面元 S_i 和体元 V_i)的自身辐射能量,经过一次投射以及经系统内其他各单元一次或多次反射和散射后,最终被单元 j(面元 S_j 和体元 V_j)吸收的份额。同理,也可定义单元 j 对单元 i 的辐射传递系数 D_{j-i} [23]。

使用辐射传递系数的优点:

(1)可用于表面间的辐射换热以及介质辐射换热;

(2)避免了有效辐射的概念,因此在求解能量方程过程中,只要物体表面和介

质的辐射特征参数不变,则传递系数保持不变;

(3) 可用于非灰体表面、镜反射、各向异性发射和各向异性散射等。

类似于辐射角系数,辐射传递系数也具有以下性质[23]:

1) 传递系数的相对性

$$\varepsilon_i A_i D_{i-j} = \varepsilon_j A_j D_{j-i} \quad (\text{面元}\ i\ \text{和面元}\ j\ \text{之间}) \quad (2-83)$$

$$\varepsilon_i A_i D_{i-j} = 4\kappa_j V_j D_{j-i} \quad (\text{面元}\ i\ \text{和体元}\ j\ \text{之间}) \quad (2-84)$$

$$4\kappa_i V_i D_{i-j} = 4\kappa_j V_j D_{j-i} \quad (\text{体元}\ i\ \text{和体元}\ j\ \text{之间}) \quad (2-85)$$

式中,ε 为面元 S 的发射率;κ 为体元 V 的吸收系数。

2) 传递系数的完整性

由 N 个表面单元组成的辐射传输封闭系统,其中任意一个单元 i 辐射的能量将全部被系统中各单元所吸收,因而其传递系数之和必然为1,即

$$\sum_{j}^{N} D_{i-j} = 1 \quad (2-86)$$

确定辐射传递系数的数值方法有蒙特卡洛法和射线追踪方法等。以前者为例,计算没有非透明介质参与的表面之间辐射传递系数的基本思路如图2-4所示[24];首先,将一个表面发射的辐射能看作由许多能束所组成,每个能束具有一定的能量;表面所发射的能量与由此表面发出的能束有关。通过发射点随机分布概率模型结合光线发射模型生成大量模拟光束,采用光线跟踪模型对每束光线进行跟踪,直至被吸收,最后统计每束光线的最终归宿,从而计算得到辐射传递系数。

光线投射模型用于确定光线的投射方向,投射方向包括光线发射方向与反射方向,根据表面是否漫射,确定光线投射方向的概率模型。光线是否被吸收,则是根据单元表面的表面吸收率为 a,利用[0,1]均匀分布的随机数方法生成随机数 R,若随机数 $R \leqslant a$,则光线被单元表面吸收,停止对该光线的跟踪;否则光线被单元表面反射,继续跟踪。发射点随机分布概率模型则根据表面具体形状以及表面是否均匀采用相应随机分布概率模型。光线跟踪模型用于求解特定投射光线在表面上的入射点,也就是判断特定光线投射到了哪个表面。

对于 i 和 j 两个表面,设 Q_i 为单位时间内从 i 表面单位面积上辐射离开的能量,N_i 是 i 表面单位面积发射的辐射能束,则每个能束所具有的能量为[23]

$$W = Q_i / N_i \quad (2-87)$$

如果表面 j 吸收的由表面 i 发出的能束数为 N_{i-j}(包括表面 i 发出辐射直接落到表面 j 并被吸收的以及表面 i 发出辐射经过多次反射到达表面 j 并被吸收的能束),则由 i 表面传递给 j 表面的能量为[23]

$$Q_{i-j} = N_{i-j} W \quad (2-88)$$

由此,即可确定 i 与 j 两个表面之间的辐射传递系数[23]:

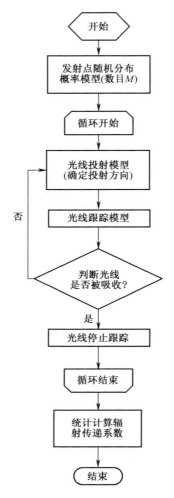

图 2-4　蒙特卡洛法计算流程示意图[24]

$$D_{i-j} = Q_{i-j}/Q_i = N_{i-j}/N_i \quad (2-89)$$

采用蒙特卡洛法计算辐射传递系数有其特殊优点,除可以避免复杂运算以外,更重要的是可用于计算非漫射、非均匀和非灰体的辐射表面,只需要对光线投射方向的概率模型和发射点随机分布概率模型进行相应的改变即可。对于有非透明介质参与的表面之间的辐射传递系数计算过程比较复杂,可参见文献[23]。

2. 基于辐射传递系数的辐射换热边界条件的确定方法

如 2.3.1.1 节所述,除了接收来自太阳和天空背景的辐射能,目标与周围其他物体之间以及目标自身各表面之间也存在辐射换热。辐射换热边界条件的确定相当复杂,与参与辐射换热表面的辐射特性、温度分布、形貌结构和几何关系等因素有关。为简化计算,往往假定参与辐射换热的表面为均匀散射的灰体表面。由于辐射传递系数的概念适用于非漫射、非均匀和非灰体的辐射表面,因此基于辐射传递系数的辐射换热计算方法可以处理非漫射、非均匀和非灰体的表面之间辐射换热问题,比基于有效辐射概念的辐射换热计算方法具有更好的普适性。当目标与周围其他物体之间以及目标各表面之间距离较小时,可以认为其间的空气是透明介质,不参与辐射换热。

对于无参与性介质的热辐射封闭系统,设构成该封闭体系的 N 个表面所对应的面积和温度分别是 $A_1, A_2, \cdots, A_N$ 和 $T_1, T_2, \cdots, T_N$,表面 i 的净辐射换热量为[23]

$$Q_i = Q_{e,i} - Q_{\alpha,i} \quad (2-90)$$

式中,$Q_{e,i}$ 为表面 i 向外辐射的能量,对于均匀漫射的灰体,$Q_{e,i} = A_i \varepsilon_i E_{bi}$。表面 i 吸收的辐射能量 $Q_{\alpha,i}$ 包括来自封闭系统所有表面的辐射。根据辐射传递系数的定义,表面 i 吸收来自表面 j 的辐射能量为[23]

$$Q_{j-i} = D_{j-i} Q_{e,j} \quad (2-91)$$

$$Q_{\alpha,i} = \sum_{j=1}^{N} Q_{j-i} = \sum_{j=1}^{N} D_{j-i} Q_{e,j} \quad (2-92)$$

式中,$Q_{e,j}$ 为表面 j 向外辐射的能量,对于均匀漫射的灰体,$Q_{e,j} = A_j \varepsilon_j E_{bj}$。将式(2-92)代入式(2-90),可得[23]

$$Q_i = Q_{e,i} - \sum_{j=1}^{N} D_{j-i} Q_{e,j} \quad (2-93)$$

如果组成封闭系统的各个表面都是均匀漫射的灰体表面,则式(2-93)简化为[23]

$$Q_i = A_i \varepsilon_i E_{bi} - \sum_{j=1}^{N} D_{j-i} A_j \varepsilon_j E_{bj}$$
$$= A_i \varepsilon_i \sigma T_i^4 - \sum_{j=1}^{N} D_{j-i} A_j \varepsilon_j \sigma T_j^4 \quad (2-94)$$

3. 计算辐射传递系数的快速方法

虽然蒙特卡洛法在计算辐射传递系数时能很好地考虑单元表面间的复杂位置关系,也能很好地处理单元表面的辐射界面特性,如漫发射、漫反射和镜反射及各向异性辐射,但计算时间往往偏长,特别是为了确保计算精度而光射线样本取得足够大时。由于辐射传递系数综合考虑了系统单元表面几何特性(单元表面间的相对位置关系)及单元表面辐射特性(吸收率或反射率)的影响,如果这两者之中有任何一个因素发生变化,就要对系统所有单元表面之间的辐射传递系数进行重新计算。在很多情况下，虽然系统内单元表面之间的相对位置固定，物体表面的温度变化可能导致表面的辐射特征参数的变化（如单元表面吸收率发生变化）。如果仍然采用蒙特卡洛法计算辐射传递系数，当其中有任何一个单元表面吸收率发生变化时，就需要重新计算整个系统所有单元表面之间的辐射传递系数，从而花费大量计算时间。下面介绍一种利用辐射传递系数与辐射角系数之间的关系，确定具有漫发射和漫反射辐射界面特性的单元表面之间辐射传递系数的快速计算方法[25]。

该方法适用的辐射换热系统是由漫反射辐射界面特性的单元表面所组成，对表面的辐射特性不作限制。为了建立辐射传递系数 D_{1-2} 与辐射角系数 F_{1-2} 之间的关系，可以把辐射能量传递分为以下两个过程：

（1）单元表面 1 发射的能量 Q_{e1} 首先直接投射到系统所有单元表面上，分别得到各单元表面的入射能量 Q_{1-k}（包括直接投射到单元表面 2 的能量），在此过程中，单元表面 2 吸收的能量记为 Q'_{1-2}。

（2）各入射能量 Q_{1-k} 被各自单元表面第一次漫反射后，再经过系统各单元表面的多次吸收与反射，最终总共有能量 Q''_{1-2} 被单元表面 2 所吸收。因此单元表面 1 发射的能量 Q_{e1}，经过系统单元表面的多次吸收及反射，最终被单元表面 2 吸收的总能量 Q_{1-2} 辐射可由下式确定：

$$Q_{1-2} = Q'_{1-2} + Q''_{1-2} \tag{2-95}$$

结合辐射角系数及辐射传递系数定义，Q'_{1-2} 与 Q''_{1-2} 分别可以由下面两式计算得到：

$$Q'_{1-2} = Q_{e1} F_{1-2} \alpha_2 \tag{2-96}$$

$$Q''_{1-2} = \sum_{k=1}^{N} Q_{e1} F_{1-k} \rho_k D_{k-2} \tag{2-97}$$

式中，α_2 为单元表面 2 的吸收率；ρ_k 为单元表面 k 的反射率（$\rho_k = 1 - \alpha_k$）；F_{1-k} 为单元表面 1 对单元表面 k 的辐射角系数；D_{k-2} 为单元表面 k 对单元表面 2 的辐射传递系数。将式（2-96）和式（2-97）代入式（2-95），可得

$$Q_{1-2} = Q_{e1} F_{1-2} \alpha_2 + \sum_{k=1}^{N} Q_{e1} F_{1-k} \rho_k D_{k-2} \tag{2-98}$$

根据辐射传递系数的定义

$$D_{1,2} = \frac{Q_{1-2}}{Q_{e1}} \tag{2-99}$$

将式（2-99）代入式（2-98），得

$$D_{1-2} - \sum_{k=1}^{N} F_{1-k} \rho_k D_{k-2} = F_{1-2} \alpha_2 \tag{2-100}$$

为使式(2-100)更具一般性,改写为

$$D_{i-j} - \sum_{k=1}^{N} F_{i-k}\rho_k D_{k-j} = F_{i-j}\alpha_j \qquad (2-101)$$

式(2-101)为辐射传递系数与辐射角系数之间的关系。如式(2-101)应用于灰体表面,则式(2-101)与 Gebhart 法相同[25]。

将式(2-101)依次应用于 N 个表面构成的漫发射和漫反射系统,可以得到 N 个形式与式(2-101)类似的关系式所构成的方程组:

$$\begin{cases} D_{1-j} - \sum_{k=1}^{N} F_{1-k}\rho_k D_{k-j} = F_{1-j}\alpha_j \\ D_{2-j} - \sum_{k=1}^{N} F_{2-k}\rho_k D_{k-j} = F_{2-j}\alpha_j \\ \vdots \\ D_{i-j} - \sum_{k=1}^{N} F_{i-k}\rho_k D_{k-j} = F_{i-j}\alpha_j \\ \vdots \\ D_{N-j} - \sum_{k=1}^{N} F_{N-k}\rho_k D_{k-j} = F_{N-j}\alpha_j \end{cases} \qquad (2-102)$$

如果辐射角系数 F_{i-j} 已知,计算辐射传递系数只需把系统单元表面吸收率 α(系统单元表面反射率 $\rho = 1 - \alpha$)代入方程组(2-102),联立求解方程组(2-102),即可得到辐射传递系数 D_{i-j}[25]。

该方法与传统的蒙特卡洛法相比,有以下优点:所需的计算时间更少,尤其是当系统单元表间的相对位置固定,而单元表面的吸收率发生变化时,只需将单元表面吸收率代入方程组就可以计算得到辐射传递系数,不必重新进行光线的跟踪计算。

2.3.2 确定温度场的有限差分方法

目标与环境红外辐射特征研究涉及的对象大多形状各异,描述能量交换的体系庞杂,建立的能量守恒方程和红外辐射特征模型包含多种非线性影响因素(例如,涉及辐射换热边界条件或物性参数随温度变化),难以通过解析方法获得这些模型的解,而只能运用数值方法确定研究对象的温度分布,进行目标和背景红外辐射特征分析。求解数学物理方程的数值方法主要有有限差分方法、有限元方法、有限分析方法和边界元方法等,同一物理问题的不同数值解法间的差别主要在于求解区域的分割、节点的确定、离散方程的建立和求解途径等方面。有限差分法又称有限容积法,作为一种历史较久、相对成熟和使用简便的数值方法,被广泛应用。

运用有限差分法求解目标或背景的红外辐射特征模型时,首先需要将求解区域分割为许多互不重叠的子区域,确定节点在子区域中的位置及其所代表的容积。由于军用目标可能采用复合材料制造,考虑到各种热物性参数(如导热系数、热扩散系数)的不连续变化,可先确定控制容积界面后再确定节点位置,划分子区域的曲线簇就是控制体的界面,节点位于小区域的中心。这样,可保证控制容积的数值界面与热物性参数不连续的物理间断面完全重合,简化数值计算过程,提高数值计算精度。在离散化的求解区域上,温度场模型的离散方程的一般形式为[12]

一维问题:
$$a_p T_p = a_e T_e + a_w T_w + b \quad (2-103)$$

二维问题:
$$a_p T_p = a_e T_e + a_w T_w + a_n T_n + a_s T_s + b \quad (2-104)$$

三维问题:
$$a_p T_p = a_e T_e + a_w T_w + a_n T_n + a_s T_s + a_b T_b + a_t T_t + b \quad (2-105)$$

上述节点温度表达式中的系数 a_i 和参数 b 与求解区域的几何形状、数学模型的类型、稳态问题或瞬态问题属性、离散格式和材料物性参数等有关。如果给定求解区域的边界条件和求解问题的初始条件,就所有节点的集合而言,这些离散方程对应着一个关于所有节点温度的线性代数方程组,求解这个代数方程组即可得到相应的温度分布。

需要指出的是,这里涉及非性问题的线性化处理。在建立离散方程及关于节点温度的线性代数方程组时,需要注意变热物性参数、边界条件源项和非线性项等的处理方法。对于物体导热系数的阶跃变化问题,可用界面调和导热系数[12];对于给定热流密度的第二类或给定对流换热的第三类边界条件,可采用附加源项法[12,26]。

对于非线性热源(或汇)项,一般采用下式[12,26]:
$$S = S_c + S_p T_p \quad (2-106)$$

式中,S_c 为常数部分;系数 $S_p \leqslant 0$。热源(汇)项的这样处理,是为了保证稳定的数值计算迭代过程。

对于非线性项,可用泰勒展开式作线性化处理。例如,对辐射换热中的 T^4 项,可以近似地采用下述的线性表达式[12,26]:
$$T^4 = T_r^4 + 4T_r^3(T - T_r) \quad (2-107)$$

式中,T_r 为某一参考温度。

2.3.3 确定温度场的边界元方法

作为 20 世纪 70 年代形成的一种数值方法,边界元方法正越来越广泛地应用于求解各类数学物理问题和工程技术问题。这种方法是综合有限元方法和经典的边界积分方程方法发展起来的,其特点在于只需将求解区域的边界分割(特别是对于稳态问题),而不必将整个求解区域划分为许多子区域,利用所求问题的基本解析解把对应边界节点所有变量联系起来,根据给定的边界条件,将区域积分化为边界积分,将边界积分方程离散得到一组代数方程,求解这个代数方程组便可获得原问题的解。

边界元方法的优点主要体现在:①将原始求解问题的维数降低一阶;②因为边界积分方程本身是精确的,离散仅在求解区域边界上进行,所以误差仅产生在边界离散上,区域内的待求物理量仍由解析公式给出,具有较高的计算精度;③可由解析公式直接确定区域内任意给定点的物理量值,提高了计算效率;④可以比较方便地处理不连续问题、含奇异点问题、运动或自由边界问题。正是由于边界元方法的独特优点,它已被尝试用于复杂地面目标的红外辐射特征分析中[27]。就目标与背景的红外辐射特征模拟而言,人们感兴趣的主要是表面的温度分布,边界元方法恰好可首先直接给出区域边界上的解,因而大大简化了红外辐射特征模拟的过程,节省了计算时间。

2.3.3.1 稳态导热问题的边界元方法[27-29]

稳态无内热源热传导问题的数学描述为

$$\nabla^2 T = 0, \in \Omega \tag{2-108}$$

$$T = \overline{T}, \in \Gamma_1 \tag{2-109}$$

$$\frac{\partial T}{\partial n} + \frac{h}{k}T = \overline{q}, \in \Gamma_2 \tag{2-110}$$

如图2-5所示,$\Gamma_1 + \Gamma_2$ 构成求解区域 Ω 的边界,在 Γ_1 边界上,温度已知;在 Γ_2 边界上,热流量已知。当 $h = 0$ 时,$\overline{q}$ 是负的,已知热流量除以 k,即对应第二类边界条件;当 $\overline{q} = \frac{h}{k}T_f$($T_f$ 为环境温度),即对应第三类边界条件。

将加权余量法应用于上述方程组,得到

$$\int_{\Omega}(\nabla^2 T)\,T^*\,\mathrm{d}\Omega = \int_{\Gamma_2}\left(q + \frac{h}{k}T - \overline{q}\right)T^*\,\mathrm{d}\Gamma - \int_{\Gamma_1}(T - \overline{T})\,q^*\,\mathrm{d}\Gamma \tag{2-111}$$

式中,T^* 为权函数;$q = \frac{\partial T}{\partial n}$;$q^* = \frac{\partial T^*}{\partial n}$;$n$ 为边界的外法线方向。

对式(2-111)左边的拉普拉斯算子项进行两次分部积分,得到

$$\int_{\Omega}(\nabla^2 T)\,T^*\,\mathrm{d}\Omega = \int_{\Gamma_2}\left(\frac{h}{k}T - \overline{q}\right)T^*\,\mathrm{d}\Gamma - \int_{\Gamma_1}qT^*\,\mathrm{d}\Gamma + \int_{\Gamma_2}q^*T\,\mathrm{d}\Gamma + \int_{\Gamma_1}q^*\overline{T}\,\mathrm{d}\Gamma \tag{2-112}$$

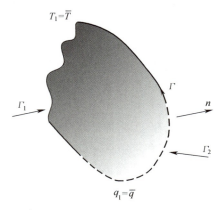

图 2-5　导热问题的求解区域

为得到边界积分方程,取权函数 T^* 满足下列方程[27]:
$$\nabla^2 T^* + \delta(r - r_i) = 0 \qquad (2-113)$$
式中,r_i 代表源点 P,r 为任一场点 Q,
$$\delta(r - r_i) = \begin{cases} 1, r = r_i \\ 0, r \neq r_i \end{cases} \qquad (2-114)$$

显然,T^* 表示为 P 点有集中热源时方程的基本解,这个基本解是自由空间的格林(Green)函数,
$$T^* = \begin{cases} \dfrac{1}{2\pi}\ln\dfrac{1}{R}, \text{二维问题} \\ \dfrac{1}{4\pi R}, \text{三维问题} \end{cases} \qquad (2-115)$$

式中,$R = |r - r_i|$,即为集中热源点与场点之间的距离。

应用格林公式,对式(2-112)在空间域上积分,得
$$T_P + \int_{\Gamma_2} q^* T \mathrm{d}\Gamma + \int_{\Gamma_1} q^* \overline{T} \mathrm{d}\Gamma = \int_{\Gamma_2} \overline{q} T^* \mathrm{d}\Gamma + \int_{\Gamma_1} q T^* \mathrm{d}\Gamma - \int_{\Gamma_2} \frac{h}{k} T T^* \mathrm{d}\Gamma$$

$$(2-116)$$

式(2-116)表示区域内任意一点的 T_P 都可以用边界上的 T 和 q 值来表示。只要求得边界上全部的 T 和 q 值,那么区域内任意一点的温度值也就知道了。

如果区域内源点 P 移到区域边界上,式(2-116)中全部元素都是边界上的量,这便是建立边界积分方程的基本思想。当源点 P 为区域边界上的点时,式(2-116)对全体边界的边界积分方程形式是[27]

$$C_P T_P + \int_\Gamma \left(q^* + \frac{h}{k} T^* \right) T \mathrm{d}\Gamma = \int_\Gamma q T^* \mathrm{d}\Gamma \qquad (2-117)$$

式中，$\Gamma = \Gamma_1 + \Gamma_2$，在 Γ_1 上 $T = \overline{T}$，在 Γ_2 上 $q = \overline{q}$（第二类边界条件）或 $q = hT_\mathrm{f}/k$（第三类边界条件）；C_P 为与边界形状等几何条件有关的参数。

$$C_P = \begin{cases} 1, P \in \Omega \\ 1/2, P \in \Gamma(\text{光滑边界}) \\ 1 - \dfrac{\theta}{2\pi}, P \in \text{二维不光滑边界} \\ 1 - \dfrac{\theta}{4\pi}, P \in \text{三维空间不光滑边界} \end{cases} \qquad (2-118)$$

式中，二维空间 θ 为 P 点的外张角，三维空间 θ 为 P 点的外张立体角。

将边界 Γ 划分为 N 个边界单元，规定每一边界单元所需求解的节点，分别选取相应 T 和 q 的插值表达式。常用插值形式有常数单元插值、线性单元插值和二次单元插值。在分割后的 N 个边界单元上，对式（2-116）实施数值积分，即离散化。

$$C_i T_i + \sum_{j=1}^{N} \int_{\Gamma_j} \left(q^* + \frac{h}{k} T^* \right) T \mathrm{d}\Gamma = \sum_{j=1}^{N} \int_{\Gamma_j} q T^* \mathrm{d}\Gamma \qquad (2-119)$$

根据选定的边界单元插值形式，式（2-119）可表述为

$$C_i T_i + \sum_{j=1}^{N} \overline{H}_{ij} T_j = \sum_{j=1}^{N} G_{ij} q_j \qquad (2-120)$$

令 $H_{ij} = \overline{H}_{ij} + C_i \delta_{ij}$，则

$$\sum_{j=1}^{N} H_{ij} T_j = \sum_{j=1}^{N} G_{ij} q_j \qquad (2-121)$$

它的矩阵形式为

$$\boldsymbol{HT} = \boldsymbol{Gq} \qquad (2-122)$$

如果采用常数单元，则 $\boldsymbol{H}$ 和 $\boldsymbol{q}$ 均是 $N \times N$ 阶矩阵。考虑到在一些边界单元上温度已知，而在另一部单元上热流已知，重新组织矩阵方程（2-122），把未知量移到等号左边，已知量移至右边，可得

$$\boldsymbol{AX} = \boldsymbol{Y} \qquad (2-123)$$

求解这个代数方程组，得到边界上所有未知的 T 和 q。运用式（2-116）则可得区域内任意一点的温度。

2.3.3.2 瞬态导热问题的边界元方法[27-29]

在各向同性、常物性和无内热源条件下，瞬态导热问题的数学描述如下：

$$\nabla^2 T = \frac{1}{a}\frac{\partial T}{\partial t}, \in \Omega \qquad (2-124)$$

$$T = T(\boldsymbol{r},t_0), \in \Omega \qquad (2-125)$$

$$T = \overline{T}(\Gamma_T,t), \in \Gamma_T \qquad (2-126)$$

$$q = \overline{q}(\Gamma_q,t), \in \Gamma_q \qquad (2-127)$$

式中,$\Gamma = \Gamma_T + \Gamma_q$ 是区域 Ω 的全部边界;在 Γ_T 上,温度已知,在 Γ_q 上,热流已知;t_0 为计算的起始时刻。

类似于稳态导热问题边界积分方程的推导过程,引入权函数 T^*,它是方程

$$a\nabla^2 T^* + \frac{\partial T^*}{\partial t} + \delta(\boldsymbol{r},t;\boldsymbol{r}_j,t_0) = 0 \qquad (2-128)$$

的基本解。瞬态条件下,这个基本解的物理意义是在无穷域上 t_0 时刻作用于 $P(\boldsymbol{r}_j)$ 点的一个单位点源在 t 时刻对场点 $Q(\boldsymbol{r})$ 的影响。这个 t_0 时刻的单位点源是一个狄拉克函数 $\delta(\boldsymbol{r},t;\boldsymbol{r}_j,t_0)$。方程(2-128)的基本解为

$$T^*(\boldsymbol{r},t;\boldsymbol{r}_j,t_0) = \frac{1}{[4\pi a(t-t_0)]^{n/2}}\exp\left[-\frac{R^2}{4a(t-t_0)}\right] \qquad (2-129)$$

式中,$R = |\boldsymbol{r} - \boldsymbol{r}_j|$ 为源点与场点之间的距离,二维问题 $n=2$;三维问题 $n=3$;

$$\delta(\boldsymbol{r},t;\boldsymbol{r}_j,t_0) = \begin{cases} 1, \boldsymbol{r} = \boldsymbol{r}_j \text{ 且 } t = t_0 \\ 0, \boldsymbol{r} \neq \boldsymbol{r}_j \text{ 且 } t = t_0 \end{cases} \qquad (2-130)$$

在 $\Delta t = t - t_0$ 时间内,方程组(2-124)~(2-127)的加权余量表达式为

$$\int_{t_0}^{t}\int_{\Omega}\left[\nabla^2 T^* - \frac{1}{a}\frac{\partial T^*}{\partial t}\right]T^*(\boldsymbol{r},t;\boldsymbol{r}_j,\tau)\,\mathrm{d}\Omega\mathrm{d}\tau = \int_{t_0}^{t}\int_{\Gamma_q}(q-\overline{q})\,T^*(\boldsymbol{r},t;\boldsymbol{r}_j,\tau)\,\mathrm{d}\Gamma\mathrm{d}\tau$$

$$-\int_{t_0}^{t}\int_{\Gamma_T}(T-\overline{T})\,q^*(\boldsymbol{r},t;\boldsymbol{r}_j,\tau)\,\mathrm{d}\Gamma\mathrm{d}\tau$$

$$(2-131)$$

对上式的空间变量实施两次分部积分,对时间变量实施一次分部积分,得到

$$T(\boldsymbol{r},t) + a\int_{\Gamma}\int_{t_0}^{t}q^*(\boldsymbol{r},t;\boldsymbol{r}'_j,\tau)\,T(\boldsymbol{r}'_j,\tau)\,\mathrm{d}\tau\mathrm{d}\Gamma$$

$$-a\int_{\Gamma}\int_{t_0}^{t}T^*(\boldsymbol{r},t;\boldsymbol{r}'_j,\tau)\,q(\boldsymbol{r}'_j,\tau)\,\mathrm{d}\tau\mathrm{d}\Gamma \qquad (2-132)$$

$$= \int_{\Omega}T^*(\boldsymbol{r},t;\boldsymbol{r}_j,t_0)\,T(\boldsymbol{r}_j,t_0)\,\mathrm{d}\Omega$$

式中,$\Gamma = \Gamma_T + \Gamma_q$;上标"'"是指边界上。式(2-132)将区域内部场点 $Q(\boldsymbol{r})$ 的温度值表示为边界上点 $P'(\boldsymbol{r}'_j)$ 的温度 $T(\boldsymbol{r}'_j,t)$、热流密度 $q(\boldsymbol{r}'_j,t)$ 以及区域内初始

温度分布 $T(\boldsymbol{r},t_0)$ 的函数。

当区域内场点 $Q(\boldsymbol{r})$ 移至边界上的点 $Q'(\boldsymbol{r}')$，由式(2-132)得到边界积分方程

$$CT(\boldsymbol{r}',t) + a\int_\Gamma \int_{t_0}^t q^*(\boldsymbol{r}',t;\boldsymbol{r}'_j,\tau)\, T(\boldsymbol{r}'_j,\tau)\, \mathrm{d}\tau \mathrm{d}\Gamma$$

$$- a\int_\Gamma \int_{t_0}^t T^*(\boldsymbol{r}',t;\boldsymbol{r}'_j,\tau)\, q(\boldsymbol{r}'_j,\tau)\, \mathrm{d}\tau \mathrm{d}\Gamma \qquad (2-133)$$

$$= \int_\Omega T^*(\boldsymbol{r}',t;\boldsymbol{r}_j,t_0)\, T(\boldsymbol{r}_j,t_0)\, \mathrm{d}\Omega$$

显然，当点 Q' 和点 P' 在边界上重合时，含有 $q^*(\boldsymbol{r}',t;\boldsymbol{r}'_j,\tau)$ 和 $T^*(\boldsymbol{r}',t;\boldsymbol{r}'_j,\tau)$ 项的积分是奇异的。

类似于稳态导热问题的处理，将求解区域的边界划分为 N 个单元，根据精度和计算时间的要求，可分别采取常数单元、线性单元或二次单元等，将时间域分割，认为 T 和 q 在时间步长 $\Delta t = t - t_0$ 内保持为常量。若在边界上采用常数元，则边界积分方程(2-133)可离散为

$$C_i T(\boldsymbol{r}',t) + a\sum_{j=1}^N \int_{\Gamma_j}\int_{t_0}^t q^*(\boldsymbol{r}',t;\boldsymbol{r}'_j,\tau)\, T_j \mathrm{d}\tau \mathrm{d}\Gamma$$

$$- a\sum_{j=1}^N \int_{\Gamma_j}\int_{t_0}^t T^*(\boldsymbol{r}',t;\boldsymbol{r}'_j,\tau)\, q_j \mathrm{d}\tau \mathrm{d}\Gamma \qquad (2-134)$$

$$= \int_\Omega T^*(\boldsymbol{r}',t;\boldsymbol{r}_j,t_0)\, T(\boldsymbol{r}_j,t_0)\, \mathrm{d}\Omega$$

注意到 T_j 和 q_j 在每一个边界单元上，在时间步长 Δt 内均为常数，因而可提至积分号之外。若令

$$\overline{H}_{ij} = a\int_{\Gamma_j}\int_{t_0}^t q^*(\boldsymbol{r}',t;\boldsymbol{r}'_j,\tau)\, \mathrm{d}\tau \mathrm{d}\Gamma \qquad (2-135\text{a})$$

$$G_{ij} = a\int_{\Gamma_j}\int_{t_0}^t T^*(\boldsymbol{r}',t;\boldsymbol{r}'_j,\tau)\, \mathrm{d}\tau \mathrm{d}\Gamma \qquad (2-135\text{b})$$

$$B_i = = \int_\Omega T^*(\boldsymbol{r}',t;\boldsymbol{r}_j,t_0)\, T(\boldsymbol{r}_j,t_0)\, \mathrm{d}\Omega \qquad (2-135\text{c})$$

则式(2-133)可写成

$$C_i T_i + \sum_{j=1}^N \overline{H}_{ij} T_j = \sum_{j=1}^N G_{ij} + B_i \qquad (2-136)$$

式中，i 代表 Q' 点(待求点)；j 代表作用源点。令

$$H_{ij} = C_i \delta_{ij} + \overline{H}_{ij},\ \delta_{ij} = \begin{cases} 1, i=j \\ 0, i\neq j \end{cases}$$

则

$$\sum_{j=1}^{N} H_{ij}T_j = \sum_{j=1}^{N} G_{ij} + B_i \qquad (2-137)$$

由于 $1 \leqslant i \leqslant N$，式(2-137)实际上表示了一个线性代数方程，即

$$HT = Gq + B \qquad (2-138)$$

将矩阵方程(2-138)中的已知量移至方程右边，未知量移至方程左边，则得

$$AX = F \qquad (2-139)$$

求解这个代数方程组，即得边界上所有节点在 t 时刻的温度和热流密度，应用式(2-132)可得区域内任一点的温度。不断重量复上述过程，则得到完整的温度或热流密度随时间的分布。

需要指出的是，B_i 表示了整个区域上的积分。如果简单地仿照有限元方法将区域分割，尽管没有增加未知量的数目，但边界元方法却失去了它不需划分区域内网格的优点。因此，必须设法将 B_i 的区域积分转化为边界积分。存在一些处理方法可实现这种转化，应用较普遍的一种方法是双倒易法（Dual Reciprocity Method）[29]，即构造一个特解序列而不是单一的特解近似代替 $T(r_j, t_0)$。运用这种方法，可以简便地处理区域积分项 B_i，避免对整个求解区域的划分。

2.3.4 对流换热的数值计算方法

由于红外辐射特征研究的目标和背景对象大多形状各异，在进行目标与背景的红外辐射特征仿真计算时，往往难以获得准确适用的对流换热系数表达式，并且难以从文献上获得比较符合实际情况的对流换热系数实验关联式，而直接利用实验法或比拟法获得对流换热系数，在实际应用中往往又是不现实的，因而只能运用数值方法确定相应的对流换热系数，或者直接对目标及其周围流体进行流固耦合计算，确定流体与目标间的对流换热，进行目标和背景红外辐射特性分析。与温度场的数值求解方法相类似，求解对流换热问题的数值方法有有限差分方法、有限元方法、有限分析方法和边界元方法等。在求解对流换热问题时，有限差分法也是被广泛应用的方法，空间区域的离散方法与温度场数值计算类似，不同于目标温度场求解之处在于对流换热问题的数值解需要同时求解流场中的速度分布和温度分布。在求解对流换热问题时，由于求解变量选择不同、方程求解方式的不同，因而出现了不同的数值方法。压力修正的原始变量方法是目前求解的主导方法，本书只介绍压力修正方法，其他求解方法参见文献[12,30,31]。

为便于求解，通常将式(2-14)~式(2-20)写成如下的通用形式[12]：

$$\frac{\partial}{\partial t}(\rho \phi) + \frac{\partial}{\partial x}(\rho u \phi) + \frac{\partial}{\partial y}(\rho v \phi) + \frac{\partial}{\partial z}(\rho w \phi)$$

$$= \frac{\partial}{\partial x}\left(\Gamma_\phi \frac{\partial \phi}{\partial x}\right) + \frac{\partial}{\partial y}\left(\Gamma_\phi \frac{\partial \phi}{\partial y}\right) + \frac{\partial}{\partial z}\left(\Gamma_\phi \frac{\partial \phi}{\partial z}\right) + S_\phi \qquad (2-140)$$

式中，ϕ 为通用变量，可以分别代表 u、v、w、k、ε 和 T 等求解变量；Γ_ϕ 为与变量 ϕ 相对应的广义扩散系数；S_ϕ 为与变量 ϕ 相对应的广义源项。此处的广义是指变量符号 Γ_ϕ 和 S_ϕ 都不是原来物理意义的量，而是为便于数值计算而给出的一种一般性定义，不同的求解变量之间的区别除了边界条件和初始条件外，主要就在于 Γ_ϕ 和 S_ϕ 表达式的不同。

利用控制容积积分方法，对式（2-140）进行时间和空间离散（图2-6），得到[12]

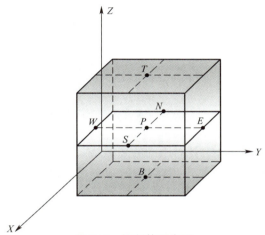

图2-6 控制体示意图

$$a_P \phi_P = a_E \phi_E + a_W \phi_W + a_N \phi_N + a_S \phi_S + a_B \phi_B + a_T \phi_T + b \qquad (2-141)$$

式中，

$$\begin{cases} a_E = D_e A(|P_{\Delta e}|) + [|-F_e, 0|] \\ a_W = D_w A(|P_{\Delta w}|) + [|F_w, 0|] \\ a_N = D_n A(|P_{\Delta n}|) + [|-F_n, 0|] \\ a_S = D_s A(|P_{\Delta s}|) + [|F_s, 0|] \\ a_T = D_t A(|P_{\Delta t}|) + [|-F_t, 0|] \\ a_B = D_b A(|P_{\Delta b}|) + [|F_b, 0|] \\ b = S_c \Delta x \Delta y \Delta z + a_P^0 \phi_P^0 \\ a_P^0 = \dfrac{\rho \Delta x \Delta y \Delta z}{\Delta t} \\ a_P = a_E + a_W + a_N + a_S + a_T + a_B - S_P \Delta x \Delta y \Delta z \end{cases} \qquad (2-142)$$

式中，P_Δ 为网格 Peclet 数，$P_\Delta = \dfrac{\rho u \delta x}{\Gamma}$；符号 $[| \quad |]$ 表示取各量中的最大值。界面上的流量与扩导的计算式分别为[12]

$$\begin{cases} F_e = (\rho u)_e \Delta y \Delta z, D_e = \dfrac{\Gamma_e \Delta y \Delta z}{(\delta x)_e} \\ F_w = (\rho u)_w \Delta y \Delta z, D_w = \dfrac{\Gamma_w \Delta y \Delta z}{(\delta x)_w} \\ F_n = (\rho u)_n \Delta z \Delta x, D_n = \dfrac{\Gamma_n \Delta z \Delta x}{(\delta y)_n} \\ F_s = (\rho u)_s \Delta z \Delta x, D_s = \dfrac{\Gamma_s \Delta z \Delta x}{(\delta y)_s} \\ F_t = (\rho u)_t \Delta x \Delta y, D_t = \dfrac{\Gamma_t \Delta x \Delta y}{(\delta z)_t} \\ F_b = (\rho u)_b \Delta x \Delta y, D_b = \dfrac{\Gamma_b \Delta x \Delta y}{(\delta z)_b} \end{cases}$$

式(2-142)中，系数 $A(|P_\Delta|)$ 针对不同的离散格式有不同的表达式(表 2-3)。

表 2-3 给出是 5 种 3 点格式，其截差阶数较低，在数值计算过程中，可能会引起较大的假扩散，从而引起较大的计算误差。为此，有时需要引入截差阶数较高的离散格式。比较常见的高阶格式有二阶迎风格式、三阶迎风格式和 QUICK 格式等。通常，采用延迟修正的方式在离散方程中引入高阶格式，最后的离散方程变为[12]

$$a_P \phi_P = a_E \phi_E + a_W \phi_W + a_N \phi_N + a_S \phi_S + a_B \phi_B + a_T \phi_T + b + b_{ad}^*$$

(2-144)

其中，系数 a_P、a_E、a_W、a_N、a_S、a_B 和 a_T 以及源项 b 均按一阶迎风格式计算，b_{ad}^* 为延迟修正而引入的附加源项，其计算方法可参见文献[12]。

表 2-3 5 种 3 点格式的 $A(|P_\Delta|)$ [12]

格式	$A(|P_\Delta|)$
中心差分	$1 - 0.5|P_\Delta|$
一阶迎风格式	1
混合格式	$[|0, 1 - 0.5|P_\Delta||]$
指数格式	$|P_\Delta|/(\exp(|P_\Delta|) - 1)$
乘方格式	$[|0, (1 - 0.1|P_\Delta|)^5|]$

式(2-141)~式(2-144)中,离散方程系数中包含有待求变量 u、v 和 w。在分离式求解方法中,整个问题的求解必然带有迭代的性质,但这不构成主要的困难。以压力为原始变量的求解法中,求解对流换热过程主要涉及以下两个问题:

(1) 采用常规的网格及中心差分格式来离散动量方程的压力梯度项时,动量方程的离散形式可能无法检测出不合理的压力场;

(2) 压力的一阶导数以源项的形式出现在动量方程中,采用分离式求解法时,压力没有独立的控制方程来求解。

针对第一个问题,通常采用交叉网格的方法对动量守恒方程进行离散[12,30],得到各个速度分量的离散方程。以速度分量 u 为例:

$$a_e u_e = \sum a_{nb} u_{nb} + b + (p_P - p_E) A_e \quad (2-145)$$

类似地,可以分别给出速度分量 v 和 w 的离散方程。

针对第二个问题,则是通过构建压力修正方程,在迭代的过程中不断地改进压力值。压力修正方程是通过连续性方程导出[12],其方程为

$$a_P p'_P = a_E p'_E + a_W p'_W + a_N p'_N + a_S p'_S + a_B p'_B + a_T p'_T + b \quad (2-146)$$

其中方程各项系数的计算方法详见文献[12,30]。求解由式(2-146)构成的线性代数方程组,可得到各节点对应的压力修正值。

进一步,由压力修正值得到速度分量 u 的修正值:

$$a_e u'_e = (p'_P - p'_E) A_e \quad (2-147)$$

于是,速度分量 v 和 w 的修正值也可以类似地获得。

基于上述压力修正方法的 SIMPLE(Semi-Implicit Method for Pressure Linked Equitions) 方法的流场数值计算步骤,总结如下[12]:

(1) 假定一个速度分布,记为 u^0、v^0 和 w^0,以此计算动量离散方程中的系数及常数项;

(2) 假定一个压力场 p^*;

(3) 依次求解动量方程,得到各速度分量 u^*、v^* 和 w^*;

(4) 求解压力修正方程,得到 p';

(5) 根据 p' 值,改进速度值 $u = u^* + u'$, $v = v^* + v'$, $w = w^* + w'$;

(6) 利用改进后的速度场,求解那些通过源项物性等与速度场耦合的变量,如果变量并不影响速度场,则应在速度场收敛后再求解;

(7) 利用改进后的速度场重新计算动量离散方程的系数,并以改进的压力场 $p = p^* + p'$ 作为下一次迭代计算的初值,重复上述步骤,直到获得收敛的解。

2.3.5 目标与背景红外辐射特征的计算

2.3.5.1 目标与背景的自身辐射

在数值求解了目标或背景的温度场、获得温度分布之后,可以通过对单色辐射的普朗克公式在所涉及的红外波段范围内积分,即可得到目标或背景表面的红外辐射能量。具体计算表达式如下[8]:

$$E^*_{\lambda_1-\lambda_2} = \int_{\lambda_1}^{\lambda_2} \varepsilon(\lambda,T) \cdot \frac{C_1}{\lambda^5[\exp(C_2/\lambda T)-1]} d\lambda \qquad (2-148)$$

2.3.5.2 目标与背景的反射辐射

反射辐射部分主要包括单元表面对来自太阳、天地背景和其他单元表面辐射的反射,由下列表达式给出:

$$E^{\text{infra}}_{\text{sf}} = \rho^{\text{infra}}_{\text{sun}} \cdot q^{\text{infra}}_{\text{sun}} + \rho^{\text{infra}} \cdot (q^{\text{infra}}_{\text{sky}} + q^{\text{infra}}_{\text{grd}} + \sum_{j=1}^{N} q^{\text{infra}}_j) \qquad (2-149)$$

物体表面任一单元总的辐射通量为自身辐射与反射辐射之和,即

$$E_{\lambda_1-\lambda_2} = E^*_{\lambda_1-\lambda_2} + E^{\text{infra}}_{\text{sf}} \qquad (2-150)$$

式中,ρ^{infra} 为单元表面红外波段范围的反射率;$\rho^{\text{infra}}_{\text{sun}}$ 为单元表面红外波段范围的太阳反射率;$q^{\text{infra}}_{\text{sun}}$ 为单元表面接收的红外波段范围内的太阳辐射能量;$q^{\text{infra}}_{\text{sky}}$ 为单元表面接收的红外波段范围内的天空背景辐射能量;$q^{\text{infra}}_{\text{grd}}$ 为单元表面接收的红外波段范围内的地面背景辐射能量;q^{infra}_j 为单元表面接收的红外波段范围内的来自周围物体 j 辐射能量;N 为单元表面总数。$E_{\lambda_1-\lambda_2}$ 实际上是 $\lambda_1 \sim \lambda_2$ 波段范围的有效辐射,具体计算可参见本书 2.3.1.1 节基于有效辐射概念的辐射换热计算方法。

2.3.5.3 到达探测器的红外辐射能量的计算

在目标与背景的红外辐射特征计算中,需要分析计算目标与背景到达红外探测器的辐射能量。

根据式(2-150)求得被观测对象的红外辐射度,即被观测对象在单位时间内单位面积上向外辐射的能量,而最终需要确定的是探测器所接收到的那部分辐射能量,即被观测对象的红外辐照度。被观测对象的红外辐照度不仅与被观测对象的辐射度有关,还与被观测对象到探测器的距离、被观测对象到探测器之间的介质的辐射亮度、二者法线所成的夹角和探测器视场大小等因素有关。

如图 2-7 所示,设小面元的面积为 A_s,探测器接收面面积为 A_c,被探测目标的辐射度为 E。因为 A_s 与该面元到接收面的距离相比很小,故可作为点源近似。设 L 为源表面 A_s 和被照面 A_c 之间的距离,源表面法线 1 和 L 的夹角为 θ_s,辐射在被照面 A_c 上的入射角为 θ_c(即 L 与法线 2 的夹角)。于是,探测器接收到的来自

目标的总辐射功率[32]为

$$P_{\lambda_1-\lambda_2} = \frac{A_s A_c}{\pi} \frac{\cos\theta_s \cdot \cos\theta_c}{L^2} E_{\lambda_1-\lambda_2} \qquad (2-151)$$

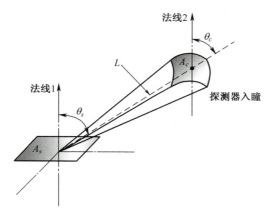

图 2-7　小面元在探测器上产生的辐照度

式(2-151)给出的是被探测对象上的一个小面元到达红外探测器的辐射能量,而目标与背景是由许多小面元构成的,计算目标与背景到达探测器的辐射能量时,需要对所有小面元的能量进行求和。由于目标与背景在通常情况下面元之间会有相互的遮挡,利用式(2-151)计算时需要考虑各表面面元之间的遮挡。

2.3.5.4　计算红外辐射的反向蒙特卡洛方法

确定目标与背景红外辐射能量以及辐射传递的方法有很多种,这些方法在处理不同问题时都有各自的优缺点。由于红外成像探测系统的探头通常尺寸很小,视场角也很小,只能探测到很小的角度内投射到探测器探头上的能量。大多数传统的辐射传递计算方法处理此类问题显得非常困难。传统的蒙特卡洛法(正向蒙特卡洛法)虽可求解此类问题,并可适应各种复杂吸收和散射问题,但计算效率很低。为解决此类问题,很多学者进行了大量研究,采用了不同的计算方法[33-40],其中反向蒙特卡洛法是一种使用较多的方法。反向蒙特卡洛法继承了正向蒙特卡洛法解决复杂几何问题和各向异性散射的优势,反向跟踪统计计算结果,在不需要大量计算的前提下就能够很好地解决定方向和定位置上的红外辐射计算问题[33]。

反向蒙特卡洛法思想早在 1992 年被 Nelson[34]用来解决火箭基底受热问题,随后有不少研究者用它来解决目标红外辐射特征的计算问题[33,36-40]。反向蒙特卡洛法也有不同的实现方法,刘林华等[33,41]提出了基于辐射传递系数的反向蒙特卡洛法。该方法利用散射、发射、反射和吸收等传递过程的概率模型,统计到达被测目标的各个体元和面元的热射线数量,对目标的红外辐射特征进行计算分析。下面对这一方法进行介绍[33,41]。

如图 2-8 所示,从接收面元 0 沿着 θ 角方向在立体角 $\mathrm{d}\Omega$ 内发射的能量被其他面元 i 和体元 j 沿着 θ_k 角方向在微元立体角 $\mathrm{d}\Omega_k$ 吸收的能量可以表示为

$$Q_{0-i} = \Delta A_0 \varepsilon_0 \cos\theta \mathrm{d}\Omega I_b(T_0) \ D_{oik} \qquad (2\text{-}152)$$

$$Q_{0-j} = \Delta A_0 \varepsilon_0 \cos\theta \mathrm{d}\Omega I_b(T_0) \ D_{ojk} \qquad (2\text{-}153)$$

式中,ε_0 为微元面的发射率;ΔA_0 为面元 0 的面积;$I_b(T_0)$ 为对应温度 T_0 下的黑体辐射强度。辐射传递系数 D_{0ik} 和 D_{0jk} 分别是指由面元 0 在立体角 $\mathrm{d}\Omega$ 内发射能量被其他面元 i 和体元 j 以微元立体角 $\mathrm{d}\Omega_k$ 吸收的能量比例,其中考虑直接辐射部分以及各种可能的反射和散射。同样,面元 i 或者体元 j 沿着 θ_k 角方向在微元立体角 $\mathrm{d}\Omega_k$ 发射的能量被面元 0 沿着 θ 角方向在微元立体角 $\mathrm{d}\Omega$ 吸收的能量可以描述为

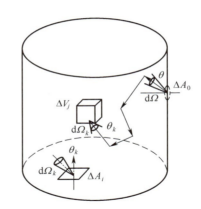

图 2-8 体元和目标之间的传递示意图

对于面元 i:

$$Q_{i-0} = \Delta A_i \varepsilon_i \cos\theta_k \mathrm{d}\Omega_k I_b(T_i) \ D_{iko} \qquad (2\text{-}154)$$

对于体元 j:

$$Q_{j-0} = \kappa_j \mathrm{d}\Omega_k \Delta V_j I_b(T_j) \ D_{jk0} \qquad (2\text{-}155)$$

式中,κ_j 为体元 j 的吸收系数;ΔA_i 和 ΔV_j 分别为面元 i 的面积和体元 j 的体积;辐射传递系数 D_{ik0} 和 D_{jk0} 分别是指从面元 i 或者体元 j 发射出来的能量沿着 θ 角方向在立体角 $\mathrm{d}\Omega$ 内进入面元 0 的能量比例。

若 $T_0 = T_i$ 或 $T_0 = T_j$,面元 ΔA_0 与面元 ΔA_i 或体元 ΔV_j 之间无净热交换,则由式(2-152)和式(2-154)得

$$Q_{0\text{-}i} = \Delta A_0 \varepsilon_0 \cos\theta \mathrm{d}\Omega I_b(T_0) \quad D_{oik} = \Delta A_i \varepsilon_i \cos\theta_k \mathrm{d}\Omega_k I_b(T_i) \quad D_{iko} = Q_{i\text{-}0}$$
(2-156)

由式(2-153)和式(2-155),得

$$Q_{0\text{-}j} = \Delta A_0 \varepsilon_0 \cos\theta \mathrm{d}\Omega I_b(T_0) \quad D_{ojk} = \kappa_j \mathrm{d}\Omega_k \Delta V_j I_b(T_j) \quad D_{jk0} = Q_{j\text{-}0} \quad (2\text{-}157)$$

化简后,得到

$$\Delta A_0 \varepsilon_0 \cos\theta \mathrm{d}\Omega D_{oik} = \Delta A_i \varepsilon_i \cos\theta_k \mathrm{d}\Omega_k D_{iko} \tag{2-158}$$

$$\Delta A_0 \varepsilon_0 \cos\theta \mathrm{d}\Omega D_{ojk} = \kappa_j \mathrm{d}\Omega_k \Delta V_j D_{jk0} \tag{2-159}$$

将式(2-158)和式(2-159)代入式(2-154)和式(2-155),得到

$$Q_{i\text{-}0} = \Delta A_0 \varepsilon_0 \cos\theta \mathrm{d}\Omega D_{oik} I_b(T_i) \tag{2-160}$$

$$Q_{j\text{-}0} = \Delta A_0 \varepsilon_0 \cos\theta \mathrm{d}\Omega D_{ojk} I_b(T_j) \tag{2-161}$$

对于反向蒙特卡洛法,在一个封闭系统中面元 ΔA_0 沿着 θ 角方向在立体角 $\mathrm{d}\Omega$ 内所获得的辐射能量,可以通过下式获得:

$$Q_0 = \Delta A_0 \varepsilon_0 \cos\theta \mathrm{d}\Omega \left(\sum_i \sum_k D_{oik} I_b(T_i) + \sum_j \sum_k D_{ojk} I_b(T_j) \right) \quad (2\text{-}162)$$

而对于正向蒙特卡洛方法,有

$$Q_0 = \sum_i \sum_k \Delta A_i \varepsilon_i \cos\theta_k \mathrm{d}\Omega_k D_{ik0} I_b(T_i) + \sum_j \sum_k \kappa_j \Delta V_j \mathrm{d}\Omega_k D_{jk0} I_b(T_j)$$
(2-163)

比较式(2-162)和式(2-163),为计算 Q_0,正向蒙特卡洛法需跟踪所有面元 i 和体元 j 发射的能束,而反向蒙特卡洛方法只需跟踪面元 0 发射的能束。因而反向蒙特卡洛法的模拟效率远高于正向蒙特卡洛法。

定义辐射传递系数 D_{0i} 和 D_{0j} 分别为由面元 0 在立体角 $\mathrm{d}\Omega$ 内发射能量被其他面元 i 在 2π 空间和体元 j 在 4π 吸收的能量比例,根据辐射交换系数的属性[23],有

$$\sum_k D_{oik} = D_{oi} \tag{2-164}$$

$$\sum_k D_{ojk} = D_{oj} \tag{2-165}$$

对于红外探测器的接收单元,θ 为 $0°$,则式(2-162)变为

$$Q_0 = \Delta A_0 \varepsilon_0 \cos\theta \mathrm{d}\Omega \left(\sum_i I_b(T_i) \sum_k D_{oik} + \sum_j I_b(T_j) \sum_k D_{ojk} \right)$$
$$= \Delta A_0 \varepsilon_0 \mathrm{d}\Omega \left(\sum_i D_{oi} I_b(T_i) + \sum_j D_{oj} I_b(T_j) \right)$$
(2-166)

不考虑气体辐射时,式(2-166)可进一步简化为

$$Q_0 = \Delta A_0 \varepsilon_0 \mathrm{d}\Omega \sum_i D_{oi} I_b(T_i) \tag{2-167}$$

2.4 大气传输特性的影响

大气对目标或背景红外辐射特征的影响主要体现在两个方面：一是来自太阳和天空背景等的红外辐射能量在投射到物体表面之前，必须穿过大气，沿途发生吸收和散射而衰减；二是目标或背景发出的红外辐射在到达红外探测器之前，在大气的传输过程中与大气组分相互作用而产生衰减。红外辐射在大气中的传输过程非常复杂，不仅依赖于大气中吸收辐射分子的种类、浓度和热力学状态，还依赖于大气中悬浮微粒（气溶胶）的大小和特性。与不透明固体相比，大气的发射和吸收光谱由不连续的若干谱带组成，具有明显的波长选择性，对于谱带以外的其他波长辐射，大气是透明的。

大气中对红外辐射有吸收作用的主要有 CO_2、H_2O、N_2O 和 CH_4 等多原子气体，CO 也对红外辐射有吸收作用。对红外辐射的吸收主要是由这些分子的振动—转动能量状态的改变而引起的，它们之间可能会有许多不同组合的能级状态。当太阳连续光谱通过大气时，就会在一些中心频率附近产生许多吸收谱线。图 2-9 为 $1\sim15\mu m$ 区域的低分辨率太阳光谱，图中其余曲线表示大气中各种分子的红外吸收谱带的位置及近似的相对强度[42]。

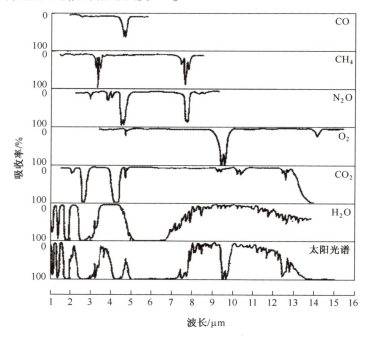

图 2-9 $1\sim15\mu m$ 红外辐射光谱[42]

图 2-10 所示则是 CO_2 和 H_2O 的两个高分辨率的吸收带[1]。可以看出,吸收带是由许多吸收谱线组成的。CO_2 在以 4.4μm 和 4.3μm 为中心的附近及 11.4~20μm 间的区域出现强的吸收带,分别在 1.4μm、1.6μm、2.0μm、4.8μm、5.2μm、9.4μm 和 10.4μm 处出现弱的吸收带。水汽在 1.87μm、2.7μm、6.27μm 处出现强吸收带,分别在 0.94μm、1.1μm、1.38μm 和 5.2μm 处出现弱吸收带。

N_2O 在 4.5μm 处有一个较强的吸收带,分别在 2.9μm、4.05μm、7.7μm、8.6μm 和 17.1μm 处还有弱吸收带。CO 在 4.6μm 处出现一个强吸收带,在 2.3μm 处有一个弱吸收带。CH_4 分别在 3.31μm、6.5μm 和 7.65μm 处有吸收带。O_3 在 9.6μm 处有个强吸收带,分别在 4.7μm、8.9μm 和 14μm 出现弱吸收带[42]。

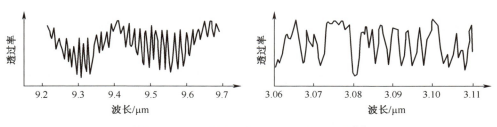

图 2-10 CO_2 和 H_2O 两个高分辨率吸收带[1]

正是由于大气传输问题十分复杂,计算模型和方法繁多。目前,计算大气分子吸收的方法有分子吸收的逐线计算法和分子吸收的谱带模型法以及表格法计算大气传输特性等计算方法[1]。从解决红外辐射特征研究的实际技术问题的角度来看,比较成熟的软件有 LOWTRAN[43-47]、MODTRAN[48-49] 和 MOSART[50-51] 等。本书第 1 章已经对这些软件进行了介绍,本节则主要对计算大气分子吸收的方法:分子吸收的逐线计算法和分子吸收的谱带模型法等计算大气传输特性的方法进行简单介绍。

2.4.1 分子吸收的逐线计算法

分子吸收的逐线计算法,是对吸收谱线逐线计算。逐线计算需要知道吸收谱线的位置、线强度和半宽度等参数。理论上,逐线计算法是目前最准确的气体辐射特性计算方法,可以作为其他方法的基准[1,45,46]。

逐线计算时,先要取一个光谱间隔 $\Delta \nu$,使在该间隔内只有一条吸收线。当辐射线通过距离为 R 的一段路径后,某吸收气体组分产生的光谱透过率 τ 为[45,46]

$$\tau(\nu, R) = \exp\left[-\int_0^R k(\nu) N(x) \mathrm{d}x\right] \quad (2\text{-}168)$$

式中,$N(x)$ 为路程坐标 x 处的该吸收气体的分子数密度。

如果将 $\tau(\nu,R)$ 对 ν 积分，在 $\Delta\nu$ 间隔内取平均值，就可得到该吸收气体在光谱间隔 $\Delta\nu$ 上的平均透过率为

$$\overline{\tau}(\Delta\nu,R) = \frac{1}{\Delta\nu}\int_{\Delta\nu}\left\{\exp\left[-\int_0^R k(\nu,x)N(x)\mathrm{d}x\right]\right\}\mathrm{d}\nu \qquad (2\text{-}169)$$

在 $\Delta\nu$ 间隔内的平均吸收率为

$$\overline{A} = 1 - \overline{\tau} = \frac{1}{\Delta\nu}\int_{\Delta\nu}\left\{1 - \exp\left[-\int_0^R k(\nu,x)N(x)\mathrm{d}x\right]\right\}\mathrm{d}\nu \qquad (2\text{-}170)$$

如果采用洛仑兹线型，则上式变为[45,46]

$$\overline{A}\Delta\nu = \int_{\Delta\nu}\left\{1 - \exp\left[-\frac{1}{\pi}\int_0^R \frac{S\alpha N(x)\mathrm{d}x}{(\nu-\nu_0)^2+\alpha^2}\right]\right\}\mathrm{d}\nu \qquad (2\text{-}171)$$

如果沿路径 R 的大气压力和密度均不变，则 S,α,N 均为常数。这样，上式可改写为[45,46]

$$\overline{A}\Delta\nu = \int_{\Delta\nu}\left\{1 - \exp\left[-\frac{1}{\pi}\frac{S\alpha w}{(\nu-\nu_0)^2+\alpha^2}\right]\right\}\mathrm{d}\nu \qquad (2\text{-}172)$$

式中，$w = \int_0^R N(x)\mathrm{d}x = NR$，称为吸收体总量。

逐线计算法需要提供气体分子每条谱线的详细光谱特征参数，包括谱线位置、谱线强度、谱线半宽、谱线跃迁能级能量和谱线跃迁能级统计权重等一系列的参数。通常，气体分子光谱中包括成千上万条谱线，所以逐线计算法非常费时，而且由于谱线强度、谱线半宽等参数随温度和压力及混合气体的组分不同而变化，准确获取这些参数是很困难的[23]。

2.4.2 分子吸收的谱带模型法

用于大气分子吸收计算的比较实用的方法是谱带模型法。谱带模型法的基本原理是：在光谱实验结果的基础上，根据光谱学理论，选择实验波数范围内该气体的谱线线型函数，建立谱线强度与谱线参数的关系式；然后假设谱线在此波数范围内的分布规律。这样，就可以推导出气体在此范围内的总辐射强度或发射率与谱线参数和谱线分布参数等的关联式。然后，利用实验数据进行拟合，获得谱线参数和谱线分布参数[23]。

常用的窄波谱带模型有 Elsasser 谱带模型、统计模型、随机模型和准随机模型等。图 2-11 所示即为几种谱带模型的线型和位置分布图[1]。关于模型的具体描述，有兴趣的读者可参见文献[1,45,46]。

气体红外辐射特征的计算除了上面介绍的 4 种窄谱带模型，还有宽谱带模型，其中最著名的是 Edwards 指数宽谱带模型[52]。此外，还有 20 世纪 80 年代后提出

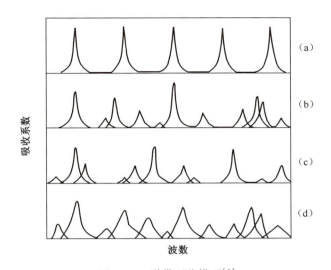

图 2-11　谱带吸收模型[1]

(a) Elsasser 谱带模型；(b) 统计模型；(c) 随机模型；(d) 准随机模型

的合并谱带模型和合并宽窄谱带模型、修正宽谱带模型等以及近年来研究较多κ-分布方法[23]，读者可参阅相关文献，这里不再赘述。

2.4.3　气溶胶散射计算模型

红外辐射在大气传输过程中，除了大气中吸收辐射的气体分子以外，还受大气中悬浮微粒(气溶胶)的影响。气溶胶影响红外辐射传输的主要因素是气溶胶颗粒的粒径分布和颗粒的光学特性，可以利用 Bouguer-Lambert 定律和 Mie 散射理论计算分析气溶胶颗粒的消光系数和气溶胶的光谱透过特性。

实际上，电磁波在介质中传输时，由于介质的吸收和散射作用，传播的能量逐渐衰减。设一光谱辐射强度为 I_λ 的射线垂直穿过厚度为 $\mathrm{d}x$ 的介质，则辐射能在传输方向上的衰减量为

$$\mathrm{d}I_\lambda = -G_{\mathrm{ext},\lambda} I_\lambda \mathrm{d}x \tag{2-173}$$

式中，$G_{\mathrm{ext},\lambda}$ 为介质的光谱消光系数，1/m，与波长、介质状态、压力或密度和成分等相关。具体求解方法参见文献[23]。

对于非均质和非均温的介质，初始入射辐射强度为 $I_{\lambda,0}$ 的光谱辐射，穿过路径为 L 的介质后透射的辐射强度为[23]

$$I_{\lambda,L} = I_{\lambda,0} \exp\left[-\int_0^L G_{\mathrm{ext},\lambda}(x)\,\mathrm{d}x\right] \tag{2-174}$$

对于均质介质，光谱消光系数可以认为是与空间位置不相关的函数，则上式可

以表述为

$$I_{\lambda,L} = I_{\lambda,0} \exp[-G_{\text{ext},\lambda} L] \tag{2-175}$$

定义电磁波穿过路径为 L 的介质的光谱透过率为

$$\tau_\lambda = \frac{I_{\lambda,L}}{I_{\lambda,0}} = \exp[-G_{\text{ext},\lambda} \cdot L] \tag{2-176}$$

于是，$[\lambda_1, \lambda_2]$ 波段的辐射能穿过路径为 L 的介质的等效透过率为

$$\tau_{\lambda_1-\lambda_2} = \frac{1}{\lambda_2 - \lambda_1} \int_{\lambda_1}^{\lambda_2} \exp[-G_{\text{ext},\lambda} \cdot L] \, d\lambda \tag{2-177}$$

2.4.4 大气红外辐射传输特性计算

大气衰减是大气组成气体分子的吸收衰减、分子的瑞利散射和气溶胶衰减的综合效果。因此，总的透过率应是分别考虑上述各个因素的透过率之积，即

$$\tau(\lambda) = \tau_1(\lambda) \tau_2(\lambda) \tau_3(\lambda) \tau_4(\lambda) \tag{2-178}$$

式中，$\tau_1(\lambda)$ 为分子吸收透过率；$\tau_2(\lambda)$ 为分子散射透过率；$\tau_3(\lambda)$ 为气溶胶吸收透过率；$\tau_4(\lambda)$ 为气溶胶散射透过率。对于大多数的实际应用，需要确定某一波长间隔内的大气透过率，可对式(2-178)在给定波长范围内取平均。

研究红外辐射在大气中的传输问题，核心是从理论或实验上确定红外辐射与大气组分相互作用时，不同组分的吸收截面、散射截面和相应的粒子数密度沿传输路径的分布影响。式(2-178)也可直接表达为指数形式[18]

$$\tau(\lambda) = \exp[-k(\lambda) L] \tag{2-179}$$

式中，衰减系数 $k(\lambda)$ 为

$$k(\lambda) = k_m(\lambda) + \sigma_m(\lambda) + k_\alpha(\lambda) + \sigma_\alpha(\lambda) \tag{2-180}$$

式中，$k_m(\lambda)$、$\sigma_m(\lambda)$、$k_\alpha(\lambda)$ 和 $\sigma_\alpha(\lambda)$ 分别为分子吸收系数、分子散射系数、气溶胶吸收系数和气溶胶散射系数。

于是，目标发出的红外辐射强度 i_λ 落到红外探测器（或导引头）的数值为

$$i_\lambda^* = \tau(\lambda) i_\lambda = i_\lambda \exp(-k(\lambda) L) \tag{2-181}$$

式中，L 为目标与探测器之间的视线距离。

因为大气是一种具有吸收、散射和发射的介质，严格地讲，红外探测器同时也接收到来自沿程大气的光谱辐射。

2.5 红外辐射特征模型灵敏度分析

任一目标或背景的红外辐射特征模型都是一个庞杂的系统，涉及的变量和参数繁多，如结构参数、运行条件、气象条件、表面特性和环境条件等。这些参数都是

求解红外辐射特征模型必需的输入参数。实际应用中,人们难以获得所有输入参数的准确值,其中一部分参数可能是精确的,而另一部分则可能有一定的误差。问题在于是否所有输入参数对红外辐射特征模型的输出结果(温度分布或红外辐射强度)精度的影响因子相同。如果答案是否定的,则可着重把握影响因子大的输入参数的精度,而允许影响因子相对较小的输入参数含一定的误差。这样,便可适当放宽对某些输入参数的精度要求,简化红外辐射特征模型的应用,提高模型应用的经济性和效益,确保红外辐射特征模型有较高精度的输出结果。红外辐射特征模型灵敏度分析的内涵就是定量分析模型最终输出结果对各个输入参数的依赖程度,它的直接目的就是在维持可靠的模型输出结果的前提下,确定各个输入参数的允许误差,指导目标的红外隐身设计和红外隐身效果评估。

在对模型中某一输入参数进行灵敏度分析时,只是允许该参数变化,而其他所有参数均保持不变,将红外辐射特征模型的输出结果记为模型计算值。根据红外辐射特征模型的输出结果形式不同,灵敏度分析可采用不同的表述方式。例如,红外辐射特征模型的输出值是温度,则模型对某一输入参数的灵敏度可用计算温度值和实际温度"真值"之间的最大温差或最小温差来表示:

$$\Delta T = T_{\text{计算}} - T_{\text{真值}} \quad \text{或} \quad e_{\Delta T} = \frac{T_{\text{计算}} - T_{\text{真值}}}{T_{\text{真值}}} \tag{2-182}$$

实际上,ΔT 或 $e_{\Delta T}$ 是在该参数取不同值时红外辐射特征模型的预测误差。

Morey 和 Witte[53]在分析坦克装甲车辆表面发射率对红外辐射强度的影响时,运用误差分析理论推导得

$$\Delta E_{\Delta \lambda} = (\overline{\varepsilon}_{\Delta \lambda} - \varepsilon_{\Delta \lambda}) E_{\Delta \lambda}(T_T) + \overline{\varepsilon}_{\Delta \lambda} \frac{\partial E_{\Delta \lambda}}{\partial T}\bigg|_{T_T} \Delta T - (\overline{\varepsilon}_{\Delta \lambda} - \varepsilon_{\Delta \lambda}) E_{\Delta \lambda}(T_s) \tag{2-183}$$

式中,$\varepsilon_{\Delta \lambda}$ 为在波长 $\Delta \lambda$ 范围内表面发射率的真值;$\overline{\varepsilon}_{\Delta \lambda}$ 为在波长 $\Delta \lambda$ 范围内表面发射率的估计值;T_s 为被反射的投入辐射源表面的表观温度;T_T 为目标的真实温度;ΔT 为目标真温和预测温度之差。

红外辐射特征模型对于输入参数依赖的灵敏程度或者输入参数对于模型输出结果的影响程度可引入灵敏度系数来表示。若一红外特征模型的数学表述为 $E(\boldsymbol{r},t,\boldsymbol{\beta})$,其中 $\boldsymbol{r}$ 和 t 是线性无关的空间变量和时间变量,$\boldsymbol{\beta}$ 是包含求解模型必需的所有输入参数的向量,$\boldsymbol{\beta} = (\beta_1, \beta_2, \cdots, \beta_n)^T$,则红外辐射特征模型对某一输入参数 β_i 的灵敏度系数定义为

$$c_i = \frac{\partial E}{\partial \beta_i} \tag{2-184}$$

对于复杂的红外辐射特征模型,式(2-184)定义的灵敏度系数可通过数值微分方法来确定:

$$c_i = \frac{\partial E}{\partial \beta_i} \approx \frac{E(r,t,\beta_1,\cdots,\beta_{i_0}+\Delta\beta_i,\cdots,\beta_n) - E(r,t,\beta_1,\cdots,\beta_i,\cdots,\beta_n)}{\Delta\beta_i}$$

(2-185)

灵敏度系数的意义在于它表明了当输入参数 β_i 发生任一小扰动变化时,模型 $E(r,t,\beta)$ 的变化程度。显然,c_i 的取值可能大于零,等于零或小于零。$|c_i|$ 越大,表明模型 $E(r,t,\beta)$ 对参数 β_i 变化越灵敏,因而要求输入参数 β_i 具有较高的精度以保证模型具有较高精度的输出结果。$|c_i| \to 0$ 则表示模型对参数 β_i 的变化不甚灵敏,β_i 的允许误差可适当大些。由式(2-185)出发,得到一个灵敏度系数向量 $c=(c_1,c_2,\cdots,c_n)^T$。通过分析比较向量 c 中各元素绝对值的大小,研究各输入参数对模型精度的影响程度,可为确定输入参数的允许控制误差提供定量准则。红外辐射特征模型灵敏度分析也为模型校正外场实验中相关测量参数的精度要求和模型的工程应用简化提供了基本依据。

需要指出的是,同一输入参数对红外辐射特征模型的影响并非固定不变,而是随其他条件或其他输入参数的变化可能发生变化;如果原模型中某一部分(如材料或结构)发生变化,则模型对于同一参数的灵敏度也可能变化。例如,对水泥路面红外辐射特征模型的灵敏度分析表明,在深秋的 11 月,路面的温度场模型对所涉及的输入参数(除表面发射率)变化都不甚灵敏;在盛夏的 8 月,模型对路面的太阳吸收系数(短波)和表面吸收的太阳能等参数的变化极为灵敏。

灵敏度系数计算有两种方法。一种是在原有的红外辐射特征计算模型的基础上,利用灵敏度理论,建立目标与背景红外辐射特征模型涉及的所有输入参数的灵敏感系数方程,求解方程即得到该参数的灵敏度系数[54]。另一种方法是根据导数的定义,用差分代替微分,也就是利用式(2-185)进行计算。这样,直接利用红外辐射特征模型确定输入参数的微小变化前后的红外辐射差,就能得到对应参数的灵敏度系数。

下面以温度灵敏度系数方程为例,来说明灵敏度系数的求解方法。温度灵敏度系数方程是在求解温度场方程的基础上建立的,根据有限差分理论,物体的温度控制方程可离散为[24,54,55]

$$M\dot{T} + KT = Q \qquad (2\text{-}186)$$

式中,$\dot{T}$ 为温度对时间的导数;T 为节点温度向量;M 为热容矩阵;K 为热传导系数矩阵;Q 与热源强度、边界条件和初始条件有关。

温度灵敏度方程可从式(2-186)对参数 a 的微分导出[54]:

$$M\frac{\partial \dot{T}}{\partial a} + K\frac{\partial T}{\partial a} = \frac{\partial Q}{\partial a} - \frac{\partial K}{\partial a}T - \frac{\partial M}{\partial a}\dot{T} \qquad (2-187)$$

由上式可推导得到灵敏度系数方程的隐式差分格式[54]：

$$\left(\frac{M}{\Delta t} + K\right)\frac{\partial T^{n+1}}{\partial a} = \frac{M}{\Delta t}\frac{\partial T^n}{\partial a} + \frac{\partial Q}{\partial a} - \left(\frac{1}{\Delta t}\frac{\partial M}{\partial a} + \frac{\partial K}{\partial a}\right)T^{n+1} + \frac{1}{\Delta t}\frac{\partial M}{\partial a}T^n$$

$$(2-188)$$

根据式(2-188)可得各节点的温度灵敏度系数方程,结合温度场的计算结果,求解不同参数的灵敏度系数方程组,即可得到对应参数的温度灵敏度系数。

灵敏度系数模型方法比较复杂,需要对每个参数建立灵敏度系数方程并求解;利用式(2-185)的方法虽然简单,但工作量大,而且每次只能计算一个参数的灵敏度系数。

2.6 目标红外图像特征分析

根据给定的物理参数和气象参数,通过适当的途径获取目标或背景的红外图像,分析其红外辐射特征,其目的主要有[56]：

(1) 验证和完善理论模型；

(2) 提供发现和辨识目标的线索；

(3) 提供战场信息,建立作战系统仿真合成模型及信息融合系统,用于训练目标自动搜寻跟踪系统和作战人员模拟战场演习过程；

(4) 通过仿真演示,获取大量战场信息,分析战场各种因素的影响,确定新型武器设计的战术性能指标,指导武器设计与研制；

(5) 确定新型武器的红外隐身和对抗技术；

(6) 指导武器研制的定型验收和靶场实验结果的综合分析；

(7) 指导武器采购全过程。

在实际工程应用中,两类红外图像更具有实际意义:目标近距离红外图像和远距离红外图像。前者主要是研究目标自身的温度分布和表面红外辐射,验证理论模型的准确性,研究红外隐身设计方法,也正是为了模型验证,在近距离获取具有高空间分辨率和温度精度的红外图像;后者则主要研究目标红外图像和周围环境背景红外图像的关系,即研究目标与背景的红外辐射对比特性,研究目标的发现和辨识技术,研究在特定环境背景中的目标红外辐射抑制技术的效果,这类图像往往并不需要标定,因为目标与背景的对比度占主导地位[56]。

实验测试和理论模拟两种方法都能用于目标的红外辐射特征分析。视具体问题的复杂程度,可选取一种方法或组合两种方法。理论模型可模拟各种场景和运行条件下的目标红外图像(虚拟的),而不受什么限制,但模拟结果总是有可能包含某些未知的误差,因而模型的验证或标定是必需的;实验测试的优点在于直接表征真实世界,而不必像基于理论模型的数值模拟那样,需要赋予一系列输入参数,但这种方法是极为耗时的,需投入大量的人力物力,同时对实验测试系统也存在标定问题。对于某些应用需求,一种理论模拟和实验测试相合的半经验半理论方法可能是最佳选择。一个典型的例子是美国密执安大学 Keweenah 研究中心研制的描述地面车辆红外辐射特征的 PRISM 模型[57],这个模型经过了 M2 和 T-62 主战坦克的靶场测试数据验证和完善。

红外辐射特征分析常常涉及"真温"和"表观温度"的概念。实验测试中,红外测温仪器提供的温度值包含目标本身辐射和对来自周围环境投入辐射的反映,是目标表面的表观温度。由于很难从红外热像仪测量结果中分离出目标自身辐射和目标对投入辐射的反射,往往假设目标为黑体而给出表观辐射的定义:

$$E_{ap} = \int_0^\infty \left[\varepsilon(\lambda) \ E(\lambda, T_t) + \sum_{j=1}^{M} \rho_j(\lambda) \ E_j(\lambda, T_j) \right] d\lambda \quad (2-189)$$

式中,$E_j(\lambda, T_j)$ 表示来自周围第 j 个物体的投入辐射($j = 1, 2, \cdots, M$)。

由式(2-189)定义的目标表观辐射,给定表观温度 T_{ap} 的隐式定义:

$$\sigma T_{ap}^4 = E_{ap} \quad (2-190)$$

探测和辨识目标的实际应用涉及的一个描述目标和环境背景辐射对比特性的参数是表观辐射对比度 ΔE_{aptb},在相同的观测角度和观测距离的条件下,ΔE_{aptb} 的定义如下:

$$E_{apt} = \int_{\lambda_1}^{\lambda_2} \{ \tau_a(\lambda, r) \ [\varepsilon_t(\lambda) E(\lambda, T_t) + \sum_{j=1}^{M} \rho_{jt}(\lambda) \ E_j(\lambda, T_j)]$$
$$+ [1 - \tau_a(\lambda, r)] E(\lambda, T_a) \} d\lambda \quad (2-191)$$

$$E_{ape} = \int_{\lambda_1}^{\lambda_2} \{ \tau_a(\lambda, r) \ [\varepsilon_e(\lambda) \ E(\lambda, T_e) + \sum_{j=1}^{N} \rho_{je}(\lambda) \ E_j(\lambda, T_j)]$$
$$+ [1 - \tau_a(\lambda, r)] E(\lambda, T_a) \} d\lambda \quad (2-192)$$

$$\Delta E_{aptb} = E_{apt} - E_{ape} = \int_{\lambda_1}^{\lambda_2} \tau_a(\lambda, r) \ [E_{ap}(\lambda, T_t) - E_{ap}(\lambda, T_e)] d\lambda$$
$$(2-193)$$

式中,T_a 为空气温度;$\tau_a(\lambda, r)$ 为空气的光谱透过率;r 为到目标的探测距离,角标 a 和 e 分别表示空气和环境;角标 t 和 b 分别表示目标和背景。

参考文献

[1] 徐南荣,卞南华. 红外辐射与制导[M]. 北京:国防工业出版社,1997.

[2] 徐根兴,姚连兴,仇维礼,等. 目标与环境的光学特性[M]. 北京:宇航出版社,1995.
[3] 吴宗凡,柳美琳,张绍举,等. 红外与激光技术[M]. 北京:国防工业出版社,1998.
[4] 张敬贤,李玉丹,金伟其. 微光与红外成像技术[M]. 北京:北京理工大学出版社,1995.
[5] 林群青. 液固颗粒对装甲车辆热辐射特性的影响机制及热模型可信度评估方法研究[D]. 南京:南京理工大学,2017.
[6] Tzou D Y. Macro-to-Microscale Heat Transfer[M]. Washington, DC: Taylor & Francis, 1997.
[7] Ozigk M N. Heat Conduction[M]. New York: John Wiley and Sons, 1980.
[8] 杨世铭,陶文铨. 传热学[M]. 4版. 北京:高等教育出版社,2006.
[9] Burmeister L C. Convective Heat Transfer[M]. New York:John Wiley & Sons, 1983.
[10] 陈家庆,俞接成,刘美丽,等. ANSYS FLUENT技术基础与工程应用——流动传热与环境污染控制领域[M]. 北京:中国石化出版社,2014.
[11] 王福军. 计算流体动力学分析——CFD软件原理与应用[M]. 北京:清华大学出版社,2004.
[12] 陶文铨. 数值传热学[M]. 2版. 西安:西安交通大学出版社,2001.
[13] Jacobs P A M. Convective Heat Exchange of a Three-Dimensional Target Placed in the Open Field[J]. Arch. Met. Geroph. Biocl. , Ser. B, 1987, 33:349-358.
[14] Jacobs P A M. Thermal Infrared Characterization of Ground Targets and Backgrounds[C]// SPIE Optical Engineering Press,1996.
[15] 韩玉阁,宣益民. 天然地形的随机生成及其红外辐射特征研究[J]. 红外与毫米波学报,2000, 19(1): 129-133.
[16] 张建奇,方小平,张海兴,等. 自然环境下地表红外辐射特征对比研究[J]. 红外与毫米波学报,1994,13(6):418-424.
[17] Ben-Yosef N, Rahat B, Feigin G. Simulation of IR Images of Natural Backgrounds[J]. Applied Optics, 1983, 22(1):190-193.
[18] Siegel R, Howell J R. Thermal Radiation Heat Transfer[M]. New York:McGraw-Hill Book Company, 1989.
[19] 葛绍岩,那鸿悦. 热辐射性质及其测量[M]. 北京:科学出版社,1989.
[20] 卞伯绘. 辐射换热的分析与计算[M]. 北京:清华大学出版社,1988.
[21] Sparrow E M, Cess R D. Radiation Heat transfer[M]. New York: McGraw-Hill,1978.
[22] 郭廷玮,刘鉴民,Daguent M. 太阳能的利用[M]. 北京:科学技术文献出版社,1987.
[23] 谈和平,夏新林,刘林华,等. 红外辐射特征与传输的数值计算——计算热辐射学[M]. 哈尔滨:哈尔滨工业大学出版社,2006.
[24] 张伟清. 卫星红外辐射特征研究[D]. 南京:南京理工大学,2006.
[25] 张伟清,宣益民,韩玉阁. 单元表面间辐射传递系数的新型计算方法[J]. 宇航学报,2005, 26(1):77-80,85.
[26] 帕坦卡.S. V. 传热与流动的数值计算[M]. 北京:科学出版社,1984.
[27] 乔学勇,宣益民,韩玉阁. 坦克三维瞬态温度场的边界元算法[J]. 兵工学报,1999,20(1): 1-4.
[28] Brebbia C A. The Boundary Element Method for Engineers[M]. London:Pencech Press,1978.
[29] Partridge P W, Brebbia C A, Wrobel L C. The Dual Reciprocity Boundary Element Method[M]. Southampton:CMP,1992.
[30] Minkowycz W J,Sparrow E M, Murthy J Y. Handbook of Numerical Heat Transfer (Second Edition) [M]. Hoboken:John Wiley & Sons,Inc. ,2005.
[31] 陶文铨. 计算传热学的近代进展[M]. 北京:科学出版社,2000.
[32] 刘荣辉. 地面立体背景与沿海地面背景红外辐射特征的研究[D]. 南京:南京理工大学, 2004.

[33] 帅永,董士奎,刘林华. 高温含粒子自由流红外辐射特征的反向蒙特卡洛法模拟[J]. 红外与毫米波学报,2005,24(2):100-104.

[34] Nelson H F. Backward Monte Carlo Modeling for Rocket Plume Base Heating[J]. Journal of Thermophysics and Heat Transfer,1992,6(3):556-558.

[35] 阮立明,齐宏,王圣刚,等. 导弹尾喷焰目标红外特征的数值仿真[J]. 红外与激光工程,2008,37(6):959-962.

[36] 亓雪芹,王平阳,张靖周,等. 反向蒙特卡洛法模拟波瓣喷管的红外辐射特性[J]. 上海交通大学学报,2005,39(8):1229-1232,1239.

[37] Lu J W, Wang Q. Aircraft-skin Infrared Radiation Characteristics Modeling and Analysis[J]. Chinese Journal of Aeronautics, 2009,22:493-497.

[38] 黄伟,吉洪湖,斯仁,等. 涡扇发动机排气系统红外辐射特征[J]. 推进技术,2010,31(6):745-750,772.

[39] 施小娟,吉洪湖,斯仁,等. 涡扇发动机轴对称分开和混合排气系统红外辐射特征的对比[J]. 航空动力学报,2013,28(8):1702-1710.

[40] 杨智惠,韩玉阁,任登凤. 波瓣喷管红外抑制器红外辐射特征的数值研究[J]. 红外技术,2017,39(7):615-620.

[41] Liu L H. Backward Monte Carlo method based on radiation distribution factor[J]. Journal of Thermophysics and Heat Transfer,2004,18(1):151-153.

[42] 杨宜禾.红外系统[M].2版.北京:国防工业出版社,1995.

[43] 吴北婴,吕达仁,李放,等. 大气红外传输模式与软件研究进展[C]// 军用目标特性和传输特性"八五"技术成果论文集, 1996.

[44] Kneizys F X, Shettle E P, Abreu L W,et al. Users Guide to LOWTRAN7[R]. AFGL-TR-88-0177, 1988.

[45] Kneizys A F X. Atmospheric Transmittance and Radiance: The LOWTRAN Code[C]// Proceedings of SPIE , 1978, 142:6.

[46] Kneizys F X, Shettle E P, Gallery W O. Atmospheric Transmittance and Radiance: The LOWTRAN 5 Code [C]// Proceedings of SPIE, 1981, 277(12):116-124.

[47] Berk A, Bernstein L S, Robertson D C. MODTRAN: A moderate resolution model for LOWTRAN[R]. 1989.

[48] Berk A, Conforti P, Kennett R, et al. MODTRAN6: A Major Upgrade of the MODTRAN Radiative Transfer Code[C]. Proceedings of SPIE, 2014, 9088: 90880H.

[49] Berk A, Conforti P, Hawes F. An Accelerated Line-by-Line Option for MODTRAN Combining On-the-Fly Generation of Line Center Absorption with 0.1cm-1 Bins and Pre-Computed Line Tails[C]// Proceedings of SPIE,2015, 9471:947217.

[50] Cornette W M, Acharya P, Robertson D, et al. Moderate Spectral Atmospheric Radiance and Transmittance Code (MOSART) [R]. 1995.

[51] Cornette W M, Acharya P K, Anderson G P. Using the MOSART Code for Atmospheric Correction[C]// Geoscience and Remote Sensing Symposium, 1994,1:215-219.

[52] Rohsenow W M,Hartnett J P,Cho Y I. Handbook of Heat Transfer[M]. 3rd. New York:McGraw-Hill,1998.

[53] Morey B E, Witte D J. Sensitivity Analysis of Reflection Errors in Infrared Image Simulation[R]. AD-A208600,1988.

[54] Han Y G, Xuan Y M. Parameter Sensitivity Analysis for the Satellite Thermal Design[J]. Chinese Journal of

Computational Physics,2004, 21(5): 456~460.
[55] 韩玉阁,宣益民. 卫星太阳能电池板热设计参数的灵敏度分析[J]. 南京理工大学学报,2006,30(2): 178-181.
[56] 沈同圣,严和平,周晓东. 海洋作战环境动态红外图像的计算机仿真[J]. 红光与激光工程,1998,27(4):9-13.
[57] Thomas D J, Martin G M. Thermal Modeling of Background and Targets for Air-to-Ground and Ground-to-Ground Vehicle Applacations[C]// Proceedings of SPIE, 1989, 1110:166-176.

第3章

地面运动目标红外辐射特征

地面运动目标主要包括各式车辆,如装甲车辆(坦克、装甲运兵车、两栖战车等)、自行火炮、导弹发射车和运输车辆等。装甲车辆是地面战场上重要的主战装备,本章主要以装甲车辆为例,介绍建立地面运动目标红外辐射特征模型的基本途径和方法,分析厘清地面运动目标红外辐射特征的变化规律及其主要影响因素。

影响车辆红外辐射特征的因素很多,涉及太阳辐射、天空背景辐射、气象条件、云层分布、周围地物背景和大气传输特性等外部因素,更是涉及车辆内热源(发动机、散热器等)、动力舱及乘员舱内的对流换热、车轮与履带以及履带与地面之间的摩擦产热、车辆各部分之间的热传导与辐射换热和火炮射击过程散热等内部因素。地面运动目标的红外辐射特征模型应当准确地反映上述因素对整个能量传递过程及其变化历程的影响。以装甲车辆为例,构建运动目标红外辐射特性模型的总体思路如图3-1所示。

装甲车辆红外辐射特征理论建模与数值模拟必然要涉及车辆整体温度场的分析与计算,这是一个具有复杂几何形状结构、辐射换热和对流换热边界条件的三维瞬态温度场问题的求解过程。要准确地描述车辆整体的温度场,不仅需要正确地给出描述温度场的能量平衡控制方程,更需要合理地处理相应的边界条件和初始条件。

以坦克为例。就其外部结构而言,坦克整体主要由炮塔、炮管、装甲(前、后、上、下、侧、底)、翼子板、裙板和车轮及履带等部件组成。由于车轮及履带相对于坦克车体是运动的,车轮及履带间存在着摩擦产热和接触热阻,车轮的橡胶层内还存在着弹性变形。因此,它的温度场计算与坦克的其他部位有很大不同。坦克车

第3章 地面运动目标红外辐射特性

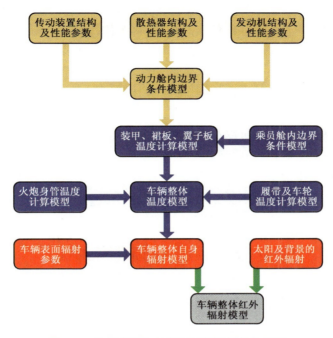

图 3-1 装甲车辆红外辐射特征建模总体思路

体与车轮及履带之间的相互热交换作用相对于各自的温度分布而言,彼此影响不甚明显,因而可将坦克整体分为车体和车轮及履带相对独立的两个子系统,根据每一子系统的结构特点和外界条件及初始条件,分别进行相对独立的理论建模与数值求解。另外,当坦克炮处于发射状态时,发射过程中产生的高温高压气体冲刷和弹丸与膛壁之间的摩擦产热使得火炮身管的温度升高,火炮射击过程中炮管温度分布的求解方法需专门讨论。

3.1 车辆整体温度分布理论模型

装甲车辆(如坦克)由车体、发动机、车轮与履带和火炮等不同的功能结构部件组成。这些部件在装甲武器中所起的作用各不相同,构型差别较大,具有不同的能量传递特点,需要根据不同部件的结构和工作原理,建立相应的温度场理论模型。

3.1.1 车体的温度分布理论模型

装甲车辆车体包括炮塔、装甲、裙板和翼子板等部分,其中装甲又分为前、后、侧、上、下等几部分,各部分的实际形状比较复杂,材料的热物性也有所差异。为了使理论建模成为可能,根据各部件实际形状,将车体构型相应地作如下简化:将炮塔看作半球体,炮管看作圆柱体,车体的其他装甲部分看作平板,乘员舱作空腔处理,动力舱需要考虑发动机与传动装置的影响。根据车辆所处环境的经纬度和气象条件,可以认为所对应的太阳辐照、天空背景辐射、大气传输参数和地理环境条件随时间作缓慢变化。

对于不同构型的部件,可以在不同坐标系下建立相应的能量方程。对于炮塔,采用球坐标系;对于炮管,采用圆柱坐标系;对于车体的其他装甲部分,采用直角坐标系。一般地,运用傅里叶导热定律得到不同坐标系下固体内部的三维导热微分方程[1,2]。

直角坐标系(x,y,z)下不含内热源的瞬态热传导方程为

$$\rho c_p \frac{\partial T}{\partial t} = \frac{\partial}{\partial x}\left(k\frac{\partial T}{\partial x}\right) + \frac{\partial}{\partial y}\left(k\frac{\partial T}{\partial y}\right) + \frac{\partial}{\partial z}\left(k\frac{\partial T}{\partial z}\right) \tag{3-1}$$

圆柱坐标系(r,φ,z)下不含内热源的瞬态热传导方程为

$$\rho c_p \frac{\partial T}{\partial t} = \frac{1}{r}\frac{\partial}{\partial r}\left(kr\frac{\partial T}{\partial r}\right) + \frac{1}{r^2}\frac{\partial}{\partial \varphi}\left(k\frac{\partial T}{\partial \varphi}\right) + \frac{\partial}{\partial z}\left(k\frac{\partial T}{\partial z}\right) \tag{3-2}$$

球坐标系(r,φ,θ)下不含内热源的瞬态热传导方程为

$$\rho c_p \frac{\partial T}{\partial t} = \frac{1}{r^2}\frac{\partial}{\partial r}\left(kr^2\frac{\partial T}{\partial r}\right) + \frac{1}{r^2\sin\theta}\frac{\partial}{\partial \theta}\left(k\sin\theta\frac{\partial T}{\partial \theta}\right) + \frac{1}{r^2\sin^2\theta}\frac{\partial}{\partial \varphi}\left(k\frac{\partial T}{\partial \varphi}\right) \tag{3-3}$$

式中,t 为时间;k 为导热系数;ρ 为密度;c_p 为比热容。

根据装甲车辆所处的环境和工作状况,可相应地给出下述边界条件。

1. 对流边界条件

车辆无论处于静止状态还是以一定的速度运动,其外表面与周围环境之间、内表面与舱内气体之间的对流换热总是存在的,处理对流换热边界条件的关键在于确定流体与固体壁面之间的对流换热系数。由于装甲车辆结构相当复杂,表面形状各异,而对流换热系数与表面的形状密切相关,要想在计算中对坦克不同部位赋予准确的对流换热系数是相当困难的。根据物体界面几何位置的不同,可将对流换热系数分为外部对流换热系数和内部对流换热系数。

外部对流换热系数是指车辆外表面与周围流体之间的对流换热系数。它除了与表面形状相关以外,还与车辆外表面温度、车辆运动速度、运动方向、风速、风向和气温等因素有关。另外,装甲外表面不同部分之间还存在着迎风面和背风面的差别。

对于炮塔(半球体)的外部对流换热系数,可以近似采用气体掠过圆球情况下的经验关系式来计算。根据文献[1],有

$$\begin{cases} \overline{Nu_D} = 2 + (0.4\,Re_D^{1/2} + 0.06\,Re_D^{2/3})\,Pr^{0.4}(\mu_\infty/\mu_s)^{1/4} \\ \overline{h} = \overline{Nu_D}\dfrac{k}{D} \end{cases} \quad (3-4)$$

式中,特征尺度 D 为球体外直径;常数 C 和 m 根据文献[1]确定。

对于炮管(圆柱体),看作气体掠过圆柱体,有如下对流换热经验关联式[1]:

$$\begin{cases} \overline{Nu_D} \equiv \dfrac{\overline{h}D}{k} = CRe_D^m Pr^{1/3} \\ \overline{h} = \overline{Nu_D}\dfrac{k}{D} \end{cases} \quad (3-5)$$

式中,特征尺度 D 为圆柱体外直径;常数 C 和 m 根据文献[1]确定。

对于车体外表面的其他部分,根据文献[3]推荐,对流换热系数可采用如下形式的经验公式:

$$h = 0.7331|T_s - T_\infty| + 1.9v + 1.8 \quad (3-6)$$

式中,T_s 为待求表面的温度;T_∞ 为环境气流的温度;v 为车辆行驶速度与风速的矢量和的绝对值。在上述两种情况中,普朗特数 Pr 以及所有出现在努赛尔数 $\overline{Nu_D}$ 和雷诺数 Re_D 中的流体物性参数都用流体温度 T_∞ 来计算,但黏性系数 μ_∞ 和 μ_s 分别用 T_∞ 和表面温度 T_s 来计算。

内部对流换热系数主要是指乘员舱或动力舱内表面与舱内流体之间的对流换热系数。乘员舱可看成封闭舱,对流边界条件可以处理成只存在自然对流方式(如果舱内没有风扇运行)。尽管如此,由于各表面之间位置情况各异,应该选取不同的自然对流换热系数关联式。在处理该部分自然对流边界条件时,假定乘员舱可看作大空间,则可利用大空间自然对流换热的实验关联式确定乘员舱内不同表面上的对流换热系数。

根据文献[2],自然对流换热的关联表达式一般表述为

$$\begin{cases} Nu = c\,(Gr \cdot Pr)^n \\ h = Nu\dfrac{k}{L} \end{cases} \quad (3-7)$$

式中,格拉晓夫数 $Gr = g\beta\Delta T L^3/v^2$;$\beta$ 为容积膨胀系数,$\beta = 1/T$。

在自然对流换热系数的计算表达式中,定性温度通常采用边界层的算术平均温度 $T_m = (T_\infty + T_s)/2$ 的方案,T_∞ 指未受壁面影响的远处的流体温度,T_s 指壁面温度;Gr 数中的 ΔT 为 T_s 与 T_∞ 之差;L 为特征尺度。L、c 和 n 与换热表面形状及其布置情况有关,文献[2]给出一些参考建议值。

乘员舱内气体基本是封闭的,与周围装甲以及炮塔内表面之间存在着对流换

热。与此同时，乘员舱内还可能存在热源（例如人员和仪器仪表等）或热汇（如空调装置等），所以舱内气体温度也是不断变化的。舱内气体温度升高还是降低，取决于舱内气体与壁面之间的相对温差和舱内的热源（汇）。

就车辆红外辐射特征建模而言，可以运用集总参数法描述乘员舱内的气体温度变化，其能量平衡方程[1]为

$$\rho_\infty V_\infty c_p \frac{dT_\infty}{dt} = \sum_{i=1}^{N} A_i \cdot h_i \cdot (T_{i \cdot f} - T_\infty) + \sum_{j=0}^{M} Q_j \quad (3-8)$$

式中，dT_∞/dt 为乘员舱内气体温度随时间的变化率；ρ_∞ 为乘员舱内气体的密度；V_∞ 为乘员舱内气体的体积；c_p 为乘员舱内气体的比热容；A_i 为乘员舱内表面 i 单元的换热面积；h_i 为乘员舱内表面 i 单元的对流换热系数；$T_{i \cdot f}$ 为乘员舱内表面 i 单元的表面温度；Q_j 为乘员舱内的第 j 个热源（人体生理散热、仪器仪表散热或空调装置等）；N 为乘员舱内表面单元总数（根据舱内壁温度水平，数值上将整个内壁分割）；M 为乘员舱内热源（汇）数。

装甲车辆在静止和运动两种状态下，动力舱内流体的流动方式有明显不同。当装甲车辆处于静止状态时，动力舱内的动力装置没有工作，舱内气体基本不流动。在这种情况下，动力舱内表面的对流换热可看作自然对流方式，其处理方法与乘员舱内的相同。

当车辆处于运动状态时，动力舱内由于有散热风扇等气流驱使作用，舱内壁面与流体之间换热为典型的强迫对流。这时，动力舱内的对流换热系数仍近似采用文献[3]所推荐使用的形式：

$$h = 0.7331 |T_s - T_\infty| + 1.9v + 1.8 \quad (3-9)$$

式中，T_s 为动力舱内壁表面的温度；T_∞ 为动力舱内气体的温度；v 为动力舱内由于风扇作用而导致的气流速度。

在车辆运动状态下，由于风扇的作用，动力舱内的气体是流动的，吸入的气体带入热量，排出的气体带走热量；舱内气体还与装甲内表面、发动机和变速箱及转向器等部件外表面之间存在着对流换热。对于动力舱内的气体温度变化历程，仍采用集总参数法进行描述。根据文献[1]，动力舱内气体的能量平衡方程为

$$\rho_\infty V_\infty c_p \frac{dT_\infty}{dt} = \sum_{i=1}^{N} A_i \cdot h_i \cdot (T_{i \cdot f} - T_\infty) + \sum_{j=1}^{m} Q_j + \dot{m}_{in} \cdot c_{in} \cdot T_{in} - \dot{m}_{out} \cdot c_{out} \cdot T_{out}$$

$$(3-10)$$

式中，dT_∞/dt 为动力舱内气体温度随时间的变化率；T_{in} 为流入气体的温度；T_{out} 为流出气体的温度；ρ_∞ 为动力舱内气体的密度；V_∞ 为动力舱内气体的体积；c_p 为动力舱内气体的比热容；c_{in} 为流入气体的比热容；c_{out} 为流出气体的比热容；A_i 为

动力舱内表面 i 单元的换热面积; h_i 为动力舱内表面 i 单元的对流换热系数; $T_{i\cdot f}$ 为动力舱内表面 i 单元的表面温度(动力舱内各部件温度的计算见本书 3.1.2 节); Q_j 为动力舱内的第 j 个热源; m 为动力舱内热源数; $\dot{m}_{in}$ 为流入气体的流率; $\dot{m}_{out}$ 为流出气体的流率; N 为动力舱内表面单元总数。

2. 辐射边界条件

装甲车辆表面的辐射换热体系包括车辆外表面辐射换热体系和车辆内表面辐射换热体系。外表面辐射换热体系是由车辆外表面、天空背景、太阳和地面环境背景所构成;内表面辐射换热体系又分为乘员舱和动力舱两部分,其中乘员舱部分是由该区域的装甲和炮塔构成,动力舱部分是由该区域的装甲、发动机机壳和传动装置箱外表面等构成。

处理辐射边界条件的关键是确定参与辐射热交换过程各单元表面之间的辐射角系数或辐射传递系数。对于装甲车辆而言,其结构复杂,几何位置重叠,相互遮挡,利用环路积分法、代数法、封闭空腔法或微分法等计算辐射角系数非常困难,而蒙特卡洛法是计算复杂结构辐射角系数一种有效方法[4,5]。用蒙特卡洛法计算辐射角系数有其特殊优点,除可以避免复杂运算以外,更重要的是它可适用于非理想的、非均匀的表面。这种方法既可以直接考虑各表面的位置、面积和面型等影响,又可以考虑表面辐射特征参数的光谱特性和各向异性的影响。

在白天,处于外界环境中的车辆受到太阳辐射的影响,其辐射通量随季节、时间、天气和经纬度及地理条件的不同而不同。在处理太阳辐照边界条件时,一般将其分为直射、散射和地面反射三部分。其中,直射部分又是太阳辐射的主要部分,占太阳辐射总能量的 70%~85%。在计算太阳直射部分的入射能量时,太阳直射光线可看作平行光入射,由于车辆表面结构比较复杂,各表面在空间位置上不同,造成除了某些表面太阳直射不到以外,即使在直射到的表面上也会由于其他表面的遮挡而产生阴影区域(例如,炮塔在上装甲表面投下的阴影,侧装甲翼子板以上部分在翼子板表面投下的阴影等),需要考虑部件之间相互遮挡的影响。对于太阳散射和地面对太阳的反射部分,则不用考虑遮挡的影响。

具体地,太阳辐射中的各项可由下面的关系式确定[7]。

垂直于太阳光线的直接辐射:

$$q_{sd} = rE_O P_m^m \tag{3-11}$$

式中, r 为日地间距引起的修正值; E_O 为太阳常数, $E_O = 1353\text{W}/\text{m}^2$; P 为大气透明度; m 为大气质量。

太阳散射辐射分为水平面与倾斜面两种情况。

水平面上的散射辐射:

$$q_{sr} = C_1 (\sinh)^{C_2} \tag{3-12}$$

倾斜面上的散射辐射：

$$q_{sr} = C_1 (\sinh)^{C_2} \cos^2(\beta/2) \tag{3-13}$$

式中，C_1 和 C_2 为经验系数，其值取决于大气透明情况；h 为太阳高度角；β 为斜面倾角。

车辆某一表面接收来自地面对太阳的反射辐射与该表面朝向有关。对于水平面，一般只需考虑对上述太阳直射辐射和太阳散射辐射的反射；对于倾斜面，则还需考虑来自地面的反射辐射：

$$q_{sf} = [rE_O P_m^m \sinh + C_1(\sinh)^{C_2}] \rho \frac{1+\cos\beta}{2} \tag{3-14}$$

式中，ρ 为地面的太阳反射率；β 为斜面倾角。

对于某一表面 i，作用于其上的太阳辐射边界条件为

$$Q_i = A_i' \cdot q_{sd} \cdot \alpha_s + A_i \cdot (q_{sr} + q_{sf}) \cdot \alpha_s \tag{3-15}$$

式中，α_s 为 i 单元外表面的太阳吸收率；A_i' 为考虑遮挡后，i 表面被太阳照射到的部分在垂直于太阳入射光线的平面上的投影面积，简称"太阳入射投影面积"；A_i 为 i 单元外表面的实际换热面积。

于是，运用蒙特卡洛方法计算单元表面的太阳入射投影面积 A_{sun} 成为问题的关键。蒙特卡洛法计算单元表面的太阳入射投影面积的基本思路是[4]：对于某单元表面 i，假设无任何其他表面遮挡时，其在垂直于太阳入射光线的平面上的投影面积为 A，对该表面模拟向外发射能束，能束总数为 N，由于太阳光是平行入射光，所以在模拟发射时其发射方向是固定的，为太阳光入射方向的反方向。跟踪每一条能束，判断该能束与其他表面是否有交点。如有交点，则说明该发射点被遮挡，太阳光无法照射到；否则，该发射点被太阳光照射到。统计被太阳光照射到的发射点总数，假设为 N_s，则考虑遮挡后该单元表面的太阳入射投影面积为

$$A_{\text{sun}} = A \cdot \frac{N_s}{N} \tag{3-16}$$

令 $RD_s = \dfrac{N_s}{N}$，称其为该单元表面的太阳直射份额。

在利用蒙特卡洛法求解各单元表面的太阳入射投影面积的过程中，需要特别注意的是太阳入射光为平行光，这与漫射光有很大不同，关键是首先确定太阳入射光线与其入射的表面法向线之间的夹角关系；如果入射面是曲面，则需选取相应的投影面，建立投影面坐标系。另外，如果入射表面大而曲面复杂，可以将该表面分割为若干个单元表面，逐一单元分别处理，而后再叠加。

天空背景辐射属于长波辐射。对于晴朗天空，天空背景辐射为[7]

$$E_{sky} = (a + b\sqrt{e})\sigma T_a^4 = \varepsilon_a \sigma T_a^4 \tag{3-17}$$

式中，T_a 为天空背景温度；a 和 b 分别为由实验确定的常数，它们随地域、季节不同而变化，如在北美地区 $0.51 < a < 0.60, 0.059 < b < 0.065$；$e$ 为空气中水蒸气压力；ε_a 为天空背景发射率，$0.7 < \varepsilon_a < 0.98$。

对于多云的天空，天空背景辐射为[7]

$$E_{sky} = (1-c)\varepsilon_a \sigma T_a^4 + \varepsilon_a(c) \sigma T_{cc}^4 \tag{3-18}$$

式中，$\varepsilon_a(c)$ 为云层发射率，$\varepsilon_a(c) = \varepsilon_a(1 + nc^2)$，$c$ 为云层厚度等级；T_{cc} 为云层平均绝对温度；n 为经验常数，随云层厚度由薄向厚变化，n 在 $0.2 \sim 0.04$ 范围取值。

需要指出的是，太阳辐射和天空背景辐射的计算表达式只是统计学意义上的关系式，具有平均条件下的一定准确性，而并非能精确描述某一小时间范围内的气象变化。

地面背景辐射也是长波，其计算式为

$$E_{grd} = \varepsilon_{grd} \sigma T_{grd}^4 (1 - \cos\beta)/2 \tag{3-19}$$

式中，ε_{grd} 为地面发射率（与土壤结构和成分以及地面表面相关）；T_{grd} 为地面温度；β 为斜面倾角。

3. 局部边界条件

在运动状态下，装甲车辆某些局部存在着特殊的热交换区域（例如坦克动力舱部位右侧装甲上的高温排气管、动力舱风扇排风口和动力舱散热器等）。为了对装甲车辆整体温度场模型进行准确的数值求解，这些特殊区域必须根据各自的结构特点和能量传递方式单独处理，给出特定的局部边界条件。

对于高温排气管处的局部侧装甲和局部翼子板，可近似认为它们的温度与高温排气管的外表面温度基本一致，而根据发动机的工作状态可以认为排气管出口处烟气温度是已知的；对排气管出口处、动力舱散热器进气口处和风扇排风口处的局部装甲，由于受进、出口气温和气流速度的影响，需选取合适的局部对流换热系数，根据具体的热交换关系确定。

3.1.2　车辆动力舱内主要部件温度分布模型

车辆动力舱内空间狭小，内置发动机、散热器和传动装置等部件，高温热源众多。动力舱内各个部件产生的热量，一部分通过冷却系统转递到散热器，最终排散到外部环境中，另一部分通过导热、对流和热辐射等传热过程传递到动力舱附近装甲上，使动力舱外表面的温度远远高于坦克的其他部位。所以，动力舱内主要设备与部件的温度计算模型是装甲车辆温度计算模型的重要组成部分，对车辆红外辐射特征具有重要的影响。

装甲车辆动力舱内的设备种类较多、空间布置复杂[6],精确计算各个设备或部件的三维温度分布和动力舱内的空气流场及温度场非常困难,并且需要很大的计算量(参见 3.2 节)。本节介绍一种动力舱的简化处理方法,对动力舱内的设备进行适当简化:可将动力舱内的主要散热设备与部件如发动机、散热器和传动装置(侧减速器、联轴器、传动箱离合器、转向器和变速箱等)简化成如图 3-2 所示的形状结构,其他设备和装置对舱内热交换的影响忽略不计。

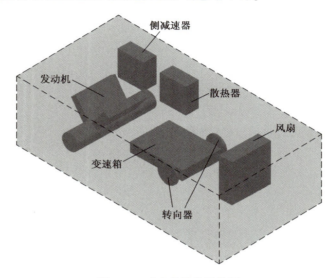

图 3-2 动力舱简化结构图

外形规整简化的发动机模型如下:将发动机简化成如图 3-3 所示的形状,曲轴箱简化成圆柱,12 个气缸呈 V 字形排列在圆柱上,每 6 个成一列,两列之间夹角为 60°。由于每列中的 6 个气缸排列比较紧密,所以从外形上简化成长方体。

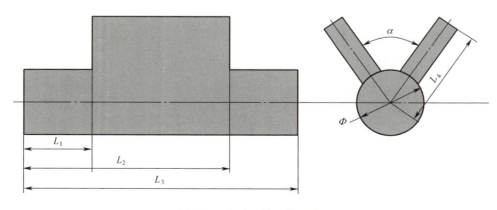

图 3-3 发动机外形简化图

发动机燃烧系统将燃料的化学能转换为热能,一部分热能被转化利用做功;一部分能量以高温尾气的形式直接排散到外部环境中;一部分热量传递给冷却液和润滑油,发动机冷却系统从发动机燃烧系统中获得的热量,再通过冷却水或机油散热器与空气之间的强制换热,将冷却液携带的热量排散到外部环境中;发动机的动力在传动系统的传输过程中,会根据不同传动部件的固有属性产生能量损失,这部分损失通常以热的形式存在;润滑系兼有润滑和冷却的功能,向传动部件的摩擦部位提供润滑油以减少金属之间的摩擦,同时将传动部件的摩擦产热通过机油散热器换热到外部环境中。动力舱内主要设备间的传热关系如图3-4所示。针对装甲车辆红外辐射特征分析的应用背景,为简化计算,可近似采用零维燃烧与热力学模型处理发动机燃烧过程,分析计算燃气以及润滑油和冷却液的温度变化,利用一维热传导模型处理从燃烧室内壁到发动机外壳的热量传递过程,分析计算动力舱内部装备与部件的表面温度。

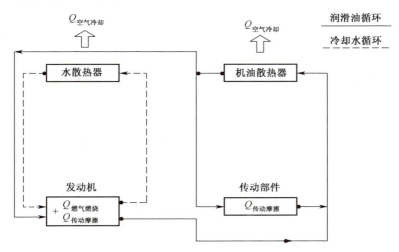

图 3-4　动力舱内传热系统原理图

3.1.2.1　发动机气缸内热力过程计算模型

发动机气缸内的工作过程十分复杂。将热力过程进行简化,把气缸作为一个热力系统,气缸内部充满工质,边界为活塞、气缸盖和气缸套,建立零维的发动机气缸内热力过程计算模型。具体简化如下[8]:

(1) 气缸内工质均匀分布,且与进入气缸内的空气瞬时混合;

(2) 假设工质为理想气体,热力参数仅与气体温度和瞬时过量空气系数有关;

(3) 气体在流动过程中可视为准稳定过程,即在足够小的时间步长内可视为稳定流动;

(4) 工质在进出气缸的过程中,其流动中的动能损失忽略不计。

计算周期以进气门关闭时刻作为发动机计算开始时刻,以下一个循环的进气门关闭时刻作为计算停止时刻。内燃机的一个工作过程可以分为压缩、燃烧、膨胀、排气、进气、进排气叠开 6 个阶段。

发动机工作过程各阶段的模型如下[8]:

1. 压缩阶段

从进气门关闭时刻开始到显著燃烧开始时刻停止。进、排气门均处于关闭状态,假设不存在漏气损失,气缸内工质、成分、质量不变,瞬时过量空气系数为定值。

质量守恒方程[8]:

$$\frac{dm}{d\phi} = 0 \qquad (3-20)$$

式中,m 为气缸内工质的温度;ϕ 为曲轴转角。

能量守恒方程[8]:

$$\frac{dT}{d\phi} = \frac{1}{mc_V}\left(\frac{dQ_w}{d\phi} - p\frac{dV}{d\phi}\right) \qquad (3-21)$$

式中,T 为气缸内工质的温度;c_V 为气缸内工质的比热容;Q_w 为通过气缸壁面传入或传出的热量;p 为气缸内工质的压力;V 为气缸容积。

2. 燃烧阶段

从燃烧开始时刻开始到燃烧终点停止。此阶段燃料逐步进入气缸,进、排气门处于关闭状态。

质量守恒方程[8]:

$$\frac{dm}{d\phi} = \frac{dm_B}{d\phi} = g_f\frac{dX}{d\phi} \qquad (3-22)$$

式中,m_B 为喷入气缸内的瞬时燃料质量;g_f 为发动机的循环喷油量;X 代表燃烧百分数。

能量守恒方程[8]:

$$\frac{dT}{d\phi} = \frac{1}{mc_V}\left[g_f(\eta_u H_u - u) + \frac{dQ_w}{d\phi} - p\frac{dV}{d\phi}\right] \qquad (3-23)$$

式中,H_u 燃料的低热值;η_u 为燃烧效率,在柴油机稳定运行时一般取 1;u 为工质内能。

内燃机的燃烧过程极其复杂,与燃料的物理性质变化、化学反应过程、发动机结构参数、发动机运行参数等很多因素有关。本节介绍目前较通用的计算发热率的半经验公式——韦伯公式。

对于装甲车辆装配的中高速发动机,燃烧放热率采用双韦伯曲线叠加法模拟,将预混合燃烧与扩散燃烧分开考虑。计算公式如下[8]：

$$X_1 = [1 - e^{-6.908\left(\frac{1}{2\tau}\right)^{m_p+1}(\phi-\phi_B)^{m_p+1}}](1-Q_d) \quad (3-24)$$

$$X_2 = [1 - e^{-6.908\left(\frac{1}{\phi_{zd}}\right)^{m_d+1}(\phi-\phi_B-\tau)^{m_d+1}}]Q_d \quad (3-25)$$

式中，X_1 为预混合燃烧百分数，X_2 为扩散燃烧百分数，总燃烧百分数 X 为两者之和；τ 为混合燃烧领先角，$\tau = 0.5\phi_{zp}$；Q_d 为扩散燃烧的燃烧分数；$1 - Q_d$ 为混合燃烧的燃烧分数；ϕ_{zd} 为预混合燃烧持续角；ϕ_{zp} 为扩散燃烧持续角；ϕ_B 为扩散起始角；m_d 为预混合燃烧特征参数；m_p 为扩散燃烧特征参数。在仿真过程中，相关参数的选取可参见文献[8]。

3. 膨胀阶段

从燃烧终点开始到排气门开启时刻停止，与压缩阶段类似。

质量守恒方程[8]：

$$\frac{dm}{d\phi} = 0 \quad (3-26)$$

能量守恒方程[8]：

$$\frac{dT}{d\phi} = \frac{1}{mc_V}\left(\frac{dQ_w}{d\phi} - p\frac{dV}{d\phi}\right) \quad (3-27)$$

4. 排气阶段

从排气门开启时刻开始到进气门开启时刻停止。此阶段的进气门关闭，排气门打开。

质量守恒方程[8]：

$$\frac{dm}{d\phi} = \frac{dm_e}{d\phi} \quad (3-28)$$

能量守恒方程[8]：

$$\frac{dT}{d\phi} = \frac{1}{mc_V}\left[\frac{dQ_w}{d\phi} - p\frac{dV}{d\phi} + (h_e - u)\frac{dm_e}{d\phi}\right] \quad (3-29)$$

式中，m_e 为流出气缸的气体质量；h_e 为流出气缸的气体焓值。

工质在排气门处的流动初期，可能由于气缸与排气管中的压差较大，出现超临界流动，但随着排气门开启时间的增加，内外压差减小，气体流动转为亚临界流动。

5. 进气阶段

由排气阀门关闭起到进气阀门关闭时止。此阶段的进气门打开，排气门关闭。

质量守恒方程[8]：

$$\frac{dm}{d\phi} = \frac{dm_s}{d\phi} \quad (3-30)$$

能量守恒方程[8]：

$$\frac{dT}{d\phi} = \frac{1}{mc_V}\left[\frac{dQ_w}{d\phi} - p\frac{dV}{d\phi} + (h_s - u)\frac{dm_s}{d\phi}\right] \quad (3-31)$$

式中，m_s 为流入气缸的气体质量；h_s 为流入气缸的气体焓值。

6. 进排气叠开阶段

由进气门开启到排气门关闭止。此阶段的进、排气门全部打开。

质量守恒方程[8]：

$$\frac{dm}{d\phi} = \frac{dm_s}{d\phi} + \frac{dm_e}{d\phi} \quad (3-32)$$

能量守恒方程[8]：

$$\frac{dT}{d\phi} = \frac{1}{mc_V}\left[\frac{dQ_w}{d\phi} - p\frac{dV}{d\phi} + (h_e - u)\frac{dm_e}{d\phi} + (h_s - u)\frac{dm_s}{d\phi}\right] \quad (3-33)$$

式(3-20)~式(3-33)中工质的物性参数、气缸工作容积、进排气流量等随着发动机工作过程的变化而变化，这些参数的具体计算方法参见文献[8]。

气缸内燃气与气缸壁对流换热系数可以通过 Woschni 公式计算求出[8]：

$$h_{fl} = 130 d^{-0.2} p_g^{0.8} T_g^{-0.53} \left[c_1 c_m + c_2 \frac{V_h T_1}{p_1 V_1}(p_g - p_0)\right]^{0.8} \quad (3-34)$$

式中，h_{fl} 为气缸内燃气与气缸壁的瞬时对流换热系数；c_m 为活塞的平均速度；p_g 为气缸内燃气的瞬时换热压力；T_g 为气缸内燃气的瞬时温度；$p_g - p_0$ 代表由于燃烧而引起的燃气压力升高值；p_1、V_1 和 T_1 分别为压缩开始时的工质压力、体积和温度；常数 $c_2 = 6.2e - 3$，c_1 为常数，计算公式参见文献[8]。

3.1.2.2 动力舱润滑系换热模型

坦克润滑系的主要功能是存放机油，向发动机和传动装置提供机油，兼有冷却和润滑的功能。装甲车辆发动机和传动装置的组成部件众多，结构复杂，如果进行准确的三维建模，计算成本高，效率低，因此本节对装甲车辆动力舱内润滑系的主要部件进行分类和简化，传动部件主要包括发动机、综合传动箱、离合器、行星汇流排等。热源主要来自发动机燃气燃烧产热和传动部件工作过程中的摩擦产热。坦克润滑油流动路线图如图 3-5 所示。

燃气燃烧产生的热量由发动机的燃烧计算得到。传动部件的摩擦产热计算方法与其结构和工作方式有关。传动装置工作过程中的产热方式主要包括齿轮啮合产热、轴承摩擦产热、离合器摩擦副摩擦产热、行星排产热等。

1. 齿轮啮合产热

齿轮啮合面的滑动摩擦产热流由滑动摩擦系数、啮合面的接触压力、相对滑动速度和啮合面积决定，计算公式如下[9]：

$$Q_g = \mu_g p_g v_s A_g \quad (3-35)$$

式中，μ_g 为滑动摩擦系数；p_g 为啮合面平均接触压力；v_s 为相对滑动速度；A_g 为啮合面积。这些参数的计算参见文献[9]。

第3章　地面运动目标红外辐射特性

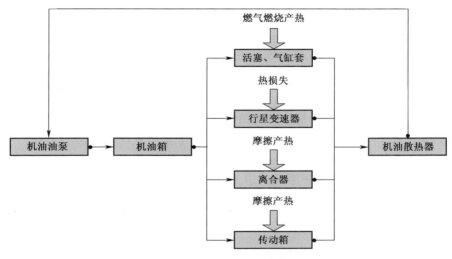

图 3-5　坦克润滑油流动路线图

2. 轴承摩擦产热

轴承摩擦产热主要来自轴承在运动过程中的摩擦功率损失，与摩擦转矩和轴的转速有关。轴承摩擦产热的具体公式如下[10]：

$$Q_p = \frac{2\pi M n}{60} \tag{3-36}$$

式中，M 为摩擦转矩；n 为轴转速；转矩的计算参见文献[10]。

3. 换挡离合器摩擦副摩擦产热

对于装甲车辆采用的湿式换挡离合器，摩擦副摩擦产热为[9]

$$Q_d = \frac{632\pi^2}{573 \times 10^3} Z \eta_0 \Delta n^2 (R_2^4 - R_1^4) \left(\frac{1}{h}\right) \tag{3-37}$$

式中，Z 为摩擦副数量；Δn 为主、被动摩擦片的转速差；R_1 为摩擦片内半径；R_2 为摩擦片外半径；h 为摩擦副间隙。

4. 行星排产热

目前对行星排的产热尚无准确的计算公式，一般通过传动效率估算行星排的产热量，即假定行星排所有功率损失全部转化为热，计算公式如下[9]：

$$Q_x = P_p = P(1-\eta) \tag{3-38}$$

式中，P_p 为行星排损失功率；P 为行星排传递功率；η 为传动效率。

润滑系统各部件内的润滑油的温度可根据热平衡方程计算：

$$\dot{m} c_p (T_{oil2} - T_{oil1}) + Q + A_w h_{f2} (T_w - T_{oil1}) = 0 \tag{3-39}$$

式中,T_{oil1} 和 T_{oil2} 分别为该部件进、出口处润滑油的温度;Q 为该部件的产热量(或从燃气得到的热量);$\dot{m}$ 为该部件润滑油的质量流量;c_p 为润滑油的比热容;T_w 为部件的温度;A_w 部件的换热面积。

传动装置箱体与润滑油之间的换热系数可用下列经验公式计算[11]:

$$h_{oil} = 0.664 Re_{oil}^{0.5} Pr_{oil}^{1/3} (\lambda_{oil}/L) \quad (3-40)$$

式中,Re_{oil} 为流过传动装置箱体传动油流动雷诺数;Pr_{oil} 为润滑油的普朗特数;L 为传动装置箱体内表面的特征尺寸;λ_{oil} 为润滑油热导系数。

3.1.2.3 冷却系统换热模型

在现代装甲车辆中,广泛采用强制循环液冷系统以保证动力装置的性能。动力装置冷却液流动、传热的路线图如图 3-6 所示。

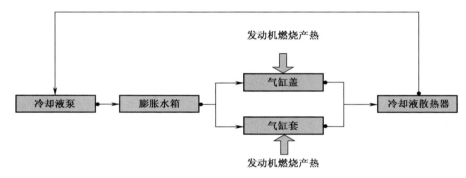

图 3-6 冷却系统的传热路线图

动力装置内冷却液与水道壁面之间的换热系数,简化为弯管内的对流换热,根据管内湍流换热公式——Sieder-Tate 公式[11]计算

$$h_{wa} = 0.027 Re_{wa}^{0.8} Pr_{wa}^{1/3} (\lambda_{wa}/de_{wa}) \quad (3-41)$$

式中,h_{wa} 为冷却液与接触壁面之间的换热系数;Pr_{wa} 为冷却液的普朗特数;de_{wa} 为冷却液流过部件的当量直径;λ_{wa} 为冷却液的热导系数;Re_{wa} 为流动冷却液的雷诺数。

假设冷却液在经过换热部件之前的温度值为 T_{wa1},则冷却液经过换热部件之后的温度值 T_{wa2} 通过下面的热平衡方程进行计算:

$$\dot{m}c_p(T_{wa2} - T_{wa1}) + h_{wa}A_c(T_c - T_{wa1}) = 0 \quad (3-42)$$

式中,A_c 为冷却液与换热部件之间的换热面积;T_c 为换热部件的温度;c_p 为冷却液的比热容;$\dot{m}$ 为流过换热部件冷却液的质量流量。

3.1.2.4 动力舱各部件表面温度模型

将气缸外套简化成中空的立方体,内壁面与冷却夹套中的冷却工质进行对流换热,外侧与动力舱内的气体之间存在对流换热,并与其他表面进行辐射换热。近似认为发动机壁散热过程是由内向外传递的一维导热问题,其他方向的导热忽略不计,发动机固体壁导热过程的数学描述如下:

$$\begin{cases} \dfrac{1}{\alpha_{cy}} \dfrac{\partial T}{\partial t} = \dfrac{\partial^2 T}{\partial x^2} \\ -k_{cy} \dfrac{\partial T}{\partial x} = h_{wa}(T_{wa} - T), x = 0 \\ -k_{cy} \dfrac{\partial T}{\partial x} = h_{air}(T - T_{air}) + Q_{rad}, x = \delta \end{cases} \quad (3\text{-}43)$$

类似地,把曲轴箱简化成中空的圆筒,内壁面与润滑油进行对流换热,外侧与动力舱内的流体进行对流换热,并与其他表面进行辐射换热,认为热量只从内向外传递,其他方向的导热忽略不计。于是,可给出如下的温度模型:

$$\begin{cases} \dfrac{1}{\alpha_{cr}} \dfrac{\partial T}{\partial t} = \dfrac{1}{r}\left(r \dfrac{\partial T}{\partial r}\right) \\ -k_{cr} \dfrac{\partial T}{\partial r} = h_{oil}(T_{oil} - T), r = r_1 \\ -k_{cr} \dfrac{\partial T}{\partial r} = h_{air}(T - T_{air}) + Q_{rad}, r = r_2 \end{cases} \quad (3\text{-}44)$$

式中,α_{cy} 和 α_{cy} 分别为气缸外套和曲轴箱的热扩散系数;h_{wa}、h_{air} 和 h_{oil} 分别为各表面与冷却水、动力舱内空气和润滑油之间的对流换热系数,可以根据表面形状和邻近表面的流体流速来确定[1,2];k_{cy} 和 k_{cr} 分别为气缸外套和曲轴箱的导热系数;T_{wa}、T_{air} 和 T_{oil} 分别为冷却水、动力舱内空气和润滑油的温度,可以根据发动机的运行状况确定[6];Q_{rad} 为辐射换热量,可利用辐射换热的计算方法确定(辐射换热网络法或蒙特卡洛法)。

对于曲轴箱的两端面,可采用类似式(3-43)的一维导热微分方程描述。经过适当简化,动力舱内其他散热设备的传热过程也可用一维导热微分方程描述。例如,侧减速器和变速箱同样可以简化为中空的多面腔体,内壁面与润滑油进行对流换热,外侧与动力舱内的流体进行对流换热并与其他表面进行辐射换热。认为固体壁的热量只从内部向外表面传递,其他方向的导热忽略不计,则一维导热过程的数学描述类似式(3-43)。转向器简化成中空的圆筒,其分析方法与发动机曲轴箱的处理方法类似。

进气管和排气管可以简化成空心圆柱,管内壁与增压后的空气或做功后排出的高温烟气进行换热,外部与动力舱内的空气进行对流换热并与其他表面之间存在辐射换热,数学描述与式(3-44)类似。增压后的空气和烟气温度可由发动机的运行状况确定。

根据不同散热器（主要是指机油散热器或冷却水散热器）的结构特点，将散热器简化成冷热流体交叉流过一矩形体的两个表面。这里以水散热器为例（图3-7），根据进入水散热器的冷却水进口温度和空气的入口温度以及散热器的结构与流程组织，建立相应的热交换方程，计算确定水散热器的表面温度分布、冷却水和空气的出口温度。

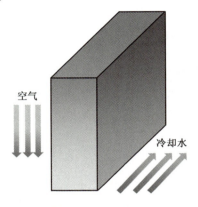

图 3-7　散热器简图

如图 3-8 所示，将散热器进行网格划分，对每一网格利用传热速率方程和热平衡方程式：

$$\begin{cases} Q_{i,j} = kF(T_{w,j}^i - T_{a,j}^i) \\ Q_{i,j} = G_w C_w (T_{w,j}^i - T_{w,j}^{i+1}) \\ Q_{i,j} = G_a C_a (T_{a,j+1}^i - T_{a,j}^i) \end{cases} \quad (3-45)$$

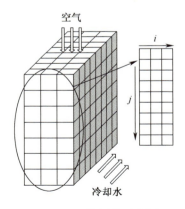

图 3-8　网格划分示意图

综合利用上述三个能量平衡关系式,依次可求得每一节点的空气及冷却水温度以及整个散热器的冷却水和空气的出口温度,同时得到散热器固体架构的温度。

3.1.3 履带与车轮温度分布理论模型

在履带式装甲车辆的红外热图像中,履带与车轮的红外辐射温度往往很高,又由于它们的结构非常特殊,成为装甲车辆红外识别的重要特征点之一,因而车轮及履带温度分布模型是装甲车辆红外辐射特征模型的重要组成部分。本书考虑履带与车轮和空气间的对流换热、履带与车轮之间摩擦产热与接触热阻、履带与地面之间摩擦产热与接触热阻以及车轮与履带橡胶层的弹性变形产热等因素,将运动的车轮和行走的履带看成流动的拟流体,建立履带与车轮温度分布理论模型[12,13]。

3.1.3.1 履带与车轮温度分布的数学描述

如前所述,建立履带和车轮温度场模型,可以忽略车体和车轮履带系统相互之间的传热影响。由于太阳辐射通常只照射到车辆上部和车辆的一侧,而装甲车辆的翼子板和裙板又遮挡了大部分的履带及车轮,在本节的模型中假设履带和车轮接收不到太阳辐射。对于需要考虑太阳辐射和辐射换热的情况,只需在相应的边界条件中添加即可,可参见本章 3.1.1 节中的辐射边界条件,此处不再重复。

针对履带和车轮的结构及材料组成(图 3-9),考虑橡胶弹性变形迟滞损失产生的体积内热源,由橡胶层和刚性层组成的车轮能量控制方程为[13]

$$\frac{\partial^2 T}{\partial r^2} + \frac{1}{r}\frac{\partial T}{\partial r} + \frac{1}{r^2}\frac{\partial^2 T}{\partial \varphi^2} + \frac{q}{k} = \frac{1}{\alpha}\frac{\partial T}{\partial t} + \frac{\omega}{\alpha}\frac{\partial T}{\partial \varphi} \qquad (3-46)$$

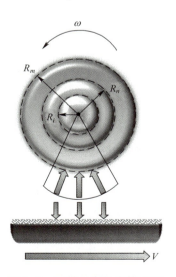

图 3-9 履带及车轮摩擦系统

式中,q 为单位体积内的变形能(即内热源),对于橡胶层 $q = w_P$,对于刚性基体 $q = 0$;k 为导热系数;ω 为车轮角速度。

将履带视为平板,其能量方程为

$$\frac{\partial^2 T}{\partial x^2} + \frac{\partial^2 T}{\partial y^2} = \frac{1}{\alpha}\frac{\partial T}{\partial t} + \frac{V}{\alpha}\frac{\partial T}{\partial x} \tag{3-47}$$

式中,V 为履带线速度。

车轮中空处存在车轮内表面与周围流体之间的对流换热,即

$$-k\frac{\partial T}{\partial r}\bigg|_{r=r_{in}} = h(T_f - T) \tag{3-48}$$

忽略橡胶与刚性车轮基体之间的接触热阻,车轮橡胶与刚性基体交界处的边界条件为温度和热流连续:

$$-k\frac{\partial T}{\partial r}\bigg|_{r=r_i,g} = -k\frac{\partial T}{\partial r}\bigg|_{r=r_i,m}, T_g = T_m \tag{3-49}$$

式中,下标 g 和 m 分别表示钢制基体和橡胶层。

履带在 x 方向上首尾相连,其温度和热流连续:

$$-k\frac{\partial T}{\partial x}\bigg|_{x=0} = -k\frac{\partial T}{\partial x}\bigg|_{x=L}, T\big|_{x=0} = T\big|_{x=L} \tag{3-50}$$

履带在 y 方向上的边界条件取决于车轮与履带之间的接触状况以及履带与路面之间的接触状况。车轮与履带之间相互接触,并且其表面是粗糙的,难以良好接触,它们之间存在接触热阻。同时,由于车轮和履带存在相对滑移运动,因而产生大量的摩擦热。对于两接触界面之间既存在接触热阻又存在摩擦产热的情况,如何确定边界条件是个难点,国内外不少学者对此进行了相当多的研究,但都存在不尽合理之处[14-16]。实际上,两种不同材料构成的摩擦副之间的摩擦热如何分配是关键。考虑摩擦副材料的热物性和接触热阻,根据能量守恒原理给出如下车轮与履带接触面之间的摩擦界面边界条件[17]:

$$\Delta T = q_1 R_1 + q_2 R_2, q_1 + q_f = q_2 \tag{3-51}$$

式中,q_1 和 q_2 分别为传递给两侧的热流密度;ΔT 为两侧的温差;R_1 和 R_2 分别为摩擦副两侧的接触分热阻,接触分热阻的计算方法参见文献[18,19];$q_f = \mu P V'$ 为摩擦产热量,μ 为摩擦系数,P 为正压力,V' 为相对滑移速度。

当摩擦副两侧的粗糙度近似相同时,式(3-51)可简化为[17]

$$\frac{\Delta T}{R} = q_2\frac{k_1}{k_1+k_2} + q_1\frac{k_2}{k_1+k_2}, q_1 + q_f = q_2 \tag{3-52}$$

式中,R 为接触热阻,且 $R = R_1 + R_2$;k_1 和 k_2 分别为摩擦副中两种材料的导热系数。

在车轮外缘的车轮与履带非接触处,可以给出相应的对流换热边界条件:

$$-k\frac{\partial T}{\partial r}\bigg|_{r=r_o} = h(T_f - T) \tag{3-53}$$

履带内侧:

$$-k\frac{\partial T}{\partial y}\bigg|_{y=0} = h(T_f - T) \tag{3-54}$$

履带与地面接触段的摩擦产热处理方法与车轮与履带的接触段类似[17]:

$$\frac{\Delta T}{R} = q_E\frac{k_P}{k_P + k_E} + q_P\frac{k_E}{k_P + k_E}, \quad q_P + q_f = q_E \tag{3-55}$$

式中,q_P和q_E分别为分配给履带和地面的热流密度(对应摩擦产热的分配份额);ΔT为履带与地面之间的温差;R为接触热阻;q_f为摩擦产热量;k_P和k_E分别为履带材料和地面的导热系数。

其他部位的对流换热边界条件为

$$-k\frac{\partial T}{\partial y}\bigg|_{y=\delta} = h(T_f - T) \tag{3-56}$$

式中,δ为履带厚度。

在已知履带和车轮初始温度分布的条件下,运用数值方法求解上述描述温度场的控制方程,即可求得车轮和履带任意时刻的温度分布。

3.1.3.2 车轮和履带接触角

设车轮与履带之间的接触面总长为$2a$,接触角为$2\alpha_i$(图3-10),则根据赫兹接触模型确定[16]:

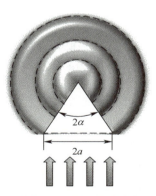

图3-10 弹性变形区域

$$a^2 = \frac{4PR'}{\pi E'} \tag{3-57}$$

式中，$\dfrac{1}{E'} = \dfrac{1-v_1^2}{E_1} + \dfrac{1-v_2^2}{E_2}$；$\dfrac{1}{R'} = \dfrac{1}{R_1} + \dfrac{1}{R_2}$，$E_1$ 和 E_2 分别为橡胶和钢的弹性模量，v_1 和 v_2 分别为橡胶和钢的泊松比，R_1 为车轮半径，$R_2 \to \infty$（平面）；P 为作用于车轮的总法向载荷，即车辆上层结构总重量作用于每个车轮上的分量。

于是，车轮与履带之间接触角的 1/2 为

$$\alpha_i = \frac{a}{R_1} \tag{3-58}$$

3.1.3.3 车轮变形能

用车轮轴向长度 L 除每个车轮的承重，即可得到单位轴向长度的法向载荷 $P = \dfrac{W/N}{L}$（W 为坦克车重，N 为轮数）。假定车轮橡胶层应力作用区域为一楔形体，单位体积橡胶层内的弹性变形能为

$$W = \frac{1}{2}\sigma_r \varepsilon_r = \frac{\sigma_r^2}{2E_1} \tag{3-59}$$

$$\sigma_r = -\frac{P\cos\theta}{r\left(\alpha_i + \dfrac{1}{2}\sin 2\alpha_i\right)} \tag{3-60}$$

$$\varepsilon_r = -\frac{P\cos\theta}{rE_1\left(\alpha_i + \dfrac{1}{2}\sin 2\alpha_i\right)} \tag{3-61}$$

式中，σ_r 为弹性变形所产生的应力；ε_r 为应变。

假设橡胶层弹性变形仅局限于图 3-10 所示的楔形体范围内，则单位时间变形能为[20]

$$q = w_p = \frac{W}{\dfrac{2\alpha_i}{\omega}} = \frac{W\omega}{2\alpha_i} \tag{3-62}$$

式中，w_p 为功率；ω 为车轮运动角速度。

3.1.4 火炮身管温度分布理论模型

火炮作为装甲武器的一个重要组成部件，在地面运动军事目标（如坦克和自行火炮）红外热像模拟中占有非常突出的地位。由于炮管具有明显的外观特征，而且在射击尤其是快速连续射击之后，火炮身管温度急剧上升，明显高于装甲车辆的其他部位，具有很高的红外辐射强度，成为红外探测与识别的重要特征点之一，对快速准确地探测与识别装甲武器装备以及红外隐身设计具有不可忽视的作用。据报

道[21],海湾战争中伊拉克部分坦克被摧毁就是从美军发现其坦克炮管开始的,炮管的红外隐身已成为坦克隐身设计的一个技术难题,构建包括火炮射击过程的炮管温度模型对于装甲武器的红外辐射特征整体建模具有重要的意义。

3.1.4.1 理论模型描述

与装甲车辆车身红外辐射特征的形成机理相同,火炮身管的红外辐射特征也是由身管的温度和表面发射率确定的。因此,需首先建立其温度计算模型,国内外一些学者基于火炮强度和射击精度控制的目的出发,对火炮身管温度分布进行了理论和实验研究,对于火炮身管的红外辐射特征分析具有一定的参考价值[22-25]。实际上,射击过程中火药燃烧、燃料产物对身管内壁的冲刷作用、弹丸运动及其与身管内壁的相互作用和射击频率等都直接影响着火炮身管的温度分布及变化历程。运用经典的内弹道学理论,建立下述的射击过程中火炮身管温度场模型[26,27]。

1. 能量控制方程

火炮身管是金属材料制成的空心圆柱体。假设其物性不随温度变化,身管内部温度变化过程可采用柱坐标系下的常物性导热微分方程描述:

$$\frac{\partial T}{\partial t} = \frac{k}{\rho c}\left[\frac{1}{r}\frac{\partial}{\partial r}\left(r\frac{\partial T}{\partial r}\right) + \frac{1}{r}\frac{\partial}{\partial \varphi}\left(\frac{1}{r}\frac{\partial T}{\partial \varphi}\right) + \frac{\partial^2 T}{\partial z^2}\right] \quad (3-63)$$

式中,ρ 为材料密度;c 为材料比热容;k 为材料导热系数;T 为温度。

2. 对流换热边界条件

装甲车辆无论是处于静态还是以一定的速度运动,炮管表面与环境之间的对流换热总是存在。在非射击过程中,身管内外壁面与周围空气之间以自然对流方式进行热交换。因此,对于不同的表面,可以采用不同的对流换热系数关联式。

3. 太阳辐射和天空背景辐射边界条件

如前所述,太阳辐射是随时间、气象条件和地理条件而变化的。同样,投射到火炮身管表面的太阳辐射热流也分为直射、散射和反射三部分,其中每一部分的计算表达式参见 3.1.1 节中的太阳辐射部分。天空背景辐射的计算同样参见 3.1.1 节。需要指出的是,沿火炮身管周向接收到的入射太阳和天空背景辐射并非均匀分布的,这对非射击条件下身管温度分布和红外辐射特征产生明显的影响。

4. 射击过程中膛内对流换热

1) 内弹道模型(弹丸出炮口前)

根据内弹道零维数学模型(经典内弹道理论),分析弹丸在膛内运动的特性,可以确定弹丸出炮口前膛内气体的温度、流速和压力分布。这里,采用多孔火药的形状函数式,用指数形式描述火药燃速规律。这样,方程组形式如下[28]:

$$\begin{cases} \psi = \begin{cases} \chi z(1+\lambda z+\mu z^2), & z<1 \\ \chi_s \dfrac{z}{z_k}\left(1+\lambda_s \dfrac{z}{z_k}\right), & 1\leqslant z\leqslant z_k \\ 1, & z\geqslant z_k \end{cases} \\ \dfrac{\mathrm{d}z}{\mathrm{d}t}=\begin{cases} \dfrac{\overline{u}_1}{\delta_1}p^n, & z<z_k \\ 0, & z\geqslant z_k \end{cases} \\ v=\dfrac{\mathrm{d}l}{\mathrm{d}t} \\ Sp=\varphi m\dfrac{\mathrm{d}v}{\mathrm{d}t} \\ Sp(l+l_\psi)=f\omega\psi-\dfrac{\theta}{2}\varphi mv^2 \\ T=\dfrac{Sp(l+l_\psi)}{R\omega\psi} \end{cases} \qquad (3\text{-}64)$$

式中，

$$l_\psi = l_0\left[1-\dfrac{\Delta}{\hat{\rho}_p}-\Delta\left(\alpha-\dfrac{1}{\hat{\rho}_p}\right)\psi\right]; \Delta=\dfrac{\omega}{V_0}$$

$$l_0=\dfrac{V_0}{S}; \chi_s=\dfrac{\psi_s-\xi_s}{\xi_s-\xi_s^2}; \lambda_s=\dfrac{1-\chi_s}{\chi_s}$$

$$\psi_s=\chi(1+\lambda+\mu); z_k=\dfrac{\delta_1+\rho}{\delta_1}; \xi_s=\dfrac{\delta_1}{\delta_1+\rho}=\dfrac{1}{z_k}$$

ψ 为火药相对已燃体积；χ，χ_s，λ，λ_s 和 μ 分别为火药形状特征量；z 为相对已燃厚度；$\overline{u}_1$ 为燃烧系数；δ_1 为药厚的 $1/2$；p 为压力；l 为弹丸行程；v 为弹丸速度；S 为炮膛截面积；f 为火药力；φ 为次要功系数；m 为弹丸质量；ω 为装药量；R 为气体常数；l_ψ 为药室自由容积缩径长；l_0 为药室容积缩径长；Δ 为装填密度；$\hat{\rho}_p$ 为火药密度；α 为余容；ρ 为多孔火药燃烧分裂时截面内的相当内切圆半径。对七孔火药可取

$$\rho=0.2956\left(\dfrac{d}{2}+\delta_1\right) \qquad (3\text{-}65)$$

初始条件如下：

$$\begin{cases} l_0 = t_0 = v_0 = 0 \\ \psi_0 = \dfrac{\dfrac{1}{\Delta} - \dfrac{1}{\delta_1}}{\dfrac{f}{P_0} + \alpha - \dfrac{1}{\delta_1}} \\ z_0 = \dfrac{\sqrt{1 + 4\dfrac{\lambda_1 \psi_0}{\chi_1}} - 1}{2\lambda_1} \end{cases} \quad (3-66)$$

对流换热系数则可根据火药燃烧气体的流速和温度,由下面的经验公式计算[29]:

$$\overline{Nu} = 0.037 Re^{0.8} Pr^{1/3} \quad (3-67)$$

式中,努塞尔数 $\overline{Nu}$ 和雷诺数 Re 中的特征尺度 L 为 $l/2$。

2) 流空过程1(弹丸出炮口后,膛内压力大于临界压力)

弹丸出炮口以后,膛内气体的流动状态发生突变。假设此时流动为绝热等熵流动,当膛内压力大于临界压力时,炮口气体流速为临界流速,即当地声速。设在一容器中存有 ω 千克的气体,气体的温度、压力和比容分别为 T_1、P_1 和 w_1。假定对应气体流出的某一瞬间 t 时,容器内气体温度、压力和比容分别为 T、P 和 w,用下述无因次量表示:

$$\overline{T} = T/T_1, \overline{P} = P/P_1, \overline{w} = w/w_1 \quad (3-68)$$

则气体的压力、温度和流速分别可由下列公式得到[28]:

$$\begin{cases} \overline{P} = \dfrac{1}{(1 + B't)^{\frac{2k}{k-1}}} \\ \overline{T} = \dfrac{1}{(1 + B't)^2} \\ v = \sqrt{\dfrac{2}{k+1} kRT} \end{cases} \quad (3-69)$$

式中,

$$B' = \dfrac{k-1}{2} \dfrac{\varphi_2 S_{kp} K_0}{\omega} \sqrt{\dfrac{P_1}{w_1}}$$

$$K_0 = \left(\dfrac{2}{k+1}\right)^{\frac{k+1}{2(k-1)}} \sqrt{k}$$

类似地,对流换热系数可根据气体的流速和温度,依然采用下面的经验公式计算[29]：

$$\overline{Nu} = 0.037 Re^{0.8} Pr^{1/3} \quad (3-70)$$

式中，$\overline{Nu}$ 和 Re 中的特征尺度 L 为身管长度 l_g。

3）流空过程2（弹丸出炮口后，膛内压力小于临界压力）

当膛内压力小于临界压力时，如果继续假设此时的气体流动仍为绝热等熵流动，带来的误差将会明显增加。这时，必须与身管温度场进行联立求解，才能正确求得膛内气体的温度，而这使得计算过程复杂化。为避免复杂的计算，可采用如下外推方法计算膛内气体温度及其对流换热系数[22]。

外推曲线在某一时刻 t_B 必须与输入曲线具有相同的值和斜率，并且当 $t \to \infty$ 时，$T(t) \to T_\infty$，其中 T_∞ 为环境温度。因此，对 $t > t_B$ 时的气体温度采用指数外推[22]：

$$T(t) - T_\infty = (T_B - T_\infty) \exp[\dot{T}_B(t - t_B)/(T_B - T_\infty)] \quad (3-71)$$

式中，t_B 为压力大于临界压力时的某一时刻，$T_B = T_g(t_B)$；$T_g(t)$ 为所求任意时刻的气体温度；$\dot{T}_B = [\dot{T}_B(t_B + \Delta t) - T_g(t_B - \Delta t)]/2\Delta t_g$，$\Delta t_g$ 为时间步长。

对流换热系数仍可采用前述的公式确定。

5. 弹丸摩擦产热

弹丸与火炮身管内壁相互作用的摩擦产热相对于火药燃烧气体对身管的对流加热比较小，采用下述简化方法计算弹丸摩擦产热 q_{fr}[28]：

$$q_{fr} = \varphi_1 \frac{mv^2}{2} \quad (3-72)$$

式中，φ_1 为弹丸摩擦产热与弹丸动能之比；$\frac{mv^2}{2}$ 为弹丸动能，其值可由内弹道学模型确定。

3.1.5 车辆温度理论模型的数值解法

上述所有部件温度场模型的耦合构成了较为完整的装甲车辆整体三维瞬态温度分布模型。显然，只有运用数值方法求解这些温度场模型，才能获得车辆的三维瞬态温度分布。求解这些温度场模型的数值计算方法有许多种[31-37]，本节只讨论有限差分法。进行装甲车辆整体温度的计算，首先需要建立装甲车辆的几何结构构型和计算区域的离散化。

3.1.5.1 装甲车辆的几何建模

本章的整车几何模型是依据一些文献中的装甲车辆外部形状[38,39]所构建的虚拟装甲车辆。整车主要包括动力舱、炮塔、履带、负重轮、两侧浮箱、前部车体、前部车体连接板和车体挡板等结构区域。整车的几何模型如图 3-11 所示。

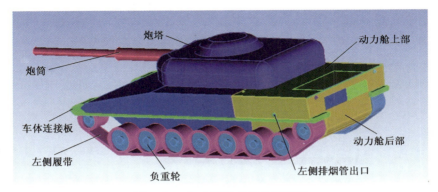

图 3-11　坦克装甲车辆几何模型

对于结构复杂的动力舱，保留其内部主要部件，对几何尺寸很小的部件和对动力舱内部传热影响小的部件进行省略和简化，例如进排气门、弹簧、连杆和齿轮等。动力舱内部主要发热部件包括发动机、一二级空气增压涡轮、一二级空气滤电机、一二级中冷器、冷却水套、左右传动电机、高温烟管、排气管和其他部件等。动力舱的散热部件包括蜗壳内的风扇和蜗壳上部的散热器。依据动力舱内部部件几何拓扑关系，建立动力舱的三维结构模型。图 3-12 为动力舱内高温烟管和发动机的几何模型图。

（a）动力舱内部高温烟管

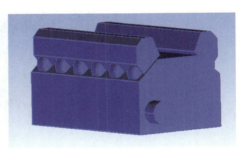
（b）发动机

图 3-12　高温烟管和发动机几何模型

动力舱内发动机的高温烟气从动力舱内的高温排烟管向车体两侧排出，最终进入周围外部环境。其中，高温排烟管穿过两侧浮箱，浮箱内部布置有隔热面将排烟管与浮箱内流体隔开，从而减少排烟管对浮箱内流体的传热影响。浮箱内的高压电池也属于发热部件，周围环境空气可以通过两侧浮箱入口管进入浮箱内部空间，对左右两侧浮箱内的 4 个高压电池进行冷却换热，再经过浮箱内部管路，从浮箱出口流出,排散到车体外部周围环境。图3-13为浮箱内部构造图。

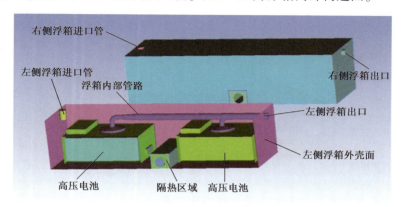

图3-13 浮箱内部构造图

如图3-14所示,蜗壳内部有风扇和轮盘,蜗壳上部为散热器。周围环境空气在风机抽吸下进入散热器,带走散热器内部热量,然后进入蜗壳内部并随风扇以一定的速度旋转,最终从蜗壳左右出口排出。风扇由叶片和旋转托盘组成,其形状特点如图3-15所示。

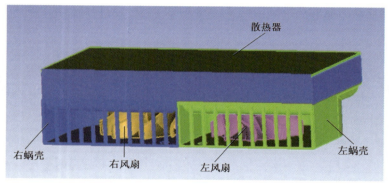

图3-14 蜗壳、风扇和散热器的位置分布图

3.1.5.2 网格划分

在流动与传热数值计算中,计算网格生成是重要的前处理过程,也是不可或缺的一部分。对于地面运动目标,尤其是装甲车辆,其外部结构不规则,其内部部件多、结构复杂,使网格划分面临很大困难。因此,针对装甲车辆而言,需要综合考虑动力舱内部部件、车辆炮塔、前车体、履带、负重轮的尺寸大小和结构特点,兼顾网格精密度和网格数目,采用合适的实用网格生成方法,对整车进行网格划分。目前,已经发展出多种对复杂结构进行网格划分的方法,通常称为网格生成技术。网

图 3-15　风扇形状图

格生成技术主要分为两大类：结构化网格生成技术和非结构化网格生成技术。对于装甲车辆等地面运动目标，可根据不同部件的具体结构特点，采用结构化网格和非结构化网格相结合的网格生成方法进行网格划分，具体网格划分方法可参见相关文献[37-40]，这里不再赘述。本书只是针对装甲车辆的网格生成，根据作者的经验，介绍所采用的网格生成方法和网格生成过程。

本书所采用的网格生成过程：首先生成固体区域的表面网格，然后依据固体区域的表面网格，生成固体域的体网格。

1. 装甲车辆固体域面网格生成

装甲车辆固体域的面网格类型采用三角形网格，体网格类型为非结构化四面体体网格。与结构化网格相比，非结构化网格对于复杂区域有更好的适应性。面网格生成方法有许多种[41-43]，其中稳定的八叉树方法可以较好地处理几何模型没有完全封闭的情况，建议使用该方法进行面网格的生成。

对于几何尺寸大的部件，在保证计算精度的前提下，可以适当定义较大的网格尺寸；对于几何尺寸较小、结构较为复杂的部件，为了避免几何形状的变形对流动与传热过程计算产生影响，需要定义较小的网格尺寸。例如，前部车体、炮塔和浮箱等部件可以设置较大的网格尺寸；蜗壳的构造较为复杂，须将蜗壳表面设置较小的网格尺寸；风扇的曲线和曲面较多，风扇旋转时，其周围空气的流动较为剧烈，故风扇的网格尺寸应该设置为更小的网格尺寸，以保证计算精度；风扇轮盘上的曲线和曲面也比较多，轮盘面上的网格尺寸也要设置得比较小；排烟管内有高温烟气流动，需要准确反映烟气在其内部流动与传热情况，排烟管内壳面和外壳面都需要设置较小的网格尺寸；因为排烟管隔层面距离排烟管较近，隔层面的最大网格尺寸不宜过大，否则会影响网格质量。

在动力舱内部部件中,发动机外壳面和水套面结构比较复杂,存在许多曲面,设置较小的网格尺寸;发动机上部烟管的内外表面包含很多大角度的弧面和曲线,也需设置较为精细的网格尺寸;其他内部发热部件也是主要依据部件的形状大小和表曲面复杂程度,来设定它们的最大网格尺寸。

2. 装甲车辆固体域体网格生成

在面网格生成后,依据面网格生成结果进行体网格的生成。生成体网格的方法也有许多[41-43],Delaunay 方法是其中使用较多的方法之一,其三角化的依据是利用已知点集将已知立体区域划分为凸多面体的理论。此方法的显著优点是可以使网格四面体尽可能为等边四面体,从而提高网格质量。另外,Delaunay 方法针对三维问题数值计算的网格生成速度比较快。

对于不同的固体域,根据固体域接触面的面网格尺寸确定固体域的最大网格尺寸,并将面网格作为固体域体网格的边界面。例如,排烟管壳体域与排烟管内壳面和外壳面相接触,壳体域的最大网格尺寸可以设为与排烟管内壳面网格尺寸相近的数值,以保证网格的顺滑。

网格生成后,需要检查网格生成质量,对于网格质量差的网格进行网格光顺处理。网格生成往往不是一蹴而就的,有时需要反复进行多次,主要有以下两个方面的原因:一是当网格尺寸较大或者网格质量较低时,会导致数值模拟中出现不正常的计算值,甚至计算过程会出现发散,无法得到收敛解;二是所生成的计算网格必须具有网格独立性,数值计算结果不应该受到网格尺寸的影响。也就是说,网格进一步加密,两次计算结果的差别应该小于允许的误差。

针对虚拟装甲车辆最终生成的整车表面网格如图 3-16 所示。图 3-17~图 3-19 则是动力舱内部一些部件的面网格图。

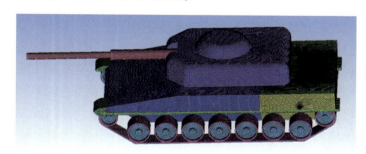

图 3-16 整车表面网格图

上述部件的三维化网格适用于不同方式和不同条件的数值计算,例如三维温度场的分离区域数值计算或流固耦合数值计算。对于装甲车辆的红外辐射特征分析,可以将动力舱部件的传热过程简化为一维问题。这样,对于一维问题的数值计算问题,划分网格的过程就大大简便了。

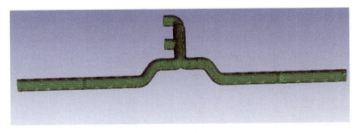

图3-17 动力舱内烟管的表面网格

图3-18 左、右风扇的表面网格

（a）动力舱内部烟管

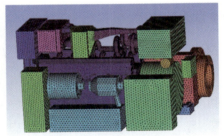

（b）动力舱内其他发热部件

图3-19 动力舱内部烟管和动力舱内其他发热部件的表面网格

3.1.5.3 方程的离散化

在对描述车体温度场控制方程进行离散化时,采用的是内节点法,即节点位于单元体区域的中心,用附加源项法求解。这时,单元体区域就是控制容积,划分单元区域的曲线就是控制体的界面线。一般地,在球坐标、柱坐标或直角坐标系下,三维瞬态热传导方程的离散化方程可统一表示成下列形式[41]:

$$a_p T_p = a_e T_e + a_w T_w + a_n T_n + a_s T_s + a_b T_b + a_t T_t + b \qquad (3-73)$$

式中，

$$a_e = \frac{k_e A_e}{\delta d_e}; \quad a_w = \frac{k_w A_w}{\delta d_w}; \quad a_n = \frac{k_n A_n}{\delta d_n}; \quad a_s = \frac{k_s A_s}{\delta d_s}; \quad a_b = \frac{k_b A_b}{\delta d_b}; \quad a_t = \frac{k_t A_t}{\delta d_t}$$

$$a_p = a_e + a_w + a_n + a_s + a_b + a_t + a_p^0$$

$$b = a_p^0 T_p^0; \quad a_p^0 = \frac{\rho c \Delta V}{\Delta \tau}$$

在具体的数值计算过程中，根据车体温度的空间分布多维性和对应的坐标系，一般形式的离散化方程（3-73）可作相应的变化。上述离散化方程适用于装甲车辆车体所有部件的内节点。但是，对于靠近边界的节点，由于单元体的某一面或几个面靠近边界，因而其离散化方程的形式会有所变化。根据边界条件的类型，可用附加源项法处理边界节点[41]。

在附加源项法中，把由第三类边界条件规定的进入或带出计算区域的热量作为与边界相邻的控制容积的当量源项。从整体观点而言，无论这一热量是从边界导入还是从与边界相邻的控制容积发出的，热平衡关系不会受到破坏。采取这种处理后，则对此控制容积建立的离散方程就可以不包含边界上的未知温度。不失一般性，以某一近边界节点的上表面为例，认为其表面边界条件包含导热、对流和辐射所有热交换方式（当针对某一具体表面时，如其边界条件只包含其中的一项或几项，则其余项直接赋零即可），则处理边界条件的离散表达式为

$$A_t \cdot k_t \cdot \frac{T_t - T_p}{\delta} = A_t \cdot h_t \cdot (T_\infty - T_t) + \sum_{j=1}^{N+2} A_t \cdot F_{tj} \cdot \varepsilon_t \cdot \sigma \cdot (T_j^4 - T_t^4) +$$

$$A_t' \cdot q_{sd} \cdot \alpha_s + A_t \cdot (q_{sr} + q_{sf}) \cdot \alpha_s \qquad (3-74)$$

式中，k_t 为导热系数；h_t 为表面的对流换热系数；ε_t 为表面发射率；σ 为玻耳兹曼常数；F_{tj} 为表面对 j 单元外表面（其中含天空背景和地面）的辐射传递系数；q_{sd} 为太阳直射辐射功率密度；q_{sr} 为太阳散射辐射功率密度；q_{sf} 为环境反射的太阳辐射功率密度；α_s 为表面的太阳辐射吸收率；A_t' 为表面的太阳入射投影面积；A_t 为表面的实际换热面积；$N+2$ 为与该表面存在辐射换热的单元表面、天空背景和地面的总和。

将式（3-74）中的非线性辐射项线性化，并作相应的化简，得

$$T_t^4 = 4T_{t,0}^3 T_t - 3T_{t,0}^4 \qquad (3-75)$$

式中，$T_{t,0}$ 表示此节点对应于上一时刻的温度值。将式（3-75）代入式（3-74），整理可得

$$\left(\frac{A_t k_t}{\delta} + A_t h_t + A_t \varepsilon \delta \cdot 4T_{t,0}^3\right) T_t = \frac{A_t k_t}{\delta} T_p + A_t h_t T_\infty + \sum_{j=1}^{N+2} A_t \cdot F_{tj} \cdot \varepsilon_t \cdot \sigma T_i^4 +$$
$$A_t \varepsilon_t \sigma 3T_{t,0}^4 + Q_{sun} \quad (3-76)$$

式中，$Q_{sun} = A_t' \cdot q_{sd} \cdot \alpha_s + A_t \cdot (q_{sr} + q_{sf}) \cdot \alpha_s$。

引入下列参数：

$$w_1 = \frac{A_t k_t}{\delta} + A_t h_t + A_t \varepsilon \delta \cdot 4T_{t,0}^3$$

$$w_2 = \frac{A_t k_t}{\delta}$$

$$w_3 = A_t h_t T_\infty + \sum_{j=1}^{N+2} A_t \cdot F_{tj} \cdot \varepsilon_t \cdot \sigma T_i^4 + A_t \varepsilon_t \sigma 3T_{t,0}^4 + Q_{sun}$$

则边界节点温度简洁地表述为

$$T_t = \frac{(w_2 \cdot T_p + w_3)}{w_1} \quad (3-77)$$

对于近边界节点，离散化方程(3-72)中的边界节点温度前的系数应作相应变化。对于此例，离散化方程涉及的系数变化为 $a_t = \frac{A_t k_t}{\delta}$，其他系数如 a_e, a_w, a_n, a_s 和 a_b 均不变，与式(3-72)相同。因此，有以下同样的表达式：

$$a_p T_p = a_e T_e + a_w T_w + a_n T_n + a_s T_s + a_b T_b + a_t T_t + b \quad (3-78)$$

将式(3-77)代入式(3-78)得

$$a_p T_p = a_e T_e + a_w T_w + a_n T_n + a_s T_s + a_b T_b + a_t \frac{(w_2 \cdot T_p + w_3)}{w_1} + b \quad (3-79)$$

整理得

$$\left(a_p - \frac{a_t \cdot w_2}{w_1}\right) T_p = a_e T_e + a_w T_w + a_n T_n + a_s T_s + a_b T_b + \frac{a_t \cdot w_3}{w_1} + b \quad (3-80)$$

令 $a_p' = a_p - \frac{a_t \cdot w_2}{w_1}$，$b' = \frac{a_t \cdot w_3}{w_1} + b$，$a_t' = 0$

从而有

$$a_p' T_p = a_e T_e + a_w T_w + a_n T_n + a_s T_s + a_b T_b + a_t' T_t + b' \quad (3-81)$$

由此可见，关于近边界节点温度变量的离散化方程与内节点的离散化方程在形式上是一致的。

3.1.5.4　车体温度场的数值求解

由上述温度场控制方程及其边界条件的离散化过程可知，对于内部节点和近

边界节点,离散的节点温度方程具有如下的统一形式:

$$a_p T_p = a_e T_e + a_w T_w + a_n T_n + a_s T_s + a_b T_b + a_t T_t + b \quad (3-82)$$

对于内部节点:

$$a_e = \frac{k_e A_e}{\delta d_e}; \ a_w = \frac{k_w A_w}{\delta d_w}; \ a_n = \frac{k_n A_n}{\delta d_n}; \ a_s = \frac{k_s A_s}{\delta d_s}; \ a_b = \frac{k_b A_b}{\delta d_b}; \ a_t = \frac{k_t A_t}{\delta d_t}$$

$$a_p^0 = \frac{\rho c \Delta V}{\Delta \tau}$$

$$a_p = a_e + a_w + a_n + a_s + a_b + a_t + a_p^0;$$

$$b = a_p^0 T_p^0$$

对于近边界节点,离散方程(3-82)中各项的系数与边界条件的具体类型相关。

所有这些方程的集合构成了关于离散求解区域全部单元节点温度的线性代数方程组。显然,这样的车体温度场模型的离散方程满足主对角占优的条件,可以用Gauss-Seidel迭代法求解[41]。

3.1.6 车辆温度理论模型计算结果分析

为了检验车辆温度场模型的合理性,下面结合算例进行分析与讨论。在相同的外界条件下(其中,坦克炮在某一段时间内处于发射状态),分别数值计算处于静止和运动两种状态的某型坦克车体的温度分布,以便对计算结果进行比较。坦克温度场计算涉及的主要输入参数如下:

时间为7月1日的上午10-12时;坦克所处的方位取为北纬30°,炮管指向正南方向;坦克行始速度为40km/h;空气温度变化范围为25.0~32.8℃;最大风速为5.0m/s,风向为正南风;天空晴朗少云;地面背景为裸露地表;坦克行驶3600s以后开始射击。

3.1.6.1 车体的温度分布

坦克处在静止状态时,太阳辐射是影响其温度分布的主要因素;坦克处在运动状态时,除了太阳辐射的影响外,动力舱内动力装置的散热作用至关重要。结合数值计算结果,分析与讨论如下:

(1)图3-20和图3-21分别给出了坦克乘员舱和动力舱内气体在静止和运动两种状态下的温度随时间变化曲线。在图3-20和图3-21中,曲线A表示静止状态,曲线B表示运动状态。

从图中曲线可以看出,运动状态下的乘员舱和动力舱内气体温度都要明显高于静止状态下的,这是由于运动状态下动力装置的散热作用导致的;而对于舱内气体温度升高的幅度来说,动力舱要比乘员舱高得多,这是由于动力舱和乘员舱是由

第3章 地面运动目标红外辐射特性

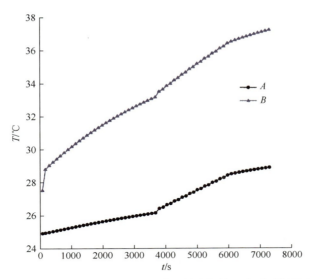

图 3-20 静止、运动两种状态下,坦克乘员舱内气体温度随时间的变化曲线

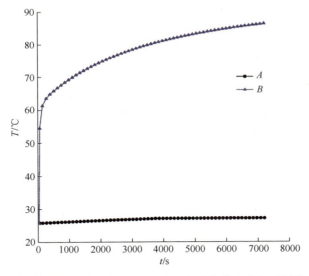

图 3-21 静止和运动两种状态下,坦克动力舱内气体温度随时间的变化曲线

隔板分开的。动力装置都布置在动力舱内,在运动状态下,它们对动力舱内的气体直接进行加热,而对乘员舱内气体的影响,则要通过气体与隔板、装甲之间的对流换热以及隔板和装甲的导热作用。在运动状态下,动力舱内的气体温度越来越接近于 90℃,这也符合实测的动力舱内气体最高温度不超过 105℃ 的要求。如图 3-

141

20 所示,根据静止和运动状态下乘员舱内气体温度变化曲线的升高趋势,可以明显地看出,在 3600~6000s 时间内,舱内气体温度梯度有所增大。在该段时间内,坦克正好处于发射状态,发射过程中产生的高温、高压气体以及弹丸与膛壁的摩擦使炮管的温度升高很大,炮管温度的升高通过与炮塔之间的热传导以及与上装甲前部和前装甲上部之间的辐射换热作用,使乘员舱内气体在单位时间内吸收的热量增加。所以,这段时间内的乘员舱内气体温度梯度有所增大。

(2) 对于处在外界环境中的装甲车辆,不论其是处于静止状态或运动状态,太阳辐射都是影响其温度分布的重要因素。由于装甲车辆的结构很复杂,结构简化后的形状既有半球形,又有圆柱形和平面形。随着车辆所处方位和自身方向的不断变化,使得在计算单元表面所吸收的太阳直接辐射能时,判断面与面之间的相互遮挡关系以及计算被遮挡单元表面上的阴影面积是十分复杂的。采用蒙特卡洛方法,可以判断面与面之间的相互遮挡关系,确定单元表面的太阳入射投影面积。图 3-22 和图 3-23 显示了运用蒙特卡洛方法的效果,它们对应某型坦克在 3600s 时分别处于运动和静止状态的温度分布灰度图。

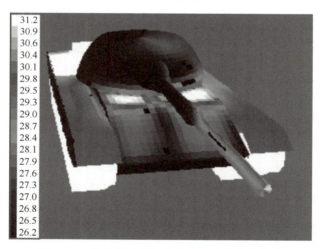

图 3-22　运动状态下坦克整体温度分布灰度图
(时间 3600s,色标范围 26.2~31.2℃)

图 3-22 和图 3-23 反映出太阳辐射对炮塔和炮管温度分布的细微影响,这与预期情况是完全一致的。从图 3-22 可以明显地看出炮管在上装甲前部表面及前装甲上部表面上投下的阴影对该部分温度分布的影响,温度分布不均匀性大约为 4℃;从图 3-23 可以明显地看出侧装甲在翼子板上投下的阴影(即侧装甲相对于翼子板对太阳辐射的遮挡效应)对翼子板温度分布的影响。从图 3-22 还可以看出,前装甲上部的温度要高于下部,这是由于前装甲距离动力舱比较远,太阳辐射成为影响其温升的

主要原因,而前装甲上部吸收的太阳辐射能量要大于下部。以上分析都表明,运用蒙特卡洛法处理装甲表面接收太阳辐射的边界问题,可得到令人满意的结果。

图 3-24 对应的是 3600s 时刻处于运动状态的某型坦克的整体温度分布灰度图。通过与图 3-23 所示的相同时刻处于静止状态的坦克整体温度分布灰度图比较,可以看出两种状态坦克温度分布的明显区别:静止状态时,发动机处于不工作状态,动力舱部分装甲的温度分布差别不大;运动状态时,由于动力装置的散热影响,使得该部分装甲温度分布差别很大。

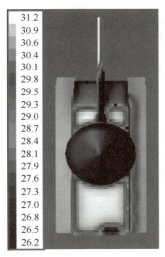 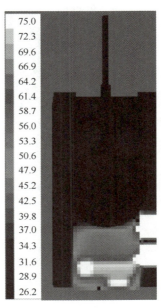

图 3-23　静止状态下坦克整体温度分布灰度图　图 3-24　运动状态下坦克整体温度分布灰度图
　　　　（时间 3600s,色标范围 26.2~31.2℃）　　　　　　（时间 3600s,色标范围 26.2~75℃）

图 3-25 为坦克运行 3600s 时,动力舱上装甲的温度分布图。图中,A 为机油散热器区域,B 为水散热器区域,C 为风扇排风口,D 区域位于发动机上部,1 和 2 两处分别接近两根高温排气管。从图中可以看出,机油散热器的表面温度大约在 85℃,水散热器的表面温度大约在 75℃,这与已知的实测值基本相同。从图中也可以看出机油散热器、水散热器、风扇排风口和高温排气管以及其他动力装置对动力舱上装甲温度分布的影响。

（3）某型坦克的两根高温排气管从右侧装甲上通过。运动状态时,由于来自高温排气管热传导作用的影响,右侧装甲的温度分布与左侧相应部分相比有很大差异。图 3-26 和图 3-27 分别给出了运动状态下在 $t=3600s$ 时左、右两侧装甲的温度分布图,它们显示了明显的差异。图 3-26 中,左侧装甲温度较高的部分是由

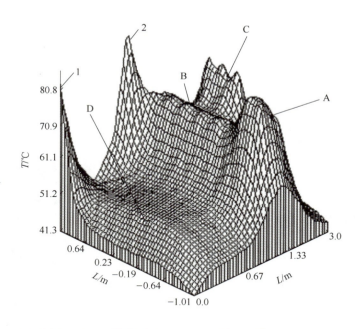

图 3-25　运动状态下动力舱上装甲温度分布图($t=3600$s 时)

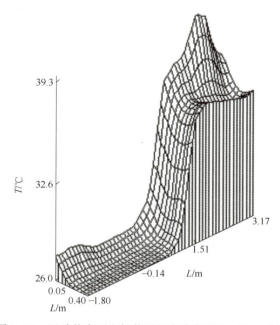

图 3-26　运动状态下左侧装甲温度分布图($t=3600$s 时)

于该区域与动力舱相连接;图 3-27 中,右侧装甲温度分布的两个尖峰对应为两根高温排气管的位置。在数值计算过程中,考虑了排气管外面加保温层的情况。从图上可以读出,它们的温度大约在 200℃,这符合实测排气管外表面(加保温层)温度不超过 250℃ 的要求。

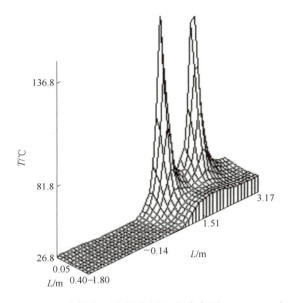

图 3-27　运动状态下右侧装甲温度分布图(t = 3600s 时)

(4) 图 3-28 分别给出了静止和运动状态下动力舱上装甲表面某一点处的温度随时间变化曲线,其中 A 为静止状态,B 为运动状态。这些曲线明显地反映了运动状态下动力舱内动力装置散热对装甲温度分布的影响。

(5) 从 3600s 开始,坦克炮处于发射状态:连续射击 10 发炮弹,射击间隔 240s。由于膛内火药气体的加热和弹带摩擦加热,炮管温度升高,并通过辐射换热对上装甲前部的温度分布产生影响。图 3-29 给出了上装甲前部受炮管热辐射影响的某一点分别对应坦克炮没有发射和发射弹丸两种情况下的温度随时间变化曲线,曲线 A 为没有发射情况,曲线 B 为考虑发射情况。显然,曲线 B 在 3600s 以后的温升幅度要比曲线 A 大,这就说明坦克炮发射弹丸过程中的高温身管对上装甲前部温度分布产生一定的影响。

3.1.6.2　履带及车轮部分

图 3-30~图 3-32 所示分别是行驶状态下某型装甲车辆履带和车轮的温度分布。算例中的装甲车辆共 16 个车轮,两侧各为 8 个,其中 6 个负重轮,1 个主动轮和 1 个诱导轮。

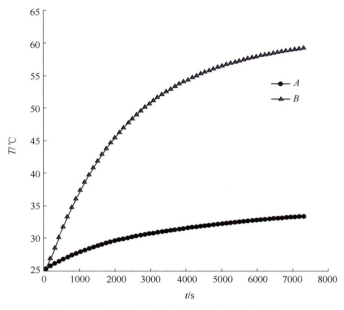

图 3-28　静止和运动两种状态下坦克动力舱上
装甲某一点温度随时间变化曲线

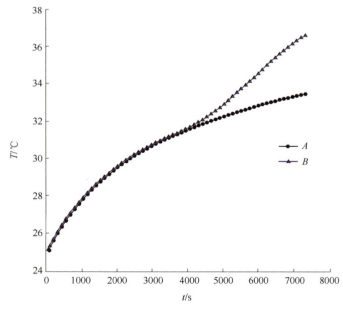

图 3-29　对应坦克炮没有发射和发射两种情况的上装甲前部上受炮管辐射
影响的某一点温度随时间变化曲线

第3章 地面运动目标红外辐射特性

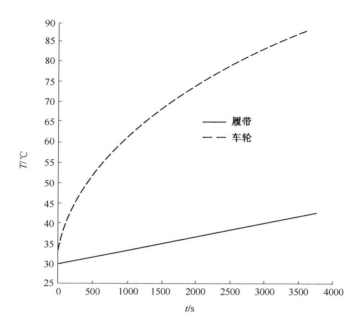

图 3-30 履带及车轮的温度变化

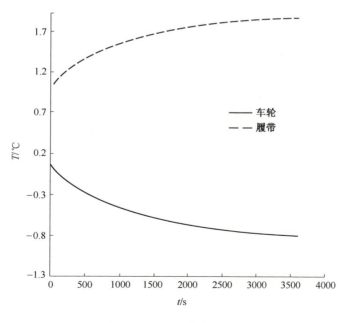

图 3-31 热流分配系数

147

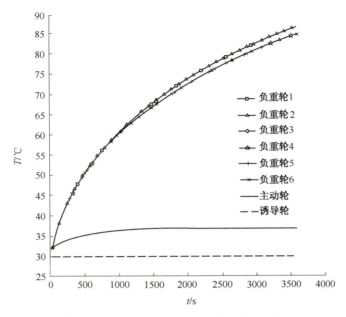

图 3-32　不同车轮相同径向位置点的温度

图 3-30 为履带与车轮某一接触点处的温度随时间的变化曲线（初始温度相同）。可以看出，由于履带与车轮之间存在接触热阻，车轮与履带的温度并不相同，而且车轮毂温度比履带温度上升得快，这主要是车轮内存在弹性变形所产生的耗散热所致，说明车轮橡胶层弹性变形所引起的耗散热是影响车轮温度分布的重要因素之一。

图 3-31 为履带与车轮的摩擦热流分配系数图（热流分配系数的定义如下：$a_1 = q_1/q_f$，$a_2 = q_2/q_f$。此处，车轮的热流密度以流向车轮轴心方向为正，履带的热流密度以流向地心方向为正）。从图中可看出，向车轮的热流密度分配系数为负值，其值随时间的变化趋势是越来越小；相反，向履带的摩擦热流分配系数越来越大，两者之和为 1。这是因为车轮橡胶层的导热系数相对于履带的导热系数来说很小，摩擦产热量流向车轮的热流本来就很小，又由于车轮与履带的温度差越来越大（车轮温度高于履带），由车轮导向履带的热量也越来越多，并且这种由于温差产生的导热量大于由摩擦接触点传向车轮的摩擦热量。

图 3-32 所示为不同车轮的相同径向位置点处温度随时间的变化趋势。显然，6 个负重轮的温度变化特性基本相同，而主动轮温度较低，诱导轮温度最低，而且几乎没有变化。其原因在于负重轮内的橡胶层有弹性变形能，而主动轮没有橡胶层，但其摩擦热较大；诱导轮虽有橡胶层，但作用于其上的力很小，弹性变形能和摩

擦热量都很小。

图 3-33 为履带和车轮不同时刻温度分布灰度图。很明显,随着时间的增加,履带和车轮的温度尤其车轮的温度明显升高,并且与翼子板温度之间的差别越来越明显。

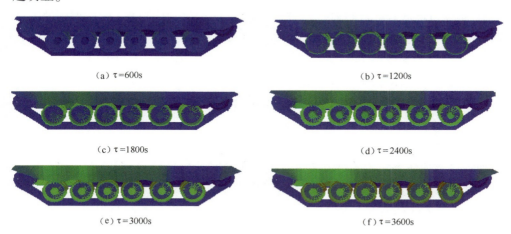

图 3-33　不同时刻履带及车轮温度分布

图 3-34 是某型装甲车辆整体温度分布灰度图(装甲车辆运行 1h 且射击多发炮弹后)。从车轮和履带温度分布与车体其他部位的温度比较可知,除了排气口和后装甲散热器之外,车轮温度明显高于附近其他部位的温度,具有较高的红外辐射强度,表现出明显的外部形状特征。因此,车轮温度成为红外探测和识别装甲车辆的重要特征点之一。

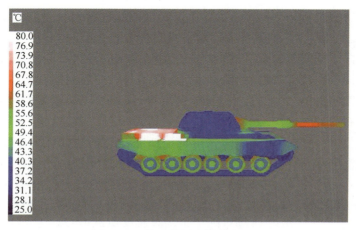

图 3-34　装甲车辆整体温度分布

3.1.6.3 坦克炮身管温度分布

（1）在射击过程中及弹丸出膛后很短的时间内（60 ms 左右），膛内火药燃烧产生的高温气体对身管内壁的热冲刷作用非常大，膛内气体对身管的加热作用不可忽视。在身管温度的计算中，为了便于调用膛内火药气体的温度和膛内对流换热系数，将弹道模型（弹丸出炮口前）及流空过程 1（弹丸出炮口后）计算得到的温度和对流换热系数拟合成多项式形式。对于气体温度，采用下列多项式：

$$\begin{aligned} T = &\ 3236.04 - 447350.0t + 4.97301 \times 10^7 t^2 - 2.71956 \\ & \times 10^9 t^3 + 4.5887 \times 10^{10} t^4 + 2.33999 \times 10^{12} t^5 \\ & - 1.5318 \times 10^{14} t^6 + 3.92522 \times 10^{15} t^7 - 5.37105 \\ & \times 10^{16} t^8 + 3.86516 \times 10^{17} t^9 - 1.15248 \times 10^{18} t^{10} \end{aligned} \quad (3-83)$$

针对膛内气体与内壁之间的对流换热系数，分别对上述两个过程进行拟合，相应地得到表述两个阶段的对流换热系数多项式。

弹丸出炮口前：

$$\begin{aligned} h_g = &\ -8870.37 + 2.36954 \times 10^8 t - 1.11848 \times 10^{12} t^2 + 2.25804 \\ & \times 10^{15} t^3 - 2.01454 \times 10^{18} t^4 + 9.91278 \times 10^{20} t^5 - 2.95878 \\ & \times 10^{23} t^6 + 5.51262 \times 10^{25} t^7 - 6.2797 \times 10^{27} t^8 \\ & + 4.00677 \times 10^{29} t^9 - 1.09792 \times 10^{31} t^{10} \end{aligned} \quad (3-84)$$

弹丸出炮口后：

$$\begin{aligned} h_g = &\ 148730 - 1.26033 \times 10^7 t + 4.86808 \times 10^8 t^2 - 1.00142 \\ & \times 10^{10} t^3 + 1.05293 \times 10^{11} t^4 - 4.42861 \times 10^{11} t^5 \end{aligned} \quad (3-85)$$

（2）图 3-35 所示是没有射击而只有太阳辐射的情况下火炮身管外表面周向温度随时间的变化，图 3-36 则是身管上部径向的温度分布。图中曲线表明，火炮身管上部的表面温度较高，其他表面随不同的周向角也有不同程度的变化，这是因为沿炮管周向不同位置的表面单元与太阳射线之间的夹角不同，所接收的太阳辐射能量也不同。在只有太阳辐射的条件下，火炮身管外表面温度显然比其内部温度高。在太阳照射 1 h 后，身管外表面温度上升近 10℃。因此，太阳辐射也是影响身管温度分布的重要因素。

（3）图 3-37～图 3-40 所示是太阳照射 1 h 后坦克炮进行单发射击条件下火炮身管各处的温度变化。对于身管后部，尽管其内壁温度较高，但由于其壁厚较大（即热惯性大），热量不易向外传递，因而其外表面温度反而比身管前部的低。图 3-39 表明，射击过程对身管周向温度分布影响不大，其周向温度的差异主要是由太阳辐射引起的。图 3-40 则反映了火炮身管壁厚的差异所导致的身管后部温度上升的滞后现象。在相同壁厚的情况下，身管后部的温度较高，这是因为由于弹丸的运动，其后部与高温火药气体接触的时间比其前部要长。

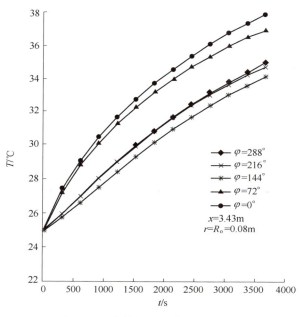

图 3-35　身管外表面周向温度分布

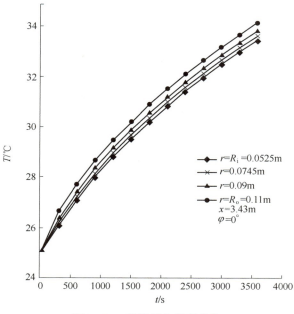

图 3-36　身管径向温度分布

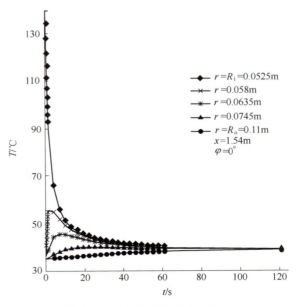

图 3-37 身管后部径向温度变化

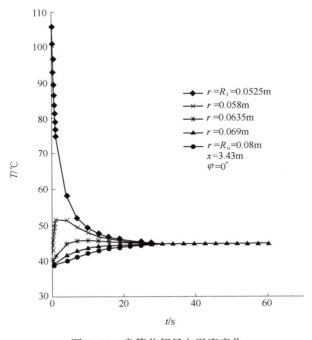

图 3-38 身管前部径向温度变化

第3章 地面运动目标红外辐射特性

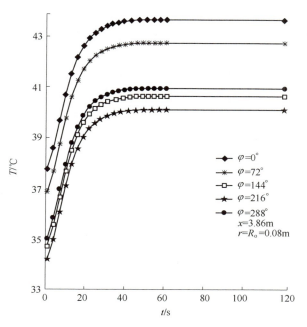

图 3-39 单发射击周向外表面温度变化

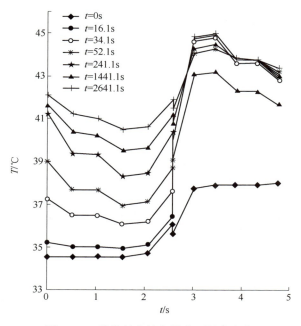

图 3-40 单发射击轴向外表面温度变化

（4）图 3-41 所示是太阳照射 1h 后坦克火炮连续多发快速射击（10s 左右一发）时的身管温度变化曲线。可以看出，射击过程中火炮身管前、后部的外表面温度均快速升高。射击 30 发后，其前部温度可达 180℃，明显高于坦克车辆其他部位的温度，因而成为坦克的一个重要的红外辐射源，同时也成为红外探测和识别坦克的一个重要特征点，也是坦克红外隐身设计中必须着重考虑的部位。由于火炮身管后部壁厚较大，其内外表面间的温差也较大，随着射击发数的增加，这种温差也越来越大。

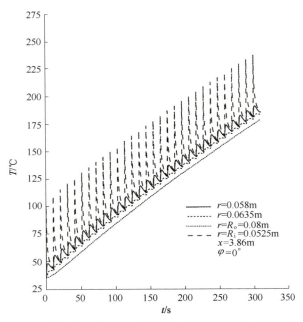

图 3-41　多发（30 发）快速射击时火炮身管前部径向温度变化

（5）图 3-42 所示是太阳照射 1h 后火炮多发慢速射击（4min 左右一发）时的身管温度分布。由于射击间隔时间较长，火炮身管向环境散发较多的热量，因而其外表面的温度增加均比快速射击时要慢，且由于射击时间间隔较长，热量有足够时间传到外表面，其内外表面间的温差也比快速射击时要小。从图中仍可看出，多发慢速射击之后的身管外表面温度上升的幅度依然很大。射击 20 发后，身管前部仍可达 100℃，明显高于坦克其他部位的温度，依然是坦克的一个重要的红外辐射源。

（6）如图 3-43 所示，火炮连续快速射击过程结束后，在自然状态下冷却近 1h 的身管外表面温度依然很高，其红外辐射特征依然对坦克车辆整体红外辐射特征产生明显影响。因此，研究火炮身管温度分布与红外辐射特征对装甲武器的红外探测识别和红外隐身设计均具有重要意义。

第3章 地面运动目标红外辐射特性

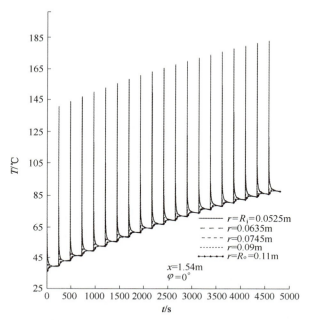

图 3-42 多发(20 发)慢速射击时火炮身管后部径向温度变化

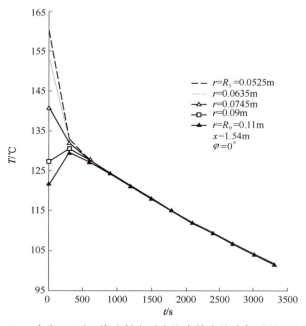

图 3-43 多发(30 发)快速射击后火炮身管自然冷却时的温度变化

（7）图 3-44 所示是坦克炮身管在太阳照射 1h 后慢射频（1 发/4min）连续射击 10 发炮弹时的火炮身管温度分布。此图直观表明了身管轴向温度分布及其随时间的变化趋势。随着射击过程的进行，火炮身管温度持续上升，射击终止时（$t=6000$s）温度达到最高；射击停止后，火炮身管在环境中自然冷却，表面温度持续下降。

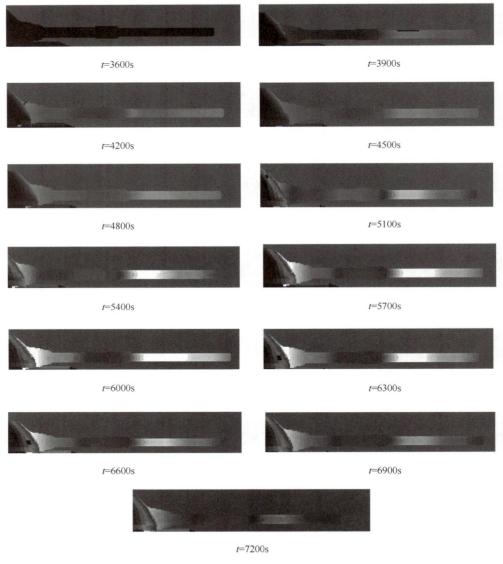

图 3-44　不同时刻的火炮身管温度分布

3.2 车辆整体温度分布的流固耦合计算方法

目标温度场数值方法的准确度直接影响目标红外辐射特征的计算结果,其中涉及的流体与固体壁面之间对流换热是影响目标温度分布的重要因素之一。3.1节给出了利用由实验数据整理得到的无因次准则式来确定目标不同部件对流换热的方法,虽然简捷便利,但该方法具有较大的局限性。首先,只有一些典型的规则结构表面与流体流动的组合方式可用经验关联式计算对流换热,而实际的军用目标往往有一些特殊结构表面,并且与流体流动的组合方式也是多种形式的,难以建立相应的对流换热关联式,只能选择近似关联式,这势必带来误差;其次,经验公式往往给出一个表面与流体之间的换热系数,而实际表面不同部位的局部对流换热系数有很大的差别,用平均的对流换热系数计算同样也会导致较大的误差。正是因为确定固体表面与流体之间对流换热系数面临的困难,如果采用流体与固体直接耦合的整体数值计算方法,将流固界面的处理转化为区域内部节点问题,可以完全回避必须预先给定流体与固体壁面之间对流换热系数的难题。基于流体与固体直接耦合的温度场数值求解方法适用于不同的结构表面与流体流动的组合方式,可以显著提高目标温度场数值计算的准确度,并且一旦求解获得了流体和固体的温度分布,仍然可依据牛顿冷却公式的定义和能量传递平衡关系来确定流体与固体表面之间的局部对流换热系数。但是,这种流固区域耦合直接计算方法的缺点是流固边界单元区域分割相对复杂,计算耗费时间长,对计算机内存要求高。尽管如此,随着计算传热学、计算流体力学和计算机技术的发展,基于流固耦合的温度场数值求解不再是难以实现的,基于流固耦合的温度分布求解方法逐渐成为目标温度分布求解的选择途径之一[39,40]。本节主要围绕装甲车辆整体温度场求解,介绍装甲车辆内部流场、外部流场和整车固体结构及表面温度分布的流固耦合计算方法。

3.2.1 物理模型的构建

3.2.1.1 装甲车辆的几何建模

与流体与固体分区域分离计算的情况类似,进行装甲车辆整体温度的流固耦合计算,首先需要建立装甲车辆的几何结构构型和整体计算区域的离散化。针对装甲车辆的流固耦合计算所涉及的对象主要包括动力舱、炮塔、履带、负重轮、两侧浮箱、前部车体、前部车体连接板和车体挡板等结构区域。构建过程与 3.1.5.1 节整车几何模型构建过程相同,此处不再赘述。

3.2.1.2　空气流动计算域和车辆固体域

装甲车辆温度场的流固耦合数值计算方法是将固体区域和流体区域视为一个整体进行耦合求解，流固耦合计算的网格划分是将流体区域和固体区域作为一个整体进行网格划分。当然，考虑到流体和固体的形态与物性参数的显著差别，在邻近界面的两侧局部区域可以采取加密计算网格的方法，以抑制由于真实界面存在的阶跃特性而可能引起的数值计算误差。

装甲车辆温度场的流固耦合数值计算需要确定流固耦合计算的流体（空气或气体）区（流）域。这里的流体域主要指装甲车辆外部空气流域和内部空气流域。

外部流体域大小的选择直接影响到流固耦合方法的计算效率和计算精度。由于装甲车辆外部的空气没有实际的边界，需要人为设定边界及其边界条件。理论上讲，为保证足够的计算精度，外部空气流域应该设置得足够大，但是过大的外部空气流域会影响计算效率，而过小的外部空气流域会影响到计算精度。同时，外部空气流域网格划分的精细程度也会影响到流固耦合计算的计算效率和计算精度，精细的网格计算精度高，但计算效率低；反之，计算精度低，但计算效率高。考虑到车体近处的空气对车辆的传热影响比较大，而远处的空气影响较小，解决此问题通常的方法是将外部空气流域分为两个流域：近车体流域和远车体流域[40]，近车体流域是指紧紧包围整车的空气域，近车体流域之外的区域则是远车体流域。外部空气流域可以选得较大，计算网格可以相对粗些；近车体流域较小，计算网格则相对精细些。

流固耦合数值计算的总区域大小根据车体尺寸确定。根据文献[40]，可以选择略大于车辆长宽高的长方体作为近车体耦合区域。近车体耦合区域去掉整车所占体积部分即可得到近车体空气流域。取长为4倍车长，宽为5倍车宽，高为3倍车高的长方体为总的计算区域。总的计算区域扣除近车体耦合区域的剩余区域即为远车体流域。文献[40]的计算结果表明，上述远近区域的选择可以较好平衡计算效率和计算精度。

图3-45所示是车体外流域。远车体流域的左侧面为空气来流入口面，右侧面为流体出口面，远车体流域与近车体流域的底面为地面。远车体流域与近车体流域之间的接触面属于内部面，两流域之间可以通过这些面进行空气能量和质量的交换。

从动力舱内总容积扣除动力舱内部各部件所占空间体积，即得到动力舱内部流体区域；类似地，依据前部车体内总容积及其位置特点，可以确定前部车体内部流体区域；依据炮塔与乘员舱内总容积及其结构位置特点，可以确定炮塔与乘员舱内流体区域。高温烟气流经高温排烟管，最终排出到车辆外部周围环境。研究高温烟气与排烟管之间的流动传热及其影响，应当根据高温排烟管的结构特点确定

第3章 地面运动目标红外辐射特性

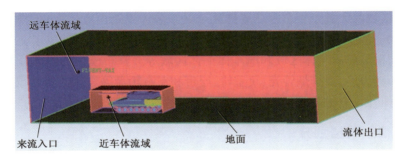

图 3-45 车体外流域

高温排烟管内的流体区域。

散热风扇对周围空气做功,风扇周围空气湍流动能较大,驱使其周围空气以一定速度旋转,加速废热由散热器向环境的排散。针对左右风扇的作用影响范围,划分左右风扇的旋转区域。根据风扇叶片的尺寸和形状特点,设计紧密包裹左右风扇的两个弧面柱状体作为风扇与流体的总区域。左右弧面柱状体分别扣除左右风扇所占空间区域,即分别是左右风扇对应的流体旋转区域(图 3-46)。

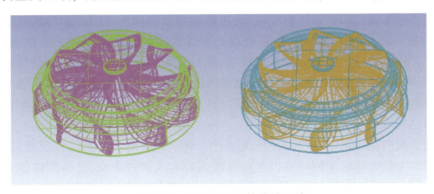

图 3-46 左右风扇流体旋转区域

考虑到车体周围环境的空气依次流入散热器和风扇蜗壳,最终从风扇蜗壳出口排出的过程,分别确定散热器内部流体区域和左右风扇蜗壳内部流体区域。这里,左右蜗壳内部流体区域即为蜗壳内部总容积减去风扇流体旋转区域后剩余的区域。

为了更贴切于装甲车辆(如坦克)的实际情况,考虑前部车体、动力舱和排烟管等厚度对整车传热的影响,确定前部车体、动力舱和排烟管壳体区域,以便在数值计算中设置壳体材料物性参数。与此同时,确定负重轮、履带和左右风扇轮盘的固体区域。

整车温度场模型数值求解方法涉及的流体区域包括整车外部流体区域和整车

内部流体区域两大类。整车内部流体区域又细分为浮箱内流体区域、排烟管内流体区域、动力舱内流体区域、散热器流体区域、蜗壳内流体区域、风扇流体旋转区域、炮塔与乘员舱内流体区域和前车体流体区域等。整车模型的固体区域包括前部车体壳、动力舱壳、排烟管壳、负重轮、履带和左右轮盘等。这样的区域划分对流固耦合数值计算方法是必要的,因为不同的区域对应于不同物性参数的赋值。

3.2.2 网格划分

如前所述,装甲车辆温度场的流固耦合计算是将固体区域和流体区域视为一个整体进行耦合求解的,因此流体区域与固体区域的网格划分必须统一进行。本书所采用网格生成过程:首先生成固体区域的表面网格,然后依据固体区域的表面网格依次生成固体域的体网格和流体域的体网格。固体区域的网格划分方法同3.1.5.2节,本节着重讨论流体域的网格划分。

对于不同部分的流体域,根据流体域与固体域接触面的面网格尺寸确定流体域的网格尺寸,并将固体域面网格作为流体域体网格的交界面,对于不同流域的交界面,网格应保持一致,即数值计算网格界面与真实的流固界面完全重合。

因为远车体流体区域体积比较大,而且远车体流体区域的流动传热与能量传递对车辆表面的温度场影响较小,所以远车体流体区域可采用较大的网格尺寸。因为近车体的流体区域体积相对比较小,而且近车体流体区域流动传热与车辆表面的热传递过程密切相关,对车辆温度场的影响较大,所以近车体流体区域一般采用较小的网格尺寸。一般地,近车体流体区域的最大网格尺寸不超过远车体流体区域网格尺寸的1/2。

动力舱内流体区域与舱内设备及部件相邻。如果前者网格尺寸设置过大,可能导致动力舱流体区域网格难以平稳过渡至设备及部件表面,使得网格单元质量较差,不利于流体传热计算。排烟管流体区域与排烟管壳体内侧面相邻,排烟管流体区域最大体网格尺寸与内侧面最大面网格尺寸差距不宜过大。风扇流体旋转区域与风扇相邻,旋转区域内部体网格质量要求较高,应设置较小尺寸的网格。总体来说,流体区域体网格的尺寸都与和流域接触的部件面网格尺寸有关,要根据流体区域接触面的面网格尺寸确定流体区域的最大网格尺寸。

离散网格生成后,需要检查网格生成质量,对于网格质量差的网格进行网格光顺处理。图3-47和图3-48显示不同空气流域网格生成的结果。

3.2.3 流固耦合数值计算的理论模型

在整车流固耦合计算理论模型中需要考虑整车所有流体域内的流体流动与换热,包括:① 整车外部空气的流动以及外部空气与整个车体表面之间的对流换热;

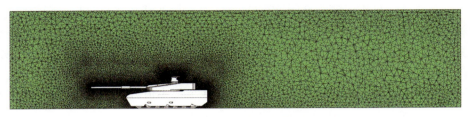

图 3-47　远车与近车外流域网格剖面图

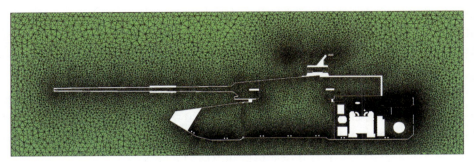

图 3-48　内流域与近车外流域网格剖面图

② 动力舱内部空气流动以及动力舱内部空气与动力舱内部发热部件的对流换热；③ 排烟管内部高温烟气的流动以及烟气与烟管壁面的对流换热；④ 浮箱内部空气的流动以及浮箱内部空气与高压电池和浮箱壁面的对流换热；⑤ 散热器内部空气的流动以及散热器内部空气与散热器内部热源和壁面的对流换热；⑥ 蜗壳内部空气的流动以及蜗壳内部空气与蜗壳壁面的对流换热；⑦ 风扇流体旋转区域内空气的旋转流动等。

同时，整车流固耦合计算理论模型中还需要考虑固体介质中热量的传递，主要包括：① 不同区域的车体或设备及部件壳体内的热传导；② 履带和负重轮等固体的热传导。

如前所述，装甲车辆温度场的流固耦合计算是将固体区域和流体区域视为一个整体进行耦合求解。一种有效的处理方法是将上述对流换热问题和装甲车辆内部的热传导问题使用统一的数学模型描述，于是原来的流固耦合界面成为求解区域内部界面，该界面可以进行能量交换，而不再需要设置边界条件。本书 2.2.2.2 节"对流换热问题的数学描述"中所介绍的数学模型即为流固耦合问题的数学模型，当式（2-14）～式（2-20）中的速度变量赋无限逼近零的小值时，该方程组就简化为导热方程。因此，流固耦合数值计算的关键是在计算的过程中保证固体区域内的流速为 0 和黏性系数极大。

保证固体区域内流速为 0 的方法[41]:① 每一层次迭代计算之前,将固体区域中的速度变量赋值为 0,以保证固体壁面对流体的速度起到滞止的影响;② 求解速度变量的代数方程前,令固体区域各速度离散方程主对角元素的系数为一个很大值,以保证迭代所得的速度为 0;③ 采用 SIMPLE 系列算法计算压力修正值时,应使固体区域各速度修正值计算公式的系数取一个很小值,以使得固体区域中各速度修正值也为 0。

在装甲车辆温度场的流固耦合计算中,还要考虑车辆中所有部件之间的辐射换热,尤其是发热部件对其他部件的热辐射影响,包括:① 动力舱内部发热部件表面的热辐射;② 高温烟气的热辐射;③ 浮箱内高压电池的热辐射;④ 行动装置的热辐射;⑤ 散热器内部热源的热辐射;⑥ 整个车辆外表面的热辐射;⑦ 整个车辆内表面的热辐射等。其中辐射换热计算的方法参见本书 2.3.1 节。

利用上述的流固耦合计算方法,可以处理大多数的流固耦合计算问题。但对于一些特殊部件,例如散热器、风扇、车轮履带和坦克火炮身管等,则需要建立特殊模型。对于车轮履带和坦克火炮身管等的计算模型,本书 3.1 节介绍的方法依旧适用,此处不再赘述。本节只介绍散热器和风扇的处理方法。

3.2.3.1 基于多孔介质模型的散热器流动换热计算方法

实际的散热器存在大量翅片结构,由于翅片尺寸很小,划分网格时生成的网格数量巨大,从而影响装甲车辆温度场耦合计算的效率。为了提高装甲车辆温度场耦合计算的效率,需要对散热器的计算进行简化。这里介绍利用多孔介质模型来研究散热器内部流体流动和换热的计算方法。Patankar[44]最早提出用多孔介质模型模拟散热器内部流体流动的方法,研究人员利用多孔介质模型针对三维散热器的数值模拟开展了大量研究工作[45]。多孔介质模型主要通过设置分布阻力系数来获得流动的压力损失,仿真模拟介质和流体流动的传热问题。多孔介质模型适用于模拟计算散热器内部流体通过散热器内部翅片的流动,其计算结果可以给出散热器内详细物理分布信息。

1. 多孔介质的能量方程[40]

多孔介质模型通过修正对流项和时间导数项来影响能量方程。模型中采用了有效对流函数计算对流项,在时间导数项中加入了固体区域对多孔介质的热惯性效应。

$$\frac{\partial}{\partial t}(\gamma \rho_f E_f + (1-\gamma)\rho_s E_s) + \nabla(\boldsymbol{v}(\rho_f E_f + p)) \\ = -\nabla\left(k_{\text{eff}} \nabla T - \left(\sum_i h_i J_i\right) + (\boldsymbol{\tau} \boldsymbol{v})\right) + S_f^h \tag{3-86}$$

式中,E_s 为固体介质总能;E_f 为流体总能;γ 为多孔介质的孔隙率,可根据散热器翅片的结构尺寸进行计算;S_f^h为流体焓的源项(根据散热器的散热量和体积来确定散热器的单位体积功率);k_{eff}为介质的有效导热系数,它是流体导热系数和固体导热系数的体积平均值。

$$k_{\text{eff}} = \gamma k_f + (1 - \gamma) k_s \tag{3-87}$$

式中,k_s为固体介质的导热系数;k_f为流体的导热系数。需要指出的是,这里的多孔介质模型实际上是假设流体和散热器固体之间存在着热平衡。如果考虑散热器固体和流体之间的非平衡状态(例如,两者的温度相差很大),则必须引入双温度方程。

2. 多孔介质的动量方程[40]

多孔介质的动量方程是在标准动量方程后面加上动量方程源项。源项包括两个部分:黏性损失项和惯性损失项。方程(3-88)中右端第一项为黏性损失,右端第二项为惯性损失。

$$S_i = -\left(\sum_{j=1}^{3} D_{ij} \mu v_j + \sum_{j=1}^{3} C_{ij} \frac{1}{2} \rho |v| v_j \right) \tag{3-88}$$

式中,S_i为第i个源项,源项的值为负数,则源项被称为"汇"。动量方程中的汇在单元上产生一个正比于流体速度的压力降,从而影响多孔介质单元的动量梯度;D和C为给定矩阵,依据散热器实验测试的阻力特性来确定,由于散热器的翅片结构有一定的方向性,因此散热器等效的多空介质是各向异性的,在不同的方向上取值不同。

实际计算时,散热器上部与外流域空气连通,下部与蜗壳内部流域连通,定义为内部连通界面,散热器的侧面为耦合面。

3.2.3.2 风扇旋转区域模型

目前,对风扇旋转区域的数值仿真主要有滑移网格法和多参考坐标系(MRF)方法。风扇转动对于发动机舱内流场流动和散热有非常重要的作用,所以对风扇旋转区域选择合适的模拟方法非常重要。多参考坐标系方法是一种定常的近似求解方法,对动力舱风扇旋转区域的数值计算模拟更加适合。MRF方法适用于转子和定子之间交互作用比较微弱的情况,例如风机内部的旋转流动、泵内部流动。

多参考坐标系模型与滑移网格模型和动网格模型相比,可大大节约计算时间和计算机资源,同时能保证计算准确度[40,45]。本书只针对多参考坐标系模型进行介绍。

多参考坐标系模型是用定常的方法解决非定常的问题。在MRF模型中,计算区域分为不同的子域,每个子域的速度相对于子域的运动计算,运动参考系的相对速度可以通过下式转换为绝对参考系的值:

$$\boldsymbol{v} = \boldsymbol{v}_r + (\boldsymbol{\omega} \times \boldsymbol{r}) + \boldsymbol{v}_t \tag{3-89}$$

式中，v 为绝对参考系的速度；v_t 为非惯性参考系的平移速度值；v_r 为相对非惯性参考系的速度值；r 为运动参考系中旋转轴的初始位置的位置向量（$r=x-x_0$）；x 为绝对参考系下的位置向量；x_0 为绝对坐标系中旋转轴的初始位置。

根据相对速度的定义，绝对速度向量的梯度可以表示为

$$\nabla v = \nabla v_r + \nabla(\omega \times r) \tag{3-90}$$

MRF 方法可以计算包含一个旋转坐标系的问题，也可以计算包含多个旋转坐标系的问题。求解旋转坐标系问题的难点在于动量方程高度耦合导致的求解失稳，所以在旋转区域内压强与螺旋速度梯度大的地方，网格质量要好，才能获得收敛解。计算中也可以通过逐步增加旋转速度的方法保证稳定性。

3.2.3.3　装甲车辆流固耦合计算的边界条件[38-40]

整车外部流体区域入口、外部流体区域出口、外部流体区域的侧面和外部流体区域的上面等边界条件可称为外部边界条件。严格讲，车辆温度场的流固耦合数值计算应该直接从发动机燃烧传热过程开始，沿着热量传递路径直至车体外部如本书 3.1.2 节所述模型，而不需要设置关于能量方程的内边界条件。但是，对于实际的目标红外辐射特征理论研究，那样的处理方法可能极为复杂，而且在相对多的场合，可以获悉动力舱内设备及部件（如发动机和传动装置）外壳表面的温度信息，以这些信息作为内边界条件将大大简化装甲车辆温度场和红外辐射特征的数值计算过程。因此，在实际应用中，往往在与整车内部流体区域和车辆固体域相毗邻的车体部件表面设置内部边界条件。

1. 外部边界条件

（1）外流体区域入口边界为速度入口，根据装甲车辆行驶的速度和风速确定；

（2）出口边界为压力出口，相对压强为 0；

（3）近车体流域与远车体流域的界面与流体内部控制体的界面相同，两个流体区域间流体可以进行质量、动量和能量的交换。

2. 内部边界条件

1）动力舱内部部件表面边界设置

可根据动力舱内不同部件的状态设置内部部件表面边界条件。一种较为简单的方法是根据装甲车辆行驶过程中动力舱内不同部件的温度经验值，设置不同部件的不同表面温度，但该种方法有较大局限性；另外一种方法是利用 3.1 节的计算方法建立动力舱各部件温度计算的理论模型，计算动力舱各部件的温度，然后作为边界条件，与上述的流固耦合计算方法进一步耦合进行计算。

2）整车内部的入口边界条件和出口边界条件

将高温排烟管的入口面设为质量入口边界，入口边界上的质量流量和入口总温根据发动机型号和工作状态等确定。排烟管出口等内部流体区域的出口均与外

流体区域相连通,是计算区域的内部界面,与外流域的流体进行质量、动量和能量的交换,不再需要设置边界条件。

3) 其余车体的边界条件

除了动力舱内那些主要的散热部件,装甲车辆中还有高压电池、负重轮和履带等产热散热部件。对于高压电池,根据高压电池的工作状况,可将高压电池按给定热流密度的固体边界处理。对于装甲车辆的车辆和履带部分,采用本书3.1节相关模型,计算弹性变形能以及摩擦产热,并以源项的形式加入到能量方程。

炮塔内表面和外表面、前部车体内表面和外表面、动力舱外部表面、履带外表面和浮箱外表面与整车的外部流域相邻,属于计算区域的内部耦合界面,不需要设置边界条件。车体外表面接受的太阳辐射和天空背景辐射等以源项的形式加入到能量方程中。

3.2.4 装甲车辆温度场流固耦合计算结果分析

下面结合算例,对装甲车辆温度场流固耦合的计算结果进行分析。主要模拟的是装甲车辆的热动态,考虑了动力舱内部与外部的热交换、车辆行进中负重轮和履带的运动摩擦产热、整个车体内部和外部的辐射换热和整车外部环境空气与整车表面的对流换热等,针对有、无太阳辐射两种情况分别进行数值模拟。主要的计算条件如下。

装甲车辆计算时的地理位置:经度118°,纬度32°,时区+8;坦克方位为南北布置,即装甲车辆炮塔朝向为南,太阳从坦克左侧方向(x轴正方向)升起;模拟日期为6月21日。车辆行驶速度为10m/s,散热器体积散热功率为3×10^6W/m^3。风扇为离心风扇,每个风扇的预计风量为9.5m^3/s,风扇的驱动功率为90kW。高温排烟管入口边界上的质量流量设置为1.8kg/s,入口总温为923K。

3.2.4.1 整车温度分布和流场分布

由根据数值计算结果绘制的图3-49可以看出:上午8—12时,由于太阳辐射强度随着时间的推移逐渐增加,整车表面的温度也有所增加。因为太阳从车辆左侧升起,在有太阳辐射的情况下车辆向阳面的温度略高于背阳面的温度。由计算结果可知:8时整车的向阳面温度比0时高约8K,8—12时整车上表面被太阳照射到的面积部分增大,被照射到的表面温度提高了约3K。整体来说,太阳辐射影响了整车表面的温度分布,使整车表面温度随着太阳辐射强度和角度有一定的变化,但是整车的热特征重点部位主要是在动力舱区域、蜗壳排气出口处和两侧排烟管出口处。

由于太阳辐射影响的主要是装甲车辆的表面温度,对装甲车辆内部区域的影响比较小,下面主要以0时的计算结果为主要研究对象,分析装甲车辆的温度场和

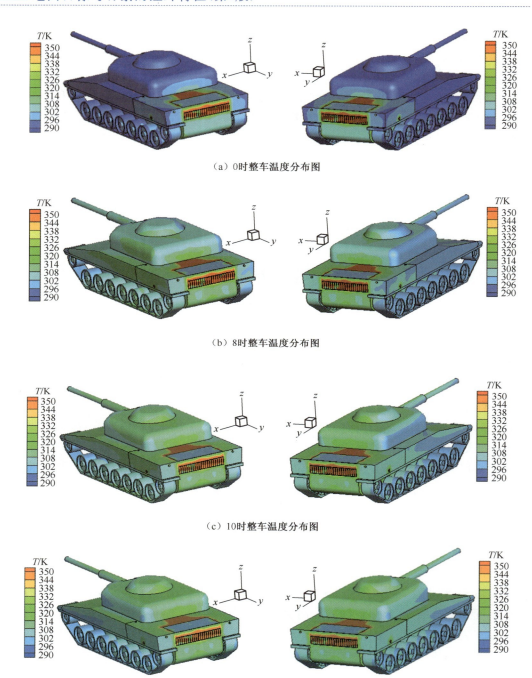

(a) 0时整车温度分布图

(b) 8时整车温度分布图

(c) 10时整车温度分布图

(d) 12时整车温度分布图

图 3-49　不同时刻装甲车辆的温度分布图

内外流场,以及动力舱区域、风扇流体旋转区域、散热器区域和浮箱区域的温度分布情况和速度分布情况。

图3-50所示是整车的温度分布。显然,动力舱中部区域温度明显高于前部车体、炮塔、履带和浮箱等部件温度。动力舱是整车中热特征最明显的区域,主要是因为其内部含有高温排烟管、一级空气增压涡轮、二级空气增压涡轮、一级空气滤电机、二级空气滤电机、一级中冷器、二级中冷器、机油箱和膨胀水箱等散热部件。动力舱内部的高温散热部件将热量以热辐射和对流换热的方式传热给动力舱内部流体,动力舱内部流体传热给动力舱内壳面。动力舱内壳面的热量经过壳体的热传导传递给动力舱外壳面,最终排散到周围环境。由模拟图像可知,炮塔正后面主要受到动力舱外壳面的辐射传热,温度略高于炮塔其他面。车体两侧高温排烟管

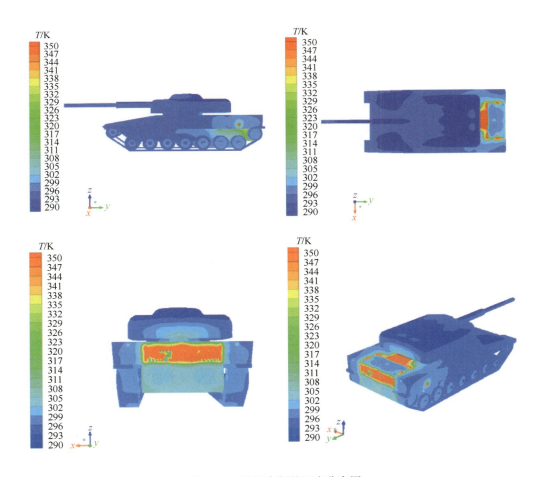

图3-50 装甲车辆的温度分布图

出口周围区域温度特征也较为明显,这主要是排烟管排出的高温烟气对周围区域进行辐射换热造成的。动力舱左右两侧区域各有浮箱,浮箱内部有发热的高压电池。将一定质量流量的常温空气引入对浮箱内部的高压电池降温,所以,浮箱区域温度降低,与动力舱中间区域形成鲜明对比。

负重轮的热量来源于橡胶层的弹性变形产热和摩擦产热以及发热部件轮轴,轮轴的热量通过钢材的热传导传递到负重轮表面。如图3-51(a)所示,位于动力舱区域的两侧负重轮温度也明显高于前部车体两侧的负重轮温度,最大温差达5K。这主要是由于动力舱两侧的负重轮距离动力舱较近,受动力舱外表面侧面的热辐射影响较大。如图3-51(b)所示,动力舱后部负重轮的温度也略高于履带表面温度,履带和负重轮的温度略高于前部车体温度,有一定的热特征。这些数值计算结果表明,在车辆的行驶过程中,履带和负重轮的运动弹性变形产热和摩擦产生的热量会影响履带和负重轮的表面温度分布,因而使履带和负重轮的热特征相对明显。

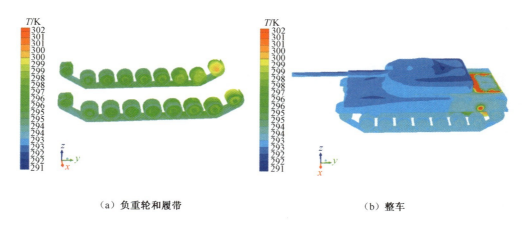

(a) 负重轮和履带　　　　　　　　(b) 整车

图3-51　负重轮和履带与整车车体温度

由图3-52可以看出,车辆外部气体从远处流来,一部分气体在前部车体顶部被阻滞,速度接近于0;一部分气体流向装甲车辆的底部;另一部分气体依次流经炮塔上部和动力舱上部,流向车辆尾部。散热器上方空气速度较大,这是由于蜗壳内风扇的高速旋转导致了旋转区域和散热器区域的压力差,从而吸引外流场大量空气流入散热器。蜗壳出口后方的流体速度也较大,这是由于蜗壳出口处的流体经过了风扇旋转域的高速旋转,排向周围环境流域时就有比较大的动能。

在某高度的剖面处(图3-53),可以截取到外部流体区域、前部车体内部流体区域、动力舱内部流体区域、两侧排烟管的中间流体区域和风扇流体旋转区域的偏

图 3-52　外流域和整车在 $x=0.01$m 剖面处速度分布图

下方流体区域。由图 3-53(a)可知,两侧排烟管里的高温烟气分别排向外部流体区域并流向车体两侧偏后方,这是因为高温气流受到车体前部来流的影响;蜗壳内部风扇旋转速度很大,高速旋转气流主要从左右蜗壳排气出口的中间区体区域排出。由图 3-53(b)可知,动力舱内部温度明显高于外部流体区域和前部车体;排烟管内流体温度很高,高温烟气从车体两侧排出,导致排烟管出口周围的外部气体温度上升。

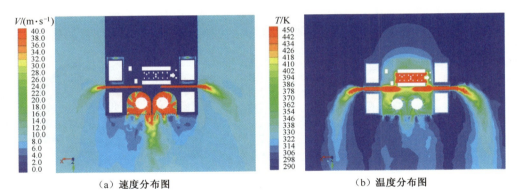

(a) 速度分布图　　　　　　　　(b) 温度分布图

图 3-53　外流域和整车的剖面图

3.2.4.2　动力舱表面和内部流域计算结果

图 3-54 是动力舱内部所有散热部件的温度特征分布图,这些散热部件的热量通过对流换热和热辐射的方式传递给动力舱内部流体,再依次传递到动力舱内表面、动力舱壳体和动力舱外表面,所以动力舱内表面和外表面温度都升高。

由仿真模拟结果得到:动力舱内部流体平均温度为 369.79K,动力舱外表面平均温度为 308.78K,动力舱内表面平均温度为 318.77K。动力舱外表面温度比内表

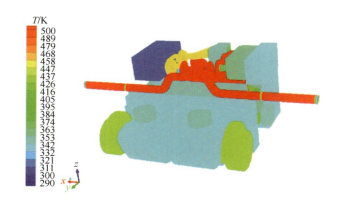

图 3-54 动力舱内部散热部件温度分布图

面低了约 10K。这主要由于动力舱外表面的面积更大,包括了两侧的浮箱,所以其平均温度低;另外一个原因是动力舱设备及部件内表面的散热量除了通过热传导和热辐射的方式传递给动力舱外表面,同时传递给了左右浮箱,所以动力舱外表面接收到的热量有所减少。由图 3-55 可以看出,由于动力舱上部壳面与动力舱内部高温散热部件(高温烟管和排烟管等)距离较近,受到高温散热部件的热辐射影响比较大,因此动力舱内壳上表面和外壳上表面的中间区域温度明显比其他区域高。由图 3-55 还可以看出,左右蜗壳排气出口面的温度也较高,有较为明显的热特征。

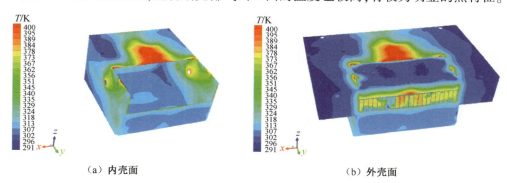

(a) 内壳面　　　　　　　　　　　(b) 外壳面

图 3-55 动力舱温度分布图

取平面 $x=0\mathrm{m}$ 为装甲车辆在宽度方向的中间对称面,$x=-0.38\mathrm{m}$ 平面为左风扇和左旋转域的中间对称面。由图 3-56(对应 $x=0\mathrm{m}$ 的剖面图)可以看到大量流体从动力舱后方排出的过程,且流体的速度大于在旋转区域对称面上流体流出的速度。由图 3-57(对应 $x=-0.38\mathrm{m}$ 的剖面图)可以看到,旋转域内的流体一部分在高速旋转,一部分从排气出口排出,流向车体后部。由温度图像可以看出,在动力舱内部,发电机上部烟管周围的流体温度较高,能达到500K以上,这主要是由于发电机上部烟管外壳面温度比动力舱内部其他散热部件温度高很多。旋转区域内部流体在流向外部流域的过程中,将热量传递给外部空气,使得动力舱后面的外部空气温度上升。

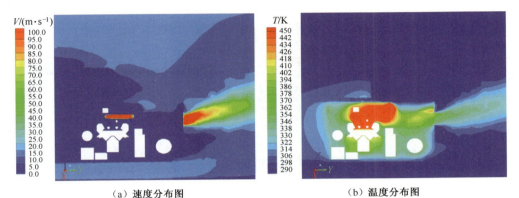

(a) 速度分布图　　　　　　　　　(b) 温度分布图

图3-56　整车在 $x=0$m 剖面处的剖面图

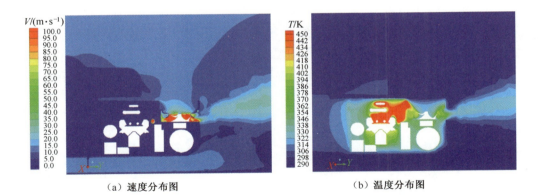

(a) 速度分布图　　　　　　　　　(b) 温度分布图

图3-57　整车在 $x=-0.38$m 剖面处的剖面图

由仿真结果可知,与两侧浮箱区域相邻的隔热区域内部平均温度为508.13K,与浮箱区域相邻的隔热区域外表面平均温度为330.22K,这说明在排烟管左右两侧端的外面加设隔热区域可以对排烟管左右两端进行有效的隔热。由图3-58(a)可以看出,排烟管在动力舱内的部分表面温度远低于排烟管在隔热区域部分的表面温度,温度差约为280K。造成这一现象的原因主要是:① 动力舱内的排烟管外壳表面将热量通过热辐射和对流换热的方式传递给动力舱内的流体,所以动力舱内部的排烟管外壳温度降低;② 隔热区域的排烟管外壳的热量在向隔热区域传递过程中受到隔热材料的阻碍作用,所以隔热区域的排烟管外壳表面的散热过程被抑制,隔热区域的排烟管外壳面温度下降幅度很小,而隔热区域外表面温度上升幅度也不大。

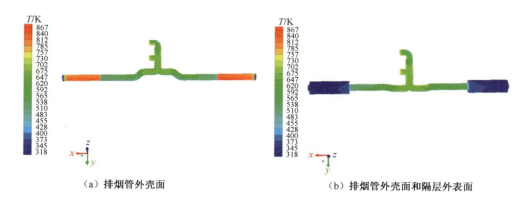

（a）排烟管外壳面　　　　　　　　（b）排烟管外壳面和隔层外表面

图 3-58　排烟管外壳面和隔层外表面温度分布图

3.2.4.3　风扇旋转区域和蜗壳流域计算结果

由图 3-59 可以看出,风扇的运动带动左右旋转区域和蜗壳流体区域内的流体高速旋转,流体的最大旋转速度达到了 243m/s,这说明气流旋转时速度和动能的变化会很剧烈。这时,蜗壳内流域平均温度为 375.71K,左旋转区域内流体平均温度为 366.40K,右旋转区域内流体平均温度为 365.40K,说明风扇的高速旋转使得风扇周围流体温度相对更低。

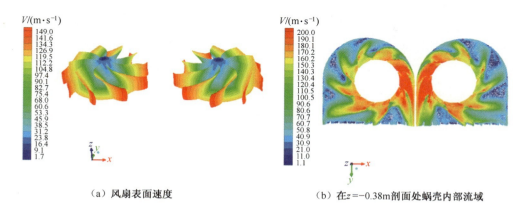

（a）风扇表面速度　　　　　　　　（b）在 $z=-0.38m$ 剖面处蜗壳内部流域

图 3-59　速度分布图

3.2.4.4 散热器区域计算结果

由图 3-60 可以看出,散热器上表面的流体流动速度方向向下,速度大小分布较为均匀;散热器下表面的流体流动速度分布不均匀,中间区域的速度最大,周围的区域速度逐渐减小。这主要是由于散热器下面与左右蜗壳流域相连通,蜗壳内由风扇带动周围流体进行高速旋转,造成通过散热器下面中间区域的流体出现快速流动的现象。

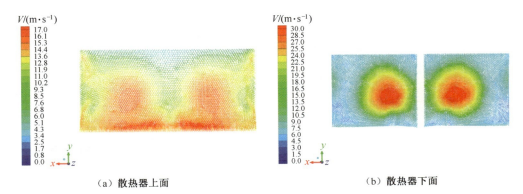

(a) 散热器上面　　　　　　　　(b) 散热器下面

图 3-60　散热器上面和下面的速度分布图

由图 3-61 可以看出,散热器上部区域温度明显低于散热器下部区域温度,这是由于周围环境的新鲜空气由上而下进入散热器,通过对流换热方式带走散热器上部区域表面的热量而温度上升,在流动过程中,这股流体的吸热能力逐渐减弱,散热器表面向流体的散热量也随着逐渐减小。对比图 3-60 和图 3-61 可知,在散热器下部区域,流体速度较大的区域温度也较低,这说明流体速度的增大改善了流

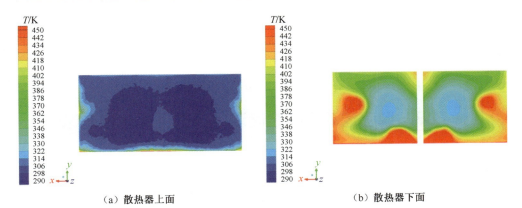

(a) 散热器上面　　　　　　　　(b) 散热器下面

图 3-61　散热器上部区域和下部区域的温度分布图

体的散热能力。

3.2.4.5 浮箱区域计算结果

由图3-62(a)可以看出,浮箱内部温度明显高于300K。原因之一是浮箱内部有高压电池,高压电池被简化为面热源,将其热量传递到浮箱内部流域,使其温度上升;另外一个原因是由于排烟管经过浮箱两侧,排烟管内流动的高温烟气将热量依次传递给排烟管内壳面、排烟管外壳面、隔热材料、隔层内表面、钢体和隔层外表面,最后传递到浮箱内部流域,使其温度增加。图3-62(b)显示出浮箱内部流体区域的空气流动情况,浮箱入口下方和浮箱管路出口处的流体流动由于流道截面的突然变化而表现得较为剧烈,其余区域的流体流动相对较为平缓。

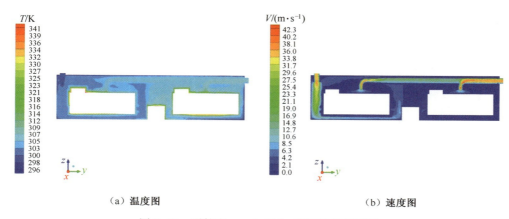

(a) 温度图   (b) 速度图

图3-62 浮箱在 $x=-1.315\mathrm{m}$ 平面处的剖面图

车辆外部流场、动力舱内部流场和整车三维温度场耦合计算结果分析表明,通过装甲车辆温度场和流场的整体流固耦合数值计算,可以更加直观地分析流场对温度场的影响,较为准确地处理流体与固体壁面之间的流动换热,在装甲车辆红外辐射特征建模、红外辐射特征主要影响因素分析和装甲车辆红外辐射特征抑制的研究中更具有实用价值。

3.3 地面运动目标表面温度场的工程建模方法

运用3.1节和3.2节地面运动目标的温度场理论模型以及流固耦合计算方法,可以获得较为精细和准确的地面运动目标温度分布及其变化规律。但是,计算时间较长,计算成本较高,难以实时获得温度分布状况。然而,在一些具体的工程应用时,往往需要实时了解地面运动目标的温度分布及其变化。因此,在研究高精度的温度场数值求解方法的同时,也需要探索建立地面运动目标的温度分布快速获取方法。利用大量的实验测量数据或者理论模型仿真数据来构建地面运动目标温度场工程求解方法是可能的途径之一。

工程建模方法在不同领域有着广泛的运用,其分析拟合方法各有千秋。研究人员在利用实验数据获得拟合公式时,常常运用数量级分析、相似原理和量纲分析这些重要的理论工具。关于地面运动目标表面温度和红外辐射特性的工程模型较少,已有的工程模型往往不够准确或只适用于特定条件下一小部分的具体目标。同时,工程模型适用范围往往较窄,缺乏统一适用的模型;工况条件或环境条件稍有改变,就需要重新建立工程模型。影响地面运动目标表面温度分布的因素更是繁多复杂,运用以往的数据拟合方式难以较准确地建立可靠适用的回归方程[46-50]。

实际目标的表面结构大多相当复杂,在工程建模中必须简化。一般地,目标整体表面可视为由平板、圆管和球形等基本的简易构型拼接组成,而平板是应用范围最广的拼接部件。因此,本节只介绍平板表面温度的工程模型的建模方法,其他几何结构的建模方法与平板表面温度的工程模型的建立方法类似。

本书介绍的工程模型考虑内部因素、环境条件和背景差异等对平板温度的影响,建立关于平板温度分布的热模型,通过数学推导及取值分析简化热平衡方程,推导出平板表面瞬时温度的表达式,并以当地气温、相对湿度和风速的日变化为主要环境条件,综合分析各因素的影响,建立描述平板表面瞬时温度的工程模型。

3.3.1 平板热模型

3.3.1.1 平板能量热平衡方程

平板表面温度变化是一个复杂的动态过程。影响平板表面温度的因素很多,总体来说,可以分为内在因素和外在因素两方面。内在因素主要指平板的结构及其材料的热物性等;外在因素主要是太阳辐射、大气温度、空气湿度和风速等。

如图 3-63 所示,从能量平衡关系角度分析,以平板为控制体,平板与其所处环境间的能量交换项主要包括:吸收的太阳辐射 Q_{sun}、吸收的天空背景辐射 Q_{sky}、吸收的地面背景辐射 Q_{grd}、自身向外辐射 Q_{self}、与大气间的对流换热量 H_{out}、与目标内部气体间的对流换热量 H_{in}、目标内部环境与平板内表面辐射和热传导量 q。根据能量守恒定律,零维的平板热平衡方程为

$$Q_{sun} + Q_{sky} + Q_{grd} - Q_{self} - H_{out} - H_{in} + q = d\rho C_p \frac{\partial T_{ave}}{\partial t} \qquad (3-91)$$

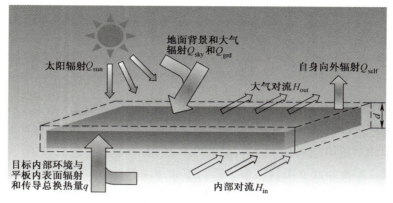

图 3-63 平板热分析图

式中，T_{ave} 为平板整体平均温度，而我们关心的主要是平板的外表面温度 T。为便于建立快速可用的经验模型，在式(3-91)中可近似认为 T、T_{ave} 和 T_{in} 三者相等，并引进修正系数对可能产生的误差进行修正。于是，式(3-91)可表述为[51]

$$Q_{sun} + Q_{sky} + Q_{grd} - Q_{self} - H_{out} - H_{in} + q = d\rho C_p \frac{\partial T}{\partial t} \qquad (3-92)$$

式中，吸收的太阳辐射 Q_{sun}、天空背景辐射 Q_{sky} 和地面背景辐射 Q_{grd} 的计算方法参见 3.1 节。

平板自身向外热辐射的 Q_{self}：

$$Q_{self} = \varepsilon \sigma T^4 \qquad (3-93)$$

平板与周围空气之间的对流换热量 H_{out}：

$$H_{out} = h_{out}(T - T_a) \qquad (3-94)$$

式中，h_{out} 为平板外表面与环境气体的对流换热系数，其具体数值与风速和风向有关，可依据 $h_{out} = bv^m$ 确定，其中 v 为风速，b 和 m 根据平板外表面与风向之间的关系确定，取值参见文献[52]。

类似地，平板内部的对流换热量 H_{in}：

$$H_{in} = h_{in}(T_{in} - T_{ein}) \qquad (3-95)$$

式中，T_{ein} 为目标内部气体温度；h_{in} 为平板内表面与目标内部气体对流换热系数。根据具体情况，有时可将其视为自然对流，h_{in} 的取值与介质物性、平板结构和导热系数等相关，不同条件对应不同的经验公式，其取值一般在 $3\sim6 W/(m^2 \cdot K)$。

将目标内部环境与平板内表面间通过辐射和热传导方式交换的总热量以附加热流密度 q 的形式体现，q 的取值与目标的运行状态和平板的位置相关。

平板单位面积吸收的总能量 $d\rho C_p \frac{\partial T}{\partial t}$，其中，$d$ 为平板厚度，ρ 为平板密度，C_p

为平板定压比热容，$\frac{\partial T}{\partial t}$ 为平板瞬时温度变化速率。

3.3.1.2 热平衡方程简化分析

为了进行平板表面温度的工程建模，需对式(3-92)的热平衡方程进一步简化，其分析过程如下：

由式(3-93)和式(3-95)以及3.1节相关公式，可得[51]

$$Q_{\text{sky}} - Q_{\text{self}} = -\varepsilon\sigma\left[T^4 - \varepsilon_{\text{sky}}\frac{1+\cos\beta}{2}T_a^4\right] = -\varepsilon\sigma[T^4 - \eta T_a^4] \quad (3-96)$$

式中，$\eta = \varepsilon_{\text{sky}}\dfrac{1+\cos\beta}{2}$。

对式(3-96)进行线性处理，得到

$$-\varepsilon\sigma[T^4 - \eta T_a^4] = -\varepsilon\sigma(T^3 + \eta^{0.25}T^2 T_a + \eta^{0.5}TT_a^2 + \eta^{0.75}T_a^3)(T - \eta^{0.25}T_a) \quad (3-97)$$

因为 T 和 T_a 的数值处于同一数量级，于是式(3-97)可变为

$$-\varepsilon\sigma\left(\frac{T+T_a}{2}\right)^3 (1+\eta^{0.5})(1+\eta^{0.25})(T-\eta^{0.25}T_a) = -\gamma(T-\eta^{0.25}T_a) \quad (3-98)$$

式中，$\gamma = \varepsilon\sigma\left(\dfrac{T+T_a}{2}\right)^3 (1+\eta^{0.5})(1+\eta^{0.25})$。计算时，$T$ 的取值根据目标的运动状态在 $(T_a - 5, T_a + 20)$ 范围内选取。

将式(3-98)代入式(3-92)，得

$$Q_{\text{sun}} + Q_{\text{grd}} - \gamma(T - \eta^{0.25}T_a) - h_{\text{out}}(T - T_a) - h_{\text{in}}(T - T_{\text{ein}}) + q = d\rho C_p \frac{\partial T}{\partial t}$$

进一步化简，可得[51]

$$T = \frac{\left[Q_{\text{sun}} + Q_{\text{grd}} + (\gamma\eta^{0.25} + h_{\text{out}})T_a + h_{\text{in}}T_{\text{ein}} + q - d\rho C_p \dfrac{\partial T}{\partial t}\right]}{(\gamma + h_{\text{out}} + h_{\text{in}})} \quad (3-99)$$

显然，从表述平板温度的近似表达式(3-99)出发，在平板材质与位置和目标运动状态确定时，只需给定当时当地环境气象条件、大气温度 T_a、风速 v、相对湿度 RH 和平板表面瞬时温度变化速率 $\partial T/\partial t$，即可快速计算获得对应时刻的平板表面温度。

3.3.2 气温、湿度及风速日变化拟合

在具体的分析计算时，往往无法获悉某一具体时刻的大气温度 T_a、相对湿度

RH 和风速 v，但可以知道或预测当地当日的平均气温 $T_{a\text{average}}$ 与最大温差 ΔT_a、平均相对湿度 RH_{average} 与最大相对湿度差 ΔRH 和最大风速 $v_{\max}$ 与最小风速 $v_{\min}$ 等气象信息。

1. 大气温度

大气温度一般具备逐日、逐年的周期性变化规律。在一天中，气温约在14—15时达到最高值，在4—5时达到最低值。气温随时间变化的曲线近似简谐波形状，利用二阶傅里叶级数进行展开，一天中第 t 小时的气温可表示为[53]

$$T_a(t) = T_{\text{average}} + a_1 \cdot \Delta T \cdot \cos\left[\frac{\pi}{12}(t - b_1)\right]$$
$$+ a_2 \cdot \Delta T \cdot \cos\left[\frac{\pi}{6}(t - b_2)\right] \quad (3-100)$$

式中，a_1、a_2、b_1 和 b_2 均为常数，对应不同地区，具体数值可能不同。若只知道该日的最高气温 $T_{a\max}$ 和最低气温 $T_{a\min}$，可采用下面的经验公式[53]：

$$T_{\text{average}} = 0.478 T_{a\max} + 0.522 T_{a\min} \quad (3-101)$$

对于南京地区，根据中国气象数据网中的资料和对气温的实测数据，利用最小二乘法确定式（3-100）中的系数。于是，具体表达式为[51]

$$T_a(t) = T_{\text{average}} + 0.491 \cdot \Delta T \cdot \cos\left[\frac{\pi}{12}(t - 15.32)\right]$$
$$+ 0.058 \cdot \Delta T \cdot \cos\left[\frac{\pi}{6}(t - 1.22)\right] \quad (3-102)$$

式（3-102）中系数的拟合优度 R^2 为 0.96，拟合优度 R^2 介于 0~1。拟合优度数值越接近 1，回归拟合效果越好，一般认为超过 0.8 的模型拟合效果较好[54]。

2. 相对湿度

表征空气中含水量的相对湿度 RH 受气温的影响较大。在一天中，RH 随时间变化的曲线也近似简谐波形状，约在凌晨2时达到最高值，在14时达到最低值。类似地，一天中第 t 小时的相对湿度可表示为[53]

$$RH(t) = RH_{\text{average}} + c_1 \Delta RH \cos\left[\frac{\pi}{12}(t - d_1)\right]$$
$$+ c_2 \Delta RH \cos\left[\frac{\pi}{6}(t - d_2)\right] \quad (3-103)$$

式中，c_1、c_2、d_1 和 d_2 均为常数，随地区不同，这些系数的值可能不同。与气温表达式中常数求解方法类似，对于南京地区，拟合后的具体表达式为[51]

$$RH(t) = RH_{\text{average}} + 0.341 \Delta RH \cos\left[\frac{\pi}{12}(t - 50.111)\right]$$

$$+ 0.052\Delta RH\cos\left[\frac{\pi}{6}(t - 13.532)\right] \tag{3-104}$$

3. 风速

由式(3-6)可知,风速对目标表面与空气间的对流换热系数 h_{out} 影响较大。风速的变化主要是由气温周期性变化所引起。Ephrath 等[55]为了表征风速日变化特性,提出了风速的日变化模型:在早晨某时刻 T_1 风速较小,然后风速逐渐增大,至午后某时刻 T_2 达到最大值,此后逐渐变小,至晚上某时刻 T_3 达到最小值。该模型中,t 时刻风速计算公式为

$$v(t) = v_{\min} + v_{\max} \cdot \sin\left(2\pi\frac{t - tw_{1,2}}{SF_{1,2}}\right) \tag{3-105}$$

式中,$tw_1 = T_1$;$tw_2 = 2(T_2 - T_3)$;$SF_1 = 4(T_2 - T_1)$;$SF_2 = 4(T_3 - T_2)$。T_1、T_2 和 T_3 的取值与地理位置及气象条件相关。综合分析中国气象数据网中的资料和本课题组的实测数据,在南京地区,T_1 约为日出后 1h,T_2 为 14.5 时,T_3 为日落后 1h。利用 3.3 节中的太阳辐射计算功能模块,可获得某地某日具体的日出时间与日落时间。

3.3.3 平板表面瞬时温度变化速率拟合

影响平板表面温度变化速率 $\partial T/\partial t$ 的因素很多且相互关联。本节采用控制变量法,对水平放置平板的表面瞬时温度变化速率进行研究:先单独分析了平板的厚度 d、密度 ρ、比热容 C_p、导热系数 k、太阳辐射、目标内部环境与平板内表面辐射和传导总换热量 q 的影响,再进行综合分析。

根据分析结果,影响水平放置平板的外表面瞬时温度变化速率 $\partial T/\partial t$ 的主要因素是太阳辐射和反映平板自身热惯性的 $d\rho C_p$。将太阳辐射以季节的形式进行考虑:春季为 3 月、4 月和 5 月;夏季为 6 月、7 月和 8 月;秋季为 9 月、10 月和 11 月;冬季为 12 月、1 月和 2 月。在某一基准工况下,$d\rho C_p = 80698.288\text{J}/(\text{K}\cdot\text{m}^2)$,取该值为基准 $d\rho C_p$。设 $\Delta(d\rho C_p) = d\rho C_p/80698.288$,称为材料相对 $d\rho C_p$,以便拟合研究。

根据图 3-64 所示的 $\partial T/\partial t$ 曲线特点,将一个周期内的 $\partial T/\partial t$ 曲线分为四段进行拟合。第二段从日出时刻 t_{rise} 到 $\partial T/\partial t$ 最大值时刻 $t_{\max}$;第三段从 $t_{\max}$ 到 $\partial T/\partial t$ 最小值时刻 $t_{\min}$;第四段从 $t_{\min}$ 到 $t_{\text{down}} + \Delta t$ 时刻,其中 t_{down} 为日落时间,Δt 表示平板外表面消除绝大部分整日太阳辐射对其影响所用的时间;第一段从 $t_{\text{down}} + \Delta t$ 到第二天日出时刻 t_{rise}。这样,可以获得各段的拟合表达式[51]。

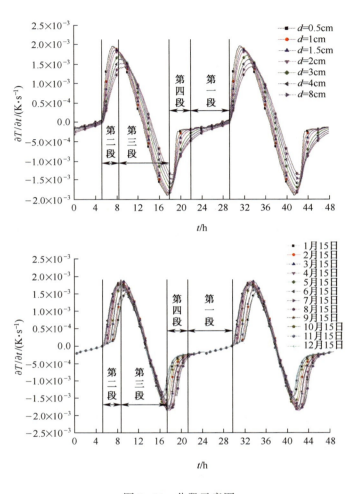

图 3-64 分段示意图

3.3.4 模型校验与分析

工程模型的可靠性与正确性需要进行验证,验证的方法有两种:一是利用实测结果进行验证,二是利用 3.1 节和 3.3 节所建立的理论模型进行验证。本节对利用理论模型的验证过程进行介绍。

为了验证所建立的工程模型,本节利用理论模型计算不同工况(季节、地点、气象参数、材料、尺寸、内部环境)下的温度分布,并与工程模型计算结果进行对比,工程模型分两种情况,一种是忽略 $\partial T/\partial t$ 的影响,另一种是考虑其影响。

1. 春季工况

平板参数:长宽高为 100cm×100cm×5cm;材料为碳素钢,密度 ρ 为 7854kg/m³、比热容 C_p 为 434J/(kg·K)、热导率 k 为 60.5W/(m·K),外表面发射率 ε 为 0.75,吸收率为 0.9。

时间位置:北京地区(东经 116°03′,北纬 39°09′);2016 年 4 月 8 日 0—24 时。

气象参数:根据实际气象资料取值,晴/晴,T_{amax} 为 25℃,T_{amin} 为 10℃,$RH_{average}$ 为 0.6,ΔRH 为 0.5,风力 4 级左右(取为 6m/s)。

目标内部环境参数:T_{ein} 取 288.15K,H_{in} 为 3.5W/(m²·K),q 为 100W/m²。地表发射率 ε_{grd} 为 0.88。

图 3-65 为春季工况下工程模型与精细模型计算结果的对比。

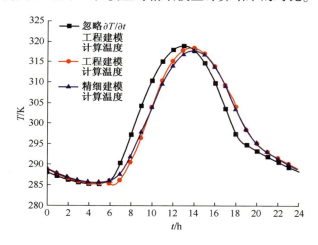

图 3-65 春季工况下温度结果对比图

2. 夏季工况

平板参数:长宽高为 120cm×100cm×6cm;材料为商用青铜,密度 ρ 为 8800kg/m³、比热容 C_p 为 420J/(kg·K)、热导率 k 为 52W/(m·K),表面发射率 ε 为 0.6,吸收率为 0.7。

时间位置:厦门地区(东经 118°36′,北纬 24°16′);2016 年 7 月 20 日 0—24 时。

气象参数:根据实际气象资料取值,多云/晴,T_{amax} 为 35℃,T_{amin} 为 28℃,$RH_{average}$ 为 0.75,ΔRH 为 0.5,风力 2 级左右(取为 2.5m/s)。

目标内部环境参数:T_{ein} 取 301.15K,H_{in} 为 4W/(m²·K),q 为 50W/m²。地表发射率 ε_{grd} 为 0.88。

图 3-66 为夏季工况下工程模型与精细模型计算结果的对比。

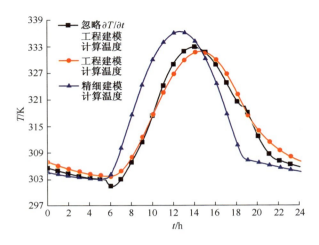

图 3-66　夏季工况下温度结果对比图

3. 秋季工况

平板参数：长宽高为 50cm×50cm×0.8cm；材料为铝合金（4.5%Cu，1.5%Mg，0.6%Mn），密度 ρ 为 2770kg/m³、比热容 C_p 为 875J/(kg·K)、热导率 k 为 177W/(m·K)，表面发射率 ε 为 0.84，吸收率为 0.14。

时间位置：西安地区（东经 108°50′，北纬 34°20′）；2016 年 10 月 18 日 0—24 时。

气象参数：根据实际气象资料取值，多云/晴，T_{amax} 为 24℃，T_{amin} 为 13℃，$RH_{average}$ 为 0.5，ΔRH 为 0.7，风力 1~2 级（取为 3.5m/s）。

目标内部环境参数：T_{ein} 取 291.15K，H_{in} 为 4W/(m²·K)，q 为 0W/m²。

地表发射率 ε_{grd} 为 0.88。

图 3-67 为秋季工况下工程模型与精细模型计算结果的对比。

4. 冬季工况

平板参数：长宽高为 200cm×150cm×8cm；材料为混凝土（石块混合），密度 ρ 为 2300kg/m³、比热容 C_p 为 880J/(kg·K)、热导率 k 为 1.4W/(m·K)，表面发射率 ε 为 0.92，吸收率为 0.73。

时间位置：成都地区（东经 104°06′，北纬 30°67′）；2016 年 1 月 4 日 0—24 时。

气象参数：根据实际气象资料取值，多云，T_{amax} 为 15℃，T_{amin} 为 1℃，$RH_{average}$ 为 0.295，ΔRH 为 0.5，风力 2 级（取为 3.5m/s）。

目标内部环境参数：T_{ein} 取 289.15K，H_{in} 为 2W/(m²·K)，q 为 150W/m²。

地表发射率 ε_{grd} 为 0.88。

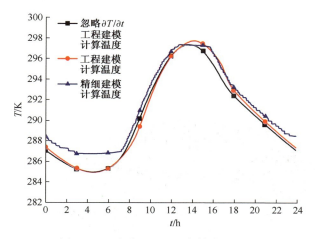

图 3-67　秋季工况下温度结果对比图

图 3-68 为冬季工况下工程模型与精细模型计算结果的对比。

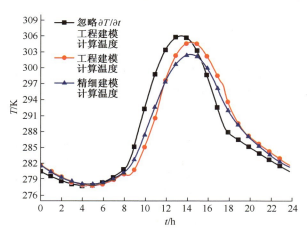

图 3-68　冬季工况下温度结果对比图

从图 3-65~图 3-68 可以看出,针对四个不同季节和不同地区,所建立的工程模型均具有较高的的可靠性、正确性和普适性。这些算例也说明,对于 $\Delta(d\rho C_P)$ 较大的材料,计算时必须考虑 $\partial T/\partial t$ 的影响。

3.3.5　整车表面温度工程模型计算与分析

类似的工程建模方法同样可应用于装甲车辆。如图 3-69 所示,忽略细小的部件,将装甲车整体表面划分为车体的前部、后部、后侧、左侧、右侧装甲、炮塔的顶部、前侧、后侧、左侧、右侧装甲及左侧和右侧裙板装甲。这样,可以参照上一节介绍的工程建模方法对各分区域装甲与部件进行快速简易计算,以便及时获得车辆的温度分布,研究分析车辆的红外辐射特征。

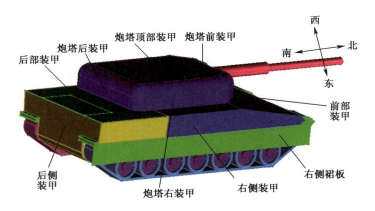

图 3-69 整车划分示意图

计算条件如下:南京地区,2016 年 4 月 14 日 0—24 时;根据实际气象资料取值,T_{amax} 为 28℃,T_{amin} 为 16℃,$RH_{average}$ 为 0.7,ΔRH 为 0.5,风力风向为东风 2~3 级(取为 5m/s);坦克处于冷静态,方位为炮管朝向正北,装甲材料均为钢。图 3-70 所示为各装甲表面瞬时吸收的太阳辐射量。

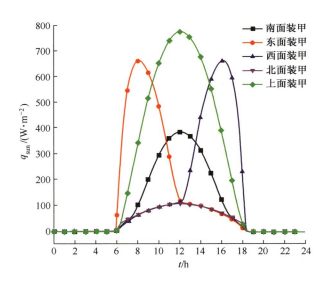

图 3-70 各装甲表面吸收的太阳辐射量

图 3-71 所示是利用工程模型计算得到的车体前部、车体后部和炮塔顶部装甲表面温度随时间变化的结果。类似地，图 3-72 所示是由工程模型计算得到的整车装甲表面的温度分布。

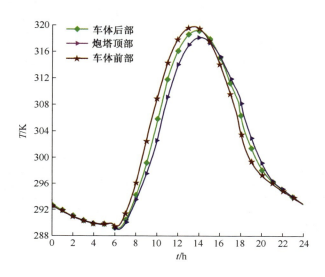

图 3-71　上面装甲工程模型计算结果图

从图 3-72 可以看出，06：43 日出时刻开始，太阳从装甲车辆右侧升起，随着太阳辐射强度的增加，整车各部分表面的温度均有所增加。由于受到太阳的直接照射，装甲车辆向阳面的温度始终略高于背阳面的温度。对于装甲车辆向阳面，尽管所受太阳辐照基本相同，但由于各部位的热容量不同，其温升情况差异明显，热容量较小的裙板温升情况显著于热容量较大的炮塔。中午之前，东面装甲陆续达到了当日最高温度点。临近中午，随着太阳辐射的增强，除东面装甲外，其余各装甲继续升温，只是温升速率已较为缓慢。午后，随着太阳辐照的推移，装甲车向阳面和背阳面间的温差将有所减小，直至某时刻，两者温度基本一致。随着太阳向西运动，装甲车向阳面与背阳面产生变换，原本处于向阳面的各装甲表面，其温度进一步下降，而原处于背阳面的各装甲表面，其温度进一步上升。在日落前夕，下午处于向阳面的各装甲表面，其温度陆续达到其整日最大值。夜晚，装甲车各部位表面的温度持续降低，直至凌晨达到其整日最低值。

上述示例表明，工程模型计算能够以可以接受的数值精度、较快地获得反映装甲车辆各个不同部位的温度值及其变化趋势，具有一定的参考意义和实用价值；其缺点是难以获得目标表面较为精细的温度分布。

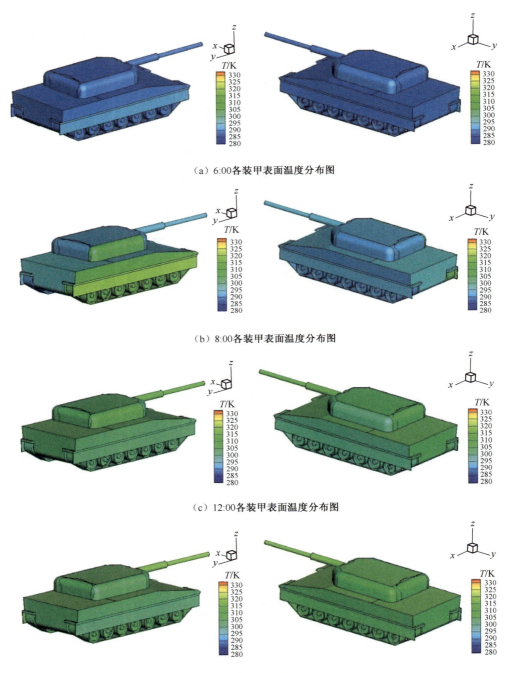

(a) 6:00 各装甲表面温度分布图

(b) 8:00 各装甲表面温度分布图

(c) 12:00 各装甲表面温度分布图

(d) 14:00 各装甲表面温度分布图

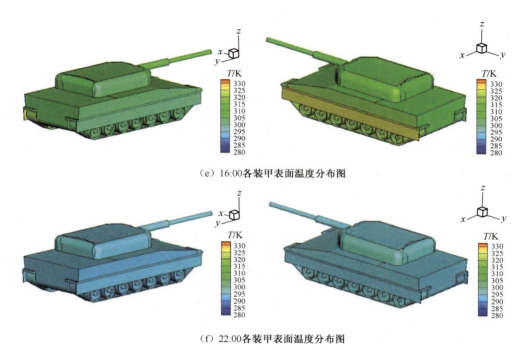

(e) 16:00各装甲表面温度分布图

(f) 22:00各装甲表面温度分布图

图3-72 不同时刻各装甲表面温度分布图

3.4 基于灵敏度分析的目标温度分布快速计算方法

目标的红外辐射特征计算分析涉及很多的应用情形：① 特定目标在不同天气条件下的红外辐射特征计算；② 在红外隐身设计时，不同材料属性改变，尤其是表面隐身涂层辐射特征参数变化时的红外隐身效果评估等。这些计算如果利用精细的理论模型计算则费时费力，利用工程计算模型又难以获得精细的温度分布。将精细的理论模型和简便的工程计算模型相结合，建立既具有一定的计算精度又有较快的计算速度的数值方法，更有实际应用价值，而以灵敏度分析为基础的快速计算方法是有效的手段之一[56-59]。本节采用灵敏度理论，对装甲车辆温度场模型进行灵敏度分析，将变量化分析方法应用于装甲车辆的红外辐射特征仿真分析。

3.4.1 温度灵敏度计算模型

温度灵敏度的计算方法有两种：一种是基于系统灵敏度理论，建立地面车辆各参数的灵敏度方程，与温度场计算模型耦合求解，求得各参数的温度灵敏度；另一种方法是根据导数的定义，当计算参数的变化幅度 $\Delta \alpha$ 足够小时，有 $dT/d\alpha \approx \Delta T/\Delta \alpha$，因此，基于系统温度差统计方法，利用温度计算模型计算参数在微小变化前后的温度差，即可计算获得对应参数的温度灵敏度。

系统灵敏度理论由相应参数的灵敏度方程来描述[59,60]。根据有限差分理论，对地面车辆温度场控制方程进行空间离散：

$$M\dot{T}+KT=Q \tag{3-106}$$

式中，M 为热容矩阵；$\dot{T}$ 为温度对时间的导数；K 为热传导矩阵；T 为节点温度向量；Q 为热源强度。需要指出的是，式（3-106）包括了求解区域的边界条件和求解问题的初始条件的影响。

对式（3-106）求参数 a 的偏微分，可得到温度场模型关于参数 a 的灵敏度方程[56,57]：

$$M\frac{\partial \dot{T}}{\partial a}+K\frac{\partial T}{\partial a}=\frac{\partial Q}{\partial a}-\frac{\partial K}{\partial a}T-\frac{\partial M}{\partial a}\dot{T} \tag{3-107}$$

由上式推导得到温度场灵敏度方程的隐式差分格式：

$$\left(\frac{M}{\Delta t}+K\right)\frac{\partial T^{n+1}}{\partial a}=\frac{M}{\Delta t}\frac{\partial T^n}{\partial a}+\frac{\partial Q}{\partial a}-\left(\frac{1}{\Delta t}\frac{\partial M}{\partial a}+\frac{\partial K}{\partial a}\right)T^{n+1}+\frac{1}{\Delta t}\frac{\partial M}{\partial a}T^n \tag{3-108}$$

根据以上关于参数 a 的温度场灵敏度方程，与车辆的温度控制方程耦合求解，即可求得对应参数的温度灵敏度。

具有二阶灵敏度的表达式为

$$\frac{\partial^2 M}{\partial^2 \alpha}\dot{T}+2\frac{\partial M}{\partial a}\frac{\partial \dot{T}}{\partial a}+M\frac{\partial^2 \dot{T}}{\partial^2 a}+\frac{\partial^2 K}{\partial^2 a}T+2\frac{\partial K}{\partial a}\frac{\partial T}{\partial a}+K\frac{\partial^2 T}{\partial^2 a}=\frac{\partial^2 Q}{\partial a^2} \tag{3-109}$$

高阶灵敏度的计算公式可依此类推。

实际运用中，式（3-108）和式（3-109）的微分是由数值差分代替的，而温度场数值方法本身给确定关于参数 a 数值差分带来自然的便利，利用温度差值确定灵敏度的方法不需要建立温度灵敏度方程[61]。由于温度场的数值解是近似值，直接用两次计算结果求差可能出现较大的误差。为了得到较为准确的结果，根据统计的方法，将参数 a 看作在微小范围内（α±Δa）服从正态分布的随机数，在该范围内对参数 a 多次随机取值并利用温度计算模型求解对应的温度场。这样重复 L 次，参数每取一个随机数 α_l，便对应求得一个温度 T_l，按下式即可统计求得平均温度差：

$$\overline{\Delta T}=\sum_{l=1}^{L}(T_l-T_0)/L \tag{3-110}$$

同理，可得平均参数差：

$$\overline{\Delta \alpha}=\sum_{l=1}^{L}(\alpha_l-\alpha_0)/L \tag{3-111}$$

因此,参数 a 的温度灵敏度为

$$s = \frac{\overline{\Delta T}}{\overline{\Delta \alpha}} \quad (3-112)$$

系统灵敏度理论分析整体过程较为复杂,需要将各参数的温度灵敏度方程与车辆温度控制方程耦合求解。对于结构复杂、网格数庞大的装甲车辆来说,计算较为困难。由文献[61]计算结果可知,温度差统计计算结果与灵敏度理论计算结果的一致性验证了温度差统计方法计算温度灵敏度的适用性。因此,可以采用温度差统计方法对装甲车辆温度模型各参数的灵敏度进行分析。

3.4.2 基于灵敏度分析的温度场快速计算方法

当多个参数同时发生变化时,通过参数分析可以进一步计算出多参数改变时对温度分布的影响状况,并可检验多参数之间的耦合,参数分析的途径主要是泰勒级数法[58]。

泰勒级数近似展开式是利用泰勒级数来代替精确的函数,可以迅速地确定符合精度要求的近似值。在当前设计点进行高阶泰勒级数展开,建立近似重分析模型。若温度分布函数 T 在当前设计方案 $\boldsymbol{\alpha}^k$ 点的邻域上有任意阶导数,则温度分布函数 T 的泰勒级数为[58]

$$\begin{aligned}T = T^{(k)} &+ \frac{1}{1!}[\nabla T^{(k)}]^T(\boldsymbol{\alpha}-\boldsymbol{\alpha}^{(k)}) \\ &+ \frac{2}{2!}(\boldsymbol{\alpha}-\boldsymbol{\alpha}^{(k)})^T[\nabla^2 T^{(k)}]^T(\boldsymbol{\alpha}-\boldsymbol{\alpha}^{(k)}) + \cdots \\ &+ \frac{1}{m!}([\nabla^T]^k(\boldsymbol{\alpha}-\boldsymbol{\alpha}^{(k)}))^m T^{(k)}(\boldsymbol{\alpha}-\boldsymbol{\alpha}^{(k)}) + R_m \end{aligned} \quad (3-113)$$

式中,∇ 为梯度算子,$\nabla = \left(\frac{\partial}{\partial \alpha_1}, \frac{\partial}{\partial \alpha_2}, \cdots, \frac{\partial}{\partial \alpha_n}\right)^T$;$R_m$ 为剩余项。

参数向量 $\boldsymbol{\alpha}$ 在相对于初值发生波动变化时,参数变化对温度的影响可以通过泰勒级数的一阶展开式计算:

$$T(\boldsymbol{\alpha}+\Delta\boldsymbol{\alpha}) = T(\boldsymbol{\alpha}) + \frac{\partial T}{\partial \boldsymbol{\alpha}}\Delta\boldsymbol{\alpha} \quad (3-114)$$

当计算精度要求较高时,可以利用泰勒级数的高阶展开。

在应用于目标红外辐射特征计算时,只计算一种典型工况条件下的目标温度分布以及该条件下各阶灵敏度的值,当天气条件发生变化,或者改变材料特性时,只需利用式(3-113)或者式(3-114)进行求解,不需再求解温度差分方程组,简化了求解过程,加快了计算速度。

当装甲车辆温度计算模型的众多输入参数发生变化时,一方面可根据装甲车辆温度计算模型,采用数值计算方法重新计算目标的温度分布;另一方面在计算精度要求相对较低或具有计算快速性要求的情况下,可采用参数分析法快速预测目标温度分布。

3.4.3 快速计算方法的结果分析

装甲车辆热辐射模型的影响因素主要包括表面太阳吸收率、表面红外发射率、材料导热系数、比热容、密度、太阳辐射、气温、风速、湿度、地表温度、地表红外发射率、地表太阳反射率、内壁面红外发射率和内壁面太阳吸收率等。由于篇幅限制,本节只选取具有典型代表性的几个参数给出温度灵敏度分析结果[62]。

车辆温度灵敏度分析的计算条件如下:2017 年 3 月 27 日,对应的气象条件如图 3-73 所示,表面军绿涂层太阳吸收率为 0.9,红外发射率为 0.9595,材料导热系

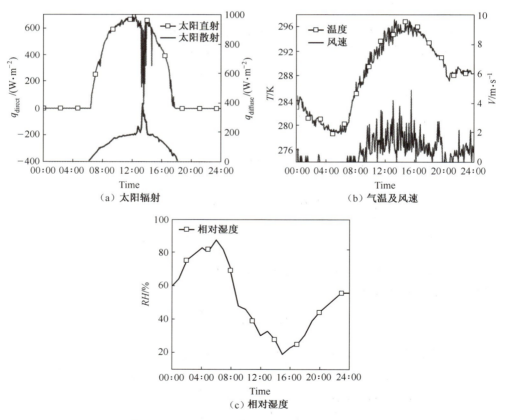

图 3-73　2017 年 3 月 27 日气象参数变化曲线

数为 43.29W/(m·K),比热容为 539.82J/(kg·K),密度为 7850kg/m³。针对上述条件,分别取水平朝上面、朝阳面和背阳面上对应的点 U、点 S 和点 N 三个节点作为特征点,分析不同参数的温度灵敏度及其影响。典型表面上特征节点的温度变化曲线如图 3-74(a)所示,这三个节点接收的太阳辐射的变化曲线如图 3-74(b)所示。

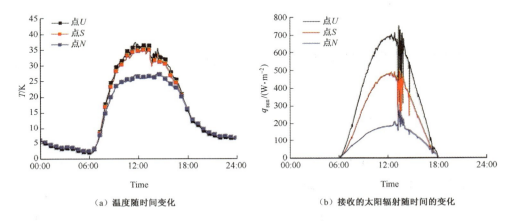

(a) 温度随时间变化　　　　　(b) 接收的太阳辐射随时间的变化

图 3-74　典型表面上特征节点

由图 3-74 可知,3 个特征点的温度变化趋势与气温及太阳辐射的变化密切相关。图 3-75 给出了若干主要影响因素的灵敏度随时间变化的曲线图,从图中可以看出,不同参数的灵敏度变化规律不同,一些参数黑夜和白天有较大变化,而有些参数变化不大;有些参数对朝向敏感,有些则不敏感。

采用参数分析方法对计算参数改变后的目标温度分布进行计算。这里,各计算参数与上节温度灵敏度结果分析的计算参数相比发生如下变动:气温升高 1℃,风速增大 0.5m/s,相对湿度增大 5%,天空背景温度升高 1℃,其余参数(太阳辐射、表面太阳吸收率、表面红外吸收率、导热系数、比热容、密度、内壁面发射率和内壁面太阳吸收率)分别提高 5%。

图 3-76 给出了多参数变化后的理论数值计算方法和参数分析方法计算的目标典型特征点的温度变化曲线,其中理论计算采用有限容积数值计算方法计算,参数分析法采用一阶泰勒展开。由图可知,对于不同朝向的特征点,不管是朝阳面还是背阳面,参数分析方法计算结果与数值计算方法计算结果基本一致,两者间的误差在[-0.1℃,0.15℃]。这些比较说明,在一定计算条件基础上,当目标温度计算模型的计算参数发生一定变化时,参数分析方法快速预测的目标表面温度结果具有较高精度,而且可以大大缩短计算时间。

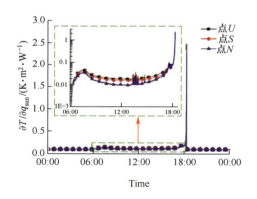

（a）太阳辐射灵敏度

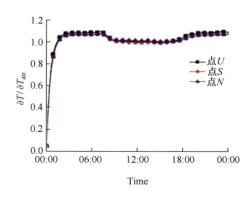

（b）气温灵敏度

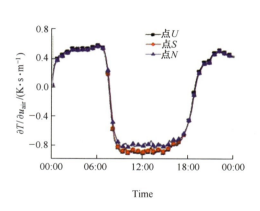

（c）风速灵敏度

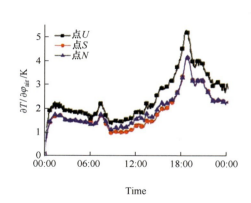

（d）相对湿度灵敏度

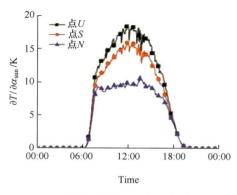

（e）表面太阳吸收率灵敏度

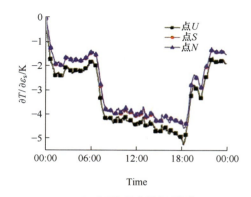

（f）表面红外发射率灵敏度

第3章 地面运动目标红外辐射特性

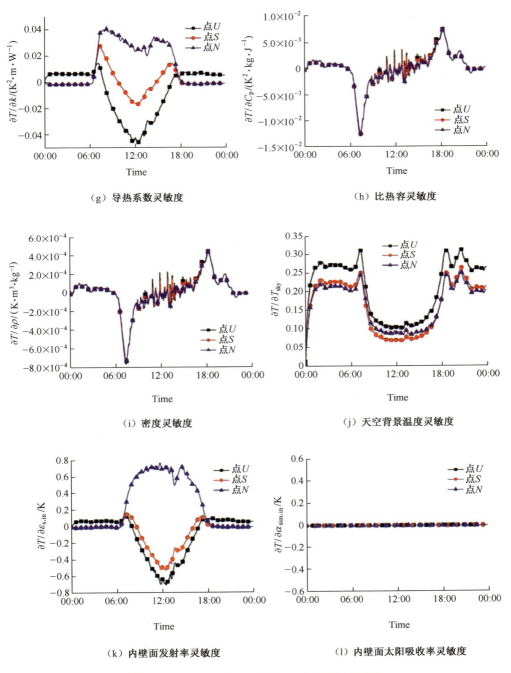

(g) 导热系数灵敏度　　　　　(h) 比热容灵敏度

(i) 密度灵敏度　　　　　(j) 天空背景温度灵敏度

(k) 内壁面发射率灵敏度　　　　　(l) 内壁面太阳吸收率灵敏度

图 3-75　一些主要影响因素的灵敏度随时间变化

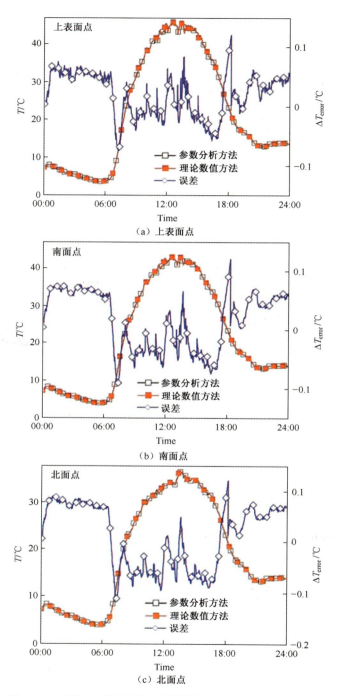

图 3-76 目标表面温度快速计算结果与数值计算结果的对比

综上可知,在目标原有数值计算结果和原计算条件基础上,当需要对另一相似工况的目标进行温度预测时,采用参数分析方法一方面可保证足够计算精度,另一方面也大大缩短计算时间,在目标特性研究中具有重要的工程应用价值。

3.5　车辆红外辐射特征理论模型

红外成像探测器接收到的是目标的红外辐射强度,而不是目标的真实温度。必须在目标温度分布模型的基础上,建立目标红外辐射特征理论模型,分析计算目标的红外辐射特征,才能将目标红外热像模型用于目标的发现、识别和跟踪技术研究、目标的红外隐身设计、武器装备的作战效能评估和作战训练仿真。

3.5.1　概述

人们所需要的装甲车辆红外辐射特征理论模型最终输出是车辆整体在大气红外窗口波段($3\sim5\mu m$ 或 $8\sim14\mu m$)范围内的辐射通量。对于装甲车辆上任一单元表面,该辐射通量包括本身辐射和反射辐射两部分。

3.5.1.1　本身辐射

在获得装甲车辆整体温度分布以后,车辆表面红外辐射通量可以直接从普朗特公式出发,通过对其在给定的红外波段范围积分得到。根据文献[1,2],有

$$E^*_{\lambda_1-\lambda_2} = \int_{\lambda_1}^{\lambda_2} E_\lambda d\lambda = \int_{\lambda_1}^{\lambda_2} \varepsilon(\lambda,T) \cdot \frac{C_1}{\lambda^5[\exp(C_2/\lambda T)-1]} d\lambda \quad (3-116)$$

式中,λ_1 和 λ_2 分别为给定的红外波段范围的下、上限;T 为单元表面温度;$\varepsilon(\lambda,T)$ 为表面材料的发射率(与波长 λ 和温度 T 有关);C_1 为第一辐射常数,$C_1 = 3.742\times10^8 \text{ W}\cdot\mu m^4/m^2$;$C_2$ 为第二辐射常数,$C_2 = 1.439\times10^4 \mu m\cdot K$。

3.5.1.2　反射辐射

装甲车辆表面对于投入辐射的反射部分包括对来自太阳、天地背景和周围物体辐射的反射辐射。车辆表面反射辐射的计算表达式如下:

$$E^{sf}_{\lambda_1-\lambda_2} = \rho^{sun}_{\lambda_1-\lambda_2} \cdot q^{sun}_{\lambda_1-\lambda_2} + \rho_{\lambda_1-\lambda_2} \cdot \left(q^{sky}_{\lambda_1-\lambda_2} + q^{grd}_{\lambda_1-\lambda_2} + \sum_{j=1}^{N} q^j_{\lambda_1-\lambda_2}\right) \quad (3-117)$$

式中,$\rho_{\lambda_1-\lambda_2}$ 为单元表面红外波段范围的反射率;$\rho^{sun}_{\lambda_1-\lambda_2}$ 为单元表面红外波段范围的太阳反射率;$q^{sun}_{\lambda_1-\lambda_2}$ 为单元表面接收的红外波段范围内的太阳辐射能量;$q^{sky}_{\lambda_1-\lambda_2}$ 为单元表面接收的红外波段范围内的天空背景辐射能量;$q^{grd}_{\lambda_1-\lambda_2}$ 为单元表面接收的红外波段范围内的地面背景辐射能量;$q^j_{\lambda_1-\lambda_2}$ 为单元表面接收的红外波段范围

内的来自周围物体 j 辐射能量；N 为单元表面总数。

3.5.1.3 辐射通量

装甲车辆表面某一单元的红外辐射通量为本身辐射反射辐射之和，即

$$E_{\lambda_1-\lambda_2} = E^*_{\lambda_1-\lambda_2} + E^{sf}_{\lambda_1-\lambda_2} \tag{3-118}$$

结合式(3-116)和式(3-117)及装甲车辆温度分布模型，根据式(3-118)，即可确定装甲车辆表面的红外辐射特征及其分布，其计算方法可采用反向蒙特卡洛方法，参见本书 2.3.5 节。

3.5.1.4 点源目标探测功率计算

在实际情况中，真正的点辐射源在物理上是不存在的。能否把辐射源看作点源，主要考虑的不是辐射源的真实尺寸，而是它对探测器（或观测者）的张角与距离。因此，对于同一个辐射源，在不同的场合，既可以是点源，也可以是面源。例如，喷气式飞机的尾喷口，在 1km 以外的距离观测，可认为是一个点源；但在 3m 的距离观测，则表现为一个面源。通常来说，只要在比源本身尺度大 30 倍的距离上观测，就可把辐射源视作点源[63]。计算目标的红外辐射强度，需要考虑目标的辐射亮度以及辐射面积、目标到探测器的距离、目标到探测器之间的介质的辐射亮度、二者法线所成的夹角和探测器视场的大小等因素[64]。

利用前面讨论的被观测对象的红外辐射通量（即被观测对象单位时间内单位面积上向外辐射的能量），可以确定被观测对象的红外辐照度（即探测器面源上所接收到的那部分能量），也就是点源目标探测功率。具体模型如图 3-77 所示。

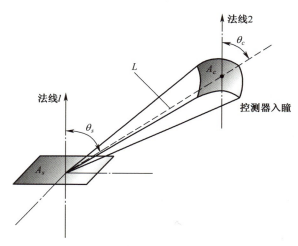

图 3-77 小面元在探测器上产生的辐照度

设小面元的面积为 A_s，探测器接收面面积为 A_c，辐射度为 $E_{\lambda_1-\lambda_2}$，因为 ΔA_s 与

光源到接收面的距离相对很小,故可作为点源近似。设 L 为源表面 A_s 和被照面 A_c 之间的距离,源表面法线 l 和 L 的夹角为 θ_s,辐射在被照面 A_c 上的入射角为 θ_c(即 L 与法线 2 的夹角),目标辐射在探测器入射光瞳上产生的光谱辐照度为[63]

$$I_\lambda = \frac{E_\lambda}{\pi} \frac{\cos\theta_s \cdot \cos\theta_c}{L^2} A_c \qquad (3-119)$$

于是,探测器接收的总辐射功率为[63]

$$P = \frac{A_s A_c}{\pi} \frac{\cos\theta_s \cdot \cos\theta_c}{L^2} \int E_\lambda \mathrm{d}\lambda \qquad (3-120)$$

3.5.2 车辆红外辐射特征计算结果分析

目标红外热像理论建模工作的最终结果是要给出目标在大气窗口(3~5μm 或 8~14μm)波段范围内的辐射亮度分布及其显示图像,以便分析研究目标的红外辐射特征。下面结合算例,分析装甲车辆红外辐射特征的计算结果,这里主要模拟的是热动态的装甲车辆温度场和红外辐射特征。考虑动力舱内部与外部的热交换、车辆行进中负重轮和履带的运动摩擦产热、整个车体内部和外部的辐射换热和整车外部空气流域与整车表面的对流换热等,对于无太阳辐射和有太阳辐射的情况分别进行模拟,主要的计算条件如下:

装甲车辆计算时的地理位置为:经度 118°,纬度 32°,时区+8,地区相当于南京地区;坦克方位为东西布置,即装甲车辆炮塔朝向为南,太阳从坦克左侧方向(x 轴正方向)升起;模拟日期为 6 月 21 日。车辆行驶速度为 10m/s,散热器体积散热功率为 $3\times10^6 \mathrm{W/m^3}$;风扇为离心风扇,每个风扇的预计风量为 $9.5\mathrm{m^3/s}$,风扇的驱动功率为 90kW;高温排烟管入口边界上的质量流量设置为 1.8kg/s,入口总温为 923K。

3.5.2.1 夜间无太阳辐射时整车的红外辐射特征分析

以 0 时的红外辐射特征为例,分析无太阳辐射时整车的红外辐射特征。由图 3-78 和图 3-79 可知,在 3~5 μm 波段和 8~14 μm 波段,动力舱区域、蜗壳排气出口处和两侧排烟管出口处都有较大的红外辐射亮度;而炮塔和前部车体的红外辐射特征相对不明显。

在 8~14 μm 波段的整车红外辐射强度比在 3~5 μm 波段的红外辐射强度高出约 1 个数量级。在 3~5 μm 波段,整车红外辐射亮度达到 30W/m² 以上的区域主要是动力舱上部中间、蜗壳排气出口和排烟管两侧出口处,红外辐射亮度在 10W/m² 附近的区域主要是动力舱整个外壳面、炮塔后部和负重轮。在 8~14 μm 波段,红外辐射亮度达到 300W/m² 以上的区域主要是动力舱上部中间、蜗壳排气出口和排烟管两侧出口处,红外辐射亮度在 200W/m² 附近的区域主要是动力舱整个外壳面、炮塔后部、履带和负重轮。

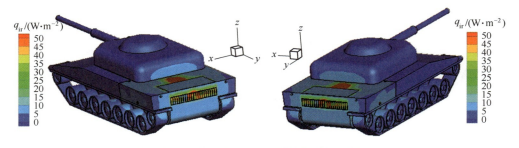

图 3-78　0 时 3~5μm 波段下表面辐射亮度分布

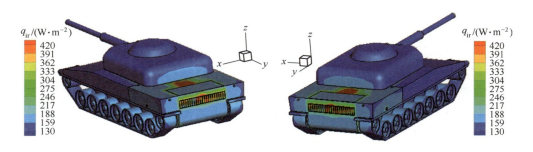

图 3-79　0 时 8~14μm 波段下表面辐射亮度分布

在两个波段下,负重轮和履带与前部车体相比,均有较明显的红外辐射特征。这说明,在车辆行驶中负重轮和履带的摩擦热导致了负重轮的温度上升,使其表面红外辐射亮度比前部车体的辐射亮度大,从而形成较明显的红外辐射特征。

由整车红外辐射特征图像可知,热状态下装甲车辆的红外辐射特征主要集中在三个部位,即动力舱上表面中间区域、蜗壳排气出口处和左右排烟管出口处。这是由于这三个区域的温度较高,使得其表面红外辐射亮度明显大于其他车体部位,因而更容易被探测和识别。

3.5.2.2　太阳辐照下整车的红外辐射特征分析

以对应 8 时、10 时和 12 时的整车红外辐射特征为例,分析太阳辐照下车辆的红外辐射特征。图 3-80 为装甲车辆表面在不同时间接收到的太阳辐射量。

由图 3-80 可以看出,上午 8—12 时,装甲车辆表面接收的太阳辐射强度随着时间的推移逐渐增加。在上午 8 时,装甲车辆左侧的红外辐射强度明显大于车辆右侧的红外辐射强度。这是由于太阳升起方位为车辆的左侧方向,在 8 时的太阳高度角比较小,车辆右侧区域受到左侧车体和炮塔的遮挡作用,整个装甲车辆因此被分为左侧向阳面和右侧背阳面。在上午 10 时,整个装甲车辆上表面接收的太阳辐射强度比 8 时的辐射强度明显增大,炮塔和车体上表面增加的幅度约为 250 W/m²;装甲车辆向阳面的面积比在 8 时向阳面的面积增大;装甲车辆左侧挡板、履带和负重轮接收到的太阳辐射比右侧挡板、履带和负重轮接收到的太阳辐射量要大 200W/m²左右。在上午 12 时,太阳的直射面主要是炮塔和车体上表面,所以炮塔和车体上表面的太阳辐射强度增大,比 10 时增加的幅度约为 200W/m²;并且车体上表面接收的太阳辐射强度分布比较均匀;车辆左右两侧履带和负重轮受到车体上表面和炮塔的遮挡作用,接收的太阳辐射强度比较小。

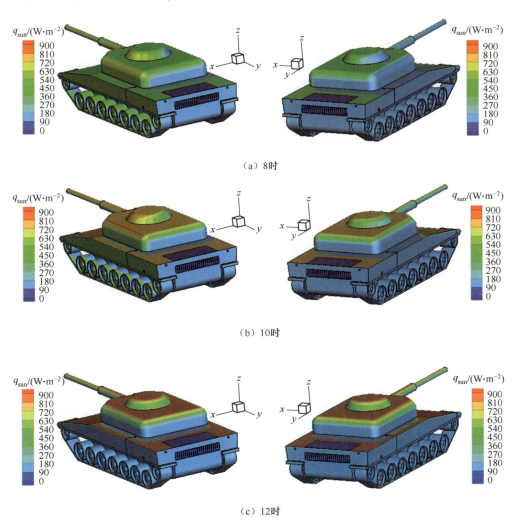

(a) 8时

(b) 10时

(c) 12时

图 3-80　装甲车辆不同时间的太阳辐射强度分布

如图 3-81 和图 3-82 所示,太阳辐照下的装甲车辆整车表面中向阳面的红外辐射亮度大于背阳面的红外辐射强度;动力舱上表面中间区域、蜗壳排气出口处和左右排烟管出口处的红外辐射亮度还是远大于车辆表面其他区域的红外辐射亮度,表现出明显的红外辐射特征。由于对应早晨 8 时的太阳辐射强度比较小,装甲车辆向阳面的面积也比较小,所以整个车辆表面由太阳辐射引起的红外辐射亮度的增加量较少。在太阳从 8 时到 12 时的升起过程中,太阳辐射强度逐渐增大,太阳照射角度也发生改变,使得整车上部表面基本都能够接收到太阳辐射,上部表面的红外辐射亮度也有所增加。

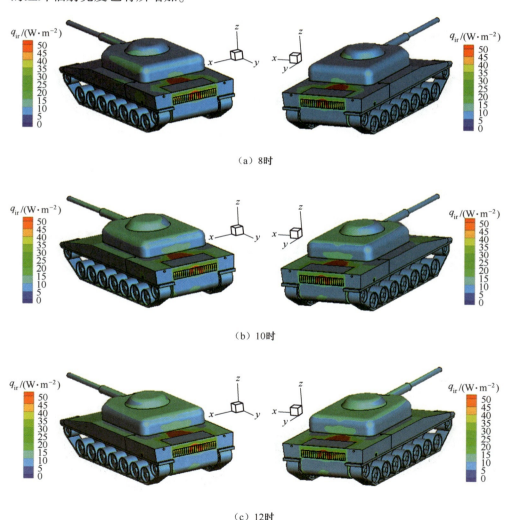

(a) 8时

(b) 10时

(c) 12时

图 3-81　3~5μm 波段下装甲车辆在不同时间的表面辐射亮度分布

对比无太阳辐射和有太阳辐射的两种情况,不难看出,车体表面能接收到太阳辐射时,整车向阳面的红外辐射亮度会有一定的增加,并与整车背阳面的红外辐射亮度有一定的差别。不管有无太阳辐照,整车的红外辐射特征重点部位都主要是在动力舱区域、蜗壳排气出口处和两侧排烟管出口处。在隐身设计中,可以采用一些隐身措施来降低红外辐射特征重点部位和区域的红外辐射亮度,以有效降低整车被探测器探测和识别的概率。

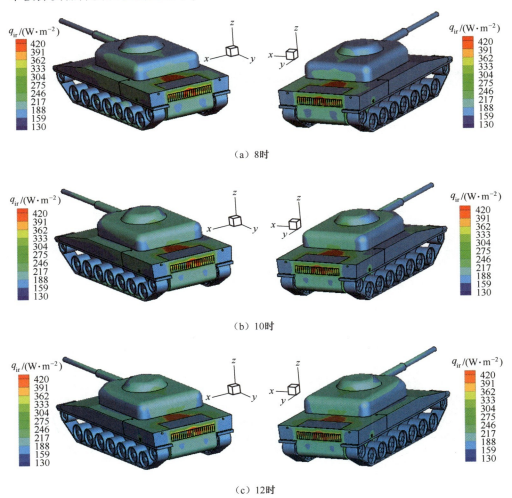

图 3-82　8~14μm 波段下装甲车辆在不同时间的表面辐射亮度分布

3.5.2.3　点源目标探测功率计算结果分析

图 3-83 分别给出了冷静态下某虚拟坦克(4月26日)对应 10:00,14:00 和

17:00 三个不同时间,位于 XY 平面(从 X 轴负方向开始即正西方向在 XY 平面顺时针旋转 180°)、XZ 平面(从 X 轴负方向开始即正西方向在 XZ 平面内顺时针旋转 360°)的探测器分别在 3~5μm 波段内以及处于 XZ 平面的探测器在 8~14μm 波段内每个方向上探测所接收的辐射功率,横坐标单位 10^{-8}W。

图 3-83(a)对应的探测角度为 90°,探测的是坦克的正上方,对应 14:00 时的太阳直射最强,表面温度最高,因此探测功率最大。图 3-83(b)所示在 90°时探测功率比较低的原因是投影面积较小。从图 3-83(c)可以看出,由于车辆北侧面没有太阳辐射,表面温度较低,也没有反射来自太阳辐照的红外辐射,所以探测接收的辐射功率较小。从图 3-83(d)可以发现,反射的太阳辐射以及大气辐射对 8~14μm 波段的探测功率影响很小,这是因为太阳辐照能量的光谱分布主要在 3μm 之内。

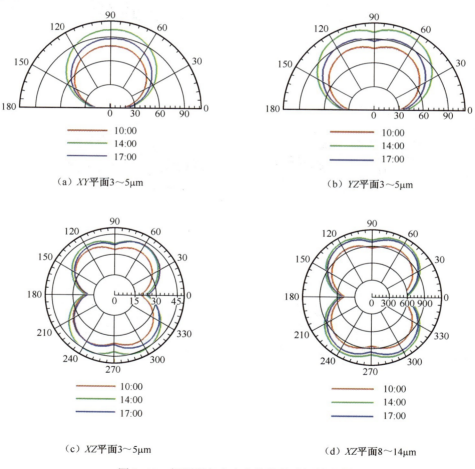

图 3-83 探测器各个方向接收的总辐射功率

参考文献

[1] 弗兰克 P Y,戴维 P D. 传热的基础原理[M]. 合肥:安徽教育出版社,1985.

[2] 杨世铭,陶文铨. 传热学[M]. 4版. 北京:高等教育出版社,2006.

[3] Gonda T, Gerhart R. A Comprehensive Methodology for Thermal Signature Simulation of Targets and Backgrounds[C]// Proceedings of SPIE,1098:23-27.

[4] 谈和平,夏新林,刘林华,等. 红外辐射特征与传输的数值计算——计算热辐射学[M]. 哈尔滨:哈尔滨工业大学出版社,2006.

[5] 卞伯绘. 辐射换热的分析与计算[M]. 北京:清华大学出版社,1988.

[6] 吴兆汉. 车用内燃机构造[M]. 北京:国防工业出版社,1986.

[7] 郭廷玮,刘鉴民,Daguenet M. 太阳能的利用[M]. 北京:科学技术文献出版社,1987.

[8] 朱访军. 内燃机工作过程数值计算及其优化[M]. 北京:国防工业出版社,1997.

[9] 毕小平,许翔,王普凯,等. 坦克液力机械传动装置热分析[J]. 兵工学报,2009,30(11):1413-1417.

[10] 许翔,毕小平. 车用齿轮传动箱的传热仿真模型[J]. 机械传动,2003(05):1-4+63.

[11] 赵以贤,毕小平. 坦克动力装置综合传热建模与仿真[M]. 北京:军事科学出版社,2007.

[12] 韩玉阁,宣益民. 装甲车辆的履带与车轮温度分布[J]. 应用光学,1999,20(6):6-10.

[13] 宣益民,韩玉阁,吴轩. 由旋转圆柱和运动平板相互摩擦产生的温度场[C]// 全国高等学校工程热物理研究会第六届学术会议,武汉,1996,5.

[14] Shai I, Stanto M. Heat Transfer with Contact Resistance[J]. Int. J. Heat Mass Transfer, 1982, 25(4):465-470.

[15] Kennedy F E. Thermal and Thermomechanical Effects in Dry Sliding[J]. Wear, 1984,100:453-476.

[16] Rashid M, Seireg A. Heat Partition and Transient Temperature Distribution in Layered Concentrated Contacts Part Ⅱ Dimensionless Relationships and Numerical Results[J]. J. of Tribology, 1987, 109:496-502.

[17] 韩玉阁,宣益民. 摩擦接触界面传热规律研究[J]. 南京理工大学学报,1998,22(3):260-263.

[18] 黄志华,韩玉阁,王如竹. 用接触分热阻讨论接触热阻问题[J]. 上海交通大学学报,2001,35(8):1212-1215.

[19] 黄志华,韩玉阁,王如竹. 一种接触热阻的预测方法[J]. 低温工程,2000,118:40-46.

[20] Xuan Y M, Han Y G. Transient Temperatures of Rotating Cylinders and a Plate Subject to Frictional Heating[C]// The 11th International Heat Transfer Conference, Kyongju, Korea, 1995.

[21] 王敏芳,肖西,徐明忠. 未来战场上坦克隐身技术浅析[J]. 坦克装甲车辆,1996,(11):2-5.

[22] Nathan G, Mark J B. Heating of a Tank Gun Barrel:Numerical Study[R]. AD-A241136, 1991.

[23] Brosseau T L, Stoble I C, Ward J R, et al. 120-mm Gun Heat Input Measurements[R]. AD-A118378, 1982.

[24] Rapp J R. Gun Tube Temperature Predication Model[R]. AD-B145792,1990.

[25] Wren G P. Analysis of Bore Surface Temperature in Electrothermal-Chemical Guns:Final report[R]. AD-A242198,1991.

[26] 韩玉阁,宣益民. 坦克炮身管温度分布及红外辐射特征[J]. 应用光学,1998,19(2):8-14.

[27] 罗来科,宣益民,韩玉阁. 坦克炮管温度场的有限元计算[J]. 兵工学报,2005,26(1):6-9.
[28] 金志明,袁亚雄,宋明. 现代内弹道学[M]. 北京:北京理工大学出版社,1992.
[29] 王普法. 膛内对流近似分析[J]. 兵工学报,1985,6(2):32-38.
[30] 宣益民,韩玉阁,吴轩. 坦克红外热像,理论建模和计算机模拟[C]//军用目标特性及传输特性"八五"技术成果论文集,北京,1996.
[31] 韩玉阁,宣益民,吴轩. 装甲车辆红外热像模拟及数据前后处理技术[J]. 南京理工大学学报,1997,21(4):313-316.
[32] 班奈杰 P K,白脱费尔德 R. 工程科学中的边界单元法[M]. 北京:国防工业出版社,1988.
[33] 乔学勇. 复杂物体三维瞬态温度场的边界元算法[D].南京:南京理工大学,1997.
[34] 姚寿广. 边界元数值方法及其工程应用[M]. 北京:国防工业出版社,1995.
[35] 宣益民,吴轩,韩玉阁. 坦克红外热像理论建模和计算机模拟[J]. 弹道学报,1997,9(1):17-21.
[36] 宣益民,刘俊才,韩玉阁. 车辆热特性分析及红外热像模拟[J]. 红外与毫米波学报,1998,17(6):441-445.
[37] 乔学勇,宣益民,韩玉阁. 坦克三维瞬态温度场的边界元算法[J]. 兵工学报,1999,20(1):1-4.
[38] 成志铎. 地面装甲车辆的目标特性建模计算[D].南京:南京理工大学,2012.
[39] 林益. 不同隐身措施下的目标红外辐射特征研究[D].南京:南京理工大学,2014.
[40] 秦娜. 装甲车辆在红外隐身措施下的仿真评估[D].南京:南京理工大学,2015.
[41] 陶文铨. 数值传热学[M].2 版. 西安:西安交通大学出版社,2001.
[42] 陶文铨. 计算传热学的近代进展[M]. 北京:科学出版社,2000.
[43] Minkowycz W J, Sparrow E M, Murthy J Y. Handbook of Numerical Heat Transfer (Second Edition) [M]. Hoboken:John Wiley & Sons,Inc. ,2005.
[44] Patankar S V, Spalding D B. Heat Exchanger Design Theory Source Book [M]. New York:McGaw-Hill Book Company,1974:155-176.
[45] 常贺,袁兆成. 基于 CFD 方法的汽车散热器仿真研究[J]. 硅谷,2009(19):14-16.
[46] Lemche V. IR Radiation from Camouflage Materias and Backgrounds[R]. DDRE N-16,1992.
[47] Jacobs P A. Thermal Infrared Characterization of Ground Targets and Backgrounds[M]. SPIE Press,2006.
[48] 樊宏杰,刘连伟,许振领,等. 空中目标反射辐射特性工程算法[J]. 红外技术,2013,(05):289-294.
[49] 吴春平,刘连生,窦金龙,等. 爆破飞石预测公式的量纲分析法[J]. 工程爆破,2012,02:26-28.
[50] 韩永胜,杨宏新,马军,等. 基于 Mathematica 的量纲分析及其应用[J]. 大学物理,2014,04:3-5-14.
[51] 卢艺杰. 目标与背景红外数据库系统实现及目标表面温度工程建模研究[D]. 南京:南京理工大学,2017.
[52] 毛峡,李兴新,朱刚,等. 目标红外辐射特征计算[J]. 电子测量技术,2003,(5):19-20.
[53] 王章野. 地面目标的红外成像仿真及多光谱成像真实感融合研究[D].杭州:浙江大学,2002.
[54] 苏夏莹. 线性回归模型误差分布的拟合优度检验[D]. 北京:华北电力大学,2015.
[55] Ephrath J E, Goudriaan J, Marani A. Modelling Diurnal Patterns of Air Temperature, Radiation Wind Speed and Relative Humidity by Equations from Daily Characteristics [J]. Agricultural systems, 1996, 51 (4):377-393.
[56] 顾元宪,赵红兵,亢战,等. 瞬态热传导问题的优化设计与灵敏度分析[J]. 大连理工大学学报,1999,39(2):158-165.
[57] 顾元宪,周业涛,陈飚松,等. 基于灵敏度的热传导辨识问题求解方法[J]. 土木工程学报,2002,35(3):

94-98.

[58] 陈永亮,徐燕申,徐千理,等. 变量化分析的原理及其在机械产品快速设计中的应用[J]. 机械设计,2002,(3):6-8.

[59] 韩玉阁,宣益民.卫星热设计参数的灵敏度分析[J].计算物理,2004,21(5):455-460.

[60] 张伟清. 卫星红外辐射特征研究[D]. 南京:南京理工大学,2006.

[61] 姚晓蕾. 突防措施下的中段弹头红外辐射特征分析[D]. 南京:南京理工大学,2010.

[62] 林群青. 液固颗粒对装甲车辆热辐射特性的影响机制及热模型可信度评估方法研究[D].南京:南京理工大学,2017.

[63] 张河. 探测与识别技术[M]. 北京:北京理工大学出版社,2005.

[64] 韩玉阁,宣益民,马忠俊. 成像目标的红外隐身效果评估[J]. 红外技术,2010,32(4):239-241.

第4章

地面立体目标的红外辐射特征

4.1 桥梁红外辐射特征

桥梁红外辐射特征分析是地面目标与环境红外辐射特征研究的重要内容,对复杂背景中地面战略目标的探测识别和桥梁红外无损探伤技术的发展有着重要意义。研究桥梁红外辐射特征一般采用两种方法:一是用红外热像仪实地勘测;二是用理论分析的方法预测。实测方法准确,但往往受到实验条件和环境条件的限制;理论分析方法则有着不受气候、地理和时间条件限制,可以从各种不同角度进行分析的优点,这两种方法可互为补充。理论分析方法的前提是建立准确的桥梁红外辐射特征模型。本节根据桥梁结构特点,综合考虑太阳、天空背景、水面和桥面行驶交通工具等影响因素,建立桥梁红外辐射特征模型,分析计算桥梁的温度场和整体热辐射通量。

人们可以找到一些关于桥梁红外辐射特征理论研究的文献。Cross[1]讨论了影响桥梁温度分布的因素,阐述了 Goldman 的一维桥梁模型,并用 Runge-Kutta 法求解热平衡方程得到桥梁的温度分布。Mamdouh 和 Amin[2]用二维模型计算桥梁温度场,用于桥梁温度应力分析。美军根据已知的气候环境数据,建立了桥梁红外辐射特征模型。这个模型将应用于美军战术协助(Tactical Decision Aide,TDA)系统中[1],向作战人员提供目标与背景的红外辐射对比特征。该系统可帮助作战人员选择使用的武器种类,作战人员根据这些信息进行部署,可以提高红外制导导弹的打击效果。

桥梁红外辐射特征理论建模着重研究桥梁在长波红外波段(8~14μm)范围内

的辐射通量。桥梁表面的热辐射通量包括两部分：一是本身辐射，这就需要首先求得桥梁整体表面温度分布；二是桥梁对太阳、天空和环境背景等入射热辐射的反射。

4.1.1　桥梁结构分析

桥梁种类繁多，以钢筋混凝土桥的应用最为广泛，它分为拱式桥和梁式桥两类。如果要实现大跨径，只能采用梁式桥。因此，对大跨径梁式桥红外辐射特征的研究具有战略意义和应用价值。

桥梁从结构上可分为上部结构和下部结构两部分。上部结构又称桥跨结构，包括承重结构（如梁式桥的承重结构是主梁）和桥面系（包括桥面、人行道、栏杆、缘石、行车道铺装层等）。下部结构是桥墩、桥台及其基础的总称。上部结构和下部结构之间是绝热的弹性材料（如橡胶）。如果不考虑桥梁表面相互间的辐射，则桥梁上部结构和下部结构从传热角度看是相互独立的，因此在温度场建模和数值计算时可分别考虑。为了防止热应力的破坏，桥梁的上部结构是逐段组合的，由伸缩缝隔开，只是在桥面伸缩缝上铺设一小块钢板以保持路面的连续性。在忽略伸缩缝之间的热辐射和那一小块钢板导热的条件下，每一段上部结构从传热过程看也是独立的。桥梁的这一结构特点使我们可以选择几段典型桥段进行计算，从而减少了计算量。

在进行红外辐射特性理论建模时，上部结构一般可简化为两层：① 行车道铺装层（又叫保护层，采用轻混凝土或柏油铺装，一般厚 6~8cm）；② 承重结构。对于北方寒冷地区桥梁，还需考虑一层防水层，它设置在铺装层下面，一般由两层防水卷材和三层黏结材相间组合成，厚约 1cm，南方多雨地区桥梁则不必考虑。下部结构只需考虑桥墩，因为桥台及其基础都淹没于水下。

4.1.2　影响桥梁红外辐射特征的因素

桥梁的表面温度和内部各点温度随时都会发生变化，与其所处的地理位置、建筑物的方位以及季节、太阳辐射强度和气候变化等因素有关。桥梁表面不断以辐射、对流和传导等形式与周围环境进行热交换。这些影响因素可归类于环境因素、桥梁内在因素和交通工具因素三方面来考虑。

环境因素主要是自然环境对桥梁的影响，包括太阳辐射、天空辐射、水面辐射及对其他辐射的反射、气温变化、风速、地理纬度、结构物方位和附近的地形地貌等。在地理纬度、桥梁走向和地形条件确定的条件下，影响桥梁温度场理论建模的主要因素是太阳辐射强度、气温变化和风速。文献[3]显示，冷空气侵袭引起的结构物降温速度，南方地区平均降温速度为 1℃/h，最大降温速度为 4.0℃/h，比太阳辐射升温速度 10℃/h 要小得多。季节的变化反映在一些环境因素的变化上,每年的 7-8 月份出现最高气温,而且在每天的 12-15 时出现最高值。它的极值总在无风、无云和干燥的高气压月份出现,最低气温一般在每年 1-2 月夜间出现。实测数据表明,桥梁最高表面温度在夏季比冬季高出一倍以上。

影响桥梁温度分布的内在因素主要是混凝土热物性的影响。混凝土的导热系数一般仅为 1.86~3.49W/(m·℃),约为黑色金属的 1/20。Lanigan[3] 等人的箱形桥梁模型实验研究表明,钢筋对桥梁温度分布影响很小。因此,就桥梁红外辐射特征分析而言,可以不考虑钢筋的影响。由于混凝土的低导热系数和高比热容,在外界温度突变的情况下,混凝土内部各层的温度变化要缓慢得多,存在明显的滞后。在同一时间内,通过单位厚度的热量也小得多,导致每层混凝土所得的热量(或扩散的热量)有较大差异,从而在混凝土结构中形成沿厚度方向不均匀温度分布。根据实测资料分析,一般沿厚度方向的较大温差分布为指数曲线。

桥梁表面的发射率对桥梁的红外辐射特征存在一定的影响。在太阳辐照下,黑色沥青路面的表面温度可达 70℃ 左右,而浅颜色混凝土路面的表面温度约为 60℃。

交通工具的影响是桥梁红外辐射特性分析不能忽视的一个重要因素。由于交通工具的行驶导致桥面局部区域温度的变化,它对桥面温度场的影响作用主要体现在以下四个方面:

(1) 车辆轮胎对桥面的摩擦;

(2) 车身对太阳辐射的遮挡;

(3) 车辆排出的高温尾气;

(4) 车辆高速行驶对桥面与空气对流换热的强化。

实验测量表明[4],在相同气候和地理位置条件下,低车速路面比高车速路面的平均温度高 0.5℃。

4.1.3 桥梁红外辐射特征模型

针对上述影响因素,本节建立具有通用性的桥梁三维红外辐射特征模型,并针对某一公路桥梁进行计算。该桥为预应力连续箱型梁桥,桥长 2212m,其中主跨径为 165m,桥面宽 32m,全线采用六车道高速公路标准,设计车速为 100km/h。桥的设计风速为 30.4m/s。

4.1.3.1 桥梁温度场模型

1. 基本假设

为了简化分析,采用如下假设:

(1) 忽略混凝土内钢筋的热传导影响;

(2)混凝土为连续、均匀和各向同性的介质,并且混凝土硬化过程已结束(未硬化结束的混凝土会产生水化热,这样就不能把桥梁看成无热源结构);

(3)忽略桥梁各结构面相互之间的热辐射;

(4)桥面汽车为均速行驶,无超车现象。

2. 控制方程

三维固体瞬态热传导方程[6]:

$$\rho C_p \frac{\partial T(\pmb{r},t)}{\partial t} = \nabla \cdot [\lambda \nabla T(\pmb{r},t)] \tag{4-1}$$

式中,t 为时间;ρ 为密度;C_p 为比热容;λ 为导热系数。

3. 边界条件

由于使用中的桥梁属无热源(汇)结构,对桥梁红外辐射特征的影响主要反映在边界热交换条件上。因此,考虑周全的边界条件对温度场模型的准确性至关重要。如前所述,箱型梁桥边界的热交换过程主要受到辐射、对流和车辆摩擦加热等多种因素作用。

1) 热辐射

桥梁外表面辐射换热体系由太阳、天空背景和水面构成,箱梁内表面之间的辐射换热可忽略不计。桥面辐射换热需考虑太阳辐射、天空背景辐射和车辆辐射[4,5];桥底面的辐射还需考虑水面的热辐射以及水面对太阳和天空背景等辐射的反射。

太阳辐射是一个与时间、纬度和大气特性等有关的函数[7,8],可分为太阳直接辐射和太阳散射辐射两部分。由于太阳与地球间距离很远,因此到达地面的太阳光可看作平行光。地球沿一椭圆轨道绕太阳运动,太阳常数需经日地距离修正,修正太阳常数 I_0' 如下[7]:

$$E_0' = I_0[1 + 0.034 \cdot \cos(360 \cdot tm/365)] \tag{4-2}$$

式中,太阳常数 $E_0 = 1353 \text{W/m}^2$;tm 为距离1月1日的天数。

太阳辐射 S_n 按下式计算:

$$S_n = E_0' \cdot p^m \tag{4-3}$$

式中,p 为大气透明度;m 为大气质量系数。

按图4-1所示的太阳辐照光线与桥梁表面的几何关系,投影到斜面的太阳直接辐射 $W_{\text{sun}}^{\text{dir}}$ 可由下列公式确定:

$$W_{\text{sun}}^{\text{dir}} = S_n \left\{ \cos\beta\sin h + \sin\beta \begin{bmatrix} \cos\psi_n(\tan\varphi\sin h - \sin\delta\sec\phi) \\ + \sin\psi_n\cos\delta\sin\omega \end{bmatrix} \right\} \tag{4-4}$$

式中,β 为斜面倾角;ϕ 为桥梁所在地理纬度;ω 为太阳时角;ψ_n 为斜面法线的方位角；δ 为太阳赤纬；h 为太阳高度角。

太阳时角定义为 15°/h 乘以从正午 12 时算起的小时数。正午 12 时正是一天中太阳处于天空中最高位置的时刻，此时对应的太阳时角为 0°，上午的太阳时角数值是负的，而下午的太阳时角数值是正的。例如，上午 9 时，太阳时角是 −45°；而在下午 6 时，太阳时角为 +90°。

太阳赤纬按下式计算：

$$\delta = 23.45\sin\left(\frac{360d}{365.25}\right) \tag{4-5}$$

式中，d 为从春分起到计算日的天数。

太阳高度角按下式计算：

$$h = \arcsin(\sin\delta\sin\phi + \cos\delta\cos\phi\cos\omega) \tag{4-6}$$

太阳散射辐射从天穹各个方向均匀投射到桥梁表面，它与桥梁表面方位无关。散射辐射强度按下式计算[7]：

$$W_{\text{sun}}^{\text{indir}} = c_1 \cdot (\sin h)^{c_2} \cdot 4.2 \cdot 1000/60 \cdot (\cos\beta/2)^2 \tag{4-7}$$

式中，c_1 和 c_2 的值是与大气透明度有关的一组数据，可从相关文献中查到。

于是，桥梁任一单元表面所吸收的太阳辐射能可表示为

$$W_{\text{sun}} = \alpha \times (\text{flag} * W_{\text{sun}}^{\text{dir}} + W_{\text{sun}}^{\text{undir}}) \tag{4-8}$$

式中，$W_{\text{sun}}^{\text{dir}}$ 和 $W_{\text{sun}}^{\text{undir}}$ 分别为太阳直射辐射和太阳散射辐射功率密度；α 为桥面短波吸收率；flag 为单元表面是否受到太阳辐射的标志（flag = 0 或 flag = 1），当单元表面在桥底板或被桥顶板悬臂阴影遮挡的腹板处（图 4-1）时，flag = 0。

悬臂在腹板上的阴影计算公式为[2]

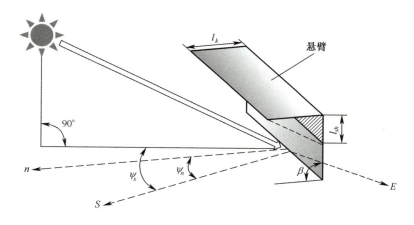

图 4-1　腹板阴影示意图

$$l_{sh} = l_k \frac{\tan h}{\sin(90° - \psi_s + \psi_n) - \tan h \cot \beta} \qquad (4-9)$$

式中,l_k 和 l_{sh} 分别为桥顶板悬臂的长度和悬臂在腹板上的阴影高度;ψ_s 和 h 分别为太阳方位角和太阳高度角[7];ψ_n 和 β 分别为斜面法线的方位角和斜面倾角。

根据文献[1],水面对太阳辐射与环境辐射的反射率一般可取为 0.1(实际应用时,可以根据水质情况选取相应的数值)。依据热辐射的基尔霍夫定律,用桥底面对环境的平均发射率作为其对入射辐射的吸收率。

2) 对流换热

桥面对流换热主要是空气流动的作用,影响的关键因素是风速。风速越大,空气对流换热系数越高,桥梁表面温度越接近空气温度。此外,车辆在桥面上行驶时,会产生对空气对流换热的强化作用[4]。文献[1,9]分析了对流换热对于桥面温度的影响。一般地,对流换热系数按下式计算[1]:

$$h = h_1 + h_2 \cdot v \qquad (4-10)$$

式中,$h_1 = 3.775\text{W}/(\text{m}^2 \cdot ℃)$;$h_2 = 1.689\text{W} \cdot \text{s}/(\text{m}^3 \cdot ℃)$;$v$ 为风速。

桥体表面单位面积的对流换热量为

$$W_h = h(T_s - T_{air}) \qquad (4-11)$$

式中,h 为对流换热系数;T_{air} 为空气温度;T_s 为单元表面温度。

由于箱梁内是一个封闭空腔,腔内空气与外界空气不流通,因此箱梁内壁面热交换可处理为自然边界条件。根据凯尔别克[10]的观点,箱的内表面对流换热系数可取为 $3.5\text{W}/(\text{m}^2 \cdot ℃)$。

对于空气温度,可以把它的日变化假定为一个正弦函数,也可以采用其他诸如双线型函数或双曲线型函数的假设。文献[1]以各地气象观测站每日定时观测的大气温度值为拉格朗日插值函数的节点值,构建相应的插值函数,内插求得其余时刻的大气温度。

4. 车辆行驶影响

根据文献[4,5],在气候和地理位置等条件相同的情况下,不同车流量的路面温度会相差达 4℃。行驶车辆对桥面温度分布的影响,主要考虑两个因素:轮胎与桥面摩擦和车身对太阳直接辐射的遮挡。由于车辆行驶和车辆在桥面的分布是一个随机过程,必须从统计平均的角度考虑车辆的影响。轮胎与桥面间的平均摩擦产热表示为

$$W_{friction}^{ave} = \mu \cdot G_{vehicle} \cdot q_{vehicle} \qquad (4-12)$$

沿桥宽方向某一单元 (x_1, x_2) 产生摩擦热的概率:

$$F(x_1, x_2) = \int_{x_1}^{x_2} f(x) \, \mathrm{d}x \qquad (4-13)$$

所以，桥面某一单元表面的摩擦热为

$$W_{\text{friction}} = \alpha_{\text{friction}} \cdot W_{\text{friction}}^{\text{ave}} \cdot F(x_1, x_2) \tag{4-14}$$

式中，μ 为轮胎与桥面的摩擦系数，它是一个与轮胎种类、路面材料和路面状况有关的参数；G_{vehicle} 为平均轮胎载荷，它是与路面上行驶的汽车种类相关的参数；q_{vehicle} 为车流量，它随时间变化；$f(x)$ 为轮胎在单元表面上的概率密度；x_1 和 x_2 为网格单元在桥宽度方向上的坐标；α_{friction} 为对桥面摩擦产热量的分配系数。

汽车纵向中轴线在行车道上的分布 $\varphi(x)$ 可认为是正态分布：

$$\varphi(x) = \frac{1}{\sqrt{2\pi}\,\sigma} e^{-\frac{(x-u)^2}{2\sigma^2}} \tag{4-15}$$

则左、右轮胎的分布分别为

$$\varphi_1(x) = \frac{1}{\sqrt{2\pi}\,\sigma} e^{-\frac{(x-u-u_1)^2}{2\sigma^2}} \tag{4-16}$$

$$\varphi_2(x) = \frac{1}{\sqrt{2\pi}\,\sigma} e^{-\frac{(x-u+u_1)^2}{2\sigma^2}} \tag{4-17}$$

式中，u 和 u_1 分别为行车道宽度和车辆平均宽度的 $1/2$；σ 是一统计参数。因为只有轮胎与路面接触处才有摩擦，摩擦热分布可表示为

$$f(x) = \varphi_1 + \varphi_2 \tag{4-18}$$

参数 σ 的值需满足在 x 方向的区间 $(0, u_1/2)$ 和 $(u - u_1/2, u)$ 内时 $\varphi(x) \approx 0$，且 $\int_0^u f(x)\,\mathrm{d}x = 1$。理想行车道（宽 3.6m，日本公路工程技术标准[13]）的 σ 可取为 0.45。对于标准双车道桥面（行车道宽 3.6m，中间 1.8m 宽的隔离带，两边 1.5m 宽的人行道），$f(x)$ 的图形如图 4-2 所示。

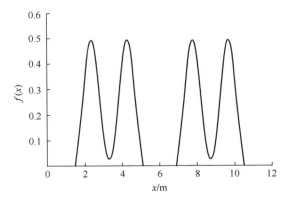

图 4-2　轮胎位置的分布

当车辆在桥面上行驶时,车身所遮挡的那部分桥面没有太阳直接辐射,但仍可受到太阳散射辐射。车身对太阳直接辐射的遮挡可用太阳直接辐射乘以遮挡系数体现出来,该遮挡系数与车速及汽车行驶时在路宽方向上的分布有关。

5. 典型桥梁表面热平衡方程

公路桥正常运行时,车辆一般限速在 40~50km/h 内行驶。宽 3.6m 的车道在这个速度范围内(以小汽车为标准,路面摩擦系数取 0.6)的基本通行能力为1202~1261 辆/h[11]。

1) 桥上表面热平衡方程

太阳辐射+轮胎摩擦热=对流热损+长波辐射热损+导热损失

$$-k\frac{\partial T}{\partial y} = W_h + \varepsilon\sigma(T_s^4 - T_{sky}^4) - W_{sun} - W_{friction} \quad (4-19)$$

式中,ε 为桥面长波发射率;σ 为玻耳兹曼常数;k 为混凝土导热系数;T_{sky} 为天空背景温度;T_s 为表面温度;T_p 为节点中心温度。

2) 桥底面热平衡方程

太阳散射辐射+水的辐射+水面对其他辐射的反射=对流热损+长波辐射热损+导热损失

$$-k\frac{\partial T}{\partial y} = W_h + \varepsilon\sigma(T_s^4 - T_{air}^4) - W_{sun}^{undir} - \\ \alpha(\rho_{water}^{shortWave} W_{sun} + \rho_{water}^{longWave} \sigma T_{sky}^4 + \varepsilon_{water} \sigma T_{water}^4) \quad (4-20)$$

式中,$\rho_{water}^{shortWave}$ 和 $\rho_{water}^{longWave}$ 分别为水面对太阳短波辐射和长波辐射的反射率;ε_{water} 为水面发射率;T_{water} 为水面温度。在"长波辐射热损失"项中,因为桥底不朝向天空,根据文献[1],可用 T_{air} 替换 T_{sky}。

6. 桥梁温度场求解

对箱型梁离散划分网格单元后,采用内节点法对温度场控制方程离散化;对于近边界节点,用附加源项法处理。于是,可得具有统一形式的内节点和近边界节点的桥梁温度场离散方程[12,13]:

$$a_p T_p = a_e T_e + a_w T_w + a_n T_n + a_s T_s + a_b T_b + a_t T_t + b \quad (4-21)$$

将式(4-21)应用于所有节点所建立的桥梁温度场离散方程组满足对角线元素占优的条件,可以用 Gauss-Seidel 迭代法求解。数值求解桥梁瞬态温度场时,需要给出某一时刻的桥梁温度分布作为初始条件,计算该时间步长结束时的温度分布,再以它作为下一时间步长的初始条件进行计算,直至计算到某个要求的时刻。

4.1.3.2 桥梁整体有效辐射通量计算模型

除了三维瞬态温度分布之外,桥梁红外辐射特征模型最终要分析计算桥梁整体在红外波段(8~14 μm)范围内的辐射通量。与处理装甲车辆的情况类似,桥梁任一单元表面的有效辐射通量可分为本身辐射和反射辐射两部分。

1. 本身辐射

根据桥梁整体表面温度分布,运用普朗特单色辐射公式,在给定的红外波段范围积分得到其自身辐射:

$$E'_{\lambda_1-\lambda_2} = \int_{\lambda_1}^{\lambda_2} \varepsilon(\lambda,T) \cdot \frac{C_1}{\lambda^5[\exp(C_2/\lambda T)-1]} d\lambda \tag{4-22}$$

式中,λ_1 和 λ_2 分别为红外波段范围上下限;T 为单元体表面温度;$\varepsilon(\lambda,T)$ 为与波长、温度有关的单元体表面发射率;C_1 和 C_2 分别为第一和第二辐射常数。

2. 反射辐射

反射辐射包括桥梁单元体表面对来自太阳、天空背景和水面等入射热辐射的反射,可表示为

$$E^{fs}_{surf} = \rho^{fs}_{sun} \cdot Q_{sun} + \rho^{fs}(Q_{sky} + Q_{water}) \tag{4-23}$$

式中,ρ^{fs}_{sun} 为单元表面红外波段范围内的太阳反射率;ρ^{fs} 为单元表面红外长波波段范围内的反射率;Q_{water} 为水面辐射 Q_w 与水面反射的太阳辐射 Q_e 之和。

3. 桥梁表面有效红外热辐射通量

于是,本身辐射和入射辐射被反射的部分构成桥梁表面总的有效辐射:

$$E_{\lambda_1-\lambda_2} = E'_{\lambda_1-\lambda_2} + E^{fs}_{surf} \tag{4-24}$$

4.1.4 算例及结果讨论[14]

起迄时间:1997.6.21.8—1997.6.21.18。

江面风速:10m/s。

桥梁红外热特征分析需给出桥梁在大气窗口(8~12μm)的整体辐射通量。图4-3和图4-4给出桥梁在8~12μm波段范围内的整体辐射通量。

图4-3是桥梁整体红外长波辐射通量的俯瞰图,可以明显分辨出水面、箱梁和桥墩的红外辐射通量的差异。从图中可见,桥面是桥梁红外热特征最明显的区域。

图4-4是桥梁路面辐射通量图,对应时间是处于交通高峰期的上午10时,因此行驶的交通工具对桥面红外辐射的影响很明显。桥面两侧是紧急停车区,交通工具对它的影响不明显。

图4-5为桥面某处随时间变化的温度曲线;图4-6为随时间变化的太阳辐射(也是数值求解桥梁温度场模型时的输入条件)。比较图4-5与图4-6可以看出,白天桥面温度基本上随着太阳辐照变化而变化。由于混凝土自身的热惯性较大,桥面温度变化在时间上有一些滞后。例如,太阳辐射在中午12:00时达到最大值,而桥面温度在14:00时达到最大值,同时这也是太阳落山后桥面仍有较高温度和较强红外辐射特征的原因。

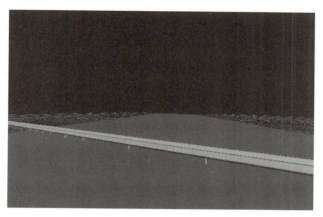

图 4-3 桥梁整体辐射通量图

图 4-4 桥梁路面辐射通量图

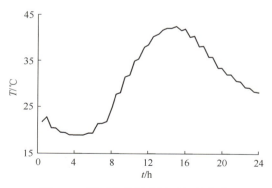

图 4-5 桥面某处温度随时间的变化

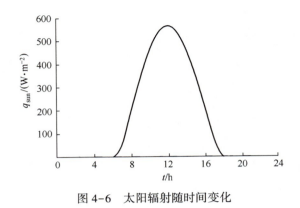

图 4-6 太阳辐射随时间变化

4.2 储气（油）罐的红外辐射特征模型

储气（油）罐是具有战略和战术意义的典型地面目标，它的红外辐射图像及其特征分析对于探测和辨识目标、安全监测和火灾事故预防等具有重要的应用价值。

4.2.1 储气（油）罐红外辐射特征理论模型和数值方法

储气（油）罐一般可分为三部分：容器壳体、容器内液态介质和气态介质（图 4-7）。就热质传递角度而言，这是一个包含容器壁、介质、介质形态变化和环境影响的耦合过程。一个完整的红外辐射特征模型应融合上述因素，能反映其变化过程。为了简化储气（油）罐红外热像建模，假定容器内液态介质处于未饱和（过冷）状态，不存在宏观流动。这个耦合传热问题的数值求解可采用整体区域法或分离区域法。

4.2.1.1 整体区域建模求解法

把储气（油）罐看作一个整体，将不同介质区域中的传热传质过程组合起来，建立适用于各个不同区域的通用方程，物性参数采用统一的广义参数（在具体的数值模拟计算过程中，在不同区域取相应的参数值），则不同子区域之间的耦合界面成为整个求解区域的内部，界面上的连续性条件自然满足，避免了数值求解过程中不同子区域之间的迭代，使程序编制简化，计算时间缩短。

适用于储气（油）罐各子区域的通用控制微分方程为[6,8]

$$\frac{1}{r}\frac{\partial}{\partial r}\left(\Gamma r \frac{\partial T}{\partial r}\right) + \frac{\partial}{\partial z}\left(\Gamma \frac{\partial T}{\partial z}\right) + \frac{1}{r^2}\frac{\partial}{\partial \varphi}\left(\Gamma \frac{\partial T}{\partial \varphi}\right) = \rho c_p \frac{\partial T}{\partial t} \qquad (4-25)$$

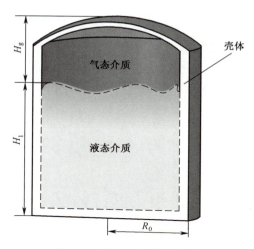

图 4-7 储气(油)罐示意图

式中，Γ 为统一的广义导热系数；ρc_p 为广义密度和定压比热。对于不同区域，它们取相应的参数值。

对应方程(4-25)的定解条件如下：

$$T(r,z,\varphi,t=0) = T_0(r,z,\varphi) \tag{4-26}$$

$$T|_{z=0} = T_e(r,\varphi,t) \tag{4-27}$$

$$-\Gamma \frac{\partial T}{\partial z}\bigg|_{z=H_g+H_l} = h(T-T_a) + \varepsilon\sigma T^4 - \alpha_s q_{\text{sun}}\cos\theta - (q_{\text{sr}}+q_{\text{sf}})\alpha_s - \alpha_l q_{\text{sky}} \tag{4-28}$$

$$-\Gamma \frac{\partial T}{\partial r}\bigg|_{r=R_0} = h(T-T_a) + \varepsilon\sigma T^4 - \alpha_s q_{\text{sun}}\cos\theta - (q_{\text{sr}}+q_{\text{sf}})\alpha_s - \alpha_l q_{\text{sky}} \tag{4-29}$$

式中，$\cos\theta$ 为接收太阳直射表面的法线与太阳直射射线间夹角的余弦；q_{sr} 为太阳散射辐射；q_{sf} 为地面对太阳辐射的反射。

运用有限差分方法求解由方程(4-25)~(4-29)构成的储气(油)罐温度场模型，直接获得整个区域的温度分布。整个求解区域可采用内节点法形成离散网格，并保证使计算控制单元的界面与物理界断面重合，跨该界面的两侧相邻节点之间的导热系数采用调和导热系数[12]，以抑制由于界面处热物性参数阶跃变化可能导致的数值计算误差。

4.2.1.2 分离区域法

分离区域法实际上是分区域分别建模求解，通过边界条件连接耦合各相邻区域。这种方法分别针对各个子区域的物理问题建立相应的控制方程,逐一列出包含各子区域界面上耦合条件在内的定解条件,逐个区域进行数值求解,再通过相邻区域之间界面上的耦合条件实施迭代,直至收敛。采用这种方法建立储气(油)罐红外热像模型时,假设罐体为一壳体,气相介质可近似采用集总参数模型。整个模型由下述分区域子模型组成[15]。

气相区域:

$$\rho c_p V_g \frac{dT_g}{dt} = h_g A_{\text{top}}(T_{\text{top}} - T_g) + h_g \int_0^{2\pi} \int_{H_l}^{H_l+H_g} (T_{\text{side}} - T_g) R d\phi dz \quad (4-30)$$

液相区域:

$$(\rho c_p)_1 \frac{\partial T_1}{\partial t} = \frac{1}{r} \frac{\partial}{\partial r}\left(k_1 r \frac{\partial T}{\partial r}\right) + k_1 \frac{\partial^2 T}{\partial z^2} + \frac{k_1}{r^2} \frac{\partial^2 T}{\partial \varphi^2} \quad (4-31)$$

侧壳体区域:

$$(\rho c_p)_{\text{side}} \frac{\partial T_{\text{side}}}{\partial t} = k_{\text{side}} \frac{\partial^2 T_{\text{side}}}{\partial z^2} + \frac{k_{\text{side}}}{r^2} \frac{\partial^2 T_{\text{side}}}{\partial \varphi^2} + Q_{\text{side-1}} + Q_{\text{side-0}} \quad (4-32)$$

顶壳体区域:

$$(\rho c_p)_{\text{top}} \frac{dT_{\text{top}}}{dt} = h_g A_{\text{top}}(T_g - T_{\text{top}}) + Q_{\text{top-0}} \quad (4-33)$$

式中,$Q_{\text{side-1}}$ 为液相介质与侧壳体之间的换热量;$Q_{\text{side-0}}$ 和 $Q_{\text{top-0}}$ 分别为侧壳体和顶壳体与外部环境的换热量

$$Q_{\text{side-0}} = \int_0^{2\pi} \int_{H_l}^{H_l+H_g} \left\{ \begin{array}{l} h(T_a - T_{\text{side}}) + \sigma_s q_{\text{sun}} \cos\theta \\ + (q_{\text{sr}} + q_{\text{sf}})\alpha_s + \alpha_l q_{\text{sky}} - \varepsilon\sigma T_{\text{side}}^4 \end{array} \right\} R d\varphi dz \quad (4-34)$$

$$Q_{\text{top-0}} = A_{\text{top}}\{h(T_a - T_{\text{top}}) + \sigma_s q_{\text{sun}} \cos\theta + (q_{\text{sr}} + q_{\text{sf}})\alpha_s + \alpha_l q_{\text{sky}} - \varepsilon\sigma T_{\text{top}}^4\}$$
$$(4-35)$$

相应地,可给出求解方程(4-30)~(4-33)所需的初始条件、边界条件和耦合条件。显然,这些方程通过源项和边界条件耦合关联在一起,构成了储气(油)罐的温度场模型。运用有限差分方法迭代求解这些方程,便可得到整个储气(油)罐的温度分布。毫无疑问,这种方法要比整体区域求解方法复杂。

4.2.1.3 储气(油)罐红外辐射通量

获得了储气(油)罐的温度分布之后,即可得到表面红外辐射通量:

$$E = \int_{\lambda_1}^{\lambda_2} \varepsilon(\lambda) E(\lambda, T) d\lambda + \sum_{j=1}^M \int_{\lambda_1}^{\lambda_2} \rho_j(\lambda) E_j(\lambda, T_j) d\lambda \quad (4-36)$$

式中,$E_j(\lambda, T_j)$ 为来自周围环境背景的第 j 个红外热辐射源投射到储气(油)罐的相应波段的光谱辐射。

4.2.1.4 算例和结果分析

假设一油罐所处方位为北纬32°,计算时间为5月1日的0-24时,对应的空气温度如图4-8所示;油罐体整体初始温度为15℃;风速为2m/s;天空晴朗无云;地面为土地;油罐材料为Q235-A钢,钢的导热系数为36.7W/(m·K),密度为7750kg/m^3,比热容为470J/(kg·K);油罐表面的太阳吸收率为0.5,发射率为0.8;油罐内介质为重质油,密度为1000kg/m^3,导热系数为0.553 W/(m·K),比热容为4100J/(kg·K);地面的太阳反射率为0.20;油罐体圆柱部分内径值(半径)为7.5m,圆柱部分的高度是10.1m,侧面壁厚为0.15m,下盖厚度为0.1m;拱形上盖厚度为0.1m,上盖所属圆的半径为15m;油罐内的储油高度为9.5m[38]。

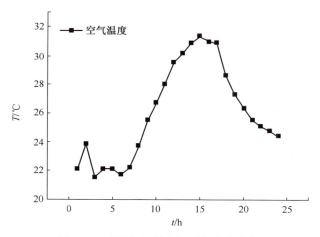

图4-8 当天大气温度随时间变化曲线

对于静止状态的油罐体,白天的太阳辐射、环境温度和风速是影响温度分布的主要因素,被太阳光照射到的表面和处于太阳阴影区内的表面之间存在温差。令下述计算结果图中的 x 轴正向为正南方向,分析与讨论如下:

(1)图4-9~图4-12给出了一天24小时中选取的4个时刻(4时、10时、16时和22时)油罐体整体温度分布图形。由图4-9可以看到,上午4时由于油罐体初始温度低于环境温度,此时油罐体处于吸热过程。由于油罐体内为容积巨大的液态油质,而且油罐壁很薄,使通过外壁面吸收的热量迅速传递给内部的液态油质,而液态油的比热很大(接近于水),整体热惯性大,因此壁面上节点的温升非常缓慢;而拱形上盖的下部为气液混合物,并不直接与液体相接触,所以拱形上盖的温度明显高于其他部分。另外,因为没有太阳辐照,油罐体圆周方向上各节点温度分布较为平均。由图4-10可以看到,到上午10时,各部分的温度明显升高。这是因为从上午6时左右开始,太阳升出地平线,油罐表面受到太阳直射辐照,尤其是拱形上表面在阳光的持续照射下,且该部分太阳光线的入射角较小,单位面积上接收的太阳辐射热量更大。同时由该图可以发现,对油罐体整体而言,一侧温度明显高于另一侧,拱形上盖近太阳一侧的温度最高,温度较高的一侧及拱形上盖处于太阳光照区,外表面所接收的太阳辐射热量高于其他部分,而位于光照阴影区的半边区域温升变化缓慢,这说明太阳直射辐照是决定油罐体外表面温度分布的最重要因素。罐体外表面的太阳入射倾角也会影响外表面温度分布。由图 4-11 和图 4-12 可知,下午 4 时拱形上表面部分的温度已经明显高于其他区域,而且这样的温度分布一直持续到晚上 22 时,由于油罐壳体材料为钢,质量有限,热惯性相对较小,此时拱形上表面温度迅速降低,与其他部分之间的温度差别减小,整体仍高于环境

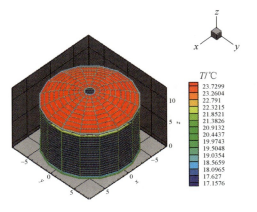

图 4-9 上午 4 时油罐体温度分布图

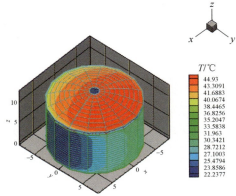

图 4-10 上午 10 时油罐体温度分布图

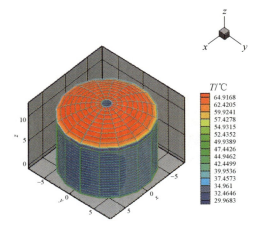

图 4-11 下午 16 时油罐体温度分布图

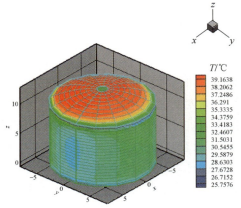

图 4-12 晚上 22 时油罐体温度分布图

温度,维持着向环境散热的状态。在晚间 22 时,罐体壁面部分的温度与下午 16 时的状况相差不大,这是由于罐体内储存的液态油热惯性大,释热降温过程非常缓慢的缘故。上述通过数值模拟计算得到的油罐体温度分布图系统地反映了油罐体的温度分布与变化的历程。

(2) 图 4-14 给出了一天 24 小时中油罐体外壁面上两个位置点和拱形上表面上两个位置点随时间变化的温度曲线,四个位置点分别标注为 B、C、D 和 E(图 4-13)。

由图 4-14 可以看到,油罐体外壁面上的 B 和 C 两节点在一天 24 小时中的温度波动不大,在日出前和日落后两个时间段内两点处的温度变化尤其平缓,在日出后温度有所升高。由于 B 点在南面,C 点在北面,B 点接收太阳辐照的时间长于 C 点,因此 B 点在日出后的数小时内温升大于 C 点,在正午时分太阳逐渐偏离正南方,使得 C 点温度变化逐渐大于 B 点,这种情况持续到日落时刻。从整体来看,B 和 C 两点温度变化不大的原因可以归结为这两个位置点为罐体壁面节点,由于油罐壁很薄,外壁面将所吸收的热量迅速传递给内部储存的液态油质,而油罐体内大容积液态油体的热惯性很大,所以壁面上节点的温度变化相对缓慢。油罐顶部的 D 和 E 两节点位置的温度变化曲线则与 B 和 C 形成明显的对比,直到下午 17 时左右,D 和 E 处的温度一直在持续上升,而后又迅速下降。原因在于拱形上盖为金属材料(钢),它的下部为气液混合物(热惯性小),并不直接与液体相接触,使上盖与气液混合物的换热非常有限,同时拱形上盖与大气的热交换也较缓慢,主要受来自太阳热辐射的影响,随着太阳辐照的变化,拱形上盖的温度迅速变化,升温快降温也快。

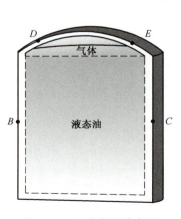

图 4-13 四点位置分布图

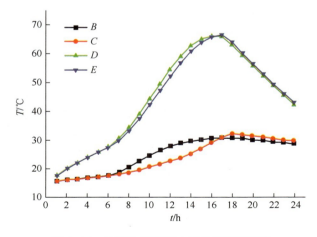

图 4-14 油罐体外表面 4 节点温度变化图

4.2.2 油罐红外辐射特征的流固耦合计算方法

本节主要针对油罐整体温度场模型求解,介绍油罐内部流场和外部流场以及油罐固体结构及表面温度分布的流固耦合计算方法[16]。

4.2.2.1 油罐整体温度场流固耦合计算模型

如前所述,储油罐一般分为三个部分:容器壳体,容器内液态介质和气态介质。油罐内储油体的热量散失主要有三个途径:罐底散热、罐壁散热和罐顶散热[17,18]。油罐外表面温度分布与变化主要受到太阳辐射、空气温度、内部传热和油罐基底传热等诸多因素的影响,各因素的影响因子存在着较大的差异[19-21]。油罐温度场的流固耦合模型主要有几个组成部分:空气计算域、罐内空气(油气)计算域、罐内油计算域、地下土壤计算域和油罐体计算域(图4-15)。

图 4-15　油罐及其计算域几何模型

油罐温度场流固耦合计算的网格生成方法与装甲车辆流固耦合计算的网格生成类似,即分为固体域和流体域,网格生成的过程同样是固体域面网格生成、固体域体网格生成和不同流体域的网格生成方法,具体生成方法可参见文献[12,22]和本书3.2节车辆流固耦合计算部分。图4-16为油罐及土壤区域表面网格划分示例[16]。

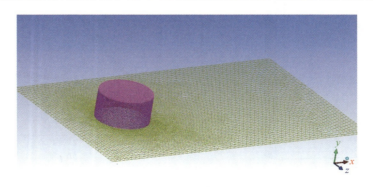

图 4-16　油罐及土壤区域表面网格划分示例

油罐温度场流固耦合计算需要考虑油罐所有流域内气态介质和液态介质的流动与换热,包括:① 油罐外部空气流动及其与整个油罐外表面的对流换热;② 油罐内部气态介质流动及其与油罐壳体内侧的对流换热;③ 油罐内部液态介质流动及其与油罐壳体内侧的对流换热。油罐温度场流固耦合计算涉及固体介质中的热传递主要是不同区域的壳体内的热传导。

与装甲车辆温度场流固耦合计算方法类似,油罐温度场流固耦合计算也是将固体区域、液体区域和气体区域视为一个整体进行耦合联立求解。将上述各区域的流动换热问题和油罐体内导热问题使用统一的数学模型描述,流固耦合界面成为内部界面,该界面可以进行能量交换,不再需要设置边界条件。油罐温度场的流固耦合计算同样要考虑油罐所有部件之间的辐射换热,包括:① 油罐内部表面的热辐射;② 整个油罐外表面的热辐射;③ 油罐外表面接收的太阳辐射以及环境辐射等。

油罐外部流域出口、外部流域入口、外部流域的侧面和外部流域的上面以及土壤底面和侧面等边界条件称为外部边界条件,油罐固体域和油罐内部流域以及外部流域的界面为内部耦合边界。

1. 外部边界条件

(1) 外部流体区域入口边界为速度入口。一般地,入口风速以及入口温度随时间变化,具体数值可根据实际气象情况确定。

(2) 出口边界可取压力出口边界条件,相对压强为 0。

(3) 外部流体区域两个侧面和上面定义为对称面。当计算流域足够宽时,可认为油罐对两个侧面的影响忽略不计,其速度和温度在垂直于侧面的方向没有变化。

(4) 土壤最下底面简化处理为恒温面,依据具体地点的年平均温度确定。

(5) 土壤层的四周侧面处理为绝热面。

2. 内部耦合边界

(1) 与外部空气接触的地面为耦合边界,不需要设置边界条件。

(2) 油罐体与罐内液态和气态介质的接触面以及油罐体外侧表面与外部空气的接触面均为耦合边界,不需要设置边界条件。

(3) 和油罐体外侧表面与外部空气的接触面均为耦合边界,不需要设置对流换热边界条件。但是,该耦合边界表面接收太阳辐射、天空背景辐射以及自身的热辐射等辐射热交换,需以面热源项的形式加入到能量守恒方程中。

4.2.2.2 油罐温度场流固耦合算例和结果分析

1. 模型中计算所需参数[16]

流固耦合数值模拟计算需要输入的主要参数和条件如下:油罐位于东经

121.05°,北纬 30.75°;时间为 5 月 1 日的 0-24 时;风速为 1.5m/s;天气为晴朗无云;油罐材料为钢,油罐内液相介质为柴油,油罐内气相介质为油气;油罐体的柱体外径为 23.71m,圆柱部分高度为 12.53m,拱形上盖高度为 2.47m,油罐厚度为 0.06m;地表土壤发射率为 0.85,对太阳辐射的反射率为 0.2,吸收率为 0.8;钢吸收率和表面发射率都为 0.8。当日的空气温度记录曲线如图 4-17 所示。

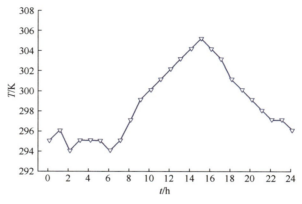

图 4-17　5 月 1 日气温变化图

油罐体温度监测点的分布情况如图 4-18 所示,其中 A 在油罐最顶上,B 在油罐北面壳体内侧的气液分界附近,C 在油罐西面壳体内侧,D 在油罐东面壳体内侧,E 在油罐西面顶部和侧面的交接处。

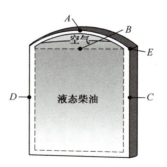

图 4-18　各个监测点分布图

2. 数值计算结果分析

图 4-19 是通过数值计算给出的监测点温度一天内变化趋势,其中 max 对应油罐表面的最高温度。从夜间 0 时到凌晨 5 时,所有监测点的温度均处于下降趋势,A、B 和 E 点的下降幅度大于 C 和 D 点的下降幅度。此时是由于油罐内油的密度和比热容乘积(热惯性)远大于罐内油气的对应数值,因此,油所储存的热能远大

于空气,而且由于白天油温和钢壁对地下以及附近的土壤进行加热,夜间这部分土壤也会有热量往上传递。另外,因为较小的罐体厚度和优良的罐体导热性能,在外部空气冷却和与天空背景辐射换热的作用下,只与罐内空气接触的那部分区域罐体迅速冷却,而处于和油体直接接触区域的罐体缓慢冷却,与初始温度水平相差不大。清晨 5 时以后,各个监测点的温度差别开始显现。东边的监测点 D 最先接受太阳辐射,所以温度率先有轻微升高,但是在 7-8 时之后,罐顶监测点 A 温度急剧升高并成为最高温度的监测点,其温度变化曲线进一步靠近 max 曲线。在下午 13 时左右,罐顶监测点 A 温度达到最高,因为此时太阳辐射是影响温度的最强因素,而此时段阳光入射角很小(接近正入射),环境空气温度也高,所以导致此时 A 点温度达到最高。随着太阳的运动,A 点对应的太阳入射角开始增大,之后 E 点对应的太阳入射角也进一步减小且气温进一步升高,这条曲线随后达到最高峰。因为没有太阳的直接辐照,处于背阳区 B 点的温度最低。

对于 C 点和 D 点的温度而言,由于监测点分布在油罐的东西两侧,所以从太阳升起到中午 12 时之前的大部分时间,D 点能一直接受到太阳辐射而 C 点却不能;从午后到太阳落山的时间范围里,这两点接受太阳辐照的情况颠倒过来。所以,对应图中两条起伏程度很小的曲线依然是因为太阳辐射的主要影响而产生温差,其中西侧 C 点直到下午 16 时多才达到最高温度。

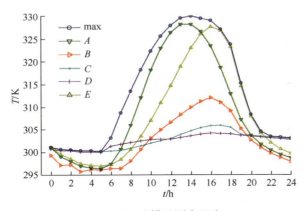

图 4-19　油罐监测点温度

4.3　地面建筑物红外辐射特征模型

地面立体建筑物包括机场、港口、发电厂和火车站等各种建筑、地面军事设施、地面军事指挥所以及其他各种用途的建筑物。机场、港口、火车站、地面军事设施、地面军事指挥所和城市地区高价值的人工目标如政府大楼、交通枢纽或金融中心等容易受到精确制导武器的打击。因此,进行地面立体建筑物红外辐射特征研究对于地面立体建筑物的红外隐身设计和红外目标探测识别具有重要的意义。

国内外学者采用不同的方法分别对地面立体目标的温度和红外辐射特征进行了研究[23-31]。本书首先以简单建筑物为例,介绍地面立体目标红外辐射特征简化建模方法,然后介绍地面立体目标温度场流固耦合计算方法,并对其结果进行分析[32]。

4.3.1 地面立体目标红外辐射特征简化建模方法

图4-20所示是一简单建筑物的简化形状。地面立体目标(机场建筑、地面指挥所和地面设施等)表面温度与内部温度随时都会变化,这些变化与建筑物所处的地理位置、方位以及季节、太阳辐射强度、气候变化、空气流动和建筑物内热源等因素有关。地面立体目标表面不断以辐射、对流和传导等形式与外界介质进行热交换。这些影响因素可归类于环境因素和地面立体目标内在因素两方面来考虑。

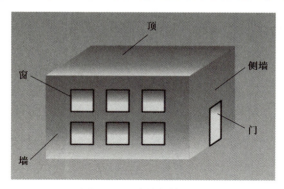

图4-20 建筑物简化图

环境因素主要是自然环境对地面立体建筑物的影响,包括太阳直接辐射、天空辐射和地面背景辐射及对其他辐射的反射、气温变化、风速、地理纬度、建筑物方位和附近的地形地貌等。理论建模时,在地理纬度、地面立体目标的方向、地形条件确定的条件下,影响因素主要是太阳辐射强度、气温变化和风速。地面立体目标内在因素主要是地面立体目标建筑材料的热物性影响。建筑材料的导热系数通常较小,在外表温度突变的情况下,建筑材料内部各层的温度变化要缓慢得多,存在明显的滞后。建筑物内部的人员、设备和地面立体目标的内部结构等也是影响地面立体目标温度分布的重要因素。

建筑物结构复杂,并且由于建筑物的用途不同,结构形式和所使用的建筑材料也各不相同,在实际建模工作中,要对相关因素进行简化。主要的简化假设包括:忽略建筑物不同结构之间的热传导,并且只考虑垂直于壁面方向的热量传递,不同建筑物结构内部的导热问题则均可分区域按一维问题处理;建筑材料的特性为连续、各向同性、均匀且保持稳定,没有内热源;忽略地面立体目标各结构面相互间的热辐射;建筑物内人员的生理产热和机电设备的发热或空调系统的热汇(携带走的热量)不受环境因素的变化而变化。

于是,建筑物不同结构件的温度场的数学模型可统一描述为

$$\begin{cases} \rho C_p \dfrac{\partial T(x,t)}{\partial t} = k \dfrac{\partial^2 T(x,t)}{\partial x^2} \\ T|_{t=0} = T_0 \\ -k \dfrac{\partial T}{\partial x}\bigg|_{x=0} = h_{\text{outer}}(T_{\text{air}} - T_s) + \sum_{j=1}^{M} q_j \\ -k \dfrac{\partial T}{\partial x}\bigg|_{x=\delta} = h_{\text{inner}}(T_s - T_\infty) - \sum_{j=1}^{N} q_j \end{cases} \quad (4-37)$$

式中,t 为时间;ρ 为密度;C_p 为比热容;k 为导热系数;q_j 为建筑物表面与环境之间以第 j 种形式交换的热量。

墙壁外表面与室外空气之间的对流换热主要是空气流动的作用,影响的关键因素是风速。风速越大,空气对流换热系数越高,建筑物表面温度越接近空气温度。对流换热系数 h_{outer} 的具体计算方法可参见文献[1,6,8]。建筑物通常可看成封闭的空间,对流边界条件可以处理成只有自然对流方式存在,但由于各表面之间位置情况各异,应当选取不同的自然对流换热系数。在处理该部分自然对流边界条件时,假定建筑物内部可看作大空间,可利用大空间自然对流换热的实验关系式计算建筑物内不同表面上的对流换热系数 h_{inner},具体计算方法可参见文献[6,8]。

由于建筑物内气体是相对封闭的,而且与周围墙壁内表面之间存在着自然对流换热,建筑物内也可能存在热源(汇)(例如,人员、空调装置和机电设备等),所以建筑物内气体温度不断变化。气体温度升高还是降低,取决于建筑物内气体与壁面之间的温差以及建筑物内的热源。

运用集总参数法描述建筑物内空气温度 T_∞ 的变化,其能量平衡方程为

$$\rho_\infty V_\infty C_\infty \frac{\mathrm{d}T_\infty}{\mathrm{d}t} = \sum_{i=1}^{N} A_i \cdot h_{\text{inner},i} \cdot (T_{i \cdot f} - T_\infty) + \sum_{j=1}^{m} Q_j \quad (4-38)$$

式中,$\mathrm{d}T_\infty/\mathrm{d}t$ 为建筑物内气体温度随时间的变化率;ρ_∞ 为建筑物内气体的密度;V_∞ 为建筑物内气体的体积;C_∞ 为建筑物内气体的比热容;A_i 为建筑物内表面 i 单

元的换热面积；$h_{\text{inner},i}$ 为建筑物内表面 i 单元的对流换热系数；$T_{i,f}$ 为建筑物内表面 i 单元的表面温度；Q_j 为建筑物内的第 j 个热源(汇)(如人体生理散热、仪器仪表散热和空调装置等)；N 为建筑物内表面单元总数；m 为建筑物内热源数。

所有描述建筑物不同部分的构件温度场模型通过能量平衡关系式(4-38)耦合在一起。运用前述的数值方法,可获得整个建筑物的温度分布。地面立体目标红外辐射特征的分析计算模型可参照 4.1.3.2 节介绍的桥梁红外辐射特征的计算方法。

4.3.2　地面立体目标温度场流固耦合计算方法

本节主要针对地面立体目标整体温度场的求解过程,介绍地面立体目标外部流场及表面温度分布的流固耦合计算方法[32]。

4.3.2.1　计算模型

以某一栋宿舍楼为例,假设地面空旷,楼房坐北朝南(z 轴正向为南),南面和西面有窗。建筑物外表面温度场的分布和变化情况,主要受到太阳辐射、空气温度、内部传热、建筑物基底传热等因素的影响。为了简化计算过程,需对所求解的模型进行如下假设：

(1)假设建筑物墙体为均匀等厚的墙体,墙体各处表面发射率和吸收率也相同,窗体为等厚的玻璃。

(2)忽略建筑物内部热源。

(3)不考虑土壤层的复杂结构及其各向异性,假设建筑物底部的土壤为均一介质[23],地下 5m 处为恒定温度。

(4)假设天气晴朗无云,无雾、雨和雪等。

建筑物温度场流固耦合计算模型主要由三个部分组成:空气域、地下土壤和建筑物(图 4-21)。建筑物固体域的面网格类型采用三角形网格。由于建筑物的结构相对简单,不同的网格生成方法均能生产质量较好的面网格。在面网格生成后,依据面网格的生成结果进行体网格的生成,体网格类型为非结构化四面体网格。对于不同的固体域,根据固体域接触面的面网格尺寸确定固体域的最大网格尺寸,并将面网格作为固体域体网格的边界面。对于空气计算域,根据流体域与固体域接触面的面网格尺寸确定流体域的网格尺寸,并将固体域面网格作为流体域体网格的边界面。图 4-22 为建筑物和土壤区域表面网格划分示例。

同样,建筑物温度场流固耦合计算是将固体区域和流体区域视为一个整体进行耦合求解。建筑物温度场流固耦合计算需要考虑建筑物外部空气流动及其与整个建筑物表面的对流换热、建筑物内空气与建筑物的对流换热、建筑物不同区域的墙体内热传导、建筑物内外部表面的热辐射、建筑物外表面接受的太阳辐射和环境辐射、建筑物内部接受的透过玻璃窗的太阳辐射等。建筑物温度场流固耦合计算的处理方法与装甲车辆温度场的流固耦合计算类似，可参见本书 3.2.3 节，此处不再赘述。

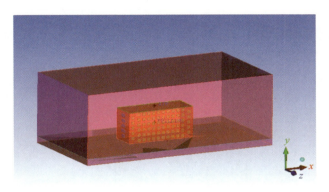

图 4-21　空气计算域模型

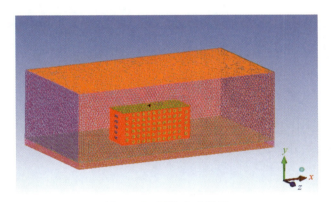

图 4-22　网格生成效果

建筑物外部空气域出口、外部空气域入口、外部空气域的侧面和外部空气域的上面以及土壤底面和侧面等边界条件可作为外部边界条件，而建筑物固体域和建筑物内部空气域和外部空气域相互连接的界面为内部耦合边界。边界条件的具体设置方法与 4.2.2 节介绍的油罐温度场流固耦合计算的情况类似。

4.3.2.2　建筑物温度场流固耦合计算算例与结果分析

建筑物温度场流固耦合计算中需要设置的主要参数如下：建筑物所在位置为东南地区某地；时间为 5 月 23 日的 0—24 时；风速为 3.0m/s，由东向西吹过建筑物，空气日平均温度 300K；天气为晴朗无云；建筑物房顶、四周和底面的材料都为砖墙，墙体厚度设定为 0.3m，地表土壤发射率为 0.85，对太阳辐射的反射率为

0.2,吸收率为 0.8;钢吸收率和表面发射率都为 0.8。建筑物的西面窗户和东面窗户的材料为玻璃,厚度为 0.01m,吸收率为 0.1,太阳透过率为 0.7。

图 4-23 所示是上午 9 时建筑物楼房和地面的温度分布图,此时太阳辐照时间不长,辐照强度不大,因此建筑物各部分温度不高。可以看出,由于此时段太阳位置偏东(x 轴正向为东),楼房东面的温度相对比南面温度偏高,而楼房顶面与水平面平行,所接受的太阳辐射也最强,故表面温度最高。

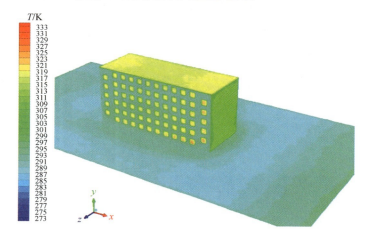

图 4-23　5 月 23 日上午 9 时建筑物表面温度分布

图 4-24 和图 4-25 所示分别是中午 12 时和下午 14 时的建筑物温度分布,楼房各部分温度开始升高,楼顶最高温度达到了 330K 左右。

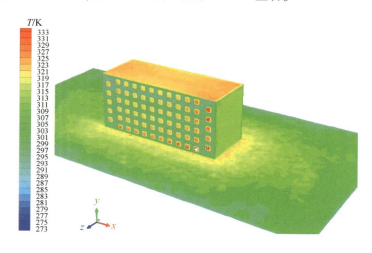

图 4-24　5 月 23 日中午 12 时建筑物表面温度分布

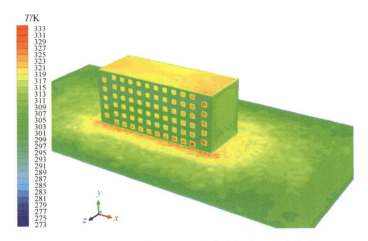

图 4-25 5 月 23 日下午 14 时建筑物表面温度分布

图 4-26 对应的是晚间 20 时的建筑物温度分布,此时没有太阳辐照,楼房各部分开始向周围环境辐射能量,建筑物表面温度开始下降。可以看出,楼房西面的整体温度要比南面高,这是由于太阳方位的变化使建筑物接受的太阳辐照不均匀,从而导致建筑物墙体温度分布的不均匀,整个下午期间,太阳都在逐步向西运行,这就使西面接收的太阳能量要比南面高;同时,由于风向为东风,因此南面表面也会有风掠过,对流换热强度相对高。于房顶和地面相对于天空的辐射角系数要比楼房侧面高,其向天空背景的辐射散热较强,故它们的温度变化速率要比楼房侧面快。

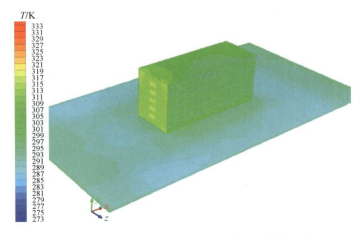

图 4-26 5 月 23 日晚间 20 时建筑物表面温度分布

图 4-27 和图 4-28 分别为 11 月 23 日两个不同时刻的建筑物温度分布,空气

温度改为283K,其他条件与图4-23~图4-26对应的计算条件相同。显然,与5月相比,11月的太阳辐照强度减弱,环境空气温度下降,因此建筑物各部分的温度明显较低。中午12时的楼顶最高温度只有300K左右,同时,11月份白昼时间缩短,日落时间早,地面高温部分在下午14时已经出现向西移动的趋势。

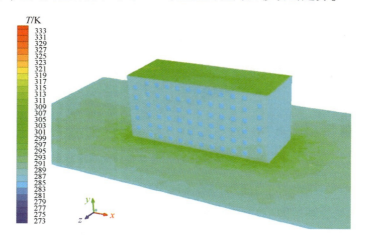

图4-27 11月23日中午12时建筑物表面温度分布

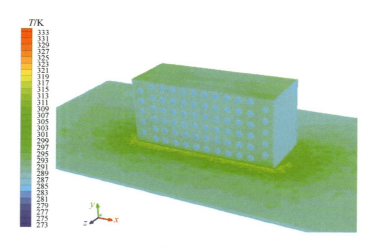

图4-28 11月23日下午14时建筑物表面温度分布

图4-29给出了楼顶和地表的平均温度随时间的变化曲线。从图中可以看出,两者变化趋势一致,夜间和凌晨期间楼顶和地表的温度都保持相对稳定,而在早晨6时以后两者的温度逐渐升高,在中午12时左右达到峰值。对比两条曲线,可以看出地表的温度变化幅度较小。

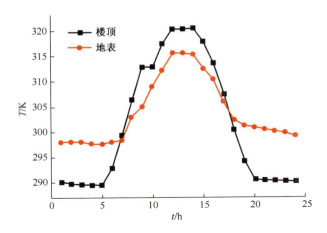

图 4-29　楼顶与地表的平均温度变化

图 4-30 给出了楼顶、南面和北面的平均温度随时间的变化曲线。总体上,楼房南面、北面和楼顶都呈现相似的温度变化趋势,分别在午后 14 时左右达到了峰值,不同的是建筑物南面和北面在早晨要比楼顶滞后 1h 左右才开始升温,这是因为此时太阳刚从东面升起,对南面和北面的辐照度还不强,而此时已有阳光照射到楼顶,使楼顶温度升高。在夜间,三者温度相差不大,而楼顶与地面平行,面对天空背景,对天空背景的辐射换热量要比南北面的大,因而楼顶温度比南北面略低,与白天的情况相反。

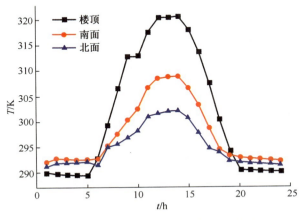

图 4-30　楼顶、南面和北面的平均温度变化

图 4-31 给出了 5 月和 11 月楼顶平均温度变化曲线,反映了建筑物表面温度分布随季节不同而表现出的差异。同样,两者的整体温度变化趋势一致,11 月的

建筑物温度整体较低,其峰值与 5 月相差 20℃ 左右。由于 11 月的白昼较短,图中曲线显示出 11 月的楼顶对应早晨日出和傍晚日落两个不同时刻的温度变化滞后性,早晨开始升温的时间要滞后 1h 左右,同样,其傍晚开始降温的时间也要提前 1h 左右。

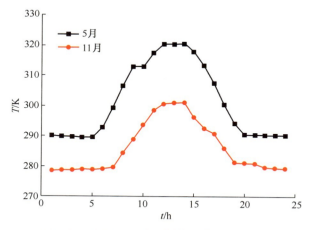

图 4-31　5 月与 11 月楼顶平均温度变化曲线

4.4　发电厂冷却塔红外辐射特征模型

热力发电厂属于重要的战略目标,因此发电厂红外辐射特征也是目标特征研究的重要内容之一。冷却塔是热力发电厂的标志性建筑,探测识别了冷却塔也就基本上确定了作为目标的发电厂,因此冷却塔是发电厂红外辐射特征研究的重点。本节介绍发电厂冷却塔红外辐射特征模型的建模方法,发电厂其他建筑物的红外辐射特征建模方法可参见 4.3 节。

冷却塔是多数火电厂用于乏汽冷凝器中冷却水散热的塔形建筑,几乎是内陆电厂不可或缺的散热设施,常见的是双曲线型冷却塔。冷却塔已有一百多年的发展历史,其类型发生了多次变化和改进,期间曾出现过圆柱形、多边锥形的冷却塔型,最终才演化为双曲线型,在逐渐发展推广的过程才成为现在最常用的冷却塔型。

冷却塔有以下不同分类方式[33,34]:① 按通风方式可分为自然通风冷却塔、机械通风冷却塔、混合通风冷却塔;② 按需冷却的热水和空气的接触方式分为湿式冷却塔、干式冷却塔、干湿式冷却塔;③ 按需冷却的热水和空气的流动方向可分为逆流式冷却塔、横流式冷却塔、混流式冷却塔。

围绕发电厂冷却塔红外辐射特征研究,还未见有相关的公开报道,但有一些冷却塔热设计和温度场分析等相关的研究文献[35-36],这些研究可为发电厂冷却塔红外辐射特征研究提供参考。

4.4.1 冷却塔红外辐射特征分析方法

冷却塔红外辐射特征包括冷却塔的自身红外辐射和对环境红外辐射的反射,其自身的红外辐射主要由其表面温度和表面材料光谱特性确定,根据物体表面温度计算自身红外辐射和冷却塔对来自周围环境热辐射的反射的方法与前述其他目标的红外辐射特征模型中相关方法相同。因此,本节重点讨论冷却塔表面温度分布的计算方法。

4.4.1.1 冷却塔热力结构与工作原理

本节以自然通风逆流湿式冷却塔为例,介绍冷却塔的红外辐射特征分析方法。自然通风逆流湿式冷却塔不仅建造成本低廉、不易损坏,而且散热性能好、不易发生意外,是应用较为广泛的冷却塔类型之一。冷却塔热力结构主要有通风筒、收水器、配水系统、填料层、雨区和集水池等,如图4-32所示[34]。

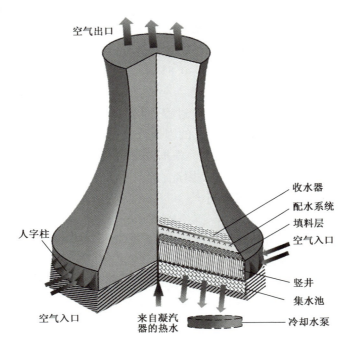

图4-32 冷却塔结构示意图[34]

冷却塔外冷空气在虹吸作用下进入冷却塔(为防止冷却塔自身抽力不足,部分冷却塔会辅以轴流风机增加对空气的抽力),空气在塔筒中与热水进行直接热质交换,温度升高,同时湿度增大,经收水器挡下附着夹带在空气中的水分,从而减少循环水损失。塔底进口处空气相对湿度和温度较低,与塔内空气存在明显的密度梯度,塔外周围空气正是在这样的内外压差驱使下流进冷却塔参与热质交换[38]。

4.4.1.2 冷却塔模化准则

由于冷却塔尺寸非常大,直接利用数值方法完整地计算其温度分布,计算量会非常大,这对于目标红外辐射特征研究与应用可能不太现实,可以考虑利用缩比模型来进行研究。特别是如果要开展冷却塔红外辐射特征的实验研究,更需要运用模化理论进行冷却塔缩比模型的设计。冷却塔的缩比模型与原型塔需考虑相应的相似准则数,才能使基于相似准则数建立的模型模拟出来的结果与实际情况相符。冷却塔红外辐射特征模型主要涉及塔外壁温度分布,因而需考虑几何相似准则。另外,冷却塔内流场是影响冷却塔温度场的重要因素,还需遵循动力相似和运动相似准则。

1. 几何相似

几何相似准则是模化准则中最为基本的,依据该准则可以将原型塔按比例缩小成模型塔,并保持与原型塔几何相似。这里参照某 300MW 火电机组冷却塔,按照几何相似性原则以 1∶55 的比例构建模型塔,塔筒采用双曲线型,保证塔型曲率与原型塔相同。塔高与底部直径之比为 1.2~1.4,喉部面积与底部面积之比为 0.3~0.36,喉部高度与塔高之比为 0.8~0.85,喉部以上扩散角为 8°~10°[34]。

2. 动力相似

冷却塔内有伴随着流动的传热传质过程,因而必须满足动力相似的条件。由于描述动力相似的定性准则和可能涉及的因素众多,全部考虑显然不现实,需要适当简化,忽略影响相对较小的定性准则。根据冷却塔工作原理,重力对流体的动流起决定性作用,而黏性力的作用不大。因此,重点考虑傅汝德准则,忽略一般流动换热过程模化研究中常用的雷诺准则[34]。

$$Fr_\Delta = \frac{V_{out}}{\sqrt{gH_e \dfrac{\Delta \rho}{\rho_{out}}}} \qquad (4-39)$$

式中,Fr_Δ 为密度傅汝德数;V_{out} 为塔顶通风筒出口气流速度;g 为重力加速度;H_e 为冷却塔有效高度;$\Delta \rho$ 为塔外与塔内填料上面空气的密度差;ρ_{out} 为塔出口处的湿空气密度。

在对模型进行热态实验时,模型塔的 Fr_Δ 需保证与按照原型塔的结构参数和

运行工况确定的傅汝德数相等。在重力场中,重力加速度 $g'=g$,速度比例尺

$$k_v = v'/v \tag{4-40}$$

$$k_v = \sqrt{k_l} \tag{4-41}$$

式中,v' 为模型塔速度;v 为原型塔速度。由于几何比例尺 $k_l = 1/55$,所以 $k_v = 1/\sqrt{55} \approx 0.135$。

3. 运动相似[34]

模型塔除满足几何相似和动力相似外,还需满足在流场中两个对应点上与原型流场的流速大小成比例且流动方向相同,即运动相似。

压强比例尺:

$$k_p = k_v^2 \tag{4-42}$$

由于 $k_v = 1/\sqrt{55}$,故 $k_p = 1/55$。

体积流量比例尺:

$$k_{q_v} = \frac{q'_v}{q_v} = k_l^2 k_v \tag{4-43}$$

于是,可得 $k_{q_v} = (1/55)^2 \times 0.135 \approx 4.5 \times 10^{-5}$。

运动黏度比例尺:

$$k_v = \frac{v'}{v} = k_l k_v \tag{4-44}$$

由上式可得 $k_v = (1/55) \times 0.135 \approx 0.00245$。

4.4.1.3 填料层阻力计算[34]

进塔空气在冷却塔内的流动阻力中填料层阻力所占比重最大。不同填料形式对空气流动状况产生不同的影响,因而所产生流动阻力各不相同,一般通过实验测定来确定其阻力表达式。填料层对空气流动的阻力大小常以压降的形式表示:

$$\Delta p = \rho_a B v_o^m \tag{4-45}$$

式中,B 为由实验确定的经验系数,与淋水密度有关,$B = 9.8(B_2 q^2 + B_1 q + B_o)$;$m$ 也是通过实验数据整理确定的参数,与淋水密度有关,$m = m_2 q^2 + m_1 q + m_o$;$v_o$ 为填料段湿空气的平均轴向运动速度;ρ_a 为进入冷却塔空气的密度。

在分析计算冷却塔红外辐射特征时,如果直接建立填料层的三维模型计算,则模型相对复杂,并不十分必要。可以利用式(4-45)计算填料层的阻力,然后将填料层简化为多孔介质模型,利用所计算的压降来描述其阻力特性,再与冷却塔的其他部件耦合计算冷却塔的温度分布。

4.4.1.4 冷却塔温度场数值方法

影响冷却塔外表面温度分布的主要因素可分为两个部分:① 塔内部传热传质

过程影响的内部因素;② 与塔外部周围空气之间的对流换热、与天空背景和周围环境的辐射换热以及太阳辐照等外部影响因素。

外部影响因素的计算方法与本书中其他目标的计算方法相同,本节不再赘述。这里着重讨论冷却塔内部传热传质过程对冷却塔温度分布的影响。

为了简化计算过程,将塔内对温度影响较弱的结构进行简化。假设冷却塔模型的几何边界条件如下:塔高为 2.3m,进风口高为 0.14m,收水器距人字形支柱基部高度为 1m,配水面距人字形支柱基部高度为 0.836m,填料距人字形支柱基部高度为 0.686m,填料层高为 0.5m。按冷却塔不同的功能部位分成不同的区域。冷却塔内部分为 5 块流体域,沿 Y 轴正向依次为进风区、雨区、填料区、配水区和通风筒[41]。

冷却塔内冷却水和空气之间的直接接触式热质交换过程是一个典型两相流动传热传质过程。冷却水经由喷嘴喷射而成为颗(雾)粒状,视为离散相,并以此模拟冷却水滴和空气之间的相互作用;湿空气在任意时刻都充满整个塔内流域,可作为连续相。上述两相热质交换过程可以采用连续相模型——欧拉方法或离散相模型——欧拉法与拉格朗日法耦合的方法求解。对于离散相模型,其中的连续相(这里对应的是空气)使用欧拉法求解,运用拉格朗日法求解离散相(液滴),通过两相之间的耦合作用关系耦合求解两相流动热质传递过程[40]。一般,湍流模型可采用 Realizable $k-\varepsilon$ 湍流模型[12]。

热态工况下喷淋水以水滴形式下落,液相和气相之间的热质交换可表述为[40]

$$M_p c_p \frac{\mathrm{d}T_p}{\mathrm{d}t} = hA_p(T_{ad} - T_p) + \frac{\mathrm{d}M_p}{\mathrm{d}t}h_f \qquad (4-46)$$

式中,T_{ad} 为单元内气相干球温度;T_p 为水滴温度;A_p 为水滴表面积;M_p 为水滴质量;h 为气液两相之间的体换热系数。

水滴蒸发速度:

$$\frac{\mathrm{d}M_p}{\mathrm{d}t} = h_m A_p (C_s - C_\infty) M_w \qquad (4-47)$$

式中,C_s 为水滴表面蒸汽摩尔浓度;C_∞ 为湿空气中蒸汽摩尔浓度;M_w 为水的摩尔质量;h_m 为传质系数;

相应地,传热传质系数可由下述无因次准则关联式确定[12]:

$$Sh = \frac{h_m D_p}{D_v} = 2.0 + 0.6 Re^{0.5} Sc_{ma}^{0.33} \qquad (4-48)$$

$$Nu = \frac{hD_p}{k_{ma}} = 2.0 + 0.6 Re^{0.5} Pr_{ma}^{0.33} \qquad (4-49)$$

式中, Sh 为舍伍德数; D_p 为水滴直径; D_v 为蒸汽扩散系数; k_{ma} 为湿空气的导热系数; Re 为以水滴直径为定性尺寸的相对雷诺数; Sc_{ma} 为施密特数; Nu 为努塞尔数; Pr_{ma} 为连续相(湿空气)的普朗特数。

4.4.2 冷却塔温度场和红外辐射特征结果分析

4.4.2.1 模拟工况

设置地点为华东地区,东经118°46′、北纬32°03′,时区为东8区,时间为6月21日上午10时。

数值计算工况按顺序分为不考虑太阳辐照的冷、热态模拟和考虑太阳辐照作用的冷、热态模拟,以研究冷却塔进风量(表现为进风风速大小)和喷淋水量对塔内流场及塔外壁温度场的影响,分析冷却塔的红外辐射特征。模拟工况条件设置如表4-1所示[41]。

表4-1 模拟工况设置

序号	进风风速/(m)⁻¹·s	淋水量/(t)⁻¹·h	备注
1	0.7	0	冷态,无喷淋水,无太阳辐射
2	0.7	2	热态,无太阳辐射
3	0.7	20	热态,无太阳辐射
4	1	20	热态,无太阳辐射
5	2	20	热态,无太阳辐射
6	0.7	100	热态,无太阳辐射
7	0.7	0	冷态,考虑太阳辐射
8	0.7	100	热态,考虑太阳辐射

4.4.2.2 模拟结果分析

冷态下流场模拟所对应的喷淋热水量为零,即冷却塔处于非运行状态。如图4-33(a)所示,数值模拟结果显示塔内空气流动呈轴对称均匀分布,为定常稳态流动,塔内空气温度与进口处温度同为280K,即为外界空气温度,因为该工况对应的是无太阳辐照。

热态下流场模拟是在冷态模拟的基础上添加DPM模型(Discrete Phase Model),喷射源为通过圆锥形射流喷嘴喷出的液态水,进入冷却塔的水温是305K,喷嘴均匀设置于配水面上,考虑水气两相之间的热质交换过程,将离散相与连续相进行耦合计算。

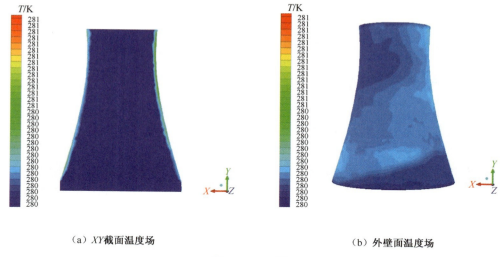

(a) XY截面温度场　　　　　　　　　(b) 外壁面温度场

图 4-33　工况 1

对比图 4-33(a)~图 4-37(a)所有无太阳辐照热态工况下的 XY 截面，可以看出，热态工况下的塔内与塔外壁面温度分布亦大致呈轴对称图形，符合塔底四周进风的实际情况；在靠近塔底的填料区和雨区作为塔内最关键的热质交换发生区域，全塔范围内温度最大值即处于填料区内。观察每个热态工况下 XY 截面下的温度场，发现塔内填料区与雨区靠近中心轴处温度较低，这是因为来自径向的入口空气汇集到靠近中心轴后转而往上流动，中心轴处空气流速最大，因而热质交换过程相对剧烈，导致散热量相比远离中心轴处的要大。填料区往上的通风筒区域，由于流动过程中对壁面的热量传递，与外界有散热作用，故沿 Y 轴正向温度逐渐降低。

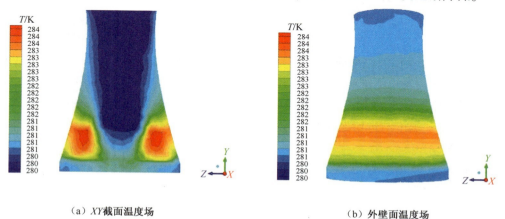

(a) XY截面温度场　　　　　　　　　(b) 外壁面温度场

图 4-34　工况 2

第4章　地面立体目标的红外辐射特性

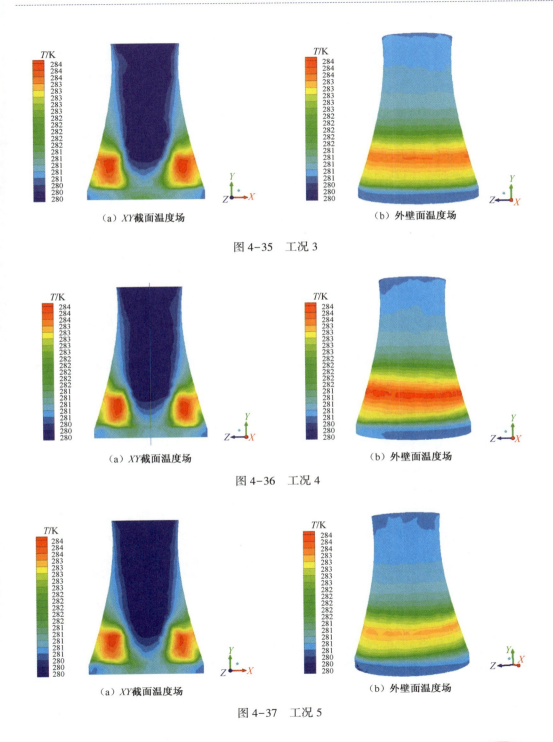

(a) XY截面温度场　　　　　　(b) 外壁面温度场

图 4-35　工况 3

(a) XY截面温度场　　　　　　(b) 外壁面温度场

图 4-36　工况 4

(a) XY截面温度场　　　　　　(b) 外壁面温度场

图 4-37　工况 5

241

图 4-33(b)~图 4-37(b)所示各热态工况下外壁面温度分布的对比表明，塔外壁面温度的最大值区域仍集中于填料区和雨区，自该区域温度沿 Y 轴正负向均呈降低趋势；由于在环境空气的影响，进塔风口与顶部出塔口温度最接近塔外空气温度。

除了进风口风速大小有所不同，热态工况 3、4 和 5 的其他条件均相同，以分析进风量对冷却塔内温度分布的影响。三个工况下的外壁面温度场分别如图 4-35(b)、图 4-36(b) 和图 4-37(b) 所示。工况 3 由于进口风速较低，进风量也相对其他两个工况要少，散热速率较慢，因此填料层的高温区段最高达 284.42K；工况 4 次之，填料层最高温度为 283.26K；工况 5 对应的温度最大值在三种工况下最小，为 282.42K。从通风筒上的温度分层亦可看出，随着进风速度的增大，塔出口处气流的温度逐渐降低，各等温层也相应地往 Y 轴负向推移。

图 4-35 和图 4-38 为入口风速不变，而冷却水量变化情况下内流场温度和外部面温度分布情况。工况 3 和工况 6 的进口风速同为 0.7m/s，但工况 6 的淋水量为工况 3 的 10 倍。从内流场和温度对比得知，工况 6 的温度最大值达 301K，工况 3 的温度最大值为 283.98K；从外壁温度场对比，工况 6 的温度最大值为 297K，工况 3 的温度最大值则为 284.42K，增大冷却水量可能导致多余的冷却水残留在塔内，空气量不足以将热量携带出塔外。所以，淋水量对于冷却塔温度分布具有显著的影响。

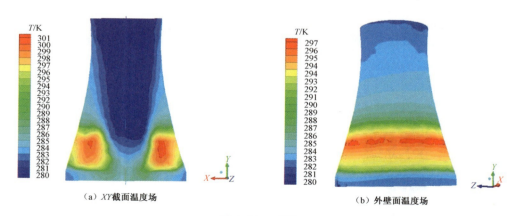

(a) XY 截面温度场　　　　　　(b) 外壁面温度场

图 4-38　工况 6

图 4-39 和图 4-40 分别为太阳辐照条件下冷态工况和热态工况的数值计算结果，计算的日期是 6 月 21 日上午 10 时。除了接受散射辐射以及地面对太阳光的反射辐射外，几乎整个冷却塔外向阳面都能接受来自太阳光的直接辐射，背阳面则仅有顶部一小块区域可直接接受太阳辐射，其余区域只能接受散射和反射辐射。

太阳辐照中,直接辐射能量占总辐射能量的比重最大,因此同一工况下的冷却塔外两个侧面的温度分布存在明显的不同。

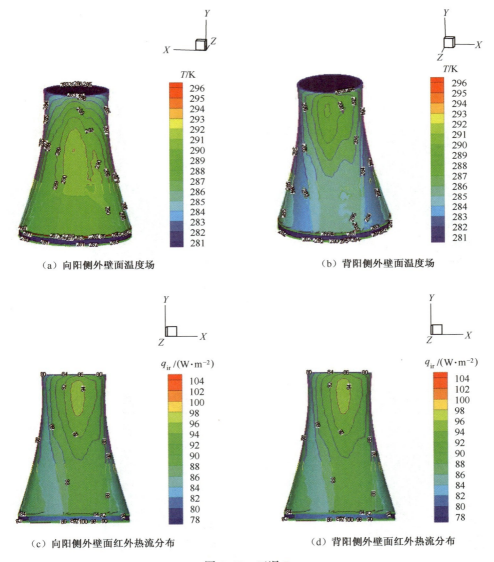

(a) 向阳侧外壁面温度场　　　　　　　　(b) 背阳侧外壁面温度场

(c) 向阳侧外壁面红外热流分布　　　　　(d) 背阳侧外壁面红外热流分布

图 4-39　工况 7

工况 8 与工况 7 相比,除了外部的太阳辐射外还存在塔内的对流传热传质过程。不同工况下向阳面温度场的对比如图 4-39(a)和图 4-40(a)所示。可从图中看出,热态工况下的冷却塔温度场不再仅取决于太阳辐射的方位,由于内部散热量的存在,导致热态工况下向阳侧和背阳侧的高温区都集中于填料层区域,表明塔内两相流体流动对塔外壁面温度分布的影响至关重要。背阳侧由于接受的太阳辐射量较小,内部散热量的影响相对较大[如图4-39(b)和图4-40(b)]。

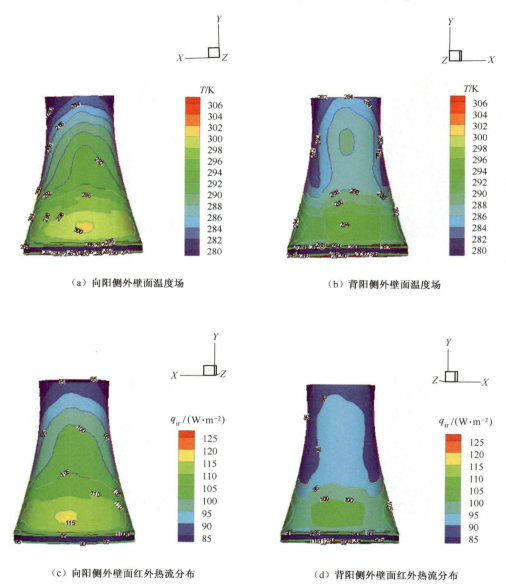

(a) 向阳侧外壁面温度场　　　　　　(b) 背阳侧外壁面温度场

(c) 向阳侧外壁面红外热流分布　　　(d) 背阳侧外壁面红外热流分布

图4-40　工况8

图4-39(c)和(d)所示是冷态下向阳面和背阳面的壁面红外辐射热通量。如

图所示,塔外向阳侧壁面的总红外热流密度显然比背阳侧大,背阳侧红外辐射量的最大值位于可接受太阳直射的区域。图4-40(c)和(d)给出热态工况下塔外向阳面和背阳面的壁面红外辐射通量,红外辐射通量的最大值正位于对应传热传质密集区的外壁处。

参考文献

[1] Cross P T. Surface Temperature Prediction of a Bridge for Tactical Decision Aide Modeling[R]. AD-A196 696.

[2] Mamdouh M, Elbadry, Ghali A. Temperature Variations in Concrete Bridges[J]. Journal of Structure Engineering, 109(10):2355-2374.

[3] 刘兴法. 混凝土结构的温度应力分析[M]. 北京:人民交通出版社,1991.

[4] Gustavasson T, Bogern J. Infrared Thermography in Applied Road Climatological Studies[J]. Int. J. Remote sensing,1991, (9):1811-1828.

[5] Sugrue J G, Thornes J E, Osborne R. Thermal Mapping of Road Surface Temperature[J]. Physics In Technology, 1983,14:212-213.

[6] 弗兰克·P·英克鲁佩勒,戴维·P·戴威特. 传热的基础原理[M]. 合肥:安徽教育出版社,1985.

[7] 郭廷玮,刘鉴民,Daguenet M. 太阳能的利用[M]. 北京:科学技术文献出版社,1987.

[8] 罗森诺 W M. 传热学应用手册[M]. 北京:科学出版社,1992.

[9] Rayer P J. The Meteorological Office Forecast Surface Temperature Model[J]. Meteorogical Magazine, 1987, 116:180-191

[10] 凯尔别克 F. 太阳辐射对桥梁的影响[M]. 刘兴法,等 译. 北京:中国铁道出版社,1981.

[11] 巴布可夫 B Φ,等. 道路工程手册(公路设计)[M]. 北京:人民交通出版社,1963.

[12] 陶文铨. 数值传热学[M]. 2版. 西安:西安交通大学出版社,2001.

[13] 林明,等. 汽车工程手册[M]. 北京:机械工业出版社,1994.

[14] 洪宇平,宣益民,韩玉阁. 桥梁红外热特征分析[J]. 红外技术,2000,22(4):10-14.

[15] 刘荣辉. 地面立体背景与沿海地面背景红外辐射特征的研究[D]. 南京:南京理工大学, 2004.

[16] 陈雄. 立式拱顶油罐表面温度场模拟计算[D]. 南京:南京理工大学,2015.

[17] 梁文凯,邓文俊,等. 基于FLUENT的储罐内原油温度分布规律研究[J]. 辽宁石油化工大学学报,2014, 34(5).

[18] 马晓宇,等. 固定顶油罐油气空间温度分布及变化研究[J]. 油气储运,2009,28(3).

[19] 康勇. 油罐内气体空间温度与压力变化规律分析[J]. 石油库与加油站,2006,15(5):34-36.

[20] 陈珊,孙继银,陈捷. 油罐目标表面温度场特性研究[J]. 红外与激光工程,2011,40(1):17-21.

[21] 施雯,邱源海. 储油罐温度分布模拟研究[J]. 广东石油化工学院学报,2013,23(2).

[22] 陶文铨. 计算传热学的近代进展[M]. 北京:科学出版社,2000.

[23] 靳磊. 城市建筑物红外辐射特征模型及在场景仿真中的应用[D]. 西安:西安电子科技大学,2011.

[24] 吕相银,金伟,杨莉. 地面目标红外立体特征[J]. 红外与激光工程,2014, 43(9):2810-2814.

[25] 朱海慧,谢鸣,邹勇. 复合条件下高层建筑物表面温度场研究[J]. 节能技术,2005,23(6):551-553.
[26] 谢鸣,李玉秀,徐辉谈,等. 建筑物温度场理论建模研究及逐时计算[J]. 工程热物理学报,2004,25(6):1013-1015.
[27] 江照意. 典型目标场景的红外成像仿真研究[D]. 杭州:浙江大学,2007.
[28] 夏逸斌. 地面视景的红外仿真研究[D]. 杭州:浙江大学,2007.
[29] 王章野,陆艳青,彭群生,等. 基于气象学和传热学的城市建筑物红外成象模型[J]. 系统仿真学报,2000,12(5):517-522.
[30] 韩哲,李大鹏,薛斌党,等. 基于红外辐射聚合模型的城市街道红外辐射特征分析[J]. 红外与激光工程,2013,42(6):1421-1425.
[31] 宋江涛,沈湘衡,黄龙祥. 建筑物目标红外辐射特征的外场模拟[J]. 光电子技术,2008,28(3):189-192.
[32] 王鹏飞. 城市建筑物表面温度场模拟及校验[D].南京:南京理工大学,2015.
[33] 李秀云,林万超,严俊杰,等. 冷却塔的节能潜力分析[J]. 中国电力,1997,10:34-36.
[34] 赵振国. 冷却塔[M]. 北京:中国水利水电出版社,2001.
[35] 周兰欣,马少帅,弓学敏,等. AP1000核电机组巨型冷却塔型体优化数值计算[J]. 动力工程学报,2012,32(12):984-988.
[36] 郑水华. 超大型冷却塔内气液两相流动和传热传质过程的数值模拟研究[D].杭州:浙江大学,2012.
[37] 韩琴,刘德有,陈负山,等. 大型冷却塔热力计算模型[J]. 河海大学学报(自然科学版),2009,37(5):591-595.
[38] 张翠娇. 塔型参数对于大型冷却塔热力特性影响的数值计算研究[D].济南:山东大学,2014.
[39] 潘雯瑞. 火电厂循环水冷却塔内部流动对冷却效率影响的研究[D].上海:上海电力学院,2011.
[40] 蒋波. 自然通风湿式冷却塔数值模拟与结构优化[D].保定:华北电力大学(河北),2009.
[41] 陈尔健. 大场景红外特性模拟仿真性研究[D].南京:南京理工大学,2015.

第 5 章

地面自然背景的红外辐射特征

随着科学技术的发展,特别是红外探测技术的发展,地面背景红外辐射特征的研究不论在军事领域,还是在地质、农业和气象研究领域都有着十分广泛的应用。当各种红外探测系统(特别是工作于 $8\sim14\mu m$ 波段的热红外成像探测系统)对地表进行测量时,必须了解自然环境下各种地表的红外辐射特征以及它们之间的对比特性。在地面军事目标伪装研究和红外探测制导系统中的背景识别研究等军事应用中,由于各类地面军事目标并不是孤立存在的,而是存在于不同的复杂地面背景中,因而必须了解各种地面背景的红外辐射特征及其变化规律。因此,研究不同时刻和不同气象条件下的地面背景红外辐射特征显得尤为重要。

自然界的地表丰富多样且非常复杂,影响其温度分布和红外辐射特征的因素很多,如地表的起伏、土壤类型、植被类型、土壤湿度和气象条件等。根据地面背景的构成不同,现实中的复杂地面背景可大致分为裸露地表、人造材质地表和植被地表三类。裸露地表包括沙地和黏土等;人造材质地表包括高速公路和机场跑道等;植被地表则包括草地、农作物和丛林等。

对于一定的地面背景而言,其表面构成是确定的。只要知道地表温度,就可以计算出对应的地表红外辐射通量。影响地面背景温度的因素很多,既有短波吸收率、长波发射率、比热容、导热系数和密度等地面背景的自身因素,又有太阳辐照度、大气温度、空气湿度、风速和环境等外部影响因素。归根结底,地表与环境之间总是存在辐射、对流和热传导三种基本的换热传递过程。通过分析这些热传递过程,可得出地表温度的变化规律,从而获得地表红外辐射特征及其变化规律。

5.1 裸露地表及低矮植被的红外辐射特征

围绕裸露地表和低矮植被的红外辐射特征,国内外的研究者针对不同的需求开展了相关的理论建模和实验验证研究[1-15,48-59]。这些模型依据相关学科的基本理论,描述了光辐射和地面背景的相互作用以及植被与土壤、空气间的传热和传质过程,可以预测不同类型地表在不同气象条件下的温度和红外辐射亮度。

地表红外辐射特征与很多物理过程和现象有关,比如,土壤非饱和层内的传热传质、植物根的吸收、植物的生长、植被层内部及上方与空气间的湍流交换,涉及传热传质学、土壤物理学、水力学和植物学等多门学科。不同的模型各有不同的特点,不可能在所有方面都是完善的,可能在某一或某些方面比较完善。

可以对影响地面温度及其红外辐射特征的一些主要因素进行分门别类的专门研究。例如,土壤内传热传质的研究是针对土壤能量质量迁移过程的特点,分不同的区域(土壤饱和区和土壤非饱和区)建立不同的传热传质多维模型,在模型的构造中采用了不同的方法(如集总参数法、传热传质的多维方程描述方法以及多孔介质内的传热传质方法);地表热、湿平衡的研究则是针对地面与空气间的水分蒸发和凝结过程、显热和潜热交换过程进行专门研究,建立描述地表温度和湿度的理论模型;地表红外辐射特征的研究则专门研究地面复杂背景对太阳辐射、天空背景辐射和大气长波辐射的吸收特性以及复杂背景自身的辐射特性,建立描述地表温度与昼夜变化之间内在联系的理论模型,探究地面复杂背景温度周期性变化规律[1-15,48-59]。

如前所述,地表红外辐射由自身红外辐射和对入射红外辐射的反射两部分组成,而地表自身的红外辐射主要取决于地表温度和地表光学辐射属性。自然地表的表面高低、倾角和朝向各不相同,不同表面的土壤类型和植被类型等也可能不同,因此不同表面接受的太阳辐射不尽相同,其表面温度也不相同。如果利用一维模型来处理整个自然地表会导致较大的误差;如果直接利用三维温度模型计算,则计算量相当庞大。因此,针对复杂自然地表红外辐射特征的分析研究,可采用拟三维的模型构建方法,即针对不同地表特点和属性,将整个地表背景区域按照其组成和形貌特点等因素,人为地分割成若干个子区域,对各子区域分别按一维模型进行计算[16-18]。于是,某一子区域地层温度可由一维非稳态导热方程描述[17]:

$$\rho c \frac{\partial T}{\partial t} = \frac{\partial}{\partial z}\left(k \frac{\partial T}{\partial z}\right) \tag{5-1}$$

式中,ρ 为地表组成物质的密度;c 为比热容;k 为导热系数;T 为温度;z 为深度坐标。

根据地层温度的变化规律,越往地层内部,温度的变化幅度越小,温度梯度越小,在达到了一定深度后,可认为其温度不再变化。因此,可取在某一深度 z_0 处的温度为常数 T_0 作为方程(5-1)的下边界条件,即

$$T|_{z=z_0} = T_0 \qquad (5-2)$$

式中,T_0 和 z_0 的取值随季节、地理位置和地表类型而变化,在具体计算中可根据实际情况选取。

由于地表直接暴露在空气中,与环境之间存在复杂的热质交换过程(图5-1)。地表吸收太阳的短波辐射和大气长波辐射,同时自身也不断向外辐射热量;地表与上方空气不断地进行热量和质量的交换,即由于空气与地面之间温差的存在,地面与空气之间存在着对流换热(显热交换),又由于空气湿度和地表含湿量的变化,水分在地面不停地进行蒸发或凝结,从而引起地面和空气间的热量交换(潜热交换);由于土壤中存在温度梯度,有一部分热量通过导热传向了地表内部。于是,地表表面的换热边界条件可用如下的地表热平衡描述[19]:

$$E_s + E_c - M_g + H + EL + G = 0 \qquad (5-3)$$

式中,E_s 为地表单位面积所吸收的太阳短波辐射;E_c 为地表单位面积所吸收的大气长波辐射;M_g 为地表的自身辐射;H 为显热交换;EL 为潜热交换;G 为地表向下的导热量。

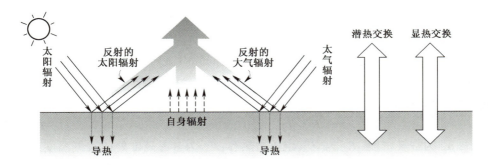

图5-1 地表的热平衡

对于不同类型的地表,可采用相同的公式计算太阳短波辐射、大气长波辐射和自身辐射。

地表接受的太阳短波辐射 E_s 由下式确定[19]:

$$E_s = (1 - \rho) E_e \qquad (5-4)$$

式中,ρ 为地表表面的反射率(短波);E_e 为到达地表的太阳辐射,其辐射通量随季节、时间和天气及地理条件的改变而不同。作为自然地表最主要的外部热源,太阳

辐射在地表的能量热平衡中占主导作用,包括直射辐射、散射辐射和周围地物反射的太阳辐射三部分。

阳光透过大气层到达地面的过程中,约有10%被大气中的水蒸汽和二氧化碳所吸收。同时,大气还吸收来自地面的反射辐射,具有了一定的温度,从而产生长波辐射,其辐射强度一般由气象条件如云层和大气温度等决定。地表接受的大气长波辐射 E_c 可由下式确定[19]:

$$E_c = \varepsilon \sigma T_a^4 (a + b\sqrt{e_a}) \quad (5-5)$$

式中,ε 为地表的发射率;σ 为斯忒藩-玻耳兹曼常数;T_a 为大气温度;a 和 b 为经验常数,通常可取 $a = 0.73$,$b = 0.06$;e_a 为大气水汽压,是气温 T_a 和相对湿度 RH 的函数[20]:

$$e_a = RH \times 0.61078 \exp\left(17.269 \frac{T_a - 273.15}{T_a - 35.19}\right) \quad (5-6)$$

地表自身辐射可根据斯忒藩-玻耳兹曼定律计算,即

$$M_g = \varepsilon \sigma T_g^4 \quad (5-7)$$

式中,T_g 为地表温度。

由于植被型地表和裸露型地表与空气间的显热交换和潜热交换机理不同,式(5-3)中的显热交换项和潜热交换项必须分别按不同植被情况进行计算。

5.1.1 裸露型地表

由于地表上方的空气始终都在流动,地表与周围空气间存在着对流换热。也就是说,显热热量的交换主要是由于周围空气间的对流环绕引起的,它要受到空气的物性与温度、地表的温度、风速和海拔高度等因素的影响。一般地,这种显热热量交换可由下式计算[21]:

$$H = \rho_a C_p C_D u_a (T_a - T_g) \quad (5-8)$$

式中,ρ_a 为空气密度;C_p 为空气定压比热容;T_a 为参考高度处的大气温度;T_g 为地表表面处的温度;C_D 为拖曳系数,$C_D = 0.002 + 0.006(z/5000)$,$z$ 为海拔高度;u_a 为风速(正常风速加阵风影响2m/s)。

地表及其内部蕴含丰富的水分,在地表表面不可避免地会出现水分的蒸发和凝结过程,从而吸收或放出大量的热量,因此在地表表面必然存在由相变过程引起的潜热热量的交换。潜热交换过程受空气的物性、温度、比湿、地表温度、地表含湿量、风速和海拔高度等因素的影响。潜热热量交换近似表述为[21]:

$$EL = \rho_a L C_D u_a (q_a - q_g) \quad (5-9)$$

式中,L 为水的汽化潜热;q_a 为参考高度处的大气比湿;q_g 为地表表面处的大气比

湿。q_g 和 q_a 分别由以下两式给出[22]：

$$\begin{cases} q_g = W_s q_{\text{sat}}(T_g) + (1 - W_s) q_a \\ q_a = q_{\text{sat}}(T_a) RH \end{cases} \quad (5-10)$$

式中，$q_{\text{sat}}(T)$ 为水的饱和比湿；RH 为相对湿度；W_s 为地表表层含水量[22]：

$$W_s = W_g + \frac{1}{2} \frac{P - E}{\rho_g D_n} z_q \quad (5-11)$$

式中，P 和 E 分别为降水率和地表水蒸发率；ρ_g 为水的密度；D_n 为地表水扩散率；W_g 为某一厚度为 z_q 的土壤层中湿润度的平均值。

地面水蒸发率可按下式计算[22]：

$$E = \frac{1}{L} \cdot \frac{\rho_a c_p}{\gamma} \cdot \frac{\omega_s e_s(T_s) - e_a}{R_a + R_{\text{surf}}} \quad (5-12)$$

式中，$e_s(T_s)$ 为地表温度下的空气饱和水汽压；R_{surf} 为地表表面阻力；R_a 为地表表面空气动力学阻力。R_{surf} 和 R_a 的确定方法可参见文献[19]。

5.1.2　人造材质地表

对于高速公路和机场跑道等人造材质地表，显热热量交换 H 和潜热热量交换 EL 可按照裸露地表计算。在大多数情况下，可以认为这类地表没有水分蒸发，不存在液气相变化中的能量转换，因而潜热通量 EL 可以忽略不计。

实际上，对于高速公路和机场跑道这类地表，通过考虑其接受太阳辐射、与天空背景的热辐射交换和与空气之间的对流换热等，可以直接给出相应的第三类边界热交换条件。需要指出的是，这时可能需要考虑这些地表表面热辐射参数随光谱变化的特性。

人造地表如沥青的表温模型与裸露型地表的不同之处在于，它通常是三层结构[57,58]，包括上、中、下三个面层，其热传导部分的计算需要考虑各层之间的热传导，两种介质层交界处(称为交界层)满足热通量连续。沥青的每个面层的热交换过程均符合一维均匀换热特征，因此，沥青的每个面层的换热行为可以采用非稳态一维导热方程来表达。

5.1.3　植被型地表

对于植被型地表，地表与植被层、植被层与植被层间的空气、植被层中的空气与植被层上方的大气之间存在着复杂的热量和水分的传递，导致植被型地表的热质传递过程明显不同于裸露地表，因此其显热交换和潜热交换的确定方法也是完全不同的。

针对植被型地表红外辐射特征的研究,植被地表温度场建模大多采用单层模型(图 5-2),即把植被和其中的空气简化看作地表上均匀分布且无限大的单层等效介质,近似认为冠层植被的温度与冠层中大气的温度是相等的,利用植物光合作用研究中的大叶模型计算潜热和显热交换项,同时忽略植物能量的物理存储以及生物化学存储,进行建模仿真计算。

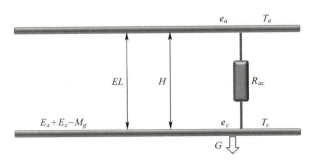

图 5-2　植被型地表的单层模型

对于植被型地表,显热热量交换可表述为[23]

$$H = \rho_a C_p \frac{T_a - T_c}{R_{ac}} \tag{5-13}$$

式中,T_c 为植被层表面温度;ρ_a 为空气密度;C_p 为空气定压比热容;$\rho_a C_p$ 表征空气的体积热容量;T_a 为参考高度处的空气温度;R_{ac} 为植被层空气动力学阻力,空气动力学阻力是与扩散相关的量,它阻碍由地面向大气的热量与质量的输送,可由湍流模式给出,随风速、粗糙度和大气层结构等因素的变化而变化,其计算方法可参见文献[23]。

植被型地表的潜热通量是指地表吸收辐射能与蒸发耗热的热交换,即植被蒸腾和蒸发的能量。关于植被层潜热的计算,有一些不同的假设和计算方法。使用比较多的是 Penman 蒸散方程,它把植被层看作一个整体(即单层等效介质),并假定植物冠层为一片大叶,潜热交换集中发生在该叶面上。一般地,Penman-Monteith(PM)蒸散方程能较为准确地计算植被层潜热[23,24]:

$$EL = \frac{R_n(1-\tau)\Delta + \rho_a C_p (e_a - e_c^*)/R_h}{\Delta + \gamma(R_{ac} + R_c)/R_h} \tag{5-14}$$

式中,τ 为透过率;γ 为干湿表常数;e_a 为参考高度处的空气水汽压;e_c^* 为平均植被层温度下的空气饱和水汽压;R_c 为下垫面表面阻力,与植被叶面指数、叶子含水量及光照有关;Δ 为空气温度下的饱和水汽压-温度曲线的斜率;R_n 为植被层上方的净辐射,$R_n = (1-\alpha)E_e + (\varepsilon_a - \varepsilon_c)\sigma T_a^4$;$R_h$ 为长波辐射和热量传递的等效空气动力学阻力，$R_h^{-1} = R_{ac}^{-1} + (\rho_a C_p / 4\varepsilon_c \sigma T_a^3)^{-1}$；$\varepsilon_a$ 为空气的长波发射率，$\varepsilon_a = 1.24(e_a/T_a)^{1/7}$，$\varepsilon_c$ 为植被层的表面发射率；R_{ac} 为植被层空气动力学阻力(与显热计算的相同)。

PM 蒸散方程涉及的其他参数的确定方法可参见文献[24]。PM 方程是以净辐射通量 R_n 为主的蒸发模型，即热量平衡模型。它综合了能量平衡法与空气动力学的特点，在植被单层模型中被广泛应用。严格来说，由于忽略土壤蒸发，基于"大叶"假设的 PM 方程仅适用于稠密植被状态下的单层模型，并不适用于稀疏植被的蒸散计算[25]。

对于稀疏植被地表的红外辐射特征建模，可以直接根据植被的种类、分布与覆盖率和其间的地表类型，将整个区域划分为若干个子区域，分别直接构建各子区域相应的温度场模型。考虑高层植被对入射地表的太阳辐射遮挡影响，分别求解各子区域的温度分布，确定其红外辐射特征。具体计算方法可见本章后续几节。

5.1.4 算例和结果分析

算例的模型输入条件：
时间：1998 年 8 月 1 日；
天气：晴朗无云；
地理位置：北纬 30°；
风速和相对湿度：见图 5-3；

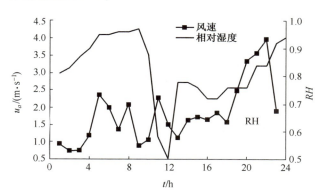

图 5-3 风速与相对湿度的实测数值

空气温度：见图 5-4 中的曲线 1。
相关的数值计算结果分别如图 5-4、图 5-5 和图 5-6 所示。图 5-4 中曲线 2 至曲线 8 显示了在其他条件相同的情况下，不同地面倾角和朝向时地表温度随时间的变化关系。从这些图中可以看出，在其他条件相同的情况下，不同地面倾角和朝向的地表温度的差别也仍然较大,这主要是因为不同朝向和地面倾角的地表在相同时刻接受的太阳辐射不同,因而其表面温度也不同。从图 5-4 还可以看出,在中午 12:00 时左右,地表温度有一个明显的下降过程,这是因为空气的相对湿度在中午 12:00 时左右有一个明显降低的过程(图 5-3),使地表与空气之间的潜热交换量大大增加,地表温度明显下降,甚至低于空气的温度。如果没有潜热交换,只有显热交换,则不会出现这种情况。

图 5-5 为地表和土壤内部在不同时刻的温度分布。从图中可以看出,地表温度在不同时刻变化较大,随着深度的增加,温度波动越来越小;达到一定深度后,其值基本保持不变,因此土壤深处的边界条件可以按恒温条件处理。

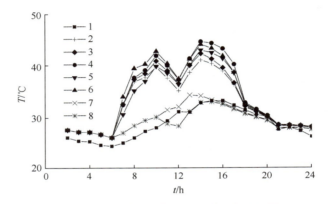

图 5-4　空气温度实测值与地面温度计算值

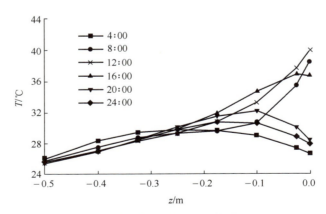

图 5-5　地表和土壤内部的温度分布

图 5-6 是裸露地表与草地温度随时间变化关系的对比图。从图中可以看出,不同类型地表的温度也是不同的,在地表比较湿润时,地表的温度较低,甚至比草

地的温度还低;而当地表比较干燥时,地表的温度可以达到很高的数值,远远高于湿润地表和草地的温度,主要是由于在地表湿润度较大时,地表的水分会大量蒸发,吸收大量的热量;而在地表比较干燥的情况下,地表蒸发的水分较少,从地表携带走的热量小,因而在太阳光的照射下,地表的温度上升幅度较大。图5-7为在不同土壤湿润程度下地表温度的变化规律,图中的曲线明显反映出土壤湿润程度对地表温度的影响。

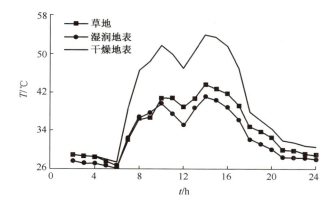

图5-6 裸露地表与草地温度对比

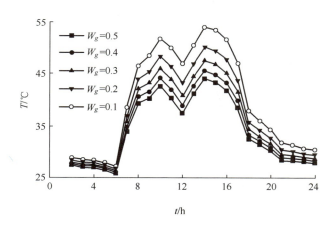

图5-7 不同土壤湿润程度下地表的温度

从上述分析可以看出,本节所描述的地表温度理论模型能够合理地反映地表温度变化的物理过程,数值计算结果符合地表温度的变化规律,可以应用于分析计算各种不同情况下的地表温度变化趋势,可以应用于研究地表背景红外辐射特征。在求得地表温度分布之后,地面背景的红外辐射特征可通过本书第4章所描述的方法确定。

5.1.5 不同因素对地表温度的影响分析

5.1.5.1 天气条件影响分析

大气透明度随天气状况不同而变化。大气透明度的数值综合反映了大气层厚度和消光系数等对太阳辐射的影响。一般地，根据经验取值，非常好的晴天的大气透明度 $P=0.85$；较好的晴天 $P=0.80$；中等的晴天 $P=0.65$；较差的晴天 $P=0.53$。在数值模拟计算地物温度分布时，太阳入射辐射特别是到达地表的辐照值计算的准确度尤为重要。不同大气透明度下的白天地表温度变化差别明显（图5-8）。当天气晴朗，大气透明度为0.85，正午太阳辐射最强烈时，地表温度可高达42℃；而天气状况不好，大气透明度为0.53，正午地表温度仅达34℃。目前，常用的经验公式计算精度为 $\pm5\% \sim \pm10\%$，但大多数未考虑天空有云覆盖时的情况。对于阴天及多云条件或特殊的精度要求，可利用太阳辐射测量仪实时实地测量入射的太阳辐照度，作为数值求解温度场模型的输入参数。

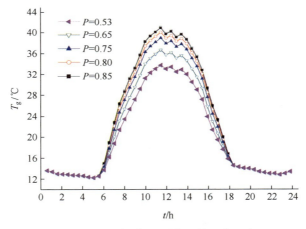

图5-8 不同大气透明度下的地表温度

5.1.5.2 地表倾角与朝向影响分析

自然地表的表面高低、倾角和朝向各不相同，接受来自太阳的入射能量各不相同，相应的地表温度变化也不尽相同。图5-9为在其他条件相同的情况下，不同地面倾角及朝向的地表温度随时间变化趋势。从图中可看出，处于不同地面倾角和朝向的地表在同一时刻温度的差异显著，尤其是地表倾角朝向不同时，这种差异更为明显。这是因为在相同的时刻接受的太阳辐射能量不同，因而地表表面温度不同，达到全天最高温度的时间也不同。白天地表温度变化与其受到的太阳辐射强度变化趋势一致,太阳辐射是白天影响地表温度变化的最主要原因。

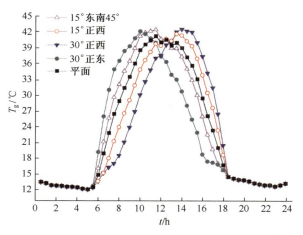

图 5-9　不同倾角及朝向的地表温度

5.1.5.3　气温影响分析

图 5-10 所示是在其他参数不变的条件下,只是大气温度发生变化,裸露地表温度随时间变化的模拟结果。其中,曲线 1 为实测气温条件下模拟得到的裸露地表温度,曲线 2 为将实测气温整体降低 5℃时模拟得到的裸露地表温度,曲线 3 和 4 则分别为将实测气温整体提高 5℃、10℃时数值模拟得到的地表温度。比较这 4 条曲线可知,气温变化很大程度上影响了地表温度的变化,当气温升高 5℃时,各时刻地表温度升高 2~3℃。大气温度影响地表热平衡中的潜热交换及显热交换,在气温不同的情况下,地表的潜热及显热通量差别很大(图 5-11)。

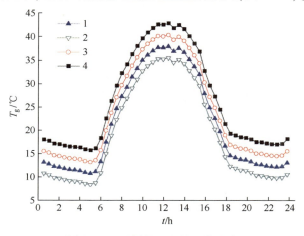

图 5-10　不同气温下的地表温度

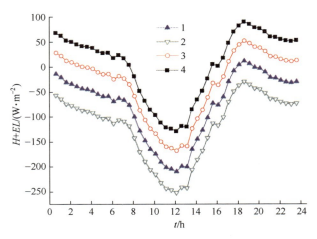

图 5-11　不同气温下地表潜热及显热通量之和

5.1.5.4　风速影响分析

图 5-12 和图 5-13 反映了风速对地表潜热、显热通量和地表温度的影响。这里,假定全天各时刻风速为一定值,对比分析风速变化对地表温度的影响。从图中可以看出,风速变化对地表温度变化有很大影响。在其他条件不变的情况下,正午风速为 0.5m/s 时的地表温度较风速为 5m/s 时的地表温度相差高达 8℃。这是因为空气的快速流动强化了其与地表之间的对流换热,增大了地表的显热热量交换;而且风速的增大,同时加速了土壤蕴含水分的蒸发,强化了地表的潜热交换。

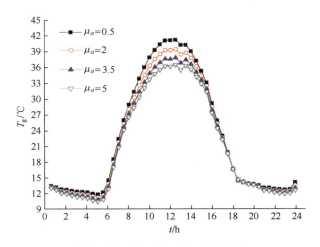

图 5-12　不同风速下地表的温度

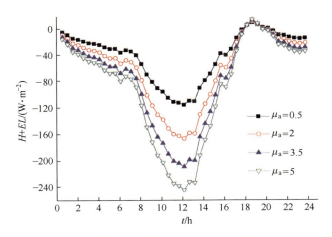

图 5-13　不同风速下地表潜热及显热通量之和

5.1.5.5　物性参数影响分析

在外部环境一定的前提下,地表温度变化的关键在于其本身的物性参数,诸如反射率、发射率和热惯量等。

图 5-14 和图 5-15 所示为不同反射率及不同发射率下数值模拟得到的地表温度。图中曲线表明,相对于地表长波发射率,地表短波反射率对地表温度影响较大。地表对太阳短波辐射的接收主要取决于它的短波反射率,反射率的变化直接导致地表接收的来自太阳短波辐射变化。当地表的短波反射率由 0.1 变为 0.4 时(图 5-14),白天由于地表接收的太阳短波辐射能量随反射率增大而减小,地表温度随之降低,尤其在中午太阳辐照强烈时,地表温度差别很大;夜晚没有太阳辐射,对应不同反射率的地表温度一致。图 5-15 所示是地表长波红外发射率对地表温度的影响,随着地表发射率由 0.80 变为 0.95,地表温度逐渐降低,幅度较之反射率变化时要小得多。地表对于大气长波辐射的吸收取决于其自身发射率,同时物体自身辐射的大小也取决于其发射率,发射率对一天里的地表温度均有影响。大气长波辐射及物体自身辐射较之地表对太阳辐射的吸收要小得多。相比之下,地表短波反射率(短波吸收率)对地表温度的影响比地表长波发射率的影响大。

表征物体热学性质的参数主要有导热系数 λ、密度 ρ 和比热容 C_p 等,可以通过引入一个参数——热惯量 P 来表征这些参数的综合影响。热惯量是一种综合指标,它是物质对温度变化的热响应的一种量度,即量度物质热惰性(阻止物体温度变化)大小的物理量[28],其定义式为

$$P = [\lambda \rho C_p]^{1/2}$$

图 5-16 为对应不同热惯量的地表温度数值模拟结果。图中曲线表明,高热惯

量的物质对温度的变化阻力较大。在一个太阳日内,地表温度的变化与热惯量成反比。热惯量 P 大,地表昼夜温差小。

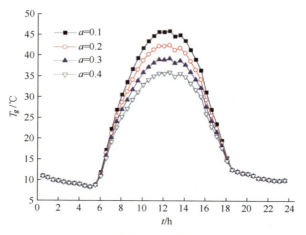

图 5-14　不同反射率下地表的温度

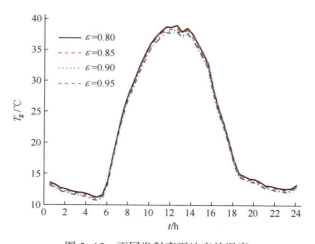

图 5-15　不同发射率下地表的温度

5.1.5.6　叶面积指数及植被层高度影响分析

对于植被地表而言,在其热平衡方程中潜热和显热通量的影响很大,有时作物蒸腾潜热几乎可以消耗掉太阳的入射能量。在植被地表温度模型计算中,关于植被地表有两个重要指标:叶面积指数和植被层高度,其中叶面积指数为一块地上作物叶片的总面积与占地面积的比值,它控制着植被许多生理和物理过程,如光合、

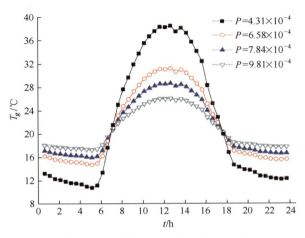

图 5-16　不同热惯量下地表的温度

呼吸和蒸腾作用以及碳循环和降水截留等。下面就叶面积指数和植被层高度变化对植被潜热和显热通量的影响进行分析,研究两者对植被地表温度分布的影响。

植被和大气之间的显热交换包含分子的传导和空气流动热交换的影响,而植被地表的潜热通量是指地表吸收辐射能与蒸发相变热交换,即植被蒸腾和蒸发的能量。影响植被潜热和显热交换的主要因素为空气边界层阻力和气孔阻力。空气边界层阻力阻碍从地面向大气的热量与质量的输送,随风速、作物粗糙度和大气层结构等因素的变化而变化,其中作物粗糙度与植被层高度密切相关。气孔是植物与大气进行水分交换的主要通道,作物的气孔阻力越大,水气扩散越难,蒸腾速度就越小。叶面积指数对气孔阻力的影响主要体现在两个方面[26]:一是叶面积指数直接决定了水汽蒸腾面积的大小;二是叶面积指数通过影响植被群体内部的透光性而间接改变气孔阻力的大小。

图 5-17 和图 5-18 对应为给定植被层高度时不同叶面积指数下植被潜热和显热通量的变化情况;而图 5-19 和图 5-20 则为叶面积指数一定时,不同植被层高度下植被潜热和显热的变化情况。由图可知,叶面积指数变化对植被层潜热交换产生较大的影响,而植被层高度对植被层潜热和显热均有较大影响。图 5-21 和图 5-22 给出与之对应的地表温度变化情况,可明显看出叶面积指数和植被层高度对地表温度的影响。因此,在分析研究植被地表温度分布时,为得到更贴近实际情况的模拟结果,需要准确测定植被叶面积指数和植被层高度。

5.1.5.7　不同类型地表温度对比分析

图 5-23 中显示 4 月 26 日当天 24 小时内不同类型地表(柏油马路、水泥墙面、

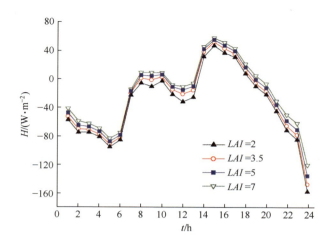

图 5-17　不同叶面积指数下显热通量

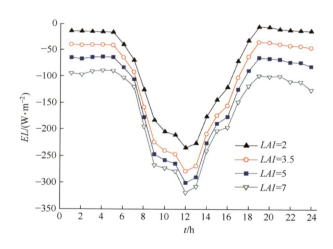

图 5-18　不同叶面积指数下潜热通量

沙土、草丛和蚕豆作物)的温度变化。从这些曲线可以看出,日出前各温度曲线坡度较小,近于均衡状态,温度相对恒定;日出后,由于太阳辐射的作用,各类地表温度逐渐升高,在午后达到峰值,对应的各类地表温度之间的差别最明显;随着太阳逐渐落下,各类地表温度逐渐降低;各类地表温度曲线都是在日出后和日落前的两个时间段里变化最快,尤其是沙土地表的温度曲线。

一般而言,地物白天受太阳辐射影响,温度升高;夜间地表散热,温度降低,以土壤和岩石最为明显。图5-23表明,夜间,植被地表比光裸地表温度高;白天,虽受阳光照射,但因水分蒸腾作用,植被地表温度较裸露土壤温度低。与其他类型地表相比,人造材质的地表白天由于太阳照射的加热作用,温度更高,具体的温升幅值与人造材质的太阳短波吸收率密切相关;而夜间因散热较慢,仍保持比周围温度高些,这时的地表温度变化速率与其热惯量的大小密切相关。

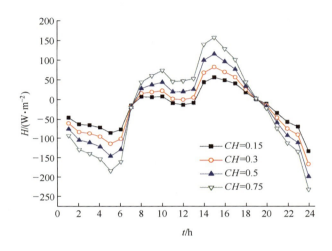

图5-19　不同植被层高度下显热通量

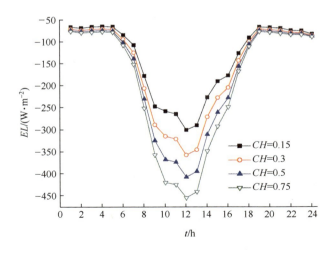

图5-20　不同植被层高度下潜热通量

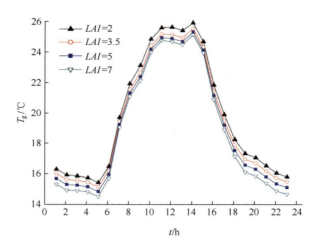

图 5-21　不同叶面积指数下地表温度

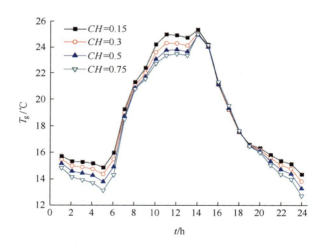

图 5-22　不同植被层高度下地表温度

由上述分析可知,天气条件、地表倾角及朝向、大气温度、土壤湿润程度、风速、地表物性参数、植被叶面积指数和植被层高度等参数都对地表温度有影响。太阳辐射作为白天地表温度升高的主要原因,对地表温度变化更是至关重要,地表接受的太阳辐射能量与当时天气和地表自身的倾角及朝向都密切相关。

第5章 地面自然背景的红外辐射特征

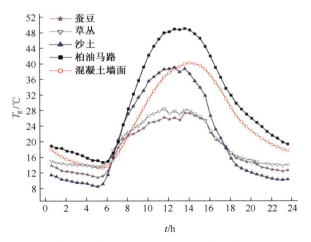

图 5-23 各类地表周日模拟温度对比

5.1.6 地面背景红外辐射特征

同样地,地表的红外辐射由其自身的辐射和反射的入射辐射两部分组成,计算分析方法与装甲车辆及地面立体目标的红外辐射特征计算方法类似。

图 5-24 和图 5-25 分别为 3~5μm 和 8~12μm 波段的各类地表自身辐射随时间的变化。由图中曲线可知,地物自身辐射很大程度上取决于地表表面温度和地表红外发射率。对比分析草丛和花岗岩裸露地表的红外辐射,可以发现,在 0-6 时的区间里,虽然两者温度大致接近,但由于它们的发射率不同,它们自身的红外辐

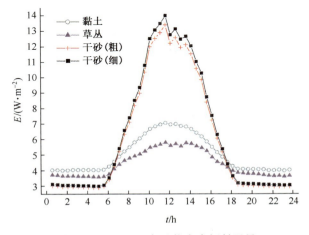

图 5-24 3~5μm 各地物自身辐射通量

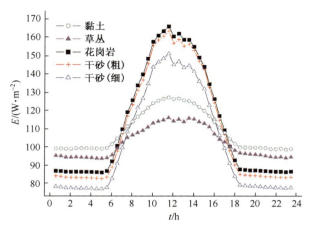

图 5-25 8~12μm 各地物自身辐射通量

射强度有明显差别。类似地，这些地表在 3~5μm 和 8~12μm 两个不同波段范围内的自身红外辐射都存在较大的差别，说明地表自身红外辐射与波段范围、地表表面温度和地表光谱发射率都有关。

图 5-26 和图 5-27 分别为 3~5μm 和 8~12μm 波段内各地表红外辐射通量（包括自身辐射和反射辐射）随时间的变化。从图中可以看出，8~12μm 波段内各地表红外辐射通量与温度分布曲线很相似，说明由于整体温度水平不高，长波波段自身辐射的是红外辐射通量的主要部分，而 3~5μm 波段的红外辐射通量与温度分布曲线相差较大，因此对于中波波段，对太阳辐射的反射是不可忽略的。

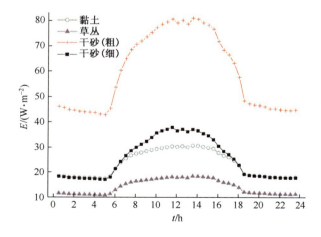

图 5-26 3~5μm 各地表红外辐射通量

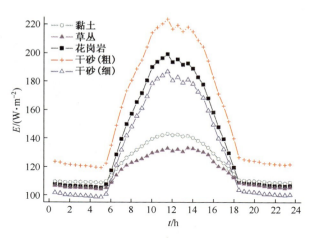

图 5-27　8~12μm 各地表红外辐射通量

综上所述,虽然地表自身辐射很大程度上取决于自身表面温度,但是,不同地表的光谱发射率不同,同一地表在不同波段的光谱发射率也不尽相同;因此,即使地表表面温度相同,光谱发射率不同的地表自身辐射也有很大不同。分析地表自身红外辐射时,应考虑其发射率随波长的变化,而不应简单地处理为宽波段的定值发射率。一般而言,地物自身红外辐射与波段范围、表面温度和光谱发射率都有关。地表反射来自所有入射辐射的能量份额则要受地表的表面反射率、当时当地天气状况和周围环境等因素的影响,分析地表的红外辐射特征必须综合考虑其自身辐射和入射辐射的反射两部分。

5.2　树木及丛林背景的红外辐射特征

5.2.1　树木红外辐射特征模型

5.2.1.1　树的几何构形

树木种类繁多,这里以常见的水杉和白杨为研究树木及丛林红外辐射特征的参考模型,对于其他树种只需作适当处理后,仍可以采用本模型。如图 5-28 所示,树冠总体形状为伞状,树木的几何结构模型中包括树干、树枝和树叶。将树干和树枝近似处理为粗细不一的圆柱体,将树枝周围的树叶视为圆柱状套筒套在树枝圆柱周围(图 5-29)。

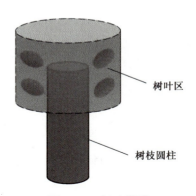

图 5-28 树的几何形状　　　　图 5-29 树叶模型

5.2.1.2 温度模型

1. 条件假设

在上述树木几何构形假设的前提下,可建立树木的能量平衡模型。

1) 初始条件的确定

白天,树木接受太阳光照,树木内部产生光合作用,与周围环境以对流和辐射方式交换热量;夜间,树木内部存在呼吸作用,与周围环境存在热交换。这里取凌晨 1 时为初始时刻,通过实测空气温度,计算树木呼吸作用,可以得到一组树的温度值作为初始条件数值。

2) 边界条件的确定

树木与周围环境存在热交换,包括与空气的对流换热、与环境的辐射换热和接受太阳辐照。在处理对流换热过程中,当树的几何尺寸一定时,风速与风向都会影响对流换热系数,根据树木的几何尺寸,可取一个平均对流换热系数,即忽略了风向对对流换热系数的影响。在分析树木与环境的辐射换热时,环境的温度主要是由空气温度决定的。因此,周围环境的温度可取经过修正的空气温度。

2. 控制方程

建立树木温度控制方程时,一般应考虑树木生理代谢过程产生的热源项 $\dot{q}$。由于在对树的几何结构处理上,采用了圆柱或者圆柱套筒,所以采用圆柱坐标(r, θ, z)建立表征树木能量传递机制的控制方程。如果在一些特定条件下,需要考虑树木的各向异性特点,则控制微分方程为[30]

$$\frac{1}{r}\frac{\partial}{\partial r}\left(rk_r\frac{\partial T}{\partial r}\right)+\frac{1}{r^2}\frac{\partial}{\partial \theta}\left(k_\theta\frac{\partial T}{\partial \theta}\right)+\frac{\partial}{\partial z}\left(k_z\frac{\partial T}{\partial z}\right)+\dot{q}=\rho c\frac{\partial T}{\partial t} \quad (5-15)$$

初始条件为

$$T(r,\theta,z,0) = T_\infty(0) \tag{5-16}$$

边界条件为

$$A\frac{\partial T}{\partial r}\bigg|_{r=R} = Ah_\infty(T_\infty(t) - T) + \varepsilon A\sigma_0(T_\infty(t)^4 - T^4) \tag{5-17}$$

$$A\frac{\partial T}{\partial z}\bigg|_{z=0,z=l} = Ah_\infty(T_\infty(t) - T) + \varepsilon A\sigma_0(T_\infty(t)^4 - T^4) \tag{5-18}$$

式中，ρ 为树木的密度；c 和 k_i 分别为树木的比热容和导热系数；$\dot{q}$ 为内热源或热汇；t 为时间；$T_\infty(t)$ 为空气温度（环境温度）。

就树木红外辐射特征研究而言，可以假设树木的各处导热系数 k 近似相等来简化处理。于是，式（5-27）简化为[30]

$$\frac{1}{r}\frac{\partial}{\partial r}\left(r\frac{\partial T}{\partial r}\right) + \frac{1}{r^2}\frac{\partial}{\partial \theta}\left(\frac{\partial T}{\partial \theta}\right) + \frac{\partial}{\partial z}\left(\frac{\partial T}{\partial z}\right) + \frac{\dot{q}}{k} = \frac{1}{a}\frac{\partial T}{\partial t} \tag{5-19}$$

式中，a 为树木材料的热扩散率。

5.2.1.3 坐标变换

由于树木整体结构比较复杂，可对树的结构进行适当简化和分类（图 5-30）：树干为第一类（class=1），与树干直接相连的树枝为第二类（class=2），分布在第二类树枝上的树枝为第三类（class=3），分布在第三类树枝周围的树叶区为第四类（class=4）。为了得到规则的网格形状，在进行网格划分时均以每个类别所在的当地坐标系，划分完毕后，转换到一个统一的直角坐标系中（称为父直角坐标系）。

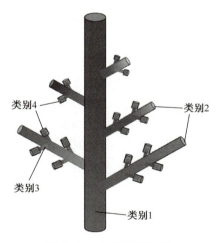

图 5-30 树类别划分图

建立父直角坐标系：以树根的中心为坐标原点，东西向为 X 轴，树干方向为 Z 轴，南北方向为 Y 轴。

坐标转换步骤:将各类树木和树枝或树叶中的求解区域进行微元划分,得到一系列节点在子坐标系下的圆柱坐标值,将子圆柱坐标系转化为子直角坐标系,再将子直角坐标数值通过坐标转换,从而得到父直角坐标系下的对应坐标数值。

由父坐标系直接关联的子坐标系称为一级子坐标系,由子坐标系引出的子坐标系可称为二级子坐标系,而一级子坐标系又是二级子坐标系的父坐标系,以此类推。

以每一树段的中心轴线为子坐标系中的 Z 轴,而子坐标系的 Z 轴与其上一级父坐标系的 Z 轴叉乘对应的直线作为 X 轴,用右手法则可得对应的 Y 轴。

下面以一级子坐标系下圆柱坐标转化到父坐标系下直角坐标为例,说明具体转换步骤。设在子坐标系下圆柱坐标为 $(R_{icyl}, \theta_{icyl}, z_{icyl})$,对应的子直角坐标为 $(X_{iort}, Y_{iort}, Z_{iort})$,则

$$X_{iort} = R_{icyl}\cos(\theta_{icyl}) \tag{5-20a}$$

$$Y_{iort} = R_{icyl}\sin(\theta_{icyl}) \tag{5-20b}$$

$$Z_{iort} = Z_{icyl} \tag{5-20c}$$

若子坐标系的 Z 轴在父坐标系中的圆周角为 θ_0、天顶角为 ψ_0,子直角坐标系三轴在父坐标系下的方向余弦分别为 $(tx(1), tx(2), tx(3))$,$(ty(1), ty(2), ty(3))$,$(tz(1), tz(2), tz(3))$,那么,

$$tx(1) = \cos\theta_0 \cos\Psi_0 \tag{5-21}$$

$$tx(2) = \sin\theta_0 \cos\Psi_0 \tag{5-22}$$

$$tx(3) = -\sin\Psi_0 \tag{5-23}$$

$$ty(1) = -\sin\theta_0 \tag{5-24}$$

$$ty(2) = \cos\theta_0 \tag{5-25}$$

$$ty(3) = 0 \tag{5-26}$$

$$tz(1) = \cos\theta_0 \sin\Psi_0 \tag{5-27}$$

$$tz(2) = \sin\theta_0 \sin\Psi_0 \tag{5-28}$$

$$tz(3) = \cos\Psi_0 \tag{5-29}$$

若子坐标系的坐标原点在父坐标系中的坐标为 (X_0, Y_0, Z_0),子坐标系中 $(X_{iort}, Y_{iort}, Z_{iort})$ 转换到父坐标系中 (X, Y, Z) 的关联式为

$$\begin{pmatrix} X \\ Y \\ Z \end{pmatrix} = \begin{pmatrix} tx(1) & ty(1) & tz(1) \\ tx(2) & ty(2) & tz(2) \\ tx(3) & ty(3) & tz(3) \end{pmatrix} \begin{pmatrix} X_{ort} \\ Y_{ort} \\ Z_{ort} \end{pmatrix} + \begin{pmatrix} X_0 \\ Y_0 \\ Z_0 \end{pmatrix} \tag{5-30}$$

利用坐标系转换关联式(5-30),可以将所有网格点的坐标全部转化为直角坐标,从而得到统一的坐标。

5.2.1.4 热源项与边界条件的处理

在温度场控制方程离散化时,可将换热边界条件也纳入源项处理。所以,热源项 $\dot{q}$ 在计算模型中包括三部分(树干内部节点除外):第一部分为太阳辐射能,其中一部分能量直接被树木吸收转换为热而提高叶片温度,一部分能量被树木吸收而参与树木的新陈代谢过程,产生呼吸热;第二部分为空气对流换热而带入的热量;第三部分为树与环境之间的辐射换热量。

1. 太阳辐射中直接增温部分能量和树的呼吸产生热

1)直接增温部分

树木受到的太阳辐射通量随季节、时间、天气及地理条件的不同而不同。在处理太阳辐射时,几何结构复杂的树木表面在空间位置上不同,造成除了某些表面太阳直接照射不到以外,即使在直射到的表面上也会由于其他表面的遮挡而产生阴影区域。对表面 i,投射于其表面上的太阳辐射为

$$q_{i\text{sun}} = A_i q_d \alpha_i \tag{5-31}$$

式中,A_i 为太阳直射到的表面(在与太阳光线垂直表面上的投影);α_i 为表面 A_i 的吸收率;q_d 为太阳辐射强度。

采用光线跟踪法[13,15]确定树木表面吸收太阳能的份额。在某一微元迎光线方向的上方(有足够的距离)沿与光线垂直方向作截面,取一足够大的面积,假设光线是均匀分布在该面积上的直线,将该面积网格化,每个网格点经过一条直线(光线)。下面以一条光线与一个微元 A 为例,分析某一微元是否吸收太阳光能量的判断方法:微元为一多面体,确定其在光线垂直方向的投影面积 A_i,判断该微元为类别 1、2、3 还是类别 4,因为类别 1、2 和 3 为树枝与树干区,对光线完全遮挡,而类别 4 是树叶区,有缝隙允许光线部分透过。假设类别 1、2、3 和 4 对光照存在一个平均吸收率 α_{aver}(直接用于增温的部分占整个辐射的比例,约为 0.3),类别 4 光线透过率为 τ($0 \leq \tau \leq 1$,取决于树叶的稀疏情况)。如果所取微元在类别 1、2 或 3 中,判断这条光线是否经过微元(即微元是否通过面 A)。若该条光线不经过,则微元对这条光线的吸收率为零;若经过,继续判断是否有其他微元在其沿光线方向的上方,若无,则微元对光线吸收率为 α_{aver};若有,则需检测在其上方的微元中是否有对应类别 1、2 或 3 的微元,如果存在,因为类别 1、2 或 3 的微元对光线是完全遮挡,没有光线落到微元上,微元对光线的吸收率为零;如果在其上方的微元均是类别 4 中的,假设共有 M 个微元,则落到微元 A 上的太阳能仅剩 τ^M,微元对这条光线的吸收率为 $\alpha_{\text{aver}}\tau^M$。如果 A 是类别 4 中的微元,则要去除光线透过的部分,需将上面分析的吸收率再乘以因子 $(1-\tau)$。经过上述分析,最终得到微元对某一光线的吸收率 α_{last}。

假设微元 A 在光线垂直方向的投影面积为 A_i，通过的太阳光能量 q_s 集中在 N 条光线上，每条光线代表一个能量单位（q_s/N）。取其中任一光线记为 n_i，$\alpha_{\text{last }n_i}$ 为微元对该光线的最后吸收率。若该光线不通过微元，则 $\alpha_{\text{last}n_i}=0$；若光线通过微元，则由光线跟踪法可以计算得到最终吸收率。累计通过该微元光线数的当量吸收率为

$$N_\alpha = \sum_{i=1}^{N} \alpha_{\text{last }n_i} \tag{5-32}$$

于是，微元吸收的太阳能为

$$q_{i\text{sun}} = N_\alpha(q_s/N) \tag{5-33}$$

2) 呼吸热

由植物生理学可知，树木代谢呼吸产热量约占树木接受的入射太阳能的20%。可采用近似的平均估计方法确定呼吸热：首先确定一天之内落在整棵树上的太阳能用于代谢的部分，将其除以整棵树的体积与时间，得到树的单位体积单位时间内呼吸热的平均值。这样，对每一个微元计算呼吸热时，只需将微元体积乘以呼吸热的平均值。

2. 对流换热

视树木与周围空气之间的对流换热时空气掠过圆柱体，对流换热系数的确定方法可参见文献[30]。一般地，树木某一表面 i 的对流换热项为

$$q_{i\text{cov}} = hA_i(T - T_\infty) \tag{5-34}$$

式中，h 为对流换热系数；T_∞ 为环境温度（空气温度）。

3. 辐射换热

树木与外界环境存在的辐射热交换为

$$q_{i\text{rad}} = \varepsilon A_i \sigma_0 (T^4 - T_\infty^4) \tag{5-35}$$

式中，A_i 为与环境存在辐射换热的表面积；σ_0 为黑体辐射常数；ε 为树木表面的发射率。需要强调指出的是，由于树木表面形貌粗糙，沟槽纹理错综复杂，表面发射率可能不仅随波长变化，而且随表面位置发生明显变化。这也正是在树干表面温度虽然近似相等的情况下，而树干表面各处的红外辐射特征却明显不同的原因，表现出的红外图像纹理特征明显。如果需要研究树木的近场红外辐射特征，必须考虑树干表面发射率的空间分布属性。

5.2.1.5 数值求解方法

采用有限差分法对树木传热模型进行数值求解。首先要把整个求解区域划分成许多互不重叠的子区域，确定所有节点在子区域中的位置及其所代表的容积，即对区域进行网格划分。

树木网格划分的方法：首先根据其是树干、树枝、树叶将树划成不同的类别，具

体划分可参见图 5-30;再在对应类别中的各个圆柱段标识其对应的段数号。子区域划分网格时,要在 r,θ 和 z 三个方向分别考虑,根据各子区域的特点进行划分;在各个子区域接合处,进行适当的处理,从而使得数值求解过程相对简化。

在类别 1(class=1)区域中,各块连接为规则连接,划分方式参见图 5-31。

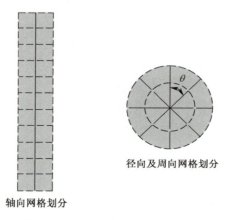

图 5-31　类别 1(class=1)的网格划分图

对于类别 2 和 3 区域,由于连接处不规则,连接处的划分方法参见图 5-32。

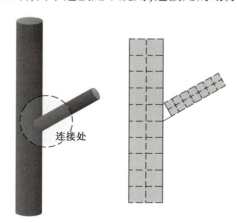

图 5-32　类别 2、3 连接处的划分图

在类别 3 和 4 的连接处,考虑到数值计算的方便,尽可能将节点一一对应,具体划分方法可参见图 5-33。

采用内节点法对树木传热控制方程进行离散化,节点位于子区域的中心,用附加源项法处理相关的边界条件。这时的子区域就是控制容积,划分子区域的网格曲线就是控制体的界面线。

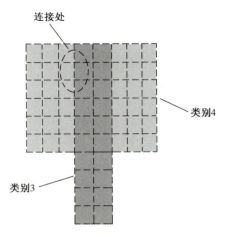

图 5-33 类别 3、4 连接处的划分图

5.2.1.6 算例

依据一组实测的大气温度（1997 年 5 月 4 日，纬度 23°），获得一天内（1440min）气温随时间变化数据曲线。如图 5-34 所示，时间坐标以凌晨 1：00 为时间轴（t 轴）的计时起点，时间步长为 5min，纵轴代表温度 T。

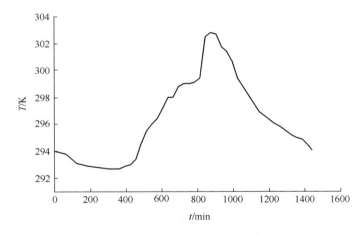

图 5-34 空气温度与时间关系曲线

在分析数值计算结果时，为了更清楚地显示同一高度处由于太阳光被遮挡而导致树木不同部位在相同时间段（一整天）内温度值的差异，选取靠近树梢的树叶区表面点作为参考点，因为此处不存在其他类别树枝和树叶的遮挡干扰。不同风速对应着不同的表面对流换热系数，图 5-35、图 5-36 和图 5-37 分别对应风速为

0.0、0.5m/s 和 1.0m/s 三种情况下树木各点温度随时间变化特性(横坐标是以凌晨 1∶00 为时间轴计时起点)。这些图中均有 5 条曲线,分别标记为 a,b,c,d 和 e,其中曲线 e 是空气温度曲线,曲线 a 对应东面点,曲线 b 对应南面点,曲线 c 对应西面点,曲线 d 对应北面点。从第 265min(5∶25)到 1055min(18∶35) 这一段时间有太阳光光照,其余时间段则没有太阳光光照。在 0~265min 内树与空气温差是由呼吸作用产生的,在这时间段内 a,b,c 和 d 四条温度曲线重合,与环境温度(空气温度)曲线 e 相差不大。在 265~1055min 内由于增加太阳辐射的直接增温作用,a,b,c 和 d 四条曲线均开始攀升,且与空气温度曲线 e 的差距拉大。在温度攀升过程中,由于光照方向的改变,曲线 a,b,c 和 d 的变化情况也不同:在早晨时段内,东面点温度最高;随着时间的推移,南面点温度逐渐超过东面点温度;在此过程中,北面点与西面点的温度因太阳光照被遮挡,因而与空气温度值相差不大。随后,在第 660min(12∶00),南面点的温度依然最高,而西面点温度值超过东面点温度值;在第 970min(17∶10)时,西面点温度超过南面点温度,达到最高,直到日落前一段时间,由于太阳光照能量已经很弱,曲线 a,b,c 和 d 的温度又都趋近于空气温度曲线 e。在 1055min(18∶35)后,恢复到只有呼吸热的状态,树木温度曲线 a,b,c 和 d 与空气温度曲线 e 又趋于接近。

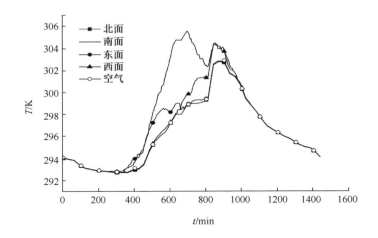

图 5-35 风速 0.0 时温度随时间变化曲线

上述图中曲线反映了不同环境风速的影响:在相同太阳光照条件和同一几何位置,因为风速小,对流换热系数小(当风速为 0 时,只存在自然对流),空气通过对流换热携带走的热量少。所以,风速小时的树温高于风速大时的树温(从这些图中对应曲线离空气温度曲线的距离,即可分析得到)。

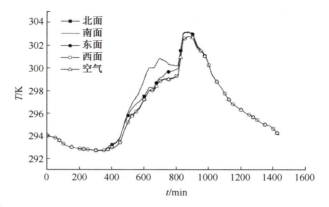

图 5-36　风速 0.5m/s 时温度随时间变化

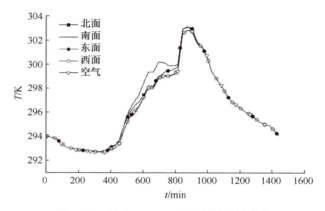

图 5-37　风速 1.0m/s 时温度随时间变化

5.2.2　丛林红外辐射特征模型

5.2.2.1　红外辐射特征理论模型

建立丛林红外辐射特征模型,一般可将丛林植被沿高度方向由上而下分为三层。丛林随时与环境间进行能量交换,由于太阳辐射和气象条件等因素的变化,丛林的温度也处于不断变化之中,是一个瞬态过程。但是,由于其随时间的变化速率一般较小,为简化计算,可近似认为在每一时刻树木与环境都处于稳定的能量交换状态。忽略光合作用、呼吸作用和丛林内部各层相互之间的辐射换热,树木第 i 层的能量方程表述为[11,15,31]

$$\frac{1}{2}(\alpha_{\text{sun},i}E_{\text{sun},i} + \alpha_{\text{sky},i}E_{\text{sky},i} + \alpha_{\text{ground},i}E_{\text{ground},i}) + M_i + H_i + LE_i = 0 \quad (5-36)$$

式中,$E_{\text{sun},i}$ 为到达第 i 层的太阳辐照;$\alpha_{\text{sun},i}$ 为第 i 层的短波吸收率;$\alpha_{\text{sky},i}$ 和 $\alpha_{\text{ground},i}$ 分别为第 i 层对天空和地面长波辐射的吸收率;$E_{\text{sky},i}$ 为到达第 i 层的天空长波辐射;$E_{\text{ground},i}$ 为到达第 i 层的来自地面长波辐射;M_i 为第 i 层的辐射能;H_i 为显热交换能量;LE_i 为潜热交换能量。

式(5-36)中 1/2 的意义为植被的叶面只有一个表面接受太阳辐射、天空背景辐射和地面辐射,而显热和潜热交换以及植被的自身辐射均是在两个表面进行。第 i 层丛林的自身辐射 M_i 可用下式计算:

$$M_i = \varepsilon_i \sigma T_i^4 \tag{5-37}$$

式中,ε_i 为第 i 层的发射率;T_i 为第 i 层的平均温度。

到达第 i 层的地面长波辐射为

$$E_{\text{ground},i} = E_{\text{ground},i+1} P_{\text{gap},i+1} \tag{5-38}$$

$$E_{\text{ground}} = \varepsilon_g \sigma T_g^4 \tag{5-39}$$

式中,ε_g 和 T_g 分别为地面的发射率和温度。

潜热交换能量 LE_i 可用下式计算[15]:

$$LE_i = L(T_i)\left[\frac{spl(T_i) - \text{RH} \cdot spa(T_a)}{R_i + R_a}\right](697.8) \tag{5-40}$$

式中,$L(T_i)$ 为温度为 T_i 时的汽化潜热;RH 为空气的相对湿度;$spl(T_i)$ 为叶片表面饱和水蒸气密度;$spa(T_a)$ 为空气饱和水蒸气密度;R_i 为叶面蒸汽扩散阻力;T_a 为空气温度。

边界层蒸汽扩散阻力 R_a[15] 为

$$R_a = \frac{[0.04 + 1.27(u_a^{-0.5})]}{60} \tag{5-41}$$

显热交换能量 H_i 可用下式计算[15]:

$$H_i = h(T_i - T_a) \tag{5-42}$$

式中,$h = (0.95 u_a^{0.97}) \cdot (0.698)$,$u_a < 30.0$;$h = (20.4 + 0.2 u_a^{0.97}) \cdot (0.698)$,$u_a > 30.0$。以上各式中 u_a 为当地风速(cm/s)。

$E_{\text{sky},i}$ 可用下式计算:

$$E_{\text{sky},i} = E_{\text{sky},i-1} \cdot P_{\text{gap},i-1} \tag{5-43}$$

式中,天空背景辐射为[19]

$$E_{\text{sky},0} = \sigma T_a^4 [a + b(e)^{1/2}] \tag{5-44}$$

式中,$a = 0.61$ 和 $b = 0.05$ 为经验常数;e 为林冠表面处空气中的水蒸气分压。

到达第 i 层的太阳辐射为

$$E_{\text{sun},i} = E_{\text{sun},i-1} \cdot P_{\text{gap},i-1} \tag{5-45}$$

太阳辐射[19]为

$$E_{\text{sun},0} = [1 - A(u^*,z)](0.349S_S)\cos z + [(1-\alpha_0)/(1-\alpha_0\alpha)](0.651S_S)\cos z \tag{5-46}$$

式中,$0.349S_S$ 为波长大于 $0.9\mu m$ 的太阳辐射份额;$0.651S_S$ 为波长小于 $0.9\mu m$ 的太阳辐射份额;α 为树冠表面的反射率;α_0 为空气 Rayleigh 散射的反射率;z 为太阳天顶角;$A(u^*,z)$ 为 Mugge-Moller 吸收函数[19];$P_{\text{gap},i}$ 为植被第 i 层的透过率[28]:

$$P_{\text{gap},i} = \exp[-K_i(LAI_i/h_i)D_i(\theta)] \tag{5-47}$$

式中,K_i 为第 i 层植被投影面积;LAI_i 为第 i 层植被叶面指数;h_i 为第 i 层植被厚度;$D_i(\theta)$ 为光线在第 i 层植被的行程。这些参数可根据文献[32]确定。

确定了丛林温度分布之后,可以利用普朗特公式,根据树木表面光谱辐射参数,通过对红外波段范围积分,得到丛林自身红外辐射通量。对于树木的反射辐射部分,包括丛林表面对太阳、天地背景以及其他单元表面辐射的反射,具体计算表达式为[21]

$$E_{\text{sf}}^{\text{infra}} = \rho_{\text{sun}}^{\text{infra}} \cdot E_{\text{sun}}^{\text{infra}} + \rho^{\text{infra}} \cdot (E_{\text{sky}}^{\text{infra}} + E_{\text{grd}}^{\text{infra}}) \tag{5-48}$$

式中,ρ^{infra} 为丛林表面红外波段范围的反射率;$\rho_{\text{sun}}^{\text{infra}}$ 为丛林表面红外波段范围的太阳反射率;$E_{\text{sun}}^{\text{infra}}$ 为丛林表面接收的红外波段范围内的太阳辐射能量;$E_{\text{sky}}^{\text{infra}}$ 为丛林表面接收的红外波段范围内的天空背景辐射能量;$E_{\text{grd}}^{\text{infra}}$ 为丛林表面接收的红外波段范围内的地面背景辐射能量。

于是,叠加上述自身辐射和反射辐射,即获得丛林表面总的红外辐射通量。

5.2.2.2 丛林红外辐射特征算例分析

图 5-38 所示是利用上述丛林温度场模型计算得到的丛林各层温度以及地面和空气的温度随时间的变化。在中午时分,丛林顶层(第一层)的温度较高,第二、

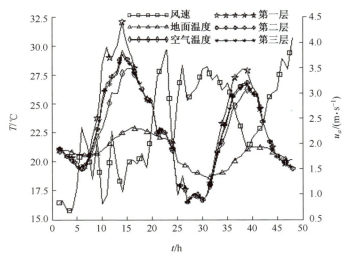

图 5-38 温度随时间的变化

三层的温度较低并接近于空气的温度,这是因为上层接受的太阳辐射较多,温度较高;由于上层的遮挡,第二、三两层接受的太阳辐射较少。在深夜,丛林的所有三层温度都接近空气的温度。不同时刻的丛林、地面和天空温度分布图像如图 5-39 所示。从图 5-39 可见,随着丛林接受太阳辐射能量和时间的增加,树木表面温度及红外辐射通量逐渐增加。尽管在中午 12 时,树木表面吸收的太阳辐射最多,但并不意味着此时树木与天地背景之间的对比特征也最显著,因为天地环境背景的温度也在不断变化,比较图 5-38 中对应 10 时和 12 时的图像即可看出这一点。

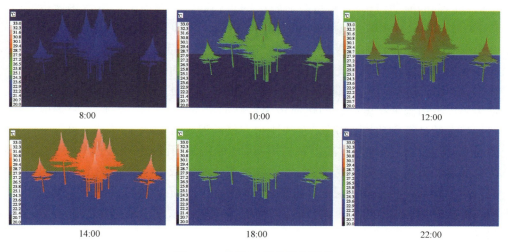

图 5-39 不同时刻的温度图像

上述树木及丛林生成模型可以生成较为真实的丛林红外景象,对于丛林背景红外图像特征研究具有重要的应用价值。丛林红外辐射特征模型反映了丛林温度及其红外辐射特征的变化规律,对于丛林与背景红外对比度的研究和森林生长与分布及火灾预警系统研究具有重要的实际意义。

5.3 雪地红外辐射特征

雪地红外辐射特征分析对处于雪地中目标的探测与识别以及地面目标的红外隐身设计具有重要的指导意义。西方一些国家已将雪地红外热像模型作为地面背景的组成部分应用于地面背景红外辐射特征的模拟和军事目标红外隐身效果的评估。雪地红外辐射特征研究成果在经济建设中也具有广泛的应用前景,如可用于降雪状况的红外遥感和遥测、冰雪对道路交通影响程度的监控、雪地中目标或人员的搜寻救生以及预测农作物生长状况等相关领域[33,34]。

雪地表面的红外辐射特征受其内部复杂的传热传质过程所控制,取决于雪层表面和雪层内部的能量平衡关系。一般而言,雪层可假设为一连通的多孔介质结构,流体(空气或水蒸气)流动或扩散影响着雪层内部的热质传递过程。随着环境温度的不同和雪层结构(干雪、融化雪或冻雪等)的不同,雪层红外辐射特征呈现较大差别,数学模拟方法也略有不同。例如,对新降干雪要考虑雪层的密度和孔隙率等随时间的变化,而沉积雪的密度和孔隙率的变化可以忽略不计;对融化雪,要考虑雪的相变过程;对冻雪可以忽略雪层内部的传质过程;对较薄的雪层,可以不考虑其内部的流动传热传质过程;对较厚的雪层则应考虑内部对流传热与传质过程[35-38]。描述雪地温度与红外辐射特征的理论模型涉及雪地对太阳辐射、天空背景辐射和大气长波辐射的吸收与反射特性以及雪地的自身红外辐射特征。

建立雪层温度分布理论模型的基本思路:根据不同类型的雪层(新降干雪、沉积雪、融化雪或冻雪等)内部的热质传递机理,建立描述雪地内部的质量传递和热量传递以及由温度梯度引起的热质传递特性的能量守恒模型,包括太阳辐射对雪层加热量的计算方法,由雪层表面特性和空气的温度参数确定雪层表面与空气间的对流、传热效应的计算方法以及雪层参数(如密度、孔隙率和渗透率等)随温度变化的确定方法。需要注意的是,雪层温度变化和雪层的厚度是一个随时间变化的动态过程,因此,描述雪层内部传热传质过程的影响是至关重要的。正是由于雪地内部传热传质过程十分复杂,雪地内部传热传质的数学描述都是基于一些简化假设。

针对自然形成的雪层,Albert[37]运用多孔介质内部传热传质原理,建立了比较简明的二维传热传质模型。这个模型由空气流过雪层的动量方程和能量方程组成。假定空气在多孔雪层内的流动服从达西(Darcy)定律,在忽略浮力影响的前提下,多孔雪层内部空气流动的达西速度为[37]

$$V_i = -\frac{\chi_{ij}}{\mu}\left(\frac{\partial P}{\partial x_j}\right) \tag{5-49}$$

式中,P为压力;x_j为空间坐标($j=1,2$,对于二维问题);χ_{ij}为渗透率。

因为空气流过雪层的速度非常低,且空气被认为是不可压缩的,由方程(5-49)可得空气流动的连续性方程[37]:

$$\frac{\partial}{\partial x_i}\left[-\frac{\chi_{ij}}{\mu}\left(\frac{\partial P}{\partial x_j}\right)\right] = 0 \tag{5-50}$$

假设雪层中空气与雪颗粒处于局部热平衡状态,关于雪层能量平衡的单温度模型为[37]

$$(\rho c_p)_s \frac{\partial T}{\partial t} + \phi \rho_a c_{pa} v_i \frac{\partial T}{\partial x_i} = \frac{\partial}{\partial x_i}\left(k_{ij}\frac{\partial T}{\partial x_j}\right) + q_T \tag{5-51}$$

雪层的比热容是空气和构成雪的冰晶的比热容的函数[37]：

$$(\rho c_p)_s = \phi (\rho c_p)_a + (1 - \phi)(\rho c_p)_i \tag{5-52}$$

式中，ϕ 为空隙率；q_T 为热源（这里 $q_T = 0$）；下标 s，a 和 i 分别表示雪、空气和冰。

根据给定的初始条件和边界条件，运用数值方法求解上述方程组，可获得多孔雪层的温度分布。图 5-40 给出了在两个不同时刻理论结果和实验结果的比较[37]，对应 10:30 时的是传导热状况；对应 12:00 时则明显存在流动的影响。越接近雪层底部，空气流动的影响越小，两个时刻的温度逐渐趋于一致。

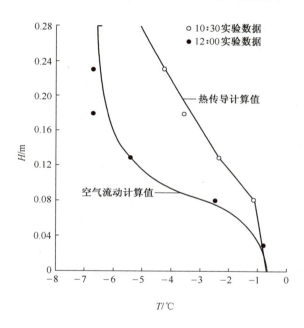

图 5-40　雪层温度理论预测值和实验测量值的比较[37]

显然，Albert 的雪地模型相当简单，没有考虑雪层内部水蒸气迁移和相变过程的影响以及较大的温度梯度引起的扩散效应（Soret 效应）的影响。更详细的雪层温度分布模型描述可参阅相关文献[38-40,60-62]。

因为冰雪层的低温特点，对于冰雪表面的红外辐射特征研究主要集中在大气长波红外窗口（即 8~14μm）。针对一些特殊应用场合，必须考虑雪层辐射参数的单色性和凹凸不平的雪层粗糙表面引起的表面光谱辐射参数随入射角或反射角变化的属性。特别地，在某些条件下，冰雪层可能表现出明显的镜像反射。根据研究对象和用途的不同，研究雪地表面背景的红外辐射特征往往需要考虑这些因素。

5.4 起伏自然地表红外辐射特征理论模型

自然地貌的复杂性表现在自然地表的表面高低不同、地表表面的倾角和朝向各不相同，不同表面的土壤类型和植被类型不尽相同，所以不同自然地表表面接受与吸收的太阳辐射能量不可能均匀一致，其表面温度也随之呈现差异。这时，简单地利用一维温度场模型来处理整个自然地表必然存在很大的误差。但是，如果直接利用三维温场度模型实施数值模拟，计算量则相当大。对于复杂自然地表的红外辐射特征分析，可采用准三维模型计算，即针对自然地表不同表面的地貌特点和属性，分区域分割整个表面，针对每个子区域自身的特点，分别建立相应的一维温度场模型，研究分析各个子区域的温度分布和红外辐射特征。

为了简化计算，可将不同的表面倾角和朝向等表面参数按下列方法进行归纳整理（表5-1）。其中，括号内的数据为计算值，对表中各列数据的每一组合进行计算，如$(\theta_1, Z_2, S_1, P_4, Pc_6)$。在生成地面红外图像时，首先判断地表单元符合哪一组合，然后直接调用该组合的计算结果，即可获得准三维的复杂自然地表的红外辐射特征，生成红外辐射特征模拟图像的具体细节可参见本书8.8节。

表 5-1 数据分类

编号	倾角 θ	周向角 Z	土壤类型 S	植被类型 P	植被覆盖率 Pc
1	0~10(5)	0~30(15)	黄土	小麦	0~5(0)
2	10~20(15)	30~60(45)	黏土	草地	5~15(10)
3	20~30(25)	60~90(75)	沙地	水稻	15~25(20)
4	30~40(35)	90~120(105)	水泥路面	丛林	25~35(30)
5	40~50(45)	120~150(135)	柏油路面	雪地	35~45(40)
6	50~60(55)	150~180(165)		河流	45~55(50)
7	60~70(65)	180~210(195)			55~65(60)
8	70~80(75)	210~240(225)			65~75(70)
9	80~90(85)	240~270(255)			75~85(80)
10		270~300(285)			85~95(90)
11		300~330(315)			95~100(100)
12		330~360(345)			

5.4.1 三维地貌几何模型的建立

显然，分析研究三维结构地表瞬态温度分布和红外辐射通量的首要任务是建立地表三维地貌的几何构型,以生成针对研究对象的给定区域的三维地形,再分区域按照前述的一维温度场模型和红外辐射特征方法构建复杂地貌的拟三维温度场和红外辐射特征分析方法。目前,三维地形的建模方法主要有以下两种[41-45]:一是基于分形的方法生成随机的天然地形,这种建模方法是建立在分形几何理论基础之上,针对物体的随机性、奇异性和复杂性,分析总结出该类物体形状的整体与局部的自相似规律,采用递归算法使复杂的景物用简单的规则来生成;二是基于真实地形数据,生成数字化的天然地形,即用规则网络地形图上采样得到的高程值作为数字地面模型(DEM)的数据。基于地形模型真实性的考虑,本书采用了后一种方法[17,45]。

要读取数字地面高程数据,首先需要获得 DEM 的数据格式,DEM 的数据格式及其存储方式是决定其实用性的重要环节。这里使用的 DEM 数据格式参照了美国地质测量局(USGS)的 DEM 数据格式[17]。

该数据格式分为三部分,即三种逻辑记录格式 A,B 和 C[35,36]。逻辑记录 A 包含了 DEM 的特征描述信息,包括 DEM 名及其必要说明、边界、比例尺、数值单位、最大最小高程及逻辑记录 B 中的 DEM 断面数和所用投影参数;逻辑记录 B 是以纵断面为记录单元的全部 DEM 高程值;逻辑记录 C 阐述了 DEM 的精度统计值。逻辑记录 A,B 和 C 的具体内容可参见文献[45,46]。

5.4.2 太阳入射投影系数的计算

如前所述,所有地表红外辐射特征分析研究的一个重要因素是准确确定太阳辐照能量,随机蒙特卡洛法是一种计算复杂地形地貌表面接收来自太阳辐射的入射能量的行之有效的方法。在计算太阳短波辐射时,太阳直接辐射项所占的份额最大。对于平行入射的太阳光,相对于地势起伏的真实地表,地势较高的区域会对地势较低的区域产生遮挡,这时需要计算出各单元表面的太阳入射投影系数,即实际投射照到该表面上的太阳光的份额与无遮挡时投射到该表面上入射太阳光的总份额的比值。显然,太阳入射投影系数的大小随太阳光的入射角度、地面倾角和地势高度差等而不同。构造三维地貌结构使用的是 DEM 高程数据,为生成规则网格,可在其基础上划分为若干个三角形单元;这样,只要确定出每个三角形面元上的遮挡情况,便可确定出其太阳入射投影面积。

回顾一下蒙特卡洛法的基本原理:假设某一单元表面对外发射能束,其发射方向固定为太阳光入射方向的反方向,然后跟踪该能束,判断是否与其他面有交点。如有交点,则说明该发射点没有被太阳照射;否则,该发射点被太阳照射到,统计被太阳照射到的点占该单元总模拟点数的份额,即可求出该单元表面的太阳入射投影系数[47]。

5.4.3 算例讨论与分析

为检验三维地貌模型的合理性,下面结合算例进行分析与讨论[16,17]。

1. 计算中需要的主要参数

时间:5月1日,距1月1日153天,上午5-8时;

天气:晴朗无云;

大气压:101.325kPa;

大气透明度:0.75;

参考高度处风速:3m/s;

地理位置:北纬32°;

气温和相对湿度随时间而变化,其变化曲线如图5-41所示。

x方向上网格数:90;

x方向上网格长度:30m;

y方向上网格数:90;

y方向上网格长度:30m。

三维模型计算需要输入的地表物性参数,包括裸露型地表和植被型地表,可通过读取相应的物性数据库以获得特定类型地表的有关计算参数,其参数种类如前所述。对于裸露型地表的山地,其物性参数直接从裸露型地表的物性数据库读取;对于植被型地表的草地,其物性参数分别从植被型地表的物性数据库和裸露型地表的物性数据库读取,从前者中读取对应植被类型的物性参数,从后者中读取相应土壤类型的物性参数。

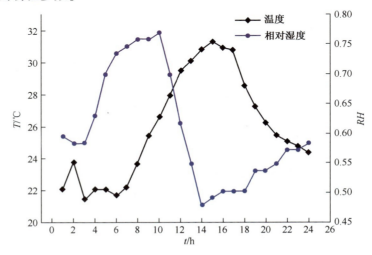

图 5-41 气温和大气相对湿度随时间的变化

2. 理论结果的讨论与分析

白天,太阳辐射和环境空气温度及风速是影响地表温度分布的主要因素。由于地表存在地势起伏,则各区域产生相互遮挡,从而对该区域接受的太阳辐射热量产生影响。为讨论方便,假定地表节点整体初始温度低于环境温度,下面结合所给的图形分析与讨论如下:

(1)图 5-42 给出了分别根据地表温度的瞬态导热模型,数值计算出的一天 24h 内裸露型地表和植被型地表表面同一节点处温度随时间变化的曲线。可以看出,地表温度的变化趋势与经验值非常吻合,地表最高温度的峰值出现在中午,在这之前或之后,地表温度逐渐下降,在凌晨左右达到温度的最低点。对地表而言,白天的太阳辐照是主要的热源。随着时间的推移,太阳高度角逐渐增加,到达地表处的太阳辐射强度亦逐渐增大,在中午 13 时左右达到最大值,随后太阳辐射强度逐渐减弱。夜间不存在太阳辐射,主要有大气长波辐射和地面背景辐射。至于前者,受气温的影响较大,与气温的四次方成正比;后者则随周围地表的温度而变化,一般来说,它的变化较小,因为地表温度随时间的变化趋势大致是相同的,尽管其变化的幅度有大有小。同时,从裸露型地表与植被型地表的对比可以看到,由于二者对应的显热与潜热交换方式明显不同,植被型地表由于其植被叶面的蒸腾作用,其温度变化趋势相对植被型地表随时间变化的曲率较平缓,这是由于植被层上有一层植被覆盖,对光照的吸收及反射系数均与裸露型地表不同,同时接收的外界热量会及时传给植被,使地表的温度变化相对缓和。

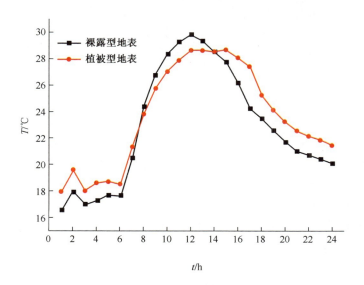

图 5-42 地表温度随时间的变化

(2) 对于起伏的复杂自然地表,在其经度和维度两个方向进行网格划分,每个节点根据 DEM 数据以及地表植被分布,可以获得表 5.1 中对应的一个数据组合,即倾角(θ)、周向角(Z)、土壤类型(S)、植被类型(P)、植被覆盖率(Pc),对每个节点依据其数据组合,利用一维温度场模型可计算该节点的温度。由于不同节点的数据组合不同,节点温度的计算结果也就各不相同,将每个节点获得的温度赋予 DEM 数据对应的几何图形,即可获得准三维的温度分布。

图 5-43～图 5-46 分别给出了一天 24h 中 4 个不同时刻(4 时、10 时、16 时、22 时)裸露型地表在其他条件相同情况下的准三维温度分布图,涉及的气温和大气相对湿度与图 5-41 的条件一致,不考虑因海拔高度产生的环境温度的差异。在这 4 幅图中,X 轴的正向为大地的正南方向。

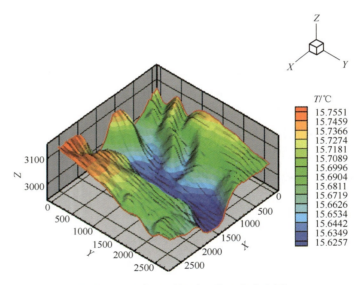

图 5-43 上午 4 时裸露地表温度分布图

由图 5-43 可以看到,在凌晨 4 时,各节点温度都较低,且温差不大,节点温度最大值与最小值只相差 0.13℃。同时,温度最低的节点位于地势最低处,温度最高的节点位于地势最高处,这是由于 4 时太阳还处于地平线以下,地表与外界主要的换热方式为对流换热,由于此时大气温度仍高于地表温度,因此地表通过对流换热吸收热量,而地势低处风速比地势高处的风速小,因而获得的热量较小。由图 5-44 可以看到,在上午 10 时,地表温度升高很快,各节点温度已经接近或高于环境温度,此时太阳已经升起,地表不断吸收太阳直射辐射,由此说明太阳辐射是地表吸热的最主要热源。可以看出,那些位于地势较高节点阴影区的节点温度相对较

第5章 地面自然背景的红外辐射特征

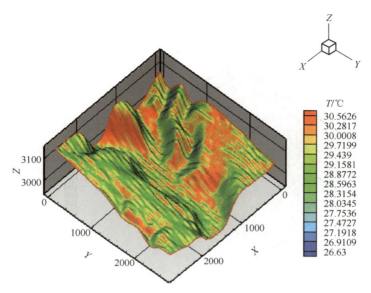

图 5-44 上午 10 时裸露地表温度分布图

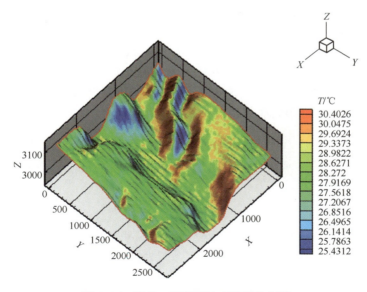

图 5-45 下午 4 时裸露地表温度分布图

低,而地势较高而又面朝太阳的节点温度较高,因此地表温度分布明显地分成阳面和阴面,且阴面节点和阳面节点的温差很大。同时,地表单元的斜面倾角也对其温度值有影响,这是因为斜面倾角决定太阳光线与地表单元所成夹角,从而影响其对

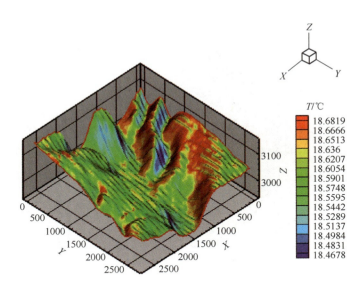

图 5-46 晚上 10 时裸露地表温度分布图

太阳辐射的接收份额。图 5-45 中,阴阳两面之间的温度差依然存在,只是随着太阳光线周向角的变化,太阳光线移到了西南方向,阴阳面的相对位置也发生改变。到图 5-46 的晚上 22 时,各节点温度已大幅下降,处于缓慢向周围环境释放热的阶段。对地表温度场的求解结果与实际情况较为吻合。

利用拟三维温度场模型的计算结果,可获得三维复杂自然地表的红外辐射特征,生成图像的方法可参见本书 8.8 节。

参考文献

[1] Balick L K. Thermal Modeling of Terrain Surface Elements[R]. AD-A098019, 1981.

[2] Belmans C. Simulation Model of the Water Balance of a Cropped soil:SWATRE[J]. J. Hydrol, 1983, 63:271-286.

[3] Camillo P J. Soil and Atmospheric Boundary Layer Model for Evapotranspiration and Soil Moisture Studies[J]. Water Resour. Res. , 1983, 19:371-380.

[4] Deardorff J W. Efficent Prediction of Ground Surface Temperature and Moisture with Inclusion of a Layer of Vegetation[J]. J. Geophys. Res. , 1978,(20):1889-1903.

[5] Flerchinger G N. Modeling Plant Canopy Effects on Variability of Soil Temperature and Water [J]. Agric. For. Meteorol. , 1991,56:227-246.

[6] Inclan M G. A Simple Soil-Vegetation-Atmosphere Model Inter-comparison with Data and Sensetivity Studies [J]. Ann. Geophys, 1993, 11:195-203.

[7] Van de Griend A A. Water and Surface Energy Balance Model with a Multilayer Canopy Representation for Remote Sensing Porposes[J]. Water Resour. Res. , 1989, 25:949-971.

[8] Lynn B. A stomatal Resistance Model Illustrating Plant verus External Control Transpiration[J]. Agric. For. Meteorol. 1990,52:5-43.

[9] Jerrel R, Ballard J. Information Base for Generation of Synthetic Thermal Scenes[R]. AD-A289675,1994.

[10] Balick L K. A Forest Canopy Height Surface Model for Scenes Simulation[J]. Simulation , 1987,49(1): 5~12.

[11] Kimes D S, Smith J A. Simulation of Solar Radiation Absorption in Vegetation Canopies[J]. Applied Optics, 1980,19(16):2801-2811.

[12] Cooper K, Smith J A, Pitts D. Reflectance of A Vegetation Canopy Using The Adding Method[J]. Applied Optics, 1982,21(22): 4112-4118.

[13] Kimes D S, Kirchner J A. Radiative Transfer Model for Heterogeneous 3-D Scenes[J]. Applied Optics, 1982,21(22): 4119-4129.

[14] Howard C C, Meizler T, Gerhart G. Background and Target Randomization and Root Mean Square(RMS) Background Matching Using a New ΔT Metric Definition[C]//Proceedings of SPIE,1992,1967:560-573.

[15] Kimes D S, Smith J A, Link L E. Thermal IR Exitance Model of a Plant Canopy[J]. Applied Optics, 1981, 20(4):623-632.

[16] 韩玉阁,刘荣辉,宣益民. 复杂地面背景红外热像模拟[J]. 南京理工大学学报, 2007, 31(4): 487-490.

[17] 刘荣辉. 地面立体背景与沿海地面背景红外辐射特征的研究[D].南京:南京理工大学, 2004.

[18] 梁欢. 地面背景的红外辐射特征计算及红外景象生成[D].南京:南京理工大学,2009.

[19] Kahle A B. A Simple Thermal Model of the Earth's Surface for Geologic Mapping by Remote Sensing[J]. J. of Geophysical Reserch, 1977, 82(11):1673-1680.

[20] 刘志刚,刘咸定,赵冠春. 工质热物理性质计算程序的编制及应用[M]. 北京:科学出版社, 1992.

[21] Ben-Yosef N, Rahat B, Feigin G. Simulationof IR Images of Natural Backgrounds[J]. Appled Optics, 1983, 22(1)190~193.

[22] 张建奇,方小平,张海兴,等. 自然环境下地表红外辐射特征对比研究[J].红外与毫米波学报,1994,13 (6):418-424.

[23] Choudhury B J, Idso S B, Reginato R J. Analysis of a Resistance-Energy Balance Method for Estimating Daily Evaporation from Wheat Plots Using One-Time-of-Day Infrared Temperature Observations[J]. Remote Sensing of Environment, 1986,19:253-268.

[24] 康绍忠,熊运章,刘晓明. 用彭曼-蒙特斯模式估算作物蒸腾量的研究[J]. 西北农业大学学报, 1991, 19(1): 13-19.

[25] 赵时英等. 遥感应用分析原理与方法[M]. 北京:科学出版社, 2003.

[26] 周英, 申双和, 时修. 作物边界层阻力与冠层气孔阻力探讨[J]. 气象教育与科技, 1993, (2): 27-32.

[27] 李小文,汪俊发,王锦地,等. 多角度与热红外对地遥感[M]. 北京:科学出版社, 2001.

[28] 徐希孺. 遥感物理[M]. 北京:北京大学出版社, 2005.

[29] 红外与激光技术编辑组. 红外手册第一分册(辐射理论与大气传输)[M]. 1980.

[30] 杨世铭,陶文铨. 传热学[M].4版.北京:高等教育出版社,2006.
[31] 韩玉阁,宣益民,汤瑞峰. 丛林随机生成模型及其红外辐射特征模拟. 红外与毫米波学报[J]. 1999, 18(2):299-3042.
[32] McGuire M J, Ballck L K, Smith J A, et al. Modeling Directional Thermal Radiance from a Forest Canopy[J]. Remote Sens. Environ., 1989,27: 169-186.
[33] Glendinning J H G, Morris E M. Incorporation of Spectral and Directional Radiative Transfer in a Snow Model[J]. Hydrological Processess. 1999, 13: 1761-1772.
[34] Keck T h, Preusker R, Fischer J. Retrieving Snow and Ice Characteristics by Remotely Sensed Emissivity Using the Multi-View Brightness Temperature within 8 μm to 14μm [J]. Remote Sensing of Environment, 2017, 201: 181-195.
[35] Peck L. Thermal Variation in Vegetated or Snow-Covered Background Scenes and Its Effect on Passive Infrared Systems[R]. AD-A275174,1993.
[36] Kress M R. Information Base Procedures for Generation of Synthetic Thermal Scene[R]. AD-A259202,1992.
[37] Albert M R. Advective-Diffusive Heat Transfer in Snow[C]//ASME, 1995.
[38] Powers D, O'Neil K, Colbeck S C. Theory of Natural Convection in Snow[J]. J. of Geophysical Research, 1985,90:10641-10649.
[39] Palm E, Tveieereid M. On Heat Mass Flux Through Dry Snow[J]. J. of Geophysical Research. 1979, 84: 745-749.
[40] Jordan R. A One-Dimensional Temperature Model for a Snow Cover – Thechnical Documentation for SNTHERM 89[R]. AD-A245493,1991.
[41] Anne B K. A Simple Thermal Model of The Earth's Surface for Geologic Mapping by Remote Sensing[J]. Journal of Geophysical Research, 1977,82(11): 1673-1680.
[42] 齐东旭. 分形及其计算机生成[M].北京:科学出版社,1994.
[43] 韩玉阁,宣益民. 天然地形的随机生成及其红外辐射特征研究[J].红外与毫米波学报, 2000,19(2): 129-133.
[44] 韩玉阁,宣益民. 自然地表红外图像的模拟[J].红外与激光工程,2000, 29(2):57-59.
[45] Weiss R A, Scoggins R K. Infrared Target Background Analytical Models[R]. AD-B136087, 1989.
[46] 毛可标,苏玉杨.DEM 的数据格式及压缩编码[J]. 测绘科技动态.1994(4):2-6.
[47] 谈和平,夏新林,刘林华,等. 红外辐射特征与传输的数值计算——计算热辐射学[M].哈尔滨:哈尔滨工业大学出版社,2006.
[48] 季园园. 典型地物红外特性仿真关键技术研究[D]. 大连:大连海事大学, 2014.
[49] 王长胜. 典型地物表面温度特性研究[D]. 大连:大连海事大学, 2013.
[50] 赵利民. 地表热红外辐射背景场建模与成像模拟研究[D]. 南京:南京大学, 2011.
[51] 胡海鹤, 白廷柱, 郭长庚,等. 零视距地物长波红外辐射特征场景仿真研究[J]. 光学学报, 2012, 32(010):94-102.
[52] 丁伟利, 刘晓民, 付双飞,等. 基于数字高程模型的复杂地表红外辐射特征模拟[J]. 系统仿真学报, 2012(12):107-110+115.
[53] 林斌. 典型地物红外波谱特性分析及红外图像预处理研究[D].郑州:中国人民解放军信息工程大学, 2013.
[54] 柳倩,朱枫,郝颖明,等. 土壤—植被混合地表红外辐射温度场的耦合建模方法[J]. 计算机应用研究,

2011(12):4589-4592.

[55] 柳倩,朱枫,郝颖明,等. 草地的红外纹理建模与真实感绘制方法[J]. 红外与激光工程, 2013, 42(4):1100-1105.

[56] Jaszczur M, Polepszyc I, Biernacka B, et al. A numerical model for ground temperature determination[J]. Journal of Physics Conference, 2016, 745.

[57] 汪周波. 沥青路面结构层厚度与沥青混合料类型选择[J]. 山东工业技术, 2015, 000(001):168-168.

[58] Tan J H, Ng E Y K, Acharya U R. Evaluation of topographical variation in ocular surface temperature by functional infrared thermography[J]. Infrared Physics & Technology, 2011, 54(6):469-477.

[59] Gong C, Zhao Y, Dong L, et al. The tolerable target temperature for bimaterial microcantilever array infrared imaging[J]. Optics Laser Technology, 2013, 45.

[60] Jose C, Jonathan M, Tarendra L, et al. Evaluation of the Snow Thermal Model (SNTHERM) Through Continuous in situ Observations of Snow's Physical Properties at the CREST-SAFE Field Experiment[J]. Geoences, 2015, 5(4):310-333.

[61] 梁爽,杨国东,李晓峰,等. 基于SNTHERM雪热力模型的东北地区季节冻土温度模拟[J]. 冰川冻土, 2018, 040(002):335-345.

[62] 吴晓玲,向小华,王船海,等. 季节冻土区融雪冻土水热耦合模型研究[J]. 水文, 2012, 32(005):12-16.

第6章

装甲车辆车辙红外辐射特征

随着红外探测制导技术的发展,红外制导和红外成像制导武器发现、识别和跟踪目标的能力越来越强[1]。为了提高装甲车辆在战场上的生存力和战斗力,各国针对车辆红外隐身技术和隐身效果评估进行大量的研究,取得了显著进展。当车辆自身采取红外隐身措施后,对如何迅速发现和准确探测识别地面车辆又提出了新的挑战。目前,装甲车辆隐身方面的研究工作大多是对装甲车辆本体采取隐身措施,对其与背景环境之间的热交互作用并没有太多的研究。

正如本书1.2节所述,目标与背景始终处于一个复杂的能量交换过程,目标与背景的红外辐射特征是彼此相互作用、相互影响而形成综合效应的一种表征。背景温度及其红外辐射特征对目标具有明显的影响,目标的存在与行为也会影响到背景的红外辐射特征。是否可以通过行进中的装甲车辆与地面之间相互热作用所产生的温差去探测和识别战车,例如装甲车辆静态时车辆遮挡太阳辐射对地面的影响、装甲车辆运动时车辆履带轮胎在地面上运动留下的热痕迹、车辆底盘对地面的热辐射等[2],成为一个地面目标与背景红外辐射特征研究的新热点。实际上,车辆行驶后在地面留下的热轮辙(尾迹)是难以遮蔽的。

实际战场中,装甲车辆大多是在野外的裸露地表、低矮植被或砂石地上行驶运动的,行驶过后履带或者轮胎都会留下车辙痕迹。这些车辙不但改变地表的形状结构,而且改变了地面土壤的热物性参数,如密度、比热容和热导率以及表面发射率和反射率等。正是由于这些地表参数的改变和行驶过程中车辆与地表之间的热交换,使得地面温度场及其热分布出现了相应的变化,在地面出现了热痕迹,这些热痕迹则很有可能成为红外探测器发现识别车辆的依据[3]。车辆行驶的路面复杂多样,包括低矮植被、泥泞地、砂石地、沙地和雪地等,不同类型地面的地表结构和土壤各种参数是不同的。车辆在不同地面上行驶而产生的车辙沉陷程度不同,地面表面结构、地表热物性参数和发射率以及太阳短波吸收率等也随之改变,因而使得行驶的车辆在大气红外窗口范围内"留"在路面的"热痕迹"特征比较明显。车辆在不同类型地面上留下的车辙痕迹有很大区别,行驶过后产生的车辙表现出的红外辐射特征也各不相同;不同车辆目标与不同背景之间产生的热交互作用也有很大的区别;处于不同状态(如冷静态、热静态、热动态)的同一车辆目标与不同地面背景(如裸露地表或低矮植被)之间热交互作用的差异性也很明显。红外探测器很容易发现这些车辆的运动轨迹,从而识别目标,推断出其运动方向,实施跟踪打击[4-6]。

因此,研究不同状态下运动目标与背景之间的热交互作用机理,建立描述运动目标与地面背景之间相互热作用的准确适用的热辐射模型,对寻求新的红外探测技术和有的放矢地拓展研究相应的装甲车辆红外隐身技术具有重要的指导作用。国内外对目标与背景之间相互作用进行了一些研究,有的研究成果已经集成于红外仿真软件中[7-12]。

本章以地面行驶的装甲车辆为研究对象,研究行驶车辆的履带(车轮)和地面之间的热力耦合关系,研究运动车辆和地面之间相互作用的热学和力学机制,建立装甲车辆与地面背景存在热交互作用时的温度场模型,采用动网格数值方法对行驶车辆热痕迹问题进行模拟计算,定量分析车辆运动和天气环境等因素对地面热痕迹的影响规律。实际上,前面几章都不同程度地涉及了车辆与地面之间相互作用的有关内容,重点讨论了地面背景对车辆温度场及其红外辐射特征的影响,本章则重点关注行驶车辆在地面形成的车辙及其产生的热尾迹。

6.1 装甲车辆车辙红外辐射特征模型

6.1.1 物理模型及其简化

真实环境中的地表形貌和土壤结构非常复杂,地势高低起伏,地层厚度很大。针对研究装甲车辆与地面背景之间热交互作用和动态车辆在地面的热痕迹问题的特殊性,往往对地面结构特征作一些适当的简化[13]。这里,引入以下假设:

(1) 地面表面是平整的;

(2) 地面厚度有限,具体的厚度是以模拟地面表面温度和实验测试地面的温度分布接近为准;

(3) 表征土壤热学和力学属性的各项参数是均匀且各向同性的。

为了构建显示图像的方便,对实际的装甲车辆结构进行简化,前提是保持其各部件的相对位置关系和比例不变,且尽量与实际中的结构尺寸相似、保留有代表性的结构和温度分布特征明显的部件,舍弃细小的和在温度分布方面影响小的部件[14]。由于每多建立一个部件就会引入更多的网格进而加大了计算难度,因此进行模型优化对提高计算速度是非常必要。图 6-1 显示了构建的虚拟装甲车辆模型的几何结构。

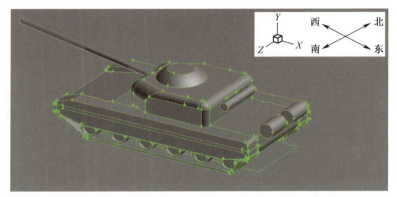

图 6-1　装甲车辆几何模型

为研究装甲车辆车辙红外辐射特征,装甲车辆与地面进行一体化的网格划分。在网格划分时,需要注意控制网格的质量,保证网格的独立性。图 6-2 给出一体化网格划分的示例。

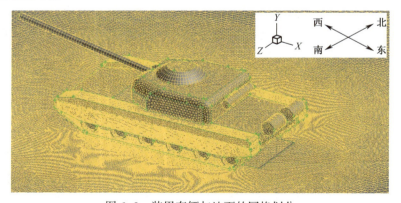

图 6-2　装甲车辆与地面的网格划分

6.1.2　数学模型

本节建立描述装甲车辆车辙红外辐射特征的数学模型。如第 3 章所述,自然环境中的装甲车辆与地表背景会接受太阳热辐射;车辆与地面之间存在辐射换热;车辆在地面上以一定速度行驶时,履带和地面之间的剧烈摩擦而产生摩擦热;车辆表面和地表面分别与周围空气发生对流换热等。图6-3所示是装甲车辆与地面热交互作用的研究流程。

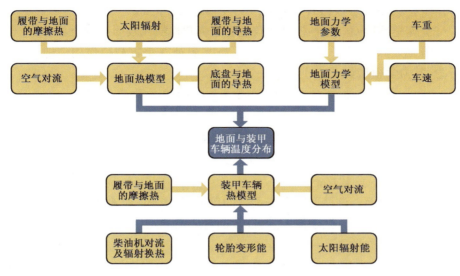

图6-3 装甲车辆与地面热交互作用研究的流程图

车辆与地面之间的热耦合关系主要包括履带与地面之间的摩擦热、履带与地面之间的热传导和车辆与地面间的辐射换热以及车辆对地面接受太阳辐射热的遮挡。履带与地面之间的摩擦热和履带与地面之间的导热是相互耦合在一起的[15,16],具体处理方法参见本书3.1.2节。车辆与地面之间的辐射换热和车辆对地面接受太阳辐射热的遮挡处理方法可参见本书3.1.1节中关于辐射换热和太阳辐射计算的内容。车辆与地面背景的热模型可分别参见本书3.1.1节和5.1节。需要特别指出的是,因为装甲车辆发动机的排气口一般远离地面,这里忽略车辆尾气对地面的热冲刷作用。如果某些车辆发动机排气口距离地面比较近,则需要考虑发动机热排气对地面的加热作用。

在车辆压力的作用下,车辆行驶过后会在地面产生沉陷,形成明显的车辙。车辙的形貌和结构与车辆重量、行驶速度和地表属性等因素密切相关。本节主要讨论车辆行驶造成的地面下陷深度的计算模型。根据地面的性质,通常可将路面分为三种类型[17,18]:硬质地面,弹塑性地面和软性地面。

(1)硬质地面。这种地面模型适合平铺路面,如柏油路、水泥路或砂石路等硬质地面。在该地面模型中,履带车辆与地面之间的相互作用产生接触力,接触力的

大小与变形的大小和速度有关。如果履带与地面不接触时,则接触力为零。具体接触力可用下面公式表示[17,18]:

$$p = -kz^n - cq \qquad (6-1)$$

式中,p 为土壤法向载荷,kN/m^2;k 为刚度系数,kN/m^{n+2};z 为变形深度,m;n 为变形指数;c 为阻尼系数,$kN \cdot s/m^3$;q 为变形速度,m/s。

(2)弹塑性地面。这种模型比较适合于弹塑性质比较明显的土壤,如干土路、泥泞土路、草地等地面。通过引入塑性系数来表征在垂直载荷作用下地面的弹塑性行为,其力学模型如下[17,18]:

$$加载时,z > z_{max},p = kz^n \qquad (6-2)$$

$$卸载时,z \leq z_{max},p = p_{max} - k_p nk(z_{max} - z)z_{max}^{n-1} \qquad (6-3)$$

式(6-2)和(6-3)中,p 为土壤法向载荷,kN/m^2;z 为变形深度,m;k 为刚度系数,kN/m^{n+2};n 为变形指数;k_p 为塑性系数;z_{max} 为最大变形深度,m;p_{max} 为最大压力(对应于 z_{max}),kN/m^2。

(3)软性地面。该模型适合于柔软的路面,如雪地、沙地和水稻田等,与实际野外战场地面相似。软性地面上,履带车辆对地面的正压力基于 Bekker 提出的压力-沉陷关系式[17-19]:

$$p = (k_c/b + k_\varphi)z^n \qquad (6-4)$$

式中,p 为土壤法向载荷,kN/m^2;k_φ 为内摩擦的土壤变形模量,kN/m^{n+2};k_c 为内聚的土壤变形模量,kN/m^{n+1};b 为履带板的宽度,m;n 为土壤变形指数;z 为沉陷量,m。

式(6-4)适用于持续加载的过程。对于卸载过程,应用下列力学模型[18]:

$$p = p_{max} - (k_0 + A_u z_{max})(z_{max} - z) \qquad (6-5)$$

式中,k_0、A_u 为土壤的特征参数,其他参数意义与式(6.4)相同。

6.1.3 动网格方法

战场上行驶车辆的运动轨迹复杂曲折,完全真实体现其动态过程比较困难。不失一般性,这里假定车辆以匀速直线运动,利用动网格方法处理车辆移动和地面受到车辆压力后沉陷的问题。动网格的实现方式有多种[20],目前较为流行的 Fluent 软件[21]提供了三种动网格运动的方法来更新变形区域内的体网格:基于弹性变形的网格调整、动网格层变和局部网格重构。

本节采用动态层法(图 6-4[13]),即根据紧邻运动边界的网格层高度变化,添加或者减少网格层:在边界发生运动时,如果紧邻边界的网格层高度增大到一定程度,就将其划分为两个网格层;如果动边界网格层高度降低到一定程度,就将紧邻边界的两层网格合并为一个层。

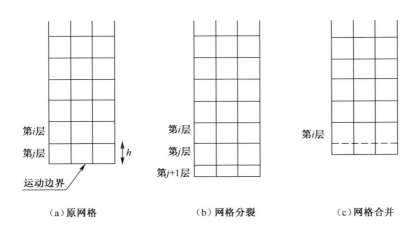

（a）原网格　　　　　（b）网格分裂　　　　　（c）网格合并

图 6-4　动态层法示意图[13]

网格高度的最大临界值 $h_{\max}$ 定义为

$$h_{\max} > (1 + \alpha_s)h \tag{6-6}$$

式中，$h_{\max}$ 为网格的最大高度；h 为理想单元高度；α_s 为分割因子。如果第 j 个网格高度增大到满足式（6-6）的情况，在第 j 层中的单元将分裂成一个具有理想高度 h 的单元层和一个高度为 $h_{\max} - h$ 的单元层，即第 $j+1$ 层。

网格高度的最小临界值 $h_{\min}$ 定义为

$$h_{\min} < \alpha_s h \tag{6-7}$$

式中，$h_{\min}$ 为网格的最小高度；h 为理想单元高度；α_s 为合并因子。如果第 j 层网格高度减小到满足式（6-7）的情况，就对该层网格与邻近单元网格进行合并，生成新的第 i 层网格。

6.2　装甲车辆车辙红外辐射特征计算实例

本节对装甲车辆不同状态下的温度分布以及红外辐射强度分布进行模拟计算，其中运动装甲车辆的输入计算条件如下[13]：

地理位置：东经 117°，北纬 32°；

仿真时间：4 月 26 日；

天气条件：空气温度、风速及湿度均参考实验测量值，天空晴朗无云；

装甲车辆方位：装甲车辆炮管为正西方向。

6.2.1 装甲车辆与地面背景之间的热交互作用对温度分布的影响研究

假设装甲车辆全重为52t,履带宽为0.5m,履带着地长度5.4m,装甲车辆处于自然环境中,装甲车辆炮口朝向为正西方。选择10:00和17:00两个时刻和两种不同的地面类型,图6-5、图6-6和图6-7所示分别为装甲车辆以36km/h的速度匀速直线行驶相同时间后的地面沉陷和热痕迹结果。

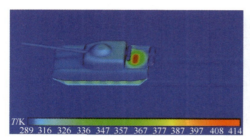
(a) 软性地面1(单位: K)

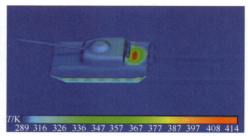
(b) 软性地面2(单位: K)

(c) 软性地面1沉陷处的截面网格图

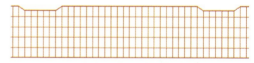
(d) 软性地面2沉陷处的截面网格图

图6-5 不同地面类型装甲车辆运动所引起的温度及地面沉陷变化

图6-5(a)和图6-5(b)分别显示了相同型号装甲车辆行驶在不同地面类型上所引起的地面沉陷(对应同一时刻)。由于两种不同地面类型的变形指数、内摩擦的土壤变形模量和内聚的土壤变形模量是不同的,根据土壤力学模型可以计算得到不同地面类型的沉陷深度,这可以从沉陷处的截面图看出[图6-5(c)和图6-5(d)]。地面的沉陷深度不同,使得此处的地表面及土壤的物性参数发生变化,从而不同于周围的地面及土壤,因而对当地热分布产生较大的影响。

图6-6(a)和图6-6(b)分别显示了相同型号装甲车辆行驶在不同类型地面而留下的热痕迹。由于两种不同类型地面的密度、比热容和导热系数等物性参数的不同而导致同一时刻的地表面温度分布不同,因而相同运行状态下的装甲车辆留在地面上的热痕迹也不同。从热痕迹上可以看出,由于装甲车辆履带摩擦等因素所留下的履带热痕迹比较明显,而装甲车辆运行过程中挡住太阳对地面辐射热所留下的热痕迹比较小。对比图6.6(a)和图6.6(b)不难发现,行驶的装甲车辆在软性地面2上产生的热痕迹对比度更明显一些,这与所行驶的地面类型的密度、

第6章　装甲车辆车辙红外辐射特性

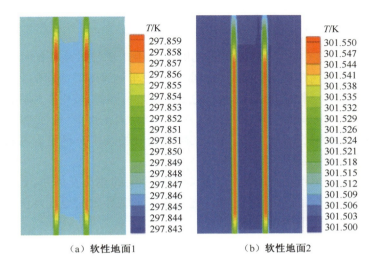

(a) 软性地面1　　　　(b) 软性地面2

图 6-6　不同地面类型装甲车辆运动所留下的热痕迹

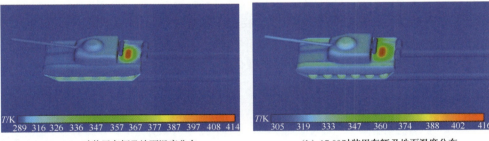

(a) 10:00时装甲车辆及地面温度分布　　　　(b) 17:00时装甲车辆及地面温度分布

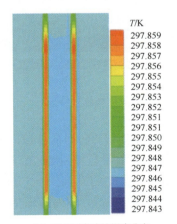 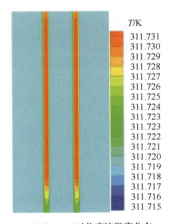

(c) 10:00时热痕迹温度分布　　　　(d) 17:00时热痕迹温度分布

图 6-7　同类型地面不同时间装甲车辆在地面的热痕迹温度分布

299

比热容和热导率等物性参数有关,因此行驶在此类地面上的车辆易于被红外探测器发现识别。

图 6-7(a)和图 6-7(b)展示了不同时刻装甲车辆经过地面瞬间留下的热痕迹。虽然以相同车速在相同类型路面行驶的装甲车辆履带对地面的产热量是近似相同的,由于不同时刻太阳辐射对地面的热辐射是不同的,装甲车辆在地面上留下的热痕迹对比度随时间而表现出明显的不同。在相同条件下,地面温度越低,装甲车辆留下的热痕迹对比将越明显。因此,夜间行驶的装甲车辆更容易被红外制导和红外成像制导武器发现、识别和跟踪。

本节重点研究了行驶中的装甲车辆与背景之间的热交互作用,通过对装甲车辆在地面上行驶进行建模仿真,获得行进的装甲车辆导致的地面沉陷和由于摩擦热等因素在地面上留下的热痕迹。

6.2.2 装甲车辆车辙红外辐射特征的分析

由图 6-8 可以看出,由于摩擦产热和橡胶轮缘变形能等原因,使得装甲车辆负重轮和履带的温度升高,具有明显的红外辐射特征;发动机上部装甲和排烟管附近仍然是具有明显红外辐射特征的部件。装甲车辆行驶后留下的车辙在不同的大气红外窗口表现出不同的属性:在 8~14μm 波段,车辙具有可被探测的红外辐射强度;在 3~5μm 波段,车辙的红外辐射强度很低。

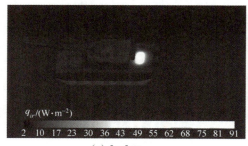
(a) 3~5μm

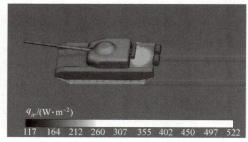
(b) 8~14μm

图 6-8　中午 9:40 时装甲车辆车辙在不同波段的红外辐射特征

图 6-9 与图 6-8 相比,装甲车辆表面温度随着时间而升高,对应波段内的红外辐射强度增大。由于 8~14μm 波段内来自太阳红外辐射量较小,因此在 8~14μm 波段内车辆自身红外辐射占比更为明显。同样,由于温度的升高,3~5μm 和 8~14μm 波段车辙的红外辐射强度也增大,相比之下,8~14μm 波段内车辙的红外辐射强度更为突出,与车体的红外辐射强度相近,可以成为装甲车辆红外识别的一个重要特征。

第6章　装甲车辆车辙红外辐射特性

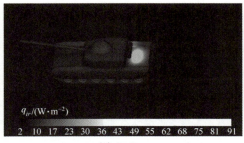
(a) 3～5μm

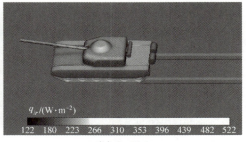
(b) 8～14μm

图 6-9　下午 17:40 时装甲车辆车辙在不同波段的红外辐射特征

面对不断发展的装甲车辆隐身技术，研究装甲车辆对行驶路面的热交互作用给红外探测识别地面运动目标提供了一个新途径。通过研究行驶的装甲车辆在路面留下的车辙沉陷和随之产生的热痕迹及其红外辐射特征图像，可以对运动目标进行红外探测、识别和跟踪。当然，这样的车辙痕迹在不同的大气红外窗口表现出不同强度的红外辐射特征：在 3～5μm 波段，装甲车辆行驶瞬间所引起的路面热痕迹和形成的红外图像特性不明显；在 8～14μm 波段，装甲车辆行驶瞬间所引起的路面热痕迹和形成的红外图像特性明显，因而成为被长波红外探测器发现热尾迹前的运动目标的红外辐射特征。

参考文献

[1] 闵君，邓晓. 目标与背景的红外辐射特征研究综述[J]. 红外与激光工程, 2006, 35(增刊): 385-388.

[2] Easyes J W, Mason G L, Kusinger A E. Thermal Signature Characteristics of Vehicle/Terrain Interaction Disturbances: Implications for Battlefield Vehicle Classification[J]. Applied Spectroscopy, 2004, 58(5): 510-515.

[3] McDonald E V, Dalldorf G K, Bacon S N, et al. Recommendations for the Development of a Dust Suppressant Test Operations Procedure (TOP) Performed at the U.S. Army Yuma Proving Ground[R]. Division of Earth & Ecosystem Sciences, 2010.

[4] ThermoAnalytics. http://www.thermoanalytics.com/services/concept_vehicle_signature_analysis.html, 2010.

[5] Easyes J W, Mason G L, Kusinger A E. Thermal Signature Characteristics of Vehicle/Terrain Interaction Disturbances: Implications for Battlefield Vehicle Classification[J]. Applied Spectroscopy, 2004, 58(5): 510-515.

[6] Tomervik H, Johansen B, Hodaandk K A, et al. High-Resolution Satellite Imagery for Detection of Tracks and Vegetation Damage Caused by All-Terrain Vehicles in Northern Norway[R]. Land Degradation & Development,

2010.

[7] Curran A R. Integrating CAMEO-SIM and MuSES to Support Vehicle-Terrain Interaction in an IR Synthetic Scene[C]//Proceedings of SPIE, 2006, 6239: 62390E1-62390E9.

[8] Aitoro J. Thermo Analytics Visualizes Military Vehicle Infrared Energy[R]. 2009.

[9] Yit-Tsi Kwan. A Simulation for Hyperspectral Thermal IR Imaging Sensors[C]//Proceedings of SPIE, 2008, 6966: 69661N1-69661N11.

[10] Pereira W. Hyperspectral Extensions in the MuSES Signature Code[C]//Proceedings of SPIE, 2008, 6965: 69650B1-69650B8.

[11] Johnson K, Curran A R. MuSES: A New Heat and Signature Management Design Tool for Virtual Prototyping [R]. GTMV 98 Conference, 1998.

[12] Weber B A. Top-Attack Modeling and Automatic Target Detection Using Synthetic FLIR Scenery[C]//Proceedings of SPIE, 2004, 5426: 1-14.

[13] 成志铎. 地面装甲车辆的目标特性建模计算研究[D]. 南京:南京理工大学,2012.

[14] 罗来科,宣益民,韩玉阁. 水陆坦克红外辐射特征仿真研究[J].红外技术,2009,31(1): 18-22.

[15] 韩玉阁,宣益民. 摩擦接触界面传热规律研究[J].南京理工大学学报,1998,22(3):260-263.

[16] 韩玉阁,宣益民. 装甲车辆的履带与车轮温度分布[J].应用光学,1999,20(6):6-10.

[17] [美]Bekker M G 美. 地面-车辆系统导论[M]. 北京: 机械工业出版社, 1978.

[18] 吴大林,马吉胜,王兴贵. 履带车辆地面力学仿真研究[J]. 计算机仿真, 2004, 21(12): 42-44.

[19] 马伟标,王红岩,程军伟. 履带车辆软土通过性能影响因素仿真[J]. 计算机辅助工程, 2006, 15 (Suppl): 257-259.

[20] Minkowycz W J, Sparrow E M, Murthy J Y. Handbook of Numerical Heat Transfer(Second Edition)[M]. Hoboken:John Wiley & Sons, Inc. ,2006.

[21] 江帆,黄鹏. Fluent 高级应用与实例分析[M]. 北京: 清华大学出版社, 2008.

[22] 林益. 不同隐身措施下的目标红外辐射特征研究[D].南京:南京理工大学,2013.

第 7 章

大气颗粒物对红外辐射特征的影响

实际战场环境复杂、气象条件千变万化。装甲车辆等目标可能置身于雨、雾、雪、霜、露、沙尘或霾等复杂气象环境和爆炸烟尘、战场火焰或车辆行驶扬尘等复杂战场环境中。复杂环境中雨、雾等液滴颗粒和沙尘、霾、爆炸烟尘、战场火焰或扬尘等固体颗粒对红外探测系统和红外制导武器形成干扰,增加了目标探测与识别的难度,同时也对复杂气象条件和战场环境下的目标红外隐身评估提出了新的要求。雨雾和沙尘等颗粒物对目标红外辐射特征主要产生以下三个方面的影响:①雨雾和沙尘颗粒等液固颗粒对目标表面的热质传递过程产生影响,影响目标的热特性;②雨雾和沙尘颗粒等液固颗粒在目标表面沉积或吸附,形成相应颗粒的液滴、液膜或固体颗粒沉积层,对目标表面原有涂层的光学特性产生影响,因而影响车目标自身辐射及目标对外界辐射的反射;③雨雾和沙尘等条件下的大气中这些液固颗粒对红外辐射具有吸收、散射和衰减作用,影响到红外探测器接收的来自目标的红外辐射。

7.1 雨雾对辐射传输的影响研究

具有时空分布的雨滴和雾滴对物体热辐射和太阳辐射产生的吸收与散射作用主要体现在:①对太阳辐射和天空背景辐射产生影响;②对目标红外辐射在大气中的传输产生影响。本节着重讨论雨雾液滴物理特性和雨雾条件下大气透过率的计算方法,分析雨雾液滴对太阳辐射和天空背景辐射的影响及其对目标红外辐射传播的衰减特性。

7.1.1 雨雾液滴物理特性

由于雨雾液滴的空间分布特性和散射吸收作用,雨雾条件下的大气辐射传输特性受到雨滴雾滴的粒径谱分布、浓度、能见度和降落量等的影响。确定雨雾的粒径谱分布、浓度、能见度、降落量和颗粒动力学特性等是研究分析其对热辐射传递过程影响的基础。

7.1.1.1 雾滴物理特性

1. 雾滴尺寸分布模型

雾是由悬浮在近地面空气中缓慢沉降的水滴或冰晶质点组成的一种胶体系统。当大气富含这些液滴时,空气的能见度降低。如果水平能见度低于1000m,则称这种漂浮在近地面的水汽凝结物为雾。根据雾的能见度和雾滴尺度不同,可将雾分为重雾、浓雾、大雾和湿雾等。观测表明,液滴半径通常在 $1\sim60\mu m$,随温度不同而有所变化,环境温度在0℃以上,大多数液滴半径为 $7\sim15\mu m$;环境温度在0℃以下,大多数液滴半径为 $2\sim5\mu m$。雾的含水量随雾的强度不同而不同,同一强度雾的含水量主要取决于温度。根据形成雾的地域和机理,一般可把雾分成平流雾和辐射雾两大类。海面上的雾通常为平流雾,而内陆雾通常为辐射雾[1]。

对于不同类型的气溶胶粒子的尺寸分布而言,有一些经验模型,其中应用最广泛的是 Gamma 分布[2]:

$$N(r) = ar^b \exp(-cr^d) \tag{7-1}$$

式中,$N(r)$ 为尺寸谱分布函数,表示单位体积、单位半径间隔内的雾滴数;r 为粒子半径;a,b,c 和 d 为拟合参数。不同参数的 Gamma 函数表达式可适用于不同类型的气溶胶粒子尺寸分布描述。自然雾的雾滴尺寸分布一般采用双参数 Gamma 分布模型描述[1,3]:

$$N(r) = ar^2 \exp(-br) \tag{7-2}$$

式中,a 和 b 分别为关于自然雾含水量 W 和能见度 V 的表达式[3]。

2. 雾滴沉降速度

在无风的情况下,认为自然雾中的雾滴只受重力、浮力和阻力的影响,处于匀速自由沉降运动。自然雾雾滴的自由沉降速度可表示为:

$r < 40\mu m$ 时,根据 Stokes 定律[4]

$$u_0 = \frac{2gr^2(\rho_{\text{drop}} - \rho_{\text{air}})}{9\mu_{\text{air}}} \tag{7-3}$$

$r \geqslant 40\mu m$ 时,根据 Alen 定律[4]

$$u_0 = 0.269\sqrt{\frac{2gr(\rho_{\text{drop}} - \rho_{\text{air}})Re_0^{0.6}}{\rho_{\text{air}}}} \tag{7-4}$$

因此,可得自然雾雾滴的平均沉降速度:

$$\overline{u}_0 = \frac{\int_0^\infty u_0(r) N(r) \mathrm{d}r}{\int_0^\infty N(r) \mathrm{d}r} \tag{7-5}$$

在有风的情况下,雾滴运动与风向一致,雾滴的绝对运动速度由下式确定:

$$u_d = \overline{u}_0 + u_{\mathrm{air}} \tag{7-6}$$

7.1.1.2 雨滴物理特性

1. 雨滴尺寸分布模型

雨滴尺寸分布是指在一定降雨率情况下,不同尺寸的雨滴在空间单位体积中的分布状况。雨滴的大小和空间分布都是随机的,雨滴半径通常在 0.05~4mm。研究表明,半径小于 1mm 的雨滴基本为球形;对于更大的雨滴,其形状为扁椭球形,底部有一凹槽,其旋转轴近似垂直[5]。

一般情况下,用雨滴尺寸分布函数 $N(D)$ 描述雨滴的尺寸分布情况。由于降雨这一自然现象在发生时间和地域上的不确定性,人们对雨滴谱开展了大量的实验研究,得到各式各样适用不同地区的雨滴尺寸分布模型,如 Laws-Parsons 模型[6]、Marshall-Palmer 模型[7]、Joss-Gori 模型[8]、Weibull 模型[9]、Gamma 分布模型[10]、对数正态分布模型[11]、Park 模型[12]、Ulbrich 模型[13] 和广州雨滴分布模型[14]等。其中,Laws-Parsons 模型和 Marshall-Palmer 模型广泛应用于雨滴电磁散射和衰减特性计算中,而对数正态分布模型广泛应用于热带地区雨滴谱模拟。

2. 雨滴下落速度

在下落过程中,雨滴受到重力和阻力的作用,最终以某一恒定的速度下落,这一恒定速度就是雨滴粒子的下落速度,又叫雨滴末速度。Gunn 和 Kiner[15] 以及 Best[16] 的实验测量结果表明,雨滴的下落速度随雨滴尺寸的增加而增加,当雨滴等效直径大于 2mm 时,雨滴末速度的增加率逐渐减小。当雨滴直径大约为 5mm 时,其末速度大约达到 9m/s。Gunn 和 Kiner 根据海平面静止空气中雨滴末速度的测量结果,整理出雨滴末速度的经验公式[17]。在这些实验研究的基础上,赵振维[18]对雨滴末速度进行了修正,提出了与测量结果符合良好的雨滴末速度修正经验公式[18]:

$$V(D) = 9.3360 - \frac{24.0650}{1 + 1.5301 \exp(0.8165D)} (\mathrm{m/s}) \tag{7-7}$$

3. 降雨量等级划分

降雨量是指从天空降落到地面上的液态或固态(经融化后)水,未经蒸发、渗透和流失而在水面上积聚的水层深度(以 mm 为单位),可以直观地表示降雨的多少。日降雨量就是当日 24h 内单位面积（$1m^2$）上雨水的体积。降雨量一般用雨量筒测定，雨量筒的直径一般为 20cm，内装一个漏斗和一个瓶子。测量时，将雨量筒中的雨水倒在量杯中，根据杯上的刻度就可知道当天的降雨量了。

降雨强度指单位时段内的降雨量，以 mm/min 或 mm/h 为单位。我国气象部门一般采用的降雨强度标准如表 7-1 所示[19]。

表 7-1　气象降雨量等级划分

降雨量等级	1h/mm	12h/mm	24h/mm
小雨	≤2.5	0.1~4.9	0.1~9.9
中雨	2.6~8.0	5.0~14.9	10.0~24.9
大雨	8.1~15	15.0~29.9	25.0~49.9
暴雨	≥16	30.0~69.9	50.0~99.9
大暴雨		70.0~140.0	100.0~250.0
特大暴雨		>140.0	>250.0

7.1.1.3　水的光学常数

在不考虑雨雾中其他杂质的情况下，雾滴和雨滴是由液态水形成。针对雨雾条件下目标与背景的红外辐射特征建模，需要考虑雨雾对物体表面光学特性的影响以及雨雾对大气光学传输特性的影响，而液态水的光学常数是上述研究的基础。对于不同波段的电磁波，液态水的光学常数通常用复折射率 m 或复介电常数 ε 表示，两者之间的关系为 $m = \sqrt{\varepsilon}$。当波长大于 1mm 时，液态水的介电特性由水分子的极化特性确定；当波长小于 1mm 时，水的复折射率是温度和频率的复杂函数。Debye 最早提出水的复介电常数计算方法，给出了水的介电常数计算公式（Debye 公式）为[20]

$$\varepsilon = m^2 = \frac{\varepsilon_s - \varepsilon_\infty}{1 + j\lambda'/\lambda} + \varepsilon_\infty \qquad (7-8)$$

式中，ε_s 为静电场中水的相对介电常数，它随温度的变化很小；ε_∞ 为光学极限（$f \to \infty$）时水的相对介电常数；λ' 为松弛波长，其随温度变化显著；λ 为载波波长。以上各参数在不同温度下的取值可参见文献[20]。

Hale 等[21]在大量关于水的光学常数的研究基础上，归纳总结了 200nm~200μm 波段范围内水的光学常数变化特性，在不同领域得到了广泛应用。图 7-1 给出了 0.2~14μm 波段水的复折射指数变化曲线。

7.1.2　雨雾对红外辐射衰减特性的影响

大气透过率的计算方法在 2.4 节中已经讨论。针对雨雾天气条件下大气透过

第7章 大气颗粒物对红外辐射特征的影响

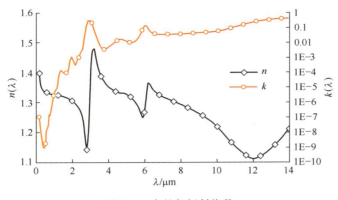

图 7-1 水的复折射指数

率的计算,则只需将雨雾天气条件下大气中的吸收和散射粒子(雨雾滴、灰尘或雾霾等)相关参数代入相应的计算公式即可[22]。

7.1.2.1 雾天红外辐射衰减特性

这里主要针对陆地上辐射雾条件,研究雾天条件下目标红外辐射的衰减特性,其中雾滴尺寸谱分布采用双参数的 Gamma 分布。

图 7-2 和图 7-3 分别给出不同雾能见度条件下 $3\sim5\mu m$ 和 $8\sim14\mu m$ 波段红外辐射等效透过率随雾层厚度变化的计算结果[23]。由图 7-2 可知,$3\sim5\mu m$ 波段红外辐射在雾层中的等效透过率随雾层厚度的增大呈指数关系递减,雾能见度越小,红外辐射在雾层中的等效透过率随雾层厚度增大降低得越快;对应于 $8\sim14\mu m$ 长波红外辐射也呈现出同样的变化规律(图 7-3)。

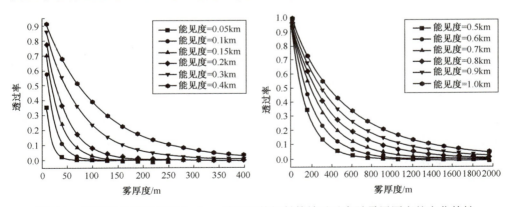

图 7-2 不同能见度条件下 $3\sim5\mu m$ 波段红外辐射等效透过率随雾层厚度的变化特性

进一步对比图 7-2 中 $3\sim5\mu m$ 波段和图 7-3 中 $8\sim14\mu m$ 波段红外辐射等效透

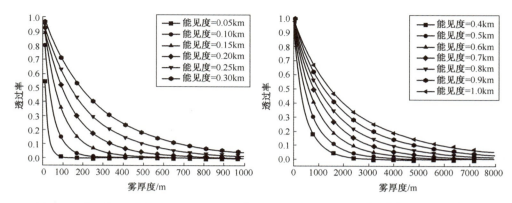

图 7-3　不同能见度条件下 8~14μm 波段红外辐射等效透过率随雾层厚度的变化特性

过率可知，在同等能见度和同等雾层厚度的条件下，8~14μm 波段红外辐射等效透过率明显高于 3~5μm 波段红外辐射等效透过率，即辐射雾对 8~14μm 波段红外辐射的衰减明显弱于对 3~5μm 波段红外辐射的衰减。造成以上特性的原因在于：辐射雾雾滴的平均半径与 3~5μm 红外辐射波长较接近，此时雾滴对 3~5μm 范围内红外辐射的平均吸收消光截面明显大于 8~14μm 波段红外辐射。因此，在雾天条件下，探测目标在 8~14μm 波段的红外辐射信号，更有利于发现和识别目标。

表征目标红外辐射在雾层中的传输和衰减特性的一个参数是不可穿透厚度，定义为：当某波段范围内的等效透过率 $\tau_{\lambda_1-\lambda_2} | \leqslant 0.01$（即红外辐射强度衰减达到 99%）时，此时对应波段的红外辐射看作被雾层完全吸收衰减，所对应的雾层厚度称为对应波段红外辐射不可透厚度 $L_{\tau=0.01}$。

根据上述红外辐射不可透厚度 $L_{\tau=0.01}$ 的定义，分别计算出目标在 3~5μm 和 8~14μm 波段的红外辐射不可透厚度 $L_{\tau=0.01}$ 随能见度的变化关系（图 7-4[23]）。显然，无论雾的能见度如何，对应的 8~14μm 波段的红外辐射不可透雾层厚度 $L_{\tau=0.01}$ 均大于 3~5μm 波段的红外辐射不可透雾层厚度 $L_{\tau=0.01}$。此外，图 7-4 中的曲线反映了另一个重要特性：当辐射雾能见度小于 240m 时，3~5μm 波段红外辐射不可透雾层厚度 $L_{\tau=0.01}$ 小于雾能见度（即可见光能见度），即此时雾层对 3~5μm 波段红外辐射的衰减强于可见光；而不管雾能见度多大，8~14μm 波段红外辐射不可透雾层厚度 $L_{\tau=0.01}$ 明显大于雾能见度，即雾层对 8~14μm 波段红外辐射的衰减明显弱于可见光。

7.1.2.2　雨天红外辐射衰减特性

类似地，可以研究雨中目标发出的红外辐射的传输和衰减特性。图 7-5 给出了不同降雨量条件下红外辐射的雨中等效透过率随传输距离的变化特性[23]。显

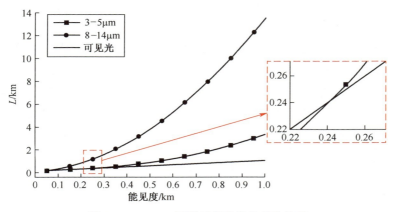

图7-4　$L_{\tau=0.01}$ 随雾天能见度的变化关系

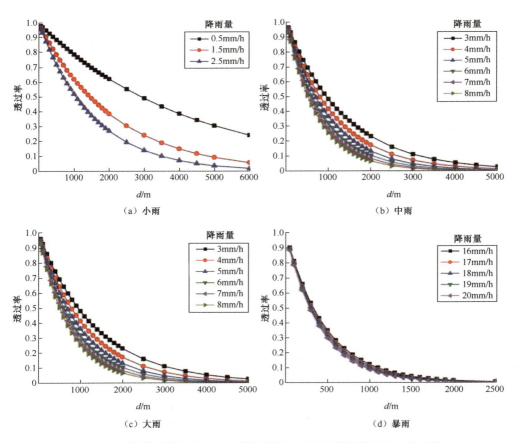

图7-5　不同降雨量条件下红外辐射等效透过率随传输距离的变化特性

然，随着降雨量的增强，在同等传输距离的条件下，红外辐射在雨中的等效透过率减小。对于小雨，随着降雨量的增大，同等传输距离条件下的红外辐射等效透过率变化幅度较大；对于中雨，这种变化幅度慢慢减小；对于大雨和暴雨，这种变化幅度进一步变得更小。在中雨条件下，当距离达到4000m时，红外辐射的等效透过率基本接近于0；在大雨条件下，等效透过率基本接近于0的衰减距离约为2500m；在暴雨条件下，这个距离约为2000m。与雾天条件下红外辐射传输特性相比，一般地，降雨条件对红外辐射的吸收、衰减特性要明显弱于雾天条件。

7.1.3 雨雾对天空背景辐射的影响

7.1.3.1 雾天条件天空背景辐射

在自然雾条件下，受雾滴对热辐射散射的影响，天空背景长波辐射可修正为[23]

$$q_{sky,fog} = \tau_{fog} \cdot q_{sky} + \varepsilon_{fog} \sigma T_{fog}^4 \tag{7-9}$$

式中，τ_{fog} 为雾层对大气长波辐射的透过率；q_{sky} 为晴朗天空的长波辐射；ε_{fog} 为雾层等效发射率；T_{fog} 为雾层平均温度。

7.1.3.2 雨天条件天空背景辐射

天空背景长波辐射受环境温度、湿度和云层厚度等气象条件的影响很大，其中云层是影响大气辐射的重要因素。在阴雨条件下，形成云层的水汽一般来说是太阳辐射的良好吸收体，具有相当厚度的云层，对红外线的吸收率亦相当高。因此，在阴雨条件下，必须考虑云层及雨滴衰减的影响。这时，天空背景辐射计算模型可修正为[23]

$$q_{sky,rain} = \tau_{rain} q'_{sky} + \varepsilon_{rain} \sigma T_{rain}^4 \tag{7-10}$$

式中，τ_{rain} 为降雨对大气长波辐射的透过率(参见7.1.2节的计算方法)；q'_{sky} 为云层天空的长波辐射；T_{rain} 为雨层平均温度；ε_{rain} 为雨层发射率。

云层天空的长波辐射除了采用2.2节的模型外，文献[24]基于前人研究成果，总结归纳了美国、加拿大和格陵兰岛等地区云层天空的大气长波辐射 q'_{sky} 计算模型。

7.1.4 雨雾对太阳辐射的影响

在晴天或多云条件下，可近似认为大气是透明的，地面目标表面接受的太阳辐射可分为三部分：太阳直接辐射、太阳散射辐射和地面反射的太阳反照辐射(具体计算方法详见2.2节)。在雨雾或厚云层的条件下，由于雨雾以及云层对太阳辐射的衰减作用，地面目标表面接受的太阳辐射明显不同于晴天条件。

7.1.4.1 雾天条件太阳辐射

一般地,随着气象条件不同,辐射雾雾层厚度为 300~500m,雾能见度也从几十米到 1000m 不等,到达地面的太阳辐射随雾层厚度和雾能见度不同而不同。这里假定辐射雾雾层厚度固定不变,则到达地面的太阳辐照强度与雾能见度相关。

针对能见度为 800m 的低能见度辐射雾,可以计算得到太阳直接辐射主要波段 (0.3~2μm)在厚度为 300m 雾层中等效透过率为 0.01 左右。因此,对于能见度小于 800m、雾层厚度大于 300m 的辐射雾,该等效透过率则将小于 0.01。根据上述结果,对能见度小于 800m 的辐射雾,太阳直接辐射可简化为忽略不计,即 $q_n = 0$。实际上,雾天对太阳辐射的影响随时随地发生变化,难以给出普适的定量表达式。一般地,对于多云天气和雾天,太阳直接辐射变化很大,当天气能见度变低或者云层遮挡太阳时,太阳直接辐射值变化迅速,甚至降为零,而此时太阳散射辐射一般增大。因此,自然雾对太阳辐射的衰减和散射复杂作用反映在了太阳散射辐射的变化上[25]。

利用某地早晨太阳散射辐射随时间变化的测量值,结合晴天条件太阳散射辐射公式,通过参数拟合,可以得到自然雾条件下水平面上太阳散射辐射为[23]

$$q_d = c_1 \cdot (\sin h)^{c_2} \quad (7-11)$$

式中,h 为太阳高度角;c_1 随雾能见度取不同数值:当 50m≤雾能见度<100m,c_1 = 403.3;100m≤雾能见度<300m,c_1 = 470.5;300m≤雾能见度<500m,c_1 = 543.6;500m≤雾能见度<800m,c_1 = 672.2;c_2 = 1.095。

对于薄雾(雾能见度大于 800m),由于雾滴数密度较小,太阳直接辐射的透过率变大,对太阳直射辐射的影响不能忽略。因此,薄雾条件下的太阳直接辐射可修正为

$$q_n' = \tau_{\text{sun}} q_n \quad (7-12)$$

式中,q_n 为晴天条件太阳直接辐射;τ_{sun} 为雾层对太阳直接辐射的等效透过率。

7.1.4.2 雨天条件太阳辐射

太阳辐射强度随地理条件、天气、季节和时间的不同而变化。与雾天条件下的太阳辐射类似,在降雨时,由于雨云层遮挡,太阳直接辐射基本为 0,此时太阳直接辐射可简化为忽略不计,即 $q_n = 0$。因此,雨天条件下目标温度场计算模型只需考虑太阳散射对表面换热的影响。目前,雨天条件下太阳辐射的计算没有通用的计算模型,通常都是采用实验测试数据,或者利用由实验数据拟合整理的经验模型。这里讨论的模型是基于某地 2014 年全年为阴雨天气的太阳辐射测量数据,采用非线性拟合的方法获得[23]。

在晴天条件下,太阳散射辐射计算的经验公式为 $q_d = c_1 \cdot (\sin h)^{c_2}$。在雨天条件下,类似雾天里太阳散射辐射的处理方法,利用该幂函数表达式对雨天条件太阳

散射辐射进行非线性拟合分析,以太阳高度角的正弦值 sinh 的变量。于是,雨天条件太阳散射辐射的表达式为

$$q_d = a \cdot (\sinh)^b \tag{7-13}$$

图 7-6 和图 7-7 所示分别是雨天条件下不同季节的太阳散射辐射拟合结果数据。图 7-6 为春夏季节雨天条件下太阳辐射测量数据和相应的非线性拟合结果,图 7-7 为秋冬季节雨天条件下太阳辐射测量数据和相应的非线性拟合结果。式 (7-13)中的两个参数对应四种情况下的太阳散射辐射拟合结果分别为:对于春夏季节云层厚度等级高的情况,$a = 120.53, b = 2.03$;对于春夏季节云层厚度等级一般的情况,$a = 180.86, b = 1.46$;对于秋冬季节云层厚度等级高的情况,$a = 324.56, b = 3.23$;对于秋冬季节云层厚度等级一般的情况,$a = 304.27, b = 2.63$。

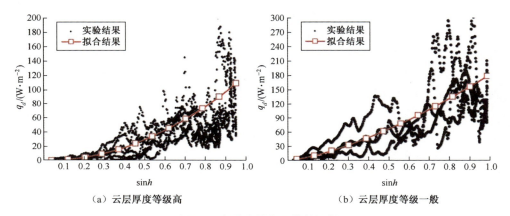

图 7-6 春夏季节太阳散射辐射

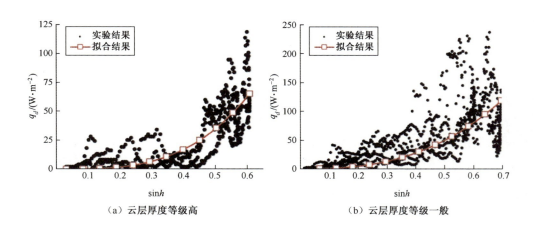

图 7-7 秋冬季节太阳散射辐射

与雾天条件的处理方法类似,基于水平面上太阳散射辐射,可分别确定雨天条件倾斜面接受的太阳散射辐射 q_d 和地面反射的太阳辐射 q_r。

7.2 灰尘沉积对表面热辐射特征的影响

自然界风沙和军用目标移动而引起的扬尘含有大量的固体灰尘颗粒,对于复杂环境中目标红外辐射特征的产生机理和传播机制具有很大影响。灰尘等固体颗粒物对目标红外辐射特征的影响主要表现在两个方面:①由于颗粒对红外辐射的散射和吸收作用,飘浮于空气、尚未沉积的灰尘颗粒群(如大气气溶胶、浮尘、扬尘和沙尘暴等)对红外辐射的传输具有不同程度的吸收衰减作用[26,27];②随机沉积于目标表面的灰尘等固体颗粒物将目标表面完全或部分覆盖,由于颗粒沉积层中颗粒的吸收和散射作用而进一步改变了原来表面的光学特性。另外,形成的固体颗粒沉积层还会改变目标表面原来的热传导和热对流过程。

风沙和扬尘形成的颗粒沉积层对目标原有红外辐射特征具有很大的影响,既可能使得目标丧失原有的隐身能力,也可能给目标的红外探测与识别带来了一些不确定因素。因此,研究灰尘沉积对红外辐射特征的影响作用,对复杂气象环境中的目标红外辐射特征分析、目标探测识别和隐身设计具有重要意义。

大气中的固体灰尘颗粒群对红外辐射传输的衰减作用与雨雾对红外辐射传输的衰减作用机理类似,分析思路和计算方法基本相同,此处不再赘述。本节重点讨论灰尘沉积对目标表面光学特性的影响。

自然界大气中的固体颗粒物一般由多种组分或物质混合或聚集而成,其成分和结构较为复杂,为非均质介质,其光学常数的获取较为困难。另外,电磁辐射在附着于目标表面的颗粒沉积层内的传输过程、在基底表面自身和颗粒沉积层上表面的反射过程主要受颗粒沉积层厚度、颗粒粒径分布、颗粒堆积率、颗粒化学组分、颗粒水含量和基底材料反射特性等因素的影响。因此,具有颗粒沉积层表面的表观光学特性的计算模型包括两个部分:①非均质颗粒物光学常数的预测模型;②电磁辐射在颗粒沉积层内部的传输模型。

7.2.1 非均质固体颗粒等效光学常数模型

目前,等效介质理论广泛应用于确定非均质介质的等效光学常数,如煤粉和炉内多组分煤灰等[28,29]。研究结果表明,对于组分分布相对均匀的非均质介质,可利用等效介质理论计算其等效光学常数。作为简化的非均匀介质等效介质理论,最为常用的形式为 Maxwell-Garnett(MG) 和 Bruggeman 形式[30],它们能够预测多组分混合物的宏观介电特性。一般地,混合物的等效介电常数与组分光学常数、体积分数和混合物间微结构的一些特征参数相关。MG 理论假定少量体积分数的微粒掺杂于介质基体中,粒子间的距离较大,忽略掺杂微粒之间的相互作用,且颗粒掺杂物为随机分布的球形粒子(图 7-8)。因此,MG 理论适用于确定弥散微结构类型的复合介质的等效光学常数。基于电场体积平均概念,可推导 MG 公式为[30]

$$\varepsilon_{\text{eff}} = \varepsilon_m \frac{1 + 2\sum_{i=1}^{n} f_i [(\varepsilon_i - \varepsilon_m)/(\varepsilon_i + 2\varepsilon_m)]}{1 - \sum_{i=1}^{n} f_i [(\varepsilon_i - \varepsilon_m)/(\varepsilon_i + 2\varepsilon_m)]} \quad (7-14)$$

式中,ε_{eff} 为混合介质的等效介电常数;ε_i 和 f_i 分别为第 i 种掺杂物的介电常数和体积分数;ε_m 为掺杂物主体的介电常数。

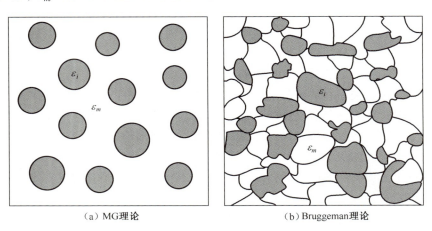

(a) MG 理论　　　　　　　　(b) Bruggeman 理论

图 7-8　等效介质理论示意图[30]

Bruggeman 理论则认为[30],两种颗粒很小的材料 1 和 2 相互混合,与 MG 理论(一种材料嵌入到另一种主体材料中)不同,这两种材料的体积相当,随机分布相互混合,形成聚集结构[图 7-8(b)],认为混合整体为基底,即 $\varepsilon_{\text{eff}} = \varepsilon_m$。对应的 Bruggeman 公式为[30]

$$\sum_{i=1}^{n} f_i \frac{\varepsilon_i - \varepsilon_{\text{eff}}}{\varepsilon_i + 2\varepsilon_{\text{eff}}} = 0 \quad (7-15)$$

根据电磁学理论,对于非铁磁性物质的介电常数 $\varepsilon = \varepsilon' + i\varepsilon''$ 与复折射率 $m = n + ik$ 有如下关系:

$$\varepsilon = m^2 \quad (7-16)$$

根据等效介质理论获得混合物的等效介电常数,即可由上式计算出混合物的等效复折射率。

7.2.2 具有颗粒沉积层表面的表观吸收特性模型

7.2.2.1 颗粒沉积层物理模型

图 7-9 为一般固体颗粒在基底表面沉积形成的颗粒沉积层结构示意图,其中颗粒粒径分布可能不均匀,形状并非都是球形(可能不规则),颗粒间随机堆积,颗粒间空隙被空气填充。因此,颗粒沉积层厚度并不均匀,表面粗糙。为评估颗粒沉积层对表面表观吸收特性的影响,建立具有颗粒沉积层的表面表观吸收特性的计算模型,这里不考虑沉积层厚度的不均匀性,假定沉积层的平均几何厚度为 L,基底为漫反射表面;假定颗粒沉积层厚度有限,则颗粒沉积层表面吸收辐射能量的性质取决于颗粒沉积层和基底表面的耦合作用,可用具有颗粒沉积层表面的表观光谱吸收率来表征,作为评价沉积颗粒物对基底表面光学特性影响的重要参数。因此,具有颗粒沉积层表面的表观吸收率主要受到下述因素的影响:非均质颗粒的复折射率 m_p (即对应于化学组分)、颗粒沉积层几何厚度 L、颗粒粒径分布 d、颗粒堆积率 f_v、基底表面的反射特性和颗粒及颗粒层含水量。

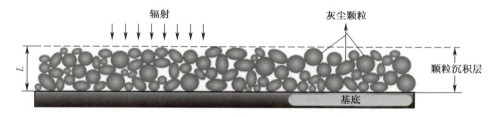

图 7-9 颗粒沉积层示意图

在自然条件下,基底表面沉积颗粒的化学组分、粒径分布和堆积率等受实际沉降过程的影响,因而直接影响到沉积灰尘表面的光学属性和表观吸收率计算。

7.2.2.2 颗粒堆积理论

根据颗粒学理论,随机堆积或沉积的颗粒堆积率与颗粒堆积密度呈线性正相关[31]。影响颗粒沉降后堆积密度的主要因素包括颗粒粒径分布、颗粒形状、颗粒表面化学特性和颗粒之间摩擦力与团聚作用。自然条件下的灰尘颗粒通常粒径小,受颗粒自身重力和空气阻力的影响,沉积过程远慢于工业过程中的粉末堆积过程,灰尘沉积是在重力作用下缓慢下沉后的堆积,属于松动堆积状态。通常,采用标准漏斗法测量颗粒物的松动堆积密度,从而获得颗粒的松动堆积率。

颗粒堆积密度为[31]

$$\rho_B = \frac{M}{V_B} \tag{7-17}$$

颗粒堆积率为

$$f_v = \frac{\rho_B}{\rho_s} \tag{7-18}$$

式中，M 为颗粒的质量；V_B 为颗粒的堆积体积；ρ_s 为颗粒的真密度（采用排水法测量）。

7.2.2.3　颗粒沉积层表观光谱吸收特性计算模型

由图 7-9 所示的颗粒沉积层结构模型可以看出，颗粒沉积层对入射辐射能的作用可分为颗粒对光线的散射、吸收和主介质对光线的吸收。其中，颗粒对入射光线的吸收与散射过程较为复杂，经过反射、衍射、透射与折射而离开颗粒表面的光线，都改变了原来的入射方向，统称为颗粒散射。颗粒沉积层中每个颗粒通常都是随机取向的，可认为颗粒沉积层中每个粒子朝向各个方位的概率都相同，这样就可以将颗粒沉积层中每个形状不规则的粒子都简化为球形粒子。粒子的辐射特性不仅与粒径大小相关，还与入射辐射能的波长 λ 相关。当颗粒粒径大于或与波长具有同等数量级时，粒子对光线的散射通常称为 Mie 散射，采用 Mie 散射理论计算粒子对入射辐射能的作用。因此，颗粒的衰减截面 C_e、散射截面 C_s 和吸收截面 C_a 的计算表达式分别为[22]

$$C_e = \frac{\lambda^2}{2\pi} \sum_{n=1}^{\infty} (2n+1) \operatorname{Re}[a_n + b_n] \tag{7-19}$$

$$C_s = \frac{\lambda^2}{2\pi} \sum_{n=1}^{\infty} (2n+1) [|a_n|^2 + |b_n|^2] \tag{7-20}$$

$$C_a = C_e - C_s \tag{7-21}$$

式中，Re 为取实部的符号；a_n 和 b_n 均为 Mie 散射系数。

假定粒子散射为独立散射，对于单一粒径 d 的粒子群，粒子群衰减系数 κ_{ep} 和粒子群散射系数 κ_{sp} 分别由以下两式计算得到[32]：

$$\kappa_{ep} = 6 \frac{f_v C_e}{\pi d^3} \tag{7-22}$$

$$\kappa_{sp} = 6 \frac{f_v C_s}{\pi d^3} \tag{7-23}$$

式中，f_v 为颗粒沉积层中颗粒物的体积分数（即颗粒的堆积率）；C_e 和 C_s 分别为颗粒的衰减截面和散射截面。

类似地，粒径分布为非连续变化的粒子群衰减系数 κ_{ep} 和散射系数 κ_{sp} 分别为[32]

$$\kappa_{ep} = \sum_{i=1}^{n} 6 \frac{f_{v,i} C_{e,i}}{\pi d_i^3} \tag{7-24}$$

$$\kappa_{sp} = \sum_{i=1}^{n} 6 \frac{f_{v,i} C_{s,i}}{\pi d_i^3} \tag{7-25}$$

式中，$f_{v,i}$ 为粒径为 d_i 的颗粒体积份额；$C_{e,i}$ 和 $C_{s,i}$ 分别为粒径为 d_i 的粒子衰减截面和散射截面。此时，颗粒沉积层中颗粒的堆积率 f_v 与 $f_{v,i}$ 的关系为

$$f_v = \sum_{i=1}^{n} f_{v,i} \tag{7-26}$$

针对颗粒沉积层主介质在入射辐射的照射过程中只吸收辐射能量的情况，Duvignacq 给出了主介质吸收系数 κ_b 的计算表达式如下[33]：

$$\kappa_b = \frac{4\pi \mathrm{Im}(\boldsymbol{m}_b)}{\lambda}(1 - f_v) \tag{7-27}$$

式中，Im 为取虚部符号；λ 为波长；f_v 为粒子群体积份额；$\boldsymbol{m}_b$ 为主介质的复折射率。

假设颗粒沉积层是一维的等效介质层，即辐射能在颗粒沉积层中的传输过程仅与厚度方向相关。图 7-10 给出了颗粒沉积层的分层示意图，其中 L 为颗粒沉积层的几何厚度，κ_e 为颗粒沉积层的衰减系数，ω 为颗粒沉积层的反照率，η 为颗粒沉积层的吸收率。将整个颗粒沉积层划分为若干个单元体，假定灰尘沉积层被划分开的单元体数目为 N，从上到下单元体编号分别为 1、2、…、N，每层单元体几何厚度均为 Δx。

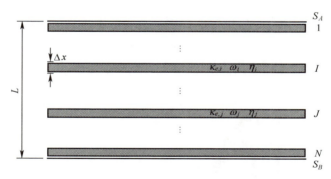

图 7-10　沉积灰尘物理模型示意图[32]

由颗粒沉积层表观光谱吸收率 α_λ 定义，可得相应计算表达式[32]：

$$\alpha_\lambda = (1 - \rho_{S_A, \lambda}) \sum_{J=1}^{N+1} [V_0 V_J] \tag{7-28}$$

式中，$\rho_{S_A, \lambda}$ 为辐射能量从周围环境入射到灰尘沉积层上界面的界面反射率；$[V_0 V_J]$ 为辐射传递系数。

由式(7-28)可知,确定颗粒沉积层光谱吸收率 α_λ 的关键在于介质层内辐射传递系数的计算,而求解颗粒沉积层内部辐射传递过程的关键在于厘清颗粒沉积层内部单元体与单元体、单元体与界面、界面与界面和界面与单元体间的辐射传递。可采用类似于辐射传递系数的表述方法,定量描述它们之间的辐射能量传递关系。于是,上述四类辐射传递系数分别记为 $[V_I V_J]$、$[V_I S_A]$、$[S_A S_B]$、$[S_B V_J]$,其中下标 I 和 J 分别表示单元体编号,S_A 和 S_B 分别表示介质的上、下界面,其物理意义为单元体或界面发射的辐射能量,经过介质多次吸收与散射直至为 0 后,最终被单元体或界面吸收的份额。

将颗粒沉积层看作组分均匀的等效介质层,运用蒙特卡洛法或射线踪迹法分别求解四类辐射传递系数 $[V_I V_J]$、$[V_I S_A]$、$[S_A S_B]$ 和 $[S_B V_J]$。在所建立的表观光谱吸收率计算方法的基础上,类似地,沉积颗粒物表面在 $[\lambda_1, \lambda_2]$ 波段内的表观吸收率可由下式确定:

$$\alpha_{\lambda_1 - \lambda_2} = \int_{\lambda_1}^{\lambda_2} \alpha_\lambda E_\lambda \mathrm{d}\lambda \Big/ \int_{\lambda_1}^{\lambda_2} E_\lambda \mathrm{d}\lambda \tag{7-29}$$

式中,α_λ 为具有颗粒沉积层表面表观光谱吸收率;E_λ 为光谱辐射力。

太阳辐射是地面环境最重要的自然辐射热流,沉积于目标表面的固体颗粒物将直接影响原来表面对太阳辐射的吸收特性,从而影响表面温度分布和红外辐射特征以及太阳能利用效率。粘附有颗粒沉积物表面对太阳辐射的吸收性能的强弱由其表观太阳吸收率 α_s 来表示。这个表观太阳吸收率参数除受固体颗粒沉积层的吸收特性影响外,还受太阳辐射能量光谱分布的影响。地面环境下太阳辐照密度的光谱分布模式采用 AM1.5 模式(ASTM Reference AM 1.5 Global Tilt Spectra),如图 7-11 所示[43]。因为太阳辐射能量主要集中于短波波段,计算颗粒沉积层表面表观太阳吸收率 α_s 主要关注的波段范围($\lambda_1 - \lambda_2$)是 0.2~2.5μm。

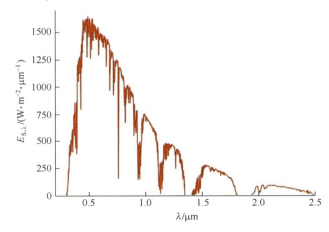

图 7-11 地面环境太阳辐射能量光谱分布图[43]

如前所述,因为大气中水蒸气和二氧化碳等光谱吸收组分气体的影响作用,红外辐射在大气中的传播主要是 $3\sim5\mu m$ 和 $8\sim14\mu m$ 两个高透过窗口。因此,$3\sim5\mu m$ 和 $8\sim14\mu m$ 波段的目标红外辐射特征是重点关注的研究对象。同样,本节重点介绍颗粒沉积层对 $3\sim5\mu m$ 和 $8\sim14\mu m$ 波段表面表观吸收率 α_{3-5} 和 α_{8-14} 的影响。

7.2.3 灰尘颗粒物理特性

7.2.3.1 样品采集

根据秋冬季气候干燥,容易形成沙尘、扬尘和雾霾的特点,选择在冬季收集了3种类型的灰尘样品(表7-2)。样品 NJES-D 采集于南京城东公路边长时间停泊的车辆表面,可认为是城市正常人为活动形成的城市灰尘;样品 NJEC-D 采集于南京城东某工地,可认为是城市建设产生的建筑工地灰尘;样品 AHFY-D 采集于安徽凤阳某地,为晴天野外车辆行驶形成的扬尘沉积于车辆表面后的尘土,可以认为是野外车辆扬尘[23]。

表 7-2 灰尘样品的化学组分

编号	类型	成分分析/%										
		SiO_2	Al_2O_3	Fe_2O_3	CaO	MnO	MgO	TiO_2	Na_2O	K_2O	P_2O_5	LOI
NJES-D	城市灰尘	62.84	10.57	3.89	8.12	0.084	1.53	0.658	1.25	1.78	0.118	9.16
NJEC-D	建筑工地灰尘	60.70	11.98	3.03	9.24	0.074	1.08	0.588	1.14	2.17	0.068	10.13
AHFY-D	野外车辆扬尘	87.97	4.93	2.13	1.17	0.047	0.42	0.295	0.31	1.11	0.048	1.57

注:NJES-D 表示来自南京城东街道的城市灰尘;NJEC-D 代表来自南京城东的建筑工地灰尘;AHFY-D 代表来自安徽凤阳野外的车辆扬尘。LOI 为烧失量,即样品先在 $105\sim110$℃ 温度下烘干,后在马弗炉中经 960℃ 灼烧后测定失去的重量百分比。

7.2.3.2 组分分析

一般地,灰尘样本的化学组成较为复杂。根据文献[34]可知,煤灰和煤渣的化学组分可简化为由氧化物组成,即包含 SiO_2、Al_2O_3、Fe_2O_3、CaO、MgO、MnO、CaO、Na_2O、K_2O 和 P_2O_5 等;而文献[28,35]中则将 SiO_2、Al_2O_3、Fe_2O_3 和 CaO 作为煤渣和气溶胶粒子的主要氧化物成分。表 7-2 给出常量元素组分测试结果。由表 7-2 可知,样品 NJES-D 和 NJEC-D 的烧失量明显较样品 AHFY-D 大,可以推测城市灰尘明显含有有机质,而且有机质含量明显高于野外车辆扬尘。文献[36]的研究显示,沙尘的形成、传输和沉降过程中均会混入较多生物残体,导致城市降尘和沙尘暴尘中有机质含量较高,且高于当地黄土的有机质含量。另外,由于土壤中生物残体通常较多,土壤的有机质含量一般较高。但是,样品 AHFY-D 有机质含量明显低于其他样品,可能原因为车辆扬尘形成范围小,短距离传输即沉降,而有机质可能轻于其他组分,沉降速度慢,导致行驶车辆表面沉积的尘土有机质含量较低。

7.2.3.3 粒径分析

灰尘样品的粒径谱分布采用马尔文粒度仪测量,灰尘样品平均粒径以马尔文测量参数 d_{50} 确定。样品粒径分布测量结果如图 7-12 所示,其中样品 NJES-D、NJEC-D 和 AHFY-D 的平均粒径 d_{50} 分别为 28.697μm、20.752μm 和 95.928μm。显然,野外环境中的车辆扬尘粒径相比于城市灰尘要大。

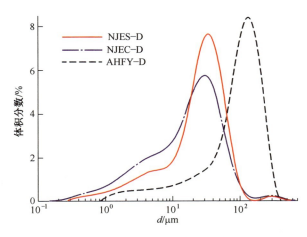

图 7-12 灰尘颗粒样品粒径分布

7.2.3.4 密度分析

表 7-3 给出了灰尘样品堆积密度和真实密度[23]。其中,灰尘样品的松动堆积密度采用标准漏斗法测量,灰尘样品的真实密度采用排水法测量。根据颗粒堆积理论,即可确定各灰尘样品的堆积率。

表 7-3 灰尘样品堆积密度和真实密度

样品	堆积密度/(kg·m^{-3})	真实密度/(kg·m^{-3})
NJES-D	728.8	2657.9
NJEC-D	620.6	2440.5
AHFY-D	1012.2	2763.0

7.2.4 算例和结果分析

7.2.4.1 灰尘颗粒的光学常数

由灰尘样品的组分分析及相关文献可知,灰尘的主要氧化物成分包括 SiO_2、

Al_2O_3,Fe_2O_3 和 CaO,将烧失量 LOI 作为灰尘的有机质成分。通过文献查询,可以获得灰尘主要化学组分(SiO_2,Al_2O_3,Fe_2O_3,CaO 和 LOI)的光学常数[28,34,37-42],图 7-13 所示是这些组分和水蒸气的吸收指数 k 。

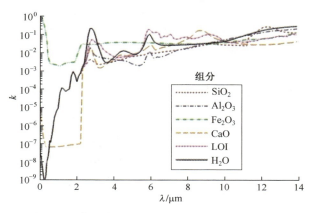

图 7-13　灰尘主要化学组分及 H_2O 的吸收指数 k

根据灰尘颗粒主要化学组分的光学常数,运用 Bruggeman 理论[28],可得三种灰尘颗粒混合物的等效光学常数(图 7-14[23])。

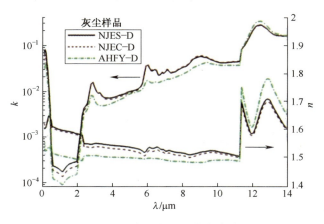

图 7-14　灰尘样品的复折射率

7.2.4.2　灰尘颗粒沉积层表观吸收率预测模型的验证

如上所述,基于所采集灰尘样品的化学组分、粒径分布和密度等测量特性以及基底表面反射特性,利用具有颗粒沉积层表面表观光谱吸收特性的理论预测模型,可以预测得到沉积有一定厚度灰尘的表面表观光谱吸收特性。为了验证模型的可靠性,针对沉积有相应厚度灰尘的基底表面,分别利用分光光度计和傅里叶光谱仪测量得到其太阳光谱波段和中远红外波段的反射率光谱,获得粘附有灰尘颗粒沉积层的表面表观光谱吸收率的实验数据[23]。

图 7-15 给出纯灰尘样品表观光谱吸收特性实测数据和理论计算结果的对比。显然,在全波段范围内,理论模型预测的纯 NJES-D 灰尘样品表观光谱吸收率的变化特性与实验测量结果是一致的;纯 NJCS-D 灰尘样品表观光谱吸收率理论计算结果的相对误差变化特性与纯 NJES-D 灰尘样品的相似。

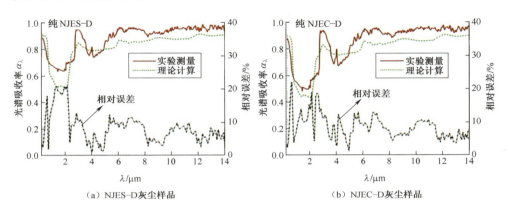

图 7-15 纯灰尘样品表观光谱吸收特性的实验测量和理论计算结果对比图

图 7-16 为粘附有 NJES-D 样品沉积层的浅绿基底的表观光谱吸收特性实测数据和理论计算结果对比图。对比图 7-16(a) 和图 7-16(b) 可知,不同厚度 NJES-D 灰尘沉积层的浅绿基底的表观光谱吸收率理论计算结果的相对误差比图 7-15(a) 所示的纯 NJES-D 灰尘样品的小。

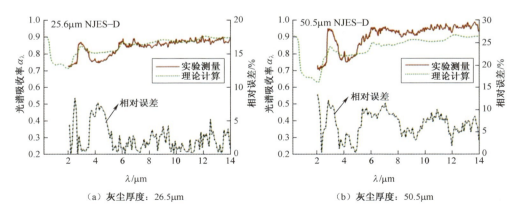

图 7-16 粘附有 NJES-D 样品沉积层的浅绿基底的表观光谱吸收特性实测数据和理论计算结果对比

上述模型计算结果和实验数据的对比表明,根据等效介质理论建立的颗粒沉积层表观光学特性模型可以给出合适的预测值,适用于研究考虑扬尘和颗粒物沉积层对目标红外辐射特征的影响。

7.3 雨雾液滴对表面热辐射特征的影响

雨雾液滴对表面传热特性的影响包括两个方面:①具有时空分布的雨雾液滴吸附或沉积于目标表面,形成相应的液膜或散落着随机分布液滴的表面,从而影响到目标表面本身的光学吸收特性;②飘落或吸附于表面的液滴与表面之间存在着复杂传质传热,改变了目标表面的热边界条件。这些因素最终对目标的温度和红外辐射特征产生影响。总而言之,雨雾环境下目标表面上形成的水膜或随机分布水滴的湿表面会影响表面的热辐射特征,以致于影响目标表面原有光学特性,从而可能改变原有隐身能力,给目标的红外探测与识别带来了许多不确定因素。因此,研究雨雾液滴对表面热辐射特征的影响对复杂气象环境中目标红外辐射特征研究、目标探测识别和隐身设计具有重要意义。

在雨雾条件下,附着或飘落于表面的雾滴、雨滴形成随机分布的水滴或水膜。本节以随机分布水滴为例,讨论分析雨雾液滴对表面表观吸收特性的影响。当光波(电磁波)照射到具有随机分布液滴的表面,一部分辐射能在液滴表面被反射到环境中,另一部分辐射能透射进入液滴内部被吸收或被基底表面吸收和反射。这种辐射能在液滴内部的传输过程相当复杂,受到液滴空间区域分布(液滴尺寸、液滴高度和液滴覆盖率等)和液滴光学常数等因素的影响。具有随机分布液滴表面的表观吸收率计算方法可以基于传输矩阵理论,运用几何光学近似的方法实现。

7.3.1 传输矩阵理论

麦克斯韦方程是描述电磁波空间传播特性和电磁场计算的基本方程[44]:

$$\begin{cases} \nabla \times \boldsymbol{E} = -\dfrac{\partial \boldsymbol{B}}{\partial t} \\ \nabla \times \boldsymbol{H} = \dfrac{\partial \boldsymbol{D}}{\partial t} + \boldsymbol{J} \\ \nabla \cdot \boldsymbol{D} = \rho \\ \nabla \cdot \boldsymbol{B} = 0 \end{cases} \quad (7-30)$$

式中,$\boldsymbol{E}$ 为电场强度;$\boldsymbol{D}$ 为电通量密度;$\boldsymbol{H}$ 为磁场强度;$\boldsymbol{B}$ 为磁通量密度;$\boldsymbol{J}$ 为电流密度;ρ 为电荷密度。

为使上述控制方程封闭,引入下述各向同性介质的本构关系[44]:

$$\begin{cases} \boldsymbol{D} = \varepsilon \boldsymbol{E} \\ \boldsymbol{B} = \mu \boldsymbol{H} \end{cases} \tag{7-31}$$

式中,ε 为介电常数;μ 为磁导率。上述参数是由材料本身的性质决定的,对于各向异性介质或色散介质,其表达式较为复杂,一般为矩阵向量形式。为简化推导,这里只考虑均匀各向同性介质的情况。在无空间电荷和电流的情况下,$\rho=0, J=0$。

进一步,麦克斯韦方程组变换得[44]

$$\begin{cases} \nabla \times \boldsymbol{E} = -\mu \dfrac{\partial \boldsymbol{H}}{\partial t} \\ \nabla \times \boldsymbol{H} = \varepsilon \dfrac{\partial \boldsymbol{E}}{\partial t} \\ \nabla \cdot \boldsymbol{E} = 0 \\ \nabla \cdot \boldsymbol{H} = 0 \end{cases} \tag{7-32}$$

当电磁波从某一介质传播到每层均各向同性且均匀的多层结构,将在多个分界面发生反射和透射现象,由于反射和透射的相互叠加、相互作用形成光束干涉,从而带来电磁波能量的重现分配。

1. 单层介质

对于图 7-17 所示的单层介质,电磁波从介质 a 向介质 b 入射,穿过介质 b 后进入介质 c。以 TE 波为例,考虑斜入射的情况,假设介质是各向同性。波矢为 $\boldsymbol{k}$ 的平面波在介质层内垂直横跨过界面 1 和界面 2 时的相位差为[45]

$$\delta_b = -\frac{\omega}{c} n_b d \cos\theta_b \tag{7-33}$$

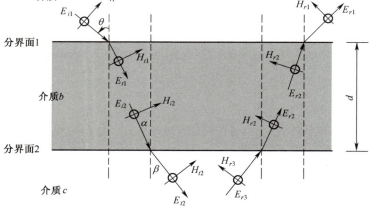

图 7-17 电磁波在不同介质面的反射和透射光场

式中, θ_b 为电磁波的入射角。

电磁波经过单层介质的两分界面的电磁场量关系为[45]

$$\begin{pmatrix} E_1 \\ H_1 \end{pmatrix} = \begin{pmatrix} \cos\delta_b & -\dfrac{i}{\eta_b} \cdot \sin\delta_b \\ -i\eta_b \cdot \sin\delta_b & \cos\delta_b \end{pmatrix} \begin{pmatrix} E_2 \\ H_2 \end{pmatrix} \qquad (7-34)$$

$$\eta_b = \sqrt{\dfrac{\varepsilon_0}{\mu_0}} \sqrt{\varepsilon_b} \cos^2\theta_b \qquad (7-35)$$

式中,作用矩阵即为单层介质层的传输特征矩阵;E_1 和 E_2 分别为入射介质和出射介质的电场;H_1 和 H_2 分别为入射介质和出射介质的磁场。

2. 多层介质

对于 N 层的多层介质,可采用单层介质的传输方程推导得到电磁波与多层介质相互作用后入射介质和出射介质的电磁场关系[45]:

$$\begin{pmatrix} E_1 \\ H_1 \end{pmatrix} = \left\{ \prod_{j=1}^{N} \begin{pmatrix} \cos\delta_j & -\dfrac{i}{\eta_j} \cdot \sin\delta_j \\ -i\eta_j \cdot \sin\delta_j & \cos\delta_j \end{pmatrix} \right\} \begin{pmatrix} E_N \\ H_N \end{pmatrix} = \begin{pmatrix} m_{11} & m_{12} \\ m_{21} & m_{22} \end{pmatrix} \begin{pmatrix} E_N \\ H_N \end{pmatrix}$$

$$(7-36)$$

式中,E_1 和 E_N 分别为入射介质和出射介质的电场;H_1 和 H_N 分别为入射介质和出射介质的磁场。

将上式经代数转换和相应的推导,可得整个多层介质的反射系数和透射系数表达式为[46]

$$r = \dfrac{(m_{11} + m_{12}p_l)p_1 - (m_{21} + m_{22}p_l)}{(m_{11} + m_{12}p_l)p_1 + (m_{21} + m_{22}p_l)} \qquad (7-37)$$

$$t = \dfrac{2p_1}{(m_{11} + m_{12}p_l)p_1 + (m_{21} + m_{22}p_l)} \qquad (7-38)$$

式中,p_1 表示结构左侧接触的外界环境的系数,$p_1 = \sqrt{\varepsilon_1/\mu_1}\cos\theta$;$p_l$ 为结构右侧接触的外界环境的系数,$p_l = \sqrt{\varepsilon_l/\mu_l}\cos\theta_l$。

于是,对应的能量反射率和透射率的表达式分别为[46]

$$R = |r|^2 \qquad (7-39)$$

$$T = (p_l/p_1)|t|^2 \qquad (7-40)$$

类似的,TM 波的计算公式可由式(7-37)~式(7-40)经简单代数转换得到,即把 p_1 和 p_l 换成 $p_1 = \sqrt{\mu_1/\varepsilon_1}\cos\theta$,$p_l = \sqrt{\mu_l/\varepsilon_l}\cos\theta_l$ 即可。

采用以上传输矩阵方法,即可计算得到单层或多层各向同性均匀介质的反射率和透射率。

7.3.2 随机分布液滴的生成方法

实际应用中,要计算具有随机分布液滴表面的表观吸收率,首先需要生成符合自然条件下液滴分布特性的随机分布液滴。随机分布液滴表面的构造过程实际上是生成一种特殊的随机分布粗糙表面的过程,一种应用比较普遍的模拟生成随机分布粗糙表面的数值方法是:基于一个高斯分布的随机矩阵,通过指定自相关函数,并利用快速傅里叶变换(FFT)和自回归模型来模拟构造随机分布粗糙表面。随机分布粗糙表面生成方法的具体步骤如下[47,48]:

(1) 生成一个服从高斯分布的随机序列 $\eta(x,y)$,计算其傅里叶变换 $A(\omega_x, \omega_y)$;

(2) 根据指定的自相关函数 $R(x,y)$,通过傅里叶变换得到滤波器输出信号的功率谱密度 $G(\omega_x, \omega_y)$ 为

$$G(\omega_x, \omega_y) = \frac{1}{2\pi} \int_0^\infty \int_0^\infty R(\tau_x, \tau_y) \cos(\omega_x \tau_x + \omega_y \tau_y) \mathrm{d}\tau_x \mathrm{d}\tau_y \qquad (7-41)$$

(3) 确定输入序列 $\eta(x,y)$ 的功率谱密度 $S(\omega_x, \omega_y)$,由于输入序列服从高斯分布,则其功率谱密度应为常数,即 $S(\omega_x, \omega_y) = C$;

(4) 计算滤波器的传递函数 $H(\omega_x, \omega_y)$:

$$H(\omega_x, \omega_y) = \sqrt{G(\omega_x, \omega_y)/C} \qquad (7-42)$$

(5) 计算输入序列经过滤波器后的输出序列的傅里叶变换:

$$Z(\omega_x, \omega_y) = H(\omega_x, \omega_y) A(\omega_x, \omega_y) \qquad (7-43)$$

(6) 对 $Z(\omega_x, \omega_y)$ 进行傅里叶逆变换得到表面的高度分布函数 $z(x,y)$。

步骤(2)中采用的自相关函数 $R(x,y)$ 为指数型函数,其表达式为

$$R(\tau_x, \tau_y) = \sigma^2 \exp\left[-2.3\sqrt{(\tau_x/\beta_x)^2 + (\tau_y/\beta_y)^{-2}}\right] \qquad (7-44)$$

式中,β_x 和 β_y 分别表示 x 和 y 方向上的自相关长度;σ 为表面高度均方根。

但是,利用 FFT 方法生成的随机分布液滴与自然条件下真实的水滴分布特征往往不相符,需要对基于 FFT 变换的通用高斯表面生成方法进行相应的修正。通常,对已生成的普通随机粗糙表面的修正方法如下:①所有高度值小于 0 的网格点需要重新生成,直到每个网格点的高度值大于等于 0;②按顺序依次选择每个峰值点 (x,y),并将峰值点相邻 4 个点 $(x \pm \beta_x, y \pm \beta_y)$ 的高度值重新设置为 0;③根据实际水滴分布的覆盖率,可以随机去掉一些峰值点;④根据新生成的水滴高度值矩阵,重新生成随机表面。综合基于 FFT 变换的通用高斯表面生成方法和上述修正方法,即可建立满足真实液滴分布特征的修正随机粗糙表面生成方法[23]。

图 7-18 给出的是两种典型气象条件下真实的水滴分布(可见光照片),分别为小雨天和有雾及露水的晴朗早晨,其中基底为具有绿漆涂层的表面。图 7-19 则是利用修正随机粗糙表面生成方法生成的液滴分布表面。显然,修正方法生成的随机粗糙表面与图 7-18 的真实水滴分布具有较高的相似度,修正随机粗糙表面生成方法适用于符合真实液滴分布特性的随机表面的生成。图 7-19 中,随机表面生成过程中的各相关参数分别为 $\sigma = 3\delta, \beta_x = \beta_y = 10\delta, L_x = L_y = 500\delta$ 和 $\delta = 0.1 \mathrm{mm}$。

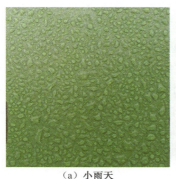

(a) 小雨天　　　　　　(b) 有雾及露水的晴朗早晨

图 7-18　绿漆表面的真实水滴分布特性

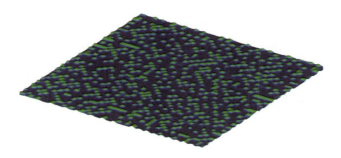

图 7-19　修正随机粗糙表面生成方法生成的液滴分布表面

7.3.3　表观吸收特性预测模型

由于目标表面自身与液滴的辐射特性各不相同,并且辐射能在液滴内部的传输过程相当复杂,目标表面的表观光学特性(如吸收率、反射率)及热辐射特性均会受到较大影响。液滴的空间分布(尺寸分布、高度分布及覆盖率)、目标表面本身的光学特性和液滴自身光学特性的耦合作用决定了附着有随机分布液滴或液膜的目标表面光学特性。

1. 具有液膜表面的表观光谱吸收率计算模型

为了实现液膜表面的表观光谱吸收率的计算,作出以下假设:①液滴表面为漫反射表面,基底表面为非透明介质;②在液滴生成过程中,每个液滴由若干个小面元组成,而液滴内部传输过程中,假定每个小面元的厚度是均匀的,因此每个小面元均可当作厚度均匀的液膜,在仿真计算中每个小面元的吸收率可以采用同等厚度液膜的表观吸收率。基于以上假设,首先研究具有液膜表面的表观吸收特性,获得具有液膜表面的表观吸收率随液膜厚度的变化特性,从而进一步研究随机分布液滴对表面等效吸收率的影响[23]。

图 7-20 给出了液膜内部辐射能的反射、吸收和透过示意图,它表示的是单个液滴的第 k 个小面元,其中 h_{drop} 为小面元的高度值。如图所示,辐射能在液膜外表面、液滴的内表面和基底表面发生反射;同时,一部分辐射能在液膜内部传输过程中被吸收,而另一部分辐射能也被基底表面所吸收。因此,假定入射辐射能为 1,则具有液膜表面的表观反射率可表示为

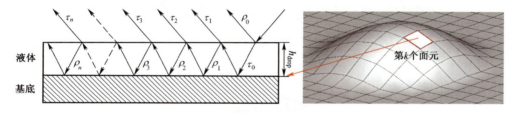

图 7-20 液滴内部辐射能的反射、吸收、透过示意图

$$\rho = \rho_0 + \tau_1 + \tau_2 + \tau_3 + \cdots + \tau_n + \cdots \quad (7-45)$$

根据辐射能反射和透过的具体过程,上式中每一项内容经过数学推导为

$$\rho_0 = \rho_{drop} \quad (7-46)$$

$$\tau_0 = \tau_{drop} \quad (7-47)$$

$$\rho_1 = \tau_0 \rho_{surface} \rho_{drop} = \tau_{drop} \rho_{surface} \rho_{drop} \quad (7-48)$$

$$\tau_1 = \tau_0 \rho_{surface} \tau_{drop} = \rho_{surface} \tau_{drop}^2 \quad (7-49)$$

$$\rho_2 = \rho_1 \rho_{surface} \rho_{drop} = \tau_{drop} \rho_{surface}^2 \rho_{drop}^2 \quad (7-50)$$

$$\tau_2 = \rho_1 \rho_{surface} \tau_{drop} = \rho_{surface}^2 \rho_{drop} \tau_{drop}^2 \quad (7-51)$$

$$\vdots$$

$$\rho_n = \rho_{n-1} \rho_{surface} \rho_{drop} = \tau_{drop} \rho_{surface}^n \rho_{drop}^n \quad (7-52)$$

$$\tau_n = \rho_{n-1} \rho_{surface} \tau_{drop} = \rho_{surface}^n \rho_{drop}^{n-1} \tau_{drop}^2 \quad (7-53)$$

式中,ρ_{drop} 为厚度为 h_{drop} 的液膜的反射率;τ_{drop} 为该液膜的透过率;$\rho_{surface}$ 为基底表面的反射率。

将 $\rho_0 = \rho_{\text{drop}}, \tau_n = \rho_{n-1}\rho_{\text{surface}}\tau_{\text{drop}} = \rho_{\text{surface}}^n \rho_{\text{drop}}^{n-1} \tau_{\text{drop}}^2$ 各项代入式(7-45),可得

$$\begin{aligned}\rho &= \rho_0 + \tau_1 + \tau_2 + \tau_3 + \cdots + \tau_n + \cdots \\ &= \rho_{\text{drop}} + \rho_{\text{surface}} \tau_{\text{drop}}^2 + \rho_{\text{surface}}^2 \rho_{\text{drop}} \tau_{\text{drop}}^2 + \cdots + \rho_{\text{surface}}^n \rho_{\text{drop}}^{n-1} \tau_{\text{drop}}^2 + \cdots\end{aligned} \quad (7\text{-}54)$$

经数学求和,可推导得到具有液膜表面的表观反射率的表达式为

$$\rho = \rho_{\text{drop}} + \rho_{\text{surface}} \tau_{\text{drop}}^2 / (1 - \rho_{\text{surface}} \rho_{\text{drop}}) \quad (7\text{-}55)$$

同样,具有液膜表面的表观光谱反射率为

$$\rho_\lambda = \rho_{\text{drop},\lambda} + \rho_{\text{surface},\lambda} \tau_{\text{drop},\lambda}^2 / (1 - \rho_{\text{surface},\lambda} \rho_{\text{drop},\lambda}) \quad (7\text{-}56)$$

在基底表面为辐射透不过介质的前提下,具有液膜表面的表观光谱吸收率为

$$\alpha_\lambda = 1 - \rho_\lambda \quad (7\text{-}57)$$

在已知相应液滴光学常数的基础上,采用传输矩阵方法可计算得到单一液膜的光学特性 ρ_{drop} 和 τ_{drop},将它们应用于式(7-56)和(7-57)中即可获得目标表面表观光谱吸收特性随液膜厚度的变化特性。

2. 具有随机分布液滴表面的等效吸收率计算模型

假定液滴和目标表面为漫反射表面,则根据发射率的定义[48],覆盖随机分布液滴的目标表面在 $[\lambda_1, \lambda_2]$ 波段内的等效吸收率为

$$\alpha_{\text{eqv}} = \sum_{k=1}^{N} A_k \int_{\lambda_1}^{\lambda_2} \alpha_{k,\lambda} E_\lambda(T) \mathrm{d}\lambda \Big/ \sum_{k=1}^{N} A_k \int_{\lambda_1}^{\lambda_2} E_\lambda(T) \mathrm{d}\lambda \quad (7\text{-}58)$$

式中,A_k 为第 k 个小面元对应的网格面积;$E_\lambda(T)$ 为第 k 个小面元对应的光谱辐射热流密度;$\alpha_{k,\lambda}$ 为第 k 个小面元对应的光谱吸收率,如果第 k 个小面元对应的是无液滴覆盖的区域,则 $\alpha_{k,\lambda}$ 为目标表面自身的光谱吸收率,如果第 k 个小面元对应的是有液滴覆盖的区域,则 $\alpha_{k,\lambda}$ 为具有相应厚度液膜对应的目标表面表观光谱吸收率。

由式(7-58)分析可知,覆盖随机分布液滴的目标表面的等效吸收率与液滴高度分布、液滴覆盖率、液滴及目标表面的温度分布和对应波长等影响因素密切相关。

7.3.4 计算结果讨论与分析

1. 单层水膜的光谱特性

根据水的基本光学常数,采用上述传输矩阵理论分析计算单层水膜的光谱特性(图7-21)。图7-21(a)为水膜在 $3\sim5\mu m$ 波段的光谱反射率和吸收率随水膜厚度的变化,图7-21(b)为水膜在 $8\sim14\mu m$ 波段的光谱反射率和吸收率随水膜厚度的变化,对应的水膜厚度变化范围为 $0.001\sim2\text{mm}$。

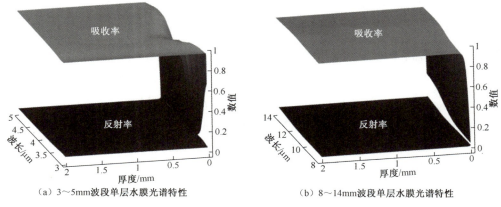

(a) 3～5mm波段单层水膜光谱特性　　(b) 8～14mm波段单层水膜光谱特性

图 7-21　单层水膜的光谱特性

由图可知，无论是在 3～5μm 还是 8～14μm 波段范围内，当水膜厚度在 0.001～2mm 范围变动时，其反射率变化不大：在 3～5μm 波段约为 0.0255，而在 8～14μm 波段约为 0.0155。

在 3～5μm 波段，当水膜厚度小于 0.1mm 时，水膜的吸收率基本随水膜厚度的减小呈现递减趋势，这种递减速率随不同波长有所差异；当水膜厚度在 0.1～0.4mm 范围变化时，水膜的光谱吸收率将在 3.8μm 处出现一个波谷值，且随着水膜厚度的减小该波谷数值越低；当水膜厚度大于 0.4mm 时，对应于不同波长的水膜吸收率都趋于 0.974 左右。

在 8～14μm 波段，当水膜厚度小于 0.05mm 时，水膜的吸收率随着水膜厚度的减小呈现递减趋势，同时水膜的吸收率随着波长的增加而增大，而透过率则与此相反；当水膜厚度大于 0.05mm 时，水膜光谱吸收率对应不同水膜厚度和不同波长基本稳定在同一数值处(0.984)，水膜光谱透过率对应不同水膜厚度和不同波长都是基本接近于 0。

由此可见，当水膜厚度达到一定时，目标表面附着的水膜层对红外辐射具有极强的吸收特性，即对红外辐射基本是不透的，尤其是在 8～14μm 波段。

2. 具有水膜表面表观吸收特性分析与模型验证

分别实验测量图 7-22 所示的绿漆涂层样品表面及具有一层约 0.5mm 厚水膜的该样品表面的光谱反射率。同时，为了验证具有液膜表面表观吸收特性的计算模型的准确性，模拟计算了具有 0.5mm 厚水膜的绿漆样品表面的表观光谱吸收率，其基底表面为如图 7-22 所示的具有绿漆涂层的表面。图 7-23 给出了具有 0.5mm 厚水膜的样品表面表观光谱吸收率计算结果与实测数据的对比曲线。由图可知，在 3～14μm 波段，具有 0.5mm 厚水膜的绿漆样品表观光谱吸收率的理论计算结果与实验测量结果的变化趋势是基本一致的,理论计算结果与实验测量结果的绝对误差也很小,证明了上述具有液膜表面的表观吸收特性计算模型的可靠性和适用性。

图 7-22　绿漆涂层样品

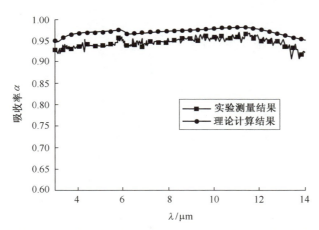

图 7-23　具有 0.5mm 厚水膜的样品表面表观吸收率计算结果与实测数据的对比

3. 具有随机分布水滴表面的红外辐射特征实验测量

为了研究自然条件下具有随机分布水滴表面的红外辐射特征,本节采用响应波段为 8~12μm 的红外热像仪实验观测不同气象条件下具有随机分布水滴基底表面的热图像。基底表面采用绿漆涂层基底,尺寸为 50mm×50mm(图 7-24)。测量条件包括两种典型气象条件:小雨天气和有轻雾及露水的晴朗天气。两次实验测量的气象参数如表 7-5 所示,测量方式是用三脚架将热像仪置于距基底表面正上方 1.5m 高处进行测量[23]。

表 7-5　实验测量的气象参数

气象条件	T_{air} /℃	RH /%	T_{drop} /℃	T_s /℃	Q_{DN} /(W·m^{-2})	Q_d /(W·m^{-2})
小雨天气	25.9	93.6	24.2	26.0	—	140
有雾和露水条件	28.1	89.6	25.2	28.5	578	152

图 7-24 给出了典型小雨条件下具有随机分布水滴的绿漆表面的红外热像图（等效温度分布图），其中颜色较黑的区域为水滴。由实测数据可知，无水滴区域的等效温度为 25.4~26.0℃，具有水滴区域的等效温度为 24.0~25.0℃。这表明，具有水滴区域的等效温度低于无水滴区域，或者说无水滴区域的红外辐射亮度高于具有水滴的区域。

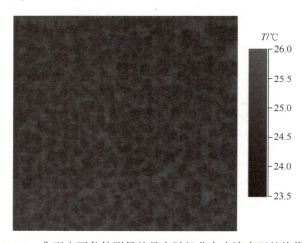

图 7-24　典型小雨条件测量的具有随机分布水滴表面的热像图

图 7-25 给出了典型有雾及露水的晴朗早晨具有随机分布水滴的绿漆表面的红外热像图（等效温度分布图），其中颜色较亮的区域为水滴。由图可知，无水滴区域的表面等效温度为 17.30~18.60℃，附着有水滴区域的表面等效温度为 20.90~22.10℃。因此，无水滴区域的表面等效温度低于附着有水滴区域的表面等效温度，这表明无水滴区域的表面红外辐射亮度低于附着有水滴区域的表面，这与典型小雨天气下具有随机分布绿漆表面的红外辐射特征恰好相反。究其原因，是由于水滴的表面分布随机性、水滴对表面表观吸收特性的影响、环境温度和太阳辐照等气象条件甚至表面温度变化历程的不同，具有随机分布水滴表面可能呈现出完全不同的热辐射分布特征。

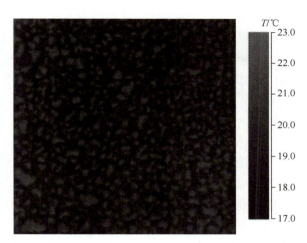

图 7-25 典型有雾及露水的晴朗早晨测量的具有随机分布水滴表面的热像图

4. 具有随机分布水滴表面的红外辐射特征理论计算

运用装甲车辆红外辐射特征理论模型,结合随机分布液滴的生成方法及附着表面表观吸收特性的计算方法,可以预测附着有随机分布水滴的车辆表面红外辐射特征。为了与具有随机分布水滴表面的红外辐射特征实验测量结果进行对比,红外辐射特征计算波段为 $8 \sim 12 \mu m$,其中红外辐射特征计算模型的输入参数为针对典型小雨天气和有轻雾及露水的晴朗早晨测量获得的气象参数(表7-5)。

1) 典型小雨天气

图 7-26 给出了数值生成方法产生的典型小雨天气的表面水滴分布图,其中绿色区域为具有水滴的区域,蓝色区域为无水滴的基底表面。

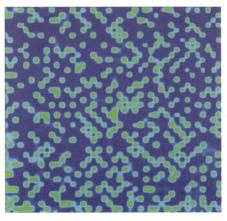

图 7-26 数值生成的典型小雨条件下表面水滴分布

根据装甲车辆红外辐射特征计算模型,考虑水滴对基底表面表观吸收率的影响,计算得到的典型小雨条件下具有随机分布水滴表面的红外辐射特征如图7-27所示。从图7-27(a)可知,无水滴区域(即基底本身)的红外辐射通量高于具有水滴分布的区域。水滴高度和水滴小面元倾斜角越小,相应的红外辐射越强,越接近于基底本身。从图7-27(b)可知,等效黑体温度分布与红外辐射热流密度的分布特性相同。

对比图7-27(b)的数值计算结果与图7-24实验测量结果可知,图7-27(b)中数值计算得到的平均等效黑体温度为24.67℃,标准差为0.6284℃;而图7-24实验测量的平均等效温度为25.07℃,标准差为0.2435℃。基于理论模型的数值计算的平均等效黑体温度与实验测量的平均等效温度的绝对误差约为0.4℃,标准差也较为相近。这表明,运用理论模型可以预测典型小雨条件下附着有随机分布水滴的装甲车辆表面红外辐射特征。

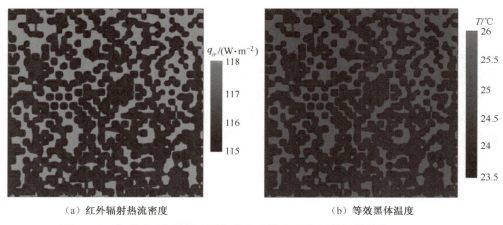

(a) 红外辐射热流密度 (b) 等效黑体温度

图7-27 典型雨天条件具有随机分布水滴表面的红外辐射分布(8~12μm)

2) 有轻雾及露水的晴朗天气

图7-28给出了数值模拟生成的对应于典型有雾及露水的晴朗天气下固体表面水滴分布图,其中绿色区域为具有水滴的区域,蓝色区域为无水滴的基底表面。对比图7-28和图7-26可知,由雾及露水形成随机分布水滴的尺寸要小于雨天条件的液滴,这与图7-18给出的两种条件下实际测量的水滴分布特征相符。图7-29给出了典型有雾和露水晴朗天气具有随机分布水滴表面的红外辐射特征。从图7-29(a)可知,无水滴区域(即基底本身)的红外辐射密度要低于具有水滴分布的区域。同样地,水滴高度和水滴小面元倾斜角越小,相应的红外辐射也越强。从图7-29(b)可知,表面等效黑体温度分布与红外辐射通量的分布特性相同。

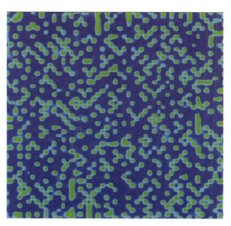

图 7-28　数值生成的对应于典型有雾及露水晴朗天气的表面水滴分布

对比分析图 7-29(b)给出的基于理论模型的典型有雾及露水的晴朗天气下表面红外辐射计算结果与图 7-27 实验测量结果可知,图 7-29(b)中的数值模拟计算的平均等效黑体温度为 21.05℃,标准差为 2.02℃,图 7-27 实验测量的平均等效温度为 19.61℃,标准差为 1.23℃。理论计算的平均等效黑体温度与实验测量的平均等效温度的绝对误差约为 1.44℃,标准差也较为相近。对比分析验证了红外辐射特征理论模型预测有雾及露水的晴朗天气下目标红外辐射特征的可靠性和适用性。

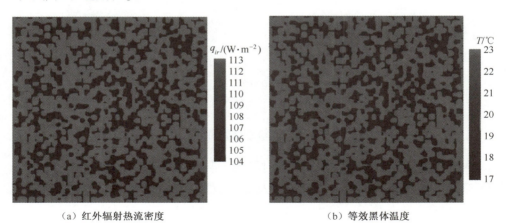

(a) 红外辐射热流密度　　　　　　　　(b) 等效黑体温度

图 7-29　典型有雾及露水的晴朗天气具有随机分布水滴表面的红外辐射分布(8~12μm)

7.4 复杂气象条件对典型车辆红外辐射特征的影响分析

本节结合典型算例,对雨雾条件下坦克和地面背景的温度场分布、红外辐射特征分布或附着有灰尘沉积层的坦克红外辐射特征分布进行详细讨论,进而分析雨雾和灰尘两种液固颗粒对装甲车辆红外辐射特征的影响规律。

根据一些公开的坦克图片作为参考,考虑坦克装甲车辆的主要结构特征,包括炮管、炮台、负重轮、履带、工具箱、前装甲、后装甲、动力舱和裙板等基本构件,坦克方位为炮管朝西,数值生成虚拟坦克车辆的三维几何模型(图7-30),其中图7-30(b)所示是坦克几何构型的网格划分。几何建模中包含了地面地貌背景,这里以水泥地面作为地表,并应用于坦克与地面背景的红外辐射仿真中。后续的关于雾天条件和雨天条件下装甲车辆与地面背景的红外辐射特征研究和附着有灰尘沉积层的装甲车辆红外辐射特征研究,均将采用该虚拟坦克的数字模型。

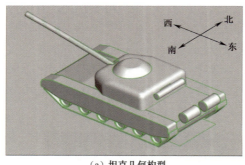
(a)坦克几何构型

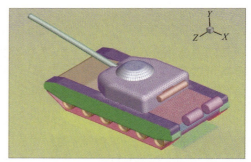
(b)坦克构型网格划分

图7-30 虚拟坦克的三维几何模型

7.4.1 雾天条件下装甲车辆红外辐射特征

典型的自然雾天条件一般是某个时段(如早晨)出现雾,随着自然雾的消散,恢复晴朗天气。图7-31所示是本节涉及的典型雾天条件具体气象参数(气温、相对湿度、风速和能见度等),雾大约出现在清晨5:30—8:25,雾大约于清晨5:30开始慢慢形成,6:10时的能见度达到最低50m,雾从7:50开始逐渐消散,在8:25时雾已经完全消散;除了雾出现的时段,天空晴朗,可以认为是晴天条件。地面背景为水泥路面。数值模拟计算时间为2011年12月4日0:00到4日14:30,

地理位置为东经117.36°、北纬32.89°。

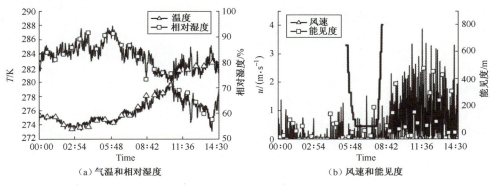

(a) 气温和相对湿度　　　　　(b) 风速和能见度

图 7-31　2011 年 12 月 4 日典型雾天条件气象参数变化图

7.4.1.1　雾天条件下车辆温度分布

1. 坦克冷静态

针对虚拟坦克模型,以典型雾天条件气象参数作为输入条件,数值计算雾天条件下装甲车辆与地面背景的温度分布,并与晴天条件下装甲车辆与地面背景温度场模型(简称晴天模型,其他模型输入参数不变)的计算结果进行对比。图 7-32 展示了基于晴天模型数值计算得到的坦克与地面背景的温度分布和基于雾天模型数值计算结果的对比。由图 7-32(a)可知,在雾开始出现的清晨 6:00,两种模型的计算结果是一致的。对应图 7-32(b)中的清晨 7:00,两种模型的计算结果也没有很大的差异,但雾天模型计算的坦克表面温度略低于晴天模型计算结果;这是由于当日的日出时间为 6:57,晴天模型中的太阳直接辐射在 7:00 时还几乎为 0,对坦克表面温度影响较小,表面温度暂未明显升高;而雾天模型中由于雾滴的沉积吸附作用和坦克表面部分液膜的蒸发作用,使得表面温度略有降低。

在太阳升起之后的 8:00 时刻[图 7-32(c)],晴天模型的计算结果明显高于雾天模型的计算结果。这是由于随着太阳高度角的增大,太阳辐射迅速增强,特别是太阳直接辐照,对坦克表面温度产生了主要的影响,车辆表面温度快速升高;而在雾天模型中,此时仍处于雾弥漫的时段,太阳直接辐射依然很小,反而由于雾滴与车辆表面之间持续的热交换作用,表面温度比 7:00 时刻还略有降低。

到了上午 10:00[图 7-32(d)],因为自然雾已在 8:25 完全消散,雾天模型中的太阳辐照量(特别是太阳直接辐射)骤然升高,车辆表面温度也随之迅速升高,坦克温度分布的主要特征与晴天模型相似,两种模型的结果差异也减小。上述对比分析表明,在有雾出现的环境条件下,采用雾天温度场模型更能准确反映实际情况。

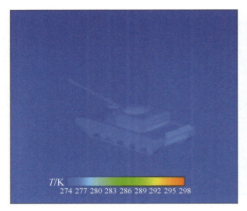 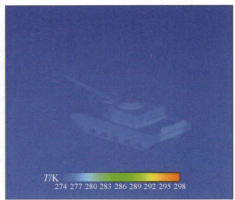

(a) 6:00

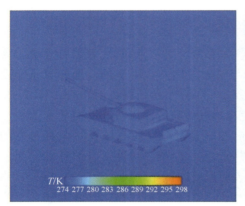 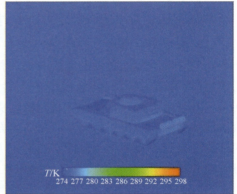

(b) 7:00

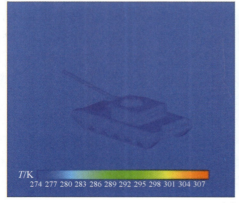 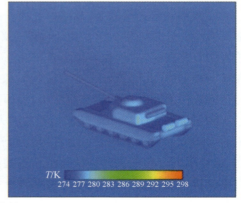

(c) 8:00

第7章 大气颗粒物对红外辐射特征的影响

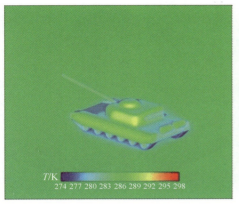
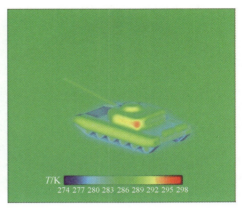

(d) 10:00

图 7-32 雾出现时段雾天模型与晴天模型坦克温度计算结果对比图
(左)雾天模型;(右)晴天模型

2. 坦克热静态

仍然选取雾出现时间段内,即清晨 6：00-8：00。设定坦克于清晨 6：00 发动后,坦克静止在原地、发动机怠速运行。图 7-33 所示是清晨 8：00(怠速运行 2h)的坦克车辆表面与地面背景温度分布特征。显然,在雾出现的时间段内,除了动力舱上表面、底装甲和排烟管部位的温度明显偏高以外,坦克表面其他部件之间的温度差异不甚明显。由于动力舱热辐射和热传导的影响,底部装甲温度较高,对地面产生明显的热辐射作用,而地面的导热系数较小,热扩散较慢,所以坦克底装甲正下方的地表温度明显高于其他地表区域,形成明显的热"亮"影。

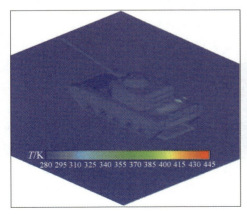
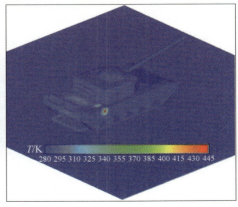

(a) 7:00

339

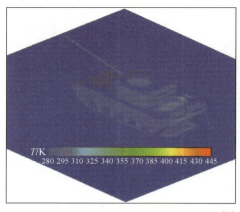
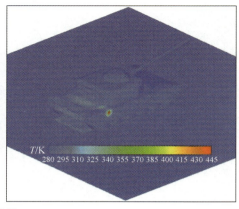

(b) 8:00

图 7-33　典型雾天条件下热静态坦克与地面背景温度分布

因此,处于热静态的坦克表面具有明显的温度对比度,且在坦克底装甲下方地面具有较高温度。这将在红外探测器探测形成的红外热图像上具有明显的特征,易被发现和识别。热静态或行驶中的装甲车辆动力舱以及排烟管部位的红外辐射抑制是装甲车辆整体红外隐身设计所必须考虑的重要问题。

7.4.1.2　雾天条件下车辆红外辐射特征

根据雾天条件下坦克与地面背景的温度场数值计算结果和太阳辐射热流分布,并考虑雾天条件下雾及露水液滴对坦克表面表观光谱吸收率的影响等因素,就可以获得坦克与地面背景的红外辐射特征。

1. 冷静态坦克

冷静态坦克的红外辐射通量主要是由对应波段内的自身辐射、太阳反射辐射、天地背景反射辐射、其他单元表面红外辐射的反射辐射和大气辐射等构成。图 7-34 给出了典型雾天条件下不同时刻冷静态坦克表面与地表背景在 $3\sim 5\mu m$ 波段的红外辐射分布特征,从中可以看到一天不同时间里坦克表面在 $3\sim 5\mu m$ 波段内的红外辐射特征变化,图像中明亮的地方表示温度高和红外辐射强度大的部位,也是容易被分辨出的温度较高区域。由图 7-34 可知,在雾消散后的晴天时间段内,太阳辐照和坦克表面温度逐渐增加,坦克表面红外辐射通量开始增大;而夜间或凌晨时段,由于没有太阳辐射以及处于冷静态坦克表面温度的降低,坦克表面红外辐射强度比白天的强度较小,同时坦克各部位之间以及地面背景的红外辐射差异较小。

另外,在有雾的时间段内(6∶00—8∶00),虽然太阳在清晨 6∶57 时升起,但由于雾层的吸收衰减作用,落在坦克表面的太阳直接辐照几乎为 0,使得该时间区间里的坦克表面在 $3\sim 5\mu m$ 波段红外辐射特征与夜间的情况相似。因为 $3\sim 5\mu m$

第7章　大气颗粒物对红外辐射特征的影响

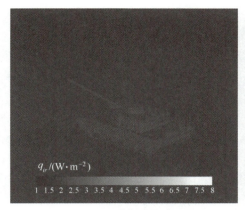

(a) 4:00(夜间时段)

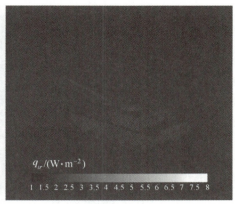

(b) 6:00(雾天时段)

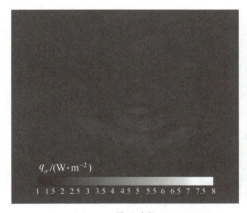

(c) 7:00(雾天时段)

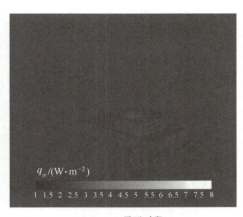

(d) 8:00(雾天时段)

(e) 10:00(晴天时段)

(f) 12:00(晴天时段)

(g) 14:00(晴天时段)

图 7-34 典型雾天条件冷静态坦克与地面背景在 3~5μm 波段的红外辐射分布特征

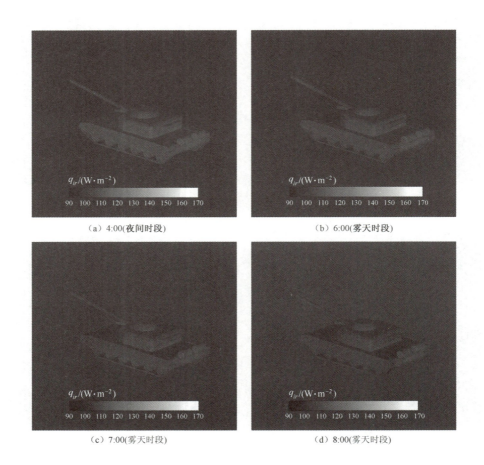

(a) 4:00(夜间时段)　　　　　　　　　(b) 6:00(雾天时段)

(c) 7:00(雾天时段)　　　　　　　　　(d) 8:00(雾天时段)

（e）10:00(晴天时段)

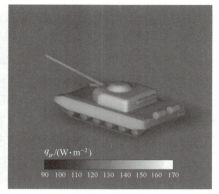
（f）12:00(晴天时段)

（g）14:00(晴天时段)

图 7-35　典型雾天条件冷静态坦克与地面背景在 8~14μm 波段的红外辐射分布特征

波段内的太阳红外辐射通量与冷静态中的坦克表面自身的红外辐射相比,数值大小在同一个量级,因此,在雾消散之后,太阳辐射对坦克表面在该波段的红外辐射特征有较大的影响。

图 7-35 给出了典型雾天条件下不同时刻冷静态坦克表面与地面背景在 8~14μm 波段的红外辐射分布特征。显然,坦克与地面背景在 8~14μm 波段的红外辐射特征与 3~5μm 波段的情况相似,8~14μm 波段内的太阳辐射与坦克表面自身的红外辐射相比更小(几乎可以忽略不计),因此太阳辐射中的 8~14μm 红外辐射对此时的坦克表面红外辐射特征影响很小。在雾出现时间段内,由于雾层的吸收衰减作用,太阳直接辐射几乎为 0,使得该时间段内的坦克与地面背景在 8~14μm 波段的红外辐射特征与夜间的状态相似。

2. 热静态坦克

图 7-36 给出了雾天时段坦克热静态怠速运行 2h 后(对应早晨 8:00)坦克与地面背景的红外辐射分布特征。从图中可以发现,在雾天条件下,热静态坦克的红外辐射特征主要涉及坦克发动机和排烟管、动力舱上装甲、排烟管附近的工具箱以及裙板表面的红外辐射强度明显高于坦克其他部位的红外辐射强度;另外,由于坦克后下装甲的热辐射作用,坦克下方地面呈现出热"亮"影。显然,热静态坦克动力舱外表面的高温部位和排气管高温烟气引起的热扩散效应是车辆被探测识别的主要热特征。因此,在装甲车辆设计过程中,需要系统地研究车辆热管理与热排散技术,改进动力舱的散热方式和高温排气方式,引入相应的红外隐身结构以达到一定的隐身性能,这对坦克车辆的战场生存能力具有重要的意义。

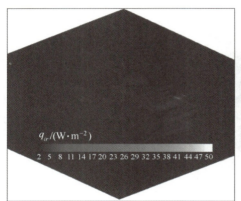 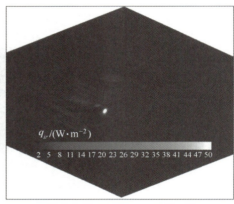

(a) 3~5μm

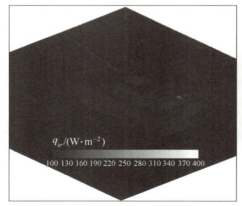 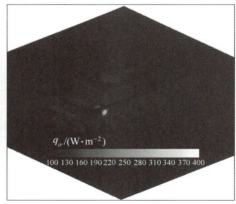

(b) 8~14μm

图 7-36 雾出现时段 8:00 热静态坦克与地面背景的红外辐射分布特征

7.4.2 雨天条件下车辆红外辐射特征

典型雨天气象参数(气温、相对湿度、风速和太阳辐射等)为2013年5月8日实际测量的连续中雨条件下的相关气象数据(图7-37)。因为是降雨天气,该时段相对湿度均为100%;由于云层厚度的影响,假定太阳直射辐射为0;该时段内降雨条件为连续中雨,雨量约为3.6mm/h。具体计算时间为2013年5月8日9:00-16:37,地理位置为东经118.78°,北纬32.05°。

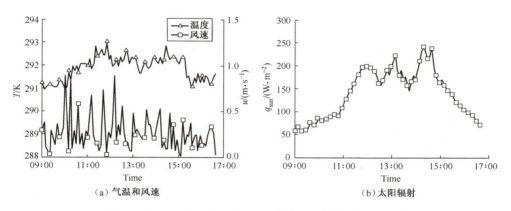

图 7-37　2013年5月8日典型雨天条件气象参数变化图

7.4.2.1 雨天条件下车辆温度分布

1. 冷静态坦克

针对前面提到的虚拟坦克的数字模型,以图7-37给出的雨天气象参数作为输入条件,数值计算和分析雨天条件下装甲车辆与地面背景温度分布特性。

图7-38给出了当日雨天条件下不同时刻冷静态坦克与地面背景的温度分布。显然,对应连续降雨条件下的不同时段,除了坦克负重轮和底部装甲外,坦克各部件的温度特征几无差别,只有负重轮和地面装甲温度稍低于其他区域温度。这是由于设定的坦克温度场模型数值计算的初始条件温度值低于空气和雨滴温度;对于那些被雨水冲刷的车辆表面和受到太阳散射辐射影响较大的表面,表面温度会有所升高。另外,坦克表面整体温度稍高于地面背景的温度,但这种差异很小,在2K以内。需要指出的是,这里给出的只是车辆表面的温度数据,并不是到达探测器窗口的辐射能量。实际上,雨天的吸收衰减作用将显著降低红外探测器能够接收到的来自坦克的辐射能量。在这种情况下,红外探测器一般难以发现识别雨天条件下的冷静态坦克车辆。

对比图7-38所示的不同时刻坦克表面和地面温度分布,不难发现,雨天条件

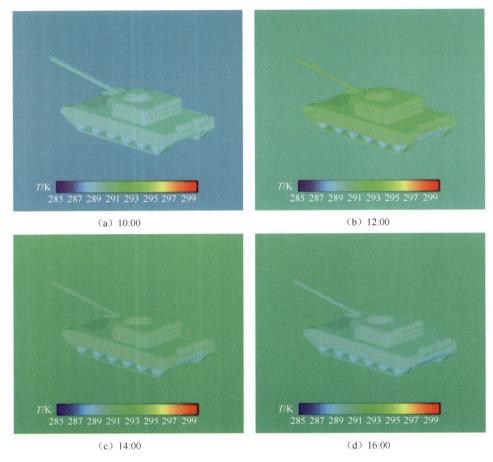

图 7-38 典型雨天条件不同时刻冷静态工况坦克与地面背景的温度分布图

下坦克表面及地面温度变化与外界环境温度和太阳辐射的变化密切相关,云层厚度变化导致的太阳散射辐射和气温的变化是影响冷静态坦克温度最主要的因素。

2. 热静态坦克

利用前述的坦克温度场模型,数值计算给出坦克发动机怠速运转 2h 后热静态坦克表面与地面背景温度分布特征(图 7-39),其中对应时间分别是降雨时段内 9:00 和 12:00 两个时刻。由这些热图像可知,雨天条件下热静态坦克表面的温度分布特征与晴天和雾天的情况基本相似,排烟管部位温度依然很高,但动力舱上装甲和坦克底部地面高温热特征不如晴天和雾天的那么明显。这是由于温度相对较低的雨水冲刷强化了动力舱上装甲表面的流动换热和装甲冷却导致。坦克其他部位与地面背景的温度差异较小,红外辐射对比度也较小。总而言之,雨天条件下,热静态坦克排烟管部位可能会在红外探测器探测到的图像上表现出明显特征,成为识别雨天条件下发动机运行中坦克的重要特征点。

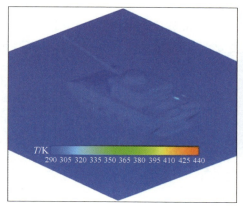
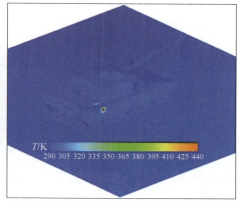

(a) 11:00

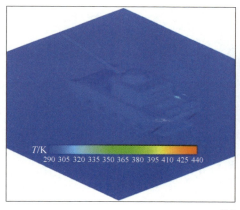
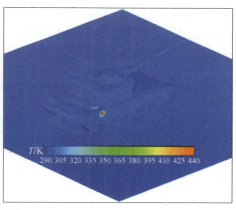

(b) 14:00

图 7-39　典型雨天条件下热静态工况坦克与地面背景的温度分布图

7.4.2.2　雨天条件下车辆红外辐射特征

利用雨天条件下坦克与地面背景的温度分布计算结果和对应的太阳辐射热流等环境信息,并考虑雨水对坦克表面等效吸收率的影响,可以确定坦克与地面背景的红外辐射特征。

1. 冷静态坦克

图 7-40 和图 7-41 给出了典型雨天条件不同时刻冷静态坦克表面与地面背景的红外辐射分布特征,其中图 7-40 对应 $3\sim5\mu m$ 波段,图 7-41 对应 $8\sim14\mu m$ 波段。这些模拟热图像表明,由于雨天条件下的太阳直接辐射为 0,太阳散射辐射对

坦克各表面的影响相对均匀,加上坦克表面受雨水冲刷作用,温度分布差异较小,导致不同时刻坦克各部件的 3~5μm 波段红外辐射较为一致,没有显著特征。

冷静态坦克在 3~5μm 波段范围内的红外辐射与地面背景红外辐射对比度很小,从红外图像上难以识别;冷静态坦克在 8~14μm 波段范围内红外辐射与地面背景红外辐射对比度相对于 3~5μm 的对比度要大,因而成为雨天条件下红外探测识别坦克目标的工作波段。

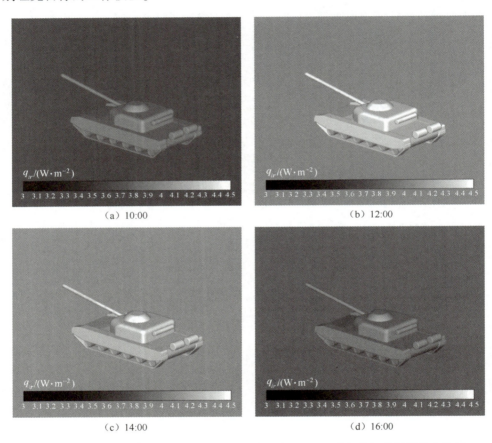

图 7-40 典型雨天条件冷静态坦克与地面背景在 3~5μm 波段的红外辐射分布特征

2. 热静态坦克

类似地,可以获得如图 7-42 所示的雨天条件下热静态坦克与地面背景的红外辐射特征分布。显然,坦克排烟管出口的红外辐射强度明显高于其他部位;而坦克动力舱上方装甲及排烟管周边工具箱的红外辐射低于排烟管出口,但略高于其他部位,比雾天条件热静态坦克相同部位的红外辐射通量要低。原因在于雨水在坦

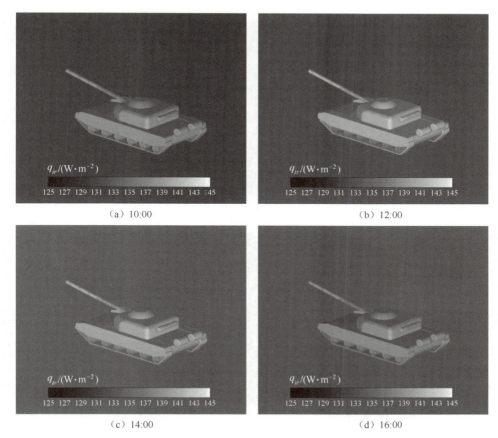

图 7-41　典型雨天条件冷静态坦克与地面背景在 $8\sim14\mu m$ 波段的红外辐射分布特征

克表面的冲刷换热作用,强化了坦克表面高温部位的散热冷却。因为坦克下装甲的热辐射作用,坦克底部正下方地面的红外辐射强于其他区域地面红外辐射,但所形成的热特征不如对应雾天条件的明显。因此,雨水冲刷对流换热是影响热静态坦克表面红外辐射特征的重要因素。

7.4.3　具有灰尘沉积层车辆的红外辐射特征

针对虚拟坦克的数字模型,以图 7-31 中 12∶00-14∶00 时段晴天气象参数作为输入条件,利用装甲车辆与地面背景温度场模型,数值计算得到热静态坦克与地面背景温度分布特性;基于温度场计算结果,考虑坦克上表面(炮塔、前装甲、后装甲、工具箱等)沉积灰尘的情况,确定附着有灰尘沉积层的热静态坦克红外辐射特征;对该工况下热静态坦克的点源探测结果进行分析;与无灰尘沉积层坦克的红外

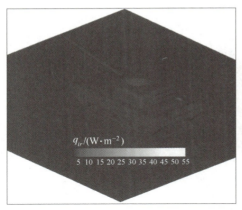 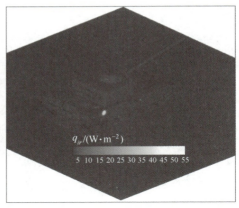

(a) 3~5μm

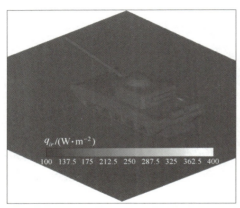 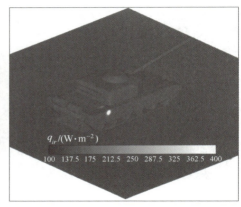

(b) 8~14μm

图 7-42　雨天条件 11∶00 热静态坦克与地面背景的红外辐射分布特征

辐射特征进行对比,分析沉积灰尘对坦克红外辐射特征的影响。

假定坦克上表面灰尘沉积厚度较厚,表面表观光学特性完全受控于纯灰尘沉积层的光学特性,坦克表面基底只是影响该沉积层的温度水平。根据灰尘颗粒物对表面光学吸收特性影响的分析结果,纯灰尘沉积层典型光学参数如下:太阳吸收率约为 0.675,3~5μm 波段红外发射率约为 0.8,8~14μm 波段红外发射率约为 0.95。原坦克表面为浅绿漆表面,其光学参数如下:太阳吸收率为 0.78,红外发射率为 0.88。

7.4.3.1　红外辐射特征

图 7-43 所示是晴天时段原地热静态运行 2h 后的附着有灰尘沉积层的坦克与地面背景的红外辐射分布。总体上,晴天时段具有灰尘沉积层的热静态坦克的红

外辐射分布特征与与雾天条件和雨天条件下的情况类似,坦克排烟管出口区域的红外辐射强度也是晴天时段热静态坦克最明显的热源特征;而动力舱上装甲以及排烟管附近工具箱的红外辐射强度低于排烟管出口,但明显高于其他部位;因为坦克后下装甲的热辐射作用,坦克底部正下方地面呈现出明显的热亮斑。由于对太阳辐射的遮挡作用,在坦克背阳侧以及炮管斜下方装甲也形成阴影,并且 $8\sim14\mu m$ 波段的遮挡太阳阴影要弱于 $3\sim5\mu m$ 波段的遮挡太阳阴影。

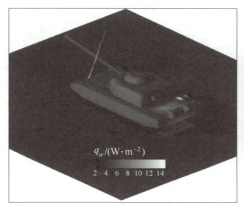
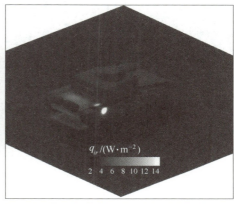

(a) $3\sim5\mu m$

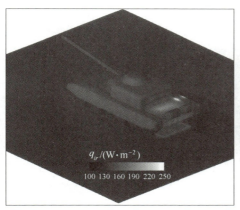
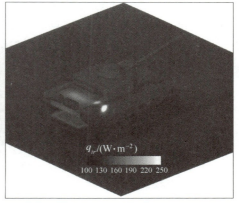

(b) $8\sim14\mu m$

图 7-43 晴天时段 14:00 具有灰尘沉积层的热静态坦克与地面背景的红外辐射分布特征

7.4.3.2 灰尘对坦克红外辐射特征的影响分析

图 7-44 给出了具有灰尘沉积层的坦克与原坦克在 $3\sim5\mu m$ 波段的红外辐射分布特征对比图。对两幅图的细致分析可知,在相同晴天条件下,附着有灰尘沉积层的热静态坦克上表面的红外辐射强度略高于无灰尘的原坦克。主要原因在于灰

尘沉积层改变了坦克车辆表面的光学辐射参数。为了更清楚地揭示灰尘沉积层对坦克红外辐射特征的影响,下面对这两类坦克红外辐射的点源探测结果进行对比分析。

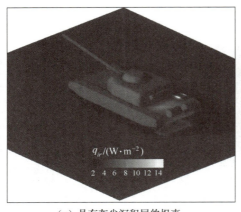

(a) 具有灰尘沉积层的坦克　　　　　(b) 无灰尘的原坦克

图 7-44　具有灰尘沉积层的坦克与原坦克在 $3\sim5\mu m$ 波段的红外辐射分布特征对比图

图 7-45 和图 7-46 所示分别为 $3\sim5\mu m$ 波段和 $8\sim14\mu m$ 波段的附着有灰尘沉积层的坦克与原坦克的红外辐射点源探测功率的对比图。显然,在水平视角下,附着有灰尘沉积层的坦克与原坦克的点源探测功率基本一致;而随着探测俯视角的增大,上表面沉积灰尘的坦克的点源探测功率明显强于原坦克,且这种增强的程度随着探测俯视角的增大而增大。

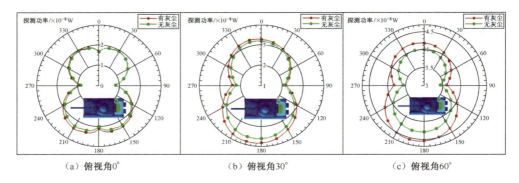

(a) 俯视角0°　　　　　(b) 俯视角30°　　　　　(c) 俯视角60°

图 7-45　附着有灰尘沉积层的坦克与原坦克在 $3\sim5\mu m$ 波段探测功率的对比

对于地面坦克而言,其主要威胁来源于空中武装直升机和反坦克导弹。由上述分析可知,当表面沉积有灰尘或粘附有泥土的情况下,红外探测器探测到的具有

第7章 大气颗粒物对红外辐射特征的影响

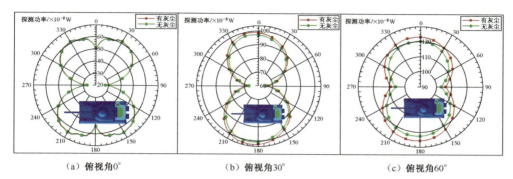

(a) 俯视角0°　　　　　　(b) 俯视角30°　　　　　　(c) 俯视角60°

图 7-46　具有灰尘沉积层的坦克与原坦克在 8~14μm 波段探测功率的对比

隐身涂层坦克的点源功率将增大。一方面,这对以一定俯视角探测坦克装甲车辆的武装直升机和反坦克武器而言,可提高对坦克目标的探测识别概率;另一方面,这无疑使坦克装甲车辆的战场生存能力受到更大的威胁。因此,复杂战场环境对红外辐射的影响效应对装甲车辆隐身技术提出了更高的要求。

 参考文献

[1] 赵振维,吴振森,沈广德,等. 雾对 10.6μm 红外辐射的衰减特性研究[J]. 红外与毫米波学报,2002,21(2):95-98.

[2] 葛琦. 水雾的近、中红外消光性能研究[D]. 武汉:武汉大学,2004.

[3] Zhao Z W, Wu Z S. Millimeter-Wave Attenuation due to Fog and Clouds[J]. Journal of Infrared, Millimeter, and Terahertz Waves, 2000, 21(10):1607-1615.

[4] 姚玉英,黄凤廉,陈常贵,等. 化工原理上册(修订版)[M]. 天津:天津科学技术出版社,2004:134-142.

[5] Pruppacher H R, Beard K V. A Wind Tunnel Investigation of the Internal Circulation and Shape of Water Drops Falling at Terminal Velocity in Air[J]. Quarterly Journal of the Royal Meteorological Society, 1970, 96(408):247-256.

[6] Laws J O, Parsons D A. The Relation of Raindrop-Size to Intensity[J]. EOS Transactions American Geophysical Union, 1943, 24(2):248-262.

[7] Marshall J S, Palmer W M K. The Distribution of Raindrops with Size[J]. Journal of the Atmospheric Sciences, 1948, 5(4):165-166.

[8] Joss J, Gori E G. Shapes of Raindrop Size Distributions[J]. Journal of Applied Meteorology, 1978, 17(17):1054-1061.

[9] Jiang H, Sano M, Sekine M. Weibull Raindrop-Size Distribution and Its Application to Rain Attenuation[J].

Journal of Infrared, Millimeter, and Terahertz Waves, 2007, 144(5):197-200.

[10] Maitra A. Modeling of Raindrop Size Distribution from Multiwavelength Rain Attenuation Measurements[J]. Radio Science, 1999, 34(3):657-666.

[11] Ajayi G O, Olsen R L. Modeling of a Tropical Raindrop Size Distribution for Microwave and Millimeterwave Application[J]. Radio Science, 1985, 20(2): 193-202.

[12] Park S W, Mitchell J K, Bubenzern G D. Rainfall Characteristics and Their Relation to Splash Erosion[J]. Transactions of the ASAE, 1983, 26(3):0795-0804.

[13] Ulbrich C W. Natural Variations in the Analytical Form of the Raindrop Size Distribution.[J]. J. Climate Appl. Meteor, 1983, 22(10):1764-1775.

[14] 仇盛柏, 陈京华. 广州雨滴尺寸分布[J]. 电波科学学报, 1995, (4):73-77.

[15] Gunn R, Kinzer G D. The Terminal Fall Velocity for Water Droplets in Stagnant Air[J]. Journal of the Atmospheric Sciences, 1949, 6(4):243-248.

[16] Best A C. Empirical Formulae for the Terminal Velocity of Water Drops Falling Through the Atmosphere[J]. Quarterly Journal of the Royal Meteorological Society, 1950, 76(329): 302-311.

[17] Atlas D, Srivastava R C, Sekhon R S. Doppler Radar Characteristics of Precipitation at Vertical Incidence[J]. Reviews of Geophysics, 1973, 11(1): 1-35.

[18] 赵振维. 水凝物的电波传播特性与遥感研究[D]. 西安:西安电子科技大学, 2001.

[19] 王莉萍,王秀荣,王维国,等. 降雨过程强度标准[S]. 国家气象中心,QX/T 341-2016,2016.

[20] Ray P S. Broadband Complex Refractive Indices of Ice and Water[J]. Applied Optics, 1972, 11(8): 1836-1844.

[21] Hale G M, Querry M R. Optical Constants of Water in the 200 nm to 200 μm Wavelength Region[J]. Applied Optics, 1973, 12(3):555.

[22] 谈和平,夏新林,刘林华,等. 红外辐射特征与传输的数值计算[M]. 哈尔滨:哈尔滨工业大学出版社, 2006.

[23] 林群青. 液固颗粒对装甲车辆热辐射特性的影响机制及热模型可信度评估方法研究[D]. 南京:南京理工大学, 2017.

[24] Duarte H F, Dias N L, Maggiotto S R. Assessing Daytime Downward Longwave Radiation Estimates for Clear and Cloudy Skies in Southern Brazil[J]. Agricultural & Forest Meteorology, 2006, 139(3-4):171-181.

[25] http://gb.weather.gov.hk/wxinfo/ts/display_element_solar_c.htm.

[26] Wu Z S, Ren K F, Wang Y P. 10.6 Micron Wave Propagation in Cloud, Fog, and Haze[J]. International Journal of Infrared and Millimeter Waves, 1990, 11(4): 499-504.

[27] Sokolik I, Golitsyn G. Investigation of Optical and Radiative Properties of Atmospheric Dust Aerosols[J]. Atmospheric Environment. Part A. General Topics, 1993, 27(16): 2509-2517.

[28] Ruan L M, Wang X Y, Qi H, et al. Experimental Investigation on Optical Constants of Aerosol Particles[J]. Journal of Aerosol Science, 2011, 42(11): 759-770.

[29] 殷金英, 刘林华. 灰渣的有效光学常数及辐射特性[J]. 工程热物理学报, 2009, 30(1):115-117.

[30] Choy T C. Effective Medium Theory Principles and Applications[M]. Oxford University Press, 2015.

[31] 盖国胜. 粉体工程[M]. 北京:清华大学出版社, 2009.

[32] 张伟清. 卫星红外辐射特征研究[D]. 南京:南京理工大学, 2006.

[33] Duvignacq C, Hespel L, Roze C,et al. Modelling of White Paints Optical Degradation Using Mie's Theory and

Monte Carlo Method[C]//Proceedings of International Symposium on Materials in a Space Environment, 2003.

[34] Goodwin D G, Mitchner M. Infrared Optical Constants of Coal Slags-Dependence on Chemical Composition [J]. Journal of Thermophysics and Heat Transfer, 1989, 3(1): 53-60.

[35] Bhattacharya S P. A Theoretical Investigation of the Influence of Optical Constants and Particle Size on the Radiative Properties and Heat Transfer Involving Ash Clouds and Deposits[J]. Chemical Engineering and Processing: Process Intensification, 2000, 39(5): 471-483.

[36] 李徐生, 韩志勇, 陈英勇, 等. 2006年3月11日南京"泥雨"降尘特征及其粉尘来源[J]. 第四纪研究, 2009 (1): 43-54.

[37] Palik E D. Handbook of Optical Constants of Solids[M]. Academic Press, 1998.

[38] Zhang X L, Wu G J, Zhang C L, et al. What Is the Real Role of Iron Oxides in the Optical Properties of Dust Aerosols[J]. Atmospheric Chemistry and Physics, 2015, 15(21): 12159-12177.

[39] Gurton K P, Ligon D, Kvavilashvili R. Measured Infrared Spectral Extinction for Aerosolized Bacillus Subtilis Var. Niger Endospores from 3 To 13 μm[J]. Applied Optics, 2001, 40(25): 4443-4448.

[40] Bhattacharya S P, Wall T F, Arduini-Schuster M. A Study on the Importance of Dependent Radiative Effects in Determining the Spectral and Total Emittance of Particulate Ash Deposits in Pulverised Fuel Fired Furnaces [J]. Chemical Engineering and Processing: Process Intensification, 1997, 36(6): 423-432.

[41] Goodwin D G. Infrared Optical Constants of Coal Slags[D]. Stanford University, 1986.

[42] Palik E D. Handbook of Optical Constant of Solids[M]. New York: New York Academic Press, 1985.

[43] GB-T 17683.1-1999,太阳能: 在地面不同接收条件下的太阳光谱辐照度标准第1部分: 大气质量1.5的法向直接日射辐照度和半球向日射辐照度[S].

[44] 符果行. 电磁场与电磁波[M]. 北京: 电子工业出版社, 2009.

[45] 卢进军, 刘卫国. 光学薄膜技术[M]. 西安: 西北工业大学出版社, 2005.

[46] M. 波恩, E. 沃耳夫. 光学原理[M]. 北京: 科学出版社, 1978.

[47] Wu J J. Simulation of Rough Surfaces with FFT[J]. Tribology International, 2000, 33(1): 47-58.

[48] Patrikar R M. Modeling and Simulation of Surface Roughness[J]. Applied Surface Science, 2004, 228(1):213-220.

[49] Incropera F P, DeWitt D P, Bergman T L, et al. Fundamentals of Heat and Mass Transfer[M]. John Wiley&Sons, 2007.

[50] Arcoumanis C. Gasoline Injection Against Surface and Films[J]. Atomization and Sprays, 1997, 7: 437-456.

[51] Cengel Y A, Boles M A. 热力学:原理及工程技术应用(英文影印)[M]. 北京:清华大学出版社, 2002.

[52] 任能, 谷波. 湿工况下平翅片传热传质实验与数值模拟[J].化工学报, 2007, 58(7):1626-1631.

第8章

红外热像模拟

随着武器装备的现代化和信息化,红外成像探测器越来越多地应用于精确制导打击武器,不仅能够获取并提供目标与背景的红外辐射强度,还可以提供目标与背景的红外成像特征。因此,目标与背景的红外辐射特征研究除了要建立目标与背景的红外辐射特征理论模型与数值计算方法,获得目标与背景的红外辐射特征,揭示其产生机理和变化规律,还必须构建形成目标与背景的红外热辐射图像,研究目标与背景的红外辐射成像方法和确定目标与背景的红外辐射特征,以满足红外制导武器研制和目标红外隐身技术研究的需求。

包括目标与背景在内场景的红外热图像的基本生成步骤是:首先根据目标与背景的几何形貌和特征,运用计算机图形学的基本原理与方法,建立目标与背景的三维几何构型;同时,并行地运用所建立的目标与背景红外辐射特征理论模型,针对不同条件和状态以及环境条件开展数值模拟计算;最后,将基于理论模型数值计算或通过实验获取的红外辐射特征数据赋予所构建的目标与背景的三维几何构型,合成得到目标与背景的红外辐射图像。

8.1 自然地面背景的几何构型生成

自然物体是指自然界中大量存在的非人造物体,包括植物、云彩、地形、岩石和烟羽等。这些物体的几何外形呈现出复杂的不规则性和随机性,和人造物体(如建筑物、车辆)的几何构型有很大的差别,一般难以用欧氏几何理论和传统的造型工具来构造。根据非人造物体构型的自相似性或拟自相似性,运用分形理论,可以模拟生成自然物体,在计算机上实现数字化的自然物体几何造型。

8.1.1 自然物体的特点与分形几何的基本概念

8.1.1.1 自然物体与人造物体几何外形的差别

几何造型是计算机图形学研究的一个重要方面,主要研究如何在计算机中描述和表示三维物体的几何外形信息。计算机图形学从20世纪60年代诞生以来,通过对几何造型的研究,提出了许多几何造型的模型,其中比较常见的有线框模型、表面模型、实体模型和曲线曲面等参数化模型。这些模型的理论与方法已经相当成熟,广泛应用于计算机辅助设计和计算机图形学领域,形成了一系列的商业化软件[1]。但是,它们并不完全适合于描述不规则的自然物体,因为这些方法是针对规则物体的外形特点而设计的。形状规则的物体具有较好的规律性,比较易于描述。这类物体外形的规律性表现在两个方面:

(1) 规则物体可以由基本的体素通过几何变换和布尔运算不断组合形成。基本的体素包括点、线、面、立方体、球体、锥体和圆台体等。简单的体素可以组成复杂的物体,复杂的物体可以进一步构造更复杂的场景。

(2) 曲线和曲面常用参数化建模的方法,这类形体主要包括车辆和飞机等的表面,其表面光滑、连续,可以用同样的数学表达式描述。

自然物体在外形上与人造物体之间的很大区别体现在:这类物体的形状十分复杂,具有很大的随机性,难以观察到基本的组成体素,而且其表面不光滑,使得它们无法用统一的数学表达式描述。因此,基于欧氏几何的传统造型方法对描述自然景物往往是无能为力的。在分形几何这门学科诞生以前,人们一直没有找到描述自然物体的有效工具。

8.1.1.2 分形的基本概念

分形含有"碎化、分裂"的意思,目前对分形概念还没有一个统一的定义。现在比较一致意见的表述为:分形是N维空间中一类点集合的性质,有这种性质的点集合具有无限精细的结构,在任何尺度下都具有自相似性,并且具有小于所在空间维数N的非整数维数,这种类型的点集合称作分形集合,也称为分形体[3]。一般地,分形集合具有以下显著的特征[3]:

(1) 分形集合具有无限的精细结构,即在任意小的比例尺度内包含整体的性质;

(2) 分形集合具有某些自相似性,这些自相似性是近似的或统计意义上的;

(3) 无论从局部和整体看,分形集合是非常不规则的,以致难以用传统的几何语言描述;

(4) 通常(在某些方式的定义下),分形集合的"分形维数"要小于它所在欧氏空间的维数；

（5）在许多情况下，分形集合的定义非常简单，经常通过迭代和递归来定义一个分形集合。

8.1.1.3 不规则物体几何外形的分形特征

通过对多种自然景物的观察不难发现，自然景物的几何外形在不规则性的背后也具有其规律性的一面。海岸线的自相似特征是几乎所有关于分形理论教科书中都会提到的一个例子；海岸线是一条处处连续，但处处不可导的曲线，将曲线中的任意一段放大，所形成的曲线与整条曲线十分相似，在不同的尺度上表现出自相似性，即海岸线具有分形集合的局部—整体相似性。类似地，树木的每一段分枝除了大小不同外，其外形结构与整棵树木十分相似，将一段分枝按比例放大若干倍，可以得到一棵完整的树木的近似体；天空中的云彩，不论用多大倍数的望远镜去观察，看到的细节结构几乎完全相同；崎岖不平的地形也同样具有局部—整体相似性。自然景物的外形在一定的测量范围内都具有分形的性质，也就是说它们是分形集合。构造自然景物的工作可以通过构造一个分形集合来完成，这就为描述自然景物几何特征提供了一个有利的理论工具——分形。分形方法的突出优点就是通过简单的定义描述复杂的物体，描述一个复杂的分形物体往往只需要很小一段程序就可以完成，其余的则是依据分形体的自相似性或拟自相似性按照一定的规则外延拓展，尤其适合用于不规则物体的模型构造[3]。

8.1.2 常见自然景物的造型方法

总体上，自然景物的外形具有统计意义上的分形特征，可以用分形的方法来构造自然景物。自然界中的物体没有两个的形状是完全相同的，不同的分形物体之间在形状上有很大的差异，不同的自然物体的造型方法也必然会有所不同。因此，需要对不同的自然物体分析其外形特征，选择适当的、有效的造型方法，以利于提高造型的效率和成功率。本节在分析植物和地形地貌外形特征的基础上，介绍自然物体几何造型的分形模型和方法。

8.1.2.1 地形地貌的模拟

在目标与背景的红外辐射特征研究中，对地形地貌背景红外辐射特征的研究也是极其重要的一个组成部分。由于地形地貌本身的复杂性及多变性，难以简单地采用适合于人造目标的模拟方法，即针对某一特定结构的对象，用欧氏几何的方法绘制三维构型，进行其红外辐射特征的研究。因此，对自然地形地貌几何构型的数字绘制，必须采用与人造目标不同的方法。目前，地形地貌数字图像的构造方法分为两大类。

一类是测量实际的地形地貌数据，将数据存储在特定数据格式的文件中，当需要构造地形时,读出文件中的数据,用一系列的空间三角形拼接形成。这种方法已经被广泛采用,可以购买到相应的商用数据库,用这种方法构造的地形是真实的,可以在实战指挥系统中应用。但是迄今为止,可获得的商业化地形数据库中的地形数据的空间分辨率是很低的,一般在千米级,不能用于目标与背景的红外辐射特征研究之中。要满足目标与背景红外辐射特征的研究需要,地形数据的分辨率应该和目标的几何尺寸相适应,即地形数据的分辨率至少应达到米级。这样,实际测量的工作量及费用是非常巨大的,所形成的数据文件也是非常庞大的,这种方法显然是不实用的。

另一类方法是利用随机生成方法,构造数字化的虚拟地形地貌。这种地形地貌虽然不是真实的,但具有真实地形地貌的基本特征,可以构造出任意的地形地貌,能够满足目标与背景红外辐射特征研究的需要,其研究结果虽然不能用于实战系统中,但可以用在目标隐身设计、红外制导武器的研制以及仿真训练中。目前,常用的地形地貌的随机构型方法有以下几种[3-12]:

1. 分形布朗运动

布朗运动最早是由植物学家 Brown 于 1827 年在显微镜里观察到悬浮液中粒子的一种不规则的复杂运动。布朗运动构成了最简单的随机分形。在一维情况下,如果定义一个随机过程 $B(t)$ 为布朗运动,则该过程具有如下两个性质[5]:

(1) 增量 $B(t_2) - B(t_1)$ 服从高斯分布;

(2) 均方增量正比于自变量的变化,及 $E[(B(t_2) - B(t_1)) \times (B(t_2) - B(t_1))]$ 正比于 $|t_2 - t_1|$。

上述随机过程 $B(t)$ 是分形布朗运动的一个特例,分形布朗运动满足均方增量 $E[(B(t_2) - B(t_1)) \times (B(t_2) - B(t_1))]$ 正比于 $|t_2 - t_1|^{2H}$。$H(0 < H < 1)$ 值代表一维分形布朗运动的复杂度情况,H 值越大,图形的不规则度越小。

类似地,分形布朗运动很容易从一维推广到多维问题。一个多维的随机过程 $B(t_1, t_2, \cdots, t_n)$ 具有如下性质[5]:

(1) 增量 $B(t_1, t_2, \cdots, t_n) - B(s_1, s_2, \cdots, s_n)$ 服从高斯分布,且均值为 0;

(2) 增量 $B(t_1, t_2, \cdots, t_n) - B(s_1, s_2, \cdots, s_n)$ 的方差仅仅依赖 $(t_1, t_2, \cdots, t_n)$ 与 $(s_1, s_2, \cdots, s_n)$ 之间距离的变化,正比于距离的 $2H$ 次幂。

构造地形地貌一般采用的是二维分形布朗运动,可以通过调节 H 值来改变地形表面的复杂度。因为分形布朗运动是建立在分形的数学基础上的,涉及相对复杂的数学计算。

2. 分形插值

分形插值方法是利用 IFS 方法(即迭代函数系统,有关迭代函数系统的定义、基本思想和使用方法,读者可参阅相关文献[3,4])构造一类分形插值函数。这类函数的图像比较多地被用来表示山脉的轮廓或云彩的形状等。利用分形插值函数可处理这类不规则的曲线,是因为它们往往是不可微的,但并不是完全随机的,而是具有一定的自相似特性。适用于欧氏空间的多项式插值或样条插值则强调了光滑性,而没有体现精细的自相似结构。

通常 IFS 表征为若干迭代函数 w_j 组成的集合 $\{w_j\}$,每一个迭代函数 w_j 对应于一个称为仿射变换的数学运算。所谓仿射变换,是对一个 N 维向量分别在 N 维方向上进行线性放缩和平移的数学运算(不同方向上可有不同的变换比例)。通过仿射变换可以将一个 N 维向量(图形)进行拉伸、压缩和错切等[4]。

定义 w_j:

$$w_j(x,y) = (L_j(x), F_j(x,y)), j = 1,2,\cdots,N \tag{8-1}$$

实际应用时,样条函数 $L_j(x)$ 与 $F_j(x,y)$ 取如下仿射变换:

$$L_j(x) = x_{j-1} + \frac{x_j - x_{j-1}}{x_N - x_0}(x - x_0) \tag{8-2}$$

$$F_j(x,y) = b_j x + a_j y + k_j \tag{8-3}$$

式(8-2)和式(8-3)的插值系数为

$$\begin{cases} b_j = \dfrac{y_j - y_{j-1} - a_j(y_N - y_0)}{x_N - x_0} \\ k_j = y_{j-1} - a_j y_0 - b_j x_0 \\ j = 1,2,\cdots,N \end{cases} \tag{8-4}$$

式中,$a_j \in (-1,1)$,b_j 和 k_j 依赖于参数 a_j,a_j 对插值曲线的波动大小有影响。实际上,它是曲线分形维数的决定性因素。

将上述插值算法推广到矩形域上的二元插值函数,可以得到相似的结果。通过少量的控制点,利用 IFS 方法,可以生成错综复杂的山状曲面[4]。

3. 随机分布

地面相邻两点的高度是空间相关的,相关函数可表示为

$$\langle H(R+r) * H(R) \rangle = \varphi(r) = \sigma^2 \exp(-\alpha r) \tag{8-5}$$

式中,r 为两点间的相对距离;α^{-1} 为相关长度;σ 为高度均方根误差。

自然粗糙地表的高度服从 N 维正态分布,N 维随机变量 $(H_1, H_2, \cdots, H_N)$ 代表地表的高度,它们服从同样的正态分布。为了讨论的方便,假设其平均值为 0,则其联合密度函数具有如下形式[6]:

$$P(\boldsymbol{\beta}) = \frac{1}{(\sqrt{2\pi})^N \sqrt{\det(\boldsymbol{V})}} \exp\left\{-\frac{1}{2}\boldsymbol{\beta}^T \boldsymbol{V}^{-1} \boldsymbol{\beta}\right\} \tag{8-6}$$

式中,$\boldsymbol{\beta} = (H_1, H_2, \cdots, H_N)$;$\boldsymbol{\beta}^T$ 为 $\boldsymbol{\beta}$ 的转置矢量;$\boldsymbol{V} = \{\langle H_i * H_j \rangle\}$,可由相关函数

$\varphi(r)$ 确定。

如图 8-1 所示,方形区域的边长为 L,每边进行 N 等分,步长为 ΔX,则可以利用条件概率 $P(H_m|H_1\cdots H_K)$ 来确定高度。利用已知两点的高度可确定第三点的高度,即第三点满足如下条件概率:

$$P(H_4|H_2,H_3) = \frac{P(H_2,H_4,H_3)}{P(H_2,H_3)} \tag{8-7}$$

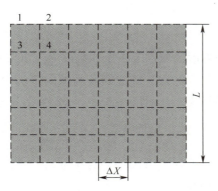

图 8-1 随机分布生成典型示意图

对于图 8-1 所示的情况:

$$\boldsymbol{V} = \sigma^2 \begin{vmatrix} 1 & z & z^{\sqrt{2}} \\ z & 1 & z \\ z^{\sqrt{2}} & z & 1 \end{vmatrix} \tag{8-8}$$

$$\boldsymbol{V}^{-1} = \frac{\sigma^4}{\det(\boldsymbol{V})} \begin{vmatrix} 1-z^2 & z(z^{\sqrt{2}}-1) & z^{\sqrt{2}} \\ z(z^{\sqrt{2}}-1) & 1-z^{\sqrt[3]{2}} & z(z^{\sqrt{2}}-1) \\ z^2-z^{\sqrt{2}} & z(z^{\sqrt{2}}-1) & 1-z^2 \end{vmatrix} \tag{8-9}$$

式中,$z = \exp(-\alpha\Delta X)$。将式(8-8)和式(8-9)代入式(8-7)式,得

$$P(H_4|H_2,H_3) = \frac{1}{\sqrt{2\pi}\sigma\eta}\exp\left[-\frac{C(H_4)}{2\sigma^2\eta^2}\right] \tag{8-10}$$

式中,$\eta = \sqrt{\dfrac{1+z^{\sqrt{2}}-2z^2}{1+z^{\sqrt{2}}}}$;$C(H_4) = \left(H_4 - \dfrac{z}{1+z^{\sqrt{2}}}H_2 - \dfrac{z}{1+z^{\sqrt{2}}}H_3\right)^2$。

给定 H_2 和 H_3,则 H_4 服从如下正态分布,其平均值为 $\langle H_4 \rangle = \dfrac{z}{1+z^{\sqrt{2}}}H_2 +$

$\frac{z}{1+z^{\sqrt{2}}}H_3$,标准均方根误差为 $\sigma' = \sigma\eta$,然后利用正态分布随机数生成方法即可生成 H_4。依次平移各点,再计算新的 H_4。对于图 8-1 左上角第一点,直接赋值,利用条件概率 $P(H_2|H_1) = \dfrac{P(H_1,H_2)}{P(H_1)}$ 确定第一行的高度,利用条件概率 $P(H_3|H_1) = \dfrac{P(H_1,H_3)}{P(H_1)}$ 确定第一列的高度。

4. 中点插值方法

首先随机确定任一方形区域四个顶点的高度 $h_{0,0}$、$h_{0,1}$、$h_{1,0}$ 和 $h_{1,1}$,计算 X 方向两条边中间点的高度[7]:将每一条边两点高度的平均值加一随机修正值 h_{rand},作为该条边中间点的高度值 $h_{\frac{1}{2},i}$,即

$$h_{\frac{1}{2},i} = \frac{h_{0,i} + h_{1,i}}{2} + h_{\text{rand}} \tag{8-11}$$

再计算 Y 方向两条边中间点的高度 $h_{\frac{1}{2},\frac{1}{2}}$,方法类似。最后,计算对角线终点的高度,即为四个顶点高度的平均值加一随机修正值:

$$h_{\frac{1}{2},\frac{1}{2}} = \frac{\sum_{i=0}^{1}\sum_{j=0}^{1} h_{j,i}}{4} + h_{\text{rand}} \tag{8-12}$$

这样,一个方形地域被分成四个子方形区域,且每个子方形区域的每一顶点的高度都已确定。然后,对每一子方形区域继续按上述方法进行分割,直到满足分辨率要求,即可生成与相邻点相关、又具有一定随机性的自然地表。

地表的起伏程度可通过给定地表的粗糙度确定:

$$h_{\text{rand}} = (\text{rand} - 0.5)\frac{rh}{2^i} \tag{8-13}$$

式中,rand 为 0~1 的随机数;rh 为给定的粗糙度;i 为分割的次数。

图 8-2(a)为利用概率统计方法生成的地表,其高度的分布比较有规律,比较接近自然界平坦的粗糙地表,如裸露地表等。图 8-2(b)为利用分形方法生成的地表,其高度具有更大的随机性,比较接近真实山地的地形[8]。因此,对于不符合随机正态分布的自然地表(如山脉等),可使用分形方法表述;对于符合统计规律的粗糙地表,可利用概率统计的方法进行生成。

8.1.2.2 植物的构造模型

植物在生长的过程中为了获得足够的阳光进行光合作用,必须竞争性向上生长,向四周繁殖出更多的树枝、树叶,使得与阳光接触的表面积最大。一般地,植物

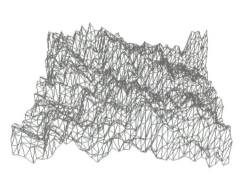
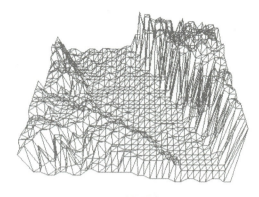

(a) 随机方法　　　　　　　　　　　　　　(b) 分形方法

图 8-2　自然地表生成结果

的总体形态处处蕴涵着分形的性质。下面描述一个简单的植物生长过程：

一个茎杆破土而出，茎杆向四周外长出一些小树枝，长出小树枝的地方称为节。大多数小树枝上又长出更小的嫩枝，如此反复。每个植物最终由一大堆枝节所组成。一棵树木上所有各处都有相似的枝节性质。

植物有很多种类，任何一类的植物都没有一个一成不变的形态，但人们很容易将它们与其他物体分开。一幅树木的图画，说它画得惟妙惟肖，并不是指它和某个实际的树木一模一样，而只是和人们心目中对树木的感觉非常吻合。美国生物学家 Lindenmayer[4] 为了建立一个描述生命组织的模型，在植物造型中首先引入了 L 系统。Smith[9] 和 Prusinkiewicz[10] 分别把 L 系统与计算机图形学结合起来。在 L 系统中首先采用字符串来表示植物的最基本结构，然后按一定的文法规则生成图形。最基本的分出枝节的规则是很简单的，如图 8-3 所示的一棵小草，它只有一个方向的枝节。

可以找到一个计算机能理解的模式来描述上面的小草，用单位长直线段表示小草每生长一次的长度，同时令在节处分枝夹角为 15°，则小草的一个简化模型可以如图 8-4 所示。

对此，可以用字符串"1[1]1[11]"来表示，字符"1"为变量，它可以被其他的字符串所代替。"["和"]"为标识符，它们在串中只表示一个特定的含义，在以后的替换中不作任何的改变，直接保留。对于其他一些复杂的分枝模型，可以有较多的变量和标识符，这种 ASCII 码字符串很容易被计算机存储。在上一个例子中，各符号的含义如下："1"表示一个单位的枝长；"["表示顺时针旋转一个单位角度，常用来表示一段新的分枝的开始；"]"表示分枝的结束。一段分枝上还可以有另外的分枝。分枝的过程可以在植物生长中不断地进行下去。

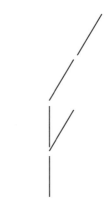

图 8-3 一棵小草的示意图　　　图 8-4 一棵小草的简化模型

上述只是一个分枝的简单模型,如果要生成类似现实中的植物,则要经过许多次的分枝,是十分麻烦的。实际上,每个特定的植物都有一个基本的结构,称为基本串。植物的生长过程可以看作对基本串中每个变量再用特定的分枝规则来代替,这将产生一个新的串。第二次迭代是对新串中的变量再次以分枝规则加以代替,如此反复。这个过程既保证了植物可以生长得高大茂盛,又保证了每个迭代阶段的植物都有相同的复杂度、相似的形态。在迭代的过程中,可以引入随机的概念,使得以同样规则生成的树木各不相同。

另一种常见的方法是构造植物的生长模型。植物的生长有其客观规律性,一般来说,植物在生长过程中会不断生出新的枝条。新的枝条又成为新的生长点,继续分出更细的枝条。距离树根的长度越远,枝条越细,枝条间距离越短。当枝条细到一定程度后,就会长出树叶[12,13]。

新的枝条与老的枝条之间存在着一定的关系,如分枝角度、新老枝条的长度比例和直径比例等。建立生长模型就是要确定这些关系参数,而关系参数的复杂程度决定了植物形态的复杂度。

植物生长模型可以模拟植物的生长过程。不同的植物之间,其枝杆粗细程度不同、分枝的情况也不同,修改植物生长模型的参数,可以模拟不同类型的植物,对同种类型的植物,模型的参数可以通过满足一定分布规律的随机数确定,使得生成的同种类型植物具有不同的具体形态。

丛林中不同类型树木的高低、粗细和形状各不相同。假定丛林中某种类型的树木高度服从一定的分布,首先利用随机生成模型产生树木的高度。每一类型树木的树干直径与高度之间存在一定的对应关系,这种对应关系并不是一个唯一确定的函数关系,即对同一高度,树干直径并不相同,但是树木越高,对应的树干平均直径越大。根据每种树木的特点,统计出树高与平均直径间的关系式,即 $D = F(H)$,并统计出直径 D 在高度一定时的分布规律,根据平均直径 D 及其分布规律,随机生成相应的树干直径,并根据树木的特点,生成树干的几何形状[13]。

如图 8-5 所示,树木在某一高度上开始分枝,树木分枝的方式可归纳为以下三种[13]:图 8-5(a) 为树木有一主干,树枝在主干上分出,树枝的直径远小于主干的直径,后续树枝上再次分出的树枝同主干上的分枝状况相同;图 8-5(b) 为树木分枝后没有主干,分枝后的树枝较粗,同样,树枝再次分枝后也没有主干;图 8-5(c) 为 (a) 和 (b) 两种情况的混合,即树枝可按第一种方式分枝,也可按第二种方式分枝,再次分枝时仍可按其中任意一种方式继续进行分枝分叉。

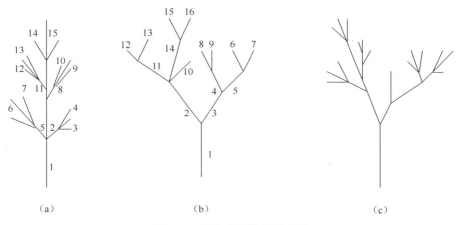

图 8-5　树木分枝类型示意图

假设主干上的分枝为第一次分枝,第一次分枝上的再次分枝为第二次,依此类推,直到第 N 次分枝。每一次分枝的直径 d_z 比上一次分枝的直径小,当 $d_z < d_{min}$ (d_{min} 为分枝的最小直径)时,停止分枝。

树干最下面的分枝为第一层分枝,依次向上为第二、第三层,直到第 M 层,每层间的距离 h_z 依次减小,当 $h_z < h_{min}$ (h_{min} 为分枝间的最小间距)时,主干上停止分枝。这种方法同样适用于树枝的再次分枝,当树枝直径 $d_z < d_{min}$ 时,停止树枝的再次分枝。当停止分枝后,利用树叶生成方法在末梢树枝上生成树叶。

树枝的生成方法:根据树木类型特点,利用统计方法确定树枝的平均位置、树枝的分枝方式、树枝的平均长度、平均直径和倾角以及各自的均方根误差,利用随机生成方法,确定每一具体树枝的位置、分枝方式、长度、直径和倾角等,即可生成具体的树枝。

树叶的生成方法:根据树木类型特点以及所处的季节,利用统计方法确定树叶的几何形状、大小、树叶的分布密度和树叶的倾角分布以及各自的均方根误差,利用随机生成方法,即可生成树叶。树木的生成过程如图8-5所示,图中的数字为生成顺序。图8-6(a)、(b)和(c)分别为图8-5中三种类型树木各自的随机生成结果[13]。统计规律的采用和随机数的选取等可根据树木具体类型的实际统计规律确定,其中涉及的伪随机数产生方法参见文献[14]。

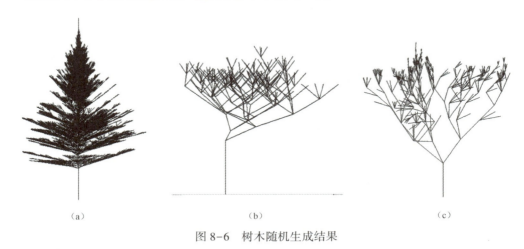

图 8-6 树木随机生成结果

8.2 地面立体目标和装甲车辆等军用目标的几何构型生成

地面立体目标如桥梁、港口、机场等建筑物和装甲车辆等军用目标都是人造物体,其几何形状相对规则,可以用欧氏几何的点、线、面或体等几何元素表示。通过对上述基本几何元素的平移、旋转或缩放等几何变换和并、交、差等几何运算,就可生成上述地面立体目标和军用车辆等目标的几何构型。

8.2.1 几何元素的定义

本节引入几何造型中涉及的基本元素点、边、面和体等的定义[1,2]。

点:点是零维几何元素,分端点、交点、切点和孤立点等,但在形体的定义中一般不允许存在孤立点。点是几何造型中最基本的元素,自由曲线和曲面或其他形体均可用有序的点集表示。用计算机存储、管理和输出形体的实质就是对点集及其连接关系的处理。

边:边是一维几何元素,是两个邻面或多个邻面的交界,可以用端点、型值点或控制点表示,也可用显式或隐式方程表示。

面:面是二维几何元素,是形体上一个有限、非零的区域,有一个外环和若干个内环界定其范围。一个面可以无内环,但必须有且只有一个外环。面有方向性,一般用外法线方向作为该面的正向。区分正向和反向面在物体的几何造型中非常重要。

环:环是有序、有向边组成的面的封闭边界。环有内外之分,确定面的最大外边界的环称为外环,通常边按逆时针方向排序。确定面中内孔或凸台边界的环称为内环,通常边按顺时针方向排序。

体:体是三维几何元素,由封闭表面围成的空间,也是欧氏空间 R^3 中非空、有界的封闭子集,其边界是有限面的并集。

体素:体素是可以用有限个尺寸参数定位和定型的体。

8.2.2 表示形体的线框、表面和实体模型

形体在计算机中常用线框、表面和实体三种表示模型[1,2]。

线框模型是用顶点和邻边来表示形体,是表面和实体模型的基础。其优点是结构简单、易于理解。问题是曲面的轮廓线将随视线的变化而改变,线框模型给出的不是连续的几何信息,不能明确地定义给定的点与形体之间的关系。

表面模型:表面模型是用有向棱边围成的部分来定义形体表面,由面的集合来定义形体。表面模型是在线框模型的基础上,增加有关面边(环边)信息以及表面特征和棱边的连接方向等内容。但是,在此模型中,形体究竟存在于表面的哪一侧,没有给出明确的定义。

实体模型:实体模型主要是明确定义了表面的哪一侧存在形体。即定义了表面外环的棱边方向,一般按右手规则为序。

在实际物体的造型中,通常将上述三种模型结合使用。

8.2.3 装甲车辆三维几何构型

装甲车辆是典型的人造物体,其几何形状相对规则,可以利用欧氏几何的点、线、面和体等基本几何元素,通过平移、旋转或缩放等几何变化来进行三维几何构型的绘制。这些变化原则的运用方法可参见相应的计算机图形学方面的文献[1,2]。

为了确定装甲车辆网格划分方式,需要将装甲车辆的三维造型在计算机上演示出来。为此,必须将节点的三维坐标转换成二维坐标,其转换公式为

$$\begin{cases} x_t = m_x + x\cos\vartheta - y\sin\vartheta \\ y_t = m_y + y\cos\vartheta\sin\varphi + x\sin\vartheta\sin\varphi + z\cos\varphi \\ z_t = m_z + y\cos\vartheta\cos\varphi + x\sin\vartheta\cos\varphi - z\sin\varphi \end{cases} \qquad (8-14)$$

式中，(m_x, m_y, m_z) 为观测者的位置；ϑ 和 φ 为观察者所处的观测角度；x, y 和 z 为节点三维坐标。利用 z_t 去除 x_t 和 y_t，再乘以从观测者到投影面的距离，叠加上屏幕中心坐标，将这一对数值分别转换成整数 x_p 和 y_p，即屏幕上的行与列。通过改变 ϑ 和 φ 值，就可以实现从任意方向上观测坦克三维构型的外形。

图 8-7 和图 8-8 分别是对应不同观测角度的利用线框和实体模型作出的坦克三维几何造型(线框图)，考虑了表面的正反方向(即表面的可见性)，但没有考虑表面间的遮挡消隐。可以对该坦克造型从不同的距离和不同的角度进行观测，可自动判断表面的可见性。

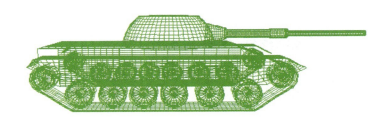

图 8-7　坦克几何构型图(侧视)

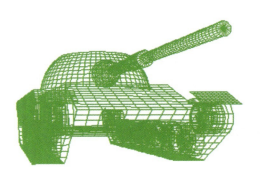

图 8-8　坦克几何构型图(正视)

8.2.4　桥梁的三维几何构型

桥梁的几何形状也相对比较规则，可以利用欧氏几何的点、线、面和体等基本几何元素，通过平移、旋转、缩放等几何变化来进行三维几何构型的构造，其构造方法同上一小节介绍的装甲车辆几何构型的构造方法相同，图 8-9 为运用上述方法构造的桥梁几何构型。

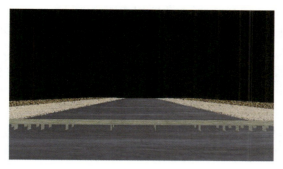

图 8-9　桥梁几何构型图(正视)

8.3　红外辐射热像模拟生成技术

8.3.1　图像灰度量化的处理

对于通过数值模拟计算获得的目标与背景的温度分布或红外辐射通量结果,可以按照一定的算法,将所有这些温度或红外辐射通量转化为成像面上对应点的颜色或灰度值。

如果假定 a 为温度或红外辐射通量值下限, b 为温度或红外辐射通量值上限,颜色共 256 种颜色色素或灰度,代码为 0~255,0 为黑色,255 为白色。若某单元网格点的温度或红外辐射通量值为 c,利用下述公式可将其转换成相应的颜色代码:

$$\begin{cases} i = 0, c < a \\ i = \mathrm{int}\left[255.0 \left(\dfrac{c-a}{b-a} \right) \right], a \leqslant c \leqslant b \\ i = 255, c > b \end{cases} \quad (8\text{-}15)$$

式中, i 为颜色代码;符号 int 的意思是将方括内的浮点数取整。

运用代码 i 和色度学原理及计算机图形技术,将目标与背景的红外辐射通量或温度的数值大小转换为对应的颜色或灰度值,赋值于相应的目标与背景几何构型上,即可生成相应的模拟红外热图像或温度图像。

8.3.2　光滑阴影模型

获得某一三角形(或四边形)面元顶点位置对应的红外辐射量值,并按照灰度量化算法将该红外辐射通量值转化为成像面上对应的灰度值之后,就可以得到该面元上的颜色。面元既可以用单一的颜色(无明暗差别的阴影),也可以用许多不同的颜色(光滑阴影模型)来绘制。在使用无明暗差别的阴影时,图元的某个顶点的颜色将重复用在该图元的所有顶点上;在使用光滑阴影时,图元的各个顶点的颜色是相互独立的。对于线段,线段上的平滑颜色是在两顶点颜色之间插值得到的。对于多边形图元,多边形内部区域的颜色是在相邻顶点颜色间插值得到的[1,2]。

图8-10(a)即为未采用光滑阴影模型生成的海面背景某一时刻的红外图像,可以看出,图像相邻面元的颜色落差很大,海浪形态较为模糊,海浪的真实感得不到体现。图8-10(b)则为采用光滑阴影模型后的红外图像,可以看出,海面的波浪起伏较为逼真,真实感较强。图8-11为采用光滑阴影模型后生成的地表某一时刻的红外辐照度图像。

(a) 无明暗差别的阴影　　　　　　　　(b) 光滑阴影模式

图8-10　生成的背景红外图像

图8-11　采用光滑阴影模型生成的地表的红外辐照度图像

8.4　自然地表红外图像的模拟

如前所述,自然界的地表错综复杂,影响其温度分布和红外辐射特征的因素很多,如地表的起伏、土壤类型、植被类型和土壤湿度等。要精确计算自然地表的温度和红外辐射特征,必须建立考虑各种影响因素的地表三维热质传递模型,其工作量是巨大的,很不现实,通常都是近似采用一维模型[15,16]。但是,一维模型的数值计算结果往往不能直接生成红外图像。为了生成地表背景的红外图像,一些文献介绍了若干种方法[6,7,10],这些方法生成的图像是地表的原始图像,没有考虑探测器视角和视场等因素的影响,而探测器的视场和视角对观测到的图像影响是很大的。即使对同一地面区域,使用不同视场的探测器观测,得到的图像是不同的;即使采用同一探测器,如果从不同的视角观测同一区域,得到的图像也是不同的。本节利用自然地表数字模拟构造图像的基础上,考虑探测器视场和视角的影响,模拟生成探测器视场内地表的红外热辐射图像。

8.4.1 自然地表红外图像的随机模拟

地面相邻两点的温度是空间相关的,相关函数可表示为

$$\langle T(R+r) * T(R) \rangle = \varphi(r) = \sigma^2 \exp(-\alpha r) \tag{8-16}$$

式中,r 为两点间的无量纲相对距离;α^{-1} 为无量纲相关长度;σ 为高度均方根误差。

自然粗糙地表的温度服从 N 维正态分布,N 维随机变量 $(T_1, T_2, \cdots, T_N)$ 代表地表的温度,它们服从同样的正态分布。为了讨论方便,假设其平均值为 0,则其联合密度函数具有如下形式[7]:

$$P(\boldsymbol{\beta}) = \frac{1}{(\sqrt{2\pi})^N \sqrt{\det(\boldsymbol{V})}} \exp\left\{-\frac{1}{2}\boldsymbol{\beta}^T \boldsymbol{V}^{-1} \boldsymbol{\beta}\right\} \tag{8-17}$$

式中,$\boldsymbol{\beta} = (T_1, T_2, \cdots, T_N)$,$\boldsymbol{\beta}^T$ 为 $\boldsymbol{\beta}$ 的转置矢量;$\boldsymbol{V} = \{\langle T_i * T_j \rangle\}$,可由相关函数 $\varphi(r)$ 确定。例如,取方形区域的边长为 L,每边进行 N 等分,步长为 ΔX,则可以利用条件概率 $P(T_m | T_1 \cdots T_K)$ 来确定温度。假设第三点满足如下条件概率[7]:

$$P(T_4 | T_2, T_3) = \frac{P(T_2, T_4, T_3)}{P(T_2, T_3)} \tag{8-18}$$

利用已知两点的温度确定第三点温度。于是,

$$P(T_4 | T_2, T_3) = \frac{1}{\sqrt{2\pi}\sigma\eta} \exp\left[-\frac{C(T_4)}{2\sigma^2 \eta^2}\right] \tag{8-19}$$

式中,$\eta = \sqrt{\frac{1 + Z^{\sqrt{2}} - 2Z^2}{1 + Z^{\sqrt{2}}}}$;$C(T_4) = \left(T_4 - \frac{Z}{1 + Z^{\sqrt{2}}} T_2 - \frac{Z}{1 + Z^{\sqrt{2}}} T_3\right)^2$。

给定 T_2 和 T_3,则 T_4 服从如下正态分布,其平均值为 $\langle T_4 \rangle = \frac{Z}{1 + Z^{\sqrt{2}}} T_2 + \frac{Z}{1 + Z^{\sqrt{2}}} T_3$,标准均方根误差为 $\sigma' = \sigma\eta$,利用正态分布随机数生成方法即可生成 T_4。然后依次平移各点,再计算新的 T_4。对于左上角第一点,直接赋值,利用条件

概率 $P(T_2|T_1) = \dfrac{P(T_1,T_2)}{P(T_1)}$ 确定第一行的温度,利用条件概率 $P(T_3|T_1) = \dfrac{P(T_1,T_3)}{P(T_1)}$ 确定第一列的温度。生成地表温度图像如图 8-12 所示。显然,随着参数 α^{-1}、σ 和变量 r 的取值不同,自然地表温度灰度图像呈现不同的纹理特征。因此,适当调整和选取这些参数和变量,可以获得与自然地表具有相同纹理特征的温度场图像。

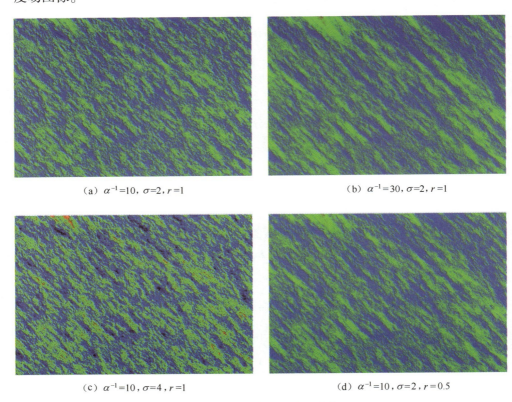

(a) $\alpha^{-1}=10, \sigma=2, r=1$　　　　(b) $\alpha^{-1}=30, \sigma=2, r=1$

(c) $\alpha^{-1}=10, \sigma=4, r=1$　　　　(d) $\alpha^{-1}=10, \sigma=2, r=0.5$

图 8-12　自然地表温度图像

8.4.2　探测器视场图像生成

如图 8-13 所示,探测器距地面的高度为 h,地球半径为 R,探测器可探测到的地面距探测器的最远距离为 L,$\alpha_2 - \alpha_1$ 为探测器的视场角[11],有

$$\alpha = \arcsin\left(\dfrac{R}{R+h}\right) \qquad (8\text{-}20)$$

$\alpha_2 > \alpha$ 时,探测器不能探测到地面;$\alpha_1 < \alpha$ 时,探测器只能探测到地面而不能探测到天空;$\alpha_1 > \alpha$ 和 $\alpha_2 < \alpha$ 时,既可以探测到天空,又可以探测到地面。根据实际的 α_1 和 α_2,可计算每个像素对应的目标或背景任一单元网格到探测器的距离 $R' = h\cos\alpha'$,其中 α' 为任意像素点对应的夹角。根据 R' 和大气传输特性计算大气的透过率;根据 α' 计算每个像素点对应的目标或背景上的区域,即每个像素点对应目标或背景上单元网格的个数(图 8-14)。将目标或背景上对应区域内的温度值或红外辐射亮度值按某种规则进行加权平均,即可获得探测器对应像素点的相应物理量的数值[11]。显然,一种简单而直接的平均方法是算术加权平均,即

$$T = \frac{\sum_{i=1}^{n} a_i T_i'}{\sum_{i=1}^{n} a_i} \quad (8-21)$$

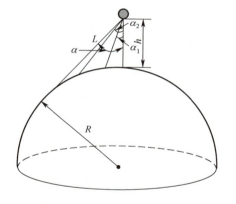

图 8-13 探测器视场示意图

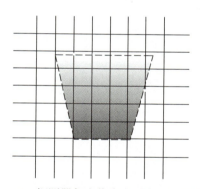

图 8-14 探测器每个像素点对应的地面网格

式中,T_i 为像素点 i 的温度;a_i 为目标或背景上第 i 个网格点被该像素点所覆盖的面积;T_i' 为第 i 个目标或背景上网格点的温度;n 为该像素点所覆盖到的目标或背景上单元网格个数。

应当指出的是,不同的加权处理方法会影响图像处理的质量,合适的加权方法有利于消除因为数值计算过程中网格划分形成的相邻区域节点计算值阶跃变化而导致的图像伪色差变化,有利于形成相邻区域之间的图像光滑过渡,表现出更为真实的纹理特征。利用上述方法对图 8-12 的图像进行转换,可获得探测器视场范围内的自然地表热图像,结果如图 8-15 至图 8-17 所示。图 8-15 的地面网格大小

为10mm×10mm,图8-16和图8-17的地面网格大小为100mm×100mm。图8-15所示的情况由于地面网格较小,视场角较小,且 β 较小(探测远处的地面),每个像素点对应的地面网格数较多。如图8-15(a)所示,视场图像的温度分布趋于均匀(加权平均减小了温度阶跃起伏);对于图8-16和图8-17对应的地面网格尺寸较大,且视场角也较大,可以探测到较近处的地面,因此每个像素点对应的地面网格数较少,反映出地面温度起伏较大;对于天地交界处,由于距离较远,每个像素点对应的地面网格数仍然较多,地面温度的起伏依然较小。图8-16还显示了天际线和天空背景,由于探测器无论以何种角度探测天空,每个像素点对应的天空区域的面积是相同的,可直接采用天空背景温度图像(这里认为天空背景温度处处相等),不需进行视场的转换。

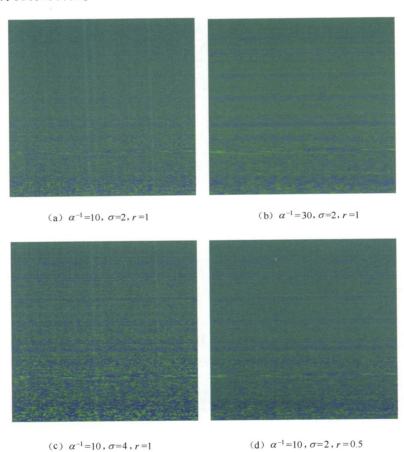

(a) $\alpha^{-1}=10, \sigma=2, r=1$ (b) $\alpha^{-1}=30, \sigma=2, r=1$

(c) $\alpha^{-1}=10, \sigma=4, r=1$ (d) $\alpha^{-1}=10, \sigma=2, r=0.5$

图8-15 探测器视场图像($h = 10$m, $\beta = 5°$,
视场 $5° \times 5°$, β 为视场中心线与地面夹角)

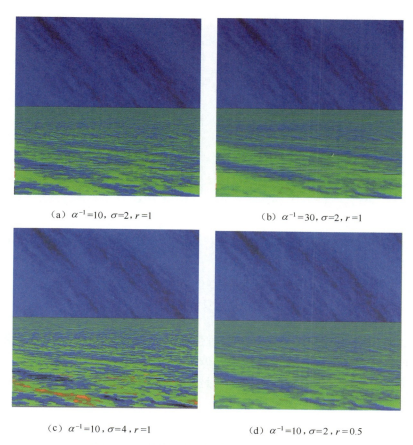

图 8-16 探测器视场图像（$h = 2\text{m}, \beta = 0°$，视场 $35°\times35°$，β 为视场中心线与地面夹角）

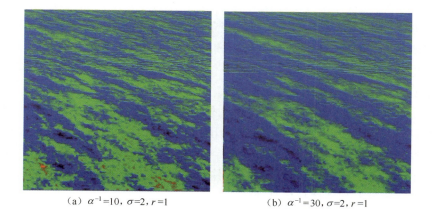

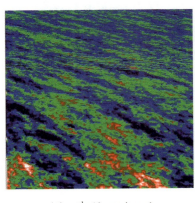 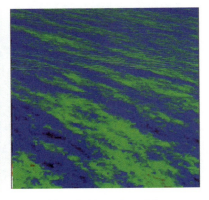

(c) $\alpha^{-1}=10, \sigma=4, r=1$ (d) $\alpha^{-1}=10, \sigma=2, r=0.5$

图 8-17　探测器视场图像（$h = 10\text{m}, \beta = 35°$，
视场 $35° \times 35°$，β 为视场中心线与地面的夹角）

类似地，如果利用自然地表红外辐射强度值 E 代替式(8-16)中地表温度 T，可获得自然地表红外辐射通量的模拟图像。通过自然地表图像模拟可知，探测器的视场和视角参数对观察到的图像影响是很大的，在研究自然地表红外辐射特征时必须考虑探测器视场和视角的影响。

8.5　装甲车辆的红外热像模拟

根据装甲车辆红外辐射特征模型输出的温度分布和红外辐射通量，运用计算机图形学原理，依据模型数值计算结果的量值范围选定标度色标、显示比例和给定的观测方位，可在计算机屏幕上演示相应条件下车辆表面温度场和红外辐射亮度，展现车辆热特性图像。根据平面法线方向和观测方向判断平面是否可见，若可见，则进行坐标变换，坐标变换及改变观察方位的方法类似于网格演示方法，而显示比例的改变只需乘以一个简单的比例系数。

运用前几节所介绍的方法，将车辆红外辐射通量或温度赋值于车辆几何构型上，即可在计算机屏幕上显示相应的模拟图像。图 8-18 和图 8-19 分别是坦克红外辐射通量和温度分布图像模拟的示例。显然，坦克红外辐射通量的模拟图像直观地显示出坦克的红外辐射特征点及整体分布，使目标特性研究成果可直接应用于武器装备研制和作战模拟仿真训练[29]。

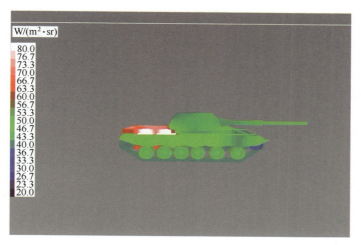

图 8-18　辐射亮度演示

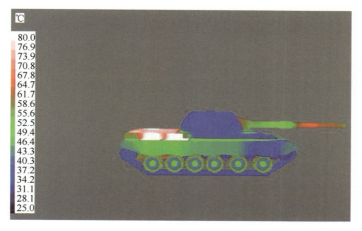

图 8-19　温度演示

8.6　地面立体目标的红外热像模拟

　　类似地,采用前几节介绍的数字模拟图像生成方法,根据地面立体目标红外辐射特征模型输出的温度分布和红外辐射通量,可在计算机屏幕上演示相应条件下地面立体表面的温度场和红外辐射亮度及其模拟图像。图 8-20 是某一公路桥与周围背景温度场的灰度模拟图像,它清晰地反映了大桥与水面及堤岸之间的热特征差异。

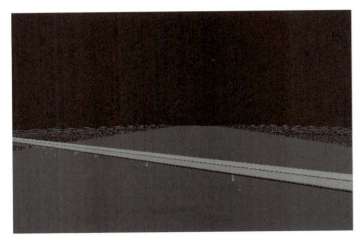

图 8-20 桥梁的温度图像

8.7 丛林的红外热像模拟

丛林模型的生成及其红外辐射特征的分析,对于目标与环境红外辐射特征的研究、复杂背景中目标的识别以及利用红外遥感图像分析提取丛林中树木类型、分布和生长状况等都具有重要的应用价值。

自然环境中,丛林中的不同类型树木的几何构型各自服从一定的分布规律,即树干的直径、倾角,树枝的数目、倾角、直径以及树枝的分叉规律和树叶密度、形状等各自服从一定的统计规律。根据丛林统计分布规律,本节利用随机方法,随机生成由相同或不同类型树木构成的丛林,用于地表景象的生成和丛林红外热像的分析。

8.7.1 丛林随机生成模型

8.7.1.1 树木中心位置随机生成

根据对实际丛林的树木中心位置的分析,树木中心位置坐标(x,y)各自服从一定的随机分布[16](如均匀分布、正态分布和泊松分布等),利用随机数生成方法[17]生成满足特定分布的 n 个坐标点(x,y),其中 n 为所生成丛林的树木总数。由于树木具有一定的几何尺寸,为避免两棵以上树木的中心位置处于同一坐标,或者两棵以上树木的交叉部分太多而不符合实际情况,树木间必须存在一定的距离 d。为此,必须对随机生成的树木坐标作适当调整。调整方法为:首先确定新近产生的树木坐标点与所有已产生的树木坐标点之间的距离 $D_{i,k}$,即

$$D_{i,k} = \sqrt{(x_i - x_k)^2 + (y_i - y_k)^2}, i = 1,2,3,\cdots,k-1 \quad (8-22)$$

式中，k 为新近产生的坐标序号。

比较 $D_{i,k}$ 与 d，如有任意 $D_{i,k} < d$，则调整 (x_k, y_k)，使之满足 $D_{i,k} > d$。有的文献[2]将 d 视为常数，但实际上，d 与树木的直径（树干或树冠的直径）有关，而树木直径是由树木的类型和树高确定的。因此，树木中心位置的确定须与树木类型选择模型和树木生成模型同时进行[13]。

8.7.1.2 树木类型随机选择

如果丛林由不同的树木组成，每一具体位置上树木类型可能是任意的，应当采用随机方法确定具体的树木类型：将 0~1 之间的实数分为 m 个区间，m 为所生成丛林所包含的树木类型数目，区间的大小由每种类型树木在丛林中所占的份额确定，然后产生一个 0~1 区间内服从均匀分布的随机数，该随机数落在哪一区间，就选择哪一树木类型。例如，某丛林由三种类型的树木组成，即 $m=3$，假设各种类型树木所占的份额分别为 20%，50% 和 30%，则将 [0,1] 区间分为 [0,0.2]，(0.2, 0.7]，(0.7, 1.0] 三个区间，如产生的随机数为 0.3，则选第二种类型；如为 0.8，则选第三种类型的树木。

8.7.1.3 丛林生成过程

首先利用树木中心位置随机生成模型，随机确定树木中心位置，然后利用树木类型选择模型，随机选择树木类型，再利用树木几何形状生成模型，确定几何尺寸，计算并判断该棵树木与其他已生成树木之间应具有的最小距离 d 和实际距离 $D_{i,k}$。根据具体情况，进行树木中心位置的适当调整。当这一过程完成后，开始下一棵树木的随机生成过程。图 8-21 为随机生成的树木位置分布图，其中的不同符号表示不同的树木类型。

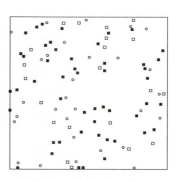

图 8-21 树木随机分布

8.7.2 丛林红外热图像的生成

在获得随机生成的丛林树木位置分布图的基础上，根据位置分布图中树木的类型和该类树木生成模型，在树木分布图的相应位置上随机生成该类树木的具体几何构型。由于采用随机生成模型，即便是同种类型的树木，其高矮粗细以及具体形态也各不相同，这样生成的丛林非常接近于自然丛林。图 8-22 所示为随机模拟生成的丛林的几何构型图。

根据由丛林红外辐射特征模型数值计算得到的温度分布或红外辐射通量，选定相应的标度色标、显示比例和给定的观察方位,即可生成相应条件下的丛林红外热辐射图像。温度数值或辐射亮度数值与颜色代码 i 之间同样可以利用式(8-23)进行转换。由代码 i 和色度学原理及计算机图形技术,可以在屏幕上显示相应颜色,根据需要生成相应的热图像。图 8-23 为生成丛林温度分布的模拟图像。

图 8-22　丛林的几何造型图

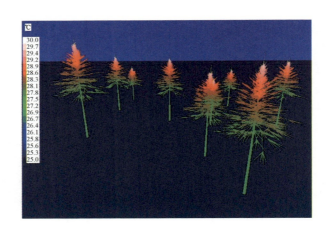

图 8-23　丛林温度分布的模拟图像

8.8　复杂三维背景红外图像模拟

8.8.1　自然地表土壤类型和植被类型

地球上的植被和土壤类型有自然形成和人为形成的两种类型。自然形成的是指自然界本身存在的植被类型和土壤类型,如裸露地表、黏土、沙地、草地和丛林等。自然生成的土壤和植被类型其形状、大小及分布是随机的,可利用随机方法生成。人为形成的是指有人参与形成的土壤类型和植被类型,如高速公路、机场跑道、小麦植被和水稻植被等,人为形成的地表形状、大小和分布大都是依据人的意志而形成的,可采用专家参与的方法进行生成,即指定土壤和植被类型的形状、大小和分布状况。

利用式(8-11)-式(8-13)所描述的生成地形地貌的方法,可模拟自然地表的土壤类型或植被类型,只是式中的 h 不再表示高度。确定方法举例说明如下:假设在某一较大的区域内裸露地表占30%,草地占20%,丛林占50%,首先从最低的 h 开始统计,统计在 $[0,x_1]$ 范围内的单元数为总数的30%, x_1 即为所求的数值,则在 $0\sim x_1$ 的范围内单元定为裸露地表,然后从 x_1 开始统计,统计在 $[x_1,x_2]$ 范围内的单元数为总数的20%, x_2 即为所求的数值,则在 $0\sim x_1$ 的范围内单元定为草地,剩余的单元定为丛林。土壤类型的确定方法与之相同。

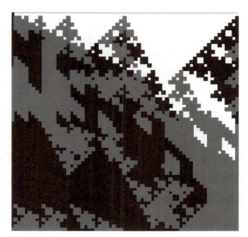

图 8-24 植被类型确定

植被类型确定后,开始模拟生成地表植被。为了生成满足一定覆盖率的植被,就必须采用一定的植被生成模型。对于丛林植被,可根据植被覆盖率和丛林树冠的平均直径,换算成某一地域上的树木总数,然后利用丛林生成模型进行生成。对于低矮植被(如草地),可认为植被是均匀分布的,而不必单独进行生成。

图 8-24 为植被类型确定的结果,黑色为裸露地表,灰色为草地,白色为丛林。在实际的确定过程中,如果某一植被类型的区域面积过小,则可以用其周围的植被类型代替。

8.8.2 复杂背景红外图像的生成

首先利用本章 8.1 节描述的地形地貌的模拟方法,生成自然的地形地貌,再利用上一小节的土壤类型和植被类型确定方法,确定各区域的植被类型,根据具体的植被类型,利用第 5 章建立的不同地面背景红外辐射特征模型,数值计算不同地表背景的红外辐射特征,然后将这些背景的红外辐射特征量值在选定的色度范围内转换为对应的颜色,在计算机屏幕上显示出来,生成模拟的复杂地面背景红外热图像。图 8-25 分别为两类复杂地面背景红模拟热图像的生成示例。

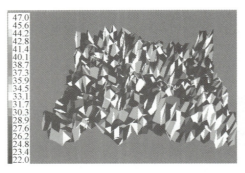 

图 8-25 复杂背景的热图像

对于包含人造地表的地面类型,如一些训练场地和机场跑道等,则可直接根据地表类型,利用第 5 章给出的不同地面背景红外辐射特征模型,数值计算确定这些人造地表背景的红外辐射特征,然后将所得到的红外辐射特征量值对应转换为相应的颜色,即可获得人造地表背景的红外热辐射模拟图像[18]。

图 8-26 为一包含人造地表的简单地表场景设置图,方形裸地上铺设环形混凝土跑道,环形跑道中间为一片草地。以某日实际测得的天气参数和环境参数为例,数值计算并模拟生成地面背景对应 2：00、8：00、10：00、12：00、14：00、18：00 和 22：00 时等不同时刻的 $8\sim12\mu m$ 波段红外热辐射图像(图 8-27)。

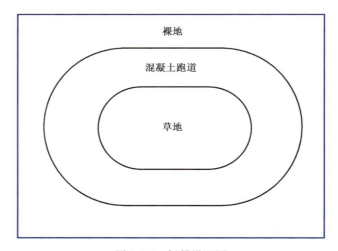

图 8-26 场景设置图

101.45 108.16 108.45

（a）2:00时

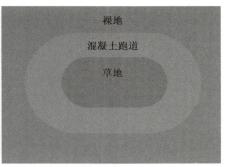

120.11 126.43 136.34

（b）8:00时

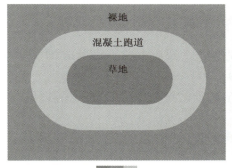

123.69 135.59 174.61

（c）10:00时

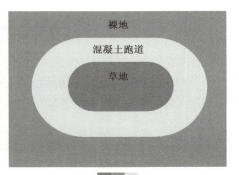

122.15 137.71 196.63

（d）12:00时

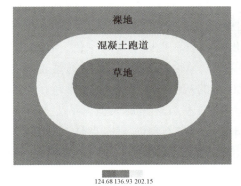

124.68 136.93 202.15

（e）14:00时

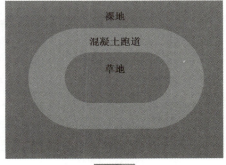

114.90 115.81 138.99

（f）18:00时

(g) 22:00时

图 8-27　8~12μm 波段红外模拟图像

上述模拟图像采用均匀量化的方法,取灰度上限为 255,下限为 0(即灰度范围为 255),对应的最大和最小辐射值分别为 210W/m^2 和 10W/m^2,计算划分每级灰度对应的辐射间隔,最后得出各辐射值对应的量化灰度值,生成对应的红外辐射灰度图。

由第 5 章可知,地表的红外辐射通量包括其自身辐射及反射的辐射两部分:地表反射的那部分辐射能量受地表的表面反射率、当时当地的天气状况和周围环境的影响;自身辐射极大程度上由其表面温度决定,与其波谱发射率也有关。结合图 8-27 示例可知,夜间各地表温度差别不大,红外辐射差值并不明显,故其红外辐射灰度图上各类地表灰度值也同样差别不大;白天由于太阳照射各地表温度升高,温差增大,不同类型地表的红外辐射通量也差别明显,从其红外辐射灰度图上也可清楚地看出这一点。夜间 2:00 时的混凝土跑道温度较裸地及草地低,其红外辐射通量值比裸地及草地的小,在红外辐射灰度图上表现出更暗淡的颜色。日出之后,混凝土跑道受太阳照射,温度上升速率比裸地及草地快,其红外辐射通量也随之变大,在对应 8:00、10.00、12:00 和 14:00 时的灰度图上颜色较之裸地和草地的要亮。地表受太阳照射,温度升高,在 14:00 时左右达到最大值。从上述图中可看出,14:00 时各地表对应的红外辐照图颜色较之其他时刻均要亮,不同地表之间的对比差别也最为明显。太阳下山后,由于混凝土跑道热惯量大,散热降温速率较慢,表面温度仍较高,其表面红外辐射通量仍高于其他两种地表,故 18:00 时仍表现出较亮的颜色。到夜间,由于没有太阳辐射,各块地表表面温度都降低,22:00 时各地表红外辐射通量均比较低,因而灰度图颜色整体变暗。

8.9 复杂地面背景红外图像的可见光图像转换方法

自然界中更多的复杂地面背景是难以通过采用前几节所述的数值模拟方法实现其几何构型的逼真再现和红外辐射图像模拟显示的,但这些地面背景的可见光图像或照片是相对容易获取的。本节介绍一种基于可见光图像的复杂地面背景红外辐射特征图像的准数字化模拟方法,即利用相对容易获取的复杂地面背景的可见光图像,结合地表背景红外辐射模型与数值模拟方法,模拟转换合成为相应地面背景的红外辐射图像。这个途径是直接从地面背景的可见光图像入手,运用图像处理技术和数值模拟方法,获取地面背景红外辐射特征的模拟图像,为复杂地面背景红外辐射特征研究提供了一种高效、便捷、经济、实用和逼近真实的方法。

这种方法的基本思路是针对复杂地面背景的可见光图像,按地貌类型、地面植被或建筑物特征将整个研究对象区域分割为若干个子区域,根据每个子区域的几何构型、地表结构和传热传质规律,分别建立相应的红外辐射特征模型,数值模拟计算各个子区域内的温度分布和红外辐射通量,运用计算机图形学原理,将数值计算结果赋予相应的可见光图像分割区域,即可获得复杂地面背景的红外辐射特征模拟合成图像[19,20]。

8.9.1 可见光图像的分割

8.9.1.1 马尔可夫随机场图像分割模型

马尔可夫随机场(MRF)是马尔可夫随机过程在二维空间上的推广,其关键在于定义二维场合时的马尔可夫性,它描述了 MRF 的局部特性,说明一个平面格点仅仅和其邻域点产生相互作用。基于马尔可夫随机场理论的图像分割方法将图像分割问题转换为图像标记问题,根据标记场的最大后验概率实现图像分割。在图像分割领域中,马尔可夫随机场理论也得到了广泛应用[21-23]。

马尔可夫随机场以其局部特性,即马尔可夫性为特征,而吉布斯随机场(GRF)是以其全局特性,即吉布斯分布为特征的。Hammersley-Clifford 定理建立了这两者之间的一致关系,使得规定一个具体的 MRF 有了实现的可能,从而 MRF 方法得以实用[21-23]。由 Hammersley-Clifford 定理可知,由于 MRF 与 GRF 相对应,如果定义了 GRF 的能量函数,则 MRF 就可依此而确定。采用最大后验概率估计(MAP)算法,则图像分割问题就转化为求解图像的 MAP 问题。MAP 估计器可描述如下[21-23]:

$$\hat{\omega}^{\text{MAP}} = \underset{\omega \in \Omega}{\arg\max} P_{X|F}(\omega \mid f) \tag{8-23}$$

$$P_{X|F}(\omega | f) = \frac{P_{X,F}(\omega,f)}{P_F(f)} = \frac{P_{F|X}(f|\omega)P_X(\omega)}{P_F(f)}) \qquad (8-24)$$

式中，$P_X(\omega)$ 为标记 ω 的先验概率，是关于图像结构一般性知识的概率描述；$P_{F|X}(f|\omega)$ 为观察值 f 的似然函数，它是从标记图像 X 得到观察图像 F 的概率描述；$P_F(f)$ 为观察值 f 的概率。

由于观察值 f 是给定的，$P_F(f)$ 是一常量，因而有

$$P_{X|F}(\omega | f) \propto P_{F|X}(f|\omega)P_X(\omega) \qquad (8-25)$$

若将可见光图像上每个区域看成一个标记，则图像分割问题可转化为图像标记问题，进而确定标记场的最大后验概率估计。问题的关键在于求取先验概率 $P_X(\omega)$ 和似然函数 $P_{F|X}(f|\omega)$。根据大数定理，假设 $P_{F|X}(f|\omega)$ 服从高斯分布，则可以用它的均值 μ_λ 和方差 σ_λ 来表示其分布规律。因此，似然能量函数可表示如下[23]：

$$U_1(\omega, F) = \sum_{s \in S} \left[\ln(\sqrt{2\pi}\sigma_{\omega_s}) + \frac{(f_s - \mu_{\omega_s})^2}{2\sigma_{\omega_s}^2} \right] \qquad (8-26)$$

对于先验概率，假设它是 MRF，则关键在于定义其势团势能。马尔可夫模型一般采用二阶邻域系，即 8 邻域系以降低计算复杂度；由于可见光图像中地面背景和目标没有确定的结构，各个方向都有可能，因而认为该邻域系是同构且各向同性的。在平面格点对应的连通系中采用双点势团以考虑其局部特性的影响，即当 $C \neq \{s,r\}$ 时，势团势能 $V_c = 0$，否则可表示如下[23]：

$$V_2(\omega_c) = V_{\{s,r\}}(\omega_s, \omega_r) = \begin{cases} -\beta, \omega_s = \omega_r \\ +\beta, 当 \omega_s \neq \omega_r \end{cases}, \beta \in (0.5, 1) \qquad (8-27)$$

式中，β 为模型参数，它控制区域的同构性。相应的先验能量函数为

$$U_2(\omega) = \sum_{c \in C} V_2(\omega_c) \qquad (8-28)$$

于是，后验能量可以表示为

$$U(\omega, F) = U_1(\omega, F) + U_2(\omega) \qquad (8-29)$$

8.9.1.2 基于博弈理论的决定性模拟退火算法

将马尔可夫随机场图像分割模型与贝叶斯决策理论相结合，可将图像分割转化为求解标记场的最大后验概率；而模拟退火（SA）算法是解决该问题的一种经典方法。尽管 SA 算法能找到全局最优解，但计算复杂度过高。可采用一种基于博弈理论的决定性退火算法（GSA）进行可见光图像的非监督分割，虽然它仅收敛于局部最优解，但计算时间却大大减少[22,24]。

为了进行非监督分割，在图像分割的过程中计算各个地面背景或目标的统计参数集，作为其分割判据，每一个参数集对应一个图像标记类。根据大数定理，可

得到每个标记类的经验均值 μ_λ 和经验方差 σ_λ：

$$\forall \lambda \in \Lambda : \mu_\lambda = \frac{1}{|S_\lambda|} \sum_{s \in S_\lambda} f_s, \sigma_\lambda^2 = \frac{1}{|S_\lambda|} \sum_{s \in S_\lambda} (f_s - \mu_\lambda)^2 \quad (8-30)$$

式中，S_λ 为类 λ 的对应区域中像素的集合。

这里采用的是不合作的 n 人博弈理论[21-24]：博弈的目的就是使得总的代价最小，即对于状态 $s^* = (s_1^*, s_2^*, \cdots, s_n^*)$，没有一个玩家可以通过只改变自己的策略来减少总的代价。代价函数可以表示为

$$\forall i : H_i(s^*) = \min_{s_i \in S_i} H_i(s^* \| s_i) \quad (8-31)$$

式中，$s^* \| s_i$ 表示用 s_i 代替 s^* 中的 s_i^* 而得到的状态。对于一个 n 人博弈游戏来说，游戏的最小代价总是存在的；而在一个不合作的 n 人博弈游戏中，由于每个玩家可以独立地选择自己的策略以最小化自己的代价，为了使总的代价最小，可采用如下的松弛算法：令 $s^{(k)} = (s_1^{(k)}, s_2^{(k)}, \cdots, s_n^{(k)})$ 表示第 k 次时的状态；$H_i(s)$ 表示在状态 s 下玩家 i 的代价；$\alpha \in (0,1)$ 表示接受新策略的概率。GSA 算法步骤如下[21-24]：

(1) 任选初始状态 $\omega^0 = (\omega_{s_1}^0, \omega_{s_2}^0, \cdots, \omega_{s_n}^0)$，此时 $k = 0$。

(2) 对于当前状态 $\omega^k = (\omega_{s_1}^k, \omega_{s_2}^k, \cdots, \omega_{s_N}^k)$ 的每个 ω^k，均选择一种标记 $\omega_s' \neq \omega_s^k$，使其满足以下条件：$U_s(\omega_s') = \min_{\lambda \in \Lambda - \{\omega_s^k\}} U_s(\lambda)$。其中，$U_s(\lambda)$ 表示点 s 标记为 λ 时的局部能量。

(3) 如果 $U_s(\omega_s') \geqslant \min_{\lambda \in \Lambda - \{\omega_s^k\}} U_s(\lambda)$，则 $\omega_s^{k+1} = \omega_s^k$；否则，以概率 α 接受 ω_s'，即

$$\omega_s^{k+1} = \begin{cases} \omega_s', U_s(\omega_s') < U_s(\omega_s^k) \text{ 且 } \xi \leqslant \alpha \\ \omega_s^{k+1}, \text{其他} \end{cases}$$

其中，ξ 为 $(0,1)$ 区间的随机数。令 $\omega^{k+1} = (\omega_1^{k+1}, \omega_2^{k+1}, \cdots, \omega_s^{k+1})$。

(4) 如果算法终止条件满足，则算法终止；否则，$k = k + 1$，转步骤(2)。

可以看到，在 GSA 方法中，初始值的选取是任意的，候选标记是以决定性的方法选出的，而候选标记的接受是随机的；随机的主要目的是从振荡中逃逸出来。

8.9.2　地面背景红外辐射图像生成

给定一幅地面背景的可见光照片，根据其地貌结构特征，首先运用上述图像分割方法。假定整幅照片包括的区域可以被分割为 N 个子区域($i=1,2,\cdots,N$)，根据各个子区域的地表覆盖组成与结构和能量平衡关系建立各自相应的温度场模型和红外辐射特征模型，数值计算得到对应的温度分布和红外辐射通量，即针对第 i 个子区域，通过构建模型、确定相应的模型输入参数和数值求解，可以得到对应该子

区域的温度场 $T_i(r,t)$ 和红外辐射通量 $E_i(r,t,\lambda)$，利用前一节讨论的方法将计算得到的红外辐射通量以恰当的方式赋值于分割图像对应的子区域，即完成将该子区域的可见光图像转换为红外辐射图像的过程。应该指出的是，对于某些复杂的地表地貌背景，在构建模型和数值求解过程中，可能需要考虑彼此的遮挡关系；在将红外辐射通量赋值于各个子区域时，需要关注邻近区域边界处的纹理处理问题，可采用适当的插值方法"熨平"边界处的纹理阶跃变化，使得生成的红外辐射图像更逼近真实。

以一幅含有沥青地面、草地和山地的地面背景可见光图像（如图 8-28 所示，图像大小为 256×256，灰度级为 256）为例，描述实施由复杂地面背景的可见光图像获取相应的红外辐射特征模拟图像的转换过程。采用 GSA 方法对原可见光图像进行非监督分割，在图像分割的过程中计算其统计参数集，每一个参数集对应一个图像标记类。对图 8-28 所示的地面背景，可分成 3 类，其均值 μ_λ 和方差 σ_λ 如表 8-1 所示。在 GSA 算法中，取模拟退火的初始温度为 $T_0=5.0$，算法终止条件为后验能量的变化 ΔU 小于当前能量值的 1/1000，降温方法则采用指数方法，即 $T_{k+1}=0.95\times T_k$，同构参数 $\beta=0.6$，接受概率 $\alpha=0.7$，分割后的图像如图 8-29 所示。

图 8-28　原始可见光图像

表 8-1　监督参数集

地　　形	均值 μ_λ	方差 σ_λ
山　　地	44.52	13.96
低矮草地	110.42	17.03
沥青公路	87.04	24.31

第8章 红外热像模拟

图 8-29　分割后的可见光图像

运用前面章节介绍的目标与背景红外辐射特征建模方法,针对分割后的每一个区域,分别建立相应的温度模型和红外辐射特征模型。在地表温度场的数值计算过程中,模型输入的环境和气象参数分别设定为:时间为某年的 8 月 1 日,风速为 5m/s,纬度为北纬 30°,气温和湿度随时间而变化,数值计算得到的地表温度随时间的变化关系如图 8-30 所示。求得地表的温度后,即可获得其对应的红外辐射亮度场。为了使合成的地面背景的红外热像有较好的对比度,在进行灰度图像表示时,采用的灰度级范围为[32,224],将地表背景的红外辐射亮度折算成对应的灰度级。图 8-31 和图 8-32 所显示的是利用原有的一幅地表可见光图像,通过数值

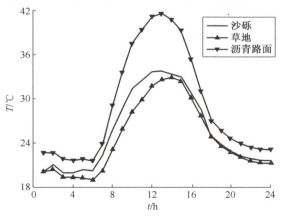

图 8-30　地表温度随时间的变化

389

转换方法而得到的相同地表对应不同时刻的红外辐射热像。这个例子说明综合运用基于马尔可夫随机场理论的图像分割模型和目标与背景红外辐射特征理论模型,通过地面背景可见光图像的分割和数值模拟计算而获取其红外热图像的转换方法是可行的。

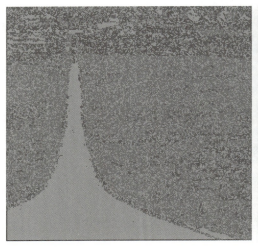

图 8-31　红外图像 13：30　　　　　　图 8-32　红外图像 16：30

8.10　军用目标与地面背景红外图像的合成

红外探测系统对处于复杂背景中目标(如装甲车辆)的探测和识别,在很大程度上取决于目标本身的红外辐射特征和周围复杂背景的红外辐射特征以及它们之间的对比度。针对不同的应用需求,人们对目标与地面复杂背景红外辐射特征及其对比特性开展了一定的研究[15,25-27]。

8.10.1　红外模拟热像的合成

如前所述,处于复杂背景中的目标与周围背景是相互作用和相互影响的,目标与背景间存在多种形式的能量交换,使得模型的建立和求解过程相当复杂。因此,根据研究对象和场合,一般可以作适当简化,以促进目标与背景红外热图像合成技术的研究和实用化。在很多场合下,可以只考虑复杂背景对目标的影响,不考虑目标对背景的影响,这样可以将原本耦合在一起的复杂背景与目标的温度及红外辐射特征的分析计算分离开来。具体方法为:首先进行背景温度场和红外辐射特征计算,然后把求得的背景温度分布和红外辐射特征等作为已知数据,输入到目标的温度场和红外辐射特征模型中,进行目标温度场和红外辐射特征的数值计算。

首先生成背景的红外辐射图像,生成与地面背景处于相同外部环境条件下目标红外辐射图像,然后将目标红外热像与地面背景红外热像按照相同的观测方向、相同的观测距离和相同的探测器视场角叠加镶嵌到背景红外图像中,合成得到目标与背景的红外辐射图像。

图 8-33 和图 8-34 是对应不同时刻的某型坦克与地面背景的红外热像合成示例。图 8-33 中的地面为裸露地表,目标(坦克)处于运动状态,且所有图像中的坦克状态是相同的,即对于每幅图像,坦克均是从静止开始以相同工作状况运动 1h 后的状态,但环境条件是随时间变化的。图 8-34 中的地面也为裸露地表,目标(坦克)处于静止状态(发动机及各种设备均处于不工作状态),且所有图像中的坦克状态也是相同的,即对于每幅图像,坦克均以静止状态停放 1h 后的图像,但环境条件也是随时间变化的。

从图 8-33 可以看出,当目标(坦克)处于运动状态时,后部动力舱和排气管出口处的装甲的温度较高,而车轮和履带的温度也较高。无论在什么时间,上述两个部位的温度都明显高于地面背景的温度,在图像上呈现的是亮目标,展现出明显的形状特征。这样的部位很容易被红外成像探测器发现和识别,是红外探测和识别的特征点。相比之下,炮塔、炮管(非射击状态)前装甲和裙板等部位的温度则低于地面背景温度,在合成的红外辐射图像中呈现的是暗区域。

在图 8-34 所对应的环境条件下,处于静止状态的坦克整体的温度均低于地面背景,在图像中呈现暗目标。在傍晚,目标与背景的温度趋于一致,目标与背景的红外辐射特征对比度趋于零,两者融合在一起,红外成像探测器难以发现和识别目标。

(a) 10:00　　　　　　　　(b) 14:00　　　　　　　　(c) 18:00

图 8-33　目标与背景的合成图像(坦克运动、非射击状态)

(a) 10:00　　　　　　　　(b) 14:00　　　　　　　　(c) 18:00

图 8-34　目标与背景的合成图像（坦克静止、非射击状态）

显然，上述目标与背景的红外辐射图像的合成原则与步骤是广谱的，不局限于特定的目标或背景。目标可以是运动的，也可以是静止的；可以是装甲车辆，也可以是指挥大楼、油库或其他类型的立体目标；背景可以是裸露型地表（如土壤或沙地等），也可以是低矮植被（如草地、小麦或水稻等植被型地表）；可以是坚硬地表（公路或机场跑道），也可以是软松地表（雪地或沼泽地）。本节因篇幅所限，只列出了一种背景与目标红外合成图像的示例。

8.10.2　目标模拟红外图像与背景实测红外图像的合成

目标与背景红外辐射特征分析研究中，往往需要把不同来源的目标和背景的红外图像融合在一起加以分析。一个典型的例子是：如果要获得不同气象环境和不同运行状态下某些装备的红外辐射图像，会耗费大量的人力物力，成本昂贵；而对于设计中的武器装备，则是不可能获取其红外辐射图像的。相对于目标的红外波段图像，人们更容易实验测量获得不同气象环境条件下地表背景的红外辐射图像。将真实地表背景的实测红外辐射图像与基于物理模型和数值模拟获得的目标红外辐射图像融合在一起，将大大深化、丰富和便捷目标与背景红外辐射特征的研究内涵并拓展应用领域。

将背景实测红外辐射图像与目标模拟红外辐射图像融合集成的一个基本原则是：必须保证基于模型数值模拟获得的目标红外辐射图像的模型数值计算输入条件与实测背景红外图像时的气象环境条件等完全相同。具体步骤大致是：首先利用红外热像仪实验测量获取背景的红外热像，同时采集记录当时当地的气象参数和环境条件数据；将记录的气象环境数据作为针对处于该背景中目标所建立的红外辐射特征模型数值求解的输入参数，开展一系列的数值模拟计算，得到与背景处于相同环境条件下的目标红外热像，将目标以与地面背景相同的观测方向、观测距离和探测器视场角镶嵌到相同波长范围内的背景红外波段图像中,融合集成得到目标与背景的红外热图像[28]。

例如,图 8-35 中不同的矩形区域分别为背景图片、目标区域和多余区域。具体的实现方法为:规定目标区域红外辐射通量对应的颜色代码为 0~254,多余区域的颜色代码为 255,这样就区分了多余区域和目标区域。目标与背景进行融合时,对于背景图片,多余区域用背景图片相应的像素点来赋值,背景图片中目标区域部分用目标区域相应的像素点来赋值。

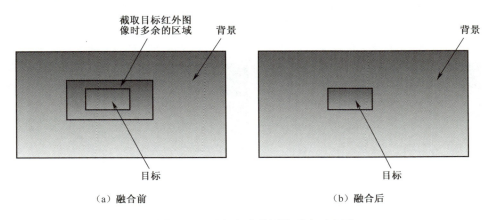

图 8-35 目标与背景图像融合示意图

融合中可能会出现如下问题,即实验图片中某个灰度值对应的红外辐射通量和目标图片中相同灰度值对应的红外辐射通量不同,主要原因是目标与背景的红外辐射通量的上下限的范围不一样。因此,需要进行灰度范围调整,主要是将目标的红外辐射通量调整到对应实验图片的上下限范围内的灰度值即可。

为了体现融合过程中不同来源图像的边界纹理效果,往往要对融合结果进行边缘光滑处理。采用超限邻域平均法,通过得到边缘像素点邻域的像素值的平均值,然后根据该像素点的值与其邻域平均值的差值的绝对值,与先前预设定的一个阈值进行比较,如果大于此阈值,则利用平均值代替该像素点的值;如果小于此阈值,则保持不变。

图 8-36 为模拟冷静态下坦克一天不同时间红外辐射特征图像与背景红外辐射图像的融合图像(波长 3~5μm)。从融合图像的显示效果看,融合方法是可行、有效的,说明能够利用基于数值模拟计算得到的坦克红外辐射特征图像与实验拍摄的背景红外辐射图像相融合,可以适应不同要求的目标与背景红外辐射特征的应用和拓展研究。

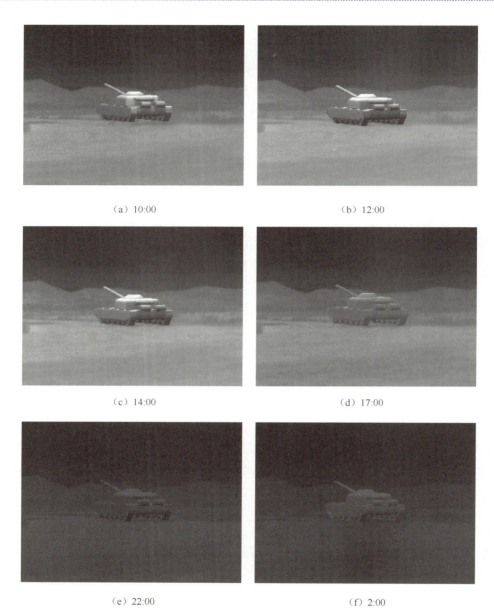

(a) 10:00　　　　　　　　　　(b) 12:00

(c) 14:00　　　　　　　　　　(d) 17:00

(e) 22:00　　　　　　　　　　(f) 2:00

图 8-36　不同时刻冷静态坦克与背景的红外融合图像

受限于计算条件和模型输入参数的误差等因素,图 8-36 给出的融合图像效果尚未能与实验拍摄的背景红外图像完全融合一致。造成仿真融合结果与实验测试结果不同的具体原因有很多,主要在于坦克实际的外形尺寸、材料参数、外界环境的真实变化和红外热像仪传递函数特性等因素。

参考文献

[1] 孙家广,杨长贵. 计算机图形学[M].北京:清华大学出版社,1995.
[2] Hearn D, Baker M P, Carithers W R.计算机图形学[M]. 4版.蔡士杰,杨若瑜 译. 北京:电子工业出版社,2014.
[3] 谢和平,张永平,等. 分形几何—数学基础与应用[M]. 重庆:重庆大学出版社,1990.
[4] 齐东旭. 分形及其计算机生成[M].北京:科学出版社,1994.
[5] 王东生,曹磊. 混沌、分形及其应用[M].合肥:中国科学技术大学出版社,1995.
[6] Ben-Yosef N, Rahat B, Feigin G. Simulation of IR Images of Natural Backgrounds[J]. Applied Optics, 1983, 22(1)190-193.
[7] Quaranta C, Daniele G, Balzarotti G.Numerical Method for IR Background and Clutter Simulation[C]// SPIE, 3062:10-19.
[8] 韩玉阁,宣益民. 天然地形的随机生成及其红外辐射特征研究[J].红外与毫米波学报,2000,19(2):129-133.
[9] Smith A R. Plant,Fractals and Formal Language[J]. Siggraph,1984,(18):1-10.
[10] Prusinkiewicz. Animation of Plant Development[C]//Computer Graphics Proceedings Annual Conference Series, 1993.
[11] 韩玉阁,宣益民. 自然地表红外图像的模拟[J].红外与激光工程,2000,29(2):57-59.
[12] 胡泊. 虚拟战场中不规则物体的几何造型[D].南京:南京理工大学,1999.
[13] 韩玉阁,宣益民,汤瑞峰. 丛林随机生成模型及其红外辐射特征模拟[J]. 红外与毫米波学报,1999,18(4):299-304.
[14] Howard C C, Meizler T, Gerhart G. Background and Target Randomization and Root Mean Square(RMS)Background Matching Using a New ΔT Metric Definition[C]//SPIE, 1992, 1967: 560-573.
[15] Thomas D J, Martin G M. Thermal Modeling of Background and Targets for Air-to-Air and Ground-To-Ground Vehicle Applications[C]//SPIE,Infrared Imaging, 1989, 1110:166-176.
[16] 张建奇,方小平,张海兴,等. 自然环境下地表红外辐射特征对比研究[J].红外与毫米波学报,1994, 13(6):418-424.
[17] Anne B K. A Simple Thermal Model of the Earth's Surface for Geologic Mapping by Remote Sensing[J]. Journal of Geophysical Research, 1977,82(11):1673-1680.
[18] 梁欢. 地面背景的红外辐射特征计算及红外景象生成[D].南京:南京理工大学,2009.
[19] 李德沧. 复杂地面背景红外热像合成[D]. 南京:南京理工大学, 2001.
[20] 宣益民,李德沧,韩玉阁. 复杂地面背景的红外热像合成[J]. 红外与毫米波学报, 2002, 21(2): 133-136.
[21] 陈熙霖,高文. 视觉计算中的概率方法[J]. 模式识别与人工智能, 1993, 1(3): 242-246.
[22] 刘岩. 模拟退火算法的背景和单调升温的模拟退火算法[J]. 计算机研究与发展, 1996,33(1):4-10.
[23] Geman S, Geman D, Graffigne C,et al.Boundary Detection by Constrained Optimization[C]//IEEE Trans.Pat-

tern Anal.Machine Intel,1990,12:609-628.
[24] Tan H L, Gelfand S B, Delp E J. A Cost Minimization Approach to Edge Detection Using Simulatd Amealing [C]//IEEE Trans.Pattem Anal.Machine Intel.1991,14(1):3-18.
[25] Manolopoulos A. Infrared Background and Target Measurement[R]. AD-A163567,1985.
[26] Grazano J M. Use of The Tacom Thermal Imaging Model[R]. AD-A154060, 1985.
[27] 桑农,张天序,史伟强. 海面红外舰船目标背景对比度的统计特性分析[J]. 红外与激光工程,1998,27(3):9-12.
[28] 成志铎. 地面装甲车辆的目标特性建模计算研究[D].南京:南京理工大学,2012.
[29] 韩玉阁,宣益民,吴轩. 装甲车辆红外热像模拟及数据前后处理技术[J]. 南京理工大学学报,1997,21(4):313-316.

第9章

红外辐射特征模型的验证与评估

军用目标与背景红外辐射特征模型研究的目的是提供给红外探测制导武器研制、武器装备隐身设计、军队仿真训练和演习、军事推演和作战策略制定以及军事实战等相关单位和部门应用。在这些应用中,模型仿真结果与真实世界实际现象与过程的相近程度直接影响到模型的应用效果。因此,对军用目标与背景红外辐射特征模型进行验证与可信度评估,是军用目标与背景红外辐射特征模型研究中不可缺少的一个环节,将直接关系到目标与背景红外辐射特征理论与方法的应用和发展。

9.1 模型验证与评估的方法和流程

计算机模拟(建模、仿真)就是寻求对特定的主要应用,把一个现象或多个现象描述到特定精度的水平上[1]。通常,模型模拟并不奢望确保相关现象进行完美的再现,因此模型验证成功的概念是满足要求即可,也就是"证明一个计算机代码在它主要的应用范围内与模型具体应用实例的一致性具有满意的精度范围"[2]。在过去几十年的时间里,有关计算机代码的验证研究工作有大量的文献发表[3-12],模型验证可分为两个阶段:预先验证(在利用真实系统进行所设计的实验之前进行的验证)和后期验证,即实验验证(利用所设计的实验数据进行的验证),并对验证结果进行可靠性评估。如图9-1所示,Fraedrich[13]和Sargent[14]等提出了验证预测模型的方法性框架,勾画出模型验证的大致环节。针对复杂目标与背景红外辐射特征模型的考核与验证,本书作者提出了具体的目标与背景红外辐射特征模型及软件验证的总体思路与方案(图9-2):①红外辐射特征模型预先验证,包括规范模型的构建与验证、单一组件模型的构建与验证、复合组件模型的构建与验证,通过与经典模型的解析解和经典模型数值解的比对,验证模型程序的正确性。②目标红外辐射特征模型实验验证,实验验证分两步进行:首先进行子部件模型的实验验证,针对目标的材料和结构特点,设计外场实验方案、设计制作实验部件,在外场实际环境中完成实验部件的测试,验证相应的理论模型;其次,在部件模型验证的基础上进行目标与背景模型的实验验证,针对目标的特点,设计外场实验方案,在外场实际环境中完成目标与背景的测试,利用外场试验数据,进行目标红外辐射模型验证;然后,利用目标红外辐射模型数值计算目标红外辐射特征,将数值计算结果与实验测量结果进行比较,对模型的误差以及可靠性进行分析,分析误差产生的原因和影响因素,修正和完善理论模型。

图 9-1 验证预测模型的方法性框架[13]

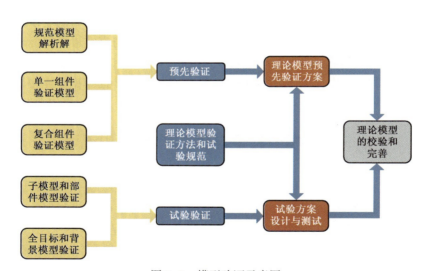

图 9-2 模型验证示意图

针对图 9-1 所示的 5 个阶段,具体包含的验证环节和内容如下[15]:

第一阶段:模型是否可以被验证。

可以被验证的模型必须满足 4 个先决条件:①真实的现象必须是可观察和可测量的;②真实情况的条件是可描述的,并且在可描述的条件下,结果是一定的;③当模型中没有指定的条件发生变化时,真实情况必须具有一致性;④真实情况必须能够进行大量的和丰富数据的采集。

第二阶段：预先验证。

由于进行试验验证的费用是昂贵的，在进行试验验证模型之前，进行模型的预先验证是必要的。预先验证的第一个层次是技术原理验证。对于新的数理模型，必须验证它的局限性、鲁棒性和精度。

预先验证的第二个层次是保证正确实现数理模型。谨慎的做法是利用某些已知标准答案的问题细致地测试代码，以保证代码能正确实现数理模型。但是，这并不意味着该代码对所有工况都能取得好的计算结果。因为代码采用的数学物理模型本身一般都存在限制，可能导致代码对某些特殊工况失效。

预先验证的第三个层次是特殊模型验证，这是工程人员最关心的验证层次。有时，用户给出的模型，可能不能正确描述所要求解的物理模型，从而导致软件无法给出正确的结果。为避免出现这样的问题，可采用行业内公认的 Benchmark 或标准模型进行软件的验证。

第三阶段：实验的设计和实验的执行。

通过对实验方案进行优化，模型可以用较少的实验数据获得较好的验证。模型验证实验的目有两个：①评估模型的预算误差；②定位和确定模型的标定误差。这是红外辐射特征模型验证中最为重要的阶段，因为实验数据相对于模型预测数据来说可以被看作真值。因此，进行合理实验设计、正确执行实验计划和获得具有合理精度的实验数据，是红外辐射特征模型验证的关键。

第四阶段：与预测值进行对比和评估。

红外辐射特征模型检验尤其是与实验结果比较检验，常常涉及来自不同组别数据的比较。因此，如何科学地比较多组数据，对红外辐射特征模型的验证是非常重要的。如何利用客观的标准化方法比对和解释数值仿真数据，对红外辐射特征模型给出客观的评价，是本阶段的任务。

第五阶段：模型的改进。

利用前述实验数据和模型预测数据的对比分析结果，分析模型预测误差产生的原因，并根据具体原因，改进和完善模型，提高模型精度，是本阶段的任务，也是红外辐射特征模型和软件发展的关键。

本章以图 9-1 所示的 5 个阶段为牵引，结合图 9-2 模型验证过程，详细介绍目标与背景红外辐射特征模型的验证方法。

9.2 红外辐射特征模型验证的预先验证方法

在模型与软件验证之前，首先要分析模型及软件是否可以被验证，以避免对不能被验证的模型及软件进行验证工作,造成人力物力的浪费,也就是图 9-1 标示的第一阶段:模型是否可被验证。

针对目标与背景红外辐射特征模型是否可被验证,可以依照可被验证的模型必须满足的 4 个先决条件进行分析:①目标与背景的红外辐射特征是可以观察和可测量的;②目标与背景的红外辐射特征在给定时间范围内,当模型输入条件一定时其模型输出结果也是一定的,也就是说模型预测可以利用与验证实验相同的条件,从而获得一定的结果;③目标与背景红外辐射特征模型中的条件发生变化时,模拟计算获得的红外辐射特征也发生变化,并且对于真实的目标与背景,当该条件发生变化时,其红外辐射特征也会一致性地发生变化,也就是说目标与背景红外辐射特征模型可以预测与验证实验条件不同的工况;④真实的目标与背景的红外辐射特征数据能够进行大量与丰富的数据采集。满足以上 4 个条件,则红外辐射特征模型是可以验证的。

在证明目标与背景红外辐射特征模型可以被验证以后,为降低模型验证的费用,在进行实验验证模型之前,首先进行模型的预先验证,模型的预先验证分为以下三个层次:第一个层次是技术原理验证,第二个层次是保证正确实现数理模型,第三个层次是特殊模型验证。

9.2.1 技术原理验证

预先验证的第一个层次是技术原理验证。前面提到,对于新的数理模型,非常有必要验证该模型的局限性、鲁棒性和精度。对于目标与背景红外建模仿真中的温度计算模型和红外辐射特征计算模型,因为已经被多次验证,所以这个层次的验证通常可忽略。例如,温度场数值计算的有限差分法、有限体积法或有限元法以及红外辐射计算的蒙特卡洛方法等,已经被充分验证[16-18],无须重复验证它们。当然,如果在模型构建和数值计算的过程中使用了新的方法,就需要对新的方法进行技术原理验证。

9.2.2 正确实现数理模型

预先验证的第二个层次是保证正确实现数理模型。程序正确性验证主要有:

(1) 确认测试(程序正确性测试、代码验证):计算机代码是否忠实地反映了概念(物理)模型,现在已经研究了一些代码确认的方法(如固定值法),在一些文献中可以找到[1]。

(2) 物理模型测试:在不使用实验数据的情况下,检查概念(物理)模型的正确性,即在没有实验数据的情况下,设计一些验证方法,辨别概念(物理)模型中的错误,如灵敏度分析、极端情况测试、直观有效性测试。如果不能通过这些测试,则研究仍维持在模型建立阶段,而不能进入模型的实验验证阶段。

9.2.2.1 确认测试(程序正确性测试、代码验证)

目前,程序正确性验证方法主要有两种类型[1]:基于程序逻辑理论的程序正确性判断和基于测试思想的程序正确性判断。

1. 基于程序逻辑理论的程序正确性判断

基于程序逻辑理论的程序正确性判断方法是把程序验证转换为逻辑推理问题。高级算法语言中的每一种基本控制结构(如条件语句、循环语句)都可以转换成相应的推理规则。要证明整个程序的正确性,就需要不断地使用这些推理规则进行推导。从原理上讲,这种方法很实用,能证明各种程序的正确性。

Floyd 提出了"用断言式方法"证明程序的正确性[19]。基于断言的程序正确性检测工具是基于程序逻辑的程序验证过程的半自动化过程工具。采用断言检测能够证明程序的正确性。半自动化过程能够在复杂程序条件下帮助验证程序的正确性,还有就是在大批量程序检测过程中也能发挥作用,不足之处是程序目的断言需要人工写出。另外,程序检测的关键步骤依赖断言发现工具的能力。

2. 基于测试思想的程序正确性判断

基于测试思想的程序正确性判断方法是目前工业界普遍采用的提高软件质量的重要手段,其实质是抽样检查,希望通过有限的测试用例来验证程序的正确性。

固定值法是目前使用较多的一种方法:选取一些固定的数值作为程序的输入,或作为中间变量的输入值,利用计算的结果,与其他容易获得的计算结果(分析解、其他软件计算解、手算结果等)进行比较,验证程序的正确性。

目标与背景辐射特性模型及软件的正确性判断最方便的方法就是采用固定值进行测试,尤其是在软件调试阶段,对子程序、软件模块采用固定值可以很快地发现代码的错误。现有软件开发工具都有跟踪调试功能,可以很方便地查询中间结果,可以很方便地判断程序代码的正确性。

例如,对地面车辆温度场模型数值计算的实现代码进行调试检测,采用简单的正方体,针对每一个边界选取数个面元,导出面元信息、温度值和热流各分量值(对流、自身辐射、大气辐射、太阳辐射、地面辐射)。通过与其他途径容易获得的计算结果(分析解、其他软件计算解和手算结果等)进行比较,确认导出的每个面元热流量的正确性,从而验证地面车辆温度场模型数值计算的实现代码。针对地面车辆红外辐射特征模型数值计算的实现代码,也可采用简单的正方体,对程序进行逐行调试,输出最后结果。对每个面选取若干个面元,根据所取面元的信息和各辐射分量,算出解析值,与模型数值计算过程输出的结果进行比对,确保模型输出结果的正确性,从而验证车辆红外辐射特征模型数值计算的实现代码的正确性。

9.2.2.2 物理模型测试

1. 直观有效性测试

由相关领域并且对模拟对象具有专业知识的专家直观判断模型或模型输出是否合理,这种测试可测试模型的流程在逻辑上是否合理、模型的输入/输出关系是否合理。

对目标与背景红外辐射特征模型及软件的测试来说,则可由红外探测制导武器研制、红外隐身设计与评估、部队作战训练等领域的人员直观判断模型的流程在逻辑上是否合理、模型及软件的输入/输出关系是否合理。

2. 极端情况测试

对模型中可能出现的极端条件或极端的组合情况进行测试,测试模型极端情况下模型结果的正确性和稳定性,模型应当对超出正常范围的输入进行限制。针对目标与背景红外辐射特征模型及软件的测试,极端情况测试可以进行极端天气条件测试、目标的极限尺寸测试、目标的极限运行速度测试、目标的极限动力工况测试以及相关极限计算参数测试(最大最小时间步长和空间步长、蒙特卡洛方法光线数目的最大最小值等),给出相应的条件限制。

3. 灵敏度测试

改变模型输入或中间变量的值,检测这些改变对模型输出结果的影响,这些影响及变化必须与被模拟的对象是一致的。对敏感的参数(以及变化对输出影响很大的参数),在利用模型分析之前必须精确确定。针对目标与背景红外辐射特征模型及软件的测试,可以通过改变环境气象条件、改变目标结构材料的物性参数和目标的动力参数等,分析这些参数改变后目标与背景红外辐射特征模型的数值计算结果的变化趋势是否符合实际的变化趋势。

9.2.2.3 特殊模型验证

预先验证的第三个层次是特殊模型验证。用不同的方法求解同一个模型是通常的验证方式。当模型的物理现象被正确仿真时,多种方法得到的结果应该一致;而且对于同一个模型,使用多个方法得到了相同的答案,反过来也增加了模型输出结果本身的可靠性。

特殊模型验证还可细分为以下几类:

1. 解析解验证

解析解通常可以认为是物理问题的真解。例如,模型计算软件对某些具有分析解的问题进行数值求解,与分析解进行对比,一方面可验证模型及代码的正确性,另一方面可确定数值计算方法的计算精度。

2. 与其他模型代码比较验证

可以利用某些基于不同的数值计算方法发展的商用软件,对同一问题进行数值计算,比较分析计算结果,检验代码的正确性以及不同计算方法之间的差异。

3. 收敛性验证

关于使用收敛性的检验方法,在仿真计算开始前,需要设置模型中有很多参数。例如,计算中的网格/单元等。如果仿真结果随网格大小的变化而不同,那么网格单元尺寸的选择就不恰当。因为如果网格大小合理,仿真结果将保持不变,软件的数值计算结果应当具有网格划分的无关性。

目标与背景红外辐射特征模型及软件在验证过程中,Benchmark 和标准模型应该成为最常用的有效工具。目标与背景红外辐射特征模型及软件应用要解决的问题有很多种,不可能为每一个问题都建立一个 Benchmark 或标准模型。应当建立一些具有代表性的模型,用于尽可能覆盖现有的应用问题,而模型验证者应尽量选择与其应用最接近的标准模型。通常,可能需要多个验证模型才能解决用户的应用问题。

最简单的验证模型是规范模型。这类规范的验证模型有解析解,能够为仿真数据提供可以比对的理论结果。对于目标与背景红外辐射特征通用模型及软件而言,给定边界条件和初始条件的长方体、圆柱体和球体的非稳态导热模型可以作为温度场数值求解软件的规范模型使用,因为这三种简单几何体的非稳态导热问题都有解析解。对于辐射换热和红外辐射特征部分的计算,可以将规则平面的辐射换热计算模型作为规范模型。

从复杂程度来讲,比规范模型高一个层次的验证模型是 Benchmark 模型。这类模型一般是由几种形体构成,其几何构造比较简单。它们不存在解析解,但往往已经被多种代码或方法求解。用 Benchmark 验证模型进行的验证过程就可以用以上的结果进行比对。就目标与背景红外辐射特征通用模型及软件的验证需求,利用给定边界条件和初始条件的长方体、圆柱体、球体、圆锥体和椭球体等不同几何体的任意组合所构成的新几何体的非稳态导热模型可以作为温度场数值求解软件的 Benchmark 使用,因为由这几种简单几何体组合形成的几何体的非稳态导热问题虽然没有解析解,但是目前许多商业化软件均可计算此类几何体的非稳态导热问题。将目标与背景红外辐射特征通用模型及软件与这些软件的计算结果进行对比,可以进行模型及软件的验证。对于辐射换热与红外辐射特征模型的计算,可以将不同类型表面间的辐射换热计算模型作为 Benchmark 模型。

标准模型是复杂程度最高的验证模型。这类问题具有复杂的几何结构,用来描述真实世界的模型。同 Benchmark 一样,标准模型也可能没有解析解,而且它们也已经被多种方法求解。标准模型体往往比 Benchmark 模型更复杂。可以将车辆行驶对流换热模型、太阳辐射计算模型、辐射换热计算模型、车轮履带接触与摩擦产热模型和火炮射击身管温度模型等作为验证目标与背景红外辐射特征模型及软件的标准模型,因为这些模型已经被多种数值方法求解。例如,火炮射击身管温度模型主要是计算火炮射击时,火炮身管内外壁面的温度分布及其随时间的变化规律,其中射击产生的身管内火药气体的温度、压力和速度等方面的问题在内弹道学领域内已经利用多种方法(如经典内弹道法和基于两相流动的内弹道方法等)进行了求解,而身管温度分布的求解则更是有许多方法进行求解,如有限差分法、有限元法和边界元法等,也有许多的商业软件可以使用。而火炮身管本身又是坦克装甲车辆的一个重要组成部分,是坦克装甲车辆红外辐射特征仿真中的实际问题,因此可以将火炮射击身管温度模型作为目标与背景红外辐射特征模型及软件验证的标准模型。

目标与背景红外辐射特征模型和软件的收敛性验证,主要是指模型及软件的数值仿真结果随网格大小的变化情况。例如,针对验证的坦克温度场模型,改变整车网格大小(图9-3),生成的网格数量分别约为85万和203万时,对中午12:00时刻的坦克温度场进行计算,图9-4给出对应两种不同网格数的坦克温度场数值计算结果,显然两者相差很小。由此可见,经收敛性验证,坦克温度场模型具有可靠性;而当网格数量为85万时即能满足收敛性,为了减小计算量,可采用该套网格。

图9-3　模型网格划分

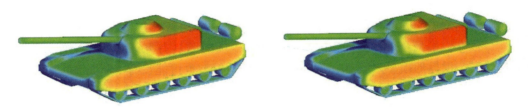

图9-4　不同网格尺寸计算结果(左:85万;右203万)

9.3　红外辐射特征模型的实验验证方法

试验验证是红外辐射特征模型验证中最直接和最为重要的阶段,因为实验测量数据相对于模型预测结果来说,可以被看作真值(如果实验系统和测试系统具有满足要求的精度,测试数据误差在预定的可接受范围内)。因此,进行合理的实验设计、正确执行实验计划、获得具有合理精度的实验数据,是红外辐射特征模型验证的关键。

通过对合理实验方案的优化设计,可以以较少的实验测量数据获得较好的模型验证。模型验证实验的目的主要是:①评估模型的计算误差;②评估模型的可靠性。

9.3.1　实验的类型

实验的类型总的说来可分为简单部件实验、分模块(或复杂部件)验证实验和真实目标验证实验。

9.3.1.1　简单部件实验

相当于规范模型实验,对一些简单的几何体进行红外辐射特征的测试,主要验证模型构建所涉及各种假设与近似的合理性,并验证天空辐射模型、太阳辐射模型、海洋模型或地面背景模型、温度场模型或红外辐射特征计算模型的正确性以及程序代码的正确性。例如,对于舰船,可进行不同涂层材料面板在海面环境下的红外辐射特征的验证;对于装甲车辆红外辐射特征模型,可将钢板作为简单部件,测试其在自然地面环境下的红外辐射特征,并进行验证。

本书作者利用简单的 100mm×100mm×20mm 的钢板[20],在晴天气象条件下进行了简单部件实验,对所研制的目标与背景红外辐射特征模型及软件进行验证。气象条件由相关气象站测量,云量分晴天和多云两种情况。为了系统地验证各个子模型和进行后期验证误差分析,可对中间参量进行测量和模型预算,进行分析比较。测量的中间物理量有天空辐照度(为验证 MODTRAN 的天空辐射模型)、太阳辐照度(为验证 MODTRAN 的太阳模型)、海面或地面辐照度(为验证海洋或地面模型)和面板温度(为验证传热模型)。

图 9-5 所示为晴天水平放置钢板上表面中心点的温度计算值和实测值。由图中曲线可知,温度场模型的数值计算给出表面温度呈现早晨低、上午温度升高和午后温度降低的趋势,符合晴天条件下表面温度的变化趋势,与试验测量的趋势一致。通过简单部件试验测试和温度数据比对,证明了温度场模型的合理性和可靠性。

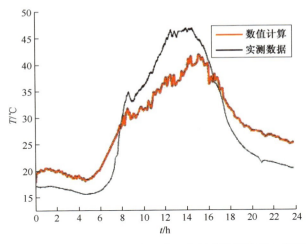

图 9-5 晴天水平放置钢板上表面中心点温度计算结果与实测结果

取某年 5 月 8 日的雨天天气为极端条件,对温度场模型进行极端情况测试与验证。图 9-6 所示为雨天水平放置钢板上表面中心点的温度场模型数值计算结果和实测值。由图中曲线可知,对应雨天的模型计算结果与实测结果对比,误差在 3℃ 之内,从而验证了温度场模型的合理性和可靠性[20]。

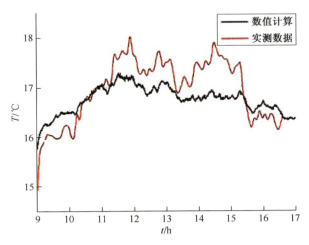

图 9-6 雨天水平放置钢板上表面中心点温度计算结果与实测结果

瑞典国防研究局对两种商业光学特征预测软件(CAMEO - SIM 和 RadThermIR)进行验证实验[13,21,22],对由多层材料组成的尺寸为 1m×1.2m 的两块平板进行测试,这两块平板的表面发射率不同。由于不考虑目标不同部分之间的内部反射情况,所以表面散射也简单化处理。用于实验测试的两块面板具有不同的涂层,其中一块涂有标准瑞典暗绿迷彩,另一块表面为低辐射率金属薄片,并通过双面胶带固定在面板上。金属薄片也是暗绿色的,但是颜色与涂层有点细微差别。平板放置在铝制的架子上(图9-7)。在每一块面板中放置一个Pt100温度传感器,实时监测和记录面板温度变化。实验使用了一套带两台照相机的Thermovision System900,一个是带有LPL滤波的长波(7.5~12μm),另一个是带有Y02滤波的中波(3.5~5μm)。

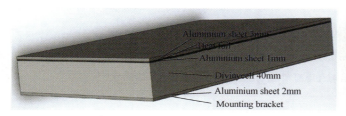 

图9-7 面板的截面和实验中的两个面板[13]

面板和传感器放置在覆盖有草的岸堤上,传感器水平朝向面板并且和正北方向夹角为76°,面板放置在离传感器17.6m的地方,面板的法线和正北方向夹角为256°,仰角是+30°。测量时间是从2003年4月8—9日的连续24小时。实验测量的红外图像经过标定后,根据过滤器和检测器组合计算辐射。辐射经过了大气传输修正,用Modtran软件计算大气传输特性。图9-8给出的是温度测量结果和模型仿真结果的比较,图9-9和图9-10分别给出了两个平板在中波和长波波段的红外辐射测量结果与红外辐射模型仿真结果的比较。

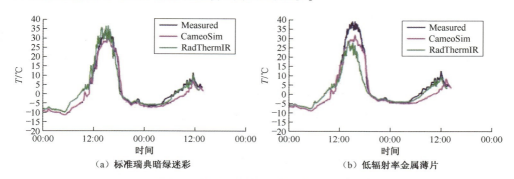

图9-8 温度测量和仿真结果的比较[13]

对 CAMEO-SIM 和 RadThermIR 两种红外辐射特征预测软件的有效性验证研究表明,模型模拟结果和实验测量数据在相当大的程度上是吻合的。实验测量和

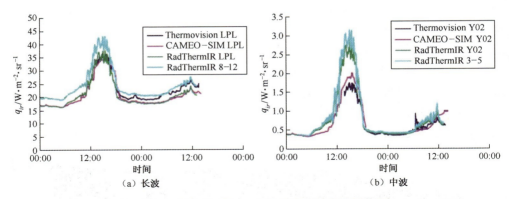

（RadTherm LPL、RadTherm Y02 进行了波段范围修正）

图 9-9　瑞典暗绿迷彩红外辐射测量结果和仿真结果的比较[13]

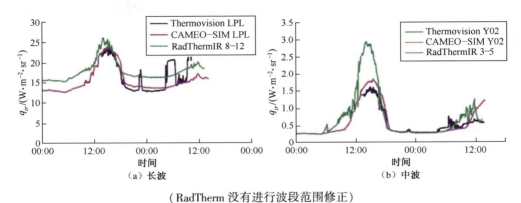

（RadTherm 没有进行波段范围修正）

图 9-10　低辐射率金属薄片红外辐射测量结果和仿真结果的比较[13]

模型数值计算结果之间的最大偏差最有可能与波动的气象参数有关，如风速、风向和云量等。

9.3.1.2　分模块（或复杂部件）验证实验

相对于 Benchmark 或标准模型，这类验证一般是针对目标某个特定功能单元或模型中的某个功能模块，或者是在目标模型的某些单元模块不便于单独测试时，利用一些几何体的组合来代替。例如，对于坦克温度场模型中的火炮身管模型、车轮履带模型和发动机模型以及软件功能模块中的大气模型；而对于乘员舱或动力舱单元，则可利用简单几何体组成的封闭腔代替。

在分模块验证方面，国外文献中未见到地面目标的验证实例。对于海面目标，国外对 SHIPIR 模型进行了验证研究，其分模块验证方面包括大气模型和羽流模型的单独检验,这里简单介绍一下羽流模型的验证[23]:针对SHIPIR(v2.3)进行了船用柴油机和燃气轮机集成羽流模型的平均光谱验证,分别在德国的123级护卫舰和荷兰的M级护卫舰上进行了定量的模型预算和实验测量的比较工作。德国的软件验证研究就柴油机和燃气轮机分别做了比较,而荷兰只研究了柴油机。研究表明:理论与实验在波段的平均值上的总误差为20%~25%,在精度上柴油机和燃气轮机没有明显的差别。类似地,地面目标红外辐射特征模型可以借鉴上述方法。

文献[20]针对地面目标进行了标准实验的设计和基准数据的测量。设计的标准实验采用简单正方腔体,图9-11所示的正方腔体实际尺寸为300mm×300mm×300mm,厚8mm,材料为45号钢,表面喷涂军绿漆。军绿正方腔体的标准实验位于一幢六层楼楼顶,周围无高物遮挡,正方腔体的底部垫以3cm厚的隔热泡沫。图9-11给出其朝向方位和热电偶布置测点,其中每个测点布置2对热电偶,通过2对热电偶测量数据的平均值作为该测点的温度值。

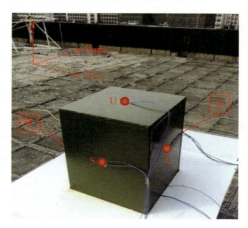

图9-11 正方腔体温度测点图

标准实验的实施时间为从2017年3月26日0:00到3月28日0:00。实验期间的天气条件为晴朗或多云,图9-12给出实验期间对应的太阳辐照、大气温度和相对湿度等气象参数的变化特性。

图9-12给出正方腔体表面军绿漆在$0.2 \sim 2.5 \mu m$波段和$2.5 \sim 14 \mu m$波段的光学吸收率,正方腔体45号钢的导热系数、比热容和密度的测量值分别如下:导热系数为$43.29 W/(m \cdot K)$,比热容为$539.82 J/(kg \cdot K)$,密度为$7850 kg/m^3$;楼顶表面的太阳反射率$\rho_{grd} = 0.25$,红外发射率$\varepsilon_{grd} = 0.9$。

图9-13所示为正方腔体5个监测点在标准实验条件下的基准温度仿真结果与基准温度测量结果的对比曲线。通过对图9-13(a)~(e)的分析可知,以标准实

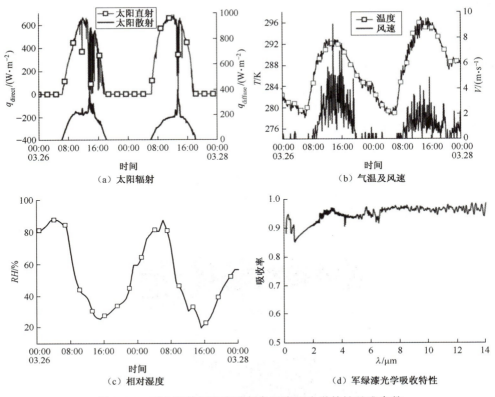

图 9-12 正方腔体标准实验气象及表面光学特性基准参数

验条件对应的基准数据作为装甲车辆热辐射特征模型数值计算的输入条件,5个监测点的基准温度计算结果的变化特性与相应点基准温度测量结果的变化特性高度一致,而且模型数值仿真结果的误差在较小的范围内波动。

9.3.1.3 真实目标验证实验

对于实际目标,仍然需要在特定条件下进行整体目标的特性测量和模型验证。例如,对于坦克,可进行冷静态实验、热静态实验和动态实验[20];对于导弹,则可以开展台架实验、风洞实验、滑轨实验和自由飞行实验,详见文献[5]。

9.3.2 实验过程设计

9.3.2.1 红外辐射特征模型校验的数据测试需求分析

对红外辐射特征模型校验所需的数据进行分析,确定需要测量的数据种类(如红外辐射的辐照度、距离及大气传输、气象参数、目标工作状态参数和目标表面温度等)和数量集合是选择实验测试仪器和制定具体实验计划的基础。

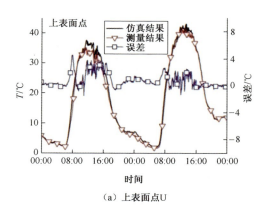
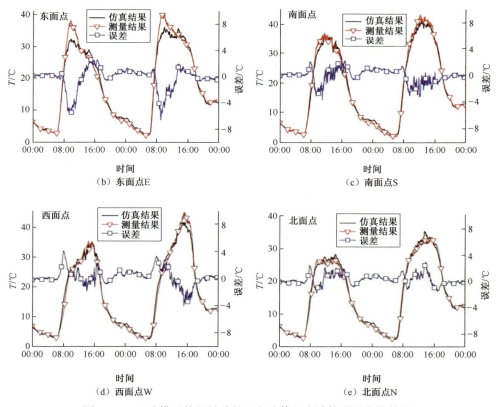

图 9-13　理论模型偏差导致的正方腔体温度计算误差变化特性

根据地面军用车辆红外辐射特征模型校验的需求,提出主要的数据测试需求和相应的测试仪器(表 9-1)。根据模型验证的不同要求,需要测试的参数也会有所不同。

表 9-1　地面军用车辆红外辐射特征实验需测量的物理量

数据需求	测量类型	仪器类型
目标表面温度、目标内部气体温度	目标温度	热电偶、热电阻、辐射测温计
目标的空间位置和时间、测试仪器的空间位置和时间、目标的姿态	时间,空间,位置,信息	全球定位系统接收器、测绘仪器（卷尺、激光测距仪）、指南针
目标红外特征随时间的变化、目标红外特征随视向角的变化	红外热像、红外光谱	红外热像仪、红外光谱仪
温度、湿度、风速、风向等气象参数	气象测量	风速、风向仪、温湿度计
太阳的直接辐射强度、散射辐射强度、全辐射强度、地面辐射强度	环境辐射	照度计、太阳直射辐射计、散射辐射计、全辐射计、净辐射计、地面辐射计
目标运动状态参数（速度、发动机输出功率、发动机效率、油温、冷却水温、排气温度、发动机转速、耗油量等）	运动状态参数	速度计、流量计、测温元件、目标状态参数监控仪表
目标结构材料参数（材料的密度、比热容、导热系数、表面材料的发射率、太阳吸收率等）	材料参数	密度计、比热仪、导热系数测量仪、光谱仪等

9.3.2.2　完整需求和现实可行之间的选择

红外辐射特征模型校验的数据需求与现实可行之间往往是矛盾的，面临在理想需求和现实可行之间的折中选择，选择过程应当是以数据质量远重要于数据数量为前提。根据数据需求的优先级进行选择，选取优先级别高的数据需求，舍弃级别低的，在选择中应充分考虑费用、成本-效益平衡和进度等相关因素。

例如，对于目标与背景红外辐射特征模型验证的需求，可遵循以下的原则。

1. 温度测量

热电偶节点小（动态特性好，可以测出温度的瞬态变化）、测温精度高、成本低，但容易折断；热电阻通常节点较大（动态响应有些滞后），稳态测温精度较高，但成本也很高；辐射测温计的动态特性很好，但测温精度较低（受被测表面光学辐射特性的影响大），仪器与测试成本也很高。综合以上考虑，对目标温度的测量选择热电偶测温。

2. 红外热像测量

理想上应该在 8 个方位各布置一台热像仪，但成本过高，采用两台红外热像仪进行测量，一台红外热像仪固定在一个位置，采集军用车辆随时间变化的红外热图像序列；另一台动态依次在 8 个典型方位每隔一定时间间隔采集一幅图像，以获得目标的红外辐射特征随视角的变化。这种实验测量方案基本可满足需求。

3. 大气参数测量

依据标准的气象测量方法,分别采用风速仪、风向仪、温湿度计和雨量计(下雨条件)等实时记录大气状况和参数的变化。

4. 时间、空间和位置信息

可以采用北斗定位系统或 GPS 确定目标的空间位置和时间,用卷尺测量红外热像仪与目标间的距离。激光测距仪使用应该更加方便,精度更高。对距离测量要求较高时,可采用手持式激光测距仪。

5. 环境辐射

采用照度计测量太阳的照度,可换算为全辐射强度,精度比较低;直接采用全辐射计测量太阳总的辐射强度,精度较高。

太阳与环境辐射测量系统包括太阳直射辐射计、散射辐射计、全辐射计、净辐射计和地面辐射计等,可分别测量太阳直射辐射、散射辐射、全辐射、净辐射和地面辐射等,测试精度高,但设备较贵。当试验验证要求较低时,可选用照度计和全辐射计;当要求较高并且经费充足时,可选用太阳与环境辐射测量系统。

9.3.2.3 试验类型的选择

1. 允许使用模型外推法满足数据需求时的试验类型选择

在多数情况下,需要各种作战环境和气象条件下不同类型目标的特性数据。用户既需要目标产生的源特性,也需要它在目标传感器孔径处的辐照度数据,总体需求数据类型可能大大超过能够直接测量获取的数据资源。因此,需要依据有限次数的测量,科学合理地外推出没有试验过的不同想定场景的结果。模型外推法使用各种模型外延扩展预测已测量特性和未测量特性之间的比例关系。通过已测定特性乘以这个比例的方法,从已测得的特性外推得到未测量特性数据。

例如,对于天气条件尤其是太阳辐射对军用目标与背景红外辐射特征的影响,因为试际的天气变化波动很大,难以测量所有的天气条件,可选择较为典型的天气条件进行试验测量,比如选择完全晴天或完全的阴天;而对于其他多云或少云气象情况,则可采用相应的模型来预测已测量特性和未测量特性之间的比例关系,通过已测定的特性乘以这个比例的方法来处理;对于一年中的不同时间,则可分别选择春夏秋冬典型日进行测量。

对军用目标与背景红外辐射特征模型验证的需求随用户需要而变,有的需求是目标的辐射亮度分布即红外成像特性,有的需求是辐射强度即点源特性,可以只测量红外成像特性,外推其点源特性。

2. 基于直接测量数据需求的试验类型选择

满足目标与背景红外辐射特征模型验证需求的试验类型可能有多种,比如前面提到的简单部件试验、分模块(或复杂部件)验证试验和真实目标验证试验的选择。对于真试目标的验证试验,又有冷静态、热静态、热动态和试战状态类型试验的选择。试验类型选择依据是:首先要满足红外辐射特征模型验证需求,其次考虑试验的难度和成本。

有时,试验类型的选择一开始就被数据需求的性质限制了。例如,表9-2给定了地面车辆红外辐射特征模型验证的测量数据要求与实验类型。

表9-2 满足地面军用车辆红外辐射特征测量需求的试验类型定性评估

地面军用车辆红外辐射特征模型验证测量需求	冷静态	热静态	热动态	实战状态
天气条件对目标红外辐射特征的影响	1	2	2	3
发动机等内热源对目标红外辐射特征的影响	N	1	2	3
车辆行驶状态对目标红外辐射特征的影响	N	N	1	2
火炮射击对目标红外辐射特征的影响	N	N	N	1

注:1—最佳获得数据项的试验方法;2—符合要求获得数据项的试验方法,但难度较高;3—符合要求获得数据项的试验方法,但难度很高;N—不符合要求的获得数据项的试验方法

9.3.2.4 试验方法的选择

试验计划者必须选择能够最佳实现试验目的的试验方法(受成本和进度表限制):专用试验、联合试验或搭载试验。对于专用试验,主办者负责并负担整个试验,对试验范围和进度有最大限度的管理;对于联合试验,多个测试目标结合起来,仅进行一次试验而每个发起人都不能完全控制试验进程;对于搭载试验,这是联合试验的一种形式,其中一个相关数据需求方参与到另外一个数据需求方正在组织进行并负责的试验活动中,对整个试验过程拥有最小控制权[5]。

进行搭载、联合或专用试验的选择很大程度上依赖于适当的搭载或联合试验的机会以及这些试验主管部门为了完成原定试验目的所需要的控制级别。搭载和联合试验的优势是减小了成本,同时加快了进度。

对于地面军用车辆的红外辐射特征试验来说,实战状态的测试只能采用联合试验和搭载试验的方式,即利用军方进行打靶训练以及军事演习的机会进行联合试验和搭载试验,或者参与装备研制方组织的装备定型试验;进行专用试验其费用非常昂贵且往往不现实,即便是参与性搭载试验,也可能要较高的费用,因为实验的整个测试过程不能影响正常的打靶训练和军事演习,对试验测试仪器的要求很高,必须适应打靶训练和军事演习或装备定型试验的要求。

车辆的单项热动态试验可以采取专用试验的方式。但是,运动中的车辆对试验测量仪器及设备的要求也较高,如设备的电源要求、抗震动与冲击性能、数据的采集和传输等,尤其是目标表面和内部流体温度的采集以及传输。相对而言,车辆的冷静态和热静态试验对测试设备的要求较低,可以测试环境背景、天气条件和发

动机等因素对目标红外辐射特征的影响,基本上可满足红外辐射特征模型及软件的校验。因此,对于地面军用车辆的试验测量与模型验证,可依次选择如下的专用试验测量方案:冷静态、热静态和热动态。

9.3.2.5 试验地点的选择

试验地点的选择应考虑试验场当前的能力和花费、试验场可用资源和限制条件、试验进度表的可用性、试验场的气候条件、试验场的后勤保障。

9.3.2.6 测试目标的数量和试验进度

确定待测目标的数量、类型以及进度,是试验设计的重要依据。根据模型验证的需求,确定待测目标的数量、类型和进度。例如,为了验证目标红外辐射特征模型对隐身措施的计算误差,则需要测试的目标必须为已经采用隐身措施和尚未采用隐身措施的同类型目标各一个,满足直接的对比验证要求。为验证模型对不同目标的计算能力和计算精度,则需要测试不同类型的目标,如主战坦克、自行火炮或水陆两栖战车等。

9.3.2.7 测试设备的配置

根据试验测试需求,进行试验设备的配置,包括设备的性能规格、数量和摆放位置等。例如,为验证坦克目标温度场模型的计算结果,需要测试坦克主要部件的表面温度,图9-14给出了相应的测点布置示例,表9-3则给出了对应的测试设备选择示例。

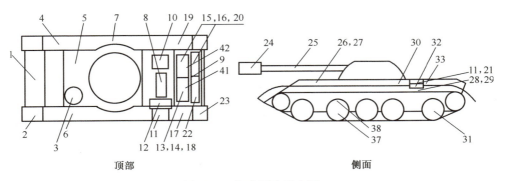

图9-14 坦克测点的布置

表9-3 测试选择的设备

序号	设备名称	指 标	数量
1	Agilent34970A 数据采集器	60 通道,精度 0.1℃	2 台
2	热电偶	K 型,精度 0.1℃	>120 个
3	铠装热电偶	K 型,精度 0.1℃	2 个

9.3.2.8 误差管理[5]

误差管理包括在试验计划期间进行误差预先分配、定标过程中的最小化误差和试验实施期间速检数据质量保证、在测试报告中评估/记录误差。误差预先分配过程包括使用误差树和试验前预测,帮助选择测试仪器及其安装位置;定标包括试验前初步的试验室定标、场地定标检查和试验期间使用公共标准源;误差记录包括收集数据不确定度估计(试验期间从试验者那里收集)以支持正式误差树处理,在数据分析结果上生成误差直方图[5]。

9.3.2.9 风险评估和风险抑制[5]

风险评估包括确定试验中每个风险因素和这些风险因素对试验目标完成的影响,然后综合分析所有可能的风险,确定或评估全面成功的可能性。

风险抑制是一个减小风险因素影响的过程。例如,试验设计组对每台关键仪器都应该有备份。备份可以是一台多余的仪器、紧急修复能力或使用另一台在进行不太重要测量的仪器替代的计划。风险抑制中的关键因素是灵活和备份。

9.3.2.10 测量不确定度估计[5]

理论模型研究人员和系统开发人员需要了解测量数据中可能存在的误差值。由于其本身固有的特性,物理量的测量一般是不够精确的,难以确定一个测量数量的"真实"值。因此,难以确定一个测量值是否存在误差以及精确误差值。然而,可以通过估计测量值的最高值和最低值,并且确定"真值"在这个范围内。将测量值的上限和下限定义为测量不确定度,并以一组数据的误差直方图形式来表达;也可以运用误差分析理论,依据所使用的一次测量仪器仪表的测量精度,估计试验测量值的不确定度或误差范围[5]。

9.4 红外辐射特征模型的评估方法

验证试验完成后,利用获取的试验数据与目标及背景红外辐射特征模型的数值计算预测结果进行对比和评估,也就是对目标与背景红外辐射特征模型给出验证结论的阶段,是目标与背景红外辐射特征模型验证的重要阶段。

对比试验数据和目标与背景红外辐射特征模型的预测值,常常涉及不同组别结构复杂的数据比较。数据的比较通常依赖专业研究人员通过阅读分析,判断两者的符合或相近程度。由于专家们对数据不同部分的关注程度和对相似性的不同评判,不同的专家可能会对相同的两者之间的相似性给出大相径庭的判断。因此,数据比较过程需要在主观性和客观性间把握一个平衡。目前,已建立一些保证客观性和连续性标准化方法,用于比对和解释仿真数据,以降低解读试验测量数据和模型计算结果时的不确定性。这样的方法分析数据比较客观,引导研究人员如何进行比较、减少比较过程中的主观性，解决由于分析人员缺乏共同评判尺度而带来的问题。

9.4.1 多组复杂数据比对技术[7,24]

经验丰富的专业人士观看图 9-15 中的数据，可能会得出两幅图是很一致还是相当一致等不同结论，取决于他们各自的标准。特征选择检验（Feature Selective Validation, FSV）方法尽量剔除数据比较过程中"个人差异"因素。

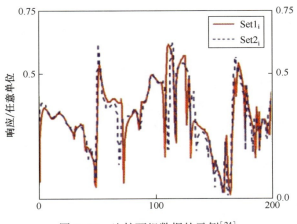

图 9-15　比较两组数据的示例[24]

特征选择检验的基础是从原始数据中提取两类信息，即幅度（趋势/包络）和要素特征。前者体现了数据的缓慢整体变化，后者则描述了向上或向下的尖峰。通过这两类信息，FSV 方法可以计算出不同层次（整体的、局部的、逐点的等）验证结果[24]。

（1）全局差异估量（Global Difference Measure, GDM）。这是两组数据相似性的全局判断，由幅值差异估量（Amplitude Difference Measure, ADM）和要素差异估量（Feature DifferenceMeasure, FDM）组合而成，可以用数值或自然语言（极好、非常好、好、一般、不好或很不好）来表达。

（2）ADM 和 FDM。它们同 GDM 一样，也可用数值或自然语言来表达。

（3）GDMi、ADMi 和 FDMi。它们是各点抽样所对应的全局、幅值和要素特征的差异值，提供了详细的比较信息，可以此分析误差的来源。

（4）GDMc、ADMc 和 FDMc。它们是三种差异估量的概率密度函数，反映了差异估量值在 6 个自然语言描述分类中的分布，为最终做出的判断提供依据。

原始数据蕴含的包络和要素特征两种信息是 FSV 方法的基础。因此，FSV 方法首先是对原始数据作傅里叶变换,滤波获取相应的低频和高频分量;然后再运用傅里叶逆变换将它们转换回到原始数据空间,逐点计算它们及其导数的差异,得到 ADM 和 GDM 的值;最终集成 ADM 和 FDM 数值得到 GDM 估计值。FSV 方法的具体实现可参见文献[24-26]。

9.4.2　红外辐射特征模型的可信度评估方法

军用目标与背景红外辐射特征模型的影响因素众多,对这类模型进行可信度分析很有必要,但是分析难度也很大。如前所述,装甲车辆红外辐射特征主要由车辆温度分布和表面热辐射特性决定。一方面,车辆温度场数值计算是利用已经建立的装甲车辆温度场理论模型,在确定的一系列物性参数和气象及环境条件的模型输入参数前提下而进行的。受实际条件的约束,精准确定模型数值计算所需的输入参数本身存在较大困难,针对非合作方目标更是困难。由于车辆温度场模型数值计算的各类输入参数取值的不确定性,车辆温度场数值计算结果势必存在一定的不确定性,因而导致后续的车辆红外辐射特征模型的计算数据存在误差。另一方面,由于理论模型本身某些简化假设(例如,对流换热和天空背景辐射等计算方法往往采用经验关联式),也会使基于理论模型的温度分布和红外辐射通量计算结果出现偏差。此外,装甲车辆温度和红外辐射计算是针对一定的车辆几何构型进行的,由于车辆几何建模过程中的某些结构简化、几何结构布局不确定性和几何尺寸的偏差,也会导致温度场和红外辐射通量的计算结果存在一定误差。同时,所采用的数值方法自身精度的局限性也会在上述数值计算过程中引起相应的计算误差。因此,利用理论模型数值计算得到的车辆红外辐射特征与车辆实际红外辐射特征之间必然存在一定偏差,产生的主要原因包括理论模型偏差、模型输入参数不确定性、几何模型偏差和数值计算误差[20]。

人们一直高度关注理论模型数值仿真计算误差的问题,进行了大量的系统分析和研究,为模型数值仿真的可靠性分析提供了可用的技术途径。实际应用过程中,除了模型误差,用户往往对模型的可信度也极为关注。

在装甲车辆几何构型精确建模的基础上,车辆红外辐射特征模型可信度的评估过程大致分为以下 4 个步骤(图 9-16)[20]:

(1) 设计制定标准试验方案。以目标、背景和环境等主要影响因子参数值的准确测量作为基准测量参数,标准试验结果(温度)的准确测量值作为基准测量结果,而主要影响因子参数由灵敏度方法和正交试验方法确定。关于灵敏度方法,可参见本书 3.4.1 节;关于正交试验方法,可参见文献[20,27,28]。

(2) 以各因子基准测量参数为温度场模型数值计算的输入条件,计算得到基准温度仿真结果,采用数学分析方法与标准试验基准温度测量结果进行对比分析,分析理论模型偏差导致的温度和红外辐射计算误差。

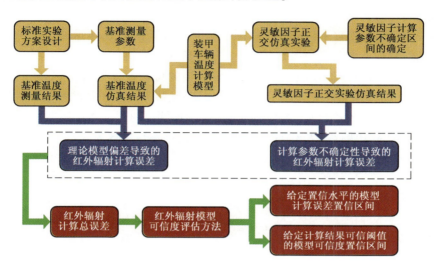

图9-16　车辆红外辐射模型可信度评估过程

（3）根据标准试验中所使用的相关测量仪器的精度、测量误差和相关因子的工程经验，确定灵敏度影响因子参数值的不确定区间，进而设计并实施灵敏度影响因子的正交仿真试验，对正交试验仿真结果与基准仿真结果进行对比分析，建立单因子计算参数不确定性导致的温度和红外辐射计算误差分析方法；运用统计理论分析各灵敏度影响因子对计算参数不确定性导致的计算误差的贡献率，建立灵敏度影响因子不确定性导致的综合误差分析方法，从而完成模型数值计算时输入参数的不确定性导致的误差分析。

（4）结合理论模型自身偏差和模型数值计算输入参数不确定性导致的计算误差分析方法，运用误差传递理论及统计学理论，归纳分析目标红外辐射特征模型数值计算的系统误差。采用统计学理论，建立热辐射通量模型数值计算的可信度评估方法。本书提出的可信度评估方法包括两种评价指标：①给定置信度水平下目标红外辐射通量模型数值计算误差的置信区间；②给定红外辐射通量计算结果可信阈值条件下，模型可信度的置信区间。

下面对装甲车辆红外辐射特征模型可信度评估方法进行详细阐述。

9.4.2.1　标准试验设计及基准数据测量要求

为了开展装甲车辆红外辐射特征模型的可信度评估，需要针对特定目标设计相应的热辐射特性测量试验。特定目标的试验包括简单几何模型试验（如平板、长方体腔体或规则腔体组合的简单几何体等）、分模块试验（如火炮身管、车轮履带和发动机等)和全目标试验(如车辆冷静态、热静态和热动态等)。

根据目标与背景红外辐射特征模型可信度评估的需求,提出基准数据的测试需求:一类为目标温度和红外辐射特征影响因子的基准参数,包括目标几何结构及尺寸参数、物性参数和环境参数等;另一类为基准测量结果,包括目标温度和红外辐射通量等。针对地面车辆红外辐射特征模型的可信度评估,目标标准试验主要需要测量的物理量如表9-4所示[20]。其中,在某些影响因子基准参数难以测定的情况下,可依据相关资料和文献查阅,如目标表面涂层材料的太阳吸收率和红外发射率、地表的太阳吸收率及红外发射率和材料的热物性参数等。

表9-4 目标标准试验需测量的物理量

测量类型	仪器类型	典型参数
几何参数 时空、方位	测绘仪器 北斗(或GPS)接收器 指南针	目标几何结构及尺寸 目标空间位置和时间 测试仪器空间位置和时间 目标姿态
热物性参数	热物性参数 测试系统	导热系数、比热容、密度
表面光学参数	傅里叶光谱仪 分光光度计	红外发射率 太阳吸收率
气象参数	风速风向仪 温/湿度计 雨量计	风速、风向、温度 湿度、雨雪量、能见度
环境辐射	太阳辐射观测台(站)	太阳直接辐射 太阳散射辐射
目标温度	热电偶、热电阻 数据采集系统	目标表面温度 内部气体温度
红外辐射	红外热像仪	红外辐射特征随时间的变化 红外辐射特征随视向角的变化

9.4.2.2 理论模型偏差引起的计算误差分析

在构建目标或背景的红外辐射特征模型中,涉及各种各类气象环境条件和热质传递边界条件。例如,目标表面和空气间的对流换热与风速风向相关,流场随着风速风向的变化,目标表面不同部位的对流换热系数将不同;太阳辐照和天空背景长波辐射与气象状况紧密相关,云量和云层的变化将引起入射的太阳能量和天空背景辐射的快速变化,而在测量过程中云量和云层的试时变化难以估计。目标红外辐射特征模型往往采用一些经验关联式来处理目标表面与空气的对流换热和天空背景辐射,与瞬息变化的实际情况存在一定偏差。因此,建立理论模型所提出的一些假设和引用的一些简化关联式是红外辐射特征理论模型偏差的主要来源。

在进行理论模型自身的误差分析时,以测定的影响因子基准参数作为目标热辐射理论模型进行数值计算时的输入参数,计算获得标准实验条件对应的目标基准温度仿真结果;以测定的目标基准温度测量结果为参考基准,分析理论模型偏差导致的温度计算误差;基于目标红外辐射特征理论模型,分别计算基准温度仿真结果和基准温度测量结果对应的红外辐射强度,进而分析理论模型偏差导致的红外辐射计算误差。

9.4.2.3 模型输入参数不确定度导致的计算误差

根据文献[20]可知,分析模型输入参数不确定度导致的计算误差,不必针对所有参数逐一分析,一般只需要分析红外辐射模型的灵敏度影响因子参数不确定性导致的计算误差。

1. 灵敏度影响因子的正交实验设计方法

(1)根据标准实验中使用的相关测量仪器的精度和相关因子的工程经验,确定红外辐射特征模型输入参数的灵敏度影响因子参数值的不确定区间。

例如,气温、风速、太阳辐射和大气相对湿度等气象参数的不确定区间可分别依据相应的实验记录和仪表测量精度给定。表面太阳吸收率、材料导热系数及地面太阳反射率的不确定区间的确定有两种途径:①在可通过实验仪器测定的条件下,可由实验测量仪器的测量精度给定;②在无法测定或无条件测定的情况下,通过相关手册和文献等资料查找相应材料参数的不同推荐值,确定材料参数可能的最大值和最小值,以此确定因子的不确定区间。

(2)利用正交实验方法,设计车辆红外辐射特征模型灵敏度影响因子的正交实验实施方案。

例如,车辆热辐射特征模型包含7个灵敏度影响因子[20],根据上述确定的各灵敏度影响因子的不确定区间,将每个因子划分为3类水平:水平1为标准实验中的真值(即基准参数),该基准参数既可通过实验仪器测定,也可依据具体材料查阅相关资料确定;水平2为同等条件下使仿真温度结果偏大的参数取值,可以是相应影响因子不确定区间的上限或下限;水平3为同等条件下使仿真温度结果偏小的参数取值,也可以是相应影响因子不确定区间的上限或下限。

按照正交实验设计法的要求[18],灵敏因子包含7个,因此选定$L_{18}(3^7)$正交表来设计该实验方案。根据正交实验实施方案,基于目标车辆的几何构型,采用车辆红外辐射特征模型进行18组温度仿真实验。

2. 灵敏度影响因子的综合计算误差分析方法

红外辐射特征模型数值计算的输入参数不确定性导致的温度计算误差为相应

的影响因子计算参数取不确定区间的上限或下限时,通过模型数值模拟得到的温度计算结果与标准实验条件对应的基准温度仿真结果的差值,而红外辐射特征模型输入参数不确定性导致的红外辐射通量计算误差则为相应的影响因子输入参数取不确定区间的上限或下限时的红外辐射特征模型数值计算的结果与标准实验条件对应的基准红外辐射仿真结果的相对误差。

如果标准实验条件(即所有影响因子计算参数取水平1)对应的基准仿真结果为 y_1,影响因子计算参数取水平2的实验结果平均值为 $\bar{y}_{2j}$,影响因子计算参数取水平3的实验结果平均值为 $\bar{y}_{3j}$,则单因子计算参数取水平2导致的实验结果偏大的温度误差为

$$\Delta \bar{y}_{2j} = \bar{y}_{2j} - y_1 \tag{9-1}$$

单因子计算参数取水平3导致的实验结果偏小的温度误差为

$$\Delta \bar{y}_{3j} = \bar{y}_{3j} - y_1 \tag{9-2}$$

同样,单因子计算参数取水平2导致的实验结果偏大的红外辐射误差为

$$\Delta \bar{y}_{2j} = (\bar{y}_{2j} - y_1)/y_1 \times 100\% \tag{9-3}$$

单因子计算参数取水平3导致的实验结果偏小的红外辐射误差为

$$\Delta \bar{y}_{3j} = (\bar{y}_{3j} - y_1)/y_1 \times 100\% \tag{9-4}$$

因此,车辆红外辐射特征模型各因子输入参数不确定性导致的综合误差为

$$\Delta y_2 = \sum_{j=1}^{N} \Delta \bar{y}_{2j} \cdot \rho_j, \quad \Delta y_3 = \sum_{j=1}^{N} \Delta \bar{y}_{3j} \cdot \rho_j \tag{9-5}$$

式中,Δy_2 为各因子计算参数取水平2导致的实验结果偏大的综合误差;Δy_3 为各因子计算参数取水平3导致的实验结果偏小的综合误差;N 为影响因子的总数;ρ_j 为因子 j 的贡献率。

具体计算方法如下[20]:

基于正交实验表的实验结果,统计下述两个变量,即各因子相同水平的实验结果之和 T_{ij} 与各因子相同水平的实验结果的平均值 $\bar{y}_{ij}$,其中 i 表示该因子的水平等级,分别对应正交实验表中的水平1、水平2和水平3,j 表示第 j 个因子,指正交实验表中的不同影响因子。

平方和 S 表示该因子在不同水平等级下数据平均值的偏差,也反映了该因子对实验结果的影响程度。S 值越大,表示各因子下实验数据平均值的偏差越大,则该因子对指标的影响越大。平方和 S 的计算方法如下:

$$S_j = \frac{1}{m}(T_{1j}^2 + T_{2j}^2 + T_{3j}^2) - \frac{T^2}{n} \tag{9-6}$$

$$T = \sum_{k=1}^{n} y_k \tag{9-7}$$

式中,n 为总的实验次数;m 为单水平实验的重复次数。

于是,因子 j 的贡献率 ρ_j 表示为[28]

$$\rho_j = \frac{S_j}{S_T} \tag{9-8}$$

式中,S_T 为总平方和,$S_T = \sum_{j=1}^{p} S_j$。

9.4.2.4 几何构型偏差导致的计算误差

目标温度和红外辐射计算是针对确定的目标几何构型进行的。目标几何构型建模过程中引入的某些结构简化、几何结构布局的不确定性和几何尺寸的偏差,也将导致温度场和红外辐射通量的计算结果存在一定误差。

对于几何结构布局不确定性引起的几何构型建模偏差,因为没有真实几何结构布局下目标红外辐射特征的真值,因而难以确定几何构型建模偏差引起的红外辐射特征误差。如果必须分析这部分误差,可以通过假定一系列可能的几何结构布局,在维持其他条件不变的情况下数值计算目标的温度和红外辐射特征,然后对计算结果进行统计分析,分析其均值和均方根误差,从而估计由于几何结构布局不确定性导致的模型数值计算的温度和红外辐射特征误差。

对于目标几何构型尺寸偏差(如目标材料的厚度、长度和宽度等偏差)导致的理论模型数值计算结果的误差分析,可以采用类似于分析模型输入参数不确定性产生的计算误差的分析方法。

实际上,目标几何构型建模过程中由于某些结构简化而带来的数值计算误差往往也难以分析。目标几何构型建模之所以针对某些结构作必要的简化,就是因为如果不适当简化这些结构,会造成模型数值计算网格的大幅增加,使得目标与背景红外辐射特征模型的数值求解因超出计算设备的计算能力而无法进行,或者虽然可以进行,但由此带来计算时间和计算费用的负担难以承受。因此,几何构型简化的结果无法和真实结构的结果进行对比。为此,可采用下述的估计方法:

(1) 构建标准模型。为避免计算网格数量过于庞大,首先构建几何标准模型。该模型可以为一平板,上面分布几何尺寸不等的凸起或凹陷的几何结构,如不同尺度的长方体、不同尺度的圆柱体或者不同程度的圆孔或方孔等。

(2) 借鉴地面高程数据的构建方法,对平板进行不同分辨率的网格划分(不是计算网格),对几何尺寸小于某一分辨率下的结构进行省略,对于几何尺寸大于该分辨率下的结构进行保留,就可获得该分辨率下的几何简化模型。重复这个过程,即可获得不同分辨率下的几何简化模型。

(3) 在相同的条件下,分别计算标准模型和不同分辨率下几何简化模型的温度和红外辐射特征,对比不同分辨率下几何简化模型与标准模型的计算结果,研究分析其误差。

（4）针对真实目标的几何结构，选择合适的分辨率进行几何构型的简化，认为真实目标由于几何构型简化带来的误差就是第（3）步中对应分辨率下几何简化模型与标准模型的误差。

9.4.2.5 红外辐射计算总误差的分析方法

依据理论模型本身偏差导致的数值计算误差和模型输入参数不确定性导致的数值计算误差，运用误差传递理论，即可获得目标热辐射理论模型通过数值模拟计算而输出的红外辐射通量计算结果的总误差[29]：

$$\Delta y_{\text{total}} = \sqrt{\Delta y_0^2 + \Delta y_1^2 + \Delta y_2^2} \qquad (9-9)$$

式中，Δy_0 为理论模型偏差导致的计算误差；Δy_1 为计算参数不确定性导致的计算误差；Δy_2 为几何模型简化带来的误差。

9.4.2.6 可信度分析方法

红外辐射特征模型可信度评估是评估理论模型数值计算结果的可靠性，一般基于热辐射计算模型的最终计算总误差进行，可采用下面的方法来进行评估：给定置信水平 $(1-\alpha)$ 的红外辐射特征模型计算误差的置信区间，表示红外辐射特征模型计算总误差样本中有大约 $100(1-\alpha)\%$ 的样本落在该置信区间内。

假定红外辐射特征模型计算误差服从正态分布，给定置信水平为 $(1-\alpha)$，并设 $X_1, X_2, \cdots, X_n$ 为红外辐射特性模型计算误差总体 $N(\mu, \sigma^2)$ 的样本，μ 和 σ^2 分别为样本均值和样本方差，则红外辐射模型计算误差的一个置信水平为 $(1-\alpha)$ 的置信区间为[30]

$$\left(\mu \pm \frac{\sigma}{\sqrt{n}} z_{\alpha/2}\right)$$

式中，$z_{\alpha/2}$ 为正态分布的水平 α 的分数位。

9.5 红外辐射特征模型验证和可信度评估示例

前面 4 节介绍了目标与背景红外辐射特性模型的验证和可信度评估方法，本节以装甲车辆红外辐射特征模型为例，具体说明红外辐射特征模型的验证和可信度评估的实施过程[20]。

9.5.1 灵敏度影响因子确定

首先从分析装甲车辆温度场理论模型灵敏度出发，分析装甲车辆红外辐射特征模型输入参数的灵敏度，然后采用正交实验方法确定灵敏度影响因子。这里采用的模型输入参数灵敏度分析的算例与本书 3.4 节基于灵敏度分析的目标温度分布快速计算方法中采用的参数灵敏度的算例相同,结果可参见 3.4 节的参数灵敏度分析结果,此处不再赘述。

1. 模型输入参数对温度影响的综合比较

温度场模型输入参数的灵敏度不能直观反映每个输入参数对温度影响的大小,但若对每个输入参数赋予一个不确定度,则可分别获得各输入参数不确定度对温度场模型数值计算结果的影响大小。为了便于定量对比分析模型各输入参数对温度场计算结果的影响,假定理论模型数值计算时每个输入参数的不确定区间均为±5%,其中气温不确定度为±1℃。图 9-17 给出了各输入参数取正向变化 5%(气温正向变化 1℃)时,各参数对水平朝上面点 U 温度影响幅度随时间的变化曲线。由图可知,在模型输入参数经历相同幅度变化的前提下,太阳辐射、气温和表面太阳吸收率对车辆表面温度的影响最大,比热容和密度的影响其次,而内壁面发射率和内壁面太阳吸收率的影响很小。针对朝阳面点 S 和背阳面点 N 的分析,可得出类似的结论。

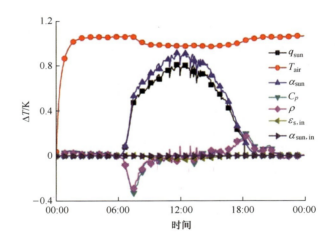

图 9-17　计算参数温度影响大小随时间的变化(点 U)

表 9-5 列出了模型输入参数取正向变化 5%(且气温正向变化 1℃)时,各个参数在日出到日落时段内引起的车辆表面温度绝对变化幅度的平均值。显然,表 9-5 中的数据对比表明,模型所有输入参数中的太阳辐射、气温和表面太阳吸收率对车辆表面温度的影响最大,比热容和密度的影响次之,而内壁面发射率和内壁面太阳吸收率的影响很小,这与图 9-17 反映的结论完全一致。

表 9-5 模型输入参数不确定度引起的温度绝对变化幅度的平均值

	温度变化幅度 $\Delta T/K$						
	q_{sun}	T_{air}	α_{sun}	C_p	ρ	$\varepsilon_{s,in}$	$\varepsilon_{sun,in}$
点 U	0.5992	1.0008	0.6776	0.0630	0.0734	0.0127	0
点 S	0.5161	0.9927	0.5840	0.0613	0.0715	0.0099	0
点 N	0.3683	1.0005	0.4176	0.0579	0.0675	0.0158	0

由于篇幅限制，这里难以对温度场理论模型的每个输入参数灵敏度影响逐一进行详细分析，采用以上温度差统计计算方法可实现对风速、湿度、导热系数、地表面太阳吸收率、地表发射率和地表温度等参数的灵敏度分析。综上所述，内壁面发射率和内壁面太阳吸收率对车辆温度影响可忽略不计，太阳辐射、气温、风速、湿度、表面太阳吸收率、表面红外发射率、导热系数、比热容、密度、地表温度、地表红外发射率和地表太阳反射率等 12 个理论模型的输入参数对车辆温度场数值计算结果影响较大。下面采用正交实验的方法，分别针对这 12 个计算参数进行分析，确定灵敏度影响因子。

2. 灵敏度影响因子确定

由上述温度场理论模型输入参数的灵敏度分析可知，车辆红外辐射特征模型的影响因素主要包括太阳辐射、气温、风速、湿度、表面太阳吸收率、表面红外发射率、导热系数、比热容、密度、地表温度、地表红外发射率和地表太阳反射率等 12 个参数。因此，车辆红外辐射特征模型正交实验选取以上 12 个参数作为设计因子，按每个因子取 3 个层次水平，各因子水平如表 9-6 所示。按照正交实验设计法的要求[27,28]，可选定 $L_{27}(3^{13})$ 正交表来设计该实验方案。由于 $L_{27}(3^{13})$ 正交表可容纳 13 个因子，当正交实验因子不足 13 个时，不足部分可以缺省。于是，可以给出如表 9-7 所示的车辆热辐射特性模型正交实验方案。

表 9-6 正交实验各因子水平表

因子	水平 1	水平 2	水平 3
A-太阳辐射因子	0.6	0.8	1.0
B-气温/℃	22.0	25.0	28.0
C-风速/$(m \cdot s^{-1})$	1.0	3.0	5.0
D-相对湿度	0.55	0.75	0.95
E-表面太阳吸收率	0.5	0.6	0.7
F-表面红外发射率	0.8	0.9	0.95
G-材料导热系数/$(W \cdot m^{-1} \cdot K^{-1})$	15.1	37.7	52.019

（续）

因子	水平1	水平2	水平3
H-材料比热容/（J·kg^{-1}·K^{-1}）	400.0	460.967	520.0
I-材料密度/（kg·m^{-3}）	7500.0	7768.98	8238.0
J-地表温度/℃	27.0	30.0	33.0
K-地表红外发射率	0.8	0.9	0.95
L-地表太阳反射率	0.15	0.25	0.35

运用装甲车辆热辐射特征理论模型,按照表9-7所示的正交实验方案进行27组车辆温度场数值仿真实验。通过27组正交仿真实验,可分别计算获得不同部位特征点一天内的温度-时间变化特性。以12:00时刻水平朝上表面面点U的实验结果为例,表9-7列出了27组仿真实验对应的12:00时刻点U的温度计算结果。对应其他时刻和其他特征点的温度场数值计算结果统计可按表9-8模板填入完成。

表9-7 正交实验实施方案

No.	A	B	C	D	E	F	G	H	I	J	K	L	计算温度/℃ 12:00
1	1	1	1	1	1	1	1	1	1	1	1	1	y_1 = 35.28
2	1	1	1	1	2	2	2	2	2	2	2	2	y_2 = 36.17
3	1	1	1	1	3	3	3	3	3	3	3	3	y_3 = 37.37
4	1	2	2	2	1	1	1	2	2	2	3	3	y_4 = 40.03
5	1	2	2	2	2	2	2	3	3	3	1	1	y_5 = 39.31
6	1	2	2	2	3	3	3	1	1	1	2	2	y_6 = 40.24
7	1	3	3	3	1	1	1	3	3	3	2	2	y_7 = 44.07
8	1	3	3	3	2	2	2	1	1	1	3	3	y_8 = 44.70
9	1	3	3	3	3	3	3	2	2	2	1	1	y_9 = 44.00
10	2	1	2	3	1	2	3	1	2	3	1	2	y_{10} = 36.55
11	2	1	2	3	2	3	1	2	3	1	2	3	y_{11} = 39.41
12	2	1	2	3	3	1	2	3	1	2	3	1	y_{12} = 37.57
13	2	2	3	1	1	2	3	2	3	1	3	1	y_{13} = 39.09
14	2	2	3	1	2	3	1	3	1	2	1	2	y_{14} = 41.99
15	2	2	3	1	3	1	2	1	2	3	2	3	y_{15} = 41.15
16	2	3	1	2	1	2	3	3	1	2	2	3	y_{16} = 48.74
17	2	3	1	2	2	3	1	1	2	3	3	1	y_{17} = 50.92
18	2	3	1	2	3	1	2	2	3	1	1	2	y_{18} = 49.22

(续)

No.	A	B	C	D	E	F	G	H	I	J	K	L	计算温度/℃
													12:00
19	3	1	3	2	1	3	2	1	3	2	1	3	$y_{19}=38.20$
20	3	1	3	2	2	1	3	2	1	3	2	1	$y_{20}=36.77$
21	3	1	3	2	3	2	1	3	2	1	3	2	$y_{21}=40.40$
22	3	2	1	3	1	3	2	2	1	3	3	2	$y_{22}=46.99$
23	3	2	1	3	2	1	3	3	2	1	1	3	$y_{23}=45.81$
24	3	2	1	3	3	2	1	1	3	2	2	1	$y_{24}=49.09$
25	3	3	2	1	1	3	2	3	1	2	1	2	$y_{25}=48.83$
26	3	3	2	1	2	1	3	1	3	2	3	2	$y_{26}=48.39$
27	3	3	2	1	3	2	1	2	1	3	1	3	$y_{27}=51.97$

为了确定热辐射特征模型的灵敏度影响因子,采用平方和分析法确定热辐射特征模型影响因子的主次关系。还是以表9-7中12:00时刻点U的温度计算结果为例,对单次正交仿真实验结果进行统计分析,结果如表9-8所示。

表9-8 单次正交实验结果统计分析(以12:00时刻U点温度值为例)

因子	T_{1j}	T_{2j}	T_{3j}	$\bar{y}_{1j}$	$\bar{y}_{2j}$	$\bar{y}_{3j}$	S_j	ρ_j
A	361.17	384.65	406.45	40.13	42.74	45.16	113.95	34.92%
B	355.72	383.71	412.83	39.52	42.63	45.87	126.84	38.87%
C	399.59	382.29	370.38	44.40	42.48	41.15	47.94	14.69%
D	380.25	383.84	388.18	42.25	42.65	43.13	3.51	1.08%
E	377.78	383.48	391.01	41.98	42.61	43.45	9.78	3.00%
F	378.29	386.03	387.96	42.03	42.89	43.11	5.82	1.78%
G	393.16	382.15	376.95	43.68	42.46	41.88	15.22	4.67%
H	384.53	383.66	384.08	42.73	42.63	42.68	0.04	0.01%
I	384.26	383.85	384.16	42.70	42.65	42.68	0.01	0.00%
J	382.99	384.17	385.10	42.55	42.69	42.79	0.25	0.08%
K	382.33	384.49	385.45	42.48	42.72	42.83	0.57	0.17%
L	380.87	384.03	387.37	42.32	42.67	43.04	2.35	0.72%

综合分析表9-8中给出的对应12:00时刻U点温度场数值计算结果可知,因子B-气温的平方和最大,说明因子B是影响该组实验指标的最灵敏因子;因子A-太阳辐射因子的平方和次之,说明因子A是影响该组实验指标的次要因子。同理可知,对该组实验指标影响程度由大到小的因子依次是:C-风速、G-材料导热系数、E-表面太阳吸收率、F-表面红外吸收率、D-相对湿度和L-地表太阳反射率,而其他因子(如H-材料比热容、I-材料密度、J-地表温度和K-地表红外发射率)对指

标的影响程度最弱。

在白天太阳辐射作用下的装甲车辆红外辐射特性变化明显,因此,主要选取白天太阳升起和太阳落下范围内的6:00-18:00时段整点时刻作为13个实验统计分析的时间点。另外,针对车辆红外辐射特性与目标部位朝向位置相关的特点,选取水平朝上表面的点U及朝南面的点S作为两个实验统计分析的位置点。这样,需要进行26组正交实验结果统计。

通过对来自2个位置点和13个时间点的26组实验结果统计分析,根据灵敏度影响因子的评判方法,分别计算得到2个位置点上不同时刻各因子的综合贡献率,绘制出最后各因子不同时刻综合贡献率的Pareto图(图9-18)。Pareto图又称为排列图,是按照事件发生频率大小顺序绘制而成的直方图。由图9-18可知,各

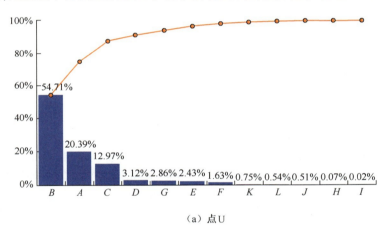

(a) 点U

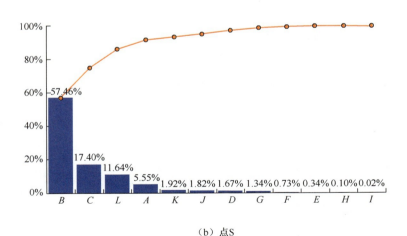

(b) 点S

图9-18 影响因子综合贡献率的Pareto图

因子对点 U 和点 S 温度值大小的综合贡献率略有不同。对于水平朝上的点 U，各因子综合贡献率的主从关系依次为 B-气温、A-太阳辐射、C-风速、D-相对湿度、G-材料导热系数和 E-表面太阳吸收率等；如图 9-18(b)所示，对于朝南面的点 S，各因子综合贡献率的主从关系依次为 B-气温、C-风速、L-地表太阳反射率、A-太阳辐射、K-地表红外发射率和 J-地表温度等。

以综合贡献率大于 2% 为红外辐射模型输入参数灵敏度影响因子的评判依据，并考虑水平朝上表面为探测器主要的探测表面，通过分析图 9-18(a)和(b)，选取 B-气温、A-太阳辐射、C-风速、D-相对湿度、G-材料导热系数、E-表面太阳吸收率和 L-地面太阳反射率等 7 个因子作为红外辐射特征模型的灵敏度影响因子，依据这些灵敏度影响因子进行如下的装甲车辆红外辐射特征模型可信度分析。

9.5.2 基于正方腔体的红外辐射特征模型可信度评估

9.5.2.1 标准实验设计及基准数据测量

按照标准实验设计方法和基准数据测量要求，进行标准实验的设计和基准数据的测量。这里采用的标准实验部件以及实验工况与 9.3.1 节中的相同，工况条件和结果分别见图 9-12 和图 9-13。

9.5.2.2 理论模型偏差导致的数值计算误差分析

图 9-13 给出了标准实验条件下正方腔体基准温度测量结果和基准温度仿真结果。分别依据正方腔体基准温度实际测量数据和由温度场模型数值计算得到的基准温度值，利用车辆红外辐射特征理论模型，获得相应的红外辐射强度，即可进行正方腔体红外辐射仿真结果的误差分析（图 9-19）。由图可知，各监测点的红外辐射通量模型计算误差与温度场模型计算误差的变化特性是一致的，并且 $3\sim5\mu m$ 波段内的红外辐射通量计算误差均在 20% 以内，$8\sim14\mu m$ 波段内的红外辐射通量计算误差在 7% 以内；与温度计算误差分布相一致，点 E 和点 U 的红外辐射计算误差相对较大，点 N 的相对最小。

9.5.2.3 模型输入参数不确定性导致的计算误差分析

1. 灵敏度影响因子的正交实验设计与实施

根据正交实验设计方法，首先确定热辐射特征模型数值计算的 7 个灵敏度影响因子不确定区间。根据所使用实验测试仪器的性能指标，温湿度记录仪的温度测量精度取为 $\pm 1.0°C$，湿度测量精度取为 $\pm 5.0\%$，风速测量误差为 $\pm 0.5 m/s$，太阳辐照测量误差为 $\pm 5.0\%$，太阳吸收率测量误差取为 ± 0.05。不同级别碳钢以及不同级别不锈钢的导热系数值相差较大，设定 45 钢导热系数不确定区间的下限为不锈钢的导热系数（取 $15.9 W \cdot m^{-1} \cdot K^{-1}$），上限为碳钢的导热系数（取 $52.019 W \cdot m^{-1} \cdot K^{-1}$），地面太阳反射率估算误差为 ± 0.15。

第9章　红外辐射特征模型的验证与评估

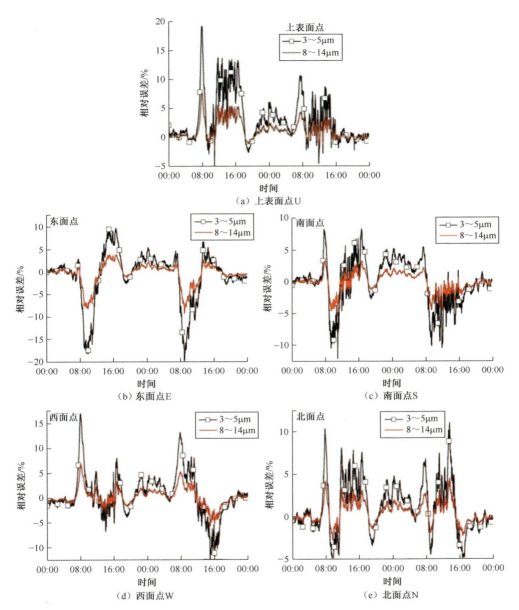

图 9-19　理论模型偏差导致的正方腔体红外辐射特征误差变化特性

根据上述 7 个灵敏度影响因子的不确定区间将每个因子分为 3 个层次水平（表 9-9），其中水平 1 为标准实验中的真值（即参数基准），水平 2 为同等条件下导致模型数值计算的温度结果偏大的参数取值，水平 3 则为同等条件下导致模型数值计算的温度结果偏小的参数取值。基于正方腔体几何模型和装甲车辆红外辐射模型,按照正交实验设计法的要求[27,28],选定 $L_{18}(3^7)$ 正交表设计该实验方案(表9-10)。根据正交实验实施方案,基于正方腔体几何模型,按照表9-10的规定进行18组基于温度场模型的数值仿真实验,分别计算获得每组的温度数值仿真实验结果。

表 9-9 车辆红外辐射特性模型灵敏因子水平表

因子	水平 1	水平 2	水平 3
A-气温/℃	Ta	$Ta+1.0$	$Ta-1.0$
B-风速/(m·s^{-1})	Va	$Va-0.5$	$Va+0.5$
C-太阳辐射/(W·m^{-2})	Q_{sun}	$Q_{sun} \cdot (1+5\%)$	$Q_{sun} \cdot (1-5\%)$
D-相对湿度	RH	$RH+5.0\%$	$RH-5.0\%$
E-表面太阳吸收率	α_{tgt}	$\alpha_{tgt}+0.05$	$\alpha_{tgt}-0.05$
F-材料导热系数/(W·m^{-1}·K^{-1})	43.29	15.1	52.019
G-地表太阳反射率	ρ_{grd}	$\rho_{grd}+0.15$	$\rho_{grd}-0.15$

表 9-10 车辆红外辐射模特性型灵敏因子正交实验实施方案

序号	A 气温	B 风速	C 太阳辐射	D 相对湿度	E 表面太阳吸收率	F 材料导热系数	G 地表太阳反射率
1	1	1	1	1	1	1	1
2	1	2	2	2	2	2	2
3	1	3	3	3	3	3	3
4	2	1	1	2	2	3	3
5	2	2	2	3	3	1	1
6	2	3	3	1	1	2	2
7	3	1	2	1	3	2	3
8	3	2	3	2	1	3	1
9	3	3	1	3	2	1	2
10	1	1	3	3	2	2	1
11	1	2	1	1	3	3	2
12	1	3	2	2	1	1	3
13	2	1	2	3	1	3	2
14	2	2	3	1	2	1	3
15	2	3	1	2	3	2	1
16	3	1	3	2	3	1	2
17	3	2	1	3	1	2	3
18	3	3	2	1	2	3	1

2. 灵敏度影响因子的综合计算误差分析

基于灵敏度影响因子的综合计算误差分析方法,首先对装甲车辆红外辐射特征模型灵敏度影响因子正交仿真实验结果进行统计分析,分析单个因子的不确定性导致的计算误差;进而考虑每个因子的贡献率,计算各因子不确定性导致的综合温度计算误差。以正方腔体上表面点 U 为例,各因子计算参数分别取水平 2 和水平 3 时单因子不确定性导致的温度计算误差以及各因子不确定性导致的温度综合误差如图 9-20 所示。由图 9-20(a)~(g)可知,气温不确定性导致的温度计算误差与气温的不确定区间[-1,1]℃基本一致;白天时段各因子不确定性导致的温度计算误差的变化幅度明显大于非白天时段。图 9-20(h)给出的是各因子不确定性导致的上表面点 U 温度综合误差。

按照上述分析方法,同样可对正方腔体点 E、点 S、点 W 和点 N 的理论模型输入参数不确定性所导致的误差进行分析讨论,这里不再一一给出。

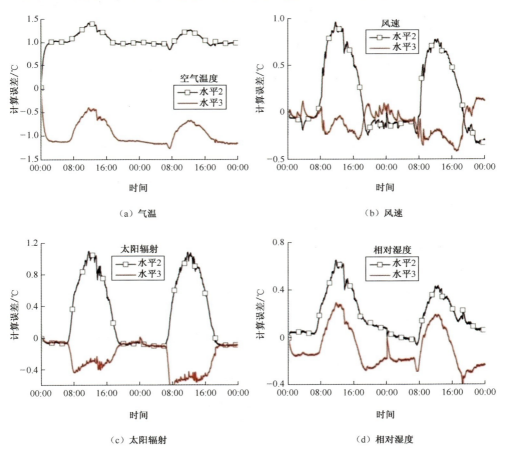

(a) 气温

(b) 风速

(c) 太阳辐射

(d) 相对湿度

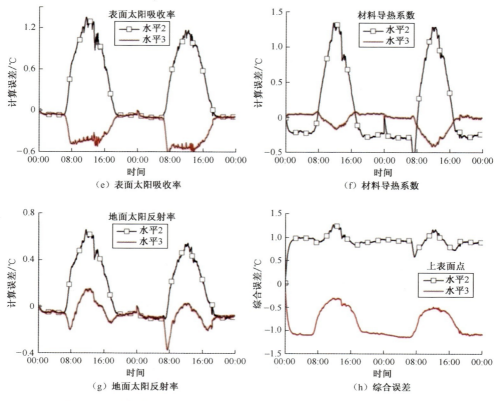

图 9-20 单因子输入参数不确定性导致的上表面点 U 温度误差变化特性

基于上述灵敏度影响因子正交实验的温度场数值仿真计算的结果和车辆热辐射特征模型，可对由车辆红外辐射模型灵敏度影响因子正交仿真实验获得的红外辐射通量数值计算结果进行统计分析，得到红外辐射特征模型输入参数不确定性导致的正方腔体红外辐射通量综合计算误差变化特性（图 9-21）。显然，红外辐射特征模型输入参数不确定性导致的正方腔体红外辐射通量综合计算误差的变化特性与温度场模型输入参数不确定性引起的温度综合计算误差变化特性基本一致；但不同波段的具体情况有所差别，$3\sim5\mu m$ 波段内的红外辐射通量综合计算误差要明显大于 $8\sim14\mu m$ 波段，基本上是大 2 倍左右。

9.5.2.4 红外辐射通量计算总误差分析

基于目标红外辐射特征模型的红外辐射通量计算总误差的分析方法，利用理论模型建模偏差导致的红外辐射通量计算误差结果和模型输入参数不确定性导致的红外辐射通量综合计算误差结果，计算得到针对正方腔体的装甲车辆热辐射特

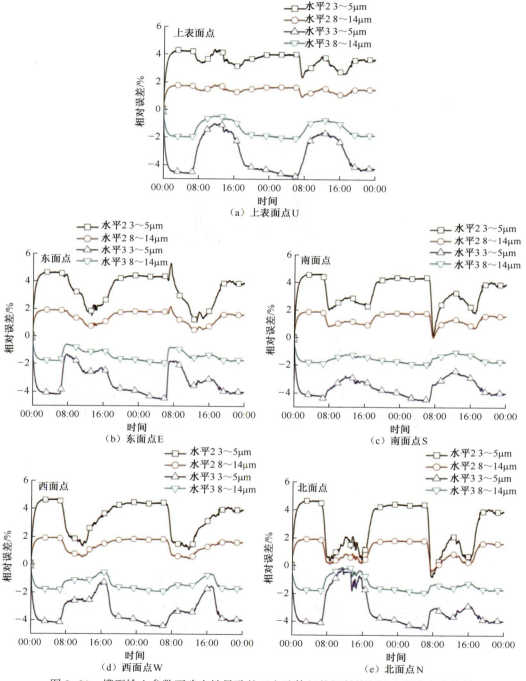

图 9-21 模型输入参数不确定性导致的正方腔体红外辐射特征综合误差变化特性

性模型的红外辐射通量计算总误差(对于正方腔体构型,其几何尺寸可精确测量,因此几何建模误差可忽略不计)。如图 9-22 所示,对所有监测点,3~5μm 波段内的红外辐射通量计算误差均小于 20%,8~14μm 波段内的红外辐射通量计算误差均小于 8%,其中上表面点 U 和东面点 E 的误差最大,而接受太阳辐射最少的北面点 N 的误差最小(实际上,这说明排在理论模型输入参数不确定性因子集合前列的太阳辐照输入值的偏差对点 N 的影响小)。

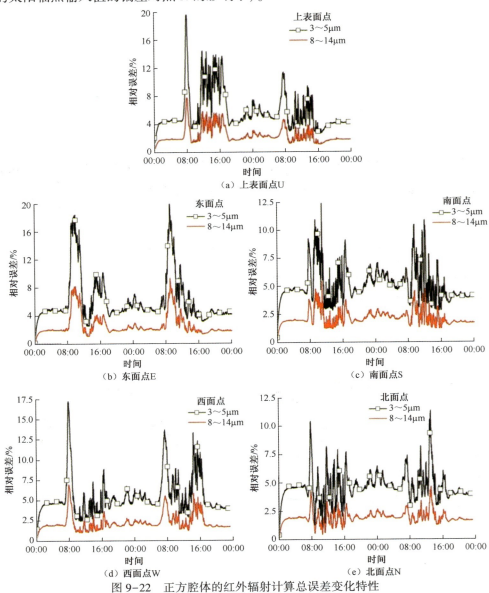

图 9-22 正方腔体的红外辐射计算总误差变化特性

9.5.2.5 红外辐射特征模型可信度分析

基于正方腔体红外辐射通量计算总误差分析结果,运用给定置信水平的计算误差的置信区间分析方法对装甲车辆红外辐射特征模型的可信度进行评估。假定置信水平为 0.95,表 9-11 给出了正方腔体点 U、点 E、点 S、点 W、点 N 的红外辐射通量计算总误差的置信区间分析结果。由表中数据可知,全时段东面点 E 红外辐射通量计算误差最大,其中 3~5μm 波段内红外辐射通量计算误差的置信水平为 0.95 的置信区间为(6.07%±0.28%),8~14μm 波段内红外辐射通量计算误差的置信水平为 0.95 的置信区间为(2.57%±0.12%)。

表 9-11 正方腔体红外辐射计算误差的置信水平为 0.95 的置信区间

波段	置信区间/%				
	点 U	点 E	点 S	点 W	点 N
3~5μm	5.80±0.23	6.07±0.28	5.06±0.12	5.36±0.19	4.69±0.10
8~14μm	2.42±0.09	2.57±0.12	2.13±0.06	2.24±0.08	1.96±0.05

9.5.3 典型坦克红外辐射特征模型数值仿真结果的可信度评估

为了进一步评估基于装甲车辆红外辐射特征模型的坦克整车红外辐射通量计算结果的可靠性,组织开展某型坦克热辐射特征的外场测试试验,并以该型坦克结构及材料、表面热辐射参数和外场测试试验当时当地的气象及环境条件作为理论模型数值计算的输入条件,分析计算坦克车辆主要部位的温度分布和红外辐射通量变化特性,同时与坦克外场试验测量数据进行对比分析,运用前述的装甲车辆红外辐射特征模型的可信度评估方法,分析针对该型坦克红外辐射特征的数值仿真结果的可信度。

9.5.3.1 外场测试方案

坦克外场试验实施地点位于华东某地,测试时间为 2014 年 8 月 18 日 00:00—8 月 19 日 00:00,测试期间天气条件为多云。坦克状态为冷静态(即坦克静止,发动机不工作,炮口端封死,驾驶舱门关闭),坦克朝向方位为炮口朝东。

采用 K 型热电偶测量坦克不同部位的温度变化,数据采集间隔为 10s;用太阳辐照仪测量包括太阳直接辐射、太阳散射辐射和太阳总辐射的太阳辐射测量;采用温湿度仪测量大气温湿度;采用叶轮式风速仪测量当时当地风速。图 9-23 所示是记录实测的试验期间气象参数变化特性。显然,白天时段太阳直射辐射只在中午较为明显,而整个白天时段太阳散射辐射值也明显强于太阳直接辐射,这表明测试时间段内天气为多云天气,云层对太阳辐射影响较大。

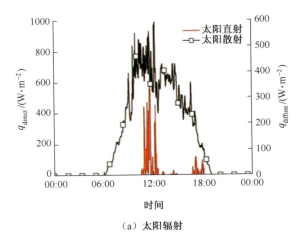

(a)太阳辐射

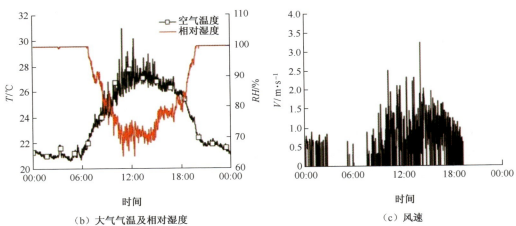

(b)大气气温及相对湿度　　　　　(c)风速

图 9-23　典型坦克外场试验气象参数变化曲线

9.5.3.2　温度计算误差分析

针对实际测试坦克的几何外形,进行坦克几何构型建模。由于坦克内部结构与布局和尺寸参数难以精确获得(如坦克车身厚度、动力舱部件的布局及各部件的尺寸参数等),在坦克几何构型建模过程中只对坦克车辆的主要部件进行建模,如炮塔、炮管、车体、履带、车轮和裙板及动力舱主要部件等,忽略坦克表面的一些小部件、乘员舱内部件和动力舱内小部件,坦克车身厚度、炮塔厚度和动力舱部件的厚度及相对位置根据工程经验给定。

基于装甲车辆温度场理论模型,以坦克外场试验过程中实际测量的气象参数和太阳辐射作为模型数值计算的输入条件,计算该型坦克在试验条件下的温度变化特性。数值计算输入的涉及坦克材料和表面热辐射属性等条件如下:坦克钢材

第9章 红外辐射特征模型的验证与评估

为高强度钢,热物性参数分别为导热系数 41.0W/(m·K),比热容 434J/(kg·K),密度 8131kg/m³;坦克表面军绿漆的太阳吸收率取 0.78,红外发射率取 0.9;地表太阳反射率 $\rho_{grd} = 0.25$,地表红外发射率 $\varepsilon_{grd} = 0.9$。

将基于温度场模型数值计算得到的对应坦克典型测点的温度结果与对应外场试验温度测量结果进行对比分析,图 9-24 给出坦克各部位温度误差分析结果。对比图中曲线可知,对于不同部位的测点,基于装甲车辆温度场模型计算得到的坦克各点温度与试验测量温度的变化趋势基本一致,所有校验点两者之间的绝对误差基本在 5℃ 以内,说明模型计算结果较为可靠。

进一步分析图 9-24 所示的坦克温度误差变化曲线可知,各校验点的温度误差在不同范围内波动,白天时段坦克温度误差明显高于非白天时段,计算温度值和试验测量温度之间的最大误差出现在中午太阳直射辐射突然增强的时段(如图 9-24(f)右工具箱 2 测点、图 9-24(g)左工具箱 1 测点、图 9-24(h)左工具箱 2 测点和图 9-24(i)前装甲测点);对照图 9-23(a)所示的太阳辐射变化曲线,不难发现太阳直接辐照是影响坦克温度场数值计算误差的重要因素。

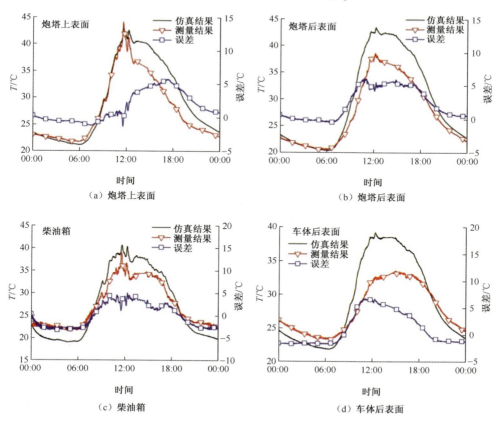

(a) 炮塔上表面

(b) 炮塔后表面

(c) 柴油箱

(d) 车体后表面

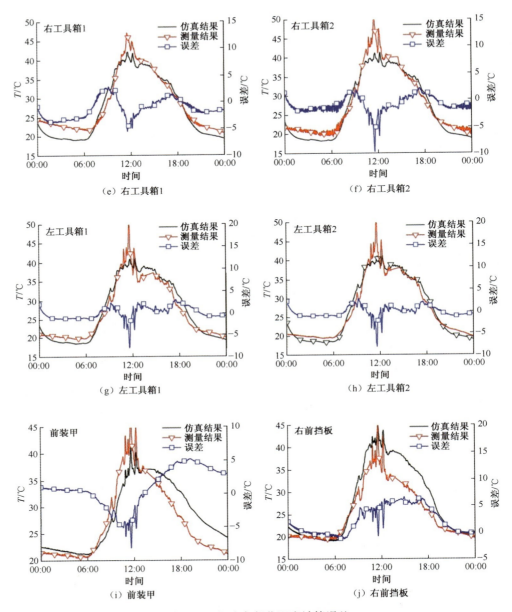

图 9-24 坦克各部位温度计算误差

对比针对该典型坦克的温度场模型计算结果与针对正方腔体的温度场模型计算结果发现,正方腔体的温度计算误差明显小于坦克整车温度计算误差。究其原因是:在坦克整车温度场数值计算中,除了车辆温度场理论模型偏差导致的计算误差、模型输入参数不确定性导致的计算误差和数值算法计算误差外,坦克几何模型的偏差是较大的,尤其是坦克的内部结构和车体厚度等。另外,坦克整车的外场试验远比正方腔体的试验复杂,影响试验测试结果精度的因素也比较多,坦克整车试验测量数据本身的误差也是造成模型计算结果与外场试验数据之间较大差别的原因之一。

9.5.3.3 红外辐射特征模型计算总误差分析

类似地,基于坦克温度场计算结果和坦克实测温度数据,利用装甲车辆红外辐射特征模型,可分别计算基于模型数值仿真温度结果对应的坦克红外辐射特征变化特性与实测温度数据对应的坦克红外辐射特征变化特性,从而分析坦克各部位红外辐射特征通量计算误差。如图 9-25 所示,对应所有校验点的红外辐射通量计算误差与温度计算误差的变化趋势是一致的;在 3~5μm 波段内的红外辐射通量计算误差均小于 25%,8~14μm 波段的红外辐射通量计算误差均小于 10%;相比于正方腔体的红外辐射通量计算总误差,坦克整车红外辐射通量的计算总误差相对更大,主要原因在于坦克车辆表面光学辐射参数输入值与真值的之间的偏差。

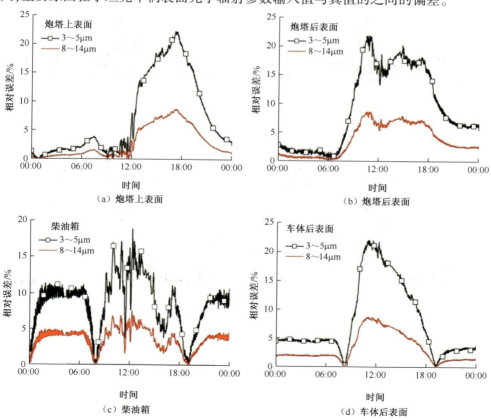

(a) 炮塔上表面
(b) 炮塔后表面
(c) 柴油箱
(d) 车体后表面

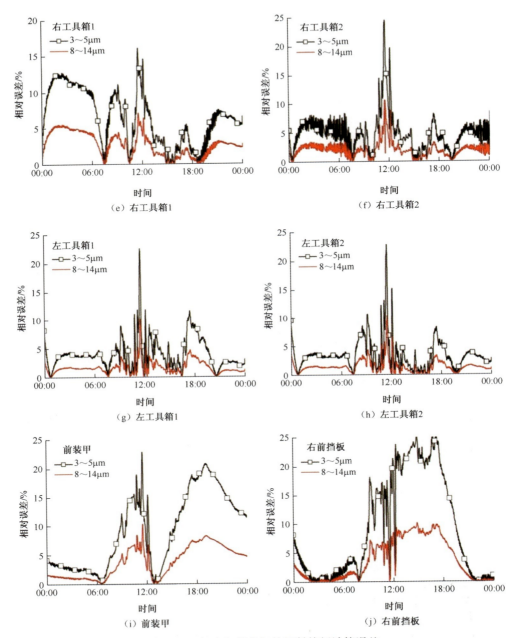

图 9-25 坦克各部位红外辐射特征计算误差

9.5.3.4 红外辐射特征模型数值仿真结果的可信度评估

类似地,运用给定置信水平的计算误差的置信区间分析方法,可对坦克整车红外辐射特征模型仿真结果的可信度进行评估。假定置信水平为 0.95，表 9-12 给出坦克各校验点红外辐射通量计算总误差的置信区间分析结果。其中，炮塔后表面校验点的红外辐射通量计算误差最大，其在 3~5μm 和 8~14μm 波段内计算误差对应置信水平为 0.95 的置信区间分别为（9.48±0.79）和（3.84±0.32）。对比表 9-11 的正方腔体红外辐射通量计算误差的置信区间可知，坦克红外辐射通量计算总误差明显大于正方腔体；即使坦克左工具箱校验点的红外辐射通量计算误差最小，但也大于正方腔体多数监测点的计算误差。其主要原因与坦克温度场模型计算误差的分析相同，坦克几何模型的偏差明显大于正方腔体。

表 9-12　坦克红外辐射计算误差的置信水平为 0.95 的置信区间

校验点	红外辐射计算误差置信区间/%	
	3~5μm	8~14μm
炮塔上表面	7.42±0.81	3.01±0.32
炮塔后表面	9.48±0.79	3.84±0.32
柴油箱	8.68±0.42	3.65±0.17
车体后表面	8.03±0.74	3.28±0.29
右工具箱	6.53±0.44	2.80±0.19
右工具箱	4.90±0.36	2.08±0.15
左工具箱	4.10±0.31	1.72±0.13
左工具箱	3.48±0.31	1.47±0.13
前装甲	9.28±0.75	3.83±0.30
右前挡板	9.32±1.01	3.75±0.40

参考文献

［1］Sargent R. A Tutorial on Verification and Validation of Simulation Models［C］∥Proceedings of the 1984 Winter Simulation Conference，1984，115.
［2］Schlesinger S. Terminology for Model Credibility［J］. Simulation，1979，32：103.
［3］许卫东，吕绪良，陈兵，等. 一种基于纹理分析的伪装器材效果评价模型［J］. 2002，(23)：329-331.
［4］张宏林，等. Visual C++数字图像模式识别技术及工程实践［M］. 北京：人民邮电出版社，2003.
［5］美国战术导弹特性测量标准手册，2005.
［6］David A Vaitekunas. Validation of ShipIR（v3.2）：methodology and results［J］. Proc. of SPIE，Vol. 6239，2006：62390K.
［7］Malaplate A，Grossmann P，Schwenger F. CUBI：A test body for thermal object model validation［J］. Proceedings of SPIE- The International Society for Optical Engineering，2007，6543：654305-654305-15.
［8］Frédéric Schwenger，Grossmann P，Malaplate A. Validation of the thermal code of RadTherm IR，IR-Work-

bench,and F-TOM[J]. Proc. of SPIE,Vol. 7300,2009:73000J.

[9] Anderson W,Mortara S. F-22 Aeroelastic Design and Test Validation[C]//48th AIAA/ASME/ASCE/AHS/ASC Structures,Structural Dynamics,and Materials Conference,2007.

[10] Lapierre F D,Acheroy M. Performance enhancement and validation of the open-source software for modeling of ship infrared signatures(OSMOSIS)[J]. Journal of Computational & Applied Mathematics,2010,234(7):2342-2349.

[11] Willers C,Willers M,Lapierre F. Signature modelling and radiometric rendering equations in infrared scene simulation systems[J]. Proceedings of Spie the International Society for Optical Engineering,2011,8187(4):81870R-81870R-16.

[12] McGinnity K,Freeman L. Statistical Design and Validation of Modeling and Simulation Tools Used in Operational Testing[C]//18th Annual Systems Engineering Conference,2015.

[13] Fraedrich D,Goldberg A. A Methodological Framework for the Validation of Predictive Simulations[J]. European Journal of Operational Research,2000,124:55-62.

[14] Sargent R G. Verification and validation of simulation models[J]. Journal of Simulation,2013,7:12-24.

[15] 潘小敏,盛新庆,孙辉,等. IEEE 电磁建模验模标准的内容与技术特点分析[J]. 国外目标与环境特性管理与技术研究参考,2007.

[16] 陶文铨. 数值传热学[M].2 版 西安:西安交通大学出版社,2001.

[17] 谈和平,夏新林,刘林华,等. 红外辐射特征与传输的数值计算——计算热辐射学[M]. 哈尔滨:哈尔滨工业大学出版社,2006.

[18] 陶文铨. 计算传热学的近代进展[M]. 北京:科学出版社,2000.

[19] 刘杰,余童兰. 基于断言的程序正确性检测工具[J]. 电脑与信息技术,2007,15(5):14-16.

[20] 林群青. 液固颗粒对装甲车辆热辐射特性的影响机制及热模型可信度评估方法研究[D]. 南京:南京理工大学,2017.

[21] 任登凤,韩玉阁,宣益民,等. 瑞典国防研究局红外辐射特征仿真软件验证方法[J]. 国外目标与环境特性管理与技术研究参考,2009,(5):18-32.

[22] Nelsson C,Hermansson P,Winzell T,et al. Benchmarking and validation of IR signature programs:Sensorvision,Cameo-SIM and RadThermIR[R]. SWEDISH DEFENCE RESEARCH AGENCY LINKOEPING,2005.

[23] 沈国土,高景,陈晓盼. NATO 与美国海军舰船红外建模标准 SHIPIR/NTCS 技术与应用研究[J]. 国外目标与环境特性管理与技术研究参考,2007,(7):1-25.

[24] 肖舒文,李柏文,陈晓盼. 特征选择验证方法:原理、应用及最新进展[J]. 电讯技术,2016,56(3):346-352.

[25] 刘佳. 目标散射特性静动态一致性评估关键技术研究[D]. 北京:北京航空航天大学,2013.

[26] Martin A J M,Ruddle A,Duffy A P. Comparison of Measured and Computed Local Electric Field Distributions due to Vehicle-Mounted Antennas Using @ D Feature Selective Validation[C]//Proceeding of 2005 International Symposium on Electromagnetic Compatibility,Beijing:IEEE,2005:290-295.

[27] 陈魁. 实验设计与分析[M].2 版. 北京:清华大学出版社,2005.

[28] 茆诗松,周纪芗,陈颖. 实验设计[M].2 版.北京:中国统计出版社,2012.

[29] 吕崇德. 热工参数测量与处理[M]. 2 版.北京:清华大学出版社,2001.

[30] 盛骤. 概率论与数理统计[M]. 北京:高等教育出版社,2008.

第10章

目标红外辐射特征分析

10.1 目标与背景红外辐射对比特征分析

利用数字合成的目标与背景红外图像,可以直观定性分析目标与背景的红外辐射对比特征,判别目标识别的特征部位。在灰度增益与偏置不变的基础上,利用合成的目标与背景红外辐射图像,同样可以定量研究目标与背景的红外辐射对比特性及其变化规律。为此,定义目标与背景红外辐射对比度如下[1]:

$$C = \frac{\mu_T - \mu_B}{\sigma_B} \quad (10-1)$$

式中,μ_T 为目标灰度值;μ_B 为背景灰度均值;σ_B 为背景灰度的均方根误差。

上述定义的目标与背景红外辐射对比度具有灰度的增益及偏置不变性(在目标与背景均未饱和的情况下),即

$$\frac{(a\mu_T + b) - (a\mu_B + b)}{a\sigma_B} = \frac{\mu_T - \mu_B}{\sigma_B} \quad (10-2)$$

式中,a 为增益因子,且 $a \neq 0$;b 为偏置量。

根据对比度的定义表达式(10-1),针对图 8-33 和图 8-34 给出的不同状态下坦克与裸露平坦地面的红外辐射合成图像,可进行两者的红外辐射对比特征分析。取每幅图垂直中线上像素点对应的数值进行计算,计算结果如图 10-1 所示。从图中可以看出,目标不同的部位与地面背景具有不同的对比度。对比度为正值,表明对应目标红外辐射通量的灰度值高于地面背景红外辐射的灰度值;反之,则目标灰度值低于地面背景。在运动状态下,目标某些部位有正对比度,某些部位有负对比

度;对于静止状态,视具体的气象环境条件和时间,目标与地面的对比度或大于零,或小于零。无论目标是静止还是运动,其与背景的对比度在一天中的不同时间是不同的。在静止状态下,对应傍晚时刻两者之间对比度绝对值较小,即目标与地面背景的红外辐射通量比较接近,红外探测器难以发现和识别目标;在午间,两者之间对比度绝对值较大,目标易于被红外探测器发现和识别。运动状况下的情况有所不同:在傍晚,对比度为正的部位,其对比度绝对值较大,可成为目标识别的特征部位,而对比度为负的部位,对比度绝对值较小,难以成为目标识别的特征部位;在午间,运动目标与背景间的对比度为正的部位,其对比度绝对值仍然较大,可成为目标识别的特征部位,而对比度为负的部位,对比度绝对值虽然较小,但也具有一定的数量级,仍可成为目标识别的特征部位。随着运行工况条件和环境条件的变化,目标与背景间的红外辐射对比度可能呈现不同的变化趋势,发现和识别目标的特征部位区域也可能发生相应的变化。

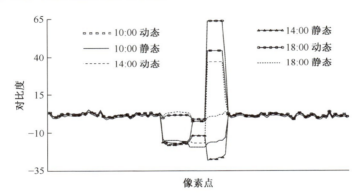

图 10-1　合成图像不同像素点的对比度

考虑到从红外探测器到目标之间的大气对目标及地面背景红外辐射的衰减作用以及大气自身的红外辐射,红外成像探测器视窗接受到的红外辐射强度 E^* 可按下式进行计算[2]:

$$E^* = \tau(R', T_a, t, A^*)E + E_a(R', T_a, t, A^*) \tag{10-3}$$

式中,$\tau(R', T_a, t, A^*)$ 和 $E_a(R', T_a, t, A^*)$ 分别为像素点到探测器的距离为 R'、大气温度为 T_a、在时刻 t 的大气透过率和大气的红外辐射强度,其中 A^* 是与地理纬度、地域和天气情况有关的大气参数数据组合,可使用 LOWTRAN7 软件包计算确定 $\tau(R', T_a, t, A^*)$ 和 $E_a(R', T_a, t, A^*)$。

利用式(10-3)对来自目标与背景合成图像的每个像素点的红外辐射强度进行计算,即可得到考虑了大气辐射和吸收影响的红外探测器接受的目标与地面背景的红外辐射强度。图 10-2~图 10-4 显示的是没有考虑大气辐射和吸收时坦克和地面背景的红外辐射模拟图像,图 10-5~图 10-7 为考虑传输过程中大气辐射和吸收影响的坦克与地面背景的红外辐射到达红外探测器视窗的模拟图像。对比分析这些图像,可以看出,坦克与地面背景红外辐射对比特性除了与地面背景和坦克本身的红外辐射特征有关外,还与传输过程中大气辐射和衰减作用有关,而且在不同的距离上,其影响的程度是不同的。对于同一幅图像,由于不同的像素点和探测器之间的距离是不同的,因此大气辐射和衰减的影响效果也是不同的,这从图像上端和下端红外辐射强度的差别中可以明显的看出这一点。

图 10-2　不考虑大气辐射和吸收时的模拟图像(弹目距离 1200m)

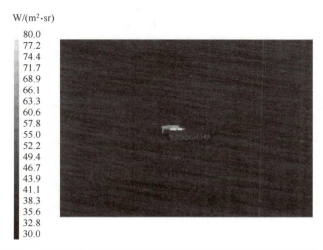

图 10-3　不考虑大气辐射和吸收时的模拟图像(弹目距离 700m)

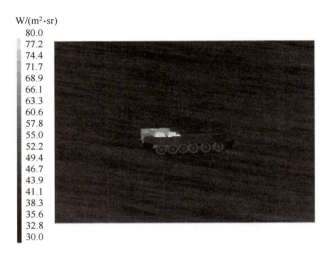

图 10-4 不考虑大气辐射和吸收时的模拟图像(弹目距离 400m)

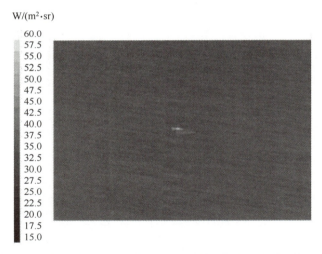

图 10-5 考虑大气辐射和吸收时的模拟图像(弹目距离 1200m)

从上述合成图像中可以看出,大气的辐射和吸收作用对红外成像探测器接受的目标与背景红外图像质量的影响是很大的:对同一目标与地面背景,是否考虑大气辐射和吸收,得到的红外辐射图像是明显不同的。必须同时进行大气的红外辐射和吸收特性的研究,才能获得接近真实的目标与背景的模拟热图像。另外,目标与地面背景的红外热图像受视场角、视角和观察距离远近等因素的影响,应综合考虑这些因素的影响,才能对目标与环境背景的红外辐射对比特征进行正确的分析

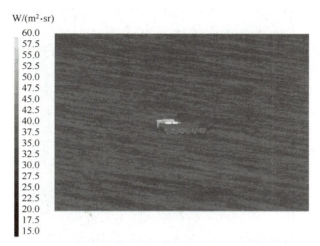

图 10-6　考虑大气辐射和吸收时的模拟图像（弹目距离 700m）

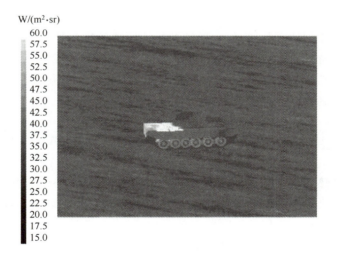

图 10-7　考虑大气辐射和吸收时的模拟图像（弹目距离 400m）

和研究。

　　图 10-8 所示是坦克与丛林背景的数字合成红外图像。显然，坦克的红外辐射特征被丛林背景中的树木部分遮挡，改变了红外成像探测器接收的关于坦克红外辐射特征及其与背景的对比特性的信号强度。在丛林较密的情况下，这种遮挡作用有可能使坦克红外辐射特征完全隐没于丛林背景之中，使得丛林背景中的坦克难以被发现和识别，即使坦克自身具有较强的红外辐射特征。

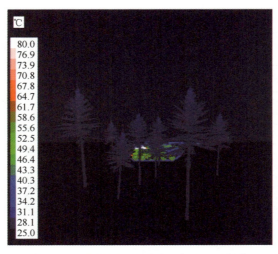

图 10-8　坦克与丛林背景的合成红外图像

　　目标与背景的红外辐射对比特征是随时间、目标的运动状态、目标的不同部位和环境背景而变化的,同时受气象条件和探测距离的影响。利用所建立的目标与背景红外辐射特征模型,针对对应不同情况的目标与背景红外辐射对比特征进行大量的分析计算,归纳出具有共性的红外辐射特征量的变化规律,可应用于红外成像导引头的研制和红外隐身技术的研究。

10.2　目标红外辐射特征信号的获取方法

　　目标红外热像模拟的一个主要用途是分析研究目标的红外辐射特征信号。这种特征信号应当具有一定的不变性,是红外成像制导武器发现、识别和跟踪目标的重要依据。由于观察方位和观察距离的变化,目标在红外成像导引头视场内的充盈程度随之变化,使得探测器观察到的目标红外图像产生相应的变化。传统的几何特征和灰度特征分析方法难以满足弹目交汇过程中目标红外辐射特征应具有的空间不变性的要求。因此,人们探索一些目标特征提取的新方法[3-5],如基于小波分析、基于分形理论和基于模糊理论的目标识别方法。当目标姿态和位置在探测器视场内变化时,基于分形几何理论的目标红外辐射特征识别方法具有较强的有效提取目标不变特征的能力和较高的准确识别率。

　　根据分形的几何特征和基本概念,不难发现,可以运用分形理论分析目标的红外辐射特征,获取其在弹目交汇过程的不变特征属性。应用分形几何理论提取目标红外图像具有标度不变性特征的关键是确定对应红外图像的分维数。在分形研究中,对分形维数有不同的定义,因而存在若干种确定分形维数的方法。一个共同的限制性条件是分形维数的定义范围是客观存在的,在维持具有分形特性的尺度内,必然存在上限和下限,只有在某种被限制的观测尺度的范围内,其自相似性才成立[7],选择合适的观测尺度是揭示某一系统或物体分形特性所必需的。对于一幅图像,可以认为它是由许多不同的部分组成,每一部分的灰度(或红外辐射通量)分布在很小的尺度范围内满足自相似性,分形维数只在较小尺度范围内才具有稳定性[10]。对于图像的特征不变量分析,必须用局部分形维数来描述。

夏德深等[7]应用 Sarkar 和 Chaudhuri[11] 的方法确定了气象卫星云图的分维数特征。一般地,一个图像窗口的分维数 d_f 由下式给出:

$$d_f = \ln N(r) / \ln(1/r) \tag{10-4}$$

式中,尺度 $r > 0$, $N(r)$ 表示半径为 r 的闭球覆盖图像所需最少的球数。

考虑尺寸大小为 $M \times M$ 个像素的图像,按比例尺缩小到一个 $S(1 < S \leq M/2)$,且 S 为整数。这样,对尺度 r 的估计为

$$r = M/S \tag{10-5}$$

对于红外图像,灰度或红外辐射通量的起伏可看作一个曲面,因而把图像看成一个 (x,y,z) 的三维空间,(x,y) 表示二维空间坐标,z 为图像元素所对应的灰度或红外辐射通量。整个窗口图像覆盖的 (x,y) 平面被分割为 $S \times S$ 个方格,盒子的高度 h 可通过图像总灰度级 G 计算得到,即 $[G/h] = [M/S]$。从下往上,依次将每个盒子赋予标号 $1,2,3,\cdots$,检查第 (i,j) 个格子图像灰度的最大值和最小值分别落入哪一个盒子中。假设最大值落入 I 中,最小值落入 K 中,则有 $n_{ij}(r) = I - K + 1$。对所有格子图像灰度的属性进行统计计算,得到

$$N(r) = \sum_{ij} n_{ij}(r) \tag{10-6}$$

于是,对于每一个尺度 r 可计算相应的 $N(r)$,绘制 $\ln N(r) \sim \ln(1/r)$ 特征曲线图,用最小二乘法线性拟合 $\ln N(r) \sim \ln(1/r)$ 特征曲线的斜率就是选定窗口图像的分维数 d_f。按照上述方法确定的分维数 d_f,反映了对应的目标红外辐射通量的空间不变属性。在计算分数维时,需要考虑子图像窗口的选择和计算分数维尺度的选择。子图像窗口尺寸过小,会丢失重要的纹理特性;若子图像窗口尺寸过大,则边缘像素和图像区域的其他像素混杂,影响纹理特征的选取。

对图 10-9 所示的系列图像,利用上述方法选定子图像窗口,不同图像的子图像窗口的大小不同,但都包括了一定的灰度纹理特性,然后进行分析计算,对于不同图像得到的分维数分别为 1.51,1.50,1.49,1.48,1.50,1.53,1.48,1.52,1.53,1.55,1.56 和 1.50。从这些计算结果可以看出,尽管弹目交汇过程中的目标在红外成像导引头视场内的充盈度不断变化,只要子图像窗口选择恰当,目标红外辐射

特征图像的分维数基本上是一个不变量,满足目标识别特征不变量的要求,可以作为一种目标的识别方法。在运用分形理论提取目标红外辐射特征图像的空间不变特征方面,需要开展深入的研究工作,使之更加成熟可靠。

图 10-9　目标红外辐射特征序列图像

10.3　目标可探测性分析

探测器信噪比是常用的衡量探测能力大小的指标,是指探测系统中信号与噪声的比例。信噪比越高,表示探测系统获取的目标信号越强,噪声影响越小,探测效果越好。通过分析探测系统对目标红外辐射信号测量时的信噪比,可以有效判断对目标红外辐射特征的可探测性。本节介绍利用信噪分析方法,分析红外探测系统对目标的探测能力。

10.3.1　信噪比计算方法

信噪比(Signal-to-Noise Ratios,SNR)是探测器接收到的信号与产生的总的噪声之比。它可以表示为信号电流与噪声电流之比,也可以表示成信号与噪声产生的光电子数之比。用 S 表示在一定时间内收集到的目标信号光电子数,N 表示噪声光电子数,则探测器信噪比可以表示为[12]

$$\mathrm{SNR} = S/N \tag{10-7}$$

10.3.1.1 信号的计算

目标的信号电子数可以近似表示为[13]

$$S = \frac{t_i \cdot A_d \cdot \cos\theta_t \int_{\lambda_1}^{\lambda_2} I_{\text{sat}}(\lambda) \cdot \tau_\lambda(\lambda) \cdot \tau_{\lambda,f}(\lambda) \cdot \tau_{\lambda,o}(\lambda) \cdot \eta_d(\lambda) \cdot \lambda \mathrm{d}\lambda}{h \cdot c \cdot D^2}$$

(10-8)

式中,λ 为波长;I_{sat} 为目标的光谱辐射亮度;τ_λ 为大气光谱透过率;$\tau_{\lambda,f}$ 为光栅光谱透过率;$\tau_{\lambda,o}$ 为光学系统的光谱透过率;η_d 为光谱量子效率;A_d 为光学望远镜有效接收面积;θ_t 为目标相对于探测器法向量的夹角;h 为普朗克常数;c 为光速;t_i 为积分时间;D 为探测距离。

10.3.1.2 噪声的计算

噪声的种类有很多,一般主要包括目标的信号散粒噪声、背景散粒噪声、热噪声和 $1/f$ 噪声,由下式表示[14]:

$$N = \sqrt{N_S^2 + N_B^2 + N_T^2 + N_{1/f}^2}$$

(10-9)

光子散粒噪声(photo shot noise)是在光电成像器件的光敏面吸收光子产生电荷的随机过程。即在一定的入射光照下,光敏面在任意相同的瞬时间隔内产生的光电子数不尽相同,而是在某一平均值上下起伏,该光电子数的起伏形成光电子散粒噪声。散粒噪声与信号总电荷数的平方根成正比,是光电元件所固有的噪声,不能被后续电路所抑制或抵消。由于入射光子由目标辐射光子和背景辐射光子组成,所以散粒噪声也可以分为目标散粒噪声和背景散粒噪声。就红外辐射波段而言,在白天,目标的散粒噪声相比背景噪声要小得多,因此可以忽略;相反,在夜晚,背景噪声却要小得多,而目标散粒噪声成为主导。目标信号散粒噪声主要由目标辐射产生的电子数决定,其噪声均值可以由下式表达[14]:

$$N_S = \sqrt{S}$$

(10-10)

背景噪声是由天空背景辐射产生的光子散粒噪声,其大小主要取决于太阳辐射受大气的散射以及探测器的视场角。可以用下式计算[14]:

$$N_B = \sqrt{\frac{t_i \cdot A_d \cdot \Omega_{\text{FOV}} \int_{\lambda_1}^{\lambda_2} I_{\lambda,\text{atm}}(\lambda) \cdot \tau_{\lambda,f}(\lambda) \cdot \tau_{\lambda,o}(\lambda) \cdot \eta_d(\lambda) \cdot \lambda \mathrm{d}\lambda}{h \cdot c}}$$

(10-11)

式中,$I_{\lambda,\text{atm}}$ 为天空背景辐射,可利用辐射传输软件 MODTRAM 计算得到;Ω_{FOV} 为探测器的视场角,单位为立体角。

热噪声和 $1/f$ 噪声都是由探测器自身产生的不可避免的噪声。热噪声又称约翰逊噪声,是由电荷载流子的热运动引起的。当温度在绝对零度以上时,所有的电阻都会产生热噪声。热噪声的大小主要与探测器自身的温度和有效负载电阻有关,其计算公式可表达为[14]

$$N_T = \sqrt{\frac{4k_B T_d t_i}{e_q^2 R}} \qquad (10-12)$$

式中,T_d 为探测器 CCD 的绝对温度;k_B 为玻耳兹曼常数;e_q 为每个电荷带有的电量;R 为探测器有效负载电阻值。

$1/f$ 噪声与调制频率之间近似成反比关系,是一种在低频下具有很大影响的噪声。但是当频率较大时,即积分时间很小时,$1/f$ 噪声很小。

10.3.2 目标可探测性计算结果与分析

图 10-10 给出了某一目标在不同有效孔径和积分时间情况下,探测器信噪比随视场角变化的结果,计算波段为 10.5~11μm。

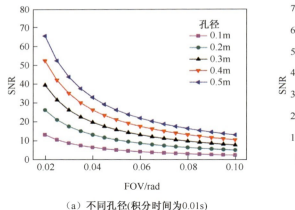

（a）不同孔径(积分时间为0.01s)　　　（b）不同积分时间(孔径为0.3m)

图 10-10　视场角变化下的信噪比(波段 10.5~11μm)

如图 10-10 所示,视场角越小,信噪比越大。因为对于距离较远的目标点源来说,视场角的大小直接决定了探测器接受的背景辐射的多少。从图中还可以看到,有效孔径越大,积分时间越长,探测结果的信噪比值越高。

如果取探测器信噪比为 20 以上,作为判断探测结果的优劣,那么对于固定的有效孔径和积分时间,都可以得到一个能保证探测质量的最小视场角大小,如图 10-11 所示。可以看到,这个最小视场角的大小与孔径大小基本成线性增加。

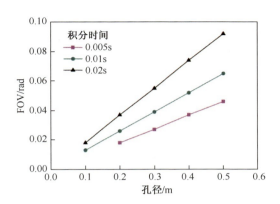

图 10-11　信噪比不小于 20 的最小视场角随光学有效孔径的变化

10.4　基于红外光谱辐射的目标属性反演

由于成像的空间分辨率受衍射极限与距离限制,距离遥远的目标在成像探测器的视野内仅能占到一个或几个像元。在这种情况下,难以通过一般的成像探测获得目标的轮廓细节,而使用高性能红外望远镜和高分辨率光谱仪,可以获取目标的红外光谱辐射特性数据。由于红外光谱辐射测量信号与目标的温度和发射率等热特性息息相关,所以考虑利用目标的红外光谱特性对目标的属性进行反演,进一步判断目标的部件组成、表面材料(涂层)、老化程度和工作状态等。

本节引用独立成分分析方法来确定未知目标所含的组元数和组元发射光谱,该方法通过分析混合信号的统计特性来恢复源信号。当确定了目标成分的个数和种类之后,再利用最小二乘法反演目标的其他参数。

10.4.1　目标属性的反演方法

10.4.1.1　探测器接收的红外光谱辐射信号

在对目标观测过程中,探测器接收的红外辐射强度信号,实际上是目标表面各处红外辐射强度的叠加[15]:

$$P_\lambda = \frac{\tau_\lambda(\theta)}{\pi D^2} \cdot \sum_{j=1}^{N} A_j [\varepsilon_{\lambda,j} E_{\lambda,b}(T_j) + (1 - \varepsilon_{\lambda,j}) E_{\lambda,j,\mathrm{sur}}] + \Omega_{\mathrm{FOV}} \cdot I_{\lambda,\mathrm{atm}}$$

(10-13)

式中,j 表示目标部件表面的序号;N 为目标部件的总数;$E_{\lambda,b}$ 表示在波长 λ 的黑体光谱辐射强度;T_j 为表面 j 表面的温度;$\varepsilon_{\lambda,j}$ 为表面 j 的光谱发射率;A_j 为表面 j 在观测方向上的投影面积；τ_λ 为大气光谱透过率，与探测器仰角 θ 有发关；D 为目标与探测器之间的距离；Ω_{FOV} 为探测器的视场角；$E_{\lambda,j,\text{sur}}$ 表示表面 j 接受的环境光谱辐射；$I_{\lambda,\text{atm}}$ 表示目标到探测器所经过路径上的大气光谱辐射强度。这里，假设目标表面是漫反射。

考虑大气修正和背景影响消除，可得[15]

$$X_\lambda = (P_\lambda - \Omega_{\text{FOV}} \cdot I'_{\lambda,\text{atm}}) \cdot \pi D^2/\tau'_\lambda \tag{10-14}$$

式中，X_λ 表示经过大气修正和背景消除处理后的红外辐射信号；$I'_{\lambda,\text{atm}}$ 和 τ'_λ 分别表示大气红外辐射和透过率的修正参数。当修正参数与实际大气参数比较精度很高时，则有[15]

$$X_\lambda = \sum_{j=1}^{N} A_j [\varepsilon_{\lambda,j} E_{\lambda,b}(T_j) + (1-\varepsilon_{\lambda,j}) E_{\lambda,j,\text{sur}}] \tag{10-15}$$

10.4.1.2 利用独立成分分析法确定目标的部件个数和类型

对于由多部件组成的目标，各部分的发射率和温度都不相同。若想获取目标各部件表面的真实温度，需要预先对目标部件的组成进行估计。面对的问题是要通过探测器接收到的混合光谱信号，完成对目标特征的提取。在很多情况下，事先并不知道目标的实际组成部件是什么，而且部件的组成结构方式也不知道。这样的问题属于盲信号分离（Blind Signal Separation, BSS）问题，即从多个观测到的混合信号中分析出原始信号。盲信号分离方法最早在 1985 年提出，发展时间不长，但是到目前为止在算法上已经得到了广泛而深入的研究，已成为现代数字信号处理的一份十分活跃的领域[15]。

独立成分分析（Independent Components Analysis, ICA）是研究盲信号分离问题的一个重要方法，最早源于法国学者 Herault 和 Jutten[16] 提出的一个基于源信号互相统计独立假设的算法。独立成分分析在很多领域得到了有效的应用，如图像识别、语音识别、信号处理、化学分析和金融分析[17-21]等。本质上，它是利用统计原理进行分析计算，通过线性变换把数据或信号分离成统计独立的非高斯型信号源的线性组合。独立成分分析最重要的假设就是信号源统计独立，这个假设在大多数盲信号分离的情况中符合实际情况。即使当该假设不满足时，仍然可以用独立成分分析来把观察信号统计独立化，从而进一步分析数据的特性[22]。

对于某一时间点，每个部件的温度和接收到的环境辐射都是一定的，同时部件的发射率光谱也是固定的。那么，对于每个部件的发射辐射和反射辐射都可以简化为一个盲信号源，即设[15]

$$S_{i,j} = \varepsilon_{i,j} B_i(T_j) + (1-\varepsilon_{i,j}) I_{i,j,\text{sur}} \tag{10-16}$$

于是，式（10-15）可以简化为[15]

$$X_i = \sum_{j=1}^{n} A_j S_{i,j} \quad (10\text{-}17)$$

由于 ICA 方法要求探测的信号数量不少于源信号的数量，那么利用高光谱探测器对目标进行多次测量，得到 $m(m \geq n)$ 个的混合光谱数据，则可以用矩阵形式表示为

$$\boldsymbol{x} = \boldsymbol{As} \quad (10\text{-}18)$$

式中，$\boldsymbol{x}$ 为测量信号矩阵；$\boldsymbol{s}$ 为原信号矩阵；$\boldsymbol{A}$ 为系数矩阵。

式(10-18)就是 ICA 的基本模型。它表示被观察到的数据是由独立成分混合而产生的，而要求仅仅根据测量的混合信号，估计 $\boldsymbol{s}$ 和 $\boldsymbol{A}$。如果能计算 $\boldsymbol{A}$ 的逆矩阵 $\boldsymbol{W}$，那么独立成分可以用下式得到：

$$\boldsymbol{s} = \boldsymbol{Wx} \quad (10\text{-}19)$$

ICA 方法的出发点非常简单，它假设成分是相互独立的，而且还必须假设独立成分在统计上是服从非高斯分布的。在这样的假设下，可以根据给定的 m 个的混合信号，同时估计出 m 个独立成分。

于是，求一个独立成分 y，基于式(10-19)，可得[19]

$$y = \boldsymbol{w}^{\mathrm{T}} \boldsymbol{x} = \sum_j w_j x_j \quad (10\text{-}20)$$

式中，$\boldsymbol{w}^{\mathrm{T}}$ 为要确定的向量。如果 $\boldsymbol{w}$ 是矩阵 $\boldsymbol{A}$ 的其中一行，那么这个线性组合 $\boldsymbol{w}^{\mathrm{T}}\boldsymbol{x}$ 就等于其中一个独立成分。由于我们对矩阵 $\boldsymbol{A}$ 一无所知，$\boldsymbol{w}$ 也就不可能得到精确解。然而，可以通过 ICA 估计得到一个最近似的解。

将上式可以变为如下形式[19]：

$$y = \boldsymbol{w}^{\mathrm{T}} \boldsymbol{x} = \boldsymbol{w}^{\mathrm{T}} \boldsymbol{As} = \boldsymbol{z}^{\mathrm{T}} \boldsymbol{s} \quad (10\text{-}21)$$

式中，$\boldsymbol{z} = \boldsymbol{A}^{\mathrm{T}} \boldsymbol{w}$。

显然，y 是源信号 s_j 的线性组合，系数为 z_j。既然独立随机变量的组合比任意一个变量更接近高斯分布，那么 $\boldsymbol{z}^{\mathrm{T}}\boldsymbol{s}$ 比任何一个 s_j 更具有高斯分布性；而当 $\boldsymbol{z}^{\mathrm{T}}\boldsymbol{s}$ 等于其中一个 s_j 时，它的高斯分布性最小。此时，$\boldsymbol{z}$ 只有一个分量为非零量。

因此，$\boldsymbol{w}$ 可以用来看作最大化随机变量 $\boldsymbol{w}^{\mathrm{T}}\boldsymbol{x}$ 非高斯性的一个向量，而这样一个向量相当于只有一个非零成分的变量 $\boldsymbol{z}$。这就意味着 $\boldsymbol{w}^{\mathrm{T}}\boldsymbol{x} = \boldsymbol{z}^{\mathrm{T}}\boldsymbol{s}$ 是其中一个独立成分，即最大化 $\boldsymbol{w}^{\mathrm{T}}\boldsymbol{x}$ 的高斯性就可以得到一个独立成分。

为了应用非高斯化来进行 ICA 计算，需要具有度量随机变量非高斯性的量。最常用的度量有两种，一种是峰度（Kurtosis），另一种是负熵（Negentropy）。

峰度是一个随机变量的累积量。y 的峰度记为 $\mathrm{kurt}(y)$，定义如下[19]

$$\mathrm{kurt}(y) = E\{y^4\} - 3(E\{y^2\})^2 \quad (10\text{-}22)$$

假设 y 具有单位方差，则 $E\{y^2\} = 1$，上式可写为[19]

$$\text{kurt}(y) = E\{y^4\} - 3 \qquad (10\text{-}23)$$

式(10-23)说明了峰度是规范化的四阶矩 $E\{y^4\}$。当随机变量 y 服从高斯分布时,有 $E\{y^4\} = 3(E\{y^2\})^2$。因此,对于服从高斯分布的随机变量,其峰度等于 0;而对于绝大多数的非高斯随机变量,其峰度值非 0(峰度等于 0 的非高斯随机变量非常罕见)。如果取峰度的绝对值作为非高斯的判定,那么峰度值大于 0 的就可以判断为非高斯随机变量。

由于具有线性运算的性质,峰度的计算过程也相当简便。正因为如此,峰度的绝对值函数作为非高斯性的度量已经广泛应用在 ICA 及相关的领域。然而,在实际运用中,确定峰度值的方法也有一定的缺陷,其主要问题在于,峰度计算的结果受异常值的影响很灵敏,其值可能只依赖于几个错误或者不相干的观测值[22]。因此,需要结合其他的方法来度量非高斯性。

根据信息论可知,在具有相同方差的所有随机变量中,高斯变量的熵值最大。熵这个参数可以被用来度量非高斯性。定义离散型随机变量 Y 的熵为[23]

$$H(Y) = -\sum_m P(Y = a_m) \lg P(Y = a_m) \qquad (10\text{-}24)$$

式中,a_m 为随机变量 Y 的概率。连续型随机变量的熵称为微分熵。对于概率密度为的随机变量 y,微分熵定义为[23]

$$H(y) = -\int f(y) \lg f(y) \mathrm{d}y \qquad (10\text{-}25)$$

考虑一个更方便的度量,即负熵,使得当随机变量为高斯分布时为 0,而其他情况时总为正数。负熵 J 可以定义为[23]

$$J(y) = H(y_{\text{Gauss}}) - H(y) \qquad (10\text{-}26)$$

式中,y_{Gauss} 为服从高斯分布的随机变量,且与随机变量 y 具有相同的方差。

负熵的计算非常困难,Hyvärinen 提出了一种近似方法,该方法基于最大熵原理,计算表达式如下[24]:

$$J(y) \approx \sum_{k=1}^{p} b_k [E\{G_k(y)\} - E\{G_k(v)\}]^2 \qquad (10\text{-}27)$$

式中,假定随机变量 y 为零均值且具有单位方差;b_k 为正常数;v 为零均值且具有单位方差的高斯变量;G_k 为测度函数。如果只使用一个测度函数,上式的近似表达式变为[24]

$$J(y) \propto [E\{G(y)\} - E\{G(v)\}]^2 \qquad (10\text{-}28)$$

关于 $G(y)$ 函数的选取方法可参考相关文献[25]。这样近似得到的负熵,结合了峰度度量方法简单、快速的特点,同时它又具有负熵的优势,即良好的鲁棒性。因此,本节采用这样的方法在 ICA 中完成对非高斯性的估计。

目前,已有的 ICA 算法很多,比较有代表性的是 FastICA,JADE,Infomax ICA,MF-ICA 和 KICA。这里采用的是 FastICA(快速 ICA 算法),该算法又称为固定点(Fixed-Point)算法,是由芬兰赫尔辛基大学 Hyvärinen 等提出的[23-27],是一种快速寻优迭代算法。从分布式并行处理的观点看,该算法仍然可以称为一种神经网络算法,但与普通的神经网络算法不同的是,该算法在每一步迭代中都有大量的样本数据参与运算。同时,该算法采用了定点迭代的优化算法,使得收敛更加快速、稳健。

FastICA 算法有多种形式,本节采用基于负熵最大的 FastICA 算法。该算法基于定点迭代法,以负熵最大作为一个搜寻方向,求得一个非高斯化最大的独立成分 $\boldsymbol{w}^T\boldsymbol{x}$。其迭代公式可以通过近似的牛顿迭代法推导[26]。这里,给出如下的 FastICA 算法迭代公式:

$$\boldsymbol{w}^+ = E\{\boldsymbol{x}g(\boldsymbol{w}^T\boldsymbol{x})\} - E\{g'(\boldsymbol{w}^T\boldsymbol{x})\}\boldsymbol{w} \quad (10\text{-}29)$$

$$\boldsymbol{w} = \boldsymbol{w}^+ / \|\boldsymbol{w}^+\| \quad (10\text{-}30)$$

式中,g 用来表示式(10-28)中测度函数 G 的导数。

10.4.1.3 目标投影面积和表面温度的拟合估计

经过独立成分分析,可以得知目标组元的个数和类型。当确定了目标的组成部件之后,根据确定的光谱发射率和目标混合光谱辐射强度信号,估计出各部件的投影面积和温度。

设所求参数为 $\boldsymbol{a}$,则混合光谱辐射强度函数 X 与波长 λ 的关系为

$$X = f(\lambda;\boldsymbol{a}) \quad (10\text{-}31)$$

函数形式如式(10-15),由于未知数较多,无法仅通过该式得到精确值。较为可靠的方法是采用最小二乘法对未知参数进行拟合估计,也就是将问题转化为约束性非线性最小二乘估计问题,在目标各部件的投影面积和热力学温度均大于 0 的条件下,通过使各光谱通道辐射强度信号的拟合值与测量值之间误差平方和最小,以此来确定各部件的投影面积和温度大小。

设一共存在 L 个光谱测量通道,即有 L 对观测数据(λ_i, X_i),求参数 $\boldsymbol{a}$。也就是需要通过观测结果来拟合函数的未知参数,从而使得测量值与拟合值之间的误差平方和达到最小,即

$$\min \left\| \frac{X_i - f(\lambda_i;\boldsymbol{a})}{\sigma} \right\| \quad (10\text{-}32)$$

式中,σ_i 为第 i 点上测量误差的标准差,且需要满足条件 $\boldsymbol{a} > 0$,即投影面积大于 0,同时温度大于 0K,以保证解具有基本的物理意义。

反演的目的是确定目标各部件的温度和投影面积,而在式(10-15)中,目标表面反射的环境辐射往往亦是未知参数。对于地面目标,环境辐射主要是来自天空

背景的辐射和地面背景的辐射。根据独立成分分析得到的目标组元数,仅是按照表面发射率分类的结果。而在拟合估计的过程中,目标的组元数不仅要考虑表面不同的发射率,还要考虑不同的朝向,也就是要考虑不同的环境辐射。

最小二乘拟合问题亦属于最优化问题,其求解的方法很多。本节采用置信域映射算法。置信域算法是基于内部映射牛顿法的一种子空间置信域法[28],其基本思想是用一个简单的函数 q 去近似函数 f,并且能够合理地反映函数 f 在 x 点邻域 U 内的特性。那么,该邻域就称为置信域。给定搜索步长 s,则置信域子问题为

$$\min\{q(s), s \in U\} \tag{10-33}$$

若 $f(x+s) < f(x)$,那么当前点被更新至 $x+s$;否则,当前点位置保持不变,且置信域 U 缩小范围,同时重新计算搜索步长。在标准的置信域方法中,二阶近似函数 q 定义为函数 f 在 x 点的二阶泰勒展开。邻域 U 通常为球形域或椭球形域。于是,置信域的数学表达式为[29]

$$\min\left\{\frac{1}{2}s^\mathrm{T}Hs + s^\mathrm{T}g, \|Ds\| \leqslant \Delta\right\} \tag{10-34}$$

式中,g 是函数 f 在点 x 的梯度;H 为海森矩阵;D 是对角标量化矩阵;Δ 为一个正标量,为置信域的半径。该问题的精确解法可以参见文献[30]。

10.4.2 目标属性的反演结果分析

10.4.2.1 目标属性的反演输入参数

下面以一具体算例来说明上述方法的应用。算例对应的目标表面总共采用四种不同发射率的材料,分别标注为材料 A、材料 B、材料 C 和材料 D。四种材料在 $8\sim14\mu\mathrm{m}$ 红外波段内的光谱发射率如图 10-12 所示。

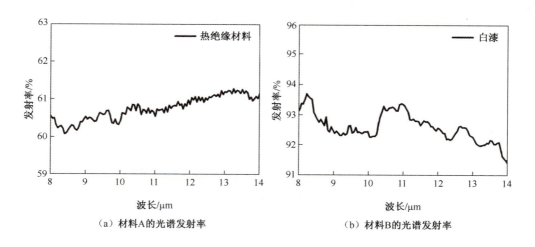

(a) 材料A的光谱发射率　　　　(b) 材料B的光谱发射率

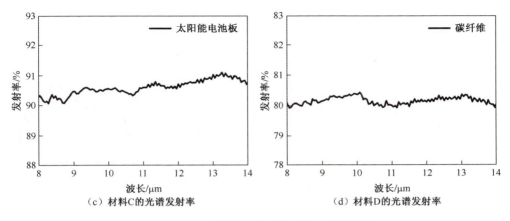

图 10-12　四种材料在红外波段的光谱发射率

红外探测器探测到的目标的红外辐射光谱强度信号如图 10-13 所示。

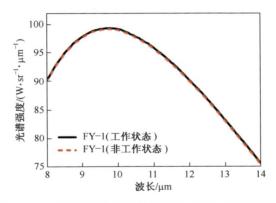

图 10-13　探测视角下的空间目标的红外辐射光谱强度

由图可以看到,两种目标的红外辐射光谱强度和红外辐射光谱形状都有差别,这与两个目标的表面温度和形状不同有关。

10.4.2.2　目标的部件个数和类型反演结果分析

通过获得多次对目标红外辐射光谱的观测结果,利用快速 ICA 算法,估计目标的组成成分。由于独立成分分析不能得到独立成分的方差,无法用绝对值去衡量结果的正确性。因此,需要将原发射率光谱以及估计得到的独立成分分量均进行标准化处理,即将计算结果化为均值为 0 并且方差为 1 的数据,再进行比较分析。

对目标进行特征提取,通过快速 ICA 算法可以估计出目标含有 3 个材料类型,与实际目标所含有的材料类型数目相同。将估计得到的 3 个独立成分光谱与实际材料的发射率光谱对比,如图 10-14 所示。

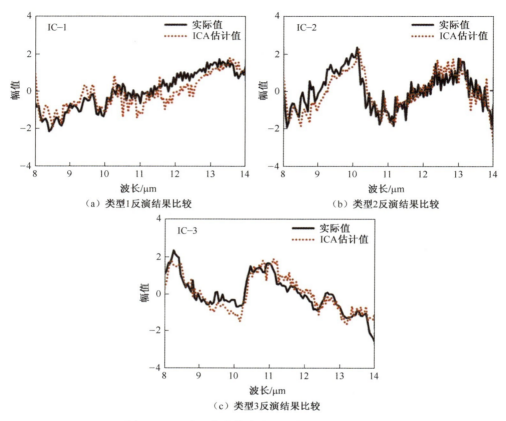

(a) 类型1反演结果比较

(b) 类型2反演结果比较

(c) 类型3反演结果比较

图 10-14　独立成分估计结果与真实成分的比较

图中的实线曲线是目标本身材料的发射率光谱,虚线曲线是利用快速 ICA 算法得到的独立成分。显然,反演计算得到的独立成分光谱与材料真实的发射率光谱波形基本一致。

通过上述算例模拟看出,利用快速 ICA 算法,从目标的混合光谱强度信号,可以估计出目标实际含有的部件数量和部件材料类型。同时,目标的部件数量和材料类型亦可以作为判断目标类型的依据之一。

10.4.2.3　目标投影面积与温度估计结果

当目标组元确定之后,便可以进一步提取目标的温度特征。如果已知部件材料的红外光谱发射率,将问题化为有约束条件的最小二乘问题求解,利用置信域算法,估计目标各部件的表面温度和投影面积系数。根据不同时刻目标和探测器之间的相对位置以及目标的光谱辐射强度信号,对目标各部件的投影面积和表面温度进行拟合估计。

部件 1 的投影面积和表面温度的拟合结果如图 10-15 所示。可以看出,部件参数的拟合精度较好,投影面积和表面温度的整体变化趋势与真实值基本相同。

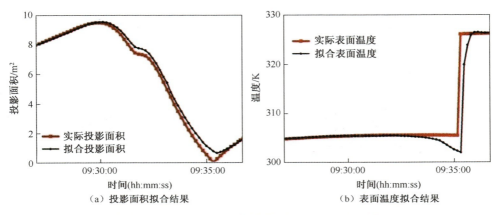

(a) 投影面积拟合结果 (b) 表面温度拟合结果

图 10-15　部件 1 的投影面积和表面温度拟合结果

从图中还可以看出,部件 1 参数的拟合结果十分容易辨认。在图 10-15(b)中,部件 1 的表面温度发生了跳跃性的变化,这是由于目标的状态发生了突然变化。

图 10-16 所示的是部件 2 的投影面积和表面温度的拟合结果。可以看到,拟合结果虽然有小幅的波动,但整体上与真实值吻合较好,变化规律基本一致。

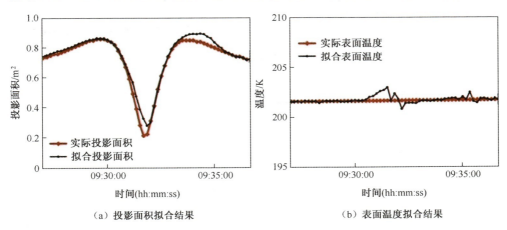

(a) 投影面积拟合结果 (b) 表面温度拟合结果

图 10-16　部件 2 的投影面积和表面温度拟合结果

图 10-17 所示是部件 3 的投影面积和表面温度的拟合结果。显然,估计算法

的拟合值与真实值吻合的结果依然较好。

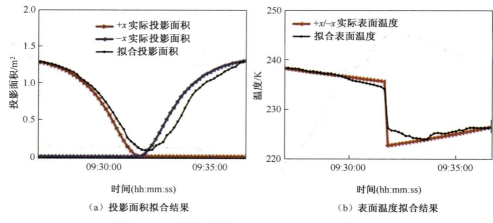

（a）投影面积拟合结果　　　　　　（b）表面温度拟合结果

图 10-17　部件 3 的投影面积和表面温度拟合结果

图 10-18 所示的是部件 4 的投影面积和表面温度的拟合结果。由图可知，拟合结果与真实参数的变化趋势基本一致。

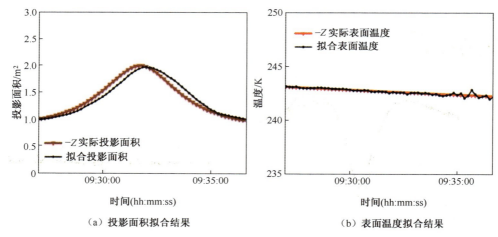

（a）投影面积拟合结果　　　　　　（b）表面温度拟合结果

图 10-18　目标中部件 4 的投影面积和表面温度拟合结果

以上结果分析表明，独立成分分析方法和最小二乘拟合方法能够很好地提取空间目标的组元信息，实现对目标部件光谱发射率的特征提取，并且对目标表面温度的反演误差较小。计算获得的目标各部件投影面积和表面温度的变化规律可为目标的识别与分类提供参考。

参考文献

[1] 桑农,张天序,史伟强. 海面红外舰船目标背景对比度的统计特性分析[J]. 红外与激光工程,1998,27(3):9-12.

[2] Steinberg R A,Rivera J J. Infrared Ship Detection at Low Signature-to-noise[R]. AD-A194521,1987.

[3] 亓兰秋,阮文. 基于小波变换方法的红外动目标检测[J]. 激光与红外,1997,27(4):209-211.

[4] Meitzler T J,Singh H,Arefeh L,et al. Computing the Probability of Target Detection in Infrared and Visual Scenes Using the Fussy Logic Approach[C] // SPIE,1997,3063:2-10.

[5] 黎湘,庄钊文,郭桂容. 一种基于分形理论的目标识别算法[J]. 目标与环境特性研究. 1998,(2):1-5.

[6] 杨展如. 分形物理学[M]. 上海:上海科技教育出版社,1996.

[7] 张济忠. 分形[M]. 北京:清华大学出版社,1995.

[8] 夏德深,金盛,王健. 基于分数维与灰度共生矩阵的气象云图识别(I)——分数维对纹理复杂度和粗糙度的描述[J]. 南京理工大学学报,1999,23(3):278-281.

[9] Pentland A P. Fractal-Based Description of Natural Scenes[C] // IEEE Trans. Pattern Anal. Mach. Intell.,1984,(6):661-674.

[10] 高艳萍. 分形理论在特征提取中的应用[C] // 第十一届全国红外科技学术交流会论文集,洛阳,1994.

[11] Sarkar N,Chaudhuri. An Efficient Approach to Estimate Fractal Dimension of Texture Images[J]. Pattern Recognition,1992,25(9):1035-1041.

[12] 刘磊,落成,华卫红. 白天空间目标可见光探测仿真研究[J]. 系统仿真学报,2011,23(1):70-74.

[13] David R H. Performance of Ground-Based Infrared Detectors for Acquisition of Satellites[R]. Lincoln Laboratory,Massachusetts Institute of Technology,1991.

[14] Katherine B L. Radiometric analysis of daytime satellite detection[R]. Department of the Air Force Air University,Air Force Institute of Technology,2006.

[15] 杨帆. 卫星热辐射特性及其反演方法的研究[D]. 南京:南京理工大学,2015.

[16] Jutten C,Hérault J. An adaptive algorithm based on neuromimatic architecture[J]. Signal Processing,1991,24(1):1-10.

[17] Bell A,Sejnowski T. The independent component of natural scenes are aedge filters[J]. Vision Research,1997,37:3327-3338.

[18] Bell A,Sejnowski T. Learning higher-order structure of a natural sound[J]. Network,1996,7:261-266.

[19] Cristescu R,Ristaniemi T,Joutsensalo J,et al. Delay estimation in CDMA communications using a Fast ICA algorithm[C] // In Proc. Int. Workshop on Independent Component Analysis and Blind Signal Separation,Helsinki,Finland,2000:105-110.

[20] Chen J,Wang X Z. A New Approach to Near-Infrared Spectral Data Analysis Using Independent Component Analysis[J]. Journal of Chemical Information and Computer Sciences,2001,41:992-1001.

[21] Kiviluoto K,Oja E. Independent component analysis for parallel financial time series[C] // Proceedings of the International Conference on Neural Information Processing,Tokyo,Japan,1998,2:895-898.

[22] Cardoso J F. Blind signal separation: statistical principles[J]. Proceedings of the IEEE, 1998, 86(10): 2009-2025.

[23] Hyvärinen A, Oja E. Independent component analysis: algorithms and applications[J]. Neural Networks, 2000, 13(4): 411-430.

[24] Hyvärinen A. New approximations of differential entropy for independent component analysis and projection pursuit[C] // Neural Information Processing Systems, 1998, 10: 273-279.

[25] Hyvärinen A, Karhunen J, Oja E. Independent component analysis[M]. New York: John Wiley, 2001.

[26] Hyvärinen A, Oja E. A fast fixed-point algorithm for independent component analysis[J]. Neural Computation, 1997, 9(7): 1483-1492.

[27] Hyvärinen A. Fast and robust fixed-point algorithms for independent component analysis[J]. Neural Networks, IEEE Transactions on, 1999, 10(3): 626-634.

[28] Coleman T F, Li Y. On the Convergence of Reflective Newton Methods for Large-Scale Nonlinear Minimization Subject to Bounds[J]. Mathematical Programming, 1994, 67(2): 189-224.

[29] Coleman T F, Li Y. An Interior, Trust Region Approach for Nonlinear Minimization Subject to Bounds[J]. SIAM Journal on Optimization, 1996, 6: 418-445.

[30] Moré J J, Sorensen D C. Computing a Trust Region Step[J]. SIAM Journal on Scientific and Statistical Computing, 1983, 3: 553 – 572.

[31] 苑智玮, 黄树彩, 熊志刚, 等. 尾焰特征光谱在主动段弹道目标识别中的应用[J]. 光学学报, 2017(02): 306-313.

[32] 成忠, 张立庆, 刘赫扬, 等. 连续投影算法及其在小麦近红外光谱波长选择中的应用[J]. 光谱学与光谱分析, 2010(04): 87-90.

[33] Ghiyamat A, Shafri H Z M, Mahdiraji G A, et al. Hyperspectral discrimination of tree species with different classifications using single- and multiple-endmember[J]. International Journal of Applied Earth Observation and Geoinformation, 2013, 23: 177-191.

[34] 闻兵工, 冯伍法, 刘伟, 等. 基于光谱曲线整体相似性测度的匹配分类[J]. 测绘科学技术学报, 2009, 26(2): 128-131.

第11章

红外辐射特征模型的应用

数理建模与仿真技术已成为武器装备从决策论证、设计、试验、训练、维修和更新等全生命周期各个阶段不可缺少的保障措施和决策参考依据。图11-1所示是建模与仿真在武器系统全生命周期各阶段应用的概念框图[1],目标特征建模是军用系统建模与仿真的一个重要的组成部分,在武器系统全生命周期各阶段都占据重要的地位,具有重要的应用,日益发挥着重要的作用。

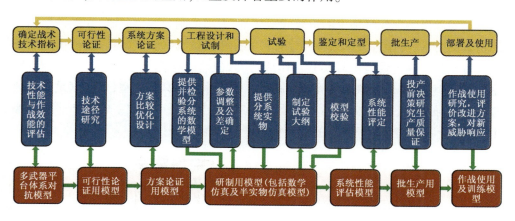

图11-1　建模与仿真在武器系统全生命周期各阶段应用示意图[1]

在军用领域,仿真技术已经成为武器装备研制与试验中的先导技术、校验技术和分析技术。统计表明,采用仿真技术可以使武器系统靶场试验次数减少30%~60%,研制费用节省10%~40%,研制周期缩短30%~40%。数理建模与仿真技术在军事领域的应用范围如图 11-2 所示。

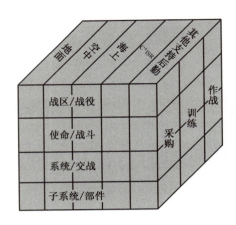

图 11-2　建模与仿真技术在军事领域的应用范围示意图[1]

目标红外辐射特征建模作为建模与仿真技术的一个重要组成部分,在武器装备的研制、武器系统性能评估和体系对抗中发挥了重要的的作用。

11.1　红外成像导引头的仿真实验

制导武器是现代战争中的重要武器装备,为满足制导武器研制、性能评估和训练仿真的需求,美国各大军兵种都建有种类齐全的仿真实验室,可以进行单一装备和多种装备的综合性能仿真实验与作战仿真试验。如陆军红石兵工厂建有红外、毫米波、射频和红外成像探测等多种制导体制的综合仿真实验室,可以满足陆军装备各种制导武器的仿真需要[1]。美国将 DIRDIG 仿真平台(数字成像和遥感图像生成软件)用于红外制导武器的半实物仿真(图 11-3)[2]。

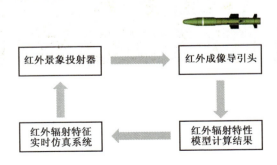

图 11-3　红外成像制导半实物仿真系统示意图[2]

南非采用 OSSIM(Optronic System Simulator)仿真平台,对导弹-飞机的对抗过程进行仿真模拟,评估导弹的追踪打击能力以及飞机的反追踪能力[3]。图11-4给出了 OSSIM 仿真平台中红外成像探测制导武器闭环仿真模型的构成。

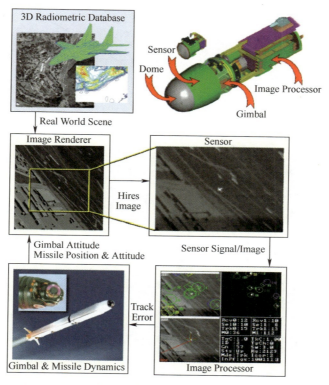

图11-4 OSSIM 仿真平台中红外成像制导武器闭环仿真模型构成[3]

红外成像探测器的视场和视角对所获取图像质量产生很大的影响。对同一目标或背景,使用不同视场的探测器观察,得到的图像质量和视场内充盈度是不同的;即使使用同一探测器,如果从不同的视角观察同一目标或背景,得到的图像也是不同的。在实际的弹目交汇过程中,弹目之间的距离和探测器视角随时都在变化,而且弹目交汇过程中目标可能是运动的,其状态和方位也在变化。因此,要模拟整个弹目交汇过程,需要了解目标的运动状况和红外成像导引头的弹道轨迹。弹目交汇的姿态每时每刻都在变化,仿真模拟必须是动态的,即每时每刻都要对目标背景红外辐射特征、目标状态方位和弹目距离交汇方式进行模拟计算,这就要求有较高的计算速度,否则难以实现实时模拟。

图11-5是某型号反坦克导弹的弹道。坦克以 10m/s 的速度行驶,反坦克导弹

对坦克进行侧向攻击,背景是平坦的裸露地面。反坦克导弹在上升阶段(到达图 11-5(b)的最高点之前)不制导,在下降段开始制导,需要模拟制导阶段的弹目交汇过程。

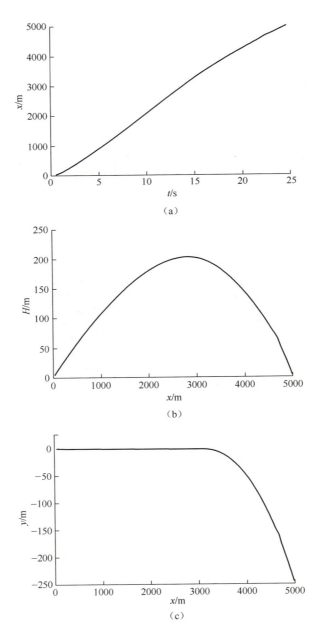

图 11-5　导弹打击运动目标的弹道

如图 11-6 所示，弹目交汇过程中不同时刻的俯仰角和方位角可以分别通过下述的公式计算：

俯仰角

$$\phi = \arctan(\text{High}/\sqrt{(\text{dis}-x)^2 + (y_t - y)^2}) \tag{11-1}$$

方位角

$$\theta = \arcsin(|y_t - y|/\sqrt{(\text{dis}-x)^2 + (y_t - y)^2}) \tag{11-2}$$

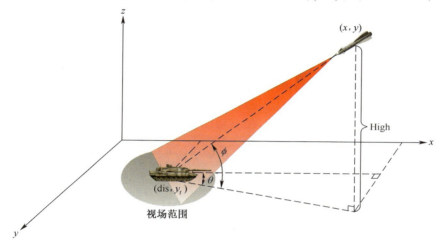

图 11-6　导弹相对坦克目标的俯仰角和方位角

运用前几章介绍的目标与背景红外辐射特征模型理论和方法，可以获取目标与背景的红外辐射通量及红外图像。根据反坦克导弹与坦克的距离、弹上红外成像探测器的光学参数和结构参数，利用式(11-1)和式(11-2)确定的俯仰角和方位角，即可仿真模拟获得弹目交汇过程中不同时刻反坦克导弹红外探测器视场内目标的序列图像（25 帧/s 或 50 帧/s）。图 11-7 所示是弹目交汇过程的部分序列图像，利用动画生成软件将此序列图像生成动画，将弹目交汇过程动态演示出来，可以完整地模拟红外成像制导导弹打击目标的全过程，用于红外成像探测导引头的仿真实验中，评估导引头的性能参数。

(a)　　　　　　　　(b)　　　　　　　　(c)

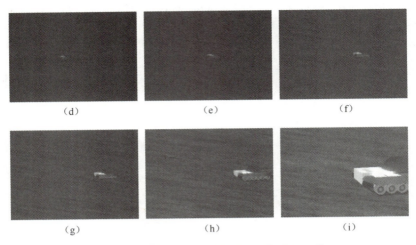

图 11-7　导弹攻击运动目标的序列模拟图像

11.2　末敏弹探测地面车辆目标的仿真实验

作为打击集群诸如坦克等地面装甲车辆的克星,末敏弹专门攻击坦克车辆最薄弱的上装甲[4],能够远距离攻击敌方集群装甲目标,达到击中即击毁的效果,因而日益受到各国陆军武器装备研制机构的重视。与此同时,近年来各国又都竞相研究地面装甲车辆红外隐身措施,希望能够有效避开敌方红外制导武器攻击,在一定程度上削弱末敏弹的毁伤效果。研制新的末敏弹弹载红外探测、成像和制导系统,如果仅依靠靶场实验,不仅时间长、代价高,而且效果不明显,因为有限次的实验无法测试各种复杂情况下红外系统探测或者成像的效果,导致系统的实战性能大打折扣。

依据预先建立的目标与背景的红外辐射特征数据库和相关气象环境参数,实时地生成某地区任一时刻不同角度的弹目交汇动态过程的红外场景,可为研究末敏弹探测识别目标技术以及地面装甲车辆对抗末敏弹的红外对抗措施提供必要的基础数据和数字化应用示例,将大量的红外成像仿真模拟与有限次的试验测试相结合,是高效率、高可信度地设计评估红外探测制导系统的最佳途径。

本节在目标与背景红外辐射特征研究的基础上,描述末敏弹探测器区域的三维动态模拟仿真和应用示例。该示例可将探测器接收对应探测区域的信号强度进行显示,可根据得到的信号判断探测器是否发现、识别车辆目标,同时分析多个探测器与单一探测器对目标探测效果的影响[5]。

11.2.1 末敏弹简介

末敏弹是"末端敏感弹药"的简称,又称"敏感器引爆弹药",是应用多种先进技术形成的一种智能弹药,能够在弹道末段自动探测出装甲车辆目标的存在,使其朝着目标方向爆炸的高效毁伤弹药。它可由多种平台发射,主要用于攻击集群式装甲车辆,具有作战距离远、命中概率高、杀伤效果好、成本较低等优点[6]。

如图 11-8 所示,末敏弹的工作过程大概为[7]:当母弹被发射到预定目标上空后,在 500~800m 高空沿着飞行弹道抛出末敏子弹,末敏子弹之间相距约 100m,以便各自的扫描区域相互衔接,避免两子弹击中同一目标或遗漏目标。末敏子弹经过一定减速,以 10m/s 左右的速度匀速降落,同时,末敏弹弹体开始减旋,并达到以 4r/s 左右的转速匀速旋转。当子弹降到 130m 高度时,弹体进入稳态运动,末敏弹解除引爆装置保险,处于待攻击状态。末敏弹进入稳态运动后,毫米波测距计开始工作并输出距离信号,当末敏弹下落到探测器的最大有效作用距离时,探测器开始对地面不断扫描。随着末敏弹下落,探测器扫描半径越来越小,理想情况扫描轨迹为一条阿基米德螺线。与此同时,信号处理器工作,不断在扫描区域内识别目标。本节主要仿真末敏弹第四个工作过程,即在末敏弹稳定下落时,弹上红外探测器对目标进行搜索,根据接收到的信号判断是否扫描到目标。

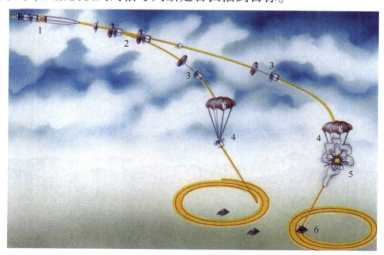

图 11-8 末敏弹作战过程示意图[7]

11.2.2 末敏弹红外探测器工作原理

探测器被誉为末敏弹的"火眼金睛",是末敏弹的核心部件,其功能是在复杂的电磁环境中探测和识别装甲目标。末敏弹的探测器通常包括红外探测器和毫米波辐射计等。末敏弹弹载的红外探测器以其自身独有的特点,在探测、发现和识别目标过程中有着重要的地位[6]。根据末敏弹探测目标的工作原理,本节主要介绍末敏弹到达预定目标上空的固定高度后稳定下降扫描过程。

11.2.2.1 探测器扫描轨迹

末敏弹由于刚性双翼大小的不对称性,使得作用在翼片的空气动力和力矩也不对称,在大小翼片的不同作用下使得弹体倾斜,可见图11-8中的过程4。因此,末敏弹变成了螺旋下落的扫描运动[8]。末敏弹体质心作近似垂直的匀速下降运动,末敏弹弹轴绕铅垂轴旋转,该旋转速度称为末敏弹的扫描角速度ω_{scan},弹轴与铅垂轴有一夹角,称为扫描夹角θ_{scan}(图11-9)。

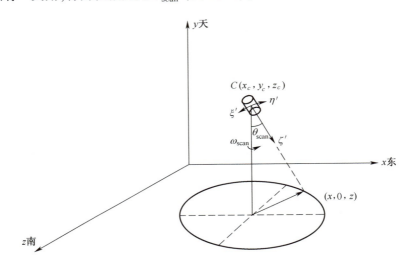

图11-9 末敏弹扫描轨迹示意图

设末敏弹质心的初始位置坐标为$C(x_c, y_c, z_c)$,则末敏弹质心沿弹轴方向到地面的距离为

$$h = \frac{y_c}{\cos\theta_{scan}} \tag{11-3}$$

于是,探测器扫描轨迹为

$$\begin{cases} x = x_c + h\cos(\omega_{scan} t) \\ z = z_c + h\sin(\omega_{scan} t) \end{cases} \tag{11-4}$$

将式(11-3)代入式(11-4),可将扫描轨迹式化为

$$\begin{cases} x = x_c + y_c \tan(\theta_{\text{scan}}) \cos(\omega_{\text{scan}} t) \\ z = z_c + y_c \tan(\theta_{\text{scan}}) \cos(\omega_{\text{scan}} t) \end{cases} \quad (11-5)$$

稳态扫描时，可以近似认为 ω_{scan} 和 θ_{scan} 为常数，因而可得扫描轨迹的另一种表达形式：

$$(x - x_c)^2 + (z - z_c)^2 = y_c^2 \tan(\theta_{\text{scan}})^2 \quad (11-6)$$

从式（11-6）看出，末敏弹稳态扫描轨迹为一簇以 (x_c, z_c) 为圆心，以 $|y_c \tan\theta_{\text{scan}}|$ 为半径的同心圆。随着末敏子弹的下落，y_c 不断减小，圆的半径也越来越小。因此，探测器扫描轨迹的集合是一簇内螺旋线。

11.2.2.2 探测器接收信号

如图 11-10（a）所示，当探测器探测区域为 $A-B$ 时，此探测区域内目标与背景在探测器面源上产生信号强度如图 11-10（b）中 $t_a \sim t_b$ 段；当探测器探测区域为 11-10（a）中的 $C-D$ 时，此探测区域内目标与背景在探测器面源上产生的信号强度如图 11-10（b）中 $t_c \sim t_d$ 段；当探测器探测区域为 11-10（a）中的 $E-F$ 时，此探测区域内目标与背景在探测器面源上产生的信号强度如图 11-10（b）中 $t_e \sim t_f$ 段。正是由于探测器探测区域的不同，导致探测器所接收信号强度有所区别，因而能够通过这些变化的信号来判断是否探测到目标。

这里，探测信号强度是指探测区域在探测器面源上产生的辐照度。根据末敏弹的工作原理，其探测和攻击目标的距离比较近，不能把目标当作点源进行计算，必须将目标视为探测器视场内的面源辐射。所以，引入面辐射亮度（辐射度）的概念，即面源在单位投影面积单位立体角内的辐射功率：

$$L = \lim_{\substack{\Delta A \to 0 \\ \Delta \Omega \to 0}} \left(\frac{\Delta^2 P}{\cos\theta \cdot \Delta A \cdot \Delta \Omega} \right) = \frac{\partial^2 P}{\cos\theta \cdot \partial A \cdot \partial \Omega} \quad (11-7)$$

由式（11-7）可见，面辐射亮度 L 与被照面在面源上的位置、方向和面源的面积 ΔA 有关。单位面积发射的辐射功率——辐射出射度为

$$M = \frac{\partial P}{\partial A} = \int_{\text{半球}} L\cos\theta \, \mathrm{d}\Omega \quad (11-8)$$

面源在与它相距 R 处的被照面上产生的辐照度为

$$H = L\cos\theta \cdot \Delta A \frac{\cos\theta'}{R^2} = L\cos\theta' \Delta \Omega' \quad (11-9)$$

式中，ΔA 为小面源的表面积；θ 为面源表面法线 n 与 l 的夹角；θ' 为被照面法线 n' 与 l 的夹角；$\Delta \Omega'$ 为小面源 ΔA 对被照面所张的小立体角，$\Delta \Omega' = \frac{\Delta A}{R^2}\cos\theta$。

将被攻击目标（如坦克）表面和地面背景都当作理想的漫辐射体，它们所发散

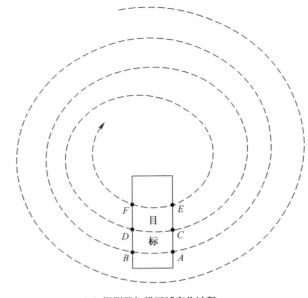

(a) 探测器扫描区域变化过程

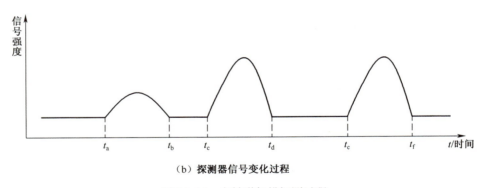

(b) 探测器信号变化过程

图 11-10 末敏弹扫描探测过程

的辐射功率的角分布应该满足朗伯余弦定律,而理想的漫辐射体的辐射亮度 L 是一个与方向无关的常量,即 L 与 θ 无关[9]。所以,可得到下式:

$$M = \int_{\text{半球}} L\cos\theta \mathrm{d}\Omega = L\int_0^{2\pi}\mathrm{d}\phi\int_0^{\frac{\pi}{2}}\cos\theta\sin\theta\mathrm{d}\theta = \pi L \tag{11-10}$$

11.2.3 目标与背景红外辐射对比特征仿真示例与结果分析

依据上述工作原理,研制末敏弹稳态扫描三维动态仿真软件,可以更直观方便地解析末敏弹稳态扫描阶段探测器的工作过程[5]。该软件根据设定的末敏弹位置参数和探测器性能参数,实现末敏弹稳态扫描阶段探测器对目标及地面背景探测区域的动态仿真,并将探测区域内目标及背景在探测器处上产生的辐照度信号用动态曲线进行实时输出。这样,可以针对末敏弹及其探测器的不同设计参数进行反复模拟仿真,根据仿真模拟结果对这些参数进行选择与优化,提高末敏弹红外探测器设计水平和探测及识别能力,对提高末敏弹发现与识别目标的性能、命中概率和打击效果有很大帮助。显然,这个仿真软件也可以应用于评估地面目标的红外隐身性能和被末敏弹红外探测器发现的概率。

末敏弹稳态扫描探测仿真软件对末敏弹的稳态扫描过程及扫描过程中接收到的信号进行数值仿真:分别以探测器第一视角和全局视角对探测器在末敏弹稳态扫描过程中的探测区域进行动态绘制,同时实时输出探测区域在红外探测器处产生的辐照度信号变化曲线。通过不同视角可以直观地看出末敏弹探测过程,利用实时显示的探测器信号强度曲线进行分析,判断是否发现目标。该软件还实现了多个探测器同时探测的仿真功能(不同探测器的扫描夹角不同,其他的参数均相同,这里简称为多元探测),所以同一时刻多元探测的探测区域是分布在同一轴线上的不同区域。多元探测时,可以实时输出几条不同的信号强度曲线来判断探测器是否发现目标,多元探测器对降低末敏弹假警率有重要意义。

示例是针对如下主要末敏弹及探测器参数进行模拟仿真的:末敏弹的扫描角速度 $\omega_{scan}=4r/s$;末敏弹的视场角 $\varphi=10°$;末敏弹的扫描夹角 $\theta_{scan}=40°$;末敏弹探测器初始位置:$X_c=5m$、$Y_c=19.5m$、$Z_c=5m$;地面为 XOZ 平面,$Y_{XOZ平面}=-0.5m$;红外探测波段:$3\sim5\mu m$。

11.2.3.1 坦克冷静态探测结果分析

示例主要针对坦克冷静态和热静态两种状态,分别进行末敏弹的扫描探测过程仿真。

1. 单元探测器结果分析

以坦克冷静态的两个不同时刻为例,利用单元探测器对坦克与地面背景扫描探测过程进行模拟仿真,具体的仿真结果如图 11-11 和图 11-12 所示。

图 11-11 为末敏弹探测器扫描 17:00 的坦克及地面背景的红外辐射过程。图 11-11(a)和图 11-11(b)分别为探测器第一视角在不同时间所观察到的区域,图 11-11(c)中的探测信号强度曲线中分别对应低谷的 A 点和高峰 B 点。当扫描图 11-11(a)时,探测器探测区域落在了坦克的右侧面(正北方向)的地面和裙板,处在坦克的红外阴影中,无太阳辐射,红外辐射强度较弱,因此探测器面源接收到坦克与地面背景的辐照度就较小。继续扫描到图 11-11(b)时,探测器探测区域落在了坦克的炮塔前侧和前装甲(面朝正西方向),此时的太阳刚好照到炮塔前侧和

前装甲,太阳辐射下这些部位的红外辐射强度较强,因此探测器面源接收到坦克与地面背景的辐照度较大。对处于白天冷静态的坦克,当红外探测器扫描到坦克周围时辐照度信号曲线会发生突变,可以认为此时是攻击目标的最佳时刻。

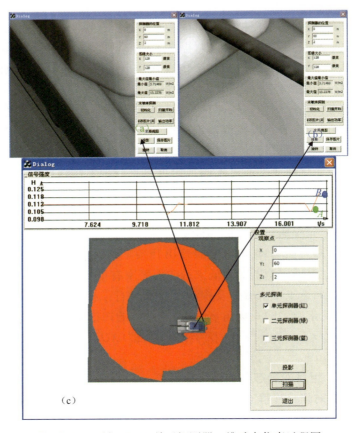

图 11-11　下午 17:00 单元探测器三维动态仿真过程图

图 11-12 为末敏弹探测器扫描 22:00 的坦克及地面背景的红外辐射过程。在夜晚,处于冷静态的坦克表面红外辐射通量差异较小。由图 11-12(a) 和 (b) 可知,表面红外辐射通量的最大值为 $5.4 W/m^2$,最小值为 $2.2 W/m^2$,且在坦克周围不存在红外阴影。因为坦克工具箱、裙板等部件的厚度很小,热惯性较小,所以晚上这些部件温度下降快,红外辐射较弱。因此,探测器探测区域从地面扫描到坦克这些表面时,辐照度信号强度会稍微降低,但是辐照度值变化很小。参见图 11-12(c) 探测信号强度曲线,从探测信号强度曲线可以发现,夜晚冷静态中的坦克不易被红外探测器发现。

第11章 红外辐射特征模型的应用

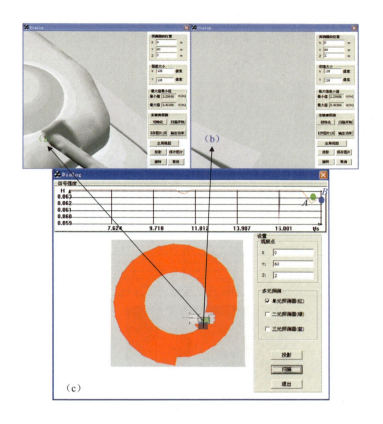

图 11-12　晚上 22:00 单元探测器三维动态仿真过程截图

2. 多元探测器结果分析

下面以两个探测器为例，模拟仿真多元探测器的扫描过程，仿真结果如图11-13所示。

图 11-13 为末敏弹两个探测器同时扫描 17:00 的坦克及地面背景的红外辐射过程，其中图 11-13(a) 和 (b) 分别为探测器第一视角 A、B 两个探测器在同一时刻探测器所观察到的区域，在图 (c) 中的探测信号强度曲线中分别对应曲线 A 点、曲线 B 点。A 探测器扫描区域为图 (a)，探测器探测区域落在了坦克的炮塔前侧和前装甲上，此时太阳辐射刚好照在炮塔前侧和前装甲，红外辐射强度较强，因此探测器面源接收到坦克与地面背景的辐照度信号较大。B 探测器扫描区域为图 (b)，探测器探测区域落在了坦克的前侧挡泥板和部分前装甲及右裙板上，不同部件接受的太阳直射辐射差异较大，在综合各个部件所占比例后，探测得到的辐照度信号稍弱。模拟结果表明：多元探测器可以准确地发现目标，克服了单元探测器在探测过

程中一旦错过就无法再攻击目标的缺点,不同探测器的信号曲线可以相互补充,如图 11-13(c) AB 两条探测功率曲线所示,这对提高末敏弹探测器的性能和提高发现被攻击目标的概率有重要意义。

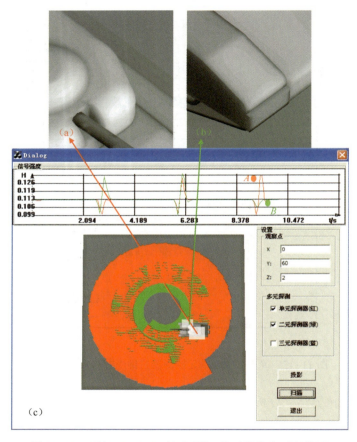

图 11-13　下午 17:00 二元探测器三维动态仿真过程截图

11.2.3.2　坦克热静态探测结果分析

图 11-14 为单元末敏弹探测器扫描凌晨 2:00 热静态坦克及地面背景的红外辐射过程。当坦克处于热静态时,坦克的发动机上装甲和排气管附近表面的温度高,这些部位的红外辐射强而温度较低的周围背景环境的红外辐射较弱。因此,当探测器扫描到坦克排气管附近,探测器接收的信号强度较大[图 11-14(a)];探测器扫描到坦克发动机上装甲附近时,探测器接收的信号强度为最大[图 11-14(b)]。当探测器探测到这些热特征明显的部件时,接收的信号强度曲线变化较大,容易发现目标。

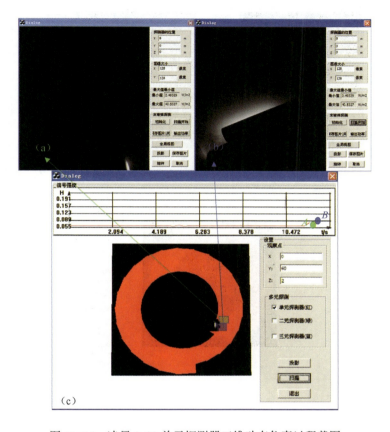

图 11-14　凌晨 2:00 单元探测器三维动态仿真过程截图

图 11-15 为单一末敏弹探测器扫描对应上午 10:00 热静态坦克及地面背景的红外辐射过程,此时在坦克周围存在红外阴影。当探测器扫描到坦克表面或者周围背景的阴影处时,由于部件或地面的温度较低,红外辐射强度小,因此探测区域内的目标与背景在探测器探测处产生的红外辐射通量较小[图 11-15(b)]。当探测区域扫描到坦克表面向阳面如前装甲或车顶以及与发动机毗邻区域如动力舱上装甲或排气管附近表面时,由于这些表面温度较高,红外辐射强度大,因此探测器接收到的来自探测区域内的目标与背景的红外辐照度较大[图 11-15(a)]。因此,对处于热静态的坦克,探测器扫描区域在经过坦克热特征明显的部件时,探测器辐照度信号曲线会发生突变[图 11-15(c)]。图 11-15(a)显示的探测信号不强,其原因是探测的高度和角度关系恰好使得坦克炮塔遮挡了动力舱上部装甲,探测器没有完全接收到动力舱上部装甲的红外辐射。

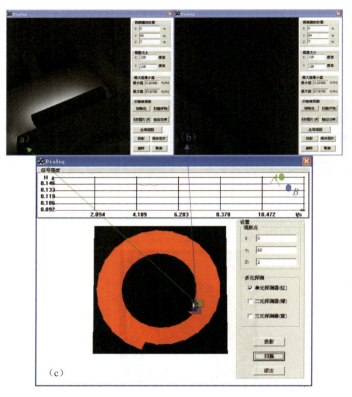

图 11-15　中午 10:00 单元探测器三维动态仿真过程截图

12.2.3.3　多元探测器结果分析

图 11-16 为末敏弹双探测器同时扫描对应上午 10:00 时热静态坦克及地面背景的红外辐射过程，图 11-16(a) 和图 11-16(b) 分别为探测器第一视角 A、B 两个探测器在同一时刻探测器所观察到的区域，11-16(c) 图中的探测信号强度曲线中分别对应曲线 A 点、曲线 B 点。A 探测器扫描区域如图 11-16(a) 所示，探测器探测区域落在坦克的动力舱上部装甲及地面背景，这些位置此时都受到太阳辐照且温度较高，表面红外辐射较强，信号强度较大。B 探测器扫描区域如图 11-16(b) 所示，探测器探测区域落在了坦克的炮塔上，这些位置都有太阳辐射且温度也较高，但上午 10:00 时的水泥地表温度较坦克表面上升快，因此，当 B 探测器从地面扫描到坦克表面时，探测器面源接收到的辐照度信号就减小了。结果表明：多元探测器能够很好地发现目标，克服了单一探测器在探测过程中的不足，不同探测器的信号曲线可以相互补充，对准确判断是否探测到目标有很大改进。

综上所述，对于处在不同状态下的坦克，红外探测器接收从探测区域处发出的

第11章 红外辐射特征模型的应用

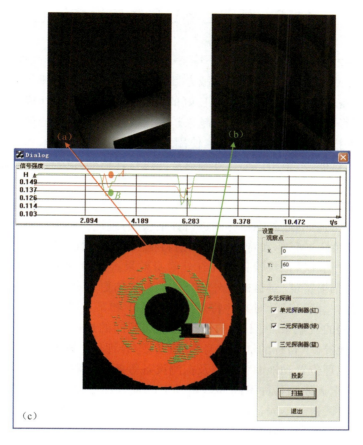

图 11-16　下午 17:00 时二元探测器三维动态仿真过程截图

红外辐射通量大小明显不同。当坦克处于夜晚冷静态时,探测器探测到的红外辐照度信号变化很小,探测器很难发现目标;当坦克处于白天冷静态时,由于太阳辐照和坦克不同部件的热惯性差异等因素,导致坦克表面具有明显的红外辐射特征分布,探测器探测到的红外辐照度信号变化较大,探测器易于发现目标。与处于冷静态的坦克相比,处于热静态坦克的动力舱上装甲以及排气管周边所产生的红外辐射较为明显,探测器接收到的信号曲线变化较大,易于发现目标。通过对比单元探测器和多元探测器的仿真探测结果,发现多元探测器比单元探测器能够更好地发现目标,克服了单元探测器在探测过程中一旦错过就无法再攻击目标的缺点,不同探测器的信号强度曲线可以相互补充,对提高末敏弹探测器的性能有重要意义。

11.3　军用目标红外隐身性能评估

武器装备发展的两个趋势并行不悖:一方面要提高武器的作战性能,比如提高红外成像制导武器发现、识别和跟踪敌方目标的能力;另一方面则要有效地保护自己,即武器装备和地面立体目标要有良好的隐身性能。随着红外成像制导武器的发展,对军用目标红外隐身的要求也越来越高,武器的隐身性能已经成为武器的一个重要的技术指标。武器装备在投入使用之前,需要对隐身技术和隐身措施的效果进行评估。目前,对军用目标红外隐身性能进行评估的方法有两大类:①实验评估;②利用理论模型进行评估。

实验评估方法就是将目标置于真实的环境背景中,测试探测概率与距离之间的关系,从而对目标的红外隐身性能进行评估检验;理论模型方法是利用理论模型计算在给定条件下的目标和背景红外辐射特征及对比特性,确定探测概率与距离之间的关系,评估和模拟检验目标的红外隐身效果。实验方法获得的是真实的目标与背景红外辐射特征,对目标红外隐身性能的评估更为直接,但是由于实验条件的限制,实现的一般只是针对某些特定实验条件下和某种特定探测设备的效果评估,难以对不同的气象条件、不同的地理位置和不同的地面背景(如草地、裸露地表、丛林和雪地等)下目标的红外隐身性能进行综合评估。理论模型评估方法则不受气象条件、地理位置和地面背景以及探测设备等条件的限制,可以对目标的红外隐身技术进行全天候和各种不同环境条件下的综合性能评估,并且可以依据标准的实验工况条件,进行不同目标红外隐身性能的对比测试分析。当然,理论模型评估结果的正确性和可靠性取决于理论模型的精度,实验评估方法则取决于测试设备的精度和实验数据的可靠性。美式装甲车辆在设计阶段,已经采用 MuSES 仿真平台,模拟分析车辆涂装不同隐身措施后的效果,优化装甲车辆的隐身效果(图 11-17),对车辆的隐身措施设计起到了重要的指导作用[10]。

红外成像导引头对目标通过扫描或凝视形成热图像,导引头内部识别装置对获取的热图像进行判读,确定是否已探测到了目标,进而根据图像质量确定目标类型,这一过程与红外导引头的整体性能,尤其与分辨能力密切相关。根据不同的探测条件,红外成像导引头对面源目标的分辨能力可划分为三级:发现(detection)、识别(recognition)和辨认(identification)。发现是指能从目标与背景耦合场景中区分出目标;识别是判断出目标类型,如是人员、车辆、飞机或船只等;辨认是所确定类别的目标是属于什么型号,如某种型号的飞机或某型坦克。

在同样的探测概率下,不同分辨等级所要求的面源目标热图所能分清的线对数 n_0 也就不同。如在 0.5 的探测概率下,要达到"辨认"级所要求可分清的线对数

第11章　红外辐射特征模型的应用

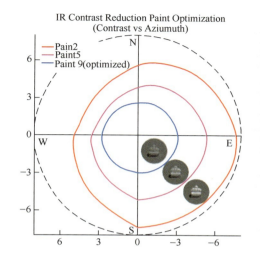 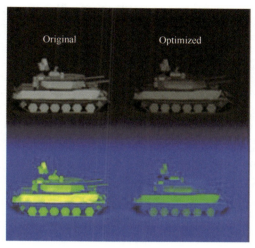

图 11-17　车辆涂层优化结果[10]

n_0 肯定要比达到"发现"级所要求的 n_0 大；在相同的分辨等级下，"发现"等级要求很高的探测概率时，相应的 n_0 也就必须多。Johnson 等[11]从实验数据出发，提出约翰逊准则（表 11-1）。探测概率对同样的目标情况，不同性能的导引头所形成的热图像也不同，这一差别可通过目标在不同距离上经导引头探测器成像后形成热图像，再针对这些热图像进行判别，所能达到的最佳观察效果来反映，也就是对面源目标距离 R 与导引头探测三等级可达到的概率的关系。这一关系是与导引头成像系统的最小可分辨温差 MRTD 参量紧密联系的。对于点源目标，因为没有成像，难以进行目标的识别和辨认，则只有目标是否被探测到一种情况，点源目标探测概率与信噪比的关系见表 11-2。能否探测到点源目标与探测系统自身的噪声等效辐照度（NEFD）性能密切相关。

表 11-1　约翰逊准则[11]

概率	观察等级		
	发现	识别（保守/乐观）	辨认
1.0	3	12/9	24
0.95	2	8/6	16
0.8	1.5	6/4.5	12
0.5	1	4/3	8
0.3	0.75	3/2.25	6
0.1	0.50	2/1.5	4
0.02	0.25	1/0.75	2
0	0	0/0	0

表 11-2 探测概率与信噪比的关系表[11]

P_d	SNR
1.0	5.5
0.9	4.1
0.8	3.7
0.7	3.3
0.6	3.1
0.5	2.8
0.4	2.5
0.3	2.3
0.2	2.0
0.1	1.5
0	0

11.3.1 点源目标的探测概率

当目标离红外探测系统很远时,目标的像不能充满探测器单元,此时目标可视为点目标。对于点源目标,红外探测器只能提供是否探测到的二值判定,而无法分辨其细节层次。理论上,只要目标与背景的视在温差不为零,结合参数 MDTD 的定义,红外探测系统总能发现它。因此,建立点源目标距离与探测概率的关系应当借助于 MDTD 模型,具体推导可参见文献[12,13]。本节介绍基于探测系统噪声等效辐照度 NEFD 的点源目标距离与探测概率的关系[14]。

点源目标在红外探测系统入瞳上的辐照度为

$$E_t = \frac{I_1}{R^2}\tau_a(R) \tag{11-11}$$

式中,I_t 为来自目标的辐射强度($W \cdot sr^{-1} \cdot \mu m^{-1}$);$\tau_a(R)$ 为大气透过率;R 为目标到红外成像系统的距离(m)。

由于目标没有充满瞬时视场,因此背景辐射也能到达探测器。这时,目标周围的背景辐射在红外探测系统入瞳上的辐照度为[14]

$$E_b = L_b(\omega - \omega_t)\tau_e(R) \tag{11-12}$$

式中,L_b 为背景的辐射亮度($W \cdot m^{-2} \cdot sr^{-1} \cdot \mu m^{-1}$);$\omega$ 为红外系统的瞬时立体视场角(rad);ω_t 为目标对光学系统中心所张的立体角(rad)。

于是,红外探测系统入瞳上总的辐照度为[14]

$$E = E_t + E_b = \left[\frac{I_t}{R^2} + L_b(\omega - \omega_t)\right]\tau_a(R) \qquad (11-13)$$

当背景全充满探测器单元时,红外系统入瞳上的辐照度为[14]

$$E' = L_b\omega\tau_a(R) \qquad (11-14)$$

目标与背景在入瞳上辐照度差为[14]

$$\Delta E = E - E' = \left(\frac{I_t}{R^2} - L_b\omega_t\right)\tau_a(R) = \frac{I_t - L_b A_t}{R^2}\tau_a(R) \qquad (11-15)$$

式中,A_t 为目标面积。

探测器入瞳上的辐照度差 ΔE 与探测系统的噪声等效辐照度 NEFD 的比即为信噪比 SNR[14]:

$$\text{SNR} = \frac{\Delta E}{\text{NEFD}} \qquad (11-16)$$

将红外辐照度差 ΔE 代入上式,即可推出作用距离 R 与信噪比 SNR 之间的关系[14]:

$$\text{SNR} = \frac{I_t - L_b A_t}{R^2 \cdot \text{NEFD}}\tau_a(R) \qquad (11-17)$$

根据概率与信噪比关系表,就可以确定在探测器与目标之间距离为 R 时的探测概率 P_d。

11.3.2　基于 MRTD 的面源目标探测概率

对面目标而言,热成像系统 $P_d - R$ (探测概率–探测距离)模型的推导过程如下(图 11-18)。

(1) 计算目标与背景的视在温差。

设目标与背景的实际温差为 ΔT_0(实际为红外热像仪的视在温差),经大气传输到达热成像探测器光学入瞳处,由于大气的衰减作用而使 ΔT_0 降低至 ΔT,即 $\Delta T = \tau_a(\lambda)\Delta T_0$,$\Delta T$ 称为目标与背景的视在温差,$\tau_a(\lambda)$ 为大气透过率。

(2) 根据热成像探测器的修正 MRTD 特性,确定对应视在温差下所达到的空间分辨率。

探测系统的 MRTD 通常是在实验室测试确定的,也可以利用探测系统中各传感器的性能参数,对传感器进行理论建模获得,探测系统的 MRTD 为[15]

$$\text{MRTD}(f) = \frac{\pi^2}{4\sqrt{14}}\text{SNR}_{DT}f\frac{\text{NETD}}{H_S(f)}\left(\frac{\alpha\beta}{T_e F_f \Delta f \tau_d}\right)^{\frac{1}{2}} \qquad (11-18)$$

式中,f 为空间频率;$H_S(f)$ 为系统总的传递函数;T_e 为人眼积分时间(s);SNR_{DT}

为阈值显示信噪比；NETD 为噪声等效温差（K）；Δf 为噪声等效带宽；F_f 光学系统在空间频率 f 的 F 数；T_e 为帧周期；τ_d 系统的驻留时间；α,β 为探测器的瞬时视场，若探测器为矩形，尺寸为 $a \times b$，则瞬时视场角 α,β 分别为

$$\alpha = \frac{a}{f}, \beta = \frac{b}{f} \qquad (11-19)$$

在野外环境应用时，往往需要对 MRTD 进行修正，主要是要考虑目标外形尺寸的影响（实验室用的是四杆测试图案），修正值 ε 定义为约翰逊准则的线对数 n_0 与目标高度比之积。相关文献[15]列举了一些目标的 ε 值可作参考，此时实际的 MRTD 应为

$$\mathrm{MRTD}' = \frac{\mathrm{MRTD}}{\sqrt{\dfrac{\varepsilon}{7}}} \qquad (11-20)$$

根据修正后的 MRTD′ 曲线，确定对应目标与背景的视在温差 ΔT 时的探测系统极限分辨率 f'_x。

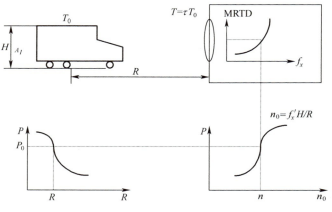

图 11-18　$P_d - R$ 模型建立过程[15]

（3）求出目标等效线对数。

为了与三种探测等级下的探测概率产生关联，需根据上一步得到的 f'_x，确定目标在热成像探测器上可获得的等效线对数 n_0，具体的计算式为[15]

$$n_0 = f'_x \frac{H}{R} \qquad (11-21)$$

式中，H 为目标高度。

（4）确定探测概率与目标距离最终的关系。

根据 n_0 值和表 11-1 给出的约翰逊准则，可求得对应的探测器探测概率值

第11章 红外辐射特征模型的应用

P_d。利用前几章所建立的目标与背景红外辐射特征模型,分别计算采用隐身技术前后的目标与背景红外模拟热像,然后利用上述探测概率-探测距离的模型,确定目标采用隐身措施前后的 $(P_d - R)$ 值,即可对所采用隐身技术措施的隐身效果进行评价。类似地,也可利用目标与背景红外辐射特征模型,数值模拟计算目标置于不同背景环境中的目标与背景红外模拟热图像,确定目标在不同背景下的 $(P_d - R)$ 值,评价目标置于不同背景中的红外隐身性能。显然,上述评估方法对于武器装备战术指标确定、武器装备的研制、验收和采购等具有重要的指导意义和实用价值。

11.4 目标红外隐身效果评估与分析

11.4.1 简单目标红外隐身效果评估与分析

本节基于上述 MRTD 的面源目标探测概率计算方法,通过具体的示例计算和分析,介绍对采用隐身措施前后的简单目标进行隐身效果评估和分析的方法[18]。

(1) 红外探测波段 3~5μm。

目标假设为 4m×3.5m×0.5m+7.6m×3.5m×1.87m 的两个长方体;大气环境,环境温度15℃,相对湿度50%,能见度等级6级,气象能见距离为10km。探测器类型:模拟探测器,探测波段3~5μm;探测方向为目标侧面,角度为90°,无隐身措施时目标等效温度40℃,采取隐身措施后目标等效温度30℃。运用前一节所介绍的方法,可得探测器针对不同距离下目标的发现概率(图11-19)。

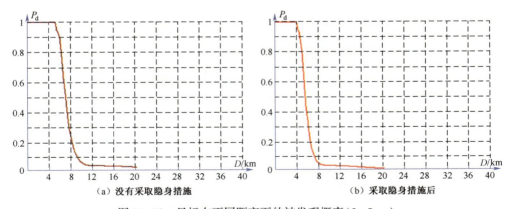

图11-19 目标在不同距离下的被发现概率(3~5μm)

从图中可以看出,采用隐身措施后,可有效降低目标的被发现概率或缩短目标被发现的距离。如图 11-19 所示,在探测器距离目标 7.5km 处,采取隐身措施前目标被发现的概率为 0.5，采用隐身措施后目标被发现的概率降为 0.1，基本上不能被发现。对应于被发现概率 0.5 时，采取隐身措施前目标被发现的距离为 7.5km，采用隐身措施后目标被发现的距离缩短为 5.5km，提高了目标的生存能力。在上述条件下，当探测器与目标之间距离小于 5km 时，无论是否采用隐身措施，目标被发现的概率均为 1，表明该隐身措施没有效果，应进一步完善改进目标的隐身措施，以进一步缩短探测器发现目标的距离。

（2）红外探测波段 8~14μm。

只是将探测器工作波段改为 8~14μm，其他所有条件和输入参数与探测波段 3~5μm 的示例相同。这时，探测器发现不同距离下目标的概率如图 11-20 所示。

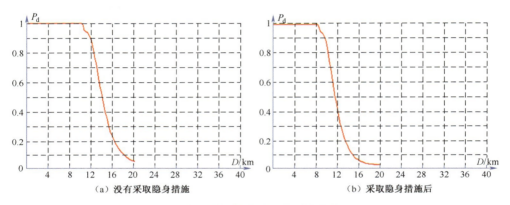

图 11-20　目标在不同距离下的被发现概率（8~14μm）

从图中可以看出，采用隐身措施，可有效降低目标被发现的概率或缩短目标被发现的距离。如图 11-20 所示，在探测器距离目标 14km 处，采取隐身措施前目标被发现的概率为 0.5，采用隐身措施后目标被发现的概率降为 0.15，基本上不能被发现。对应于被发现概率 0.5 时，红外探测器发现采取隐身措施前目标的距离为 14km，发现采取隐身措施后目标的距离缩短为 12km，提高了目标的生存能力。当目标与探测器之间的距离小于 8km 时，无论是否采用隐身措施，目标被发现的概率均为 1，表明该隐身措施已经没有效果，应当进一步完善改进目标的隐身措施，以提高目标的生存能力。

对比上述两个不同波段探测器发现目标的概率分析，不难发现，工作在红外长波波段 8~14μm 的红外探测器更适合于探测温度较低的目标。

（3）采用烟幕的隐身措施（探测波段 8~14μm）。

假设目标为 4m×3.5m×0.5m+7.6m×3.5m×1.87m 的两个长方体；大气环境，环境温度 15℃，相对湿度 50%，能见度等级 6 级，气象能见距离为 10km；探测器类型:模拟探测器,探测波段 8~14μm,探测方向为目标侧面,角度为 90°,目标平均等效温度 30℃;假设某型烟幕弹的透过系数为 0.7。在这些条件下,图 11-21 显示出红外探测器发现处于烟幕中不同距离下目标的概率。

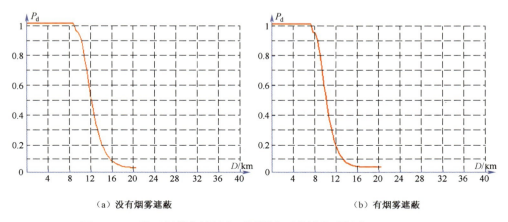

(a)没有烟雾遮蔽　　　　　　　　(b)有烟雾遮蔽

图 11-21　处于烟幕中目标在不同距离下的被发现概率(8~14μm)

由图中曲线可以看出,在上述的两种情况下,目标被发现的概率差别明显。对应探测概率为 0.5 时,红外探测器发现目标的距离分别为 11.8km(未施放烟幕)和 10km(施放烟幕),说明烟幕对探测距离的影响较为明显。

(4) 图 11-22 是面源目标在探测概率为 0.5 时,不同探测方向的发现距离。

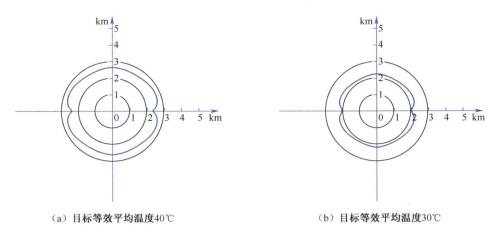

(a)目标等效平均温度 40℃　　　　　　　(b)目标等效平均温度 30℃

图 11-22　目标在不同距离下的被发现距离

目标形状与温度、环境温度、湿度、能见度等级和能见度距离等与示例(1)中的参数均相同,探测波段为 8~14μm,默认探测概率为 0.5。可以看出目标温度为

30℃时的探测距离明显比40℃时短,大约缩短0.5km左右。当然,对应不同角度的探测距离有所差别。

11.4.2 目标红外隐身方案的效果仿真评估

目前,针对装甲车辆实施的红外隐身措施[19]主要包括喷涂红外隐身涂层、对发动机采取隔热措施、采用废气引射冷却系统降低车辆尾气的热信号、在车辆排气系统加装红外抑制器、在车辆轮胎两侧附加裙板改变因橡胶元件摩擦产生的红外辐射的对外传输、释放烟幕或喷射水幕遮蔽车辆红外辐射的传输等。

因此,本节主要讨论如下隐身措施的隐身效果:

(1)改变动力舱内部发动机的排气方式,使动力舱高温排气管不从动力舱两侧流出,而是从动力舱后部的排气出口排出。该措施的目的是改变发动机废热排散途径,降低被红外探测器发现与识别的概率。

(2)在动力舱高温排气管后部加装膨胀管和引射器,利用引射器使动力舱内部流体与发动机高温排气充分混合,以降低动力舱排放气体的温度,抑制尾气的红外辐射。

(3)在车体左右两侧分别增加裙板,利用加装裙板对履带和负重轮进行遮挡,遮挡履带和负重轮的高温区域热辐射向外界环境传输的过程。

(4)在动力舱内侧面使用隔热材料对动力舱进行隔热,以降低动力舱外表面温度和红外辐射强度。

(5)向动力舱内引入一定质量的环境常温空气,以降低动力舱内流体的温度,从而降低动力舱外表面的红外辐射。

针对不同的使用环境和使用要求,通过对上述措施的不同组合,可以形成不同的隐身方案。本节对3个不同隐身方案进行隐身效果评估,在这3个隐身方案中都包括了以上5项隐身措施,只是针对一些隐身措施设置了不同的措施参数,以此分析不同的隐身措施参数对隐身效果的影响[20]。

隐身方案1:采用了上述所有隐身措施,第(4)项措施中动力舱内侧面隔热层厚度为5mm,而第(5)项措施中引入动力舱的常温气体流量为0.3kg/s。

隐身方案2:采用了上述所有隐身措施,第(4)项措施中动力舱内侧面隔热层厚度仍为5mm,但第(5)项措施中引入动力舱的常温气体流量增加为0.6kg/s。

隐身方案3:采用了上述所有隐身措施,第(4)项措施中动力舱内侧面隔热层厚度增加为10mm,第(5)项措施中引入动力舱的常温气体流量为0.3kg/s。

显然,隐身方案1和隐身方案2的区别主要在于向动力舱引入的常温空气的质量流量不同;隐身方案1和隐身方案3的区别主要在于动力舱内侧面隔热材料层厚度不同。

11.4.2.1 不同隐身方案的温度场特性分析

1. 隐身方案1和隐身方案2的对比分析

图 11-23 分别为采用隐身方案 1 和隐身方案 2 的装甲车辆表面的温度分布。从图中可以看出,两隐身方案的高温区域主要是排气出口处;两方案的动力舱外表面均与车体其他部位存在较为明显的温度差异;两方案的炮塔后部面温度均比前部车体温度和炮塔前部温度稍高。隐身方案 2 与隐身方案 1 相比,动力舱外侧面后部的降温幅度并不明显。这说明向动力舱引入常温空气的质量流量由 0.3kg/s 增加为 0.6kg/s 对动力舱整个外侧面的降温幅度影响比较小。

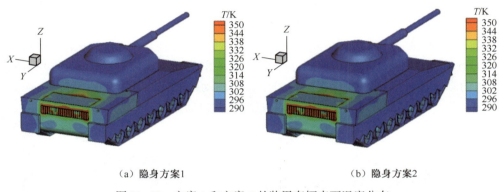

(a) 隐身方案1　　　　　　　(b) 隐身方案2

图 11-23　方案 1 和方案 2 的装甲车辆表面温度分布

2. 隐身方案1和隐身方案3的对比分析

图 11-24 分别为隐身方案 1 和隐身方案 3 中装甲车辆表面的温度分布。在隐身方案 3 中,温度较明显区域主要是动力舱排气出口处,动力舱除去排气口区域的外表面与整车其他区域的表面温度相差较小,炮塔后部的温度与前部车体前部炮塔温度相差也较小。

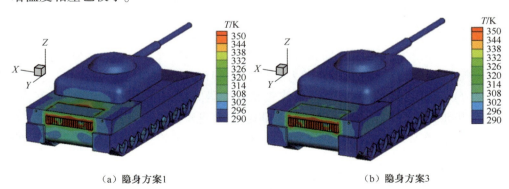

(a) 隐身方案1　　　　　　　(b) 隐身方案3

图 11-24　方案 1 和方案 3 的装甲车辆表面温度分布

根据模型计算结果可知,将隔热层厚度由 5mm 增大到 10mm 会使动力舱外表面平均温度降低 2K,并且与动力舱毗邻区域的温度也明显降低,减小了高温区域和温度特征明显区域,有效降低动力舱外表面与整车其他部位表面的温度差别。对比隐身方案 3 与隐身方案 2 的仿真结果发现,在隐身方案 1 的基础上,加厚 5mm 的隔热层厚度比增加 0.3kg/s 的空气流量对动力舱外表面的降温更有效。

3. 无隐身措施和隐身方案 3 的对比分析

将三种隐身方案中隐身效果最好的隐身方案 3 与未采取任何隐身措施的原始方案进行整车内外流场和温度场的对比分析。

图 11-25 分别为无隐身措施和隐身方案 3 中整车表面的温度分布。如图所示,无隐身措施的装甲车辆的高温区域包括动力舱上部、排气出口处和排烟管排气出口处等,而隐身方案 3 的高温区域主要是排气出口处;隐身方案 3 中的裙板对车辆的行动装置进行了有效的遮挡,减少了负重轮和履带暴露在外的面积;隐身方案 3 中的动力舱外表面温度比无隐身措施方案的动力舱外表面温度明显降低,而且隐身方案 3 中动力舱两侧没有温度辨识度高的排烟管出口面。

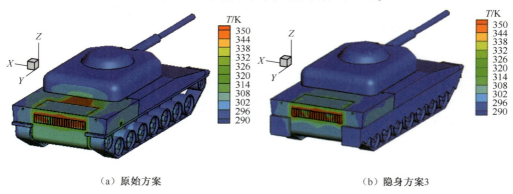

(a) 原始方案　　　　　　　　　　(b) 隐身方案3

图 11-25　无隐身措施和隐身方案 3 的装甲车辆表面温度分布

通过对比分析隐身方案和无隐身措施方案方案的差异,可以得出以下结论:

(1) 改变发动机排气管的布置,减少了发动机排气管对动力舱两侧和浮箱的热影响,同时降低了高温排气对动力舱两侧周围环境流体的温度影响。

(2) 在高温排气管尾部加装膨胀管和引射器,使动力舱内流体与高温烟气相混合,并随发动机高温烟气从动力舱后部排出,降低最终排出气体的温度。

(3) 在车体左右两侧分别加装裙板,有效减少负重轮和履带直接暴露在外的面积。

(4) 在动力舱内侧表面铺装隔热材料对动力舱进行隔热,减少动力舱内部构件通过动力舱壁向外表面传递热量,可以显著降低隔热层外部温度和动力舱外表

第11章 红外辐射特征模型的应用

面的温度。

11.4.2.2 不同隐身方案的红外辐射特性分析评估

以基于理论模型的数值计算得到的三种隐身方案的温度场为基础,针对 $3\sim 5\mu m$ 和 $8\sim 14\mu m$ 两个红外探测波段,运用红外辐射强度计算程序分别数值模拟不同隐身方案的整车红外辐射特征。

1. 不同隐身方案红外辐射特征对比评估

将隐身方案1、隐身方案2和隐身方案3的装甲车辆红外辐射特征进行对比,得到不同的隐身措施及其参数引起整车红外辐射分布的变化。

由图 11-26(a)和(b)对比可知:在 $3\sim 5\mu m$ 探测波段下,隐身方案1和隐身方案2的整车红外辐射强度分布基本一致;两种方案对应的排气出口处的红外辐射功率较大,因此排气口处和车体其余部分相比有明显的红外辐射对比特征;两种方案的动力舱外表面和炮塔后部面的红外辐射通量略高于前部车体的红外辐射通量。将图 11-26(c)分别和图(a)及图(b)对比发现:在 $3\sim 5\mu m$ 探测波段下,隐身方案3中红外辐射通量突出的部位与其余两种方案相同,都在排气出口处;隐身方案3中动力舱上表面和炮塔后部面的红外辐射通量明显比其余两方案降低,降低幅度约为 $5W/m^2$。

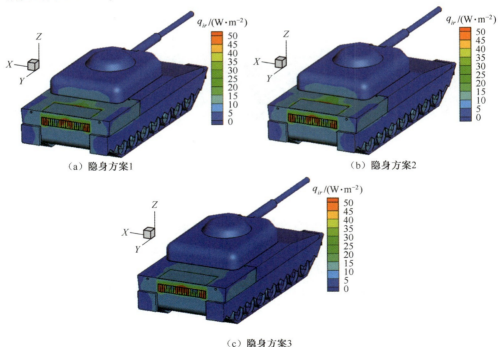

(a) 隐身方案1　　(b) 隐身方案2

(c) 隐身方案3

图 11-26　不同方案下整车在 $3\sim 5\mu m$ 探测波段的红外辐射特征

图 11-27 显示了不同方案下装甲车辆在 8~14μm 探测波段下的红外辐射特征。显然,在 8~14μm 探测波段下的三种隐身方案整车红外辐射通量分布基本一致;三种方案在排气出口处的红外辐射通量都比较大;隐身方案 1 和隐身方案 2 的动力舱外表面红外辐射通量比前部车体和前部炮塔的红外辐射通量要大 30W/m² 左右;隐身方案 3 中动力舱上表面和炮塔后部面的红外辐射通量比其余两方案低,降低幅度约为 30W/m²。

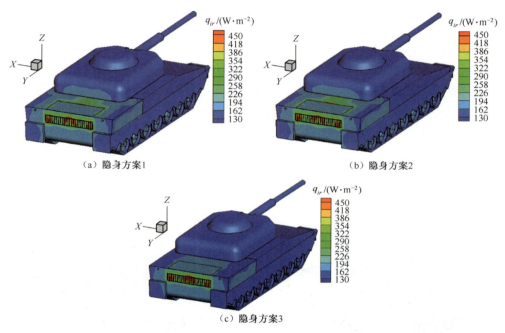

图 11-27　不同方案下整车在 8~14μm 探测波段的红外辐射特征

总体而言,在 8~14μm 和 3~5μm 探测波段下,隐身方案 1 和隐身方案 2 的红外辐射通量分布基本一致,说明向动力舱引入来自环境的空气质量流量由 0.3kg/s 增加到 0.6kg/s 对整车外表面的红外辐射特性影响很小。这主要是由于引入空气量比较小,增加 0.3kg/s 的空气质量流量对装甲车辆动力舱外壁面的温度影响比较小,所以其红外辐射通量值的变化不明显。

在 8~14μm 波段和 3~5μm 探测波段下,隐身方案 3 中动力舱上表面和炮塔后部面的红外辐射通量均比其余两方案低,说明将动力舱内侧壁面隔热层厚度由 5mm 增大到 10mm 可以降低动力舱上表面和炮塔后部面的红外辐射通量,减少动力舱上表面红外辐射特征明显的区域面积。

第11章　红外辐射特征模型的应用

2. 隐身方案与无隐身措施方案的红外辐射特征对比评估

由于隐身方案3的隐身效果比其他两种方案的隐身效果要好,将隐身方案3的红外辐射特征分布与无隐身措施方案进行对比,进一步评估隐身措施的效果。

根据隐身方案3和无隐身措施方案在 $3\sim5\mu m$ 和 $8\sim14\mu m$ 探测波段下的整车红外辐射特征对比图(图11-28和图11-29):在 $3\sim5\mu m$ 探测波段,隐身方案3中动力舱上表面基本没有红外辐射通量在 $15W/m^2$ 以上的区域,而无隐身措施方案中动力舱上表面中间区域的红外辐射通量达到 $45W/m^2$ 以上;在 $8\sim14\mu m$ 探测波段,隐身方案3中动力舱上表面的红外辐射通量基本在 $100\sim180\ W/m^2$,而无隐身措施方案中动力舱上表面红外辐射通量达到 $250W/m^2$ 以上的区域面积比较大。显然,在红外探测的两个大气窗口,隐身方案3中动力舱上表面红外辐射通量比无隐身措施方案大大降低,这说明在动力舱内侧铺装10mm的隔热层能够有效降低动力舱外部的红外辐射通量;同时,隐身方案3中履带和负重轮得到加装裙板的有效遮挡,使得履带和负重轮表面可被探测到的红外辐射量减少;改变发动机排气管的排气方式有效抑制了动力舱侧面的红外辐射分布,使动力舱左右侧面的红外辐射特征变得不明显。简言之,隐身方案3有效地减少了装甲车整体的红外辐射突出部位及区域。

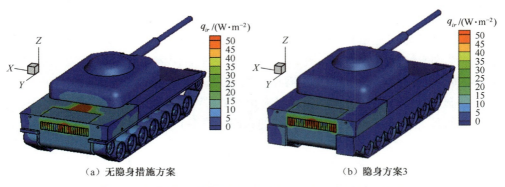

(a) 无隐身措施方案　　　　　　(b) 隐身方案3

图11-28　不同方案下整车在 $3\sim5\mu m$ 波段的红外辐射特征

3. 喷涂隐身涂层后的红外辐射特征分析

对于装甲车辆而言,降低目标车辆表面的发射率可以直接降低车辆表面的红外辐射通量,降低车辆与外界环境之间的红外对比度,从而降低车辆被探测器识别的概率。对目标表面喷涂隐身涂层可以降低目标发射率,这一措施已被普遍接受而作为实现目标红外隐身的基本措施之一。本节根据文献[24]选取一种隐身涂层,在上述隐身方案的基础上,评价低发射材料涂层的红外隐身效果。隐身涂层与原目标表面材料特征参数如表11-3所示。

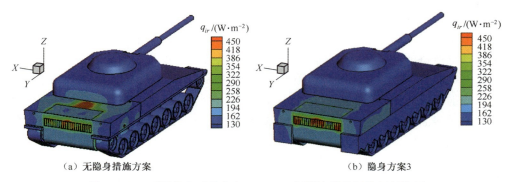

(a) 无隐身措施方案　　　　　　　　　　　(b) 隐身方案3

图 11-29　不同方案下整车在 8~14μm 探测波段的红外辐射特征

表 11-3　表面材料属性参数

材料	太阳吸收率	发射率
原车辆表面	0.79	0.89
隐身涂层	0.78	0.51

图 11-30~图 11-32 为 3~5μm 探测波段下三种隐身方案使用隐身涂层前后的整车红外辐射特征图。装甲车辆使用隐身涂层后，三种隐身方案的前部车体红外辐射通量大约从原来的 5W/m² 降低到了 3.1W/m²；隐身方案 1 和隐身方案 2 中动力舱上表面辐射通量在 14W/m² 以上的区域面积相对减少；隐身方案 3 中炮塔后部面的红外辐射通量从 5W/m² 降至 3.6W/m²，左右两侧裙板的红外辐射通量从 4.8W/m² 降至 3.2W/m²。三种方案中动力舱上表面两侧的红外辐射通量改变相对不明显。原因在于所采用的涂层材料光学辐射特征参数与装甲车辆原表面的光学辐射特征差别不甚明显（见表 11-3 的太阳吸收率），仍然有较大的改进空间。

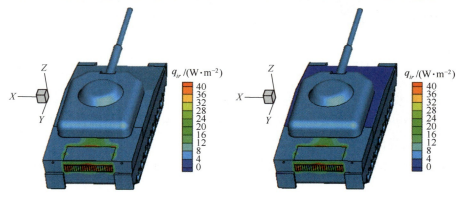

(a) 未喷涂隐身涂层　　　　　　　　　　　(b) 喷涂隐身涂层

图 11-30　隐身方案 1 在 3~5μm 探测波段的红外辐射特征

第11章 红外辐射特征模型的应用

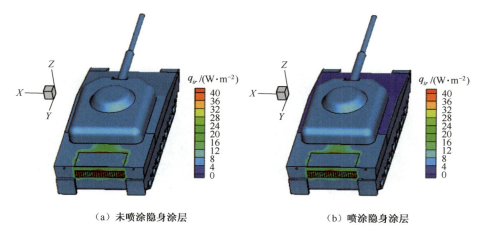

(a) 未喷涂隐身涂层　　　　　　　(b) 喷涂隐身涂层

图 11-31　隐身方案 2 在 3~5μm 探测波段的红外辐射特征

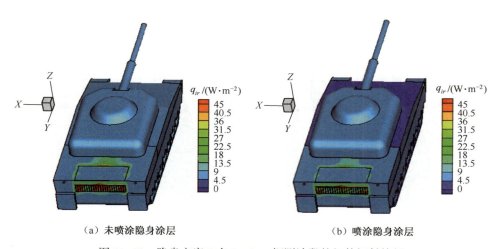

(a) 未喷涂隐身涂层　　　　　　　(b) 喷涂隐身涂层

图 11-32　隐身方案 3 在 3~5μm 探测波段的红外辐射特征

图 11-33~图 11-35 为 8~14μm 探测波段下三种隐身方案使用隐身涂层前后的整车红外辐射特征图。装甲车辆表面使用隐身涂层后，隐身方案 2 和隐身方案 3 对应的前部车体红外辐射通量的降低幅度比较明显，隐身方案 2 和隐身方案 3 中动力舱上表面辐射通量在 160W/m² 以上的区域面积大大减少；隐身方案 2 和隐身方案 3 中散热器上表面的红外辐射通量在 160W/m² 以上的区域面积大大减少，平均辐射通量从 163W/m² 降至 158W/m²；三种方案中后侧裙板的红外辐射通量明显降低；三种方案中的左右排气出口面上的红外辐射通量平均值大约由 373W/m² 降至 268W/m²。

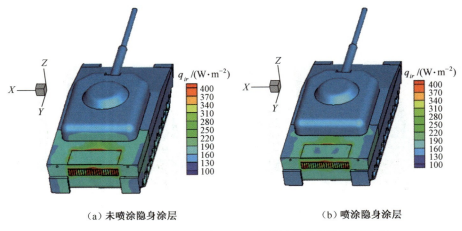

(a) 未喷涂隐身涂层　　　　　　　(b) 喷涂隐身涂层

图 11-33　隐身方案 1 在 8~14μm 探测波段的红外辐射特征

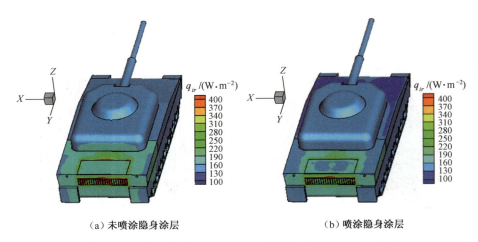

(a) 未喷涂隐身涂层　　　　　　　(b) 喷涂隐身涂层

图 11-34　隐身方案 2 在 8~14μm 探测波段的红外辐射特征

对比 3~5μm 波段和 8~14μm 波段下的整车红外辐射特征发现,使用隐身涂层对整车红外辐射通量造成的影响在 8~14μm 波段下更加显著,说明添加隐身涂层 8~14μm 波段的探测下具有更好的隐身效果。总而言之,在装甲车辆表面使用隐身涂料能够降低车辆表面的发射率,从而有效降低车辆表面的辐射通量,优化整体车辆的红外辐射特征分布,降低被探测器发现识别的概率,已经成为装甲车辆有效的隐身措施之一。需要指出的是,上述分析示例中所使用的隐身涂层太阳短波吸收率与原车表面的相差无几;如果采用太阳短波吸收率更小的涂层,隐身效果将会随之改变。一般性的指导原则是,尽可能采用在红外探测的两个大气窗口内均

第11章 红外辐射特征模型的应用

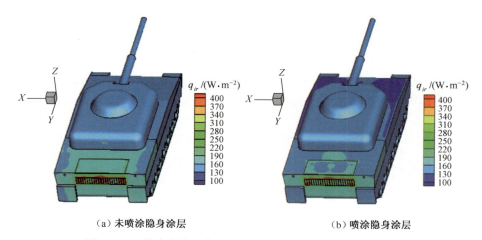

(a) 未喷涂隐身涂层　　　　(b) 喷涂隐身涂层

图 11-35　隐身方案 3 在 8~14μm 探测波段的红外辐射特征

具有低发射率的涂层,将有效抑制车辆表面的红外辐射通量。

11.4.2.3　不同隐身方案的红外可探测距离分析

以对应上述三种隐身方案的装甲车辆温度场和红外辐射通量分布为基础,采用如表 11-4 所示探测器性能参数,对不同的隐身方案进行红外探测距离的仿真计算,分别得到采用不同隐身方案的装甲车辆在不同平面和不同角度下的被探测距离范围。

表 11-4　探测器性能参数

参数名称	数值	单位
起始工作波长	3	μm
截止工作波长	5	μm
水平视场角	2.5	(°)
垂直视场角	1.875	(°)
像元数	256*256	
像素大小	34*34	
积分时间	0.005	ms
帧频	30	帧/s
焦距	250	mm
F 数	2.3	
PSF 半宽	0.0064	mrad
透射率	0.7	
辐射率	0.1	

1. 隐身方案 1 和隐身方案 2 的对比分析

对比图 11-36～图 11-38 可知，隐身方案 1 和隐身方案 2 在不同平面和不同角度下的可被探测距离基本一致。两种隐身方案在 YZ 平面车辆的平均可被探测距离大约为 8.08km，在 XZ 平面车辆的平均可被探测距离大约为 8.32km，在 XY 平面车辆的平均可被探测距离大约为 7.17km。

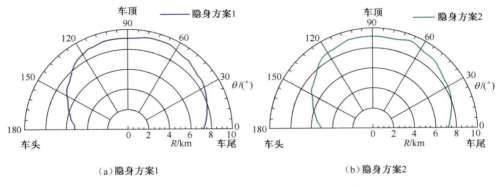

图 11-36 采用隐身方案 1 和隐身方案 2 的装甲车辆在 YZ 平面下的可被探测距离

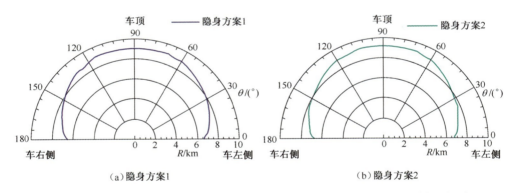

图 11-37 采用隐身方案 1 和隐身方案 2 的装甲车辆在 XZ 平面下的可被探测距离

由图 11-36 可知，红外探测器在车头 180°方向进行探测时，可以探测到目标的距离范围最小，数值约为 5.3km。这是由于车头在探测器中投影面积小的原因；在车尾 0°方向进行探测，可以探测到目标的距离范围约为 6.5km，比在车头 180°方向的探测距离要大，这主要是由于车尾有高温尾气的排出，车尾的温度特征和红外辐射特征更加明显；探测器方位在 0°～90°时目标车辆的可探测距离比探测方位在 90°～180°时要大，这是由于探测器在 0°～90°时可以探测到红外辐射特征比较明显的动力舱外表面。

第11章 红外辐射特征模型的应用

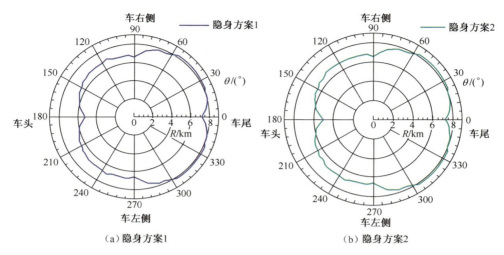

(a) 隐身方案1　　　　　　　　(b) 隐身方案2

图 11-38　采用隐身方案 1 和隐身方案 2 的装甲车辆在 YZ 平面下的可被探测距离

由图 11-37 可知，在这两种隐身方案中，车体左侧和右侧的可被探测距离基本相同，约为 6.5km。在 XZ 平面，从车顶 90°方向进行探测时，目标可被探测到的距离比较大，约为 9.7km，这是因为红外探测器在此角度下探测到的车体面积很大，且可以探测到温度特征和辐射特征比较明显的动力舱上方区域。

由图 11-38 可知，在这两种隐身方案中，探测器方位在 0°~90°和 270°~360°可探测到装甲车辆的距离比在 90°~180°和 180°~270°的要大，这是由于车尾有高温尾气的排出，车尾的温度特征和红外辐射特征更加明显，使得车尾部被探测到的距离范围增大，因此装甲车辆被探测到的概率也更大一些。

上述分析表明，采用隐身方案 1 和隐身方案 2 的目标车辆可被探测到的距离基本一致，这说明向动力舱引入常温空气的质量流量由 0.3kg/s 变为 0.6kg/s，对目标可以被探测到的距离范围的影响很小，可以忽略不计。

2. 隐身方案 1 和隐身方案 3 的对比分析

由图 11-39(a)和(b)可知，红外探测器在 YZ 平面的 60°~120°之间和在 XZ 平面的 60°~120°之间进行探测时，隐身方案 3 中目标车辆可被探测到的距离范围小于隐身方案 1，这说明隐身方案 3 中的动力舱上方的红外辐射特征和温度特征比隐身方案 1 降低，使得在车顶上方 60°~90°之间车辆可以被识别的概率降低。

由图 11-39(c)可知，红外探测器在 XY 平面不同角度进行探测时，分别采用隐身方案 3 和隐身方案 1 的装甲车辆可探测距离范围基本一致。两种方案对应的从车头处可被探测到的距离范围都比较小，从车尾处可被探测到的距离范围都比较大，这也是由于车尾处的温度特征和红外辐射特征比较显著。

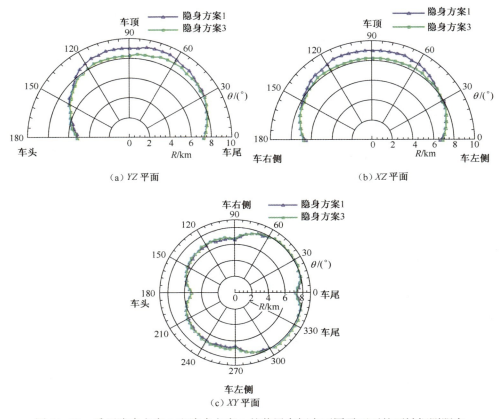

图 11-39 采用隐身方案 1 和隐身方案 3 的装甲车辆在不同平面下的可被探测距离

由上述可知：探测器在车体上方 60°～120° 时，将动力舱内侧面隔热层厚度由 5mm 增大到 10mm 的措施可以适当减少车体可以被探测的距离范围，从而降低车体被探测到的概率。

3. 无隐身措施方案和隐身方案的对比分析

由于采用隐身方案 1 和隐身方案 2 的装甲车辆可以被探测的距离范围分布基本一致，现只需将无隐身措施方案、隐身方案 1 和隐身方案 3 的情况进行对比分析。

由图 11-40(a) 中的曲线数据计算可知，在 YZ 平面中（从车头绕过车体上方至车尾），无隐身措施方案、隐身方案 1 和隐身方案 3 下的目标车辆可被探测到的平均距离分别为 9.99km、8.08km 和 7.79km。在 YZ 平面中，隐身方案 1 和隐身方案 3 下车辆的可探测范围明显比无隐身措施方案小。在车尾 0° 角度下，隐身方案和无隐身措施方案的车辆探测距离一致。在车头 180° 角度下，隐身方案 1 和隐身方案 3 的车辆探测平均距离范围比无隐身措施方案小约 2.2km。两种隐身方案中车体和动力舱上方可以被探测的距离范围小于无隐身措施方案,两种隐身方案中车体前部可以被探测到的距离范围小于无隐身措施方案。以上分析说明,采取隐身措施,可以降低整车前方和上方被探测识别的概率。

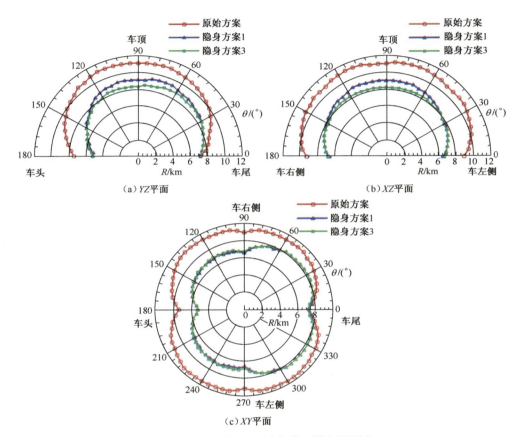

图 11-40 不同平面下车辆的可被探测距离

由图 11-40(b)中的曲线数据计算可知:在 XZ 平面中(从车左侧绕过车体上方至车右侧),无隐身措施方案、隐身方案 1 和隐身方案 3 下的目标车辆可被探测到的平均距离分别为 10.08km、8.32km 和 7.96km。在 XZ 平面中,隐身方案 3 下车辆的平均可探测范围比无隐身措施方案小 3.12km。在车左侧 0°和车体右侧 180°的角度下进行探测时,隐身方案下车辆被探测到的距离范围比无隐身措施方案小了大约 2.2km,既说明隐身方案中裙板对左右两侧的负重轮和履带进行了有效的遮挡,又说明隐身方案中动力舱两侧无高温排气管出口面可以有效降低车体两侧面的红外辐射特征,从而降低车体两侧面可被探测到的距离范围。

由图 11-40(c)中的曲线数据计算可知:在"XY"平面中(红外探测器平行于地面环绕装甲车辆 360°),在车尾处,隐身方案与无隐身措施方案的可被探测距离基本一致,隐身方案在其他方位的可探测距离范围均比无隐身措施方案小,无隐身措施方案、隐身方案 1 和隐身方案 3 下的目标车辆可被探测到的平均距离分别为 9.02km、7.17km 和 7.17km。这说明隐身方案的措施对车尾处的红外辐射特征影响不大,但可以有效降低车头处、车左侧和车右侧的红外辐射特征及其红外可探测距离范围。

以上分析说明:

(1) 改变发动机高温烟气从车体两侧排出方式的隐身措施,可以有效减小车体左侧和车体右侧的红外可被探测距离。

(2) 在装甲车体两侧加装裙板的隐身措施,可以有效遮挡负重轮和履带直接向外界环境热辐射的面积,从而减小了车体左右两侧的红外可被探测距离。

(3) 动力舱内表面铺装隔热材料对动力舱实施隔热的隐身措施,可以有效减小动力舱上表面的红外辐射特征及其红外可被探测距离范围。

总体上,采取隐身方案可以有效减少整车在不同平面和不同角度下的红外可被探测距离范围(除了车尾 0°探测方向),从而有效降低红外探测器发现和识别装甲车辆的概率,实现整车全方位的隐身。

11.5 红外景象仿真

战场环境和作战仿真虚拟现实系统就是利用虚拟现实技术,构造虚拟的武器平台(如地面装甲车辆、自行火炮、反坦克武器等)和三维立体虚拟战场环境,在计算机屏幕或其他显示设备上显示出来,然后利用触摸控制设备(如键盘、鼠标或数据手套等输入设备),控制虚拟武器平台的配置和作战使用状态,模拟作战全过程的仿真系统,可应用于作战人员实战训练、检验武器系统平台的各项性能、帮助制定作战方案、确定新型武器装备研制的战术性能指标和武器的定型验收。

随着日益完善的信息及其对抗技术越来越多地应用到武器系统平台之中,对武器系统操作和使用人员的水平与能力要求也越来越高,必须对作战人员进行装备使用能力和作战能力的训练,而让作战人员使用真实的武器系统平台进行训练,耗费的人力和物力都是巨大的,甚至是难以实现的。因此,迫切需要根据真实装备的水平和性能特点研制相应的训练装置或系统,进行作战人员的训练。战场环境和作战仿真训练虚拟现实系统可以让作战人员操作和使用虚拟武器系统平台,进行作战样式的模拟训练,熟悉和了解真实装备的性能,而不需要完全使用真实的武器系统平台,可大大节省训练费用,缩短训练时间,并且可以能够针对不同的地域和气象环境,进行仿真训练,具有较大的灵活性和替代性。

一个有影响的模拟仿真系统是由美国导弹防御局(MDA)主持研发的综合场景生成模型(SSGM)。该系统是评测各种光电探测器以及先进的监视和拦截弹方案完成它们预定任务能力的基准,用于获得可靠的可见光辐射测量结果,并生成时间序列的数字图像,以辅助用户模拟对弹道导弹进行探测、捕获、跟踪和拦截的战场环境和战略导弹拦截的仿真[21]。

在武器系统平台的研制过程中,需要对武器系统平台的各种性能进行检验,基于实验数据的检验方法是研制原理样机,对原理样机进行实验,根据实验结果对样机进行改进和完善,最后进行定型实验。整个研制过程中,外场实验的费用很高,周期长,需要消耗大量的人力。利用战场环境和作战仿真虚拟现实系统,则可以在研制原理样机前,将设计图纸输入到系统中,构成虚拟的武器系统,进行不同场景、气象环境和装备运用的模拟仿真试验,检验其各种性能,改进设计方案,可以大大加快研制进程,降低研制费用。利用战场环境和作战仿真虚拟现实系统可以为精确制导和打击武器提供模拟实验的场景,用于检验和改进精确制导武器的发现、识别和跟踪目标的各项性能指标。在武器的验收和采购过程中,可以将要验收或采购的武器事先输入到战场环境和作战仿真虚拟现实系统中,形成虚拟的武器系统,在虚拟的各种环境和作战条件下,检验武器系统的各项性能指标是否满足要求。利用战场环境和作战仿真虚拟现实系统,可以针对某种作战任务,模拟不同的作战方案、不同武器系统平台协同作战的指挥和调度、不同武器对特定目标打击和毁伤的程度等,从模拟过程中收集总结作战信息、找出战术性能指标,帮助确定最佳的作战方案,分析和确定满足高技术条件下现代战争需求的新型武器装备研制的战术性能指标。

主要的研究步骤与可实现的功能简单描述如下:

1. 目标和背景数据库的建立

(1)根据各种目标(装甲车辆、导弹等)结构尺寸和特点,建立目标的三维可见光图像数据库。

(2)利用实际的地貌背景数据或利用自然地表生成方法生成的地貌背景数据,建立地面背景的三维可见光图像数据库。

(3)利用各种目标和地形地貌背景的红外热像理论模型或外场试验获取目标和地形地貌的红外辐射特征,建立目标与背景的三维红外图像数据库。

(4)根据目标自身的运动特点和运动性能,建立目标运动特性数据库。

(5)根据目标的战技指标性能,建立目标所携带武器和武器性能数据库。

(6)建立红外探测传感器综合性能数据库。

（7）建立红外制导武器发现、识别和跟踪算法数据库。

2. 目标三维图像的生成

利用计算机图像生成技术和图像数据库的目标数据,在计算机屏幕上生成目标的三维可见光波段景象或三维红外波段景象。

3. 环境背景虚拟现实的生成

利用计算机图像生成技术和图像数据库中的地面背景数据,生成自然地貌的三维可见光景象或红外景象,可根据视场的变化,变换不同的场景,并根据场景距离的变化,生成应用于同一地貌对象的不同纹理特征,增加三维景象的真实感。

4. 图像的合成及动画的生成

将生成三维目标的可见光图像或红外图像嵌入到虚拟的三维景象中,其中的运动目标(如坦克、装甲运兵车等)可以根据地形特点及目标运动数据库中该目标的运动特点和性能,在虚拟的三维世界中自由运动和漫游,并可根据武器性能数据库中的武器性能参数,控制某些武器系统的作战(如坦克发射炮弹、发射反坦克导弹、对抗反坦克导弹等),演示导弹、炮弹等的运动状况。

5. 不同武器系统对抗作战仿真的实现

（1）利用网络数据传输技术,实现在不同的终端上由不同的人员选择不同的武器系统(不同的武器平台也可以选择相同的武器系统平台,以组成某种武器系统的战斗群)。

（2）根据不同终端的选择和控制信息,在当地终端上生成虚拟的战场景象。

（3）每一终端可以控制本终端选择的武器系统平台,根据运动数据库中的该武器系统平台的运动特性,在虚拟的战场环境中进行运动和漫游。

（4）参与人员可以选择武器系统平台所携带的各种武器,进攻敌方的目标;也可根据红外或可见光预警(或告警)系统的告警,利用所携带武器对对方的攻击进行反击,如发射反导导弹等;也可操纵武器系统平台躲避对方的攻击,或释放干扰目标,干扰对方的进攻,进行实战仿真。

（5）发射制导武器后,制导武器可以根据数据库中的发现、识别和跟踪算法,进行目标的发现、识别和跟踪。

（6）利用计算机图像生成技术和理论模型,实现可见光和红外频谱波段景象的变换,实现不同的操作人员可以选择不同的视场,如不同武器平台的视场、还可选择不同光谱波段(可见光或红外)的视场。

（7）建立观察终端,在该终端还可选择观察视场,即该终端不参与作战仿真,但可以观察双方的作战情况。指挥员可以利用该终端,根据观察到的战斗情况,制定作战方案、发布作战命令等。

从上述内容可以看出,目标与背景红外辐射特征是战场环境和作战仿真虚拟

第11章 红外辐射特征模型的应用

现实系统的重要组成部分,目标与背景红外辐射特征的研究对作战人员实战训练、检验武器系统平台的各项性能、帮助制定作战方案、确定新型武器装备研制的战术性能指标、武器的定型验收等具有重要的意义和实用价值。

11.6 红外景象产生器

随着红外探测制导和红外成像制导武器以及红外隐身技术的发展,对红外制导和红外成像制导武器的目标识别和目标跟踪的要求也越来越高,为了提高武器的性能,在武器的设计和研制阶段就必须对红外导引头的各项指标(诸如,识别算法和跟踪算法等的软件性能以及分辨率等硬件性能)进行检测。为进行这些试验,就必须为导引头提供目标和背景的红外景象。如果将导引头置于真实的环境中,利用真实的目标进行试验,试验费用是非常昂贵的,且由于受到实际情况的限制,不可能对所有的气象状况、不同的目标和不同的环境进行测试;而利用红外景象产生器,则可为导引头性能测试提供一种方便、可行、价廉的试验手段,可提供不同气象条件、不同背景下不同目标的红外辐射特征和热像,以便较全面地测试导引头的各种性能,并可节省大量的试验经费。

在红外制导武器研制的最后阶段,必然要进行实弹打靶试验。为了进行打靶,必须提供红外辐射特征靶标(目标),过去通常都是利用一个简单的热电阻,作为热源来测试导引头的性能,这对于点目标制导的武器系统来说是可行的,但随着红外成像制导武器的发展,对目标识别的要求越来越高,不仅要求能够识别点目标,还要求能识别不同类型的目标,即具有识别红外假目标的能力,此时,单一的热电阻制成的靶标已不能满足要求。必须为红外成像导引头提供一个真实的目标(比如飞机、坦克等)来作为靶标,其代价是极其昂贵的,如果利用实物仿真技术,那么仿真目标的制造成本也是较为昂贵的;而红外景象产生器可为红外制导导弹的实弹打靶提供一种同真实目标相差无几的红外景象,节省制造打靶目标所需的费用,并可随时生成不同气象条件、不同背景中的不同的目标,对红外制导武器进行广泛的性能测试。

红外景象产生器是研制红外探测制导和红外成像制导武器不可缺少的硬件设备之一,它将红外热像理论模型的计算结果或试验测定的红外热像特征应用于红外导引头的设计和测试中。具体来说,红外景象产生器就是将目标或背景红外辐射特征理论模型及软件所生成的以及试验测得的单幅图像或一系列连续的图像,转换为探测器(红外热像仪或红外导引头等装置)可探测的实际景象的装置。图 11-41 为红外导引头性能测试系统(国外将此系统称为 hardware-in-the loop 测试系统,即 HWIL 系统)的示意图[22,23]。从图中可以看出目标与背景红外辐射特征模型在红外景象产生器系统中的位置和作用。

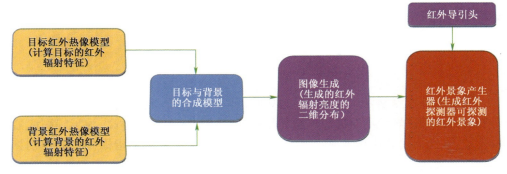

图 11-41 HWIL 系统示意图[22]

从 20 世纪 80 年代末、90 年代初起,国外就开始对红外成像制导目标模拟靶进行研究,取得了很有价值的研究成果,出现了多种形式的可供使用的红外景象产生器[22-27]。

1. 热电阻阵列红外景象模拟器

英国 British Aerospace Sowerby Research Centre 研制的悬挂式电阻红外景象投射器——TPS4(Thermal Picture Synthesiser)系统[25],是一个 256×256 热电阻阵列红外景象投射器,它的工作原理是红外景象信息转换为适当的控制信号,通过一个复杂的电子控制系统,对热电阻阵列的加热量进行控制(电阻阵列中的每一电阻为一个像素点,每一个电阻均可单独加热),从而生成红外图像。它可模拟空中目标的红外景象,并已经应用于红外导引头的测试中。TPS4 系统主要组成部分是一个芯片式的仪器,该仪器由悬挂的电阻红外辐射阵列、热汇、光学瞄准器和驱动及控制电路组成。它具有 256×256 个像素点,可以达到 350℃ ,其时间常数为 0.5ms。该中心正在对 TPS4 系统进行一系列的改进,并进行 TPS5 系统的设计,该系统可应用具有更高温度的目标的模拟,以满足实际的需要;另外,该系统可达到 512×512 个像素点使生成的图像更加清晰。

美国 Honeywell Technology Center,Mission Research Corporation,Wright Laboratory,Science Applications International Corporation 等机构共同研制的 512×512 低温真空电阻红外景象投射器[27],具有 512×512 个像素点,可模拟的波长范围是 2~26μm,工作温度为 20~77K;它的动态特性较好,可达到每秒 30 幅图像,在 8~12μm 波长范围内,其等效黑体温度为 77~538K,即它可模拟具有 77~538K 等效黑体温度的实际物体的红外图像,在整个温度范围内,其温度精度为 1K,适用于模拟在低温空间背景下的目标。

第11章 红外辐射特征模型的应用

圣巴巴拉（Santa Barbara Infrared）公司已经研发了分辨率为 1024×1024 及 2048×1024 电阻阵列红外景象模拟器[30]。国内科研机构也展开了电阻阵列型红外景象模拟器的研究，分辨率从 8×8 发展至 256×256[31]。

基于本书的装甲车辆红外热像模型所建立的目标红外景象投射器系统组成如图 11-42 所示。系统由军用目标和背景的红外辐射模拟计算机、远程通信接口和实物模拟平面靶三大部分组成。

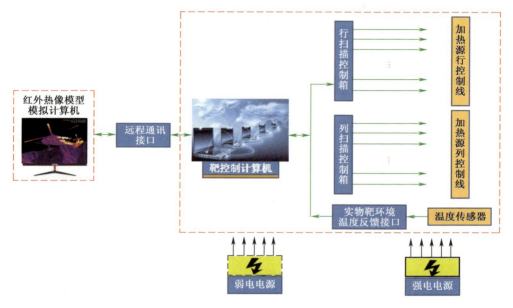

图 11-42　系统组成框图

1）军用目标和背景的红外辐射模拟计算机

利用军用目标和复杂背景的红外辐射理论模型，模拟计算军事目标（坦克）和环境背景的红外辐射特征及其分布，生成对应不同气象状况下、不同背景下的军事目标红外辐射特征的模拟数字图像。

2）远程通信接口

通信接口是将红外热像理论模型的模拟计算结果传送到实物靶中的控制计算机系统中，由靶控计算机对坐标点阵中点加热源控制加热。

3）实物模拟平面靶

实物模拟平面靶是整个系统的最大硬件设施，其组成原理示意图如图 11-44 所示。由图中可以看出，实物模拟平面靶主要由加热源组成的点阵屏、行控制电路、列控制电路及光电隔离接口等部分组成。另外，还有一回路温度测量电路作整

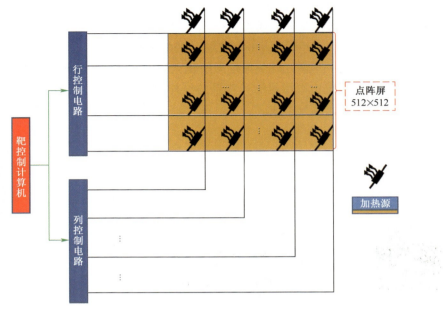

图 11-43 原理示意图

个实物模拟靶点阵加热源加热时间间隔参考温度(反馈)。

由图 11-43 可见,实物靶行、列数可达 512(可以扩充),所以点阵加热源可达像素点 512×512 点。要想在点阵屏上得到一个实物模拟热像,首先要知道各点加热温度值,然后依次给这些点通电加热。加热点加热温度的控制是由加热时间来控制的,即对同一行扫描加热,不同的点在单位时间内点亮(接通)的次数是不同的。加热点接通次数由靶控计算机根据环境温度及实物模拟计算机仿真要求温度相关联而得到。通过计算机控制快速行扫、列选就可以得到实物模拟热像。

由图 11-43 可以看出,加热源是接在行扫线及列选线上,在这一点上不需再加接任何控制电路,只需考虑加热源的封装及冷却。

图 11-44 和图 11-45 为红外热像仪拍摄到的红外景象生成器生成的某型坦克的红外图像,红外景象生成器为上述电阻阵列的红外景象生成器,图像分辨率为 32×32。从图中可以看出,图像基本反映了目标的红外辐射特征,其图像可直接提供给红外成像导引头,用于导引头的性能测试,也可用于红外成像制导武器的外场打靶,进行红外成像制导武器的性能评估和定型验收。

图 11-44 和图 11-45 显示的热图像是用图像分辨率为 32×32 的电阻阵列红外景象生成器生成的,由于图像的分辨率较低,图像反映的目标形状与实际目标形状具有一些差别;另外,由于电阻阵列中电阻阻值的非均匀性,使得图像中目标的

红外辐射特征值与真实值相比具有一些误差,但这些并没用改变目标的红外辐射特征,目标的红外辐射特征点和特征部位仍可以清晰地显示出来。上述的差别一方面可以通过增加红外景象生成器的像素数目,使图像中目标的形状更加逼真;另一方面,可以通过对电阻阵列值的电阻值进行校正,减小由于电阻的差别引起的误差,使生成图像中目标的红外辐射特征值更加接近真实值。

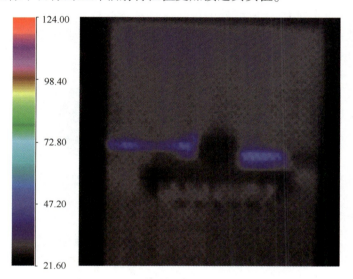

图 11-44　红外景象产生器生成图像

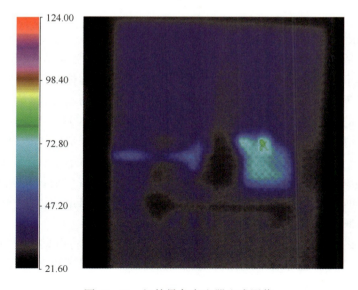

图 11-45　红外景象产生器生成图像

2. 红外激光直写景象投射器

美国陆军导弹司令部(US Army Missile Command)研制了一种激光直写景象投射器[26],它的工作原理是红外景象信息转换为适当的控制信号,通过一个复杂的电子控制系统,控制光学仪器,该光学仪器将一束激光进行角偏移和强度调制以及扫描控制,调制的激光经过光学窗口和光学透镜(具有光谱选择性)直接投射到成像导引头焦平面阵列上,生成红外图像。这个系统的特点是可产生复杂的红外景象,并且景象的改变可以在极短的时间内完成具有良好的动态特性。

图11-46是系统结构示意图。

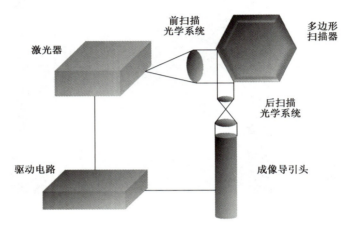

图11-46 激光直写景象投射器[26]

3. 液晶光阀红外景像投射器

美国休斯飞机公司研究实验室于20世纪70年代研制液晶光阀成功以后,为满足各种军事需求和商业应用需要,在加州卡尔斯巴德的休斯工业产品器件部投入生产。对于制导武器系统的仿真,又研制了第二代产品器件,其响应时间、空间分辨率和大的动态范围满足了战斗机驾驶员训练模拟器和制导系统仿真应用的需要。目前,休斯飞机公司研制的CCD寻址液晶光阀,完全消除了通过阴极射线管的光学耦合。CCD寻址液晶光阀将光图像输入方式转变成电学信号输入方式,在图像已被编码形成电学数据流的情况下,CCD光阀允许直接成像在光阀背面的二维阵列上,使系统紧凑灵巧、使用方便[28]。国内一些科研单位也研制成功了光写入的液晶光阀红外景象投射器[29,32]。

光写入的红外液晶光阀景象投射器[29,32]是一种能够将可见光图像(带灰度等级按红外场景要求进行编辑)按照相应辐射灰度等级转换成红外图像的器件。可见光图像通常用于激活工作在耗尽态的高阻单晶硅光导层,形成一个与写入可见光图像对应的空间电压分布,施加到高阻抗液晶层上,引起液晶分子重新排列,改变其双折射率分布。黑体光源发出的红外光线经光源光学系统投射到偏振片上,使光线变成偏振光,并反射到液晶光阀表面上,根据液晶表面的双折射率分布,使读出红外光偏振态发生相应旋转。经过偏振片检偏后,可获得与可见光灰度等级对应的二维红外图像。经准直光路将红外图像投射到探测器,模拟来自"无穷远"距离目标。该光学系统,连同 IR 光源光学系统一起决定投射系统视场角(FOV)和输出口径大小等参数。光写入液晶光阀红外景象投射器的工作原理如图 11-47 所示。

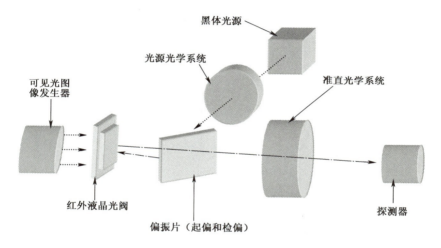

图 11-47 光写入液晶光阀红外景象投射器的工作原理[29]

CCD 液晶光阀红外景象投射器的工作原理与光写入液晶光阀红外景象投射器的工作原理基本相似,它是直接在液晶光阀背面的二维阵列上输入与红外场景对应的空间电压分布,来代替可见光发生器发出的可见光在单晶硅光导层形成的空间电压分布。

4. 数字微镜器件(DMD)红外景象生成器

数字微镜器件是由美国德州仪器(Texas Instruments)公司研发的空间光调制器件,其核心技术就是数字光处理(Digital Light Processing)技术,广泛应用于投影技术中[33]。DMD 作为可见光投影仪的核心器件,调制生成的可见光图像空间分辨率高,帧频高,图像清晰。DMD 经过改装后也可用于对红外辐射进行调制,设计合适的红外光源以及红外光学系统,就可以组成完整的红外景象模拟器。DMD 红外景象生成器具有像素分辨率高、响应速度快、帧频高等优点,相关的研究运用得到了快速的发展[34-38]。

DMD 作为一种空间光调制器件,通过微镜片阵列的偏转实现对红外辐射的调制来生成红外场景图像。基于 DMD 的红外景象生成器由照明光学系统、分光系统、投影光学系统、计算机图像生成器、DMD 器件、DMD 驱动电路组成,整体结构如图 11-48 所示。图像生成器模拟实际战场环境生成目标和背景的红外图像,DLP 视频处理电路将图像信号转换成电信号,DMD 驱动电路根据电信号控制微镜片偏转。照明光学系统均匀照射 DMD,DMD 在驱动电路的控制下调制红外辐射生成红外图像,红外图像由投影光学系统投射到导引头中。分光棱镜分隔开入射到 DMD 的照明光束和进入投影光学系统的投影光束。

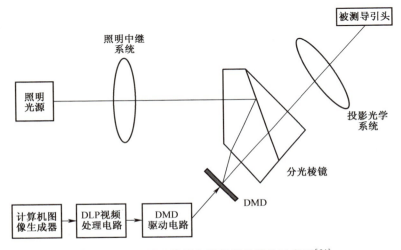

图 11-48 长波红外景象模拟器的结构示意图[34]

[1] 程健庆. 军用系统建模与仿真技术发展与展望[J]. 指挥控制与仿真,2007,29(4):1-8.
[2] Sanders J S,Brown S D. Utilization of IMRSIG in Support of Real-Time Infrared Scene Generation[C]// Proceedings of SPIE,2000,4029:278-285.
[3] Willers M S,Willers C J. Key Considerations in Infrared Simulations of the Missile-Aircraft Engagement[C]// Proceedings of SPIE,2012,8543 85430N-1~8543 85430N-16.
[4] 华杨. 专攻坦克的智能炮弹[J]. 中国军转民,2011,9:62-65.
[5] 成志铎. 地面装甲车辆的目标特性建模计算研究[D].南京:南京理工大学,2012.
[6] 李大光. 什么叫末敏弹[J]. 百科知识,2011,5(10):63-64.

[7] 王建军. 红外毫米波复合探测技术在末敏弹中的应用[J]. 微计算机信息,2007,23(29):275-277.
[8] 殷克功. 末敏子弹运动特性研究[D]. 南京:南京理工大学,2008.
[9] 陈永甫. 红外辐射红外器件与典型应用[M]. 北京:电子工业出版社,2004.
[10] hermoAnalyticsInc. ,http://www.thermoanalytics.com,2013.3.10.
[11] Johnson J. Analysis of Image Forming Systems[C]// Proc. of Image Intensifier Symposium,1958,249-273.
[12] 海玉洁. 热成像系统对目标距离的估算[J]. 红外技术,1989,11(3):22-26.
[13] 沈一. 红外热成像系统的静态性能模型与计算机模拟[D]. 南京:南京理工大学,1995.
[14] 李润顺,袁祥岩,范志刚,等. 红外成像系统作用距离的估算[J]. 红外与激光工程.2001,30(1):1-4.
[15] Rosell F. The fundamentals of thermal imaging systems[R]. AD-A073763,1979.
[16] 张宏林等. Visual C++ 数字图像模式识别技术及工程实践[M]. 北京:人民邮电出版社,2003.
[17] 许卫东,吕绪良,陈兵,等. 一种基于纹理分析的伪装器材效果评价模型[J]. 兵工学报,2002,23(3):29-331.
[18] 马忠俊. 战车红外隐身效果评估方法研究[D]. 南京:南京理工大学,2003.
[19] 吴行,郭魏,等. 装甲车辆红外隐身技术的发展趋势[J]. 中国表面工程,2011,24(1):6-11.
[20] 秦娜. 装甲车辆在红外隐身措施下的仿真评估[D]. 南京:南京理工大学,2015.
[21] Wilcoxen B,Heckathorn H. Synthetic Scene Generation Model(SSGM R6.0)[C]// Proceedings of SPIE,2469:300-316.
[22] Palmer T A,King D E. Low Cost Real-Time IR Scene Generation for Image Projection and Signal Injection[C]// Proceedings of SPIE ,1996,2741:79-188.
[23] Sanders J S. Ground Vehicle Signature Modeling and Validating for Hardware-in-the-Loop Imaging Infrared Sensor Testing[C]// Proceedings of SPIE,1996,2741:257-266.
[24] Steely S L,Lowry H S,Tripp D M. Aspects of Versus Blackbody Photodetection:Laser-Based Photonics for Focal-Plane-Array Diagnostics[C]// Proceedings of SPIE,1995,2469:330-341.
[25] Pritchard A P,Lake S P,Sturland I M,B et al. Developments in the Use and Design of a Suspended Resistor IR Scene Projector Technology[C]// Proceedings of SPIE,1995,2469:100-108.
[26] Beasley D B,Cooper J B. Diode Laser Based Infrared Scene Projector[C]// Proceedings of SPIE,1995,2469:20-29.
[27] Han C J,Cole B,Higashi R E,et al. 512x512 Cryovacuum Resistor Infrared Scene Project[C]. Proceedings of SPIE,1995,2469:157-167.
[28] 贡学平. 红外动态图像转换器[J]. 红外与激光技术,1990,(2):23-30.
[29] 叶克飞,苏兆旭,高教波. 单晶硅红外液晶光阀[J]. 光学仪器,1999,21(4):183-188.
[30] Mchugh S W,Robinson R M,Parish B,et al. MIRAGE:large-format emitter arrays 1024 x 1024 and 1024×2048[J]. Proceedings of SPIE - The International Society for Optical Engineering,2000,4027:399-408.
[31] 李鑫. 基于MOS电阻阵列的红外场景仿真系统驱动技术研究[D]. 上海:中国科学院研究生院上海技术物理研究所,2015.
[32] 刘正云,金伟其,高教波. 红外液晶光阀光学调制特性研究[J]. 光学技术,2007(03):403-405+408.
[33] 叶明勤. DLP数字投影技术的发展[J]. 现代电视技术,2003(06):30-32+35.
[34] 王海鹏. 基于DMD的红外目标模拟光学系统研究[D]. 哈尔滨:哈尔滨工业大学,2016.
[35] 张宁. 基于DMD的大动态范围中波红外仿真系统研究[D]. 中国科学院研究生院上海技术物理研究所,2016.

[36] 韩庆. 数字微镜器件在红外目标场景仿真器中的应用研究[D]. 长春中国科学院长春光学精密机械与物理研究所, 2017.
[37] 孙永雪. 基于DMD的红外双波段目标仿真器研究[D]. 哈尔滨: 哈尔滨工业大学, 2013.
[38] Jia H, Zhang J, Yang J. A novel optical digital processor based on digitalmicromirror device[C]//Photonics Asia 2007. International Society for Optics and Photonics, 2007: 68370C-68370C-6.

第12章

目标红外辐射特征的调控

本书绪论曾经提到,目标红外辐射特征的调控就是利用各种调节热传递过程和/或表面光谱特性的方法与技术,抑制/改变目标的红外辐射及其光谱特性,降低目标与背景的红外辐射等效温差甚至使之小于红外探测系统的可分辨温差阈值,从而使红外探测系统无法准确侦测到目标。红外辐射特征调控技术可分为改变目标的红外辐射光谱特征、降低目标的红外辐射强度和调节红外辐射的传播途径,其中降低目标红外辐射强度是最主要的途径。降低目标红外辐射强度的方法有目标表面温度的控制和目标表面材料辐射特性的控制。

目标表面温度的控制技术主要采用减热、隔热、吸热、降温和目标热惯量控制等方法与技术手段,减弱或阻碍从目标内部到目标表面的热传递,降低目标的表面温度,从而降低目标的红外辐射强度,减小目标与背景红外辐射特征差异,这类技术必须在目标总体设计阶段周密设计,与装备研制与生产的过程同步进行,目标装备一旦定型,则难以进行改装改进,而且使用这类技术的成本相对昂贵。目标表面材料辐射特征的控制就是通过改变目标表面材料的光谱辐射性质,避开红外辐射传播的大气窗口波段,从而有效抑制红外探测系统可探测到的来自目标的红外辐射能量。这类技术可以通过改变目标表面涂层材料实现,可在目标装备的使用阶段进行改装。相对而言,目标表面材料辐射特征的调控技术是使用便捷和效果明显的目标红外辐射特征调控方法。

传统的目标表面材料辐射特征控制主要是通过低发射率涂层材料以及相应的红外迷彩设计来实现。该技术存在的主要问题是:①低发射率涂层材料主要是利用材料本身的属性,红外发射率调节的范围有限,目标红外辐射降低量有限,难以达到目标红外辐射特征调控的目的;②低发射率涂层材料难以做到多波段兼容,因为对不同波段的调控需要在涂层材料中添加不同的材料,势必造成对其他波段调控的影响。为此,科研人员都在努力寻求新的目标表面材料辐射特征控制方法与技术。纳米科学与技术的发展和多学科的融合交叉催生了各式各样的表面光谱特性控制方法与技术,出现了低红外辐射薄膜材料、纳米隐身材料、生物仿生隐身材料和智能隐身材料等红外辐射特征调控技术。这些技术的本质是将材料自身的光谱属性和微结构对光与物质相互作用的影响效应相结合,所以低红外辐射薄膜材料、纳米隐身材料和生物仿生隐身材料都可归为基于微/纳结构调节的目标红外辐射调控技术。

基于微/纳结构调节原理的红外辐射特征调控技术是通过改变物体表面微/纳结构的型式、周期特性或材料属性及其耦合效应对表面红外辐射特征进行控制。该类技术比通过单一的材料属性控制表面的红外辐射特征具有更好的控制灵活性和易实现性。围绕如何利用周期性微/纳结构表面实现目标红外辐射特征控制和红外隐身,研究人员进行了大量研究,取得了显著的进展。

本章首先介绍微结构表面对红外辐射特征的调控机理,然后介绍红外辐射特征控制微结构表面的设计方法,最后分析微结构表面对目标红外辐射特征的影响,以期能提供关于如何利用表面微/纳结构实现目标红外辐射特征调控的概貌。

12.1 微结构表面红外辐射特征的分析方法

12.1.1 微结构表面红外辐射特征模型

物体表面的红外辐射本质上是电磁波,因此红外辐射能量传递过程中的反射、透射和吸收等过程都符合电磁学的基本理论。微结构表面红外辐射特征的理论模型就是从经典的电磁学理论出发,通过建立描述光与微结构表面相互作用过程的麦克斯韦方程组以及相对应的定解条件构成。

电磁波传播过程服从下述麦克斯韦旋度方程[1]:

$$\begin{cases} \nabla \times \boldsymbol{H} = \dfrac{\partial \boldsymbol{D}}{\partial t} + \boldsymbol{J} \\ \nabla \times \boldsymbol{E} = -\dfrac{\partial \boldsymbol{B}}{\partial t} - \boldsymbol{J}_m \\ \nabla \cdot \boldsymbol{D} = \rho_e \\ \nabla \cdot \boldsymbol{B} = 0 \end{cases} \quad (12-1)$$

式中,$\boldsymbol{E}$ 为电场强度;$\boldsymbol{D}$ 为电通量密度;$\boldsymbol{H}$ 为磁场强度;$\boldsymbol{B}$ 为磁通量密度;$\boldsymbol{J}$ 为电流

密度;J_m 为磁流密度;ρ_e 为电荷密度。

为简单起见,这里假设物体为各向同性介质。于是,存在下述本构关系[1]:

$$\begin{cases} D = \varepsilon E \\ B = \mu H \\ J = \sigma E \\ J_m = \sigma_m H \end{cases} \quad (12-2)$$

式中,ε 为介电常数;μ 为磁导率;σ 为电导率;σ_m 为导磁率。

根据研究对象涉及具体的微结构表面及应用条件(如一维周期结构、二维周期结构或复合周期等),确定相应的边界条件,即构成研究微结构表面红外辐射特征的理论模型。需要指出的是,各向同性的假设并不是研究微结构表面红外辐射特征调控方法所必需的。对于介电参数各向异性的材料,只需修正本构关系表达式。

电磁场的能量守恒性可以从上述麦克斯韦方程组推导得到,这里涉及一个非常重要的参数——坡印廷矢量。坡印廷矢量的数值代表了单位投射面积的电磁场辐射能量传递大小,其方向代表了辐射能量的传递方向。坡印廷定理体现了热辐射能量传递过程中的能量守恒。根据坡印廷定理,定义坡印廷矢量为单位时间内垂直通过单位横截面积电磁场的能量流[2]:

$$S = \frac{1}{\mu_0} E \times B = E \times H \quad (12-3)$$

通过式(12-3)计算得到电磁波传播的坡印廷矢量为瞬时值。对于热辐射能量传递而言,计算平均坡印廷矢量更具有实际意义。时间平均的坡印廷矢量定义为一个周期 T 内瞬时坡印廷矢量的平均值,记为 S^{av} [2]

$$S^{av} = \frac{1}{T} \int_0^T S \mathrm{d}t \quad (12-4)$$

当电场和磁场为复矢量时,则平均坡印廷矢量为[2]

$$S^{av} = \frac{1}{2} \mathrm{Re}(E \times H^*) \quad (12-5)$$

式中,H^* 为磁场的共轭复数。

于是,根据光在传播过程中的反射率、透过率和吸收率的基本定义和物理意义,可以给出这些反映表面热辐射属性的参数的数学表达式。对于实际的材料,这些参数与电磁波的入射方向、反射方向和偏振态以及材料的介电特性相关。在电磁波正入射的条件下,材料表面光谱反射率可表述为[2]

$$\rho_\lambda = \frac{|S_r^{av}|}{|S_i^{av}|} \quad (12-6)$$

类似地,透射率为[2]

$$\tau_\lambda = \frac{|\boldsymbol{S}_t^{av}|}{|\boldsymbol{S}_i^{av}|} \qquad (12-7)$$

式(12-6)和式(12-7)中的参数 $\boldsymbol{S}_i^{av}$、$\boldsymbol{S}_r^{av}$ 和 $\boldsymbol{S}_t^{av}$ 分别为入射辐射、反射辐射和投射辐射的坡印廷矢量。根据热辐射的基尔霍夫定律,可以由已知的材料光谱反射率和透射率确定相应的材料光谱吸收率:

$$\alpha_\lambda = 1 - \rho_\lambda - \tau_\lambda \qquad (12-8)$$

12.1.2 微结构表面红外辐射特征的数值计算方法

上一节介绍的内容构成了通过研究光与微结构表面相互作用过程,设计满足特定需要的目标红外辐射抑制方法与技术的理论基础。目前,求解上述控制方程组所描述的微结构表面红外辐射问题的数值分析方法主要包括有限元方法(Finite Element Method,FEM)、严格耦合波分析(Rigorous Coupled-Wave Analysis,RCWA)方法和时域有限差分(Finite-Difference Time-Domain,FDTD)方法等。

Yee[4]最早提出时域有限差分(FDTD)方法,即通过直接在时域中用差分方法求解麦克斯韦方程。Mur 等[5]通过构建虚拟的吸收边界,提出了在计算区域截断边界处强化电磁波吸收的一阶和二阶吸收边界条件及其在 FDTD 中的离散形式,为处理电磁波传播的无限边界难题提供了一种行之有效的方法,有效地提高了数值计算的速度。Berenger 等[6-8]提出完全匹配层(Perfectly Matched Layer,PML)吸收边界条件的处理方式,显著提高了数值计算精度。Sacks 等[9]则提出了针对各向异性介质内电磁场数值求解的 PML 边界条件。随着不同类型的吸收边界条件的应用和完善[10],FDTD 方法进入了成熟的应用阶段,是使用最为广泛的一种电磁场传播问题的数值求解方法。FDTD 方法将电磁波传播中的介质参数赋值给离散空间的每一个元胞,可处理复杂的形状目标和非均匀介质的电磁散射与辐射等问题。同时,FDTD 方法具有随时间推进计算的属性,也使其可以方便地给出物理场随时间的演化过程,便于对模型结构的分析和设计。FDTD 方法的具体实现过程可参见文献[1]。

由于计算机资源有限,实际的 FDTD 数值计算只能选取有限的目标体单元和计算区域。如前所述,数值模拟热辐射电磁波在无限空间区域的传播特性和作用过程,必须设置恰当的边界条件。如果电磁波传播问题数值计算域是三维的周期性微结构,通常在 z 轴方向(电磁波入射方向)上使用吸收边界条件,以模拟电磁波投向结构之外无限大空间不再返回;而在 x 轴与 y 轴方向上则采用周期型边界条件。对于本书讨论的微结构表面热辐射特性研究,主要涉及如下边界条件:

1. PML 吸收边界条件

构建虚拟的强化吸收边界是指电磁波通过吸收边界后不再散射返回,从而将有限空间计算域内电磁波的传播等效为无限空间区域的电磁波传播。广泛使用的吸收边界条件主要是 Mur 吸收边界条件、Liao 吸收边界条件和 PML 吸收边界条件及其各类进化型。与其他类型的边界条件不同,PML 吸收边界条件是一块吸收区域,虽然比 Mur 吸收边界条件和 Liao 吸收边界条件复杂,但反射更弱。PML 区域与相邻计算域满足阻抗匹配关系[3]:

$$\frac{\sigma}{\varepsilon_M} = \frac{\sigma_m}{\mu_M} \tag{12-9}$$

式中,参数 σ 为虚拟的 PML 层的电导率;σ_m 为 PML 层的导磁率;ε_M 为与 PML 层相邻计算域内材料的介电函数;μ_M 为与 PML 层相邻计算域内材料的磁导率。此时,电磁波从计算域进入 PML 区域时不发生反射,并在 PML 区域中呈指数级衰减,加速被吸收的过程。

2. 周期边界条件

周期边界条件适用于周期性微结构表面的电磁波传播过程,它反映了近邻周期单元之间的相互作用。

当电磁波垂直入射(正入射)表面时,每个周期单元的电磁场分布完全一致,满足如下关系[3]:

$$f(x + mp_x, y + np_y, t) = f(x, y, t) \tag{12-10}$$

式中,p_x 为 x 方向的周期间距;p_y 为 y 方向的周期间距;m 和 n 的取值范围为 -1、0 和 1,但不同为 0。当差分需要的电磁场分量位于计算域之外时,利用上述等价关系,可以用计算域内的值代替计算域之外的值。普通周期边界条件即可满足要求,x 轴方向与 y 轴方向上,两端网格的电磁场分布保持同步即可。以 x 轴方向两端的电场为例:

$$\begin{cases} E_{x\min} = E_{x\max} \\ E_{x\max} = E_{x\min} \end{cases} \tag{12-11}$$

3. Bloch 边界条件

当电磁波以与表面法向方向成一夹角入射(斜入射)时,周期性单元边界问题的处理稍微复杂一些。普遍使用的是 Bloch 型周期边界条件[3]:

$$f(x + mp_x, y + np_y, t + t') = f(x, y, t) \tag{12-12}$$

式中,t' 为与 (x, y) 处电磁波相位相同的电磁波到达 $(x + p_x, y + p_y)$ 的时间差,这显然会引起时序问题:与斜入射方向相反的横向计算边界上,差分所需要的外侧点

(在计算域外)的相位超前于内侧点(在计算域内),无法用内侧点的值代替。因此,斜入射需要使用上述的 Bloch 边界条件,这是普通周期边界条件引入入射角之后的一般形式,即加入相位修正。以 x 轴方向两端的电场为例[2]:

$$\begin{cases} E_{x\min} = \mathrm{e}^{-ia_x k_{\text{bloch}}} E_{x\max} \\ E_{x\max} = \mathrm{e}^{ia_x k_{\text{bloch}}} E_{x\min} \end{cases} \tag{12-13}$$

需要注意的是,相位修正取决于电磁波的入射角和波长。如果使用宽带光源,只有中心波长处的入射角与实际设置相符,因此,需要使用简谐光源对波长逐点扫描。

对于三维的周期性微结构的计算域,通常在 z 轴方向(电磁波入射方向)上使用吸收边界条件,模拟电磁波投向结构之外无限大空间不再返回;在 x 轴与 y 轴方向上使用周期边界条件。

12.1.3 微结构表面电磁耦合机理研究

在过去几十年的发展中,研究人员在微尺度光辐射调控方法的研究过程中,综合运用一系列微结构与电磁波之间的不同类型效应及其耦合效应,主要包括表面等离子激元 SPP、表面声子激元 SPhP、微腔谐振效应、Fabry-Parot(FP)谐振效应、光子禁带效应和光子隧道效应。这些电磁波与物质表面相互作用而产生的效应及其衍生技术极大地促进了微尺度热辐射控制技术的不断发展[11-40]。由于拓扑形状和材料属性等方面的多样性,不同类型周期微/纳结构的超表面之间并没有明确的分类界限,只是大体上粗略地划分成几种典型的范式及其组合搭配,更是由于光与物质相互作用机理的复杂性,周期微/纳结构超表面与电磁波作用机理之间并不是严格一一对应的关系,一种电磁波作用机理可以解释不同类型结构的光谱选择性,而特定的周期微/纳结构超表面也可能存在不止一种电磁作用机理。大体来说,微/纳结构的光谱选择性归根到底是结构内部的能量共振模式(电子振动、晶格振动等)与外界电磁波的耦合效应。这些不同类型的光与物质相互作用机理,或多或少交织在一起,比如 FP 谐振与微腔谐振是一维膜层和三维空腔的关系;表面等离子激元与微腔谐振都可以解释金属光栅的选择吸收,但表面等离子激元更关注光栅界面上由于入射光激发的表面电子云振荡,微腔谐振更关注电磁波在谐振腔内的传播和反射过程。因此,在了解光与物质相互作用内在机理的基础上,通过对微/纳结构表面的材料组合和结构形貌进行综合设计,使整个微/纳结构表面能够激发多种电磁波作用的耦合,以此强化表面光谱选择性和可调谐性[2]。

12.2　红外辐射特征控制微结构表面的设计

微结构表面常用于实现对目标红外辐射特征的控制,而不同的红外辐射特征控制要求可能存在着相互矛盾的地方。例如,可见光隐身的目的是减少目标与背景之间的亮度和色彩的对比特征等,达到对目标肉眼视觉信号的控制,以此来降低可见光探测系统发现目标的概率;激光隐身一般要求目标表面在 1.06μm 和 10.6μm 波段具有低反射率,使得激光制导系统的探测器无法接收到反射回波,从而确保目标难以被激光探测器发现和追踪;而红外隐身的主要手段则是降低目标在 3~5μm 和 8~14μm 这两个红外波段的辐射特征,使其接近于背景环境热辐射特性,即要求目标表面在两个大气窗口具有低发射率[41]。其中,红外辐射抑制与激光隐身就存在着最为显著的矛盾。针对不同的红外辐射特征控制要求,微结构表面的设计重点和方法也不尽相同[41-42]。

12.2.1　光谱特性控制膜系微结构表面设计方法

12.2.1.1　可见光与红外兼容隐身膜系微结构

可见光与红外波段兼容隐身的一种思路是设计具有在可见光波段 380~780nm 高透射与低反射、红外波段 3~5μm 和 8~14μm 高反射与低吸收的性能兼备的膜材料,将其附着于目标表面。这种膜系结构既不会影响目标原本所具备的可见光隐身特性,还能使目标兼具红外隐身特性,实现目标可见光与红外波段兼容的隐身目的。

光子禁带效应是电磁波与微结构表面之间耦合作用中较为常见、也是较易实现的一种微结构表面效应。所谓光子禁带,就是特定波长的光子可以通过、而其他波长的光子禁止通过。它可以通过两种介电常数相差足够大的材料的组合,采用简单的一维膜系结构就可实现红外辐射特征控制。因此,这里讨论的微结构是基于光子禁带效应的膜系微结构[42]。

根据光子禁带效应产生的条件,选择介电常数相差足够大的非金属介质膜和金属膜构成多层膜系结构,而 Ag 和 ZnS 则是符合这样要求的典型的金属介质膜和非金属膜材料。

考虑到多层膜系结构的制备难度,选择单层和双层金属膜系结构,图 12-1 为膜层的示意结构[42]。

运用上节介绍的电磁场数值计算方法,可以获得不同膜层结构表面的光谱特性。图 12-2 给出了利用磁控溅射工艺制备的 3 层膜系结构样品的光谱特性与数值计算结果的比较。显然,实验制备的多层膜在可见光波段和中远红外波段的光

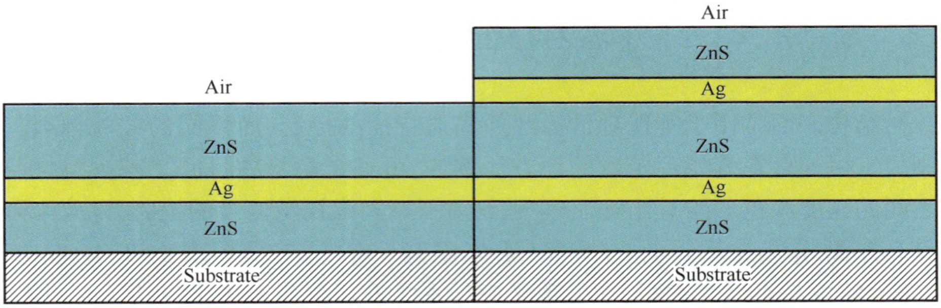

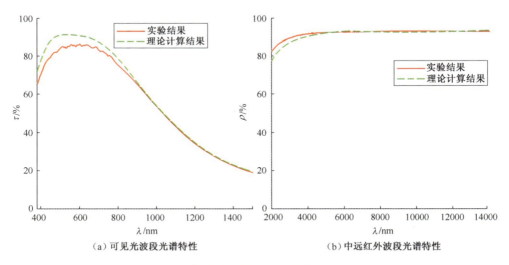

(a) 3层膜系结构　　　　　　　　(b) 5层膜系结构

图 12-1　可见光及红外兼容隐身膜系结构示意图

谱特性与理论计算结果都吻合得较好。总体上,实验结果略小于数值计算结果,这是因为实验制备出来的薄膜并不是理想的光滑薄膜结构,存在一定的微小粗糙度,对入射光产生了散射,造成了透射率和反射率的降低,两者偏差随着波长的减小而逐渐显现。由图 12-2 可知,该膜层表面在可见光波段的平均透射率达到 80%,并且在 550nm 处出现透射率为 85.7% 的透射峰;在 $3\sim5\mu m$ 和 $8\sim14\mu m$ 的红外波段,反射率高于 90%。显然,该膜层结构表面具备良好的可见光和红外波段兼容隐身特性。

(a) 可见光波段光谱特性　　　　　　　　(b) 中远红外波段光谱特性

图 12-2　三层膜光谱特性

图 12-3 为在柔性基底上制备的 ZnS/Ag/ZnS 多层膜的实物照片。由照片可以看出,制备的样品具备较好的可见光波段透明性。如果将其粘贴于目标物体的

表面,不会影响目标原本所具备的可见光隐身特性,同时还能兼具红外隐身特性。

图 12-3　柔性基底上制备可见和红外波段兼容隐身膜系结构的实物照片

类似地,图 12-4 给出了利用磁控溅射工艺制备的 5 层膜系结构表面样品的光谱特性与理论计算结果的对比。图中曲线显示,制备的 5 层膜样品在可见光波段的平均透射率为 67%,比理论计算结果低了 10% 左右,原因在于膜层粗糙度的影响是可以传递的,随着膜层数目的增加,外层 Ag 膜的表面变得更加粗糙,增强了对入射光的散射作用,使得可见光透射率降低。5 层膜在 $3\sim5\mu m$ 和 $8\sim14\mu m$ 红外波段的平均反射率为 95%,与理论计算结果吻合得较好,这是因为膜层微小粗糙度的影响在长波波段相对较弱。同样,5 层膜结构表面也具备良好的可见光与红外波段兼容隐身特性。

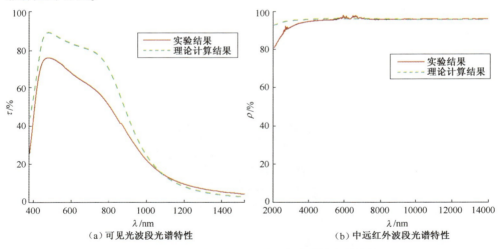

(a) 可见光波段光谱特性　　(b) 中远红外波段光谱特性

图 12-4　ZnS/Ag/ZnS/Ag/ZnS 多层膜的光谱特性

12.2.1.2　激光 1.06μm 与红外波段兼容隐身膜系结构

由于激光隐身与红外波段隐身涉及不同波段,而且抑制机理是相反的(前者要求低反射率,后者则要求低发射率),单纯利用不同特性材料的组合实现两者的兼容是非常困难的。因此,选择利用法布里-珀罗(F-P)谐振腔效应提高某一特定波长的吸收率,并结合光子禁带效应,是满足激光与红外波段兼容隐身要求的有效途径[42]。

如图 12-5 所示,采用银(Ag)和硫化锌(ZnS)两种材料进行非对称 F-P 腔的设计,ZnS 作为非对称腔的介质腔,两侧分别为一层很薄的 Ag 膜和一层较厚的不透明的 Ag 膜。这样,F-P 腔可以实现在激光 1.06μm 处的高吸收,同时其外层的 Ag 膜可以使膜系结构层表面在红外波段具有较高的反射率,因而可以实现激光 1.06μm 与红外波段的兼容隐身。

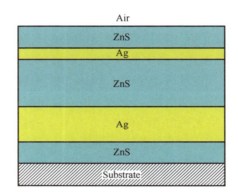

图 12-5　激光 1.06μm 及红外兼容隐身膜系结构示意图

图 12-6 为在柔性基底上制备的激光 1.06μm 与红外兼容隐身膜系结构表面样品的实物照片。

图 12-6　柔性基底上制备的激光 1.06μm 与红外兼容隐身膜系结构层的样品照片

图 12-7 所示是该激光与红外兼容隐身膜系结构表面光谱特性的实测数据与

数值模拟计算结果的对比。图中曲线对比表明,实验曲线与理论计算结果总体上很接近,但在激光 1.06μm 波长附近出现一定的误差。类似地,产生误差的主要原因是样品制备过程中薄膜层厚度的控制误差和薄膜表面的粗糙度与理论设计值之间的偏差。尽管如此,制备的膜层样品在激光 1.06μm 波长的反射率只有 9%,在 3~5μm 和 8~14μm 红外波段的平均反射率达到 95%,具备很好的激光 1.06μm 与红外波段兼容的隐身性能。

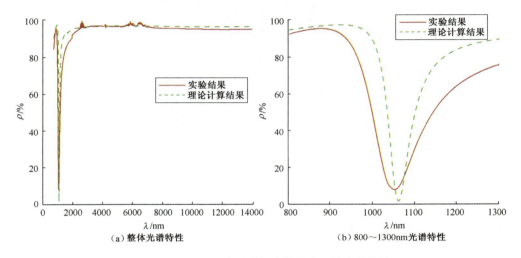

图 12-7　FP 腔和多层膜耦合结构表面的光谱特性

12.2.2　可见光、红外和激光多波段兼容隐身微结构

从上节设计的一维微结构表面光谱特性分析结果看,虽然可在一定程度上实现了多波段兼容的红外辐射抑制,但多波段兼容的效果并不是非常理想,特别是利用 F-P 腔共振效应产生的 1.06μm 和 10.6μm 激光的高吸收,会影响到可见光和红外波段的表面光谱特性,并且两个激光波长也难以同时实现高吸收。实际上,微腔谐振效应是当电磁波的波长与谐振腔的共振波长相一致时,微结构表面具有很高的吸收率,而微腔谐振波长与微腔的结构形状和尺寸有关。因此,通过进一步巧妙地设计微腔结构形状和尺寸,可实现对特定波长的高吸收[43]。

图 12-8 所示是一个多波段光谱特性控制的三维复合结构设计模型[43],其具体结构参数与材料组合如下:结构周期 1000nm×1000nm($A×A$),表面圆腔体半径 r 分别取 100nm 和 300nm。

结构 A:$TiO_2/SiO_2/$ Mo/ $SiO_2/$ TiO_2
结构 B:$SiO_2/TiO_2/$ Mo/ $TiO_2/$ SiO_2

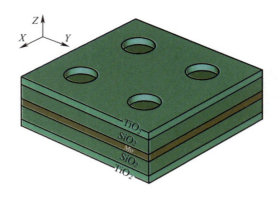

图 12-8　膜系与周期性腔体复合结构示意图

运用前面介绍的电磁场传播理论及数值方法,可以确定该结构表面的光谱特性。图 12-9 所示分别为周期性腔体复合结构表面 A 和 B 的光谱特性,结构表面 A 在红外波段的反射特性优于结构表面 B,而在可见光波段的反射特性比结构表面 B 弱一些,对 1.06μm 激光的吸收性能优于结构表面 B,而两者对 10.6μm 激光的吸收性能相差很小。调整腔体半径,会改变复合结构表面的光谱特性。可以看到,腔体半径越大,结构表面整体光谱特性效果略差一些。在半径取 100nm 时,周期性腔体结构表面 A 在兼容可见光红、橙波段较高反射与红外波段高反射以及 1.06μm 和 10.6μm 激光高吸收的隐身要求的基础上,对 1.06μm 激光的吸收率从 0.5 提高到 0.9 左右,在可见光绿光波段的反射率达 0.5 左右,更好地实现了可见光绿光高反射、红外波段高反射以及 1.06μm 和 10.6μm 激光高吸收的多波段兼容隐身要求。

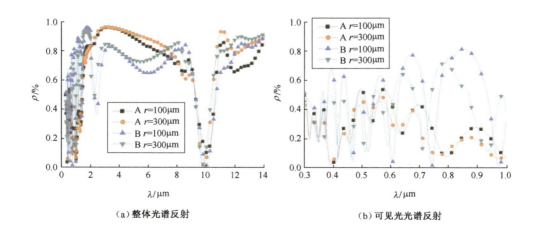

(a) 整体光谱反射　　　　　　　　　(b) 可见光光谱反射

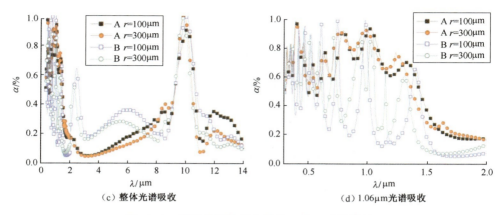

(c) 整体光谱吸收　　　　　　(d) 1.06μm 光谱吸收

图 12-9　周期性腔体复合结构 A 和 B 光谱特性

12.2.3　红外波段隐身与辐射降温兼顾的复合微结构

通常,红外隐身微结构表面在 3~14μm 范围内都具有较低的发射率,从而使目标在中波红外和长波红外波段内都有较好的隐身效果。但是,对于许多目标(尤其是一些高温目标表面),辐射散热也是降低表面温度的一种必要措施,然而较低的表面红外发射率影响了辐射散热。因此,需要设计既在 3~5μm 和 8~14μm 大气窗口(红外探测窗口)具有较低发射率,又在 5~8μm 非红外探测窗口具有较高发射率的微结构表面,以兼顾高温表面红外辐射抑制和辐射散热冷却的要求。

12.2.3.1　F-P 谐振腔与圆盘阵列复合周期超表面光谱选择性研究

金属圆盘阵列超表面由金属圆盘阵列和金属反射层以及两者之间的非金属谐振层构成,是一种典型的金属-非金属-金属(MIM)叠层结构。金属圆盘和金属反射层与非金属层形成的相邻界面表面在特定波长电磁波的激励作用下能够激发局部表面等离子激元,引起的磁共振构成了微观的振荡电路,强化了对 5~8μm 波段入射能量的吸收。另外,F-P 谐振效应可加强表面等离子激元的选择吸收。因此,将 F-P 谐振腔与 MIM 结构的圆盘阵列进行复合,以期实现在 5~8μm 的高吸收(即高发射),而在 3~5μm 和 8~14μm 波段低发射的光谱控制效果[44]。

图 12-10 给出了周期金属圆盘阵列叠加单层 F-P 谐振腔的复合结构[44]。从下至上依次是基底、金属反射层、非金属层 1、金属圆盘、非金属层 2 和金属束缚层。结构参数分别是:周期间距为 p,金属反射层厚度为 t_m,非金属层 1 厚度为 t_{d1},金属圆盘厚度为 t_p,非金属层 2 厚度为 t_{d2},直径为 d。

将求解电磁场问题的数值方法应用于上述微结构表面,可以获得电磁波与该

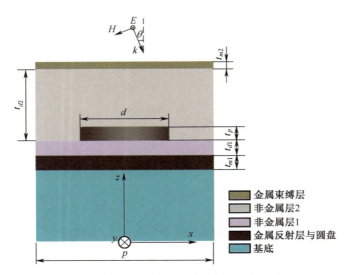

图 12-10　FP 谐振腔与圆盘阵列复合周期超表面示意图

表面相互作用的机制，图 12-11 给出了 F-P 谐振腔与圆盘阵列复合周期的超表面在不同入射角下的吸收特性。当入射光的入射角从 0°变化为 60°时，超表面具有很好的吸收特性，由于微结构对称性，超表面在 5～8μm 波段内显示出良好的方向不敏感特性。因此，F-P 谐振腔与圆盘阵列复合周期超表面具有很好的广角度特性，适用于目标的红外辐射特征抑制与热管理。

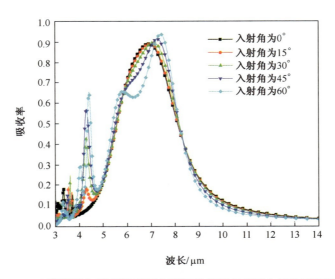

图 12-11　F-P 谐振腔与圆盘阵列复合周期超表面在不同入射角下的吸收特性

图 12-12 显示出制备的金属圆盘阵列(MIM)微结构超表面的激光扫描共聚焦显微镜成像,图 12-13 给出了 F-P 谐振腔与圆盘阵列复合周期超表面光谱特性的实验测试数据与基于 FDTD 数值方法的仿真结果的对比。显然,两者在 $5\sim14\mu m$ 波段内的吻合程度较好,因为样品制备过程中出现的尺寸偏差和粗糙度,实验测得的 $3\sim5\mu m$ 波段内表面吸收率略高于数值模拟结果。

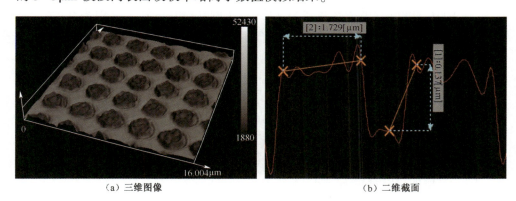

(a) 三维图像   (b) 二维截面

图 12-12　金属圆盘阵列超表面的激光扫描共聚焦显微镜成像

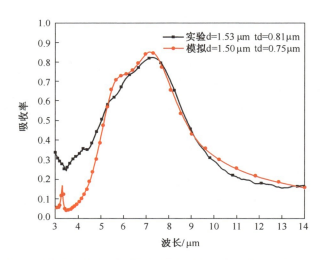

图 12-13　F-P 谐振腔与圆盘阵列复合周期超表面实验结果与 FDTD 计算结果比较

12.2.3.2　基于等离激元效应的复合周期超表面

超材料表面是通过表面等离激元效应(SPP)实现红外辐射特征调控的一种特殊的微结构表面,其基本特征是引入金属/介质/金属叠层结构,受表面等离激元 SPP 的作用,金属与非金属层相邻界面上下表面金属中的自由电子会在电场的作用下产生反向的电流,使得极性相反的电荷在金属结构的两端聚集,与此同时电流也使磁场在上下金属之间聚集,与周围的磁场相互作用,形成了相应的磁谐振[45-47]。

显然,这类表面的红外辐射控制效果与微结构设计密切相关。图 12-14 所示是一种典型的复合周期超表面模型:在一个周期内,分布有 4 种直径不同(D_1、D_2、D_3 和 D_4)的柱状结构,以金属薄膜为基底,每个圆柱由从下往上分别为介质层/金属层/介质层/金属层堆叠而成。若只有金属基底,其在整个红外的光谱范围内都保持着很低的红外屏蔽的功能,复合周期超表面的引入可以提高在特定范围内的表面红外发射率(如非大气窗口的 5~8μm 波段)。于是,设计的微结构表面在大气光学传播窗口的波段范围内(3~5μm 和 8~14μm)获得良好的红外隐身效果的同时,在非大气窗口的其他波段的高发射特性可增强表面辐射散热的冷却作用而降低表面温度[48]。在上述微结构中,金属材料均采用银,周期为 5μm,那么其共振频率的影响因素被限定为中间介质层的材料和厚度以及圆柱体的直径。两种不同的中间介质层的材料选定为 MgF_2 和 MgF_2/ZnS 的耦合层[49]。

图 12-15(a)给出了复合周期超表面与单周期性 $Ag-MgF_2-Ag$ 超表面和 $g-MgF_2/ZnS-Ag$ 超表面的红外光谱特性对比。从图中可以看出,复合周期结构超表面的红外光谱特性比单周期的 $Ag-MgF_2-Ag$ 超表面和 $Ag-MgF_2/ZnS-Ag$ 超表面具有更宽的吸收波段[49]。

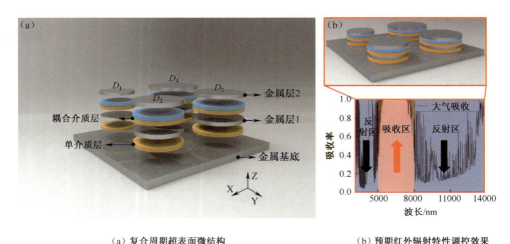

(a) 复合周期超表面微结构　　　　　(b) 预期红外辐射特性调控效果

图 12-14　一种典型的复合周期结构超表面

复合周期结构超表面对应不同入射角的红外光谱特性如图 12-15(b)所示。显然,该复合周期超表面总体上也具有较好的广角性,即在 0°~60°的入射角范围内可以保证表面发射率调控范围的稳定性,波峰位置未发生偏移,只是吸收强度略有减弱;对 3~5μm 波段内的表面发射率影响稍微大一些,这样的波动随入射角有所升高。

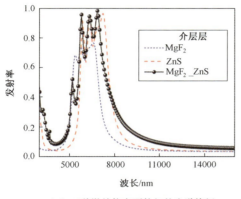
(a) 三种微结构表面的红外光谱特征

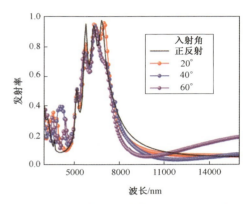
(b) 不同光源入射角下的红外光谱特征

图 12-15　周期性结构超表面光谱特性

图 12-16(a) 和 (b) 给出了实验制备的周期微结构样品的扫描电子显微镜图像。由于制备工艺条件的局限,制备的实际样品表面微结构图案与设计图案略微有所差别,但两者的尺寸控制基本相当。图 12-16(c) 给出了针对实验制备的周期微结构表面样品实际测量的红外光谱特征,从图中可以看出,实验测试数据与数值计算结果符合良好,证实了该复合周期结构超表面具有良好的宽频与多频谱的红外辐射特征调控效果[49],即在两个大气光学传播窗口具有较低的表面红外发射率(满足红外辐射特征抑制要求),在非大气光学窗口具有较高的红外发射率(有助于表面辐射散热)。

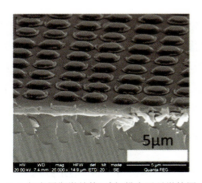
(a) 复合周期微结构20°扫描电子显微镜图

(b) 复合周期微结构0°扫描电子显微镜图

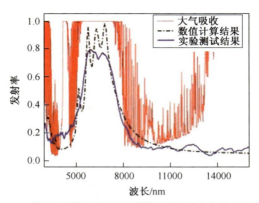

(c）复合周期微结构红外光谱特性的理论与实验对比图

图 12-16　复合周期结构超表面及其光谱特征

12.3　微结构表面对目标红外辐射特征的影响

关于微结构表面对目标红外辐射特征影响的研究仍处于起始阶段。就微结构表面而言，对于不同波长的入射辐射，表面的光谱吸收率不同，而其自身辐射的发射率也随波长变化，具有明显的波长选择特性；微结构表面对于来自不同方向的入射辐射，表面的光谱吸收率不同，并且其自身辐射的发射率也随方向变化，具有典型的方向选择特性。对于这类微结构表面，传统的漫射灰体模型的假设不再成立，传统的目标红外辐射特征模型难以直接应用于具有微结构表面的目标红外辐射特征研究。本节以膜层结构和金属周期性微腔复合微结构表面为例，将其应用于简单锥体的目标，分析微结构表面对目标红外辐射特征的影响。

本节通过夫琅禾费衍射算法、衍射光栅方程和双向反射分布函数（Bidirectional Reflectance Distribution Function，BRDF），研究微结构表面在不同入射波长、入射角度下的光谱特性和反射分布，建立微结构表面目标的温度分布模型，结合计算的温度场建立微结构表面目标的红外辐射通量模型，然后采用反向蒙特卡洛方法，考虑光线入射角度和方向与微结构表面光谱特性的关系，分析微结构表面对目标红外辐射特征的影响规律[43]。

12.3.1　微结构表面的双向反射特性研究

一般表面可以看成随机起伏的表面，当随机粗糙表面不能按漫射灰体处理时，通常利用双向反射函数来描述此类表面的辐射特性，此类随机粗糙表面的双向反射函数一般是采用模型假设,例如 T-S(Torrance-Sparrow)模型。假设物体表面由大量随机朝向的光滑微平面构成,这些微小的平面元可以当作完美的反射表面,模型主要与漫反射系数、镜反射系数、粗糙度、折射率有关。

本节所研究的微纳米尺寸的周期性腔体微结构表面,与普通意义上的随机表面有很大的区别,其双向反射特性无法采用随机粗糙表面的双向反射模型来描述。本节采用 FDTD 算法,以夫琅禾费衍射原理和衍射光栅方程为理论基础,通过计算周期性结构的光强分布来获得反射分布。夫琅禾费衍射理论和光栅方程的可参见文献[50-52]。

在数值计算具有微结构表面的目标红外辐射特征时,需要对应不同入射角度的微结构表面反射率和吸收率随入射波长的变化,本节针对图 12-8 所示的微结构表面进行计算。因为实际应用时往往难于确定入射光线与周期性微结构的周向角,因此,在以下分析中,辐射特性随入射周向角的变化采用平均值,只分析辐射特性随入射天顶角的变化。数值计算得到的微结构表面辐射特性如图 12-17 所示[43]。

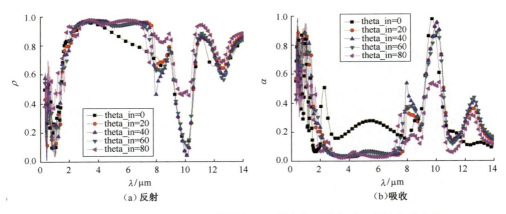

图 12-17 不同入射角度下微结构表面反射率和吸收率随入射波长的变化

在红外 3~5μm 和 8~14μm 波段,对应每一个入射波长和入射角度下的反射分布不同,下面进行讨论[43]。因为镜反射份额占总反射比重很大,其他方向反射量很小,所以图 12-18 中表示的数值是将反射量转换为以 10 为底的对数值来表示。

当 $\lambda = 3\mu m$ 时,入射角 theta_in 分别为 0°、20°、40° 和 60° 时微结构的反射分布如图 12-18 所示。可以看到最大的是镜反射,且出射角度与入射角度相同;而大部分反射量基本分布在入射方向和与入射方向垂直的方向上,且所有反射量分布都符合入射方向对称性,这是因为周期性腔体微结构在 x-y 平面具有方位角对称性,这符合夫琅禾费衍射原理。垂直入射时,也就是 theta_in 为 0°时,镜反射垂直向上,整体反射分布具有方位角对称性。随着入射角逐渐增大,镜反射角度也随之偏移,整体反射分布随着偏移,符合反射规律。对应其他波长的情况与 3μm 反射分布规律类似,只是波长越大,其他方向反射份额越大。

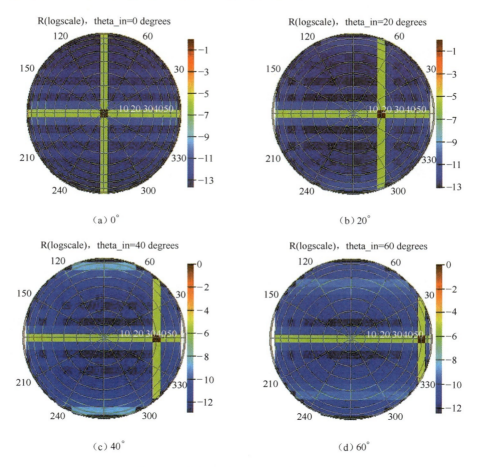

图 12-18　不同入射角条件下 3μm 波长光入射时的反射分布

12.3.2　微结构表面目标的红外辐射特征研究

常规表面和微结构表面的区别主要是表面的光谱辐射特征不同,在对目标表面的温度场和红外辐射特征计算时,计算模型的主要区别也在于此。

12.3.2.1　微结构表面对目标表面温度分布的影响

与常规表面相比,在计算亚波长微结构表面目标的温度分布时,温度控制微分方程本身与第 3 章的温度控制方程相同，目标与外部环境换热边界条件的通用形式可表示如下：

$$\pm k \frac{\partial T}{\partial n} = Q_{\text{conv}} - Q_{\text{r}} + Q_{\text{sun}} + Q_{\text{e}} \qquad (12\text{-}14)$$

式中，k 为材料的导热系数；n 为边界法线方向；Q_{conv} 为目标表面与空气的对流换热，可按第 3 章介绍的方法计算；Q_{r} 为目标表面向外的辐射散热；Q_{sun} 目标表面吸收的太阳辐射热量；Q_{e} 为目标表面吸收的外部环境以及来之其他表面的辐射热量。微结构表面目标与常规表面目标温度计算模型的区别在于 Q_{r}、Q_{sun} 和 Q_{e} 的具体计算方法不同，这里必须考虑微结构表面辐射参数随波长变化的属性。式（12-14）左边项的正负号选取取决于表面法向方向和坐标方向是否一致。

1. 目标表面吸收的太阳辐射热量 Q_{sun}

目标表面吸收的太阳辐射热量包含三个部分：对太阳直射辐射的吸收、对太阳散射辐射的吸收和对环境以及其他表面反射太阳辐射的吸收。这三种辐射的入射方向不同，并且太阳直射辐射的入射方向随时间在不断地变化。由于微结构表面非漫射非灰体的属性，在计算目标对太阳辐射的吸收时，需要考虑随入射角度变化对太阳短波吸收的影响。因此，Q_{sun} 可按下式进行计算：

$$Q_{\text{sun}} = Q_{\text{sun}}^{\text{sd}} + Q_{\text{sun}}^{\text{sr}} + Q_{\text{sun}}^{\text{sf}} \qquad (12\text{-}15)$$

式中，$Q_{\text{sun}}^{\text{sd}}$ 为目标表面吸收的太阳直射辐射热量；$Q_{\text{sun}}^{\text{sr}}$ 为目标表面吸收的太阳散射辐射热量；$Q_{\text{sun}}^{\text{sf}}$ 为目标表面吸收的环境以及其他表面反射太阳辐射的热量。

$$Q_{\text{sun}}^{\text{sd}} = \int_0^\infty \alpha_{\lambda,\theta,\phi} q_{\lambda,\theta,\phi}^{\text{sd}} d\lambda \qquad (12\text{-}16)$$

式中，$\alpha_{\lambda,\theta,\phi}$ 为微结构表面在入射角 θ,ϕ 下的定向光谱吸收率；$q_{\lambda,\theta,\phi}^{\text{sd}}$ 为以入射角 θ,ϕ 到达目标表面的太阳直射光谱辐射热流密度，入射的角度 θ,ϕ 由太阳与目标表面的相对位置确定，其值可以实际测量或由辐射传输计算软件如 MODTRAN 计算获得。

$$Q_{\text{sun}}^{\text{sr}} = \int_0^{2\pi} \int_0^{\pi/2} \int_0^\infty \alpha_{\lambda,\theta,\phi} I_{\lambda,\theta,\phi}^{\text{sr}} \sin\theta d\lambda \, d\theta d\phi \qquad (12\text{-}17)$$

式中，$I_{\lambda,\theta,\phi}^{\text{sr}}$ 为以入射角 θ,ϕ 到达目标表面的太阳散射定向光谱辐射强度，其值可以实际测量或由辐射传输计算软件如 MODTRAN 计算获得，为简化计算可以认为是不随方向变化的。

$$Q_{\text{sun}}^{\text{sf}} = \int_0^{2\pi} \int_0^{\pi/2} \int_0^\infty \alpha_{\lambda,\theta,\phi} I_{\lambda,\theta,\phi}^{\text{sf}} \sin\theta d\lambda \, d\theta d\phi \qquad (12\text{-}18)$$

式中，$I_{\lambda,\theta,\phi}^{\text{sf}}$ 为以入射角 θ,ϕ 到达目标表面的太阳反射定向光谱辐射强度：

$$I_{\lambda,\theta,\phi}^{\text{sf}} = I_{\lambda,\theta,\phi}^{\text{grd}} + \sum_{j=1}^N I_{\lambda,\theta,\phi}^j \qquad (12\text{-}19)$$

式中，$I^{\mathrm{grd}}_{\lambda,\theta,\phi}$ 为来自地面背景的、入射角为 θ,ϕ 的太阳辐射反射定向光谱辐射强度，其值可以实际测量或由辐射传输计算软件如 MODTRAN 计算获得，为简化计算可以认为是不随方向变化的；$I^{j}_{\lambda,\theta,\phi}$ 为来自第 j 个物体表面的、入射角 θ,ϕ 的太阳辐射反射定向光谱辐射强度，可以利用蒙特卡洛方法计算；N 为其他物体表面总数。

2. 目标表面吸收的外部环境以及来自其他表面的辐射热量 Q_e

外部环境以及来自其他表面的辐射热量来自不同的方向，同样由于微结构表面是非漫射非灰体，在计算目标对外部环境以及来之其他表面的辐射热量的吸收时，需要考虑入射角度变化的影响。

$$Q_e = \int_0^{2\pi}\int_0^{\pi/2}\int_0^{\infty} \alpha_{\lambda,\theta,\phi}(I^{\mathrm{e,sky}}_{\lambda,\theta,\phi} + I^{\mathrm{e,grd}}_{\lambda,\theta,\phi} + \sum_{j=1}^{N} I^{\mathrm{e},j}_{\lambda,\theta,\phi})\sin\theta \mathrm{d}\lambda \mathrm{d}\theta \mathrm{d}\phi \quad (12\text{-}20)$$

式中，$I^{\mathrm{e,grd}}_{\lambda,\theta,\phi}$ 和 $I^{\mathrm{e,sky}}_{\lambda,\theta,\phi}$ 分别为来自地面背景和天空背景的入射角 θ,ϕ 的定向光谱辐射强度；通常，地面背景和天空背景辐射可以看成来自黑体的辐射，利用普朗克定律计算；$I^{\mathrm{e},j}_{\lambda,\theta,\phi}$ 为来自第 j 个物体表面的入射角 θ,ϕ 的定向光谱辐射强度，可以利用蒙特卡洛方法计算。

3. 目标表面向外的辐射散热 Q_r

微结构表面是非漫射非灰体表面，其向外的辐射散热可利用下式计算：

$$Q_r = \int_0^{2\pi}\int_0^{\pi/2}\int_0^{\infty} \varepsilon_{\lambda,\theta,\phi} I_{b\lambda}(T)\sin\theta \mathrm{d}\lambda \mathrm{d}\theta \mathrm{d}\phi = \int_0^{2\pi}\int_0^{\pi/2}\int_0^{\infty} \alpha_{\lambda,\theta,\phi} I_{b\lambda}(T)\sin\theta \mathrm{d}\lambda \mathrm{d}\theta \mathrm{d}\phi$$

$$(12\text{-}21)$$

式中，$I_{b\lambda}(T)$ 为与目标表面同温度下的黑体定向光谱辐射强度，可由普朗克定律以及兰贝特定律计算；$\varepsilon_{\lambda,\theta,\phi}$ 为入射角 θ,ϕ 下的定向光谱发射率，根据基尔霍夫定律 $\varepsilon_{\lambda,\theta,\phi} = \alpha_{\lambda,\theta,\phi}$ 计算。

利用上述获得的针对亚波长微结构表面的 Q_r、Q_e 和 Q_{sun} 具体计算表达式，结合本书第 2 章和第 3 章中介绍的目标温度场计算方法，就可获得考虑微结构表面光谱特性的目标温度分布。

12.3.2.2 微结构表面对目标红外辐射特征的影响

在获得目标的温度分布以后，利用目标的温度分布和表面的辐射特性参数就可计算微结构表面的红外辐射特征。微结构表面目标的红外辐射同样包括目标的自身辐射和对环境辐射的反射。不同的是：对于常规表面，可以看成漫射灰体表面，其定向辐射强度是不随方向变化的；而微结构目标表面，由于漫射灰体模型不再适用，其红外辐射在不同的方向上是不同的。因此，利用定向辐射强度表示随方向的变化，即

$$I_{\lambda_1-\lambda_2,\theta_r,\varphi_r} = I^{*}_{\lambda_1-\lambda_2,\theta_r,\varphi_r} + I^{\mathrm{sf}}_{\lambda_1-\lambda_2,\theta_r,\varphi_r} \quad (12\text{-}22)$$

式中，λ_1 和 λ_2 分布为给定的红外波段范围的下、上限；$I_{\lambda_1-\lambda_2,\theta_r,\varphi_r}$ 为微结构表面目

标在 θ_r, φ_r 方向的红外定向辐射强度；$I^*_{\lambda_1-\lambda_2,\theta_r,\varphi_r}$ 为微结构表面目标在 θ_r, φ_r 方向的自身红外定向辐射强度；$I^{\text{sf}}_{\lambda_1-\lambda_2,\theta_r,\varphi_r}$ 为微结构表面目标对于投入辐射在 θ_r, φ_r 方向的反射定向辐射强度。

微结构表面目标在 θ_r, φ_r 方向的自身红外定向辐射强度可由下式计算：

$$I^*_{\lambda_1-\lambda_2,\theta_r,\varphi_r} = \int_{\lambda_1}^{\lambda_2} \varepsilon_{\lambda,\theta_r,\varphi_r} I_{b\lambda}(T) \mathrm{d}\lambda = \frac{1}{\pi} \int_{\lambda_1}^{\lambda_2} \varepsilon_{\lambda,\theta_r,\varphi_r} \frac{C_1}{\lambda^5 [\exp(C_2/\lambda T) - 1]} \mathrm{d}\lambda \tag{12-23}$$

式中，T 为单元表面温度；C_1 为第一辐射常数，$C_1 = 3.742 \times 10^8 \text{ W} \cdot \mu\text{m}^4/\text{m}^2$；$C_2$ 为第二辐射常数，$C_2 = 1.439 \times 10^4 \mu\text{m} \cdot \text{K}$。

微结构表面对于投入辐射的反射部分可利用双向反射函数计算。根据双向反射函数的定义，微结构表面目标在 θ_r, φ_r 方向的反射定向辐射强度的计算如下：

$$I^{\text{sf}}_{\lambda_1-\lambda_2,\theta_r,\varphi_r} = \int_{\lambda_1}^{\lambda_2} \int_0^{2\pi} \int_0^{\pi/2} I_{\lambda,\theta_r,\varphi_r,\theta_i,\varphi_i} \mathrm{d}\theta_i \mathrm{d}\varphi_i \mathrm{d}\lambda = \int_{\lambda_1}^{\lambda_2} \int_0^{2\pi} \int_0^{\pi/2} f_{r,\lambda,\theta_r,\varphi_r,\theta_i,\varphi_i} \cdot E_{\lambda,\theta_i,\varphi_i} \mathrm{d}\theta_i \mathrm{d}\varphi_i \mathrm{d}\lambda \tag{12-24}$$

式中，$I_{\lambda,\theta,\varphi,\theta_i,\varphi_i}$ 为对入射角为 θ_i, φ_i 的入射辐射在 θ_r, φ_r 方向的反射光谱辐射强度；$f_{r,\lambda,\theta_r,\varphi_r,\theta_i,\varphi_i}$ 为双向反射函数，可利用 12.3.1 节介绍的方法计算（图 12.18 示例为某微结构的部分结果）；$E_{\lambda,\theta_i,\varphi_i}$ 为入射角为 θ_i, φ_i 的入射辐照的热流密度。

微结构表面目标的入射辐射包括对来自太阳、天地背景和周围物体的辐射：

$$E_{\lambda,\theta_i,\varphi_i} = E^{\text{sun}}_{\lambda,\theta_i,\varphi_i} + E^{\text{sky}}_{\lambda,\theta_i,\varphi_i} + E^{\text{grd}}_{\lambda,\theta_i,\varphi_i} + \sum_{j=1}^N E^j_{\lambda,\theta_i,\varphi_i} \tag{12-25}$$

式中，$E^{\text{sun}}_{\lambda,\theta_i,\varphi_i}$ 为以入射角 θ_i, φ_i 入射到目标表面的太阳光谱辐射热流密度，包括太阳直射辐射、太阳散射辐射和反射太阳辐射；$E^{\text{sky}}_{\lambda,\theta_i,\varphi_i}$ 为以入射角 θ_i, φ_i 入射到目标表面的天空背景光谱辐射热流密度；$E^{\text{grd}}_{\lambda,\theta_i,\varphi_i}$ 为以入射角 θ_i, φ_i 入射到目标表面的地面背景光谱辐射热流密度；$E^j_{\lambda,\theta_i,\varphi_i}$ 为以入射角 θ_i, φ_i 入射到目标表面的来自周围物体 j 光谱辐射热流密度；N 为单元表面总数。

12.3.2.3 微结构表面目标的红外辐射特征算例分析

将图 12-8 所示的微结构应用于一简单锥体目标，利用上述方法计算其在不同时刻的周向探测功率，图 12.19~图 12.22 给出相应的数值计算结果[43]：图中横坐标单位均 10^{-8}W，图中原表面是指目标表面为普通表面，并且未做隐身处理；特殊漫射表面是目标表面采用微结构表面，但其辐射换热计算和红外辐射特征的计算采用漫射灰体模型计算；特殊表面是指采用微结构表面，而红外辐射特征则根据实际的微结构表面光谱特性数据利用本节所描述的方法进行计算的结果。

图 12-19 给出 900s 时刻探测器在各个方向接收到的来自原表面、微结构表面

和特殊漫射表面的 3~5μm 波段辐射功率对比。从图中可以看到,探测角度 0°附近的探测功率很小,接近于 0,探测角度 180°附近的探测功率比 0°附近大,这是由于目标在探测角度 180°附近区域表面的温度比 0°附近的要高,且受到太阳直接辐射,所以探测到的辐射功率比 0°附近要大。在不同探测角度下,由于微结构表面的发射率小于原表面,微结构表面的辐射功率整体上比原表面的小。

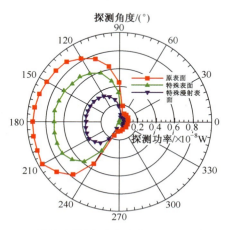

图 12-19　900s 时刻探测器各个方向接收到的辐射功率(3~5μm)

图 12-20 是 900s 时刻探测器在各个方向接收到的来自原表面、微结构表面和特殊漫射表面的 8~14μm 波段辐射功率对比。类似地,探测角度 180°附近的探测功率比 0°附近大,这是因为在探测角度 180°左右,目标的该区域表面温度比 0°附近的要高,且受到太阳直接辐射,所以探测功率比 0°附近大。在不同探测角度下,由于微结构表面的发射率小于原表面,微结构表面的辐射功率都比原表面发出的辐射功率要小。微结构表面的辐射功率图呈齿状,相邻探测角度的辐射功率差别明显,这是由于微结构表面的双向反射特性导致的。

图 12-21 对应的是 1800s 时刻探测器在各个方向接收到的来自原表面、微结构表面和特殊漫射表面的 3~5μm 波段辐射功率对比。由图可知,探测角度 90°和 180°附近区域的被探测到的功率较大,这是因为目标在探测角度 90°和 180°附近区域的表面温度较高,且受到太阳直接辐射,所以被探测到的功率较大。在不同探测角度下,由于研制的微结构表面发射率小于原表面,所以微结构表面辐射功率比原表面的要小,表明微结构表面抑制了红外波段 3~5μm 的发射能量。

图 12-22 给出 1800s 时刻探测器在各个方向接收到的来自原表面、微结构表面和特殊漫射表面的 8~14μm 波段辐射功率对比。由图可知,探测角度 90°附近区域的被探测功率较大,因为目标在探测角度 90°附近区域的表面温度较高,所以

第12章 目标红外辐射特征的调控

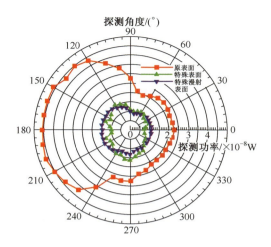

图 12-20　900s 时刻探测器在各个方向接收到的辐射功率（8~14μm）

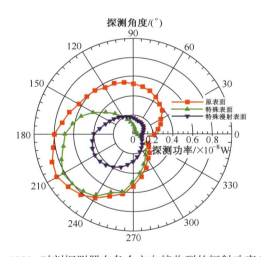

图 12-21　1800s 时刻探测器在各个方向接收到的辐射功率（3~5μm）

被探测到的功率较大。在不同探测角度下，由于微结构表面的发射率小于原表面，微结构表面的辐射功率比原表面要小。微结构表面的辐射功率图呈齿状，相邻探测角度的辐射功率差别明显，这是由于微结构表面双向反射特性导致的。

综上所述，可得到如下结论：①微结构表面由于比原来的普通表面具有更低红外发射率和更高的红外反射率，因此其在 8~14μm 波段具有较低的红外辐射能量；在 3~5μm 波段，微结构表面在对太阳辐射的镜反射方向的反射占太阳入射能量的

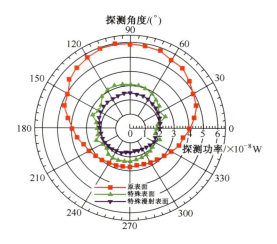

图 12-22 1800s 时刻探测器在各个方向接收到的辐射功率(8~14μm)

份额较高,因此在该镜反射方向上总的红外辐射能量与普通表面相当,而在其他方向上依然较低。②单纯地把微结构表面看成特殊漫射表面和基于双向反射函数建立微结构表面目标的红外辐射特征模型得到的探测功率相差较大,尤其是 3~5μm 波段,因而针对微结构表面目标,应该采用基于双向反射函数建立微结构表面目标的红外辐射特征模型。

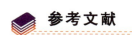 参考文献

[1] 葛德彪,闫玉波. 电磁波时域有限差分方法[M]. 2 版. 西安:西安电子科技大学出版社,2005.

[2] Kong J A. 麦克斯韦方程(影印版)[M]. 北京:高等教育出版社,2004.

[3] Taflove A, Hagness S. Computational Electrodynamics: The Finite-Difference Time-Domain Method[M]. Norwood: Artech House, 2000.

[4] Yee K. Numerical Solution of Initial Boundary Value Problems Involving Maxwell's Equations in Isotropic Media [J]. IEEE Transactions on Antennas and Propagation, 1966, 14(3): 302-307.

[5] Mur G. Absorbing Boundary Conditions for the Finite-Difference Approximation of the Time-Domain Electromagnetic-Field Equations[J]. IEEE Transactions on Electromagnetic Compatibility, 1981 (4): 377-382.

[6] Berenger J P. A Perfectly Matched Layer for The Absorption of Electromagnetic Waves [J]. Journal of Computational Physics, 1994, 114(2): 185-200.

[7] Berenger J P. Three-Dimensional Perfectly Matched Layer for the Absorption of Electromagnetic Waves [J]. Journal of Computational Physics, 1996, 127(2): 363-379.

[8] Berenger J P. Perfectly Matched Layer for the FDTD Solution of Wave-Structure Interaction Problems[J]. IEEE Transactions on Antennas and Propagation,1996,44(1):110-117.

[9] Sacks Z S,Kingsland D M,Lee R,et al. A Perfectly Matched Anisotropc Absorber for Use as an Absorbing Boundary Condition[J]. IEEE Transactions on Antennas and Propagation,1995,43(12):1460-1463.

[10] Taflove A,Hagness S C. Computational Electrodynamics:the Finite-Difference Time-Domain Method (2nd ed)[M]. Boston:Artech House,2000.

[11] Raether H. Surface Plasmons on Smooth and Rough Surfaces and on Gratings[M]. Berlin:Springer-Verlag,1988.

[12] Maier S A. Plasmonics:Fundamentals and Applications[M]. Berlin:Springer-Verlag,2007.

[13] Rousseau E,Laroche M,Greffet J-J. Radiative Heat Transfer at Nanoscale:Closed-Form Expression for Silicon at Different Doping Levels[J]. Journal of Quantitative Spectroscopy & Radiative Transfer,2010,111(7):1005-1014.

[14] Teng Y Y,Stern E A. Plasma Radiation from Metal Grating Surfaces[J]. Physical Review Letters,1967,19(9):511-514.

[15] Ortuño R,García-Meca C,Rodríguez-Fortuño F J,et al. Role of Surface Plasmon Polaritons on Optical Transmission through Double Layer Metallic Hole Arrays[J]. Physical Review B,2009,79(7):075425.

[16] Huang J,Xuan Y,Li Q. A Thermally Tunable Metamaterial Based on Thermochromic Effect[J]. Microwave and Optical Technology Letters,2012,54(8):1889-1893.

[17] Otto A. Excitation of Nonradiative Surface Plasma Waves in Silver by the Method of Frustrated Total Reflection [J]. Zeitschrift für Physik,1968,216(4):398-410.

[18] Kretschmann E,Raether H. Radiative Decay of Non Radiative Surface Plasmons Excited by Light[J]. Zeitschrift Fuer Naturforschung,Teil A,1968,23:2135-2136.

[19] Maier S A. Plasmonics:Fundamentals and Applications[M]. Berlin:Springer-Verlag,2007.

[20] Joulain K,Mulet J P,Marquier F,et al. Surface Electromagnetic Waves Thermally Excited:Radiative Heat Transfer,Coherence Properties and Casimir Forces Revisited in The Near Field[J]. Surface Science Reports,2005,57(3):59-112.

[21] Fu C J,Tan W C. Near-Field Radiative Heat Transfer between Two Plane Surfaces with One Having a Dielectric Coating[J]. Journal of Quantitative Spectroscopy & Radiative Transfer,2009,110(12):1027-1036.

[22] Hafeli A K,Rephaeli E,Fan S,et al. Temperature Dependence of Surface Phonon Polaritons From a Quartz Grating[J]. Journal of Applied Physics,2011,110(4):043517.

[23] Dahan N,Niv A,Biener G,et al. Space-Variant Polarization Manipulation of a Thermal Emission by a Sio2 Subwavelength Grating Supporting Surface Phonon-Polaritons[J]. Applied Physics Letters,2005,86(19):191102.

[24] Marquier F,Joulain K,Mulet J P,et al. Coherent Spontaneous Emission of Light by Thermal Sources[J]. Physical Review B,2004,69(15):155412.

[25] van Zwol P J,Joulain K,Ben-Abdallah P,et al. Phonon Polaritons Enhance Near-Field Thermal Transfer across the Phase Transition Of VO2[J]. Physical Review B,2011,84(16):161413.

[26] 王家礼,朱满座,路宏敏. 电磁场与电磁波[M]. 西安:西安电子科技大学出版社,2000.

[27] 张克潜,李德杰. 微波与光电子学中的电磁理论[M]. 北京:电子工业出版社,2001.

[28] Hesketh P J,Zemel J N,Gebhart B. Organ Pipe Radiant Modes of Periodic Micromachined Silicon Surfaces [J]. Nature,1986,324(11):549-551.

[29] Maruyama S,Kashiwa T,Yugami H,et al. Thermal Radiation from Two-Dimensionally Confined Modes in Mi-

crocavities[J]. Applied Physics Letters,2001,79(9):1393-1395.

[30] Kusunoki F,Kohama T,Hiroshima T,et al. Narrow-Band Thermal Radiation with Low Directivity by Resonant Modes Inside Tungsten Microcavities[J]. Japanese Journal of Applied Physics,2004,43(8):5253.

[31] Fu C J,Tan W C. Semiconductor Thin Films Combined with Metallic Grating for Selective Improvement of Thermal Radiative Absorption/Emission[J]. Journal of Heat Transfer,2009,131(3):033105.

[32] Wang L P,Lee B J,Wang X J,et al. Spatial and Temporal Coherence of Thermal Radiation in Asymmetric Fabry-Perot Resonance Cavities[J]. International Journal of Heat and Mass Transfer,2009,52(13):3024-3031.

[33] 马锡英. 光子晶体的原理及应用[M]. 北京:科学出版社,2010.

[34] Zhang Z M. Nano/Microscale Heat Transfer[M]. New York:McGraw-Hill,2007.

[35] Gou Y,Xuan Y,Han Y,et al. Enhancement of Light-Emitting Efficiency Using Combined Plasmonic Ag Grating and Dielectric Grating[J]. Journal of Luminescence,2011,131(11):2382-2386.

[36] Narayanaswamy A,Chen G. Direct Computation of Thermal Emission from Nanostructures[J]. Annual Review of Heat Transfer,2005,14(14):169-195.

[37] Chen R L. Radiative Heat Transfer between Two Closely-Spaced Plates[C]//. Proceedings of 43rd AIAA Aerospace Sciences Meeting and Exhibit,2005.

[38] Polder D,Van Hove M. Theory of Radiative Heat Transfer between Closely Spaced Bodies[J]. Physical Review B,1971,4(10):3303-3314.

[39] Volokitin A I,Persson B N J. Near-Field Radiative Heat Transfer and Noncontact Friction[J]. Reviews of Modern Physics,2007,79(4):1291-1329.

[40] Zheng Z,Xuan Y. Theory of Near-Field Radiative Heat Transfer for Stratified Magnetic Media[J]. International Journal of Heat and Mass Transfer,2011,54(5):1101-1110.

[41] 何雪梅. 基于微结构的热辐射特性控制研究[D]. 南京:南京理工大学,2012.

[42] 王彬彬. 多波段兼容隐身膜系结构的设计与制备[D]. 南京:南京理工大学,2013.

[43] 汪丽旭. 多波段兼容隐身微结构设计及其对目标红外辐射特征的影响研究[D]. 南京:南京理工大学,2017.

[44] 刘大川. 兼顾红外隐身与热管理的复合周期微/纳结构超表面设计与实验研究[D]. 南京:南京航空航天大学,2020.

[45] Huang R,Kong L B,Matitsine S. Bandwidth limit of an ultrathin metamaterial screen[J]. Journal of Applied Physics,2009,106(7):074908.

[46] Costa F,Monorchio A,Manara G. Analysis and Design of Ultra Thin Electromagnetic Absorbers Comprising Resistively Loaded High Impedance Surfaces[J]. IEEE Transactions on Antennas & Propagation,2010,58(5):0-1558.

[47] Tretyakov S A. Analytical Modeling in Applied Electromagnetics[M]. Boston:Artech House,2003.

[48] Li J Y,,Ru L,et al. Tailoring optical responses of infrared plasmonic metamaterial absorbers by optical phonons[J]. Optics Express,2018.

[49] Xu Y P,Xuan Y M,Liu X L. Broadband selective tailoring of spectral features with multiple-scale and multi-material metasurfaces[J]. Optics Communications,2020,467:125691.

[50] 赵凯华. 光学[M]. 北京:高等教育出版社,2004.

[51] 梁铨廷. 物理光学[M]. 北京:电子工业出版社,2012.

[52] 张洪欣,季延俊,车树良. 物理光学[M]. 北京:清华大学出版社,2015.

[53] Frank P I,David P D. Fundmentals of Heat and Mass Transfer[M]. New York:John Willey &Sons Inc.,2008.